SHANNON. *Profile as fitted.*

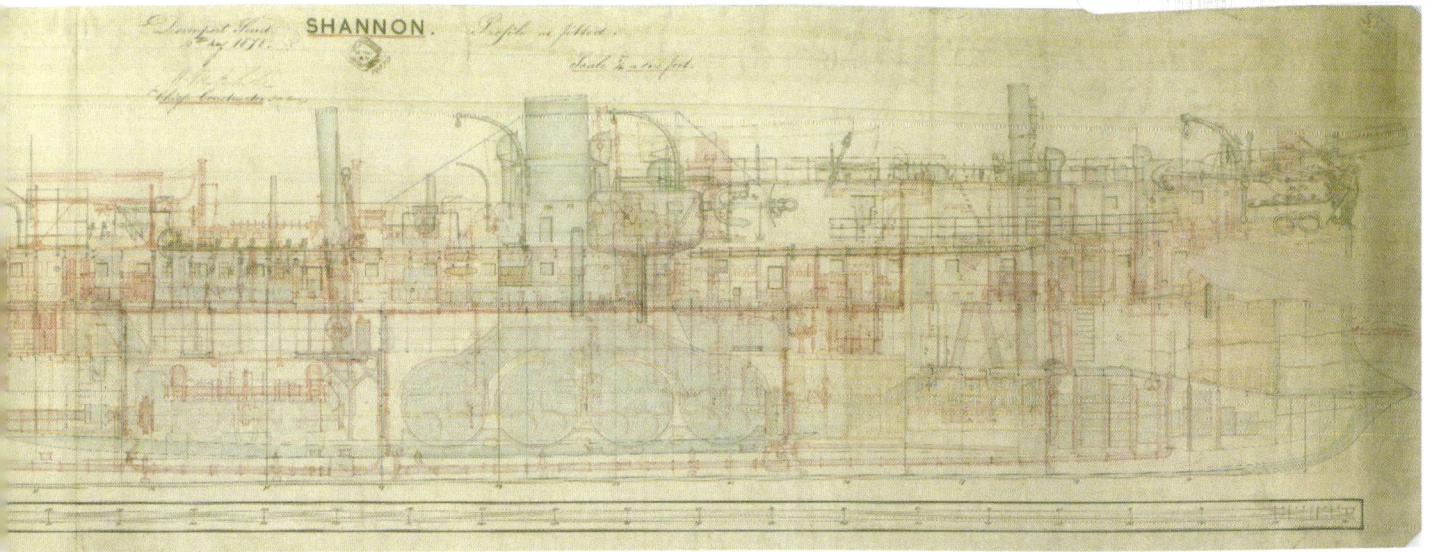

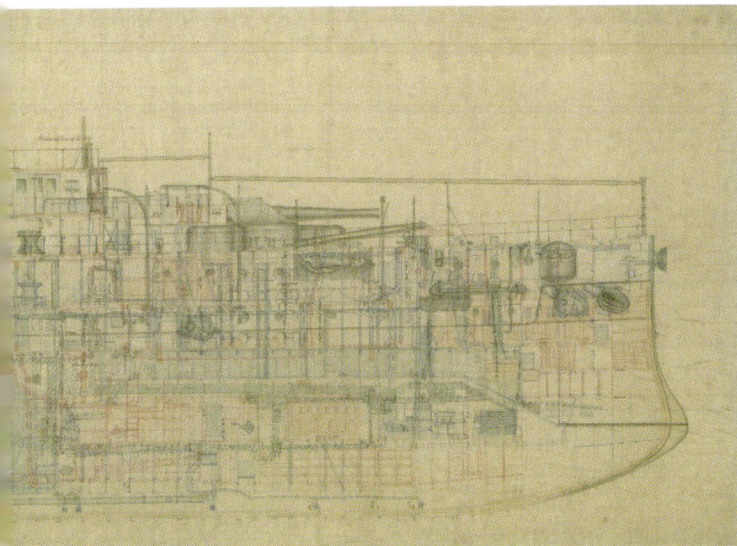

中图：作为英国最早采用钢材建造的大型巡洋舰，"厌战"号及其姊妹舰"蛮横"号抛弃了旧式的"船旁列炮"设计。但两舰获得的评价并不理想——不仅船体超重，而且存在许多设计瑕疵（例如无用的船帆）。就像它们那个时代的许多同类舰船一样，两舰的发动机都位于舰体中部的锅炉舱之间。本图中，我们可以看到"厌战"号在 1899 年 4 月接受的一些改装：当时，该舰刚刚开始执行生涯中的最后一项任务——担任太平洋地区舰队的旗舰（**国家海事博物馆，伦敦格林威治，M0933**）

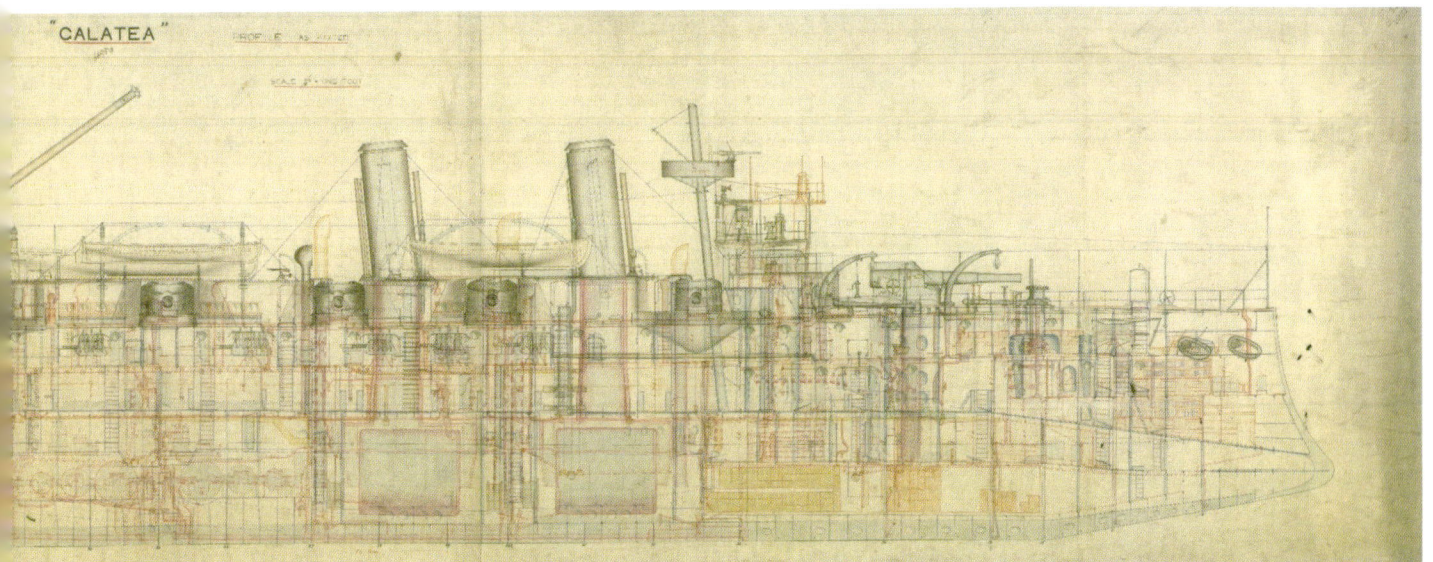

"GALATEA"

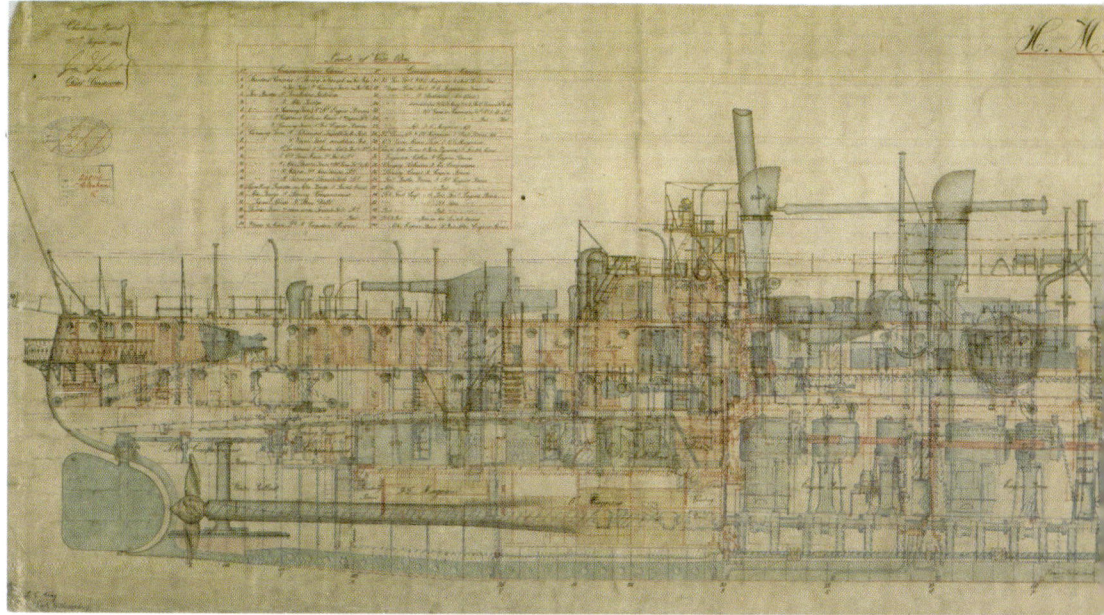

上图：新一代英国大型巡洋舰取消了侧舷装甲。"布伦海姆"号（本图展示了该舰完工时的状态）与其姊妹舰"布莱克"号的尺寸比"奥兰多"级大 60%，航速也快 3 ~ 4 节。为达到这些指标，两舰的动力设备（比"奥兰多"号）功率高出 140%。每舰设有四台发动机，采用串联式布置。为保护气缸，舰上的装甲甲板采用了隆起式设计。两舰在服役中的经济性不佳，但作为仓库船存在了很长时间（**国家海事博物馆，伦敦格林威治，M0935**）

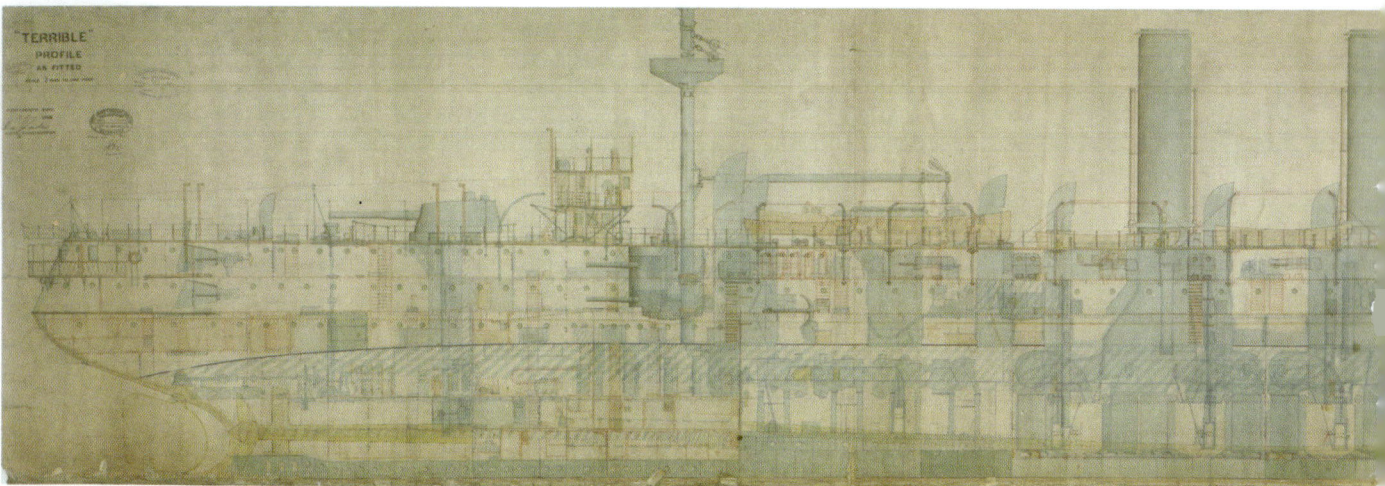

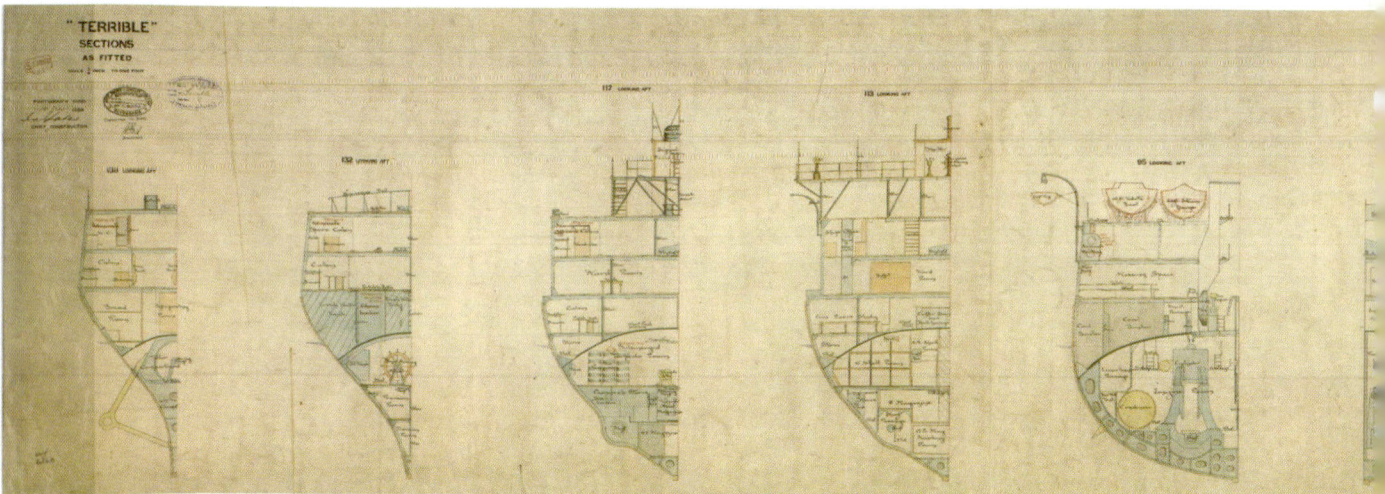

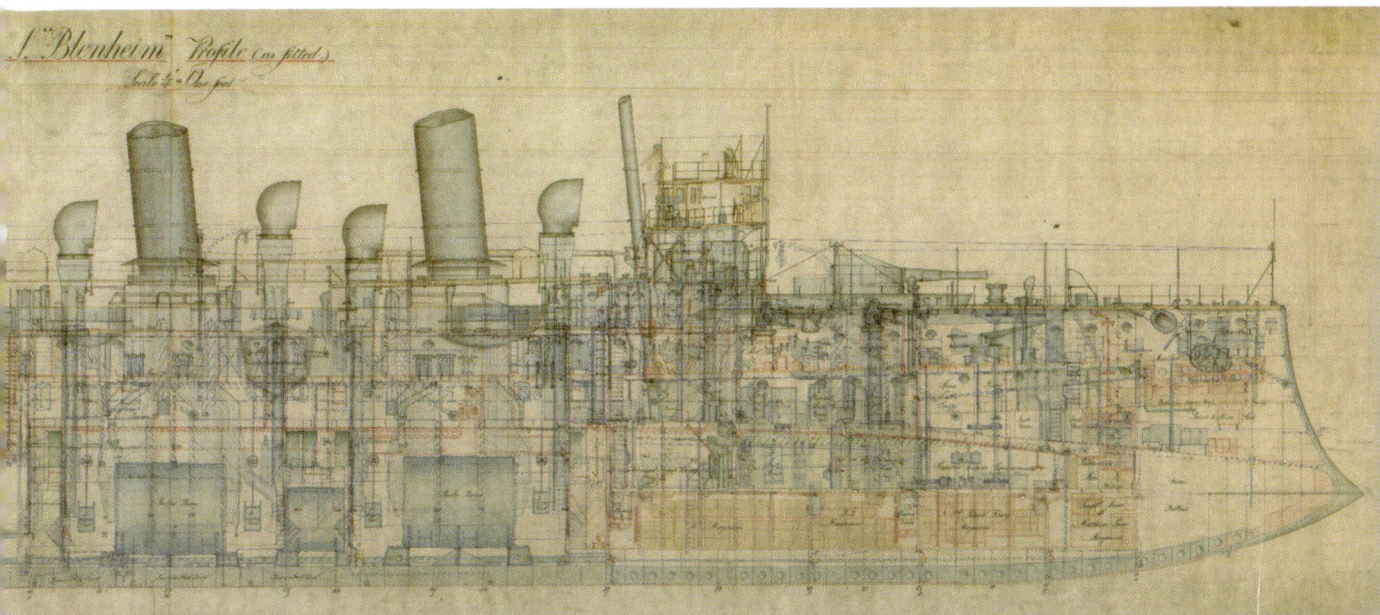

L. "Blenheim" Profile (as fitted)

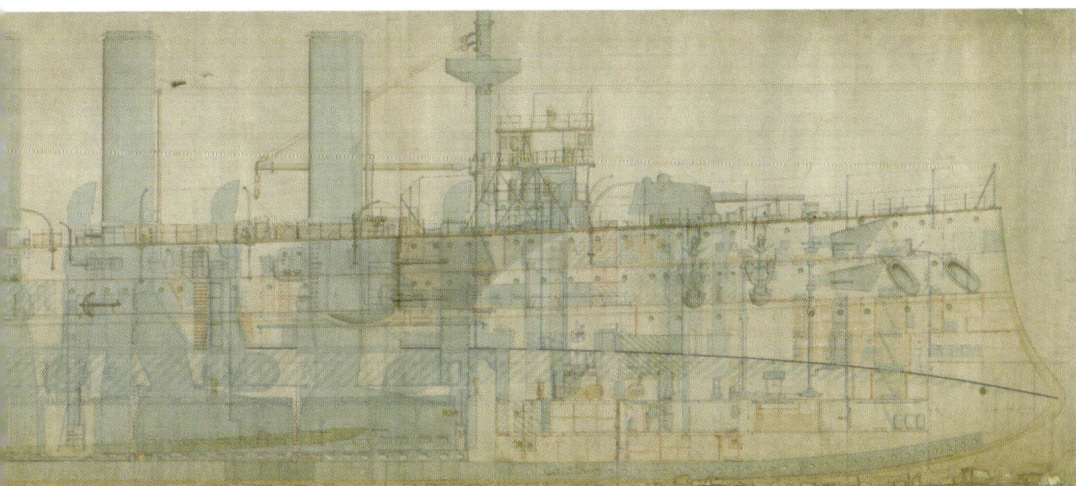

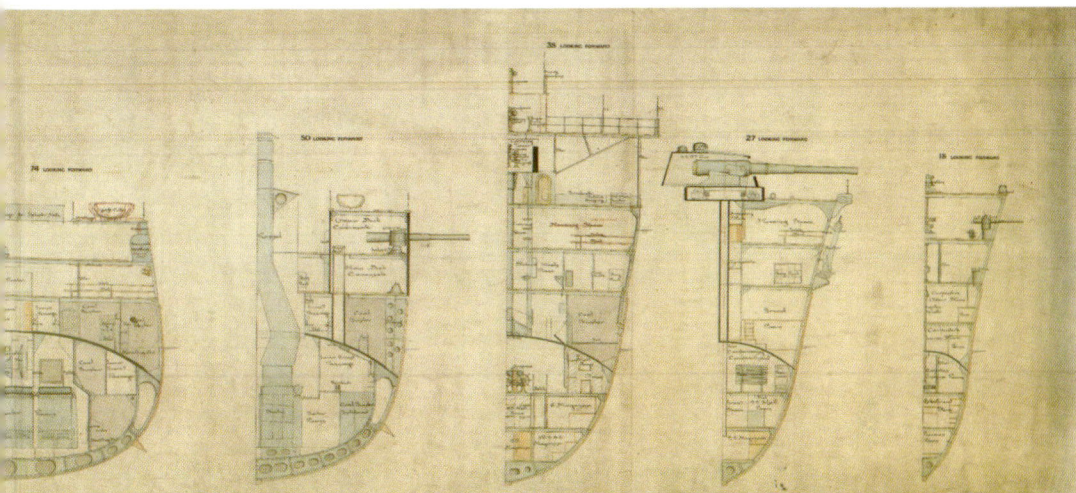

中图、下图：为应对俄国的"留里克"号，英军对大型巡洋舰的速度和航程提出了新要求。这导致"可怖"号及其姊妹舰"强力"号的尺寸较早先的大型巡洋舰增加一倍，并且安装了水管锅炉——这在同类舰船中还是首次。作为英国最后一艘完全依靠装甲甲板提供防护的大型舰船，"强力"号在服役期间的经济性不佳，其大部分职业生涯都是在港口度过。在图中，我们可以看到"可怖"号在1902—1904年间对6英寸炮和12磅炮的改动（**国家海事博物馆，伦敦格林威治，M0937和M0938**）

上图："香农"号通常被认为是英国第一艘装甲巡洋舰。但事实上，直到 1887 年，即服役十年后，它才被正式划入此类。与建造稍早、功能相似的"大胆"级和"快速"级一样，它最初曾被定级为"铁壳装甲舰"，但之后并没有在 1887 年和以上两级一样被划为"二等装甲战列舰"。之所以存在这种差异，一方面是因为"香农"号的部分重炮被安装在舰体中部的敞开式甲板上，另一方面则是因为其创新的"防护甲板"。本纵向剖面图展示了"香农"号 1883 年 5 月完成改装后的状态。从图中可以清楚地看到，在舰首处，该舰的防护甲板延伸到了水线以下（**国家海事博物馆，伦敦格林威治，M0932**）

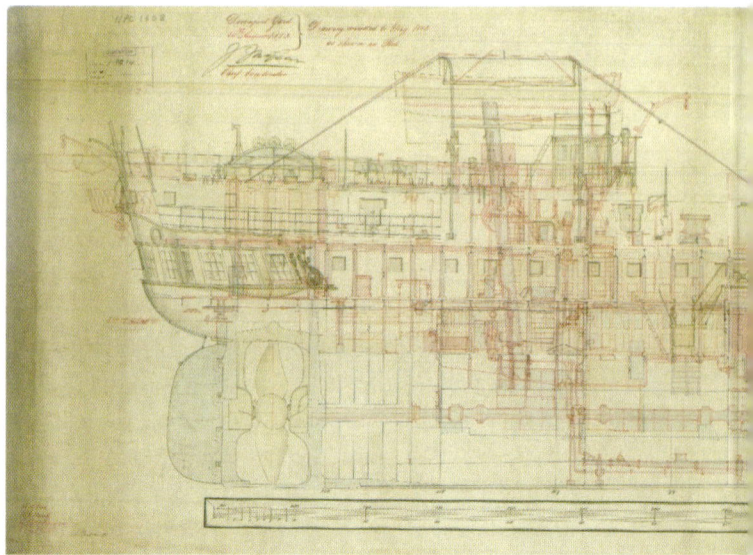

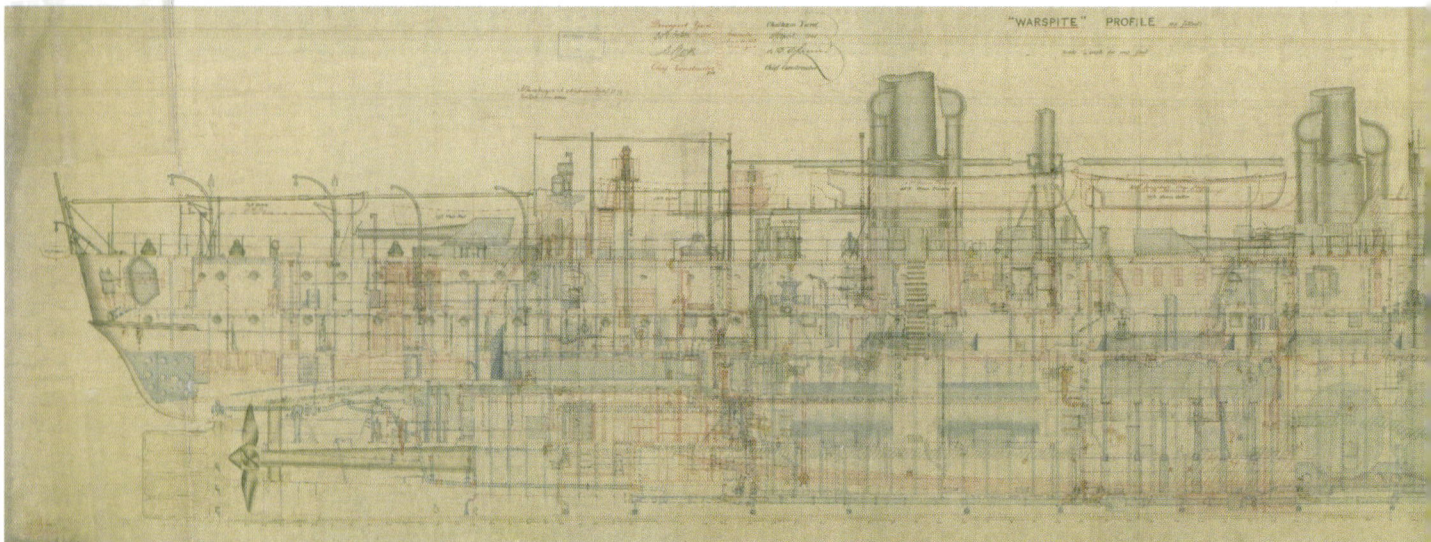

下图：与早期的英国装甲巡洋舰（以及"大胆"级）不同，"奥兰多"级——此处以"伽拉忒亚"号为例（本图展示了该舰烟囱在 1891 年 1 月 27 日被加高之前的状态）——大多在主力舰队服役，只有少数被派往海外。这一级军舰从较小的防护巡洋舰发展而来，而且和"蛮横"级一样存在超重问题，这使得两级军舰的装甲带几乎都毫无用处。不过，"奥兰多"号还是充当了西班牙海军"玛丽亚·特蕾莎"级的蓝本（**国家海事博物馆，伦敦格林威治，M0934**）

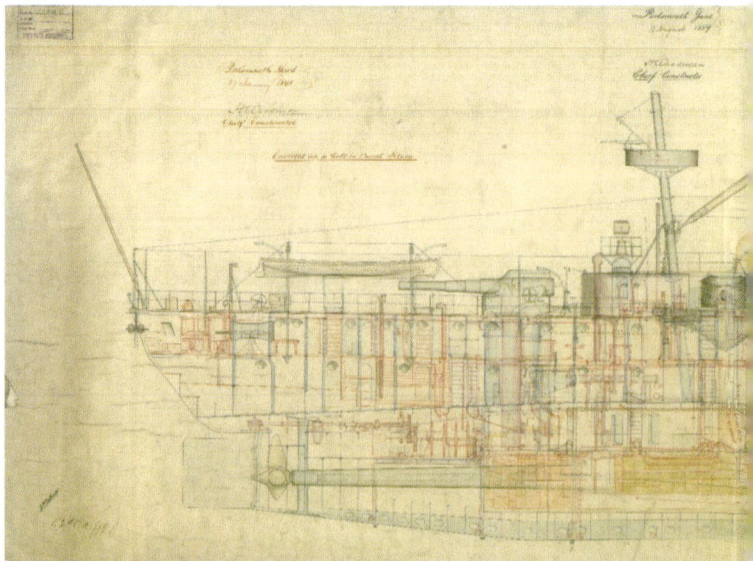

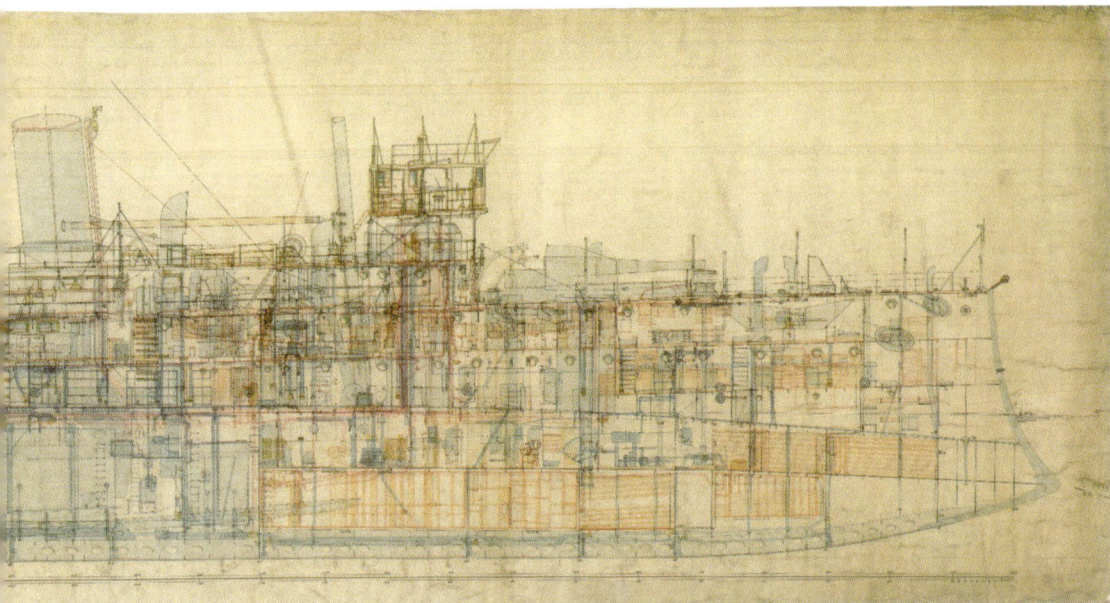

上图：作为"布莱克"级的缩小版，"埃德加"号（本图展示的是该舰1905年2月25日接受改装后的状态）及其姊妹舰的动力（以及发动机数量）削减了50%，最大航速降低了2～3节；排水量更小，但安装了与前者相同的武器。"埃德加"级服役了相当长的时间，其中一些到第一次世界大战结束仍然位于前线（**国家海事博物馆，伦敦格林威治，M0936**）

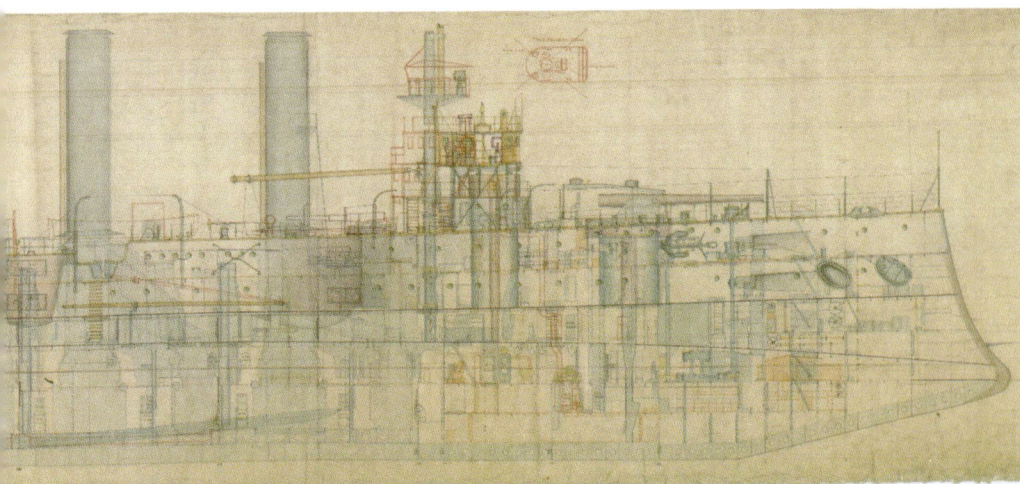

下图：由于对速度的迫切需求，"德雷克"级的尺寸回到了"强力"号的水平，比"克雷西"级多出2000吨。这使得"德雷克"级的航速增加2节，并增设了4门6英寸火炮。由于空间宽敞，该级舰经常被用作旗舰。本图展示了"德雷克"号在1910年对舰桥和桅杆平台进行改装的情况。另外，该舰在1916年2月拆除了主甲板上的6英寸炮廓炮，并用安装在上层甲板上的炮盾炮取而代之。这种做法源自战时经验，并被运用到许多大型巡洋舰和部分战列舰上（**国家海事博物馆，伦敦格林威治，M0939**）

上图："蒙默思"级与"德雷克"级在同一时期建造，航速相同，但尺寸更小，而且放弃了9.2英寸火炮。后来，英方又以"蒙默思"级为基础，推出"德文郡"级——相较前者，该级舰减少了8门6英寸火炮，并以4门7.5英寸火炮取而代之；另外混合安装了水管式和圆筒锅炉。本图展示了"德文郡"级"安特里姆"号在1920年接受改造后的状态，其7.5英寸舰首炮塔正后方增设了一座甲板建筑，导致相应的火炮无法旋转——但这一点无关紧要，因为"安特里姆"号已被改造为试验和训练船（**国家海事博物馆，伦敦格林威治，J9269**）

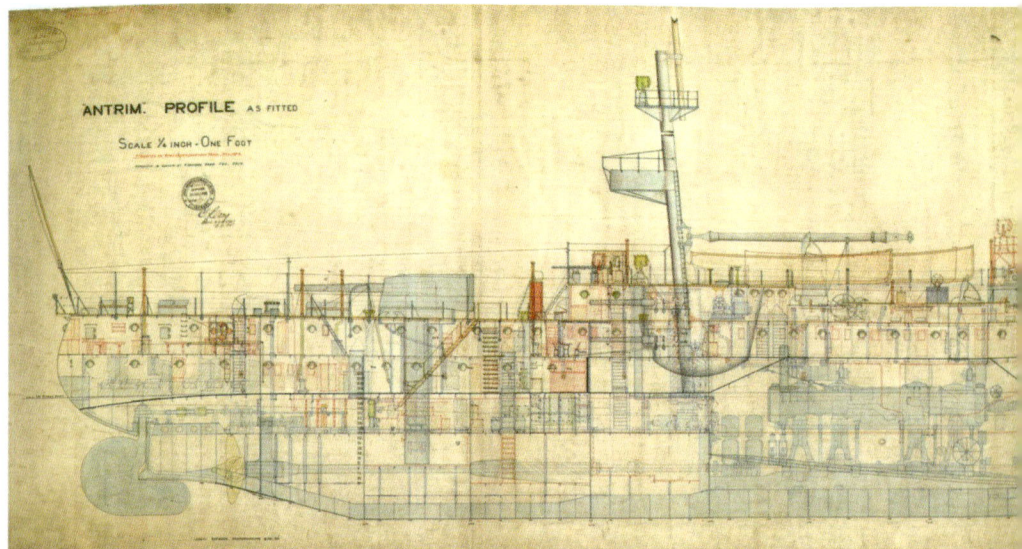

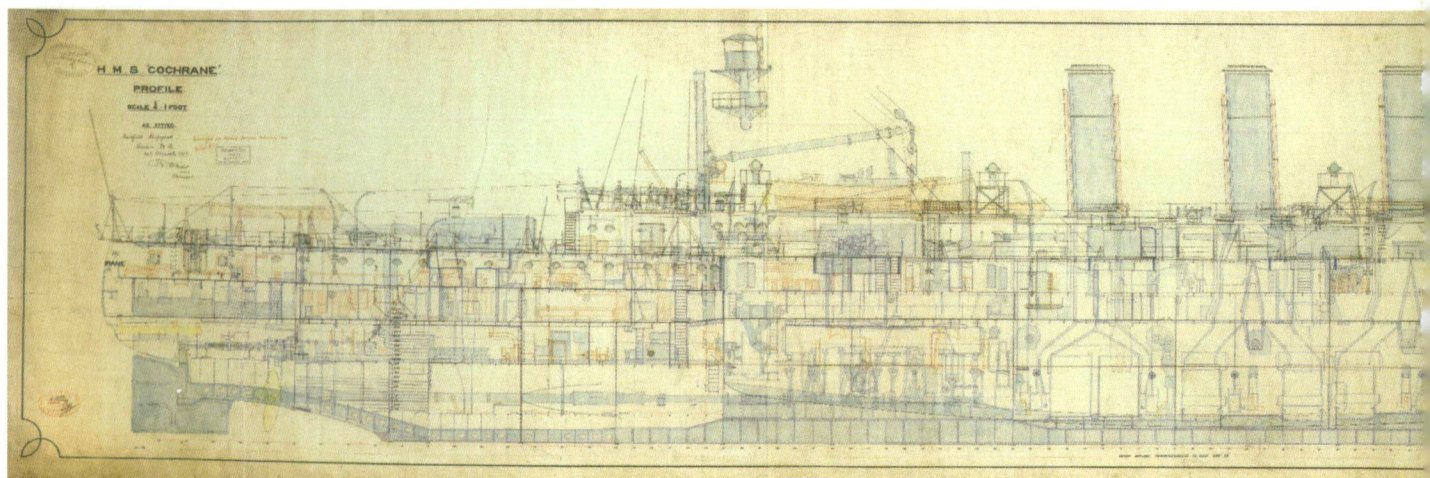

下图："米诺陶"级是英国"经典"大型巡洋舰的最后一代。该级舰的舰首和舰尾各有一座双联装9.2英寸主炮炮塔，还在舷侧安装了7.5英寸的单管火炮炮塔作为补充。与其前辈相比，该级舰重新采用直立式的烟囱和桅杆，以减少主桅吊杆的压力。与前两级船一样，"米诺陶"号的烟囱较短，但后来被加高——当然，在这张早期图纸上，作图员只为前部烟囱绘制了加高后的草图（**国家海事博物馆，伦敦格林威治，J9544**）

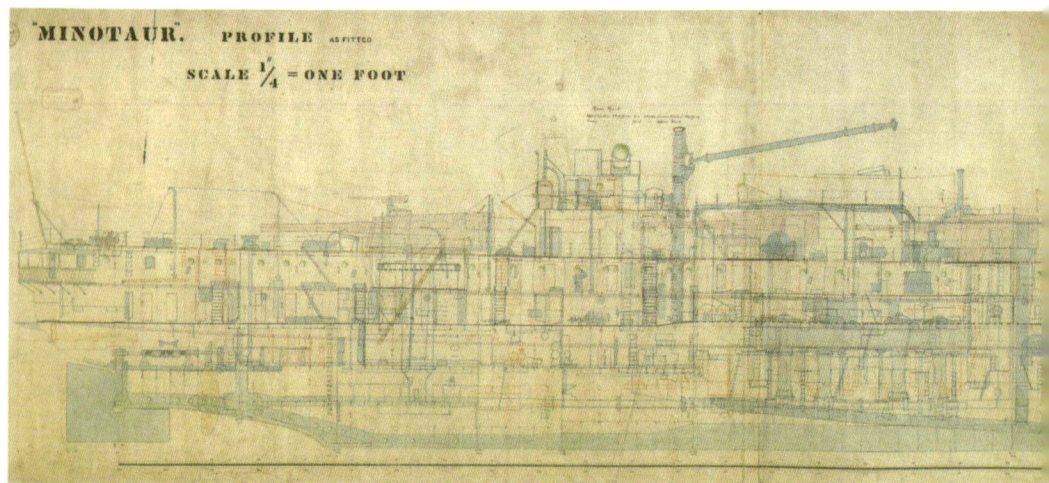

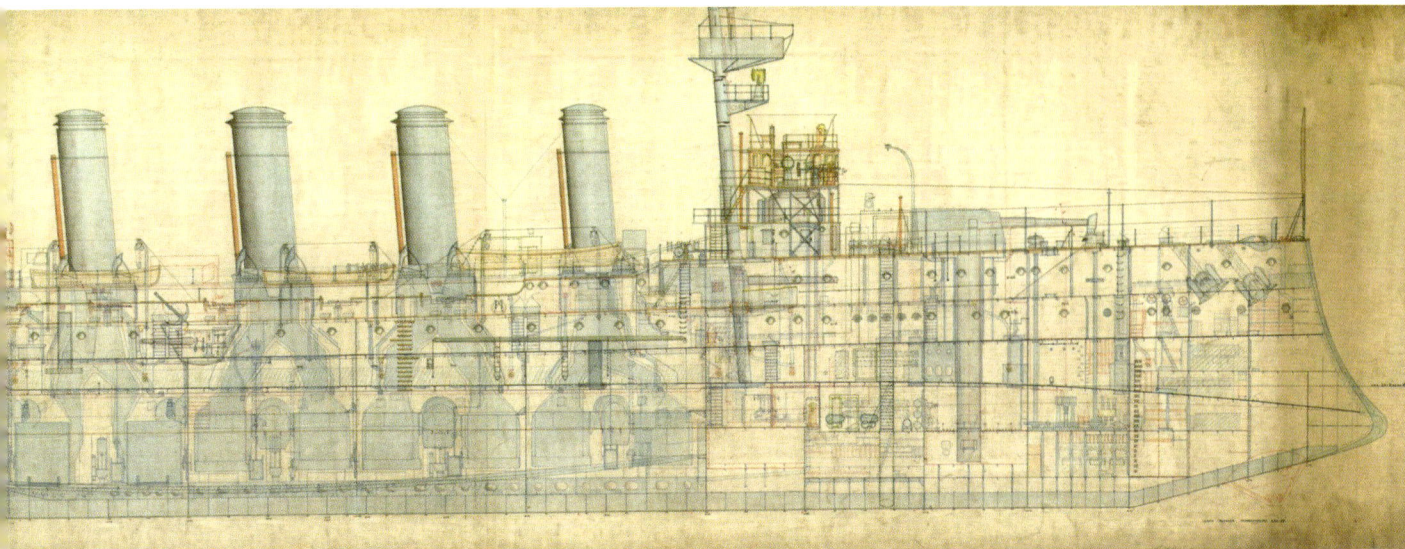

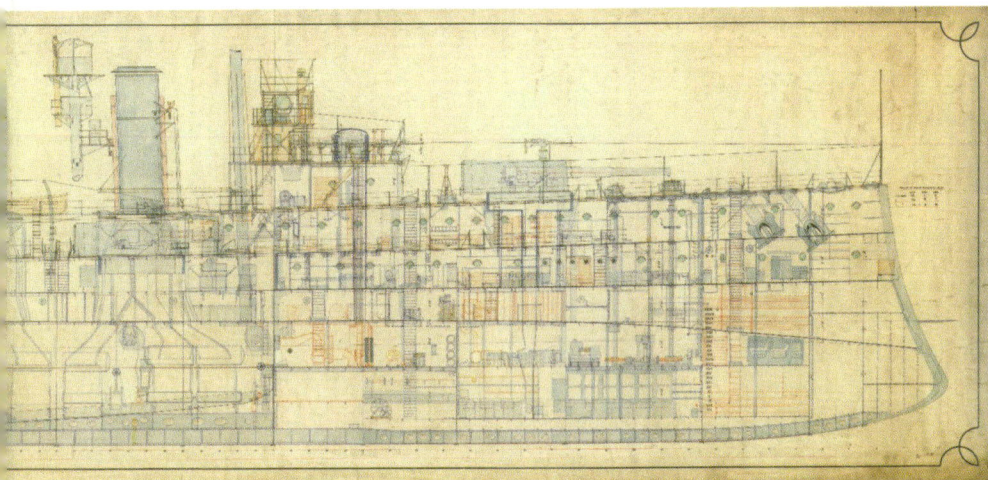

中图："德文郡"级后来成了一系列巡洋舰的蓝本——它们尺寸更大，并配备6门9.2英寸主炮。作为最初的那两艘，"爱丁堡公爵"级在主甲板上安装了6英寸副炮，但人们很快就发现其位置太低，无法正常使用。因此，最后的四艘"勇士"级（本图展示的"库赫兰"号就是其中之一）改用了安装在上层甲板上的7.5英寸炮塔式火炮。它们也被认为是后期英国最好的装甲巡洋舰，但只有一艘安然度过一战，并在拆船厂寿终正寝。这里展示的是"库赫兰"号1910年2月的状态，当时该舰的烟囱还没有被加高（**国家海事博物馆，伦敦格林威治，J9539**）

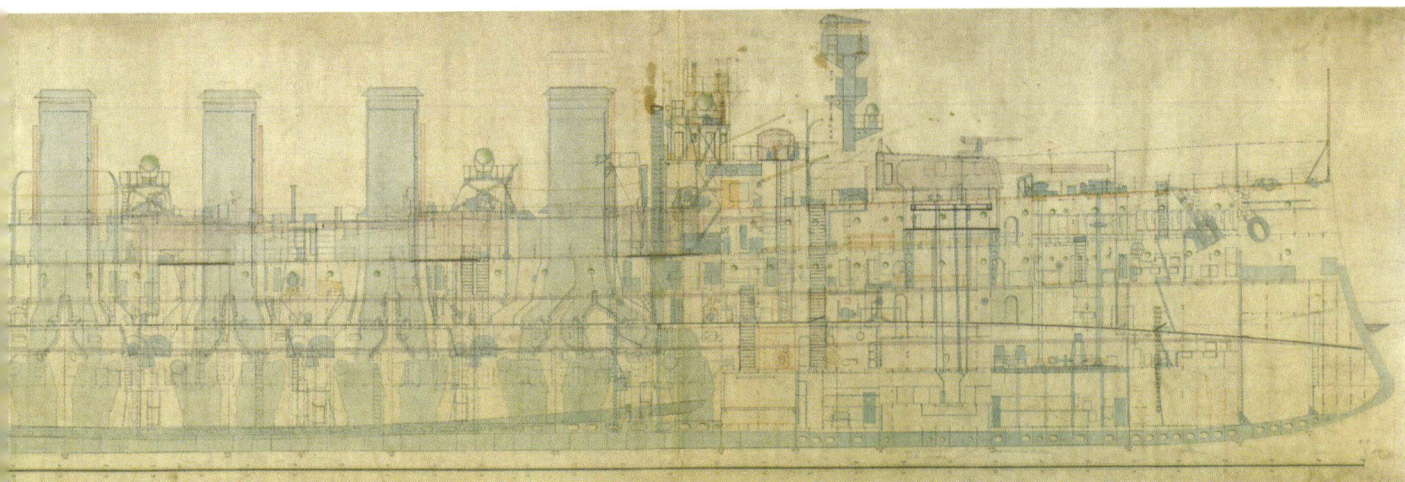

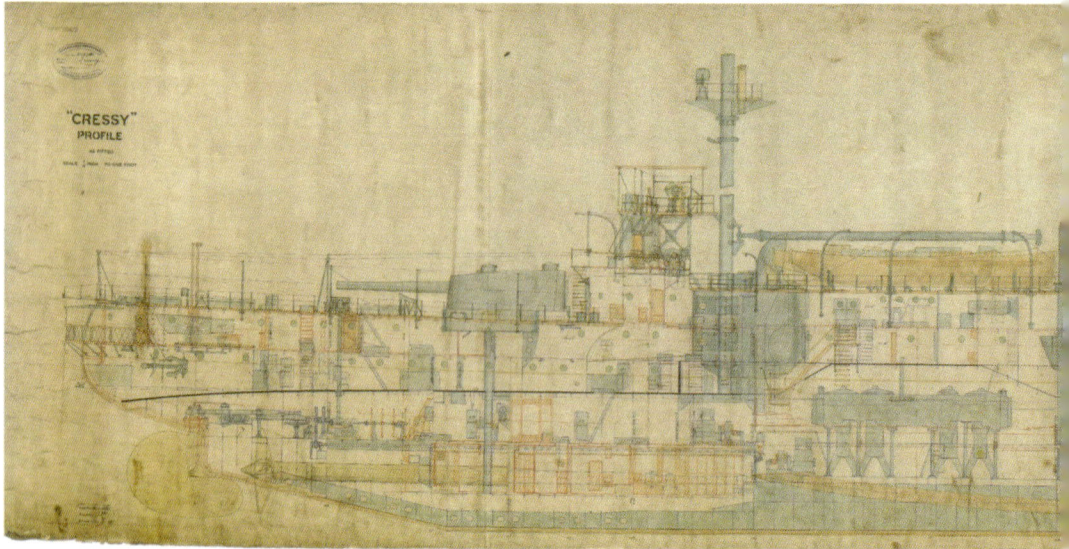

"EDGAR." PROFILE. AS FITTED.

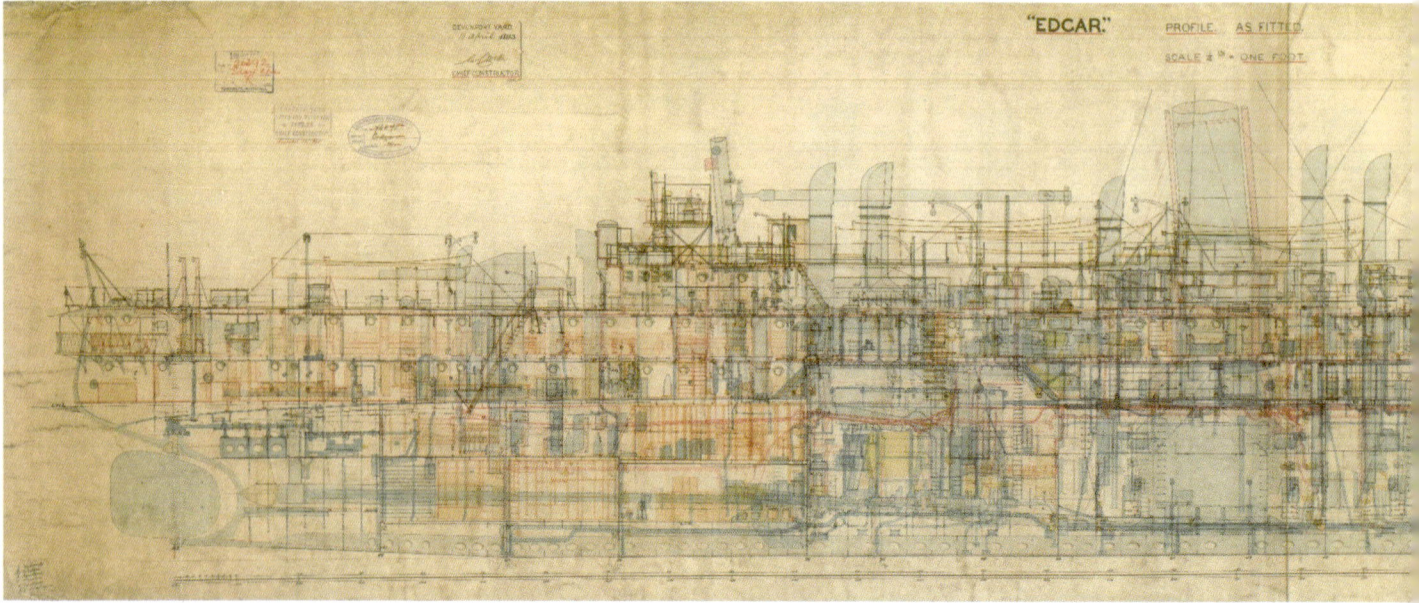

"CRESSY" PROFILE AS FITTED

中图："克雷西"级重新安装了侧舷装甲——得益于克虏伯渗碳钢，新式装甲能在可接受的重量下提供相应的防护。新型巡洋舰现在既被看成战斗舰队的附属力量，同时也可以在国外执行远洋任务。该级舰沿用了大部分英国大型巡洋舰的火力配置，装备2门9.2英寸炮和若干位于侧舷的6英寸炮，但其中许多6英寸炮距离水线太近，无法在任何海况下正常使用（国家海事博物馆，伦敦格林威治，M0189）

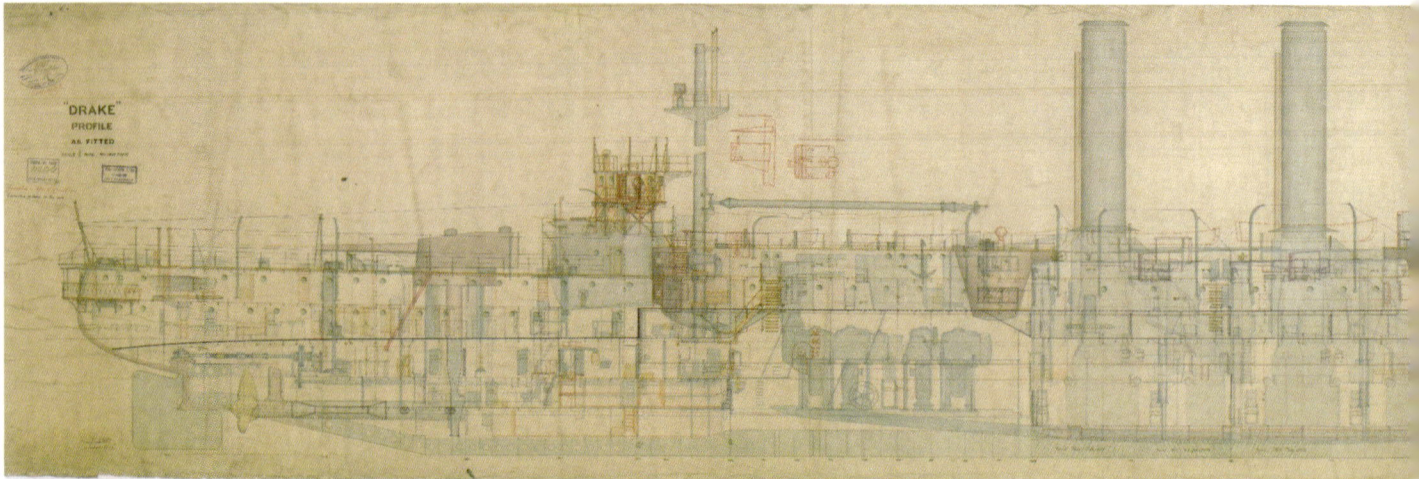

"DRAKE" PROFILE AS FITTED

[英] 艾丹·多德森 著 / 金文杰 译

THE BIG CRUISER IN THE WORLD'S NAVIES

大巡洋舰
图解百科
1865—1910

吉林文史出版社

图字：07-2022-0017

BEFORE THE BATTLECRUISER: THE BIG CRUISER IN THE WORLD'S NAVIES, 1865—1910
by AIDAN DOBSON
Copyright: © AIDAN DOBSON 2018
This edition arranged with Seaforth Publishing, an imprint of Pen and Sword Books Limited
through Big Apple Agency, Inc., Labuan, Malaysia.
Simplified Chinese edition copyright:
2022 ChongQing Zven Culture communication Co., Ltd

图书在版编目（CIP）数据

大巡洋舰图解百科：1865—1910 /（英）艾丹·多
德森著；金文杰译 . -- 长春：吉林文史出版社，
2022.9
书名原文：Before the Battlecruiser: The Big
Cruiser in the World's Navies, 1865—1910
ISBN 978-7-5472-8901-3

Ⅰ .①大… Ⅱ .①艾…②金… Ⅲ .①巡洋舰 – 世界
– 1865–1910 – 图解 Ⅳ .① E925.62–64

中国版本图书馆 CIP 数据核字 (2022) 第 178001 号

大巡洋舰图解百科：1865—1910
DA XUNYANGJIAN TUJIE BAIKE: 1865-1910

作　　者：［英］艾丹·多德森

译　　者：金文杰

责任编辑：吴枫

出版发行：吉林文史出版社（长春市福祉大路 5788 号）

印　　刷：重庆市国丰印务有限责任公司

开　　本：889mm×1194mm 1/16

印　　张：22.5

字　　数：307 千字

版　　次：2022 年 9 月第 1 版

印　　次：2022 年 9 月第 1 次印刷

书　　号：ISBN 978-7-5472-8901-3

定　　价：169.80 元

前言

自英国皇家海军在 1906 年发展出全重型火炮的战列巡洋舰以来，在之后的几十年间，世界各国建造的此类舰船便备受关注，它们的前身是包括直接参与线列战斗或执行远洋巡航任务的军舰在内的一系列具有不同用途的海军舰船。这些舰船此前从未作为一个整体得到关注。而且除了美国海军和英国海军，英语出版物中极少有对此类舰船的介绍，并且从来没有过对世界各国——包括从欧洲到远东，再到南美洲的各使用国的此类舰船进行统一介绍的尝试。因此，本书所涵盖的故事从 19 世纪 60 年代为远洋巡航而建造的二等铁甲舰［在法国海军被划为"巡洋铁甲舰"（Cruising Ironclad）］，而后是 19 世纪 70 年代以俄罗斯的"海军元帅"级（General-Admiral-class）和英国的"香农"号（Shannon）为代表的第一代"真正的"装甲巡洋舰，到最后在 1906 年开工建造的德国"布吕歇尔"号（Blücher）和法国"瓦尔德克 - 卢梭"号（Waldeck-Rousseau）。到"瓦尔德克 - 卢梭"号真正服役的 1911 年，英国和德国已经服役了 5 艘装备全重型火炮、采用蒸汽轮机的战列巡洋舰，使得此前所有的大巡洋舰成为过时的产品。在之后的第一次世界大战中，它们被排挤到了海军事务的边缘。

即使如此，还是有多艘大巡洋舰在这场战争中充当十分重要（或者说十分悲剧）的角色；尽管它们中的绝大多数都在 20 世纪 20 年代被出售拆解，但还是有一些继续服役到了第二次世界大战期间，甚至战后。直到 50 年代中期，具备远洋航行能力的此类巡洋舰才最终退出现役，而且时至今日还有一艘作为博物馆舰得以保留，以纪念这个曾经在海军史上书写下辉煌篇章的舰种。

在写作本书时，我（笔者）面临的主要问题就是（如何）准确地考证每艘军舰的相关技术数据，尽管有时来源不同的文献之间有着相当大的差异。从最早的当时出版的各类年鉴资料[1]（部分反映了当时的宣传需要，另外一些则源于各国对他国军舰性能的错误估计），到更近期的"标准"资料[2]，再到专业期刊[3]中的论文所引用或摘录的档案资料（以及部分有着类似数据来源的专著），不同出版物给出的细节数据都存在或多或少的差别，而且这类差别在文件此前处于保密状态时更加严重。

类似的情况是，"标准"资料中各舰的服役经历也经常不完整，或者多少存在一些错误，尤其是各舰最后的命运往往疑问重重。因此，笔者优先选择的是来自官方档案机构［例如英国国家档案馆（UK National Archives）、美国海军历史档案馆（US Naval History Branch）或其他国家的对应机构］的数据。但剩下的一些舰船不仅在技术和服役经历上存在问题，有时甚至会直接从档案中消失，无法考证其最后的结局。我只能保证本书采用了目前看来可信度最高的资料来源。毫无疑问，本书的许多地方还有待修正；因此，我也希望能够接触到相关信息的读者给予我指正。

本书第二部分的草图展示了各舰的装甲和动力系统布置，以及各舰不同时期的外观变化。需要强调的是，就展示的第二点内容而言，这些图片确实只能作为"草图"，因为它们直观地说明了军舰主要的外观变化，但无法据此判断细节上的变化。为了绘制以上草图，我参考了各国官方发布的"完成舾装后"的舰船图纸；更多则是根据概念图或当时的照片估算数据（然后绘制草图），其中为部分数据标注的年份与实际时间并不相符。草图中有关装甲布置的内容除了受上述因素影响，也受出版物数据准确性的影响，只能认为是"最接近的推测"；而且很多时候会为了草图的简洁性而有所简化。

类似地，尽管我已全力保证在细节和服役经历方面的格式统一，但还是在实践中发现，由于上述原因和缺乏详细资料等问题，部分舰船的相关资料明显比其他舰船更加完善。得益于理查德·帕金斯（Richard Perkins）之前的工作，我才能更好地描述英国舰船发展的情况，他在本书还处于准备阶段时便翻印出版了来自国家海事博物馆（National Maritime Museum）大量珍贵的图纸资料[4]；如果需要了解英国舰船的更多细节变化，我建议读者们参考这些图纸。

和以前一样，我在编写本书时也得到了许多帮助：拉维勒·贝里（LaVerle Berry）帮助我获得来自美国国会图书馆的许多资料；大卫·切萨姆（David Chessum）提供关于海军军备限制条约的信息；安德鲁·钟翰林（Andrew Choong Han Lin）为我找到了国家海事博物馆中铸炮厂部的相关资料；雷格·克拉克（Reg Clark）进行校对工作；伊莎贝尔·德吕莫（Isabelle Delumeau）提供了关于法国"克莱贝"级（Kléber-class）巡洋舰的信息；维尔福雷德·朗格里（Wilfried Langry）提供的是有关法国舰船的服役生涯信息和图片；伊内丝·麦卡特尼（Innes McCartney）提供了在日德兰战役中沉没的舰船的资料；史蒂芬·麦克劳格宁（Stephen McLaughlin）提供了俄罗斯舰船的资料；理查德·奥斯本（Richard Osborne）也在图片收集方面提供了帮助。

同样地，我需要感谢我的妻子戴安·希尔顿（Dyan Hilton）为我完成的校对工作和对我的支持！书中仍然存在的错误、不合逻辑或有歧义之处皆由我本人承担责任。

于布里斯托尔大学，2017 年 11 月

引言

1906 年前后爆发的"无畏舰革命"对海军技术的发展造成了深远的影响，因此这一年也可以被视为主力舰发展的"元年"。许多作者因此认为"前无畏舰时代"的舰船设计存在本质上的缺陷，但他们常常忽视的是，无畏舰时代的舰船设计理念实际上都可以追溯至蒸汽动力舰船刚刚出现的时候。

就如当时堪称"革命性"的战列巡洋舰，如果我们在不带有主观情绪色彩的情况下进行分析，便会发现这型舰船其实可以追溯到最早的装甲舰时代，当时就已经出现一种更轻、很可能也更快的铁甲舰，用来对付普通的巡航舰船，同时又能在战列线之外充当主力舰。 具有此类功能的舰船其实最早可以追溯至美国在 18 世纪和 19 世纪初专门建造的一系列重型护卫舰；此外，它们还能承担远洋破交舰的任务，这表明它们应该拥有较高的航速和较大的作战半径。但不管是哪种任务（用作主力舰或破交舰），都会与另一种相矛盾，因此该型舰艇最终被部署到了边远海区，作为主力舰使用。

本书的目的就是探索和讲述这类舰船的故事，直至它们逐渐转变为全重型火炮的战列巡洋舰——尽管这次转变并不是第一次除战列舰以外的舰种搭载了最重型的火炮。笔者选择"大巡洋舰"（big cruiser）这一称呼而非更加具有"科学性"的名词，是因为由于所属国家海军的不同，这类舰船有着极广的分类（要知道在 1922 年的《华盛顿海军条约》之前，世界上并不存在对"战列舰"和"巡洋舰"的规范化定义），包括："大型巡洋舰"（large cruiser）、"一等巡洋舰"（1st class cruiser）、"二等战列舰"（2nd class battleship）、"远洋巡航舰"（cruising-corvettes）和"装甲巡航舰"（armoured corvette）等。而且有时候哪怕在同一个国家的海军中，也没有统一明确的分类标准。例如，在英国海军中的"蛮横"级（Imperieuse-class）就被称作巡洋舰；但不知为何，基于几乎相同的性能指标建造的"百夫长"级（Centurion-class）却被归为战列舰。尽管如此，各舰所承担的任务种类大体上还是能够进行综合或分别的判断，从而对它们进行一定范围的宽泛分类：能够在边远海域担任主力舰（的舰船，下同）；能够充当战斗舰队的机动侧翼；能够进行远洋破交；以及能够防御专门的远洋破交舰。这些舰船通常拥有远比当时的普通巡洋舰更大的舰体尺寸（有时甚至超过战列舰），并且拥有舷侧装甲防护，这也是普通巡洋舰所不具备的属性。到本书所涵盖的时间段的最后，这类舰船大多数都被（正式或非正式地）定级为装甲巡洋舰（armoured cruiser）。笔者曾考虑以这一分类来称呼这一类舰船，但这一名称代表着舰船拥有舷侧装甲；然而还是有部分从尺寸和建造目的上应当被归为"大巡洋舰"的舰船，仅仅通过水平的甲板装甲提供防护。

本书将介绍的大巡洋舰，是指不能参加主力战列线，早于"无敌"号（Invincible）战列巡洋舰完工，拥有侧舷装甲且／或排水量超过 7500 吨的装甲舰船。在详细介绍这些舰船之前，本书还将追溯这些舰船的技术发展脉络，以及主要发展脉络所附带的需求和影响，从而透过大巡洋舰管窥当时的世界海军发展。

资料来源、惯用语和缩写

参考书目和资料

本书在写作中尽量避免采用"标准资料"（例如《康威世界战斗舰艇》），而是更优先地考虑档案资料和专著，以及基于它们所发表的论文。尾注的参考资料中给出了关于某一艘或某一型舰船的相关参考资料。其中一些参考书也包括关键的相关参考资料，例如伯特（Burt）所著的《英国战列舰：1889—1904》（British Battleships 1889—1904）、费龙（Feron）所著的《法国海军 100 年间的巡洋舰与海岸巡逻舰》（100 ans Marine Français; Croiseurs; Gardes-côtes）、弗里德曼所著的《美国巡洋舰设计史》（U.S. Cruisers: An illustrated Design History）和《维多利亚时代的英国巡洋舰》（British Cruisers of the Victorian Era）、吉奥尔吉里尼（Giorgerini）和纳尼（Nani）合著的《1861—1967 年的意大利巡洋舰》（Gli Incrociatori Italiani 1861—1967）、马斯喀特所著的《美国装甲巡洋舰的设计史与战史》（U.S. Armoured Cruisers: a Design and Operational History）和帕克斯所著的《英国战列舰》（British Battleships；不过此书出版时，有许多档案资料尚未公开，因此存在许多问题）。

惯用语

为方便对比，本书中的所有单位均采用英制，换算方法详见附表 1 和附表 2。舰名后标注的年份除非特别说明，否则均指代舰船的下水时间。

各层甲板名称则统一遵循英国海军的习惯，见下图所示，括号中标注的是当时的其他叫法以及现代所用的名称。其中，上层甲板指贯通全舰的最高一层甲板。不过只有极少数舰船才会拥有如下罗列的所有种类甲板，比如只有最大型的舰船上才会设置中层甲板。

缩写	英文	中文翻译
AA	Anti-Aircraft	防空
AMC	Armed Merchant Cruiser	武装商船巡洋舰
BA	Bundesarchiv	（德国）联邦档案馆（仅见于照片来源）
BCS	Battle Cruiser Squadron	战列巡洋舰中队（皇家海军）
BRT	British Registered Tons	英国注册吨位
缩写	英文	中文翻译

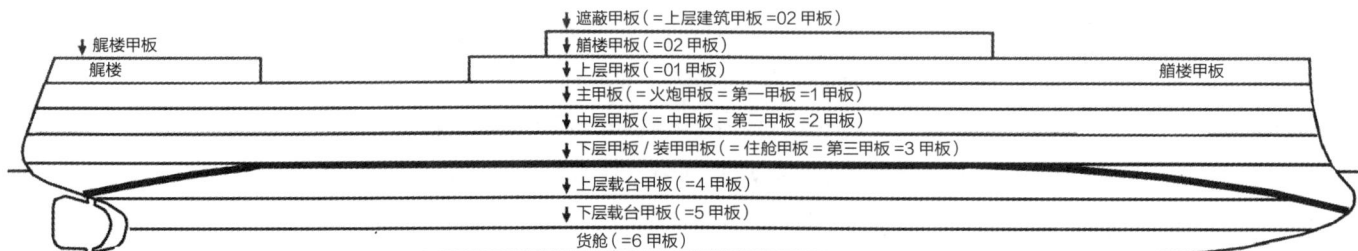

BS	Battle Squadron	战列舰中队（皇家海军）
BuOrd	Bureau of Ordnance	（美国海军）军械局
CinC	Commander-in-Chief	司令官 / 总指挥官
CS	Cruiser Squadron	巡洋舰中队（皇家海军）
cwt	hundredweight	英担（英制火炮口径单位）
DF	Destroyer Flotilla	驱逐舰分队（皇家海军）
FF	Fleet Flagship	舰队旗舰
FO	Flag Officer	海军将官
ihp	indicated horsepower	指示马力
QF	Quick Firing（gun）	速射（炮）
kt	knot（s）	节
LCS	Light Cruiser Squadron	轻巡洋舰中队（皇家海军）
NHHC	US Naval History and Heritage Command	美国海军历史与传承司令部（照片来源）
nm	nautical mile（s）	海里
pdr	pounder	磅（用于表示火炮弹重 / 口径）
SG	Scouting Group	侦察群（德语为 Aufklärungsgruppe）
shp	shaft horsepower	轴马力
Sqn	Squadron	中队
SNO	Senior Naval Officer	海军高级军官
SO	Senior Officer	高级军官
TBF	Torpedo Boat Flotilla	鱼雷艇分队
TT	Torpedo Tube（s）	鱼雷发射管
WSS	World Ship Society	世界舰船协会（见于照片来源）

关于第二部分中的数据表

排水量	因为在 1922 年《华盛顿海军条约》签订前没有任何统一的关于排水量界定标准，所以在此之前的资料中采用的是"通常"排水量（normal displacement）。条约签订后，依然还在服役的舰船则将这一数据直接变更为标准排水量（standard dispalcement），不过该吨位与条约中规定的法定计算方法并不相同。
尺寸	在数据存在时，舰体长度包括垂标间距长（舵轴与锚链孔之间的长度）、水线长（wl）和总长（oa）；吃水则是通常排水量状态下的吃水深度。
动力系统	往复式蒸汽机采用以下缩写 HC= 水平复合式蒸汽机（Horizontal Compound） HDA= 水平直联式蒸汽机（Horizontal Direct Acting） HSE= 水平单胀式蒸汽机（Horizontal Single Expansion） HTE= 水平三胀式蒸汽机（Horizontal Triple Expansion） HRCR= 水平往复式连杆蒸汽机（Horizontal Return Connecting Rod） VTE= 立式三胀式蒸汽机（Vertical Triple Expansion） 在输出功率数据上，FD 代表增压送风（Forced Draught）时的功率。 燃料搭载量为通常 / 最大搭载量。
武器装备	除非专门指出，否则舰炮均为后膛装填 [例如 MLR 指代前装线膛炮（Muzzle Loading Rifle）]，相应数据为舰炮口径 / 舰炮倍径。舰炮具体数据见附表 1。
装甲防护	装甲厚度通常自舰艉依次向前罗列，如为总述则列出最大厚度；装甲甲板厚度为平面厚度 / 斜面厚度。
载员	如给出数据时代表军官人数 + 其他各衔级人数
开工时间	不同国家海军和不同来源的资料对该时间的定义均不相同。例如法国海军对此的定义是舰艇"搁置船台"（mis sur cale）的日期。
完工时间	不同国家海军和不同来源的资料对该时间的定义均不相同。例如法国海军对此的定义是舰艇进行"武器安装"（armement definitif）的日期。

目录

第一部分：大巡洋舰的崛起与没落

本图摄于"萨福克"号服役生涯中最后一次任务期间，该舰当时停泊于东北亚某港口。图中可见该型舰在第一次世界大战结束后的典型改装，包括将主甲板的副炮挪到了上层甲板。"萨福克"号还是其姊妹舰中唯一拥有舰廊的一艘。图中后方还可见日本海军的"三笠"号［（1900）］战列舰，同时在"萨福克"号后部图片最左面还能勉强看到美国海军"布鲁克林"号巡洋舰的舰艏（WSS）

1 | 起源
GENESIS

风帆海军时代

到 18 世纪末，英国皇家海军已经逐步完善了一套始自 1677 年的海军舰船定级体系，该体系将海军舰船分为六级。拿破仑战争期间，典型的一级舰搭载超过 100 门火炮；二级舰搭载 90 ~ 98 门火炮；三级舰搭载 64 ~ 80 门火炮；四级舰搭载 50 ~ 60 门火炮；五级舰搭载 32 ~ 44 门火炮；六级舰仅搭载 20 ~ 28 门火炮。其中前三级舰船被称作线列战舰（ship of the line）——即战列舰，拥有多层火炮甲板；后三级则被称作护卫舰（frigate），只设有单层火炮甲板①，用于执行侦察、贸易保护等远洋巡航任务。其他国家海军也采用类似的分级系统，例如法国海军就将舰船分为五个等级（Rangs）。

美国在根据《1794 年海军法案》（Naval Act of 1794）建立海军时，初生的美国海军根本负担不起线列战舰和护卫舰的组合。因此，美国决定建造一种异常强大的护卫舰，这种战舰足以击败其他任何国家的护卫舰，遇到线列战舰时又能快速逃离——这种概念本质上便是后来许多大型巡洋舰的设计理念[5]，而同样的理念最晚一直延续到了德国在 20 世纪 30 年代建造的"德意志"级（Deutschland-class）装甲巡洋舰。

"宪法"号（1797）是 18 世纪末美国建造的四艘大型护卫舰中的一艘，该舰在很多方面可被视为后来的大巡洋舰的先祖。本图为该舰 1909 年刚完成第一阶段复原工作后的照片（作者个人收藏）

---

① 译者注：风帆战舰时代计算火炮甲板层数时，并不计算同样可能搭载火炮的上层甲板。

这些护卫舰分别被命名为"美国"号（United States，44 炮）、"星座"号（Constellation，38 炮）、"宪法"号（Constitution，44 炮）、"切萨皮克"号（Chesapeake，38 炮）、"国会"号（Congress，38 炮）和"总统"号（President，44 炮），均在 1797—1800 年间下水。从整体上看，以上护卫舰搭载了超过标定数量的火炮，而且在几艘 44 炮（实际搭载的火炮数量通常超过 50 门）护卫舰上，其最轻型的火炮的口径也达到 24 磅[①]，而当时普通的护卫舰主要装备 18 磅炮（标称 38 炮的 3 艘护卫舰也以该型火炮为主要武器），反映出了这类美制护卫舰作为准主力舰的职能。

当时另外一种建造重型护卫舰的方式则是拆除过时的二级舰的最上层火炮甲板，从而改造出"拆除甲板型护卫舰"（razee frigate）。在 1794 年，英国便通过这种方式将三艘 64 炮战舰改建为 44 炮护卫舰，而且和美国护卫舰一样，装备 24 磅炮，包括爱德华·佩留爵士（Sir Edward Pellew）著名的"不倦"号（Indefatigable，该舰最初于 1784 年下水）；另外两艘则是"宽宏"号［Magnanime（1780）］和"安森"号［Anson（1781）］。在之后的 1813—1845 年期间，又有更多 74 炮线列战舰经历类似改造，因为这型战舰在战列线中已经显得愈发落后（但需要指出的是，并非所有的改造都完成了）。[6] 后续的第一批改造是源于 1812 年战争期间反制美国方面 44 炮重型护卫舰的需要，包括 58 炮护卫舰"威严"号［Majestic（1785）］、40 炮护卫舰"恩底弥翁"号［Endymion（1797）］和 1815 年 1 月 15 日俘获的"总统"号。法国海军在 18 世纪 90 年代同样进行了将 74 炮战列舰改装为 54 炮护卫舰的工作，并在 1822 年又进行了一批改造。此外，美国海军曾在 1836 年将 90 炮的"独立"号［Independence（1814）］改造为 54 炮护卫舰。

从木壳到铁壳

线列战舰从来不是美国海军作战序列中的主角，其以重型护卫舰为核心的理念

图为美国为俄国建造的"海军元帅"号（第一代）大型护卫舰。后来曾有人提出将该舰改造为铁甲舰，但最终俄国新建了一艘（作为第二代的）"海军元帅"号（**作者个人收藏**）

① 编者注：为准确表达数据，中文版保留了原书的英制单位。文中用于表示相应火炮，如"24 磅炮"时可看作"152 毫米炮"；用作重量单位时，1 磅 =0.4536 千克。下文出现该单位时，读者可自行换算。

美国长期将重型护卫舰视作海军的核心，图中的"明尼苏达"号（1855）便是内战爆发前入役的五艘大致同型的舰船之一。该舰排水量为3300吨，装备2门10英寸炮、28门9英寸炮和14门8英寸炮，设计最大航速为12.5节。该舰在内战结束后主要担任训练舰，并于1901年被出售拆解，最终以被烧毁的形式回收了金属部件（NHHC NH 92）

一直延续到了19世纪。不过，当时还没有人意识到搭载少量远射程重型火炮的舰船，对搭载大量短射程火炮的舰船所具有的优势。[7]重型护卫舰发展的巅峰，便是美国在1854年订购的5艘装备40门火炮、航速达12节[①]左右的蒸汽护卫舰[②]，以及更大型的"富兰克林"号[Franklin（1864）]和巡防舰（Sloop）"尼亚加拉"号[Niagara（1855）]，这些战舰均被当时的英国视作对本国海上航运的巨大威胁。[8]

俄国在克里米亚战争失败后，也长期采用以近海防御和远洋破交为主的海军战略。同时，为了满足相应的海上破交战的需求，俄国曾在19世纪50年代开工建造三艘大型护卫舰。其中最大的一艘便是由美国[9]建造，排水量高达5700吨，装备68门火炮的"海军元帅"号[General-Admiral（1858）]；另外两艘4500吨级舰船["亚

作为对抗"明尼苏达"号等舰船的手段，两艘"默尔西"级护卫舰（1858年，图中为"奥兰多"号）是当时所建造最长的木壳舰船，同时也是木制舰船所能达到的尺寸极限（作者个人收藏）

① 编者注：为准确表达数据，中文版保留了原书的英制单位。1节=1.852千米/小时，12节=22.2千米/小时。下文出现该单位时，读者可自行换算。

② 即"梅里马克"号（Merrimack）、"沃巴什"号（Wabash）、"罗诺克"号（Roanoke）、"明尼苏达"号（Minnesota；上述各舰均于1855年下水）和"科罗拉多"号[Colorado（1856）]。

历山大·涅夫斯基"号（Aleksandr Nevskiy）和"迪米特里·顿斯科伊"号（Dimitri Donskoi）]则在俄国本土建造。

美国建造的这些舰船最终也让英国建造了相对应的"复制品"，即"沃克的大型护卫舰"[得名自当时的海军验船师（Surveyor of the Navy）鲍德温·沃克爵士（Sir Baldwin Walker, 1802—1876）]，排水量 5500 吨级的"奥兰多"号（Orlando）和"默尔西"号（Mersey）。两舰同样装备 40 门火炮，但比它们的美国对手更快（13.5 节，相比之下后者实际只能达到 8.5 ~ 9.5 节）；两舰同时也是有史以来最长（比更大一些的"海军元帅"号还长 30 英尺①），单层火炮甲板舰船中最强大的大型护卫舰。不过，该级舰在战术上的价值非常尴尬：对于线列战舰而言其航速过快，对于巡航而言其火力又过猛。之所以造成这种情况，原因就是英国方面当时急于对敌方所拥有的舰船进行"复制"，而没有仔细考虑对方舰船或者说己方"复制品"该如何使用——更遑论双方有多大可能在相同时间出现在相同地点。类似的问题还会在 19 世纪 90 年代

1863 年美国国会批准建造的六艘高速远洋破交舰当中，最终完工的只有三艘。图中的"万帕诺亚格"号仅仅在 1868 年初服役了一小段时间（1869 年更名为"佛罗里达"号），曾担任北大西洋分舰队的旗舰，但之后便被归入预备役或作为接待舰使用，直至 1885 年被出售拆解（NHHC NH 54159）

英国皇家海军对"万帕诺亚格"号及其姊妹舰的回应便是一批无防护的铁壳护卫舰，第一艘是"无常"号（1868），而后是本图所展示的"沙阿"号（1870）。1877 年，该舰与秘鲁方面"胡阿斯卡尔"号炮塔铁甲舰之间的战斗表明了皇家海军同样需要在远海部署具备装甲防护的舰船。1893 年，当"沙阿"号被拆解时，其最底一段的桅杆被用到了"胜利"号（1765）风帆战列舰上（NHHC NH 71214）

① 编者注：为准确表达数据，中文版保留了原书的英制单位。1 英尺 =0.3048 米，30 英尺 =9.1 米。下文出现该单位时，读者可自行换算。

"图维尔"号是法国针对英国舰船而建造的两艘舰船之一，却主要被用于执行远洋破交任务。该舰于1901年退役（**NHHC NH 66097**）

① 编者注：为准确表达数据，中文版保留了原书的英制单位。1英寸=25.4毫米，9英寸=228.6毫米。下文出现该单位时，读者可自行换算。

② 译者注：Shah，即波斯语"国王"之意。该舰原名为"布朗德"号，1873年为纪念波斯国王到访而更名。

③ 包括"罗利"号［Raleigh（1873）］、"沃拉格"号［Volage（1869）］、"积极"号［Active（1869）］、"流浪者"号［Rover（1874）］和"酒神祭司"级［Bacchante-class（1875—1877）］。

再次出现，即英国为了应对俄国的"留里克"号（Ryurik）和"俄罗斯"号（Rossiya），而建造"强力"级（Powerful-class）巡洋舰。

　　在此之后，美国的新一批大型护卫舰建造计划造成的"恐慌"又催生出皇家海军中尺寸更大的铁壳护卫舰（但没有装甲防护），该型舰一举解决了"默尔西"级的木制船壳强度和硬度不足的问题。美国海军推出的大型护卫舰，则是为了追求不同寻常的高航速；其15节的高航速在名义上是为了追击邦联军的远洋破交舰，但皇家海军还是认为真实目的存疑。英方认为"万帕诺亚格"号［Wampanoag（1864）］、"阿蒙苏努克"号［Ammonoosuc（1864）］、"马达沃斯卡"号［Madawaska（1865）］、"内沙米尼"号［Neshaminy（1865）］、"蓬帕努苏克"号［Pompanoosuc（未下水）］和"好人理查德"号［Bon Homme Richard（未建造）］的主要任务是对本国舰艇实施远洋破交。

　　美国的这些木制护卫舰虽然具有高航速，但并不实用（后三艘甚至没能完工）。当然，就算如此，英国最终还是针对其建造了排水量还要再多1000余吨的"无常"号［Inconstant（1868）］。该舰不仅与美方舰船的航速相当，还搭载有主力舰级别的武器（12.5吨型9英寸①前装线膛炮和6.5吨型7英寸前装线膛炮）。之后，皇家海军建造了类似的"沙阿"号②，该舰同样搭载主力舰的舰炮；不过该舰也是最后一艘搭载此类重型武器的无防护战舰，接下来一系列排水量更小的舰船③都重新搭载了符合护卫舰定位的武器（7英寸或更轻型的火炮）。法国在这方面的建造计划则受普法战争的影响而向后拖延，不过在1872年的海军建造计划中还是提出建造"杜肯"号（Duquesne）和"图维尔"号（Tourville；排水量分别为5905吨和5698吨，都在1876年下水），两舰最主要的任务就是远洋破交。

进入铁甲舰时代

　　世界上最初的铁甲战列舰，即法国"光荣"号［Gloire（1859）］和英国"勇士"号［Warrior（1860）］铁甲舰的出现，立即对当时的战舰分级体系造成了巨大冲击：

"勇士"号是19世纪60年代建造的第一艘全铁壳铁甲舰,该舰在其服役末期被重新分级为装甲巡洋舰(NHHC NH 71191)

尽管这类舰船远比一级线列战舰还要强大,但根据火炮的数量和搭载方式,只能被归类为"护卫舰"。两舰也并未执行护卫舰的任务,而是主要驻扎在本土海域作为主力舰。在之后的几年中,这类舰船只是从技术层面上被简单分类[例如"中央炮郭舰"(central battery ship)、"炮台舰"(barbette ship)和"炮塔舰"(turret ship)]¹⁰并归类为"铁甲舰"(ironclad),而不是以反映舰船职能为目的进行分类。

当时舰船的战术职能划分确实相当不明确,因此舰船在建造时通常是根据既定的尺寸或造价划分相应战术职能,而不是出于这类舰船需要满足怎样的任务要求。于是,在所谓的"全尺寸"铁甲舰("勇士"级)出现后,英国建造的"防御"级[Defence-class(6150吨,1861)]和"赫克托耳"级[Hector-class(6710吨,1862—1863)],便打算通过缩小尺寸来节约建造经费。相比大型的铁甲舰①,这类铁甲舰尺寸要小大约三分之一,航速也要慢2节,因而很难与前者在战术上配合,也导致它们在本土作为主力舰的价值存疑。后来"防御"号在1869—1870年间被部署到北美洲就很好地反映了这一点;"抵抗"号(Resistance)也在1864—1867年间被部署到地中海,成为该海域的第一艘铁甲舰——只有在这类海区,它们才能作为主力舰使用。而更晚完工的"赫克托耳"号和"勇士"号(Valiant)基本是在本土作为哨戒舰,这表明它们同样

① 也包括之后"勇士"级的后续型号"阿喀琉斯"号[Achilles(1863)]和"米诺陶"级[Minotaur-class(1863—1866)]。

英国海军的第一艘二等铁甲舰
"防御"号（NHHC NH 71206）

缺乏作为真正战列舰的性能。

　　英国在 19 世纪 60 年代初还建造过少数吨位更小的铁甲舰，但主要是为了测试主力舰之下的其他舰船是否有必要增加装甲。当时在船台上尚未完工的两艘巡防舰被改造为排水量 1350 吨的"进取"号［Enterprise，前"切尔克斯人"号（Circassian, 1864）］和 1734 吨的"探索"号［Research，前"特伦特"号（Trent, 1863）］，还有一艘未完工的巡航舰被改造为排水量 3230 吨的"宠爱"号［Favorite（1864）］。值得一提的是，最后者的设计并不成功，因此被部署到了北美和西印度群岛地区；有关以上这些舰船的评估，最终使得英国到 20 世纪前都不曾在这类小型舰船上安装侧舷装甲（除了一些用于近海的炮塔铁甲舰）。

　　法国的铁甲舰建造则起源于 1857 年拿破仑三世提出的大规模海军扩充计划（分别在 1863 年和 1865 年进行了相应更改）。这些计划的规模在一开始相比英国方面小得多，只有"海洋"级［Océan-class（1869—1870）］的建造计划勉强与英国同类舰船相当；但因为其只是木壳铁甲舰，生存能力显然更差。不过相同的是，相较这些在本土作为主力舰的舰船，法国也为了在海外部署军力而建造许多小型的铁甲舰来充当主力舰——这也是大巡洋舰后来典型的一项定位。这类舰船包括在 1863 年开工的"好斗"号（Belliqueuse）和后来在 1865 年开工的"阿尔玛"级（Alma-class）铁甲舰，它们也可被视为本书所讲述的大型巡洋舰的鼻祖。

2 机帆混合动力
THE STEAM AND SAIL ERA

"好斗"的挑战

随着用于本土海域的铁甲护卫舰建造计划的进行，英法两国也开始考虑如何将部署在海外的木制主力舰替换为铁甲舰。英国不久后推出第一批实验型的小型铁甲舰{例如"帕拉斯"号［Pallas（1862）］}，但因为自身糟糕的居住性，这些小型铁甲舰在热带地区的部署只持续到了19世纪60年代末。对于法国而言，在海外部署铁甲舰的计划早在1863年就已经开始。这些被称作"装甲巡航舰"（Armoured Corvette）的舰船需要强大到足以击败其会在海外遇到的其他国家舰船，但又需要足够小，以保证不超出海外基地的维护和补给能力。这也是未来大巡洋舰的核心职能，因此可以认为大型巡洋舰的发展正是始于这些法国的舰船。

这类舰船中的第一艘便是后来的"好斗"号，该舰可以被视作缩小版的"玛真塔"级［Magenta-class（1861）］铁甲舰，后者也是少有的两艘拥有两层火炮甲板的护卫舰。最初，"好斗"号计划搭载14门当时最大口径的火炮[①]；不过最终完工时，该舰搭载的是4门7.6英寸和6门6.5英寸舰炮，其中后者只有4门位于中央炮郭内，另外2门分别位于上层甲板艏艉作为纵向火力。中央炮郭内的布置为：2门7.6英寸炮位于最靠近艉部的炮门，往前是2门6.5英寸炮，再往前是2门7.6英寸炮，剩下也是最后的2门6.5英寸炮位于最前部的炮门。该舰（在木制船壳外）的装甲包括厚度为5.9

法国海军第一艘铁甲巡航舰
"好斗"号（**作者个人收藏**）

---

① 译者注：为此，该舰设有通透的中央炮郭，即中央炮郭内没有横向装甲。

"阿尔玛"级铁甲舰中的"阿塔兰忒"号（1868），图中可见该舰烟囱前部的主炮炮台（**作者个人收藏**）

"忒提丝"号和"圣女贞德"号两舰与其姊妹舰的最大不同就在于拥有两座烟囱，图中展示的是"忒提丝"号，摄于1865年（**作者个人收藏**）

英寸的主装甲带，用于防护从中央炮郭甲板直至水线下5英尺的舰体。其中央炮郭本身则由4.7英寸的侧舷装甲防护，但舰艏艉方向没有布置横向的装甲防护。

作为太平洋舰队的旗舰，"好斗"号于1866年10月服役后，即在当年12月离开法国，直至1869年才回到法国本土。其间该舰航行总里程超过5万海里[1]，它也是法国海军第一艘往返经过好望角的铁甲舰。该舰在1869年再度出航，前往黎凡特地区担任旗舰；但很快在1870年7月回到太平洋，次月被部署至西大洋洲担任旗舰。1871年返回土伦后，"好斗"号很快又在1872—1874年间被派驻远东地区用作旗舰。该舰后在1876年换装新型舰炮，上层甲板的舰炮也被替换为5.4英寸口径的型号，并加装了哈奇开斯转管炮。1877年后半年，该舰在进入预备役前曾短暂地在海军测试中队（Evolutionary Squadron）服役，之后在1884年11月退役。1886年5月，为测试新型高性能炮弹的效果，"好斗"号被用作靶舰击沉。

在进入军队服役前，"好斗"号的设计便被认为是令人满意的。因此，法国在

---

[1] 编者注：为准确表达数据，中文版保留了原书的英制单位。1海里＝1.852千米，50000海里＝92600千米。下文出现该单位时，读者可自行换算。

1865 年便很快开工建造了一批该舰的改进型，即"阿尔玛"级。本质上该级舰也可以被视为同年开工的"海洋"级的缩小版。和原型相比，"阿尔玛"级的尺寸略有变化，并且在没有布置装甲防护的船壳外侧增加了 0.6 英寸厚铁皮，以减少着火的风险；同时安装拥有 5.9 英寸厚侧舷装甲和 4.7 英寸厚横向装甲的中央炮郭。原先的计划中，该级舰还将在上层甲板搭载四门 6.5 英寸炮，但后来被改为四座 3.9 英寸厚装甲防护的炮台（和"海洋"级相同）；另外，后部的两座炮台因为重量问题最终被取消。1868 年 3 月 12 日，法军决定将剩下两门炮更换为 7.6 英寸[①]炮，这就使得该级舰这一口径的舰炮数量达到了六门。同时，该级舰中的各舰均有所区别，其中最明显的是"圣女贞德"号（Jeanne d'Arc）和"忒提丝"号两舰艏部横向并列的两座烟囱。

和"好斗"号一样，"阿尔玛"级各舰也被用于在海外基地充当旗舰。"阿尔玛"号于 1870—1872 年间被部署在远东地区，直至被"好斗"号接替；在测试中队短暂服役后，该舰于 1876—1881 年间被划入预备役；之后短暂地被部署到黎凡特，直到 1883 年再度进入预备役。"阿尔玛"号在 1886 年被除籍，后于 1893 年被出售拆解。"阿米德"号（Armide）则在普法战争期间被部署到了波罗的海[11]，之后被调往地中海，接着在 1874 年被派驻黎凡特。短暂地归入预备役后，该舰于 1877 年成为远东分舰队的旗舰。"阿米德"号于 1882 年被除籍，后作为靶舰被击沉。

"阿塔兰忒"号（Atalante）同样参加过普法战争，在 1872—1874 年调任太平洋舰队旗舰前也被划入了预备役。之后在 1876—1878 年间，该舰再度担任太平洋舰队旗舰；并于 1882—1885 年间作为远东地区海军的旗舰。接下来，该舰在西贡退役并于 1887 年被除籍，不久后在泊位上沉没。"圣女贞德"号则和其他姊妹舰不同，其基本在本土海域服役，仅在 1879 年被短暂地部署到黎凡特，后于 1883 年被除籍。"蒙特卡姆"号（Montcalm）同样基本在本土服役，但也曾于 1874—1876 年间与 1882—1884 年间，分别担任东亚某地舰队和太平洋舰队的旗舰。返回本土后，该舰一直服役到 1891 年才被除籍。

"白皇后"号（Reine Blanche）在 1879 年被派驻至黎凡特，并在 1884—1886 年间担任太平洋舰队旗舰。返回本土后，由于锅炉的状况已经相当糟糕，该舰在 1886 年年底便被除籍。"忒提丝"号曾在 1872 年前往黎凡特途中与"白皇后"号意外相撞，后者几乎被撞沉（不得不选择搁浅）。之后，该舰在 1885 年担任太平洋舰队旗舰；由于在马德拉群岛发生螺旋桨损坏，其不得不只依靠风帆动力返回本土。随后，"忒提丝"号被派往太平洋，最终成为新喀里多尼亚努美阿港的浮动船舍。

"大胆"的回应

"阿尔玛"级的出现让英国海军也开始考虑建造类似的舰船，以应对这类舰船对本国殖民地利益所构成的威胁。但由于已经在 1866 年订购两艘一等炮塔铁甲舰"君主"号（Monarch）和"船长"号（Captain），在这两艘铁甲舰完成测试前就建造相应的、用于海外部署的"缩小版"是不明智的；而且考虑到海外部署的距离和所需载煤能力，为"缩小版"配备全帆装确实很有必要。此外，在 1863—1870 年期间担任海军首席造船师（Chief Constructor）的爱德华·里德（Edward Reed, 1830—1906）提出，传统的侧舷炮门的武器布置方式会更适合此类舰船。因此，这些舰船在设计上基于"防御"

① 译者注：即 194 毫米，原文为 7.5 英寸，有误。该级舰主炮为 7.6 英寸 Mle 1864 型舰炮，详见本书第二部分。

完工时装备全帆装的"大胆"号铁甲舰（WSS 约翰·马贝尔收藏）

级进行，由于尺寸限制，最初规划的武器配置为8门9英寸炮和2门7.5英寸炮；拥有6英寸（或5.9英寸）装甲防护，最大航速12节，并且吃水较浅，仅为21英尺。到1866年，其草案被修改为更大型的设计：装备10门9英寸炮，装甲厚度为8英寸，在火炮的布置上也改用中央炮郭的方案。这种布局首先应用于"柏勒洛丰"号（Bellerophon）铁甲舰，此时其已经成为侧舷布置火炮的标准形式。不过该舰的新颖之处在于，在安装有6门火炮的主甲板之上，位于上层甲板的炮郭内又安装了4门火炮，并且在舷伸体上开设炮门：如此一来，上层舰炮在能够向舷侧射击的基础上，也

1873年摄于朴次茅斯的"凯旋"号，可见圆形舰舷上绘制的假舷廊（NHHS NH 71217）

担任舰队旗舰的“铁公爵”号（1872—1874 年），图中该舰停泊在日本长崎的船坞内（**WSS 约翰·马贝尔收藏**）

能向前后方向射击；同时，该舰的艏艉还各设有 2 门 6 英寸炮作为补充。

在 1867—1868 财年，海军订购了四艘铁甲舰中的前两艘，即“大胆”号（Audacious）和“无敌”号（Invincible）[①]。剩下的两艘原本计划由各私人造船厂进行设计和竞标，参选的设计方案包括中央炮郭、炮塔、炮塔和中央炮郭结合，但均未获得批准。因此，“铁公爵”号（Iron Duke）和“前卫”号（Vanguard）也采用了前两艘舰船的设计进行建造。

在此之后建造的两艘舰船，即 1868—1869 年预算中订购的“快速”号（Swiftsure）和“凯旋”号（Triumph），对吃水的要求有所放宽，从而能够采用单轴推进和可收放的螺旋桨，这提升了使用风帆动力时的航行性能。以上两舰主要是针对太平洋地区而设计，因为埃斯奎莫尔特的基地当时并没有供舰船停泊的设施。有关螺旋桨的设计相当成功，“快速”号成为当时风帆航行状态下航速最快的铁甲舰。此外，同样是为了在太平洋地区（19 世纪 80 年代之后，该地区才拥有停泊设施）服役，两舰的舰体进行了密封处理并覆铜。1878 年，两舰各在艏艉加装 4 具 14 英寸鱼雷发射管；19 世纪 80 年代中期，它们的 6 英寸前装线膛炮分别被替换为安装在上层甲板炮郭顶部的 6 门和 8 门 4 英寸后膛炮，作为反鱼雷艇武器使用。

该级舰仅作为哨戒舰服役，直至“铁公爵”号在 1871 年被派往远东，以接替木壳铁甲舰“海洋”号［Ocean（1862）］和“罗德尼”号［Rodney（1833）］，后者是最后一艘处于现役并作为旗舰的木壳蒸汽战列舰。此次前往远东的航行期间，“铁公爵”号成为第一艘穿过苏伊士运河的铁甲舰。

“铁公爵”号的旗舰职务在 1874 年被“大胆”号接替。1875 年 9 月，该舰（前者）在作为哨戒舰时于都柏林海湾与姊妹舰“前卫”号相撞，并将其撞沉。之后，“铁公爵”号被派往金斯敦担任哨戒舰；1877 年 7 月接受整修后，再度前往东亚以接替“大胆”号。

① 不过当时海军还存在疑虑，如果为了降低吃水深度而选择双轴推进的方案，就会导致无法采用可收放的螺旋桨，从而无法保证舰船具备优良的风帆航行性能。

该舰于 1878—1883 年间在东亚服役，期间完成过两次往返航行。"大胆"号在 1878 年自东亚返回后，再度承担起了哨戒舰的职责；接着该舰经历大幅度整修，包括更换新的动力系统并加盖艉楼甲板，之后返回远东服役了 6 年。在 1884—1886 年间建造并完工的"阿伽门农"号［Agamemnon（1879）］战列舰也被派往远东，以应对远东国家的新战列舰以及当时英俄在阿富汗的紧张局势。

返回本土后，"铁公爵"号于 1883—1885 年间更换新的锅炉，然后在 1885 年夏季加入特别行动中队（Particular Service Squadron，为应对俄国的战争威胁而组建）；之后被编入海峡舰队，后担任哨戒舰。另外两艘幸存的姊妹舰中，"无敌"号仅在 1886 年短暂地前往过一次远东地区，主要目的是为"大胆"号运送轮换舰员。该舰在服役生涯的其他时间里主要在地中海活动，包括 1882 年 7 月 11 日炮击亚历山大港时，因为较浅的吃水而担任旗舰。在 1886 年自远东返回后，该舰的上层桅杆被拆除，并加装了 4 英寸副炮；之后在南安普敦担任哨戒舰，直至 1893 年。

尽管是为了海外部署而建造，但"凯旋"号在服役初期主要被部署于海峡舰队和地中海地区；然后紧急接替"沙阿"号作为太平洋舰队旗舰，从 1878 年服役至 1882 年。"沙阿"号则负责接替英国最后一艘木壳铁甲舰"反击"号［Repulse(1868)］，但发生于 1877 年的事情凸显了装甲舰船的重要性。1877 年 5 月 29 日，"沙阿"号和叛乱的秘鲁海军"胡阿斯卡尔"号［Huascar（1865）］交战时，为避免受到损伤，前者不得不在难以发挥火炮威力的远距离上开火。

"快速"号在 1878 年接受整修，将风帆削减为三桅帆装（Barque），还增加了舰艉舱室、鱼雷发射管，并将 6 英寸前装线膛炮更换为 8 门 4 英寸后膛炮。该舰随后于 1882—1885 年间被派往太平洋接替"凯旋"号。后者在返回英国本土后也接受了类似改造，直到 1885 年才向西返回太平洋，接替"快速"号，并在 1888—1890 年间最后一次担任太平洋舰队旗舰。英军最初计划在整修时将两舰的主炮都更换为 26 倍径 8 英寸后膛炮[12]，类似于"柏勒洛丰"号在 1881—1885 年间进行的改造，但最后并未实施，因为在其他舰船上的实践经验表明，如此长的舰炮（比原先的火炮长 6 英尺）很难布置到为了较短的前装炮所设计的空间内。[13] 在 1888 年返回英国本土后，"凯旋"号便被归入预备役。"快速"号在最后一次被部署至太平洋后，又短暂担任过哨戒舰，随后于 1893 年被归入预备役。

范围的扩散

俄国在 1864 年 9 月批准建造八艘新装甲舰，包括两艘大型远洋巡航舰（方案代号 C）、四艘为部署波罗的海而设计的侧舷炮门铁甲舰（方案代号 E）和两艘同样为波罗的海设计的小型炮塔舰（方案代号 F）[14]。最后那两艘即后来的"巫师"级［Charodeika-class（1867）］，其他几艘为波罗的海地区而设计的舰船最终也被建成炮塔舰，包括"拉扎列夫海军上将"级（Admiral Lazarev-class）和"奇恰戈夫海军上将"级（Admiral Chichagov-class；两级舰均于 1867—1868 年间下水）。

和上述这些舰船所设想的在固定地区部署不同，两艘巡航舰"波扎尔斯基公爵"号（Kniaz Pozharskiy）和"米宁"号（Minin）具备远洋航行能力，其主要职能为实施远洋破交作战。这种在克里米亚战争后将舰船的定位以近岸防御和远洋破交的方式进行区分的情况在前文已有叙述。"波扎尔斯基公爵"号在1864年11月2日订购时被分类为"大型铁甲防护舰船"并很快开工，预计在1866年8月下水，在1867年6月服役。尽管该舰是为远洋航行而设计，但舰体并未包裹金属防护层。[15]

"波扎尔斯基公爵"号和"米宁"号最初的设计基于英国的"柏勒洛丰"号中央炮郭铁甲舰，水线长265英尺，宽45英尺。但最后通过的方案为增加稳定性而加宽了4英尺，同时，其他一系列改进也增加了该舰的排水量，导致其实际下水时间比计划晚了近一年。"米宁"号则是采用完全自主的设计，因此其入役时间晚了整整十年。两舰计划在中央炮郭内搭载8门重型舰炮，最初设想的是9英寸炮，但"波扎尔斯基公爵"号由于不正常的延期，最终仅装备了8英寸炮（外加艏艉的6英寸追击炮）；位于炮郭前后端的舰炮既可向侧舷射击，又可通过斜向的炮口向前后方向射击。由于超重和对适航性的担忧，该舰的海试时间也被延长。在1872年对帆装和平衡性实施进一步改良后，其航海性能才得到显著改善。

"波扎尔斯基公爵"号曾在1871年加装一座轻型司令塔，并在完成1873—1875年间的第一次太平洋部署后回国。之后两年里，该舰进行了一次彻底的整修，包括更换外层木料并包裹锌皮；更换锅炉并增加一座烟囱，使该舰在完成整修后的航速

建成时的"波扎尔斯基公爵"号（作者个人收藏）

在19世纪80年代换装锅炉以后，"波扎尔斯基公爵"号拥有了两座烟囱（NHHC NH 101902）

增加 1 节；加装 87 毫米副炮。"波扎尔斯基公爵"号之后被部署至地中海（参加了俄土战争的最后阶段），然后在 1880—1881 年间被部署至远东。再往后，该舰被部署至波罗的海，其主炮在 19 世纪 80 年代的整修中被更换为 35 倍径 8 英寸炮，另外安装了新的锅炉。"波扎尔斯基公爵"号在 1892 年 2 月被定级为一等巡洋舰，但当时已经主要作为训练舰使用。同时，尽管 19 世纪 90 年代曾存在对该舰进行改造的计划，但其武器配置还是在逐年减少，并于 1906 年和其他一些带有风帆的巡洋舰一起被分类为训练舰。该舰在 1909 年被除名，作为港口勤务舰使用至 1911 年。

与此同时，法国也开工建造了三艘基于"阿尔玛"级的改进型。第一艘为"拉·加利索尼埃"号（La Galissonnière），其中央炮郭被加长以容纳 9.4 英寸炮，装甲厚度则减至 4.7 英寸，炮台的装甲厚度与炮郭相同，并且被挪到了和烟囱平齐的部位；同时，该级舰采用了双轴推进。这些改进结合在一起后的结果并不尽如人意，因此之后的两艘 [即"胜利"级（Victorieuse-class）] 又回归了单轴推进的设计，炮台也被挪回舰艏。两舰的不同之处还包括在舰艏加装 7.6 英寸艏炮，同时上层甲板上搭载的火炮口径也从 4.7 英寸更改为 5.4 英寸。尽管以上三艘均在 1868—1869 年间开工，但受到法国在普法战争中失败和法兰西第二帝国崩溃的影响，各舰的完工都被严重推迟，最后一艘到 1879 年仍未完工。

但无论如何，这些舰船对于海外部署而言尚有价值，可以像之前的同类舰船那样在海外担任旗舰。"拉·加利索尼埃"号在 1874 年 10 月被派往太平洋；而后在 1877 年 3 月经由苏伊士运河回到布雷斯特，从而完成了一次环球航行。该舰于 1878—1880 年间在西印度群岛担任舰队旗舰，然后在 1883 年去往远东途中，短暂地服役于

"胜利"号铁甲舰，法国的三艘第二代装甲巡航舰之一（NHHC NH 66029）

黎凡特；在 1884 年 3 月接替"胜利"号后，一直在远东服役至 1886 年 2 月。返回本土后，"拉·加利索尼埃"号于 1894 年被除籍。

"胜利"号于 1878—1881 年间在太平洋地区担任旗舰，而后在 1881—1884 年间服役于远东，直至被"拉·加利索尼埃"号接替。该舰之后的服役生涯基本在欧洲本土度过，并于 1897 年 5 月第一次宣告退役。不过，"胜利"号随后在布雷斯特被重新启用并改造为鱼雷艇补给舰，部署于比塞大港。接着，该舰在 1900 年 3 月第二次——也是最后一次——宣告退役，并被更名为"塞米勒米斯"号，作为在朗德韦内克（Landévennec）闲置船只的补给船，直至 1904 年被拆解。

其姊妹舰"凯旋"号同样主要作为旗舰使用，包括 1880—1882 年在太平洋舰队，而后自 1883 年 3 月起作为黎凡特分舰队的旗舰。同年 5 月 28 日，该舰被调往西贡，并在 1884 年加入远东舰队（Far East Squadron）。之后，该舰在 1885 年 4 月 1 日成为远东舰队的旗舰，直至 1894 年初退出现役。1896 年 7 月 18 日被除名后，"凯旋"号在西贡担任本地海军舰队的补给舰，直至 1903 年在当地被出售。

之后的十年
俄罗斯

在完成了"波扎尔斯基公爵"号的建造后，俄罗斯海军的 N·V·科佩托夫（N.V. Kopytov）提议另建造一型舰船，通过牺牲装甲防护来增加航速和航程，只保留水线处的主装甲带，无需配备完全具有装甲防护的炮郭，同时取消"波扎尔斯基公爵"号那样的冲角艏。[16] 他当时还提出用喷水推进系统取代螺旋桨，有关技术已经在英国展开测试——但实际结果最终证明，就当时的技术水平而言，这种推进系统达到的效率还很低。

尽管时任海军少将的安德烈·波波夫（Andrei Popov, 1821—1898）提出可以通过为木壳护卫舰"海军元帅"号（见上文）增设装甲、换装武器得到此类舰船，但最后还是根据科佩托夫提出的设想建造了一艘新的同名舰船，其"……完全可以被看作一艘巡洋舰，并且能够威胁敌方的海上运输线"。该舰装备有 8 英寸主炮，能够防御 6 英寸及以下口径火炮的攻击；再加上优秀的燃料搭载量和完整的全帆装，因此，该舰也常常被视为世界上第一艘真正意义上的装甲巡洋舰。尽管其设计基于之前 1869 年完工的"波扎尔斯基公爵"号，但沙俄财政的拮据还是使得两舰直到次年年末才服役。

由于其概念最早可以追溯至 19 世纪 50 年代的大型护卫舰，因此新造的两舰自然承袭了此前军舰的名称"海军元帅"号和"亚历山大·涅夫斯基"号[17]，不过后者很快便被更名为"爱丁堡公爵"号（Gerzog Edinburgskiy），以纪念和俄罗斯皇室联姻的英国爱丁堡公爵阿尔弗雷德亲王。相比"波扎尔斯基公爵"号，两舰从一开始便在船壳外侧包裹了铜制外层；此外，由于中央炮郭被移动到上层甲板，炮郭和主装甲带之间存在一段无防护的区域。"海军元帅"号（二代）完工时的主要武器为 6 门 8 英寸炮，安装在上层甲板的开放式 6 英寸装甲堡内；此外有 2 门 6 英寸舰艏炮，外加 1 门 6 英寸臼炮。对于该舰姊妹舰最初的火力配置，各类资料上的记载都相当模糊，但理论上其只搭载了 4 门 8 英寸炮和 5 门 6 英寸炮。

该级舰最终严重超重。"海军元帅"号在完工时相比设计方案超重近500吨，其中有三分之一的重量来自动力系统。然而，该舰动力系统的功率还是低于设计指标1000指示马力，且性能会随时间延长而衰减严重；1879—1880年间，"海军元帅"号的海试输出功率已经降到4470指示马力。服役期间，该舰的功率哪怕在最理想情况下也只能维持在2800轴马力，导致航速降至仅12.3节。

后来，人们发现其中有130多吨的重量可以被移除，但需要加装其他设备——如电力照明、发动机舱电传发令装置、鱼雷及相关设备等，使得该舰在1880年又增加了330吨排水量。因此，其处于满载状态时，主装甲带几乎都已经没入水面，同时这也威胁到舰船自身的稳定性。最后，该舰不得不移除6英寸臼炮和6英寸艏艉炮，此外弹药和燃料的搭载量也有所减少。

"海军元帅"号在第一次海外部署结束后便经历了一次大范围改造，如换装新的7000指示马力动力系统并拆除主装甲带，从而将排水量降低至4830吨，最大航速也提升至15节。同时，该舰的船帆索具被削减，上层的载煤舱被改造为舰员住舱；燃煤搭载量现为630吨，足够2000海里的航程所需。到1885年，该舰还加装了6门87毫米炮和8门37毫米炮。

两舰的服役生涯都相当长，却从未被当作巡洋舰使用——1877—1878年俄土战争期间，"海军元帅"号因为之前的搁浅事故正接受维修，而其姊妹舰刚刚完工（无法参战）。到日俄战争爆发，两舰却因为太过老旧，并不适合参战。不过，它们倒是曾以全然不同的方式参加第一次世界大战。两舰的武器配置也因为不同的事件而多次更改，若干不同的文献对此更是没有统一说法。但基本可以肯定的是，"爱丁堡公爵"号在接受19世纪80年代的改造后，采用了统一的全6英寸火炮武器配置。此外，在20世纪初被改造为训练舰后，该舰只保留有少量6英寸火炮。

上述两舰在1892年被重新定级为一等巡洋舰，并且"海军元帅"号很快进行了远洋部署。之后，两舰在19世纪90年代和20世纪最初的几年一直担任训练舰，并

"海军元帅"号完工时的状态，照片于19世纪80年代摄于法国南部（NHHC NH 60734）

分别在 1886 年（"海军元帅"号）和 1890 年前后（"爱丁堡公爵"号）换装新的圆筒锅炉，烟囱也增加为两座。另外，"爱丁堡公爵"号在 1897 年更换了发动机，其中一台发动机来自前皇家游艇"里瓦迪亚"号 [Livadia，该舰在 1888 年被改造为"经验"号运输舰（Opyt）]；后者原本是当时的试验型圆体船，但因为完全不具备海上适航性，其动力系统在之后几年里被陆续拆卸，用于其他舰船。[18]

1909 年，两舰经历相当明显的改造，成为布雷舰"纳尔瓦"号（Narova，原"海军元帅"号）和"奥涅加"号（Onega，原"爱丁堡公爵"号）。为此，两舰的中央炮郭、主桅后部的主甲板以及相同位置的下层甲板都被改造为水雷储藏舱室。船帆索具也被削减到只剩下前桅和轻型的主桅，并新增了一座大型舰桥。"纳尔瓦"号在1913 年换装贝尔维尔式水管锅炉时，将烟囱数量削减为一座，而"奥涅加"号继续保留有两座烟囱。两舰均在后来的第一次世界大战期间表现活跃，只不过"奥涅加"号在 1915 年 10 月便已经被改造为水雷补给舰，执行港口勤务直至 1945 年被拆解。"纳尔瓦"号则一直执行布雷任务，被苏维埃接管后还在 1918 年 11 月实施过布雷作战。该舰于 1924 年被更名为"十月二十五日"号（25 Oktiabrya），而后在 20 世纪 30 年代被用作水雷训练舰，直至 1937 年退役；其任务在 1936 年由前不久才完成改造的前沙俄皇家游艇"马蒂"号 [Marti，前"施坦塔特"号（Shdandart）] 接替。之后，"十月二十五日"号又被用作浮动车间，直至 1944 年被废弃。

1878 年，又一艘类似的舰船在经历了复杂的建造过程后终于服役。如前文所述，"米宁"号最初是"波扎尔斯基公爵"号的姊妹舰，但对后者进行评估后，加之当时国外方兴未艾的炮塔舰也引起了俄罗斯高层的兴趣，该舰的武器配置因此再度被更改。[19] 于是，和"波扎尔斯基公爵"号相似的中央炮郭设计被两座双联装炮塔取代，外加舰楼上的两门轻型艟炮作为补充。几年后，德国的"大选帝侯"号[Großer Kurfürst（1875）] 也经历了类似改装。[20] 此外，"米宁"号安装了更强劲的动力系统（现为 4000 指示马力，此前为 2835 指示马力）；同时，主装甲带长度被缩短但增加了厚度。该舰于 1866 年 11 月开工，并在建造期间改用类似英国海军舰

"米宁"号在经历了复杂的建造过程后最终完工时的照片（**作者个人收藏**）

"米宁"号在1887年换装锅炉并在1891年削减帆装后的照片，该舰之后还将在1895年加高烟囱（**NHHC NH 92224**）

俄罗斯早期的许多装甲巡洋舰都拥有在20世纪10年代担任布雷舰的服役经历。本图展示的是"奥涅加"号（前"爱丁堡公爵"号）和"拉多加"号（前"米宁"号），摄于第一次世界大战中的第一个冬天（**作者个人收藏**）

船"船长"号［Captain（1869）］的三脚桅杆。

然而，仅在"米宁"号下水一年后，英国的"船长"号便在一次风暴中发生倾覆，这导致所有采用机帆混合动力的炮塔舰的稳定性都受到了质疑。随后，"米宁"号的建造工作被暂停，有关人员开始研究一系列可能的补救措施，包括将其改建为岸防炮塔舰，或采用类似"海军元帅"号那样的中央炮郭。最终方案直到1874年才确定，在次年才重新动工建造。该舰在无防护的中央炮郭四角各布置有1门8英寸炮，舰舯布置8门6英寸炮；此外艏楼和艉楼甲板上各有2门6英寸炮，并且具有一定的前向和后向射角。同时，该舰的动力系统提升至6000马力，舰体还布设了镀锌防护层。

"米宁"号最终于1878年完工，并在当年11月驶往地中海；后于1880年2月穿过苏伊士运河，并于夏季抵达远东。接着，该舰于1881年春返回波罗的海，于同年9月回到本土。之后，"米宁"号在1883年再度驶向东方，于1884年4月抵达；在次年夏季离开，于1885年10月20日返回喀琅施塔得。

1886—1887年间，"米宁"号换装贝尔维尔锅炉。这使得该舰成为俄罗斯海军中第一艘使用水管锅炉的舰船，其外观也因此改变为拥有两座烟囱，帆装削减为三桅帆装，并且在后桅中部增加了一盏探照灯。之后，"米宁"号基本是作为远洋航行用的训练舰，分别在1889—1890年和1890—1891年搭载见习军官和海员实施过两次远航。接着，该舰拆除了上层桅杆（探照灯被移到前桅，同时后桅上增加了战斗桅盘），在波罗的海成为一艘炮术训练舰，直至1892年和其他同类舰船一起被重新定级为一等巡洋舰。此后，该舰又在1895年加高烟囱，在1901年换装大量用于训练的新式现代化舰炮。该舰一直承担着训练舰的职能，直至1908年的一道皇家敕令宣布将所有"风帆"舰船移出现役。次年，该舰和"海军元帅"号一样被改造为布雷舰，可以装载多达1000枚水雷；并且更换锅炉和蒸汽机，其中一台主机也来自"经验"号运输舰。同样地，该舰被更名为"拉多加"号后，以布雷舰的身份参加第一次世界大战，但在1915年8月不幸成为潜艇所布设的水雷的牺牲品。

英国

  1873 年，当时英国新上任的第一海军大臣要求建造一种"二等铁甲舰……在使用风帆时具有良好的巡航能力，并且相比大型铁甲舰吃水更浅，但（相比"大胆"级）拥有更强大的装甲防护和武器装备"。为了建造这样的舰船，其造价也将达到新的一等铁甲舰"亚历山大"号［Alexandra（1875）］的一半；同时，舰船中央炮郭和舰艏的侧舷装甲需要被拆除，从而使艏部将仅靠没入水线下的装甲甲板提供防护。另外，这种舰船所需的更强续航力将通过使用复合蒸汽机获得，预计能够提升经济航速状态下约 10% 续航力，且航速比法国的装甲巡航舰快大约 1 节。

  该舰最终被定名为"香农"号（Shannon），并被纳入 1873—1874 年的预算当中。武器装备包括 7 门 9 英寸前装线膛炮，外加 2 门 10 英寸火炮；后者被布置在舰艏，可以通过不同的炮门实现向侧舷或前方射击。9 英寸线膛炮中的 6 门位于舰舯的上层甲板，直接越过舷侧壁垒实施射击；剩下 1 门位于艉楼甲板内，可以通过炮门，往四个方向射击。因此，该舰的舰炮相比"大胆"级更加方便指挥，并且更适合在较差的天气条件下作战。前文所提部分具有防护功能的主装甲带的上部由 1.5 英寸厚水平装甲甲板封闭，其前部则是和舰艏没入水线下的装甲甲板相连的 9 英寸厚横向装甲隔舱壁。

  "香农"号最初的设计航速仅为 12.25 节，和当时法国的"第二代"舰船相比更慢（反而比较接近更早期的法国同类舰船），不如前型"大胆"级，更无法与俄国的同类舰船相提并论。然而，该舰从未达到过设计航速，发动机也时常出现故障，导致频繁入坞修理。"香农"号曾短暂地被部署到远东，却在抵达目的地仅几周后，就

1877 年完工不久后的"香农"号（作者个人收藏）

于 1878 年 7 月返回本土接受改造。它在次年被部署到太平洋，但由于埃斯奎莫尔特当地没有储存 10 英寸炮弹，因此服役时间同样相当短暂。回到本土后，该舰再次入坞，进行了一次长时间的整修；它在此后的服役生涯中基本是作为近海哨戒舰，直到 1893 年被归入预备役，最终在 1899 年被出售拆解。

后继的"纳尔逊"级 [Nelson-class，共两艘，包括"纳尔逊"号和"北安普敦"号（Northampton）] 是在 1874—1875 财年年度预算中被订购；为了解决"香农"号已经出现的问题，该级舰的排水量被增加约 40%，从而能够建造封闭的火炮甲板，舰舯的装甲带也被没入水线下的装甲甲板覆盖。同时，填充在军舰防撞中空隔舱（Cofferdam）内部的纤维材料提供了充足的浮力，这种材料在遇水后会吸水膨胀，

然后封堵船体的破损处。类似的设计在 19 世纪末的许多国家海军中都很常见，但实际的使用情况表明这种设计并没有达到预想的效果。另外，该级舰在后部增加了 2 门 10 英寸炮和 1 门 9 英寸炮，二级炮郭也增设了封闭的舱顶。该级舰的动力系统为双轴推进——通过垂直气缸蒸汽机驱动，这在英国的主力舰中还是首次——其最大航速能够达到比较可观的 14 节，储煤量也因此提升 50%。但从当时的情况看，两舰的地位——正如"香农"号和俄罗斯的同类舰船一样——却相当不明确，就连该级舰的设计师巴纳比也表示，两舰"从不同情况看，存在两种可能。一种可能是，它们可以被视作装甲舰，为对抗装甲舰而生；另一种可能则是，他们只能被视作防护巡洋舰"。

但无论如何，两艘"纳尔逊"级的服役生涯都是以在海外担任旗舰开始。"纳尔逊"号于 1881—1888 年间被部署到澳大利亚 [21]；返回本土后，该舰在查塔姆造船厂接受了一次大修，索具被简化为军用帆装，并加装了 4 门 4.7 英寸炮。接着，该舰在朴次茅斯服役三年，而后被划入预备役，后作为司炉人员训练舰使用至 1901 年。"北安普敦"号则在 1881 年被部署到北美和西印度群岛地区，接替"柏勒洛丰"号战列舰作为舰队旗舰，直至 1885 年"柏勒洛丰"号返回该地区。"北安普敦"号在次年春季返回本土后即被归入预备役，但该舰在 1894 年被再度启用，作为海军新入役人员的训练舰；为此，该舰恢复了曾经的全帆装，唯一实施的现代化改造是在 1886 年增加一座战斗桅盘。此后，"北安普敦"号以上述状态服役了十年。

法国

普法战争结束后，法国在 1872 年对未来的造舰计划进行了一次规划。不过这次规划（或者说计划）并没有获得国民议会的正式批准，因此它仅仅是对未来的一种期望，而不是真正的建造计划。[22] 该计划将本土的近海舰船和海外殖民地的巡航舰船放到了首要位置，后者便包括前文所述的装甲巡航舰和用于远洋破交的大型无装甲巡洋舰。

和之前一样，装甲巡航舰被用来对付英国部署在海外的舰船，以及其他逐渐拥有装甲舰的区域性国家的海军。法国有四艘此类舰艇在 1876—1877 年间开工建造。前两艘为木壳铁甲舰"巴雅"号（Bayard）和"蒂雷纳"号（Turenne），之后两艘为采用钢制舰体的"杜盖克兰"号（Duguesclin）和"沃邦"号（Vauban）。四艘新舰的吨位比之前的"阿尔玛"级多出 2500 吨，相比"拉·加利索尼埃"级也多出 1200 吨，并且采用双轴推进。这一布局使四舰能够在舰艏和舰艉的中轴线处分别增加一座炮台，如此一来，作为主炮的四门 9.4 英寸炮成为军舰上位置最高的武器；同样的火炮布局也被同时期的全尺寸铁甲舰"杜贝莱海军上将"号［Amiral Duperré（1879）］采用。中央炮郭被安装在贯通全舰的装甲甲板之上，不再设置防护用的装甲，所配备的武器也被削减为六门 5.4 英寸炮。就舰船艏艉而言，前两舰在艏艉各布置有一门 7.6 英寸追击炮，而后两舰在舰艏布置了一对 6.5 英寸炮。两艘木壳铁甲舰均装备三根桅杆和完整的帆装，但可以根据烟囱加以区分，其中"巴雅"号的排烟管裸露在外，而"蒂雷纳"号拥有两座完全被包裹的烟囱。两艘钢制铁甲舰仅配有双桅帆装，其中，最后部的炮台占据了木壳版本军舰的后桅位置，因此极大地改善了后向的射界。其风帆索具也很快被削减甚至完全拆除，桅杆被更换为军用桅杆，每座桅盘上都装备有 47 毫米炮。

"蒂雷纳"号于"巴雅"号最大的不同便是装有完全封闭的单座烟囱，而非后者那样可以在舰体上看到两座烟囱（NHHC NH 66099）

"巴雅"号刚建成不久，在远东作为旗舰时所摄（NHHC NH 32）

"巴雅"号于1882年服役，并在次年被派往越南担任舰队旗舰，其间参加过诸多作战行动。该舰在1885年8月返回土伦后退役；截至1894年，其一直在布雷斯特处于封存状态。之后，该舰再次被派往远东，直到1899年5月。"巴雅"号最终在越南下龙湾成为浮动废船，并在五年后被拆解。"蒂雷纳"号在1885年被派往远东，1890年返回土伦，该舰后来被封存于瑟堡直至1900年退役，次年被出售拆解。

"杜盖克兰"号可以通过其独特的舰艏加以识别：具体设计最早可以追溯至"好斗"号未使用的一个舰艏方案。但"杜盖克兰"号在仅服役一年后便因为一次造成人员1死20伤的锚机事故而转入预备役。该舰最终在1904年退役，并在1906年被出售拆解。四艘舰船中最后完工的"沃邦"号在1887年6月离开土伦，前往黎凡特接替"胜利"号，并从1888年1月起服役于地中海舰队。1898年5月，"沃邦"号成为远东舰队旗舰。它曾在1899年5月—1900年7月间短暂退役，然后

在 1901 年 3—11 月间被部署于越南。该舰在 1903 年 1 月被划归预备役,并在次年退役除籍,被拆解到只剩下船壳。1906—1910 年间,"沃邦"号担任下龙湾的第二鱼雷艇分舰队的补给舰,后来在 1911—1913 年间返回西贡担任潜艇补给舰,最终于 1914 年被出售拆解。

此后,法国根据 1880—1881 年建造计划,又设计了两艘后续舰船(分别在瑟堡和罗什福尔建造)。[23] 两艘舰船的主炮包括 1 门 30 倍径 10.6 英寸炮和 2 门 28.5 倍径 9.4 英寸炮,被安装在舰体中轴线上的三座炮台内;外加 10 门位于侧舷炮郭内的 30 倍径 5.5 英寸副炮。该级舰的排水量达到了 6500 吨(全帆装后),是同期排水量达 11750 吨的"博丹海军上将"级(Amiral Baudin-class)的缩小版;后者的 14.6 英寸主炮采用了相同的布置方式,就像此前的舰船也是基于对应的一等铁甲舰的缩小版一样。不过,受当时在建舰船工期延长和造价增加等因素影响,两舰的订购也出现波折。尽管 1882 年、1883 年和 1885 年的财政预算中都包含这两艘"驻地战列舰"(station battleship),但法国人此时对这类舰船的设想已经逐渐偏向英国"蛮横"级的设计;拥有截然不同的战略设想的法国海军部长,也会在 19 世纪 80 年代后半段时间里重塑本国大巡洋舰的概念。

俄罗斯的后续发展

从 1869 年的"彼得大帝"号(Piotyr Veliky)到 1882 年和 1883 年的"叶卡捷琳娜二世"号(Ekarterina II)和"沙皇亚历山大二世"号(Imperator Aleksandr II),

"好斗"号的两艘后继型号已经出现了极大的不同,包括采用全金属的舰体,以及双桅而非三桅的帆装。如图中"沃邦"号所示,该舰在移除船帆索具后,又在桅杆上增加了战斗桅盘(NHHC NH 66028)

左上图:完工时的"弗拉基米尔·莫诺马赫"号（NHHC NH 88745-A）

右上图:在 19 世纪 90 年代初，"弗拉基米尔·莫诺马赫"号拆除了顶层桅杆，并更换了新的动力系统。本图摄于 1902 年（**作者个人收藏**）

俄罗斯海军在 19 世纪 70 年代的军舰建造计划都是以巡航舰艇作为主导。其中绝大多数为无装甲防护的巡防舰［"巡洋"级（Kreiser-class）］。但俄罗斯也很快开始建造装甲舰船，即"弗拉基米尔·莫诺马赫"号（Vladimir Monomakh）和"迪米特里·顿斯科伊"号（Dmitry Donskoi）[24]，两舰于 1881 年年初开工。俄罗斯之所以建造这两艘舰艇，很大程度上是因为 1877—1878 年俄土战争期间，其海军无法向战区部署拥有强大战斗力的舰队。就像"巴雅"级代表法国在早期装甲巡航舰船方面的革新，俄罗斯的这两艘新舰也是根据"米宁"号设计。和前型舰一样，两舰的舰体都包裹有铜壳，同时它们采用了诸多改进措施，包括首舰"莫诺马赫"号采用双轴推进，从而显著提高航速；其动力系统是根据英国埃尔德造船厂为"彼得大帝"号换装主机时所使用的两台三胀式复合蒸汽机而设计。由于财政方面的问题，"顿斯科伊"号的工期有所延后，不过这也是为了借鉴在该舰下水前便完工的"莫诺马赫"号的经验。

"莫诺马赫"号的武器配置依然遵循"米宁"号的布局。"顿斯科伊"号则将 8 英寸炮数量削减至两门，但采用更新的型号，安装位置也变为舰艏上层甲板的舷台内；同时中央炮郭内安装数量更多且口径统一的 6 英寸炮。之所以采用这样的设计，是因为该舰主要的对手是敌方无防护的巡洋舰。此外，尽管"顿斯科伊"号采用和"莫诺马赫"号相同的主机，但其动力系统为单轴推进，蒸汽机以串联方式安装：此举是为了在采用基本相同的设计和动力系统的情况下，对比（这两艘舰船）单轴和双轴推进的效果。

19 世纪 90 年代，两舰都接受了一些整修改造。"莫诺马赫"号的桅杆在 1892—1893 年间被削低至只剩最下层和中桅，重建部分锅炉并更换了新的烟囱。1896—1897

"顿斯科伊"号的纵向剖面模型（圣彼得堡中央海军博物馆藏），注意该舰使用的是单轴推进的动力系统，发动机以纵列方式布置（**作者本人拍摄**）

左上图：1893 年摄于纽约的"迪米特里·顿斯科伊"号，此时还保留着最初的外观特征（**经由国会图书馆获得，底特律出版公司所有，PC LoC LC-D4-5503**）

右上图：和"莫诺马赫"号一样，"顿斯科伊"号也在 1890 年经历了一次大规模整修，整修内容包括将帆装削减为军用索具（**NHHC NH 101967**）

年间，该舰接受更彻底的改造：更换锅炉；此前的 8 英寸炮被 45 倍径 6 英寸炮替代（并在舰艏增加 1 门 6 英寸炮），舰艉的老式 6 英寸炮则被 6 门 4.7 英寸炮替代，如此一来，艏部的 2 个炮门和艉部的 1 个炮门暂时没有布置火炮；此外，前桅和主桅中部增设了战斗桅盘，且位于前部的桅盘安装有探照灯。"顿斯科伊"号在 1893—1895 年间经历了类似的改造，不过原先 8 英寸炮的位置安装的是更新型号 6 英寸炮，4.7 英寸炮则逐一取代了原先的 10 门 6 英寸炮。尽管该舰完全取消风帆索具，却保留了最上层的桅杆，所有桅杆都增设了军用桅盘。此外，"顿斯科伊"号也更换了锅炉。[25]

　　"莫诺马赫"号在 1884—1888 年间被部署到地中海和远东地区。前往远东时，该舰曾遭遇英国海军的"阿伽门农"号（Agamemnon）战列舰：因当时处于 1884—1885 年英俄危机期间，英国海军部下达命令，海军必须派有能力击败对手的舰艇跟踪不在港内的俄军战舰。"莫诺马赫"号在 1889—1892 年间及 1893—1902 年间两度部署于远东；1904 年返回波罗的海后，该舰接受最后一次整修，包括主桅被改造为探照灯平台。该舰的半姊妹舰也曾多次前往远东地区，相应时间为 1885—1889 年、1891—1893 年和 1895—1902 年。之后，"顿斯科伊"号于 1903 年再次航向太平洋，但在 1904 年 3 月被召回，此时该舰和随行舰船已经抵达红海。回到波罗的海后，"顿斯科伊"号和"莫诺马赫"号一起加入了第二太平洋中队，并在当年 10 月出航。

3 | 新的开始
A NEW BEGINNING

摄于 1886 年的"蛮横"号，此时该舰还保留着曾短暂配备的三桅帆装。该舰及其姊妹舰"厌战"号是皇家海军最后两艘在舰艏部位保留旧时代风格的舰艏回廊的大巡洋舰（**作者个人收藏**）

19 世纪 80 年代中期以前建造的大巡洋舰，从本质上讲都是一等铁甲舰的缩小版本，因此大多局限于当时的侧舷炮位和机帆混合动力的设计。我们只能通过"阿尔玛"级观察到，至少法国人还在尝试为部分火炮设计更加现代化的布置方式。

在侧舷炮位之后

19 世纪 70 年代末，英国皇家海军逐渐对在炮台上安装大型火炮产生兴趣。首先，他们在一等铁甲舰"鲁莽"号［Termeraire（1876）］上安装了显隐炮台；接着，"科林伍德"号（Collingwood）装备了真正意义上的"炮台"。在此期间一直没有出现"纳尔逊"号的后继舰型，因此，当 1881—1882 财年的"二等铁甲舰"采购计划出炉时，一种比"纳尔逊"号的改进型或是"鲁莽"号的缩小版——两者都采用侧舷炮位的设计——更加激进的方案出现了。此外，英国人在该型舰的设计中，也考虑到了当时其"对手"法国人建造的"巴雅"级已经将所有的主炮都安装于炮台之内。

在设计工作开始时，英国新舰船采用的思路还是将多种型号舰炮，像之前的三艘大巡洋舰那样混合布置于侧舷炮门和炮台；同时，其航速指标从 14 节提升到 16 节。因此，当时曾出现一种大胆的想法：将在建的 4000 吨排水量"利安德"级（Leander-class）防护巡洋舰放大。该级舰是基于 1877—1878 年间下水，具有开拓性意义的钢制船体无防护巡洋舰"伊丽丝"号（Iris）和"墨丘利"号（Mercury）而设计；从诸多方面看，这两艘军舰都可以被视作"现代"巡洋舰的鼻祖。海军委员会起初还是更青睐"纳尔逊"号的改进型方案；不过很快，在 1880 年 12 月，其武器配置便从原先设想的 11 门安装在不同位置的 8 英寸炮，更改为 4 门布置在上层甲板的 9.2 英寸后膛炮。委员会原本打算采用 26 倍径的 Mk I 型，但该型火炮在 1884 年取消了舰炮版本。因此，该级舰最终采用了更新型的 31.5 倍径 9.2 英寸炮，首舰"蛮横"号（Imperieuse）装备 Mk

III 型，其姊妹舰"厌战"号（Warspite）装备 Mk V 型或 Mk VI 型。该型武器（31.5 倍径 9.2 英寸炮）的威力被认为比同时期"阿伽门农"级［Agamemnon-class（1879—1880）］战列舰装备的 16 倍径 12.5 英寸前装线膛炮更大。

这种新军舰的主炮呈棱形布置，和当时法国刚刚批准建造的"霍赫"级［Hoche-class（1879）］与"涅普顿"级［Neptune-class（1880）］战列舰的主炮布置方式相同。值得注意的是，这种方式需要舰船采用舷缘内倾（Tumblehome）的设计，才能让舰炮（至少在理论上）获得舰体轴向的射角。该级英国舰船的武器搭载方式实际上基于法国的实践而来，其参照的"巴雅"级设计图纸便是由法国方面提供，这也是当时英法两国间极其罕见的友好协作案例。军舰设计方案中的二级主炮是位于火炮甲板上的 10 门 26 倍径 6 英寸后膛炮，另外舰艏艉末端的炮位可以朝舰体轴向射击。此外，下层甲板安装有 6 具 18 英寸鱼雷发射管，其中舰艏的发射管方向固定，而位于舰艉的发射管可以改变指向。军舰的装甲防护主要是设在水线附近的复合主装甲带，其在动力系统处的厚度为 10 英寸，顶部为 1.5 英寸装甲甲板，舰艏艉部位则是倾斜没入水线下的 3 英寸甲板穿甲。炮座装甲的厚度为 8 英寸，向下一直延伸至主甲板层；提弹井同样敷设有厚重装甲，并且将炮座和水线下方的弹药库连接了起来。

动力系统则采用双轴推进，每根传动轴连接两台复合式蒸汽机，前部的主机可以在军舰处于经济航速时解除与传动轴的联接。类似的设计将一直在大巡洋舰上沿用至 19 世纪 90 年代。但这种设计的缺陷在于，如果想再次将前部主机与传动轴联接，就需要让其（前者）完全停转并进行校准，这意味着舰船无法实现短时间内加速[1]。

该级舰和之前的巡航舰船一样，保留着船帆和索具；但因为必须优先考虑主炮布置，只安装有两根桅杆。不过，相应的海试表明这样的风帆布置不仅无法满足使用要求，还会加剧"蛮横"号的超重问题。因此，该舰最终换装军用桅杆，其吊艇柱则是从桅杆延伸而出，舰上原本的桅杆被挪到了由"北安普敦"号改造而成的训练

---

[1] 突然遭遇敌舰时，舰船就有必要这样做。这也是舰船唯一需要全速前进的情况。

舰上。原本为"厌战"号准备的船帆索具则从未实装，并在后来被用于"壮丽"号（Superb）战列舰的改造工程中。两舰的超重问题意味着艏艉的四门6英寸炮无法安装，在后来的改装中也只布置了其中两门（剩余两门到战时才会安装）。与此同时，鱼雷发射管的安装位置必须抬高两英尺，以保证其位于水面之上。

经历1886年的海试和改装后，"蛮横"号被划入预备役；后于1889年恢复现役，前往远东接替"大胆"号担任舰队旗舰，从这也可以看出此类舰船的发展渊源。在1894年6月返回本土后，该舰的6英寸火炮均被更换为速射炮型号。之后，"蛮横"号于1896年前往太平洋舰队担任旗舰（在1897年2月，其搭载了全部10门6英寸炮）；1899年8月，该舰返回查塔姆接受整修及改造。此后，"蛮横"号被划入预备役，但于1905年接替"厄瑞波斯"号（Erebus，前"无敌"号）在波特兰担任驱逐舰补给舰；同时更名为"蓝宝石二号"（Saphire II），并拆除舰上全部6英寸炮。该舰担任这一职位直至1912年末，而后在次年秋被出售拆解。

"厌战"号在1888年完工后也是先被编入预备役，仅在演习期间出海，直至1890年2月被派往太平洋接替"快速"号（并服役到1893年）。完成整修后，"厌战"号长期被用作哨戒舰，直至再次前往太平洋，接替它的姊妹舰（在舰队中服役）；该舰于1902年7月返回本土，并在查塔姆退出现役，后于1905年被出售拆解。

尽管在本国受到大量批评，"蛮横"级却成为俄罗斯下一代装甲巡洋舰"纳西莫夫海军上将"级的设计模板[26]，后者在当时被称作"远洋铁甲舰"，用于向遥远的海外地区进行力量投射。和俄国此前的巡洋舰不同，该级舰不再被用于远洋破交，并且拥有装甲防护，可以与别国的同类型舰船对抗。"纳西莫夫海军上将"级最初被列入一个多达16艘舰船的建造计划之中，和俄罗斯之前的建造计划一样，该计划包括一批"远洋"舰船和用于近海防御的舰船，后一种舰船包括"沙皇亚历山大二世"号［Imperator Aleksandr II（1887）］和"沙皇尼古拉一世"号［Imperator Nikolai I（1889）］战列舰。在波罗的海方向，新造远洋舰艇的数量将与"纳西莫夫海军上将"级相同，另外有三艘"叶卡捷琳娜二世"级［Ekateriana II-class（1886—1892）］战列舰会被部署至黑海。其中"纳西莫夫海军上将"级拥有更高的建造优先权，因此其下水时间比"沙皇亚历山大二世"级早一年。

1882年，当"远洋铁甲舰"的设计工作开始时，其基本指标被确定为装备11英寸舰炮，拥有10英寸厚的主装甲带，最大航速15节；载煤量足够大，同时吃水不能超过26英尺，还需要搭载全帆装。当时考虑的设计模板包括"纳尔逊"级、"蛮横"级和英国为巴西建造的战列舰"里亚丘埃洛"级（Riachuelo-class）。由于设计已显落伍，"纳尔逊"级很快便被排除在外。"里亚丘埃洛"级通过斜置主炮所获得的良好射界在当时很有吸引力（值得一提的是，该级舰是"沙皇尼古拉一世"号的设计模板），但较低的载煤量最终使该舰被淘汰。因此，最终只剩下"蛮横"级可供参考，该级舰的设计方案在1882年6月22日获准作为俄罗斯新舰船的模板；在10月24日正式宣布的建造计划，也明确指出这类新舰船将是"类似于'蛮横'级的远洋铁甲舰"。

新舰的最终设计方案在1882年12月1日获得批准，其将采用和"弗拉基米尔·莫诺马赫"号相同的发动机。该级舰的主炮最初计划与"蛮横"级相同，即每座炮台仅安装1门主炮，并采用新的9英寸炮。但这款火炮在开发过程中遇到不少问题，因此原有设计在 1885 年 1 月被改为装备双联装 8 英寸炮的主炮台；这一调整不仅使侧舷的火力投射量增加 40%，同时大幅减少了整座炮台的重量。该级舰的副炮为 10 门6 英寸炮，此处完全照搬英国人的设计；另外有 3 具位于水线上的 15 英寸鱼雷发射管，1 具位于舰艉，剩余 2 具位于舰艏主炮台的两侧。该级舰的装甲防护包括保护动力系统的 10 英寸主装甲带，其前后由 9 英寸厚的横向装甲封闭，上部则为 2 英寸（51 毫米）甲板装甲，另有 3 英寸厚的倾斜甲板装甲延伸至舰艏。主炮台炮座的装甲高度较低，厚度为 7 英寸。

同样地，该级舰采用和"蛮横"级相似的双桅帆装（"沙皇亚历山大二世"级也是如此），但仅有一座烟囱，并且舰体底部进行了包铜处理。但该舰（"纳西莫夫"号）在第一次执行远洋航行任务时，即 1887 年夏季护送皇家游艇前往哥本哈根，遭遇了恶劣的天气并暴露出艏楼上浪严重的问题。因此，当时有人提议拆除舰艏主炮台并增加一层甲板；但这样做会进一步影响舰船的平衡性，该提议最终未被采纳。

和设计时预想的情况一样，"纳西莫夫"号的服役生涯基本在海外度过。该舰于1888 年秋离开喀琅施塔得，途经好望角然后前往远东，于 1889 年 5 月抵达符拉迪沃斯托克（海参崴）。1891 年，该舰与"弗拉基米尔·莫诺马赫"号、"亚速海回忆"号（Pamiat Azova；随行者包括俄国皇太子尼古拉，即后来的沙皇尼古拉二世）一同巡游了远东的几大港口，而后在 9 月启程返回波罗的海。接受整修后，"纳西莫夫"号于 1893 年 5 月再次离开喀琅施塔得前往美国，并在 9 月返回欧洲。位于西班牙卡迪兹附近海域时，该舰和"亚速海回忆"号意外相撞，导致本舰舰艏斜桅损坏。不过对"纳西莫夫"号而言，风帆与桅杆已经不再重要，因此它并未更换斜桅，而是继续前往地中海，接着经过苏伊士运河前往远东，后于 1894 年抵达。

"纳西莫夫"号于 1898 年春返回波罗的海，并接受大范围的整修，包括拆除部分上层建筑（总的来说，该舰上层建筑的高度明显降低），装备新型水管锅炉和三胀式蒸汽机；在武器方面，该舰换装了轻型的炮台护罩，并将原先的 6 英寸炮更换为45 倍径 4.7 英寸炮。1900 年初，该舰最后一次途经苏伊士运河前往远东，并且一直待到 1902 年秋；后于次年春季回到波罗的海。

公布于 1880 年的建造计划在 1885 年进行了一些修订，主要是对不同舰种的

在 1899 年接受整修改造后，"纳西莫夫海军上将"号更换了部分武器装备，并拆除了风帆索具（**作者个人收藏**）

俄罗斯的"纳西莫夫海军上将"号（照片为1893年摄于纽约）。其主体布局和"蛮横"级相似，区别只在于（俄舰）采用双联装的炮台和单烟囱设计（**国会图书馆LC-D4-21138，底特律照片公司所有**）

比例有所调整，但俄国海军对能够独立作战的远洋装甲巡洋舰依然保持着兴趣。于1886年开工的下一型巡洋舰"亚速海回忆"号和"纳西莫夫"号存在很大的不同，或者说其更接近此前从"海军元帅"级到"顿斯科伊"级那样的远洋巡洋舰。[27] 因此，新巡洋舰将拥有和后两者相似的总体布局，不过舰长增加80英尺，功率也相应增加1500马力，最大航速由16节提升至18节。"亚速海回忆"号的外观和此前的巡洋舰有较大不同——更接近法国后来为俄国建造的"科尔尼诺夫海军上将"号（Admiral Kornilov）。1886年2月，俄国海军决定将此前类似于"顿斯科伊"号的单轴推进动力系统变更为双轴推进，并使用立式三胀式蒸汽机，而非此前计划的水平复合蒸汽机。

"亚速海回忆"号建成时所摄（**作者个人收藏**）

"亚速海回忆"号的武器配置包括：与前烟囱并排布置的 2 门 35 倍径 8 英寸炮台炮，这和法国当时的装甲巡航舰主炮布置形式相似；副炮是位于主甲板之上的 13 门 35 倍径 6 英寸炮，其中 1 门是舰艏处的追击炮（计划用于舰艉的那门炮并没有安装）。另外，该舰仍处于建造状态时，海军便决定将其主装甲带延长，从而实现全舰防护；作为补偿，主装甲带的宽度在舰艏被削减 15%，在舰艉被削减 19%。主装甲带的厚度在舰艏为 6 英寸，但在舰艉末端被减至 4 英寸。甲板装甲的厚度为 2.5 英寸，到舰艉部分则减为 1.5 英寸。

加长的主装甲带、额外的横向装甲、动力系统的增强和双层船底导致该舰相比 6000 吨的预期排水量超重了近 800 吨。为解决这一问题，该舰总共拆除 2 门 6 英寸炮、40 枚水雷、防鱼雷网和部分船帆索具，同时削减了部分补给和弹药储存空间。但海试的结果令人非常失望：相较此前预计的 18 节航速，其实际最高航速仅为 16.8 节。

在波罗的海舰队服役数月后，"亚速海回忆"号于 1890 年夏启程前往远东。10 月，该舰在的里雅斯特（Trieste）接上沙俄皇太子，之后和"弗拉基米尔·莫诺马赫"号一道驶往东方；抵达新加坡加入太平洋舰队前还访问过沿途的诸多港口；皇太子尼古拉搭乘该舰于当年 5 月抵达符拉迪沃斯托克（海参崴）。"亚速海回忆"号在太平洋舰队担任旗舰至 1892 年年中，接着，它途经苏伊士运河于 10 月回到喀琅施塔得。进行简单整修后，该舰在 1893 年夏末再度被派往中东地区，但在途中意外与"纳西莫夫"号相撞。在地中海服役一年后，该舰于 1894 年 11 月最后一次前往太平洋进行海外部署，在此期间一直担任旗舰或是副旗舰；此时舰船上的帆装已遭大幅削减，只有前桅保留着桅桁。"亚速海回忆"号于 1899 年 11 月结束在远东的部署返回欧洲，于 1900 年 5 月抵达俄罗斯欧洲部分，然后退役并接受改造。该舰作为波罗的海舰队的海上炮术训练舰继续服役到了 1904 年，之后前往法俄联合造船厂接受大修。

日本

1886 年，日本订购了其第一艘装甲巡洋舰"千代田"号（Chiyoda）[28]，以填补"畝傍"号［Unebi（1886）］防护巡洋舰失事后产生的空缺（前者的购买经费便有一部分来自后者的保险金）：法国完成交付后，"畝傍"号在处女航期间于 1886 年 12 月 3 日离开新加坡后失踪。[29]"千代田"号依照日本技术顾问提出的指标进行设计，法国海军造船师埃米尔·柏坦（Emile Bertin，1840—1924 年）最终根据本国的无防护巡洋舰"米兰"号［Milan（1884）］敲定方案，不过增加 45% 的排水量，并增设侧舷装甲。尽管"千代田"号的设计来自法国，建造工作却由英国的造船厂进行。作为政治上的弥补，日本后来向法国的造船厂订购了两艘"松岛"级［Matsushima-class（1889—1891）］防护巡洋舰。

最终，两艘"松岛"级在某种程度上成为"英法混血战舰"——基于法国的设计方案，但由英国人确立建造标准和舾装。与"松岛"级相同，"千代田"号最初设计方案里的主炮也是一门用于对付战列舰的单装 40 倍径 12.6 英寸卡奈式（Canet）火炮；但当时已有事例证明，在这类小型舰船上搭载口径过大的舰炮会出现许多问题。因此，该舰最终完工时，只在舰体舰艉和侧舷舷台上安装了 10 门阿姆斯特朗方面生产的 40 倍径 4.7 英寸火炮；主甲板和上层甲板还设有 47 毫米副炮作为补充，另

日本首艘装甲巡洋舰"千代田"号（作者个人收藏）

外该舰装备了 3 具水上鱼雷发射管。舰船的装甲防护包括动力系统舱室两侧的哈维镍钢窄装甲带和覆盖全舰长度的甲板穹甲。其中主装甲带后侧设有中空隔舱（放置了纤维填充物）以增强生存性，这也是柏坦所设计舰船的典型特征；此外，该舰的储煤舱同样能提供一定防护。

"千代田"号是日本海军第一艘在动力系统中使用立式蒸汽机的军舰，此前各舰使用的都是水平蒸汽机。立式蒸汽机的蒸汽由机车式锅炉提供，这同样是日本海军首次使用此类锅炉。但就像在其他国家海军的情况那样，机车式锅炉在日本海军中也暴露出许多问题；更加糟糕的是，由于日本军舰使用的燃煤质量糟糕，这导致锅炉（相较英国军舰装备的同类锅炉）需要更频繁地进行清理。

"千代田"号于 1891 年 4 月抵达日本。仅仅服役五年多以后，日本海军便在 1896 年 10 月决定为该舰换装贝尔维尔式水管锅炉。换装及其他改造工作在 1897—1898 年间进行，最终极大改善了军舰的燃料经济性。作为第一艘装备水管锅炉的日本军舰，"千代田"号在接受改造后被用来（为后续装备同类锅炉的军舰）训练司炉人员。此外，为减少上层建筑重量，该舰在接受改造期间拆除了战斗桅盘。

迈向经典型英式巡洋舰

"奥兰多"级（Orlando-class）巡洋舰

皇家海军对外情报委员会（Foreign Intelligence Committee）在 1884 年基于假想敌法国进行的有关海军军备的研究表明，英国在包括二等铁甲舰在内的一系列舰船种类上均明显落后。[30] 尽管没有直接的证据表明这一研究结果产生了什么影响，但从 1884—1885 财年度预算中侧舷装甲巡洋舰的订购数量上看，这并不像是一个巧合。

建造计划处于筹备阶段时发生了一番讨论，因为海军造舰总监（Director of Naval Construction，简称为 DNC）一开始更青睐能装备大量鱼雷的舰船设计。不过，当时的"增设文职海军大臣"[①]乔治·伦道尔（George Rendel，1833—1902 年）还是建议建造能够和主力舰队一起作战、以火炮为主要武器的舰船，最终他的观点被采纳。新一级舰船将在此前"默尔西"级防护巡洋舰的基础上改进而来，其中有 4 艘在 1883—1884 财年预算中确定采购。与装备 2 门 8 英寸炮、10 门 6 英寸炮以及 2~3 英寸厚甲板装甲的设计原型相比，实际建成的"奥兰多"级巡洋舰将主炮加强为 2 门 9.2 英寸炮，并在舷侧重要部位增设 10 英寸主装甲带以防御重型火炮发射的炮弹。[31] 不幸的是，由于糟糕的重量控制情况，加上建造期间增添的其他设备，该级舰最终超重约 15%。这导致主装甲带的顶部位于水线下 2 英尺——而非设计时所预计的位于水线上 3.5 英尺——而且是在未满载的情况下，进而导致主装甲带完全

① 译者注：Additional Civil Lord of the Admiralty（1882—1885 年，1912—1919 年），一个两度设立的非常设海军部文职官职，亦是海军部委员会成员，主要负责监理海军装备物资等的各类采办项目，监督造船厂和船坞，以及监管相关合同。

建成时仅仅使用矮烟囱的"澳大利亚"号，1893 年 6 月摄于纽约（**经由国会图书馆获得，底特律出版公司所有**）

无法发挥设计中应有的作用。[32]

"奥兰多"级的主装甲带覆盖了全部的动力系统舱室（和"默尔西"级相比，该级舰采用三胀式蒸汽机，因此续航力更佳），主装甲带顶部则是 2 英寸甲板装甲，且艏艉部分的装甲被加厚至 3 英寸。舰炮部位只具有防御炮弹破片的能力；最靠近舰艉的 6 英寸炮被安装在舷台上，以获得朝向正后方的射角；此外，军舰主甲板上设有用于防御鱼雷艇的 3 磅炮，艏艉舷台处也分别布置了 2 门。该级舰搭载有 6 具鱼雷发射管，包括位于侧舷的 4 具水上发射管和艏艉各 1 具水下发射管，因此在当时被划分为"鱼雷巡洋舰"［和"默尔西"级一样，"奥兰多"级有时也被称为"撞击巡洋舰"（ram cruiser），这同样是当时的一种舰艇分类］。

英国在 1885 年的海军建造计划中共订购 5 艘该型巡洋舰[①]，次年又订购 2 艘［"曙光女神"号（Aurora）和"不朽"号（Immortalité）］。但上述各舰的建造都因为等待主炮研发而被迫延期，其中一些舰船在参加 1889 年阅舰式时安装的其实是木制的假炮。在服役的最初十年里，"奥兰多"号一直是澳大利亚舰队的旗舰，其余姊妹舰则在本土或海外承担其他各种职能。该级舰在 1890 年接受了一次改造，包括增高烟囱以保证锅炉的送风[33]；舰上的 6 英寸炮被更换为同口径的速射型号，其中一部分舰船的 9.2 英寸主炮还从 Mk V 型升级成了 Mk VI 型。

定级的问题

在 1887 年之前，英国海军对装甲舰船的分类更多是描述性质而非功能性质，比如"大胆"级、"香农"号和后来的"纳尔逊"级均被归类为"铁壳装甲板舰"（iron armour-plated ship）。但在这一年里，装甲舰船被英国海军正式按照战列舰和巡洋舰两个大类进行区分，接着两类舰船被细分为一等、二等和三等。不过奇怪的是，尽管"香农"号、"纳尔逊"级以及"蛮横"级被归类为一等装甲巡洋舰，但设计理念与它们几乎完全相同的"大胆"级却和多艘中央炮郭铁甲舰被归类为二等装甲战列舰[34]——然而，上述二等装甲战列舰的装甲比"香农"号这些一等装甲巡洋舰还要薄和轻，尺寸也比这些新巡洋舰（除"香农"号）小。

① 包括"奥兰多"号、"澳大利亚"号（Australia）、"伽拉忒亚"号（Galatea）、"那喀索斯"号（Narcissus）和"刚毅"号（Undaunted）。

左上图：增高烟囱后的"奥兰多"号（NHHC NH 57808）

右上图："阿喀琉斯"号是一艘老式铁甲舰，在 1892 年被归类为巡洋舰，但该舰从未履行过作为巡洋舰的职责。"阿喀琉斯"号经历过长达 15 年的闲置封存，后来舰上的桅杆上部结构被拆除，同时加装了装备机枪的战斗桅盘。本图摄于 1901 年 8 月，此时该舰正准备离开德文波特港，前往马耳他作为仓库船服役（世界舰船协会，约翰·马德尔收藏）

下图：20 世纪初，"大胆"号、"无敌"号和"凯旋"号均被改造为无动力补给舰。本图摄于 1904 年，波特兰，具体军舰是被更名为"厄瑞波斯"号的"无敌"号。于次年 2 月退役并被"蓝宝石二号"（前"蛮横"号）取代后，该舰被运往朴次茅斯用作费思嘉技术军官训练学校的靠泊校舍，后在 1906 年 1 月 1 日正式更名为"费思嘉二号"（"费思嘉"号即其姊妹舰，原"大胆"号）。1914 年 9 月，两艘"费思嘉"舰被拖往斯卡帕湾用作舰队基地的浮动设施；后来，"大胆"号，或者说"费思嘉"号在奥肯尼群岛再度更名为"蛮横"号，履行类似的职责直至 1920 年 3 月。前"无敌"号则在前往波特兰的途中因遭遇风暴沉没（作者个人收藏）

① 包括大型的"勇士"号（Warrior）、"黑太子"号（Black Prince）、"阿喀琉斯"号、"米诺陶"号、"阿金库尔"号（Agincourt）、"诺森伯兰"号（Northumberland），以及小型的"赫克托耳"号（Hector）。

1892 年 5 月，英国新型战列舰"君权"级（Royal Sovereign-class）入役。此事对战列舰这一舰种的分类产生巨大影响：由于崭新的"君权"级出现，此前的多型一等战列舰现在不得不退居二等，二等战列舰则降级为三等（包括"大胆"级）。[35] 此外，在 1887 年，建造于 19 世纪 60 年代的七艘侧舷炮门铁甲舰（原为三等战列舰）①现在被划分为一等巡洋舰。[36] 尽管早在 1883 年就有人提议为上述七舰更换动力系统，使之成为真正意义上的巡洋舰；但相应改装从未实施，这也导致重新定级一事并不会造成什么实际效果。

除"赫克托耳"号很快就被列入非现役名单，其余各舰基本都是作为巡洋舰被保留到世纪之交（不过它们已经没有多少军事价值，不是即将被拆解，就是作为位置固定的训练舰使用）。

"大胆"号和"快速"号（Swiftsure）一直服役到 19 世纪 90 年代；"铁公爵"号（Iron Duke）则作为哨戒舰服役到 1900 年，退役后还在比特海峡（Kyles of Bute）作为储煤船服役了五年。1889—1890 年间，"大胆"号在查塔姆港接受了一次改造，包括更换军用桅杆并换用 4 英寸炮，而后在 1890 年第三次被派往赫尔港担任哨戒舰。该舰于 1894 年转入预备役，而后在 1902 年被改造为无动力的驱逐舰补给舰，原先动力系统所占空间被用于容纳修理车间和其他辅助设施。[37]

"无敌"号（Invincible）于 1893 年转入预备役，"凯旋"号（Triumph）更是自 1888 年起便处于闲置状态。两舰接受了类似的改造，在 1905 年无动力补给舰被废除后，都被用作技术军官训练学校的浮动设施。"无敌"号此时更名为"费思嘉二号"

幸存下来的"大胆"级铁甲舰在19世纪90年代均作为哨戒舰服役，其首舰在1889—1890年间的整修改造中换装了军用桅杆和4英寸炮（**世界舰船协会，约翰·马德尔收藏**）

"凯旋"号更名为"忒涅多斯"号后，被用作查塔姆港的驱逐舰补给舰；后被改造为该港口内的海军技术军官浮动训练设施。该舰在1910年被调往德文波特，作为海军机械兵训练学校的浮动设施，并被更名为"印度河四号"。本图（或者说本照片）则是该舰于1914年10月更名为"阿尔及尔"号后，被用作因弗戈登港的浮动仓库时所摄。位于该舰后方的应该是命运相似的"阿克巴"号（前"鲁莽"号，此时只剩舰壳）和"马尔斯"号战列舰（**作者个人收藏**）

（Fisgard II），在1914年因遭遇风暴沉没；另外"凯旋"号继续担任港口勤务舰船直至20世纪20年代。"快速"号则在1901年被拆空船壳，并更名为"奥龙特斯"号（Orontes）；但和它的姊妹舰不同，该舰在10年后便被出售拆解。

大型防护巡洋舰

"奥兰多"级是未来十多年里英国建造的最后一级拥有侧舷装甲的巡洋舰，因为在1885—1902年间担任海军造舰总监的威廉·怀特爵士（Sir William White，1845—1913年）认为，针对当时的舰载武器，规格为全舰长度的甲板穹甲 [在阿姆斯特朗造船厂为智利建造的"埃思梅拉达"号（Esmeralda）巡洋舰和皇家海军的"默尔西"号巡洋舰上首次采用] 能提供相较位于水线附近的侧舷装甲带更有效的防护。

类似的设计很快就在后续两艘尺寸异常大的巡洋舰"布莱克"号（Blake）和"布伦海姆"号（Blenheim）上得以应用。两舰的设计建造是为了应对采用大型商船改造而成的远洋破交舰，后者拥有的高航速和大航程，使得普通巡洋舰很难对它们实施拦截，更别说当时法国正在为实施破交行动专门建造大型巡洋舰［即"塔热"号（Tage）和"塞西尔海军上将"号（Admiral Cécille）］。[38]

对应地，两艘英国新型巡洋舰需要达到较高航速（加力送风时 22 节，另可保持 20 节航速状态），因此必须布置相应的舱内空间，以容纳更长的高速动力系统，在排水量不超过 9000 吨的前提下达到 20000 指示马力的输出功率。其动力系统沿用了"蛮横"级的设计思路，即 2 组推进轴各连接 2 台蒸汽机，以达到 15 ~ 16 节的经济巡航速度。军舰的装甲甲板共布置有两种装甲，一种是位于甲板中部的 3 英寸水平装甲；另一种是靠近两舷的斜装甲板装甲，厚度为 6 英寸（当时普遍认为其防护能力和 12 英寸垂直装甲相当）；穹甲的厚度在艏艉减至 2 ~ 2.5 英寸，同时主炮装备有 4.5 英寸厚炮盾。军舰以 31.5 倍径 9.2 英寸舰炮作为主炮，艏艉处各布置 1 门。另布置有 10 门 26 倍径 6 英寸副炮，其中 6 门装有炮盾，位于上层甲板；另外 4 门位于主甲板的舷台内。此外，主甲板上搭载有 10 门 3 磅炮，上层甲板也有 8 门该口径火炮。最后，舰上安装了 4 具 14 英寸鱼雷发射管，2 具位于水下，2 具位于水线上方。

为达到上述要求，两舰的排水量需要在"奥兰多"级的基础上提升近 60%（造价也提高 50%），其中绝大部分被用于满足动力系统的需求。因此，当两舰在海试期间未能达到 22 节的最大航速时，英国海军感到非常失望；另外，在"布莱克"号第一次服役期间，舰上的锅炉暴露出了不少问题。不过从另一方面讲，两舰的法国对手在海试期间同样出现不少问题，而且动力系统的性能相对平庸。虽然"布莱克"号在海试中被证明具备较为优越的远洋航行能力，但两艘英国巡洋舰的最大航速还是被认为只有 20 节。

军舰的尺寸和续航力，再加上专门为保护贸易而采用的设计使得两舰非常适合在海外基地担任旗舰。因此，"布莱克"号在 1892 年取代"柏勒洛丰"号战列舰，成为北美和西印度群岛的旗舰至 1895 年；之后又在海峡舰队服役至 1898 年。"布伦海姆"号则在建成后被编入预备役，直至 1894 年加入海峡舰队。两舰均在 1898 年被划入预备役，"布伦海姆"号曾在当年 6 月被短暂地部署到远东，然后回到查塔姆

第一艘大型防护巡洋舰"布莱克"号，本图摄于 1893 年（作者个人收藏）

再次转入预备役。"布莱克"号在1900—1901年间重新服役，被用于向地中海地区运送士兵；"布伦海姆"号则在1901—1904年间再次被部署到远东。

到1902年，有关人员针对两舰的现代化改造提出了多个方案：有的方案比较简单，比如将各口径火炮升级为最新型号；也有更复杂的方案，包括加装6英寸厚侧舷装甲带，将主炮数量增至4门甚至6门，同时"布伦海姆"号需要将副炮数量削减至8门。但军方认为不值得为两舰实施上述的复杂改造，因此"布伦海姆"号在1907年自远东返回后便被改造为驱逐舰补给舰，其姊妹舰也是如此。两舰以这一身份，一直服役到了一战结束之后。

"布莱克"号从一开始就因其巨大的尺寸被认为并不适合大批量建造，该舰若是在和平时期服役也算不上经济（因此被划入预备役）。反过来说，英军需要一类更小型的舰船，对此，怀特一开始的计划是在类似当时在建的"伏尔甘"号（Vulcan）巡洋舰/鱼雷艇母舰的舰体上搭载上述（巡洋舰所用的）武器装备。最终的设计方案保留了除6门3磅炮以外的所有舰炮［并使用新型40倍径6英寸炮取代原先的26倍径型号］；考虑到"伏尔甘"号的舰体相比"布莱克"号吃水更浅，水平甲板和斜装甲板的装甲厚度分别被减至2.5英寸和5英寸，仅在发动机部位保留了6英寸厚斜装甲板装甲。[39]

当时存在的质疑包括：随着舰载火炮的发展，仅设置甲板装甲而没有侧舷装甲的军舰能否实现有效防护，尤其是1885年对旧铁甲舰"抵抗"号的舰体进行了一系列射击测试之后。因此，"布莱克"级和后来的新一级，即"埃德加"级（Edgar-class）在舰舯部位均采用了双层船壳，以备日后加装侧舷装甲。设计工作开展期间的改动还

尽管设计时是作为鱼雷艇母舰使用（因此安装了巨大的鹅颈状起重机），且相比同样大小的巡洋舰其装甲防护水准更低，下水于1889年的"伏尔甘"号还是和法国的"闪电"号（1895）一样采用了防护巡洋舰的装甲布置，因此成为后来"埃德加"级的设计基础。"伏尔甘"号服役期间基本是作为补给舰船，直至1931年拆除装备并被用作"反抗"号鱼雷训练学校的浮动设施（**作者个人收藏**）

摄于 20 世纪早期的"埃德加"号巡洋舰（**亚伯拉罕世界舰船协会收藏**）

1893—1896 年间在温哥华担任太平洋舰队旗舰的"皇家亚瑟"号巡洋舰。如本图所示，该舰（以及"新月"号）的艏楼相较"埃德加"级更加高大，这也是两舰与后一级舰船在外观上的一处明显区别（**作者个人收藏**）

包括增加锅炉功率，以确保军舰在航行时维持 18 节的航速。1889 年 5 月，《海军防务法案》要求总共建造 9 艘这样的巡洋舰[40]，这一法案是在英方多年以来对皇家海军的力量不足以对抗其潜在对手的担忧达到一个高潮后所诞生。该法案还引出了日后被英国奉为圭臬的"两强标准"[①]，并在之后四年里提出建造多达 10 艘战列舰和 38 艘巡洋舰。

其间共有 7 艘巡洋舰按照最初的设计方案建造，包括在 1893—1894 年间完工的"埃德加"号、"恩底弥翁"号（Endymion）、"直布罗陀"号（Gibraltar）、"格拉夫顿"号（Grafton）、"霍克"号（Hawke）、"圣乔治"号（St George），以及延迟到 1896 年才完工的"忒修斯"号（Theseus）。以上 7 艘舰船在服役期间被部署到了全球各地。1890 年，英国海军决定再建造两艘在海外基地担任旗舰的军舰，并通过扩大艏楼来获得所需的额外舱内空间；因此，位于舰船的 9.2 英寸主炮将被更换为 2 门 6 英寸炮。

① 译者注：two-power standard，即皇家海军实力不低于任何两个海军强国加起来的海军力量，即其实力至少相当于世界排名第二和第三的海军实力总和。

两舰分别被命名为"新月"号（Crescnet）和"半人马"号［Centaur，后更名为"皇家亚瑟"号（Royal Arthur）］。由于调整设计时军舰处于建造的早期阶段，也就是在干坞中搭建舰体，因此修改和私人船厂签订的建造合同一事并未产生额外费用。两舰的船底均覆铜，以满足作为海外基地旗舰的需要；出于相同的使用需要，"直布罗陀"号和"圣乔治"号也进行了这样的改造。

法国海军："绿水学说"（Jeune École）及以后

在19世纪70年代大部分时间里，法国海军主要将巡洋舰视作远洋破交舰，包括1878年批准建造的五艘3500吨级木壳全帆装无防护巡洋舰，其中四艘在1882年和1886年完工。相较此前全金属舰体的"杜肯"号和"图维尔"号，这无疑是巨大的退步。第五艘的建造则在后来被取消：该舰让位于法国第一艘防护巡洋舰"斯法克斯"号［Sfax（1884）］，之后是更大型的"塔热"号（1886）和"塞西尔海军上将"号（1888），其中最后两艘的航速可以达到19节。此外，当时法国为俄罗斯建造了一艘类似舰船，即"科尔尼洛夫海军上将"号［Admiral Kornilov（1887）］。

随着英法关系再度变得紧张，法国海军政策的核心在19世纪80年代转变为"绿水学说"——海军的主要任务是远洋破交、近海防御和对敌方海岸实施轰炸。这一学说经历了多年酝酿，直至其主要支持者特奥菲尔·奥比（Théophile Aube，1826—1890年）海军上将在1886年1月被任命为法国海军部长，所谓"绿水学说"才真正得以明确。在他的管理下，轻型舰艇（排水量仅58吨）将被用于实施甚至包括远洋破交在内的上述三类任务，这直接导致法国1880年海军建造计划中包括"涅普顿"级（Neptune-class）战列舰、"查理·马特"号（Charles Martel）和"布伦努斯"

摄于19世纪90年代的"塔热"号，该舰反映了法国海军对于远洋破交舰的另外一种设想（NHHC NH 66092）

号（Brennus）战列舰的建造被推迟。造船厂被命令优先建造一批鱼雷艇和平底炮艇（bateaux-cannon，采用鱼雷艇的船体，搭载 1 门 5.5 英寸炮），同时新建 3 艘近岸舰船作为这些小型舰艇的母舰；另外需要建造 6 艘大型和 10 艘小型防护巡洋舰。

这些小型舰艇在后来的使用中被证明存在诸多问题，唯一建成的那艘平底炮艇也被发现其火炮根本无法正常操作，最后被改造为鱼雷艇。海试期间，法国海军发现这些鱼雷艇的适航性相当糟糕，根本无法像"绿水学说"设想的那样进行远洋部署。因此，法国在 1888 年的海军预算中增加了一笔经费，用于重启战列舰的建造（"布伦努斯"号最终按照改进后的设计方案建造完工；"查理·马特"号则在船台上被拆解，其舰名被用于另外一艘新造战列舰）。不过，奥比的种种作为还是导致了法国海军在其离任后（具体是 1887 年 5 月）长达 15 年的混乱。

"杜佩·德·洛美"号巡洋舰

前文所述大型巡洋舰中的最初两艘分别被命名为"杜佩·德·洛美"号（Dupuy de Lôme）和"让·巴尔"号（Jean Bart）。两舰于 1886 年 10 月获得订单，在最初的设计方案中排水量为 4160 吨，仅配备甲板装甲。1887 年 3 月，法国议会批准了另外两艘姊妹舰"阿尔及尔"号（Alger）和"伊斯利"号（Isly）的建造。不过，在同一时期，法国海军按照前一年的计划对老旧的"好斗"号巡洋舰进行了一系列射击测试，用来检测此前的黑火药装药和新型高爆装药之间的区别。测试结果表明，仅仅是中等装药量的高爆装药也能极大增强炮弹的毁伤能力；换句话说，这证明了在巡洋舰上安装侧舷装甲是极有必要的。因此在 1887 年 10 月，尽管其余三舰将按照此前的设计继续建造，但"杜佩·德·洛美"号会基于原方案加以改进，最终该舰对巡洋舰设计建造方面产生的影响甚至超越了该舰本身具有的价值。

该舰的设计师为路易·德·布西（Louis de Bussy，1822—1903 年），此前他还设计了世界上第一艘全钢制战列舰"可畏"号［Redoubtable（1876）］。"杜佩·德·洛美"号的装甲防护与法国此前的侧舷防护设计彻底分道扬镳：该舰拥有完整的侧舷防护（在此之前的军舰一般只会在靠近水线的部位安装一段装甲带），外加水平的甲板穹甲；动力系统位于穹甲之下的部分还设有用于防御弹片的防弹甲板。该舰的最大航速高达 20 节，武器装备与同类舰船相比也不落下风，包括两舷各一门 7.6 英寸炮，艏艉则各有三门集中布置到一起的 6.5 英寸炮；再加上极度夸张的冲角艏和军用桅杆，该舰的外观显得咄咄逼人。"杜佩·德·洛美"号的桅杆实际是为了方便指挥数量日益增加的反鱼雷艇火炮而诞生；此外，在 19 世纪 90 年代，所有不再需要帆装的舰船都装备了此类桅杆。不过桅杆上桅盘的重量较大，以及能够安装在桅盘上的轻型火炮所发挥的作用越来越小，都最终导致了这种军用桅杆退出历史舞台。

该舰的三轴推进动力系统也是第一次被用于大型舰船，其中两侧的传动轴由水平三胀式蒸汽机驱动，中间的传动轴则由立式三胀式蒸汽机驱动。在始于 1892 年 6 月的海试中，该舰的锅炉曾发生一系列故障，导致军舰在 1895 年 5 月才正式服役，几乎比计划落后了三年。

无论如何，结合了各项先进技术的"杜佩·德·洛美"号还是备受法国海军青睐。不过，英国海军认为"布莱克"级和"埃德加"级的装甲布置所拥有的防护能力至

刚建成时所摄的"杜佩·德·洛美"号巡洋舰（**作者个人收藏**）

干船坞中的"杜佩·德·洛美"号巡洋舰，图中可见该舰独特的武器布置形式，注意其主炮实际位于舯部的侧舷（**作者个人收藏**）

更换锅炉且烟囱增至三座后，正在进行海试的"杜佩·德·洛美"号巡洋舰（**作者个人收藏**）

少和这艘法国军舰相当。当时也有观点认为，"杜佩·德·洛美"号的性能对于实施舰队侦察、远洋破交和远洋部署都非常适合，因此将其视作后来的大型装甲巡洋舰的鼻祖。法国在 20 世纪之前[41] 便基本不再建造其他类型的巡洋舰，而是只建造装甲巡洋舰（除少量大型防护巡洋舰外）；其他国家也在加紧建造同类舰船。

加入海军后，"杜佩·德·洛美"号最先是在北方舰队服役，并在 1899 年先后访问西班牙和葡萄牙，随后代表法国出席 1901 年的维多利亚女王葬礼。之后，该舰更换了更现代的轻型火炮，但依旧暴露出很多问题；因此，该舰于 1902—1906 年间在布雷斯特接受了改造。改造期间，该舰先是换装水管锅炉（烟囱由原先的两座增加为三座），接着后桅杆也被更换为直杆桅杆［最初的计划还包括更换前桅，其后继型号"沙内海军上将"级（Admiral Charner-class）便在接受改造时更换了前桅］。

1906 年 10 月 3 日该舰完成改造重新入役后，又立即被归入了预备役。直至 1908 年才重新启用，并被部署到摩洛哥的丹吉尔。但当时"杜佩·德·洛美"号的舰体已经出现锈蚀的现象，因此该舰很快于 1909 年 9 月返回洛里昂并重新加入预备役。之后，其在 1910 年 3 月退役，并于次年 2 月被除籍。

"沙内海军上将"级巡洋舰

位于"杜佩·德·洛美"号之后的便是在 1888 年 8 月[42] 获准建造的四艘二等巡洋舰（排水量 2000 ~ 4000 吨）。最初的设计方案中，新一级军舰装备 4 座风帆桅杆、2 门 6.5 英寸炮和 6 门 5.5 英寸炮，以及 3.2 英寸厚的主装甲带；装甲带和"杜佩·德·洛美"号一样覆盖全舰长度，但高度仅会达到主甲板处。后来，该级舰的桅杆被 2 座军用桅杆取代，主炮口径增加到 7.6 英寸，这导致军舰排水量达到 4700 吨。和"杜佩·德·洛美"号相比，该级舰的舰炮布置更加分散，以防多门火炮因一次命中被摧毁；另外主炮也从原先的舯部回到了艏艉位置。设计人员最初还计划为军舰装备 5 具水上鱼雷发射管，但最终舰艉部位的鱼雷发射管并未安装。侧舷装甲仅延伸至主甲板层，其厚度在舯部增至 3.6 英寸，但往艏艉逐渐变薄。水平甲板装甲和斜装甲板装甲的厚度分别为 1.6 英寸和 2 英寸。此外，该级舰原本计划在舰艉及艉游廊前部各安装一座探照灯平台，但海试结果表明舰艉的探照灯根本无法在航行时使用，所以最后被拆除。

当时设计方一共提出六种详细的设计方案，最终胜出的方案则是由法国海军建造总监儒勒·蒂鲍迪尔（Jules Thibaudier，1839—1918 年）选定，并于 1889 年 4 月 1 日获得批准。该级舰的第一艘于当年 6 月在罗什福尔造船厂开工建造，该造船厂将建造其中的两艘，另外两艘会以建造合同的形式交由私人造船厂负责。后两艘中的第一艘名为"尚齐"号（Chanzy），舰名来源于此前德·卢瓦尔（de Loire）设计，用于搭配德·布西所设计防护巡洋舰"达武"号［Davout（1889）］和"絮歇"号［Suchet（1893）］的巡洋舰，但最终因资金问题被取消建造。

由海军造船厂建造的两艘军舰，即"沙内海军上将"号、"布吕克斯"号（Bruix）与另外两艘由私人造船厂建造的"尚齐"号、"拉图切 - 特雷维尔"号（Latouche-Tréville）略有不同——前两艘前部的上层建筑向两侧有所延伸，并设有封闭的舱壁；后两艘的上层建筑为开放式，这也使得两舰的舰桥相较其前两艘姊妹舰更加潮湿。此外，"拉图切 - 特雷维尔"号采用了由电力驱动的炮塔，而非另三舰所用的液压驱动；

尤其值得一提的是，该舰炮塔的形状为前后平均的椭圆，而非圆形。"沙内海军上将"级的前三舰在开工建造时采用的是横置蒸汽机（相比"杜佩·德·洛美"号，该级舰回归了双轴推进的设计）；而开工晚一年的"布吕克斯"号采用立式蒸汽机，因此功率更高。

尽管在建造期间该级舰被升级为一等巡洋舰，但"沙内海军上将"级的职能仍然不太明确。不过从设计阶段时的讨论来看，该级舰应该是用于对抗同时期的意大利巡洋舰并实施近海防御。另外，该级舰的舱内空间并不宽裕，这也表明其主要是在本土海域服役；但在后来，除了"拉图切-特雷维尔"号，其他三舰均曾在远东海域服役。也正是在海外服役期间，"尚齐"号于1907年5月在中国近海搁浅后沉没，这是短短两年时间里，法国海军在海外损失的第二艘装甲巡洋舰［几乎崭新的"叙利"号（Sully）已于1905年10月沉没］。1906—1907年间该级舰拆除鱼雷发射管后，"拉图切-特雷维尔"号和"布吕克斯"号在1913—1914年间将军用桅杆更换为直杆桅杆；"沙内海军上将"号的桅杆则仅被拆除至基座，然后在上部安装了直杆桅杆。

建成时的"布吕克斯"号巡洋舰。和"沙内海军上将"号一样的是，该舰在前部拥有封闭的上层甲板，而"尚齐"号和"拉图切-特雷维尔"号上层甲板的下方只是开放的空间。后来依然服役的该级各舰所装备的军用桅杆均被直杆桅杆取代（**作者个人收藏**）

自1907年年初在远东舰队服役的"尚齐"号，在5月20日因遭遇浓雾于舟山群岛搁浅；经过长达10天的救援行动，有关人员因风暴临近而被迫放弃该舰，最终该舰舰艉沉没。之后在6月12日，"德·昂特勒卡斯托"号巡洋舰（图中最右侧）、"布吕克斯"号（图中左侧）和"阿尔及尔"号的舰员对"尚齐"号剩余舰体进行了爆破。注意图中可见并未封闭侧面的前部上层建筑（**作者个人收藏**）

"柏莎武"号（Pothuau）巡洋舰

法国海军于 1890 年通过新的一批建造计划，这是自 1872 年以来海军最高委员会（Conseil Superieur）通过的第一个建造计划。计划的内容是在未来 10 年内建造 24 艘战列舰、36 艘在本土服役的巡洋舰外加 34 艘在远洋基地服役的巡洋舰。但就像 1872 年的建造计划那样，这个计划也没有落实相应的资金，而且很快进行了调整。

1892 年版本的建造计划包括一艘基于"沙内海军上将"级的放大改进型巡洋舰，其主要变化在于优化了副炮的布置。[43] 该舰的设计方案于 1892 年 3 月 15 日获得海军建造委员会（Conseil de Traveaux）批准，被命名为"柏莎武"号。该舰相较"沙内海军上将"号增加了 4 门 5.5 英寸炮；并将后者在炮塔内的副炮安装到舷台内，另有 2 门采用开放式的炮盾。军舰的侧舷装甲同样仅延伸至主甲板高度，但厚度削减不少，而甲板装甲被明显加厚；炮塔和司令塔的装甲厚度更是分别增加 75% 和 200%，不过舷台装甲的厚度只有"沙内海军上将"号上炮塔装甲厚度的一半。该舰所用的桅杆也更轻型，前后都只有直杆式桅杆。烟囱则变为标志性的 3 座，这是因为增加了 2 台锅炉，军舰的指示功率也相应提升为 10000 马力。

"柏莎武"号于 1897 年入役，并在同年 6 月代表法国海军参加纪念维多利亚女王加冕 60 周年的阅舰式，而后在 8 月负责运送法国总统访问俄罗斯。之后，该舰在地中海舰队服役至 1905 年，接着转入预备役。从次年开始，该舰被用作远洋射击训练舰，并一直服役到 1914 年。

完工时的"柏莎武"号（**理查德·奥斯本收藏**）

西班牙

19 世纪 80 年代，西班牙开启了一轮大规模的巡洋舰建造计划，涉及范围小至类

似护航舰的小型舰艇,大到与"摄政女王"级(Reina Regente-class)相近的防护巡洋舰,以及六艘装甲巡洋舰。上述装甲巡洋舰是在 1887 年舰队建造计划中获得批准,具体设计方案是由英国帕尔默造船厂根据"奥兰多"级巡洋舰的设计派生而来:在其他防护设计不变的情况下,在舰舯增加 11.8 英寸厚的装甲带。主炮也更换为口径大得多的 11 英寸炮,采用炮台安装于艏艉,并加装穹顶状的顶盖;此外两舷各有 5 门安装了炮盾的 5.5 英寸[①]炮。在设有主装甲带的部位,军舰的甲板装甲采用 2 英寸厚水平装甲;装甲带之外则安装 3 英寸厚斜装甲板装甲。

该级舰中的三艘是由私人造船厂建造,另外三艘由国营海军造船厂建造。其中,私人造船厂建造的三艘分别被命名为"玛利亚·特蕾莎公主"号(Infanta María Teresa)、"奥肯多海军上将"号(Almirante Oquendo)及"维斯坎亚"号(Vizcaya);三舰于 1887 年 10 月以皇家法令的形式获得批准,并在 1889 年末开工。不过,尽管首舰"玛利亚·特蕾莎公主"号在第二年夏季便已下水,但另外两舰到 1891 年才下水,三舰的完工时间更是分别延后至 1893 年、1894 年和 1895 年。尽管这三艘军舰一开始被归为一等防护巡洋舰,但在 1898 年美西战争前夕又被归为二等装甲舰。

三艘由国营造船厂建造的巡洋舰则是在 1888 年 9 月获得批准。第一艘"亚斯图里亚斯亲王"号(Princesa de Asturias)的建造发生严重拖延,这部分可以归因于有关人员在建造后期对船体设计进行修改(主要针对舰艏水线之上的部分),以安装更长的装甲带:由于采用了新的哈维镍钢,更薄且重量更轻的装甲能够提供(相较以往厚且重的装甲)同等级的防护,因此可以使用更多的重量安装更好的动力系统。[44]该舰直到 1896 年才下水,完工更是要等到 1904 年秋季。第二艘"加泰罗尼亚"号(Cataluña)于 1890 年 1 月在卡特赫纳造船厂开始建造,这也是该造船厂当时建造的最大一艘舰船。该舰的建造工作持续了近 10 年,到 1900 年秋季才下水。第三艘"西斯内罗斯枢机主教"号(Cardinal Cisneros)则在 1890 年 9 月正式动工,但建造工作

① 译者注:140 毫米。西班牙海军 5.5 英寸炮的实际口径为 140 毫米,而上文中法国海军的 5.5 英寸炮实际口径为 139 毫米,详见附表 I。

"玛利亚·特蕾莎公主"号。本图应是摄于 1895 年 6 月基尔运河的开放仪式期间(NHHC NH 88603)

西班牙所建的第二批装甲巡洋舰的建造工作发生了严重拖延，因此军舰完工时已经采用更现代化的设计。图为摄于丹吉尔的"西斯内罗斯枢机主教"号巡洋舰（NHHC NH 46853）

需要等到"阿方索十三世"号（Alfonso XIII）防护巡洋舰下水腾出船台后才能开始。加上材料和人手方面的短缺，这艘本该在当年8月下水的巡洋舰最终到1897年春季才下水——而且此时"阿方索十三世"号依然没有完工，只能承担训练任务。[45]

还待在船台上没有下水的时候，该级舰就接受了进一步的现代化改造。1895年11月，西班牙海军决定为该级舰调整武器配置。因此，洪托利亚（Hontoria）所设计的1883年型11英寸主炮最终被更先进的9.4英寸[①]卡奈式舰炮取代，炮台因此也需要重新设计。军舰的副炮则被削减为8门，并统一安装在舷台内。另外，艏艉位置增设了10英寸装甲隔舱壁，不过装甲甲板的最大厚度被削减为2英寸。以上这些改造导致军舰的建造时间延长，因此进展最快的"西斯内罗斯"号也是等到1903年才完工；"亚斯图里亚斯亲王"号紧随其后，而最后的"加泰罗尼亚"号直到1908年4月才服役。

1887年的建造计划中还包括一艘（相较之前六艘巡洋舰）大得多的舰船。该舰

"卡洛斯五世"号和此前西班牙的大型巡洋舰不同，因为其采用了相当独特的装甲防护配置，主要依靠加厚的斜装甲板装甲提供防护，另外侧舷装甲仅分布于主炮台的位置（LoC LC-H261-4175）

① 译者注：西班牙海军使用的9.4英寸炮实际口径为240毫米。

于 1891 年 4 月获得批准，一年后便在卡迪兹的一家私人造船厂开工。尽管比之前六艘巡洋舰还要重 2000 吨，但该舰的主炮还是和"玛利亚·特蕾莎"号一样，副炮数量甚至少两门。至于装甲防护方面，新军舰取消了水线部位的主装甲带，只依靠 2 英寸水平甲板装甲和 6.5 英寸斜装甲板装甲获得防护，且只在炮台周围增设 2 英寸厚的侧舷装甲。该舰被命名为"卡洛斯五世皇帝"号（Emperador Carlos V，后被简称为"卡洛斯五世"号）。[①]它于 1895 年 3 月下水，1897 年 6 月服役。由于自身巨大的尺寸，该舰被定级为一等装甲舰，不过它的战斗力甚至不如被定级为二等装甲舰的"玛利亚·特蕾莎"级。

亚德里亚海诸国
意大利

意大利在 19 世纪 70 年代末便已经开工建造相当具有创新性的"意大利"级（Italia-class）战列舰。其拥有极高的航速（17.5~18.5 节）且仅设置甲板装甲作为防护。因此，该级舰更像是超大型的巡洋舰，其后继型号相比其他国家的战列舰也拥有相当高的航速。总的来说，意大利海军对适合执行舰队作战任务的巡洋舰所产生的需求并不迫切。不过，19 世纪 80 年代末的经济危机使意大利不得不暂缓战列舰的建造，开始考虑以舰队巡洋舰取代前者的可行性。[46]

19 世纪 80 年代，意大利海军建成了三艘 3500 吨级的防护巡洋舰，即"埃特纳"级〔Etna-class（1885—1886）〕。该级舰装备有 2 门 10 英寸炮和 4 门 6 英寸炮。此外，意大利人在 1888 年还考虑过建造一艘稍大的巡洋舰。随后，这艘巡洋舰被进一步放大尺寸并安装了侧舷装甲，从而成为意大利的第一艘装甲巡洋舰"马可·波罗"号（Marco Polo）。但受限于当时的财政状况，该舰直到 1890 年才真正动工，完工则需要等到 1894 年。1896 年，经过长时间的海试，"马可·波罗"号成为游击舰队的旗舰。不过在 1898 年到 1914 年之间，其服役生涯基本都是在远东地区度过。

之后出现了四艘更大型的舰船——分别被命名为"卡洛·阿尔贝托"号（Carlo Alberto）、"维托尔·皮萨尼"号（Vettor Pisani）、"尼诺·比克希奥"号（Nino Bixio）和"朱塞佩·加里波第"号（Giuseppe Garibaldi）。按照最初的设想，这四艘巡洋舰不会安装侧舷装甲，但最终它们成为比"马可·波罗"号吨位还多出约 2000 吨的装甲巡洋舰。相较后者，四舰的 6 英寸炮数量提升一倍，但减少了 4 门 4.7 英寸炮。主装甲带的厚度增加三分之一，并采用倾斜甲板装甲。这四艘巡洋舰的设计师是艾多拉

完工时的"马可·波罗"号巡洋舰（NHHC NH 48659）

多·马斯迪奥（Edorado Masdea，1869—1910年），他的基本设计方案与此前的意大利巡洋舰大相径庭，反而更接近战列舰的设计：比如军舰的发动机被布置在远远分隔开的两个锅炉舱之间，动力系统预计达到13000指示马力，从而使最大航速达到19节；主炮被安装在主甲板炮台以及上层甲板艏艉舰桥之间位置的两侧，位于上层甲板舯部的副炮和艏艉部位的追击炮口径都是4.7英寸。

　　上述四艘巡洋舰中，有两艘交由私人造船厂建造，另两艘则由海军造船厂建造。但经济危机导致仅后两艘舰船，即"卡洛·阿尔贝托"号和"维托尔·皮萨尼"号最终得以按照原设计方案建造。不过此次经济危机在1894—1896年间几乎完全瘫痪意大利的海军造舰计划[47]，也导致两艘巡洋舰的建造工作严重推迟。因此，两舰尽管在1892年便已开工，但直至1895—1896年间才陆续下水，完工更是要等到1898年。1900年，"皮萨尼"号担任了意大利侵华舰队的旗舰，之后访问俄罗斯、朝鲜和日本的诸多港口，直至1901年11月才启程返回本土。该舰于1902年2月抵达拉斯佩齐亚（La Spezia）港，而后很快在次年4月再度前往远东地区，直至1904年6月返回。在那之后，"皮萨尼"号一直停留在本土海域直至退役。

　　"阿尔贝托"号最初于1898年6月—1899年2月间被部署到南美，而后在当年年末被派往远东，并于1900年1月启程返回意大利。在1902年英王爱德华七世的加冕礼期间，该舰作为皇家游艇搭载意大利国王维托里奥·伊曼纽尔三世（Vittorio Emanuelle III）前往英国，且由于加冕礼的推迟顺道访问俄罗斯；而后在当年8月16日返回英国，参加了加冕礼后的阅舰式。也正是这一时期，古列尔莫·马可尼（Guglielmo Marconi，1874—1937年）曾登上该舰进行无线电报通信试验。另外，在1902—1903年委内瑞拉危机期间，"卡洛·阿尔贝托"号也作为英、德、意三国组成的国际干涉舰队的一部分，对委内瑞拉实施了海上封锁，以报复该国拒绝偿还海外贷款的行为。返回本土后，"卡洛·阿尔贝托"号在1907—1910年间作为枪炮和鱼雷训练舰服役，并长期驻扎于拉兹佩奇亚港；在后来的意土战争早期，该舰曾再次加入现役。

完工时的"维托尔·皮萨尼"
号巡洋舰（NHHC NH 47790）

奥匈帝国

在亚得里亚海的另一边，奥匈帝国海军曾于19世纪80年代经历一次大幅度的战略和战术变革。当时担任舰队总司令的鄂伦施泰因的马克西米连·弗莱赫尔·达布勒布斯基·冯·斯特内克（Maximilian Freiherr Daublebsky von Sterneck zu Ehrenstein，1829—1897年）深受法国"绿水学说"的影响。[48] 因此，他的舰队将围绕"鱼雷撞击巡洋舰"（Torpedo Ram Cruiser）进行建设——此类巡洋舰被视作鱼雷艇编队的旗舰，通过火炮射击或撞击敌舰来支援已方舰艇，并为鱼雷艇补给鱼雷、饮用水、燃料乃至人员。这就需要在中型舰船的舰体上同时装载重型和中型火炮。在1891年的海军建造计划中，奥匈帝国海军打算组建四个这样的中队，每中队下辖1艘小型鱼雷巡洋舰、1艘鱼雷舰（大型鱼雷炮艇）和6艘鱼雷艇。首批2艘鱼雷撞击巡洋舰｛即排水量达4000吨的防护巡洋舰"弗朗茨·约瑟夫一世皇帝"号［Kaiser Franz Joseph I（1889）］和"伊丽莎白女皇"号［Kaiserin Elisabeth（1890）］，它们装备了2门9.4英寸炮和6门5.9英寸炮｝已接近完工，另有3艘由阿姆斯特朗设计的鱼雷巡洋舰已经服役。因此，当时只需再建造2艘鱼雷撞击巡洋舰，便可满足海军的需求。但随着更先进的装甲出现，哪怕不增加装甲厚度，军舰也可以获得更好的防护——于是，奥匈当局产生了这么一种想法，侧舷装甲对于中型舰船来说或许同样很实用。此外，由于当时奥匈帝国海军高层对斯特内克的理念缺乏共识，因此认为不那么专业化的舰船可能更适合本国海军。[49]

第三艘鱼雷撞击巡洋舰的首批经费在1890年的预算中完成拨付，该舰的设计也在原先4000吨级方案的基础上有所改进。1889年时共存在两种设计方案，第一种方案的排水量达5100吨，可被视作增设了侧舷装甲的放大版"弗朗茨·约瑟夫"级；另一种方案则是基于"杜佩·德·洛美"号的设计，排水量达6220吨。[50] 以后一种方案为基础，人们又提出两个版本。其中一个版本采用和法国舰船相同的设计，将主炮[①]布置在舯部两舷的位置；而另一个版本依然将主炮布置在艏艉。两个版本均采用重型的军用桅杆，这是因为该舰日后可能被用于为主力舰队和鱼雷艇部队实施侦察。

尽管当时更小更轻型的桅杆已经被接受，这艘新巡洋舰还是采用了军用桅杆，但在装备不到10年后就因为稳定性问题将其换下。同时，相比"弗朗茨·约瑟夫"级采用传统的液压驱动主炮炮台，该舰采用了更先进的电力驱动装置。舰上的副炮为8门35倍径5.9英寸炮，有4门位于主甲板，另外4门位于上层甲板的舷台上（"弗朗茨·约瑟夫"级的相应位置上只有2门）。军舰的主装甲带和9.4英寸主炮炮座部位的装甲厚度均为3.9英寸，5.9英寸副炮和司令塔所设置的装甲则更薄（具体不详）。

该舰在1893年4月下水时被命名为"玛利亚·特蕾西亚女皇及女王"号（Kaiserin und Königin Maria Theresia），并在1895年3月正式服役。服役后不久，该舰就加入包括"弗朗茨·约瑟夫一世"号和"伊丽莎白女皇"号在内的海军编队，代表奥匈帝国参加1895年夏季基尔运河的开幕典礼。1897—1898年间，该舰和"史蒂芬妮皇太子妃"号［Kronprinzessin Erzherzogin Stephanie（1887）］战列舰，以及另外3艘鱼雷巡洋舰、11艘鱼雷艇都加入了针对克里特岛叛乱的国际干涉舰队。

在"玛利亚·特蕾西亚"号建造的同时，斯特内克的反对者逐渐占据上风，他们认为鱼雷撞击巡洋舰对于支援战列舰作战显得太小，用于伴随鱼雷艇作战又显得太

摄于 1895 年的 "玛利亚·特蕾西亚女皇及女王" 号, 该舰服役较短时间后, 在一次改装中加高了烟囱 (NHHC NH 88934)

大。这些人更倾向于建造一系列装甲巡洋舰, 以取代老旧的中央炮郭铁甲舰。因此, 原先计划中的第四艘鱼雷撞击巡洋舰的建造被搁置, 让位于一个新的建造计划, 即后来的 "君主" 级 [Monarch-class (1895—1896)] 近海防御舰。

战列舰还是巡洋舰?

应该如何对那些并非专为一线战斗而设计的舰船进行分类? 对此, 我们可以简单地以英国在 19 世纪 80 年代建造的两艘 "蛮横" 级的后继舰船为例, 展开具体分析。两艘后继舰船于 1890 财年获得订单, 在英国海军的设想中, 两舰会被部署到海外基地用作主力舰, 它们有能力击败其他任何国家可能存在的同类舰船, 尤其是装备 8 英寸炮的俄国版 "蛮横" 级——"纳西莫夫海军上将" 号。此外, 两舰进行了诸多方面的改良并减小吃水深度, 以便在东亚的内河航行, 并且航速很高——高于当时所有的战列舰。但两舰看上去还是更像 "君权" 级 [Royal Sovereign-class (1891—1892)] 战列舰的低配版本, 而非英国之前建造的装甲巡洋舰。当时还出现过类似 "布莱克" 级那样只采用甲板装甲获得防护的设计方案, 但未被通过。因此, 两舰实际采用了与战列舰相似的艏部主装甲带 (它们也是皇家海军中最后使用复合式装甲的舰船), 装甲带顶部是传统的覆盖全舰长度的水平甲板装甲。两舰主炮为 4 门位于艏艉带顶盖炮台内的 10 英寸炮; 副炮的数量相比 "蛮横" 级增至 10 门, 但火炮口径减至 4.7 英寸。在最初的设计方案中, 副炮均位于上层甲板, 由炮盾提供防护; 但在军舰建成时, 有 4 门副炮被移到了主甲板的炮郭内。

上述两舰即 "百夫长" 号 (Centurion) 和 "巴夫勒尔" 号 (Barfleur)。在建造期间, 它们被定级为二等战列舰; 但完工后很快被提升为一等战列舰。不过, 这两艘舰船和 "君权" 级或其后继型 "威严" 级 [Majestic-class (1894—1896)] 这种真正的一等战列舰相比, 还是存在很大区别。"百夫长" 级依然是适合部署到海外基地的 "超级巡洋舰" 或 "巡洋舰杀手", 而不适合在战列线中参与舰队作战 (因为它们的装甲厚度仅为 "君权" 级的三分之二)。两艘军舰的优势在于长时间维持 17 节的高

尽管是根据战列舰的设计建造，但"巴夫勒尔"号还是能够作为大型巡洋舰，执行相应的任务。本图摄于 1894 年（作者个人收藏）

接受 1901—1903 年间的改造后，"百夫长"号新增了上下两层的 6 英寸炮郭炮（作者个人收藏）

航速（在海试时甚至能够达到 18.5 节）。"百夫长"号在一线服役期间一直驻于远东，自 1894 年接替"蛮横"号担任舰队旗舰便履行这一职责直至 1901 年。"巴夫勒尔"号在 1898—1901 年间也被部署到了远东，此前则是在地中海舰队服役。

两舰一直因副炮火力不足而广受诟病。因此，它们在 1901—1904 年接受改造期间将副炮更换为 6 英寸火炮；由此额外增加的重量会通过调整上层建筑加以平衡；军舰上原有的军用桅杆也被更换为直杆式桅杆。尽管"百夫长"号在完成改造后还曾短暂地回到远东地区，但很快，在 1905 年，英国便根据 1902 年英日同盟的有关约定，撤走了位于远东的所有主力舰。与此同时，新的"老人星"级（Canopus-class）战列舰已经开始在本土和地中海舰队服役，因此，特立独行的"百夫长"级的生命正式进入倒计时。尽管两舰曾经获得大量的经费以实施现代化改造，但它们还是很快被列入了预备役，并且在 1909 年出现于舰艇出售清单之中。

此外，在"百夫长"级开工三年后还出现过第三艘类似的舰船，只是这艘舰船和它本应具有的用途并没有什么关联。该舰出现的原因如下：英国 1892 年的海军建造计划中原本包含装备 12 英寸主炮的"威严"级战列舰的前三艘，但由于新型 12

英寸主炮的开发进程迟缓，其中两艘军舰的建造不得不延后，被放入1893年的建造计划。但这会导致彭布罗克造船厂的船坞处于空闲状态，因此，英军决定由该船坞建造一艘"百夫长"级的改进型舰船，以便在海外基地担任旗舰的某艘军舰出现意外或执行其他任务时，该舰可临时用作替补。就设计而言，这艘装备10英寸主炮的新军舰正好和时任海军审计主管的约翰·费舍尔（John Fisher，1841—1920年）海军上将持有的"让战列舰采用尽可能轻型的主炮和尽可能重型的副炮"这一想法不谋而合。

新的军舰被命名为"声望"号（Renown）。其排水量相较"百夫长"级增加大约20%，副炮依旧选用6英寸炮；不过，"声望"号的动力和防护水平更佳，并且采用了哈维镍钢材质的装甲（可以在不影响防护效果的前提下减少主装甲带厚度，从而安装更厚的上层装甲带和炮台装甲）以及一直延伸至主装甲底层的斜装甲板装甲；艏艉也设有倾斜的装甲隔舱壁，副炮则全部由相应的装甲炮郭提供防护。不过，该舰依然无法满足与战列舰交战的需求[①]，其服役后的第一次部署便是接替"新月"号，前往北美成为西印度群岛舰队司令官（即费舍尔）的旗舰。之后，当费舍尔被调往地中海舰队担任司令官，"声望"号也应他的要求被调往地中海舰队继续作为他的旗舰。此时该舰已经成为费舍尔最喜欢的战舰。1902年，该舰曾短暂地被改装为一艘皇家游船，以搭载康诺特公爵及夫人访问印度，其间该舰拆除了所有6英寸炮。接着，该舰在1903—1904年间回到地中海舰队服役一年后，便被归入预备役。

当时曾有人提议为该舰换装新型10英寸主炮[51]或单装12英寸主炮，以及将副炮更换为新型6英寸炮乃至7.5英寸炮（或是将上述两种口径副炮混合安装）。不过，该舰在1905年接受了作为皇家游船的进一步改造，改造内容之一就是拆除上层甲板的6英寸副炮，以腾出额外的载员空间。"声望"号第二次前往印度访问时的乘客是威尔士亲王与王妃，即后来的英王乔治五世与玛丽王后。回国后，该舰在本土舰队中

"声望"号所进行的大多数远洋航行都是在执行外交任务——本图便是摄于1905—1906年该舰搭载约克公爵及其夫人访问印度期间（**作者个人收藏**）

[①] 主装甲带依然比"威严"级战列舰薄1英寸。

作为一艘辅助舰船继续服役；除了在 1907 年秋季负责搭载西班牙国王阿方索十三世及其王后维多利亚·尤金妮亚（Victoria Eugenia）访问英国，其他时间基本处于预备役状态，并被用作司炉人员的训练舰至 1909 年。1913 年，有人曾提出计划将该舰改造为补给舰，但很快作罢。"声望"号最终于 1914 年被出售拆解。

美国的"新海军"

　　到 19 世纪 80 年代中期，曾作为大型巡洋舰领域先驱者的美国海军已经风光不再，其舰队中的主力舰船自南北战争以来几乎就没有变化，只能执行近岸防卫任务；少数几艘能够进行远洋航行的舰船也只是木制，包括排水量达 3800 吨的"特伦顿"号 [Trenton（1876）]。1883 年，美国海军批准了"新海军"建设中的第一批舰船[52]——"亚特兰大"号（Atlanta）、"波士顿"号（Boston）、"芝加哥"号（Chicago）巡洋舰，以及通报舰"海豚"号（Dolphin）。之后在 1886 年 8 月 21 日批准建造两艘航速至少能够达到 16 节，排水量为 6000 吨级的"远洋装甲舰"。两舰之所以获准建造，名义上是为了应对巴西和智利海军的威胁。前者刚刚装备排水量达 5700 吨的"里亚丘埃洛"号（Riachuelo）战列舰，并且购买了由英国建造的稍小一些的"阿基达邦"号 [Aquidaban（1885）]；这两艘舰船被认为在一对一的战斗中，甚至足够对整个美国东海岸舰队形成性能优势。至于智利海军，其拥有两艘老旧的排水量达 3480 吨的中央炮郭舰[①]。美国海军的新型远洋铁甲舰和英国为巴西建造的舰船非常相似，不过其双联装主炮在两舷以对角（en-echelon）方式布置。

　　按照计划，两艘美国远洋铁甲舰中的一艘将作为二等战列舰服役——即后来的"德克萨斯"号 [Texas（1892）]。另一艘则是装甲巡洋舰，因此该舰会采用更修长的舰型和更轻型的主炮，拥有更远的航程；此外，当时该舰还被宣称装备"三分之二"的风帆帆装。该舰即后来的"缅因"号（Maine）[53]，由舰船建造与维修局（Bureau of Construction & Repair, C&R）设计（"德克萨斯"号则是由英国设计，但在美国建造），搭载 4 门 10 英寸（用来压制"里亚丘埃洛"号的 4 门 9 英寸炮）主炮和 6 门 6 英寸副炮，另外搭载有 2 艘二等鱼雷艇（这是当时常见的一种设计）和 4 具 18 英寸鱼雷发射管。除炮塔装甲采用哈维镍钢制造，舰上其余装甲均为普通镍钢材质；主装甲带前部边缘由横向的装甲隔舱壁封闭，后部则借助向舰艉方向倾斜的甲板装甲实现闭合。

　　尽管"缅因"号在 1890 年已经下水，但要等到五年后才算真正完工。这部分可以归因于纽约造船厂发生火灾，从而造成拖延；但主要原因还是装甲板的制造进度缓慢，耽误了足足三年时间。具体地说，有两个原因导致装甲板制造不顺：一是最初的生产商伯利恒钢铁厂没能及时获得相应设备；二是该厂当时和卡耐基钢铁厂存在合同纠纷。这也可以解释该舰为何得以部分采用哈维镍钢，因为相关技术便是在这一时期出现。"缅因"号的风帆帆装在完工之前便被取消，桅杆也简化为带有战斗桅盘的双桅；同时，尽管烟囱已经完成安装，但还是在舾装期间进行了改造和加高。到 1894 年，"缅因"号仍未完工，但其分级已经被调整为二等战列舰。这也反映出在该舰建造期间，美国关于大型巡洋舰的理念发生了改变（"纽约"号的开工时间比"缅因"号晚两年，但已在 1893 年完工）。"缅因"号最终于 1895 年 9 月服役，该舰的整个服役生

① "库赫兰海军上将"号 [Admirante Cochrane（1874）] 和"布兰科·恩卡拉达"号 [Blanco Encalada（1875）]。

上图：美国海军的第一代主力舰包括"德克萨斯"号战列舰和"缅因"号巡洋舰，在后者早期的设计草图中，可见仍装备有用于远洋巡航的全帆装（NHHC NH 76601）

下图：完工时的"缅因"号，此时该舰已不再安装帆装，并且重新被定级为战列舰（作者个人收藏）

涯基本是在北大西洋舰队度过，直至1898年2月在古巴哈瓦那湾因内部爆炸而沉没。

1888年9月7日，美国国会批准了第三艘装甲舰的建造。最初该舰被视作先前两艘装甲舰的后续型号，因此相应的设计方案是在舰艏布置1座双联装12英寸主炮塔，另外安装6门6英寸副炮。到1889年8月，设计方又提出一个更大尺寸的设计方案：在这个方案中，军舰安装了拥有装甲防护的6英寸炮郭炮，航速达到17节、原先的6英寸后膛炮也会被同口径速射炮取代。但新的方案会导致舰船增加800~900吨排水量，而这一点是令人无法接受的。因此，4英寸炮取代了原先的6英寸炮，然后舰艉部位增设了1门10英寸炮；最初12英寸厚的装甲被减至11英寸。1889年8月，还有一个方案提出将主炮更换为4门11英寸炮。不过设计人员很快就接到命令，重新考虑该舰的设计方案（而不是对局部进行修改）。

早在1881年，美国便设立了海军顾问委员会（Naval Advisory Board），由该机构决定海军的未来需求。此后又在1889年7月组建新的海军政策委员会（Policy Board），并在1890年1月由该委员会对相关结果进行汇报，其结果便是提出一个庞大的舰队扩充计划——庞大到了远超国会原先准备的拨款计划所允许的规模。不过，国会还是在1890年4月批准建造三艘岸防战列舰[即"印第安纳"级（Indiana-class）]、一艘巡洋舰和一艘鱼雷艇。因此，1888年建造计划当中的装甲舰将被调整为用于远洋部署的装甲巡洋舰，而不是类似"缅因"号的战列舰。

满足海军需求的第一项尝试始于1890年春季，该方案仅设置有甲板装甲，舰艏艉各布置1座单联8英寸火炮炮塔，外加10门5英寸炮。尽管当年3月对方案进行修改时重新加上了侧舷装甲，但军舰排水量反而降至6250吨，武器配置保持不变，且副炮被安装到了炮塔内。随后出现的方案则采用双联装8英寸主炮炮塔，副炮变为16门4英寸炮；但之后取消了4门副炮，以便在舷侧各增加1门单联装8英寸炮。

该方案的排水量最终增加到8100吨，总共搭载有6门8英寸炮和12门4英寸炮，最大航速达20节，于1890年6月获准建造。竞标企业被要求按照海军的设计方案建造两艘军舰中的一艘，另一艘则根据船厂自己的设计方案建造。最终，威廉·克兰普造船厂赢得建造合同；在之后返回给建造维修局的设计方案中，该船厂提出建议，将锅炉舱从原先的两段增加到三段，以提高舰船的水下防护水平。这艘新军舰被命名为"纽约"号（New York）。和"缅因"号不同，该舰安装的是普通镍钢装甲，主装甲带在舰艏艉也并未闭合；不过其装甲甲板在舰艏艉部位向下倾斜直至主装甲带底层，从而实现了闭合，而非原先所想简单地布设于主装甲带上部。另外，和当时许多舰船（包

括英国早期的"纳尔逊"级、美国后续的"布鲁克林"号、当时在建的法国巡洋舰）一样，该舰在水线部位加装了填充有纤维材料的中空隔舱。根据设计方案，军舰本该采用重型的军用桅杆，但最终完工时仅安装有轻便的桅杆。

该舰的每组传动轴各连接有两台蒸汽机，处于巡航状态时可以只连接其中一台（和同期诸多巡洋舰类似，例如"布莱克"级、更早的"蛮横"级或"意大利"级）。值得一提的是，上述有关动力系统布置的建议，是由海军政策委员会提出。进行海试时，"纽约"号的最高航速甚至比合同所要求的还要多出近2节。该舰于1893年8月1日服役，最初被派往南大西洋舰队；1894年夏季，它开始担任北大西洋舰队旗舰；之后，"纽约"号作为美国欧洲分舰队的旗舰，代表本国参加了基尔运河的开幕典礼，接着返回北大西洋舰队继续履行旗舰的职责。在此期间，该舰后桅处几乎所有的桅盘都被拆除，工程人员围绕后桅底部重新搭建了上层建筑；两座桅杆上的起重机也一并被移除。不过，美国官方对于该舰的作战职责描述经常发生变化：在设计之初似乎打算用于舰队作战；但有时该舰会被定义为远洋破交舰——当然，这很可能是因为根据美国海军长期奉行的战略，所有远洋巡航舰艇都应具备执行此类任务的能力。

到1892年7月19日，国会批准了另一艘装甲巡洋舰，即"布鲁克林"号（Brooklyn）的建造。[54] 同时获批建造的还有"衣阿华"号（Iowa）战列舰。从设计上讲，两艘舰船在某些方面是相同的，比如为保证最大吃水深度而设置略微内倾的侧舷，并增加了烟囱的高度。"布鲁克林"号的建造合同依然由威廉·克兰普造船厂履行，但

完工时的"布鲁克林"号巡洋舰（作者个人收藏）

和"纽约"号不同，该舰是根据建造维修局的设计方案制造。"布鲁克林"号的舰体设计与之前的本国舰船存在明显区别，更加接近同时期法国的巡洋舰，比如侧舷呈内倾状，舷侧部位安装有位于舷台内的主炮塔；同样的设计存在于1893年一艘并未建成的美国战列舰的方案中，由此推测两者可能是姊妹舰。"布鲁克林"号的副炮数量减少了两门，但剩余各炮的口径增至5英寸。同时，位于舰艉中轴线的主炮塔已经试验性地采用了电力驱动，而侧舷位置的主炮依然由蒸汽驱动。成功测试电力驱动炮塔一事使得这一技术被应用到了"奇尔沙治"级（Kearsage-class）战列舰及以后的舰船上。此外，"布鲁克林"号安装了两具鱼雷发射管，用以发射14.2英寸口径的霍威尔（Howell，采用飞轮驱动）[1]鱼雷，而非"纽约"号使用的怀特黑德鱼雷。但在军舰完工前，舰上的鱼雷发射管还是被换成了18英寸口径怀特黑德鱼雷的发射管。

"布鲁克林"号的装甲布置和"纽约"号相似，区别只是该舰的主装甲带、炮塔和炮座都采用了哈维镍钢材质装甲。两舰的动力系统也非常相似。造船厂虽然提出过采用单台四胀式蒸汽机取代此前串列布局的两台发动机，然后通过取消第四台气缸的连接状态来实现经济巡航[55]，但这一方案遭到了海军的否决。考虑到发动机的高度，"布鲁克林"号的装甲甲板不得不在发动机舱处隆起，以留出足够空间；同时所有的锅炉都被安装在装甲甲板下层，而不像"纽约"号那样有两台锅炉位于甲板装甲之上。"布鲁克林"号于1896年12月服役，接着在1897年6月26日代表美国参加英国维多利亚女王加冕60周年的阅舰式，之后返回北大西洋舰队服役。

远洋破交舰：威胁与反制
"哥伦比亚"级（Columbia-class）巡洋舰

在"纽约"号和"布鲁克林"号这样具有强大战斗力的巡洋舰出现的同时，海军政策委员会还设想过一种专门用于执行远洋破交作战的大型巡洋舰，这种舰船有能力拦截和击败利用跨洋轮船改造的辅助巡洋舰。当时在该委员会中担任海军事务委员会（Committee on Naval Affairs）主席的查尔斯·A. 博特勒（Charles A. Boutelle，1839—1901年）非常支持这种巡洋舰，并在诸多反对声音中将第一艘该类舰船（即"哥

---

① 译者注：即通过高速旋转的飞轮所存储的动能来驱动鱼雷。

伦比亚"号）纳入 1890 年的海军建造计划。当时的海军部长声称："就各国海军保护本国贸易的能力而言，美国只需要建造六艘这样的舰船，就足以瘫痪任何一个国家的海上交通线。"于是，第二艘同型舰船于 1891 年获准建造［即"明尼安波利斯"号（Minneapolis）］。上述两舰的建造工作分别由威廉·克兰普造船厂和费城造船厂负责。值得一提的是，后者之所以能获得建造订单，是因为原先获胜的竞标方巴斯钢铁厂既无法保证按时完工，也没有能力制造军舰的发动机，从而失去了资格。

　　和其他远洋破交舰一样，"哥伦比亚"级设计方案中的主要指标是航速和续航力。因此，尽管该级舰的排水量高达 7000 吨，但最初配置的武器仅包括艏艉各 2 门 6 英寸炮，外加舷侧部位 12 门（完工时又减至 8 门）4 英寸炮和 12 门 6 磅炮。不过在完工前，军舰舰艉的 2 门 6 英寸炮均被 1 门 8 英寸炮替换，用来对抗可能出现的追击者。但就算这样，该级舰的武器配置还是被认为和军舰排水量极不相称。相比之下，同时期"常规"的排水量达 5865 吨的"奥林匹亚"号［Olympia（1892），有时该舰也会被定义为远洋破交舰］防护巡洋舰便装备有 4 门 8 英寸炮和 10 门 5 英寸炮。此外，"哥伦比亚"级巡洋舰的防护水平仅与"巴尔的摩"号［Baltimore（1888）］相当，但该级舰除了装有甲板装甲，还在动力系统舱室前端安装了斜向的装甲隔舱壁。

　　"哥伦比亚"级的动力系统采用三轴推进，当时考虑的是仅采用中间的传动轴来实现 15 节航速状态下的经济巡航，但最大航速应达到 22.5 节：两艘舰船在海试中均超出了这一航速指标。在设计方案中，单艘舰船可搭载 2130 吨燃煤，因此续航力高达 25500 海里；不过实际的载煤量减少了约 500 吨。尽管该级舰的航速以设计时的水平来看已经极高，但等到 1894 年两舰服役，当时最快的跨大洋邮轮同样能够达到 22 节的高航速。此外，到 1895 年，"哥伦比亚"号的航速已经下降为仅 18.4 节。

　　由于两舰担负的特殊职能，它们的舰体被设计得从外观上看更像是邮轮（"明尼安波利斯"号甚至很像一艘民用商船，但两舰装备的军舰用桅杆无疑会暴露它们的身份）。在"哥伦比亚"号上，总共 8 台锅炉的上风道被合并为 4 座烟囱，而"明尼

1898 年 8 月摄于美西战争胜利后所举办庆典活动中的"哥伦比亚"号巡洋舰。该舰同姊妹舰"明尼安波利斯"号最大的外观区别便是烟囱数量：前者拥有四座，而后者仅有两座（NHHC NH 55287）

安波利斯"号进一步合并成了 2 座烟囱（最初的计划是两舰均布置 3 座烟囱）。

两舰在服役之初均隶属大西洋舰队，但"明尼安波利斯"号曾于 1895 年被派往欧洲分舰队。之后，两舰很快在 1897 年被归入预备役，毕竟这类专为某种用途而建造的舰船在和平时期的价值相对有限。不过，两舰在次年便被重新启用，并参加了美西战争。

"留里克"号（Ryurik）巡洋舰

在同一时期的俄罗斯，为实施远洋破交而建造大型巡洋舰的想法得到了长期的支持。因此也产生了对航程更远的"亚速海回忆"号放大版本的需求，同时该军舰成为采用"留里克"这一舰名的两艘装甲巡洋舰中的第一艘。[56] 波罗的海造船厂和俄罗斯海军曾先后给出第一代"留里克"号的设计方案，但海军的方案最终获选。该方案所构思的军舰在舷台上部安装了 4 门 8 英寸主炮，副炮则包括舷台和炮塔内的 6 英寸炮以及炮郭内的 4.7 英寸炮。军舰的装甲防护包括厚度达 8~10 英寸的（哈维镍钢材质）主装甲带，艏艉部位由 10 英寸厚横向装甲隔舱壁封闭，顶部则为 2 英寸厚甲板装甲，甲板装甲在主装甲带范围外的艏艉部位向下倾斜直至水线以下。该舰对续航力的需求则通过装载三桅帆装来部分满足，但军舰的风帆在 1899 年有所削减（包括拆除艏斜桅以及后桅的桅桁，并在前桅和中桅加装探照灯平台），后在 1904 年被完全拆除。在海军的计划中，"留里克"号会被部署到远东，因此船底部位接受了覆铜处理。该舰的动力系统和"纽约"号相似，即采用双轴推进，每组传动轴也是串列安装两台发动机，不过，俄罗斯方面这么做并不是为了军舰能以经济航速巡航，而是因为无法获得动力强劲的发动机。"留里克"号于 1890 年开工，在 1896 年完工。之后不久，该舰便和"迪米特里·顿斯科伊"号一道被派往远东服役直至退役。由于远东地区没有合适的船坞设施，该舰在服役期间除了帆装部位有所修改，就没有接受过任何现代化改造；虽然有人提议为其更换贝尔维尔水管锅炉，但也因为相关操作超出了符拉迪沃斯托克（海参崴）当地船坞的施工能力而作罢。

"留里克"号巡洋舰采用了三桅帆装设计，这有助于军舰在执行远洋破交任务时获得额外的航程（**作者个人收藏**）

英国的巨型巡洋舰

随着明显被用作远洋破交舰的"留里克"号出现，英国海军高层中很快出现了一种恐慌情绪。以当时的观点来看，该舰的载煤量完全允许它在不进行燃料补给的情况下，一路从波罗的海绕过好望角，最终抵达符拉迪沃斯托克（海参崴）。因此，1893 年 2 月，怀特被要求为 1893—1894 财年的建造计划设计一型舰船，其性能必须超过俄罗斯"留里克"号巡洋舰及其任何可能存在的姊妹舰。就航速而言，英国海军要求军舰在自然送风条件下至少达到 22 节，在普通加力送风条件下达到 23 节。此外，军舰的最大载煤量应该超过"留里克"号 50%——也就是说至少达到 3000 吨。武器配置方面，一开始提出的方案是布置 20 门 6 英寸炮，并且任何一侧船舷都有 12 门可以同时射击；这样做的目的是以大量高射速 6 英寸炮压制"留里克"号装备的低射速 8 英寸炮，并摧毁俄舰没有设置装甲的侧舷。不过需要注意的是，在这一时期，6 英寸速射炮其实已经成为大多数舰船的主要武器：首先，目标会被 6 英寸炮发射的炮弹瘫痪；接着射速较慢的大口径火炮才会发射穿甲弹，打出最后一击。对于战列舰和大型巡洋舰来说，这种作战模式都是适用的。[57]

为了尽可能让火炮获得防护，该舰采用了双层侧舷炮郭设计。怀特原本设想的装甲防护仅包括甲板装甲，因为他认为有必要考虑军舰庞大的载煤量——这导致载煤舱室本身提供的防护能够超过"留里克"号安装的狭窄的主装甲带，以及"杜佩·德·洛美"号和"沙内海军上将"级那样较薄的侧舷装甲。

这艘巡洋舰的尺寸也异常巨大：最小的方案排水量高达 12500 吨，最终达到 14000 吨；长度更是超过 500 英尺。由于军舰需要尽可能高效的动力系统，因此采用了当时尚属新技术的水管锅炉，并且安装的锅炉数量多达 48 台。该舰采用双轴推进，每根传动轴上串列有两台蒸汽机；值得注意的是，此前曾出现采用三轴推进的方案，但因为这需要更长的舰体同时会增加舰艉的受力而作罢。

不过，仅配备 6 英寸火炮的设计方案并不讨喜，尤其是考虑到当时美国海军的舰船中除了"纽约"号和"布鲁克林"号，包括"奥林匹亚"级在内的巡洋舰也已经普遍装备有 8 英寸主炮。特别需要指出的是"布鲁克林"号，其在装备了 8 英寸主炮、12 门 5 英寸副炮以及主装甲带的情况下，排水量还不到 10000 吨。因此，英国的新军舰最终也需要在艏艉装备更大口径的主炮，比如双联装8英寸炮或单联装9.2英寸炮。海军最终选择了后者，由此增加的重量会通过将6英寸炮数量削减至12门（每侧船舷各安装两座双联装和两座单装炮位）加以平衡。该舰另装有16门12磅炮，分别位于主甲板和上层甲板，主要用于反鱼雷艇；此外，军舰装有12门3磅炮和4具水下鱼雷发射管。

该舰主炮被安装在浅层的炮台之上，由炮盾提供防护，而炮台和下部的弹药架另设有专门的炮座装甲。军舰的甲板装甲在动力系统舱室上方的厚度为6英寸，在艏部降至2.5英寸，在弹药库上部又增至4英寸，舰艏和舰艉的装甲厚度分别为2英寸和3英寸。弹药的运输通道位于装甲甲板下层的两舷，以确保侧舷6英寸炮所用弹体较长的炮弹能够顺利供给，类似的设计也会在英国此后所有的大型巡洋舰上得到应用。但这种设计留下了一个巨大的隐患：运输通道被点燃后，发射药爆燃所产生的火焰可以沿着这条长长的通道传播。日德兰海战中，上述设计就导致了灾难性的后果。

1893—1894财年的建造计划当中包含两艘这样的舰船，即"强力"号（Powerful）和"可怖"号（Terrible）。两舰均于1895年下水，其中"强力"号在1897年6月正式服役。[58]"可怖"号在同月暂时进入现役，以确保两舰都能参加维多利亚女王加冕60周年的阅舰式；之后该舰退役，并接受进一步改造，直到次年春季才真正服役。两舰在海试期间采用的都是较短的烟囱，但后来都加高了10英尺。该级舰的实际续航力低于预期大约25%。

"强力"号于1897年夏末被派往远东，但动力系统在路上出现了一系列故障，导致军舰于1899年秋返回本土。其间该舰曾计划在南非停泊，以便评估受损情况；但在其抵达西蒙斯敦（Simonstown）两天前，即10月11日，第二次布尔战争爆发。"强力"号在这里与准备前往远东接替自己的姊妹舰"可怖"号汇合，后者曾在前一年向地中海运送军官和其他人员。两舰官兵及港口水兵在布尔战争期间发挥了重要作用，直到

已经完成改造的"强力"号巡洋舰，图中可以看到该舰艏部新改造的双层舷台。尽管"可怖"号的舷台接受了相同的改造，但该舰下层舷台的6英寸炮并未实际安装，导致舰上的6英寸炮具体配置和改造前相同（作者个人收藏）

1900 年 3 月 15 日，"强力"号才启程返回本土；而"可怖"号在 27 日启程前往远东，最终于 1902 年 10 月返回本土。两舰随后在 1902—1904 年间接受了大范围的改装。

由于两舰建成后依然有人认为舰上的武器配置不合适，因此多次提出建议，尤其是将副炮的数量增加一倍。海军则是以军舰的弹药供给能力无法保证这么多舰炮正常发挥效能为由，多次回绝有关建议。然而，这些建议最终还是在 1902—1904 年间的改装中得到落实——不过"可怖"号的下层舷台内实际并未安装相应火炮，当然改装工作也让该舰已有的副炮高度有所抬升，从而以提高指挥效率的形式增强了战斗力。

接受改造后，该级舰在海军中的服役经历变得断断续续，并多次被列入预备役。"强力"号曾于 1907—1912 年间在澳大利亚担任舰队旗舰；而"可怖"号长时间被列为预备役舰船，只是在 1904 年 6—12 月间被短暂征用，从远东运回了轮换官兵（该舰在 1906 年 11 月—1908 年 5 月执行过同样的任务）；在 1905 年 4—10 月护送"声望"号前往印度；另外曾在 1906 年的夏季大演习中担任第 6 巡洋舰中队的旗舰。"强力"号于 1912 年被拆除设备用作浮动设施，"可怖"号也于 1914 年走向相同的命运。

尽管性能相当出众，但"强力"级巨大的尺寸还是被大多数人认为太过夸张，特别是军舰排水量仅仅比"威严"级战列舰少几百吨。但从另一方面讲，"强力"级在设计阶段所要对付的舰船确实比当时俄国的任何一艘战列舰都要大；其假想敌的后继型号，就排水量而言，甚至比俄国 19 世纪 90 年代最大的战列舰还要多一些。

"桂冠"级（Diadem-class）巡洋舰

在此后 1895—1896 财年和 1896—1897 财年的造舰计划中，英国人同样加入了大型巡洋舰，最初规划的建造数量为六艘。[59] 有关该级舰的初步设想是尺寸介于"强力"级和"布莱克"级之间，舰底覆铜以便进行远洋部署。从职能上讲，它们类似于远洋部署版本的"埃德加"级巡洋舰，可用于保护海上交通线，对付任何可能出现的敌方巡洋舰。不过，人们在该级舰设计阶段主要讨论的问题是武器配置。最初的设计方案中，军舰的武器配置类似于"新月"号或"皇家亚瑟"号，即舰艏舰配置 1 门单装 9.2 英寸炮，艏楼甲板安装 2 门 6 英寸炮（不过三级副炮从 6 磅炮升级成了 12 磅炮）；同时会采用后来"强力"级上的双层舷台和直通的供弹系统，因此舰上 6 磅炮的总数在一开始就能达到 12 门。后来有人提出在舰艏舰部位均采用单装的 8 英寸主炮；并且重新考虑 6 英寸炮的安装位置，或直接减少 2 门该口径火炮。

但随后出现了对舰载火炮口径，尤其是 8 英寸这一火炮口径是否合理的争论。因此，军舰的火力配置暂时被确定为 9.2 英寸炮和 6 英寸炮的组合。但采用 9.2 英寸主炮的方案最终让位于全部采用 6 英寸炮的方案，这导致 6 英寸炮的数量最终达到 16 门：在艏楼和舰艉后甲板各安装 2 门，而军舰舯部侧舷的火炮布置形式和"强力"级相同。该级舰的装甲防护设计依然以水平甲板装甲为核心，尽管当时怀特被要求再设计一个增加了 4 英寸厚侧舷主装甲带的方案作为备选。最终，该级舰在建成时采用了全舰长度的穹甲甲板，其水平部位厚度为 2 英寸，在两舷斜装甲板部位增至 4 英寸；此外，舷侧的 6 英寸炮由厚度为 6 英寸的装甲舷台提供防护。

军舰的动力系统同样需要讨论，包括是否采用三轴推进，是否参照"布莱克"

作为"强力"级的实质降配型号，"桂冠"级总体上被认为（本舰的）武器装备和尺寸并不相称。本图为摄于 1911 年即将被转交给加拿大海军的"尼俄伯"号（作者个人收藏）

级和"强力"级，采用两台串列的蒸汽机这种布置形式。该级舰最后选用的是双轴推进，但每根传动轴仅连接一台发动机；军舰由 30 台贝尔维尔水管锅炉驱动。在 1895—1896 财年，皇家海军共订购四艘该级巡洋舰，将其分别命名为"桂冠"号、"安德洛墨达"号（Andromeda）、"欧罗巴"号（Europa）和"尼俄伯"号（Niobe）；在下一个财年增购了另外四艘，包括"安菲特里忒"号（Amphitrite）、"阿尔戈英雄"号（Argonaut）[①]、"阿里阿德涅"号（Ariadne）和"斯巴达人"号（Spartiate）。后四艘舰船的动力系统有所升级，并增设一些上层建筑，舰艏的 6 英寸炮也安装在了被升高的平台上。

"桂冠"级在一开始便被认为尺寸过于庞大，而火力和防护水平太弱。但它们因为巨大的尺寸也获得了更高的续航力——显然，该级舰能够对任何出现在远洋海域的其他国家巡洋舰形成压倒性优势。当然，哪怕如此，该级舰所属的舰船在服役初期依然被部署到了本土，直到 1914 年都主要用于执行辅助任务。但"尼俄伯"号在此之前就已经被售给加拿大，成为该国的第一艘主力舰。

法国

大型防护巡洋舰在法国同样获得过相当大的支持，但被划分成了两种截然不同的舰船。19 世纪 90 年代中期，法国海军中对于未来需要哪种巡洋舰，共持有三种观点（即军舰类型）：第一种是主要受青年军官青睐，在得到其他小型舰艇辅助的情况下，伴随战列舰舰队一同参与舰队决战的装甲巡洋舰——受此观点影响，法国已经建造"杜佩·德·洛美"号及五艘后继型号巡洋舰；第二种是获得上层军官支持的适合远洋部署的巡洋舰；第三种则是"绿水学派"支持的用于执行远洋破交任务的巡洋舰。

1893 年 11 月 8 日，受"远洋部署"一派影响，法国海军订购了"德·昂特勒卡斯托"

① 译者注：希腊神话中"阿尔戈"号的船员，另外该船也被译作"亚尔古"号。

号（D'Entrecasteaux）巡洋舰；由于该派人士设想该舰会被部署到海外基地作为舰队旗舰，因此舰底进行了覆铜处理。1891年，舰船设计委员会提出该舰最初的设计要求：军舰排水量约为8000吨；主炮为四门9.4英寸火炮，按照菱形的样式分布在舰上四处位置，不过这种主炮分布样式很快就被否决；另外舰上会安装风帆，在特殊情况下作为辅助动力使用。当时涌现出了多个版本的设计方案，但最终获准建造的是来自拉塞纳（La Seyne）地中海冶金与造船厂（Forges et Chantiers de la Méditerranée）的设计师阿马布勒·拉加涅（Amable Lagane）所提出的方案。

"德·昂特勒卡斯托"号在艏艉各安装有一门9.4英寸主炮，与此前的装甲巡洋舰相同，这也从侧面说明了该舰作为主力舰的职责。同时，该舰的主炮是第一批采用电力驱动的火炮，舰上也安装有大量的电力设备。军舰的副炮包括位于主甲板侧舷炮郭内的8门5.5英寸炮，以及位于上层甲板且安装有炮盾的4门5.5英寸炮；此外，该舰的上层建筑上分布着12门47毫米和6门37毫米炮。

尽管实际上只设有甲板装甲，但"德·昂特勒卡斯托"号还是经常被称为"装甲巡洋舰"。军舰上位于动力系统部位的中部水平装甲厚度为1.2英寸，靠近舷侧的斜装甲板处装甲厚度则增至3.2英寸；此外，装甲在向艏艉延伸的过程中逐渐变薄。斜装甲板外侧还设有0.8英寸厚的防撞中空隔舱和1.6英寸厚的纵向隔舱壁。主炮塔处同样设有装甲防护。该舰动力系统采用的是工作压力相对较低的圆筒锅炉，以保证军舰进行远洋部署时的可靠性。锅炉的布置方式相当离经叛道——有四台位于发动机舱前部，另一台位于发动机舱后部——这导致该舰的排烟管道走向看起来十分怪异。

"德·昂特勒卡斯托"号于1899年2月服役，随后在同年4月6日驶向远东，并于5月12日抵达西贡，在6月1日成为舰队旗舰。除了返回本土接受改造，该舰几乎一直被部署在远东舰队，直至1903年1月。之后，这艘军舰于1906年8月再度返回远东担任舰队旗舰。但在部署期间，具体是1907年3月9日，它在越南东京湾搁浅，只是没有遭受严重损伤；值得一提的是，后来"尚齐"号因搁浅受损，海军被迫宣布弃舰时，该舰同样在场。"德·昂特勒卡斯托"号于1909年最后一次返回本土，接着被列入预备役。它在1911年接受改造，其间拆除了鱼雷发射管；之后，该舰成为

建成时的"德·昂特勒卡斯托"号（**作者个人收藏**）

地中海训练编队的旗舰，直到 1913 年 11 月被"絮弗伦"号（Suffren）战列舰取代。第一次世界大战爆发时，"德·昂特勒卡斯托"号还待在土伦港的船台上——法军此前曾计划让其接替"柏莎武"号，成为新的炮术训练舰，但这一想法最终只能作罢。

回归远洋破交战略

此时的"绿水学派"已经式微，但影响力尚存：法国海军订购了"德·昂特勒卡斯托"号后，又在第二年订购两艘新的远洋破交舰。两舰分别为"雷诺堡"号（Châteaurenault）和"吉尚"号（Guichen），其设计无疑受到了美国海军两艘"哥伦比亚"级远洋破交舰的影响，并且和后者一样采用三轴推进的动力系统。依照法国海军在 19 世纪 90 年代的惯例，海军方面只给出相关的设计指标——军舰需要配备 2 门 6.5 英寸炮和 6 门 5.5 英寸炮，防护方面仅要求布置甲板装甲，载煤量应当足够大，最大航速必须达到 23 节——具体的设计方案则交由各船厂考虑并开展竞标。

根据竞标结果，"雷诺堡"号将采用加拉涅的设计方案，而"吉尚"号采用的设计方案来自卢瓦尔舰船制造厂（Ateliers et Chantiers de la Loire）一位不知名的设计师。尽管两舰都设有四座烟囱，但它们的外观还是存在很大区别："雷诺堡"号的烟囱以常规样式分布；"吉尚"号的烟囱因为发动机舱位于动力系统中间而被分成前后两组，这种烟囱布局模式也会被法国应用到始于"圭顿"级（Gueydon-class）的许多大型舰船上。"吉尚"号最初会将 6.5 英寸炮安装在舷侧，艏艉则分别安装 2 门 5.5 英寸炮，和"雷诺堡"号的配置一样。此外，后一艘军舰采用了悬伸艉（Counter Stern），敌人从远距离观察时（该舰）就会呈现出邮轮的外观；但"雷诺堡"号没有进一步使用游步甲板（Promenade Deck），或者在烟囱的布置上明显不同于军舰，以便接近潜在的目标或是敌舰。同时两舰在设计上最优先考虑的依旧是航速，因此相对庞大的尺寸而言，舰上的武器配置并不强大（这和美国"哥伦比亚"级的情况相同），并且在

法国人在 1895 年下水的两艘巡洋舰可以说形成了鲜明的对比：两舰根据同样的设计指标建造，但最终呈现的外观截然不同。本图为摄于一战期间，正在土伦港补充燃煤的"雷诺堡"号，该舰的外观和远洋邮轮大体相近，并且采用了伪装的悬伸艉设计（NHHC NH 55636）

海试期间同样问题不断。

尽管"雷诺堡"号从 1899 年 10 月就已经开始海试,但相关的改造和测试(这两项工作主要针对军舰动力系统产生的严重震动问题)导致该舰在差不多三年后才正式服役。"雷诺堡"号最终的海试航速高达 24.5 节,因此也消耗了巨量的燃煤。不过该舰依然被部署到远东地区,随后在 1904 年 11 月 7 日因发生搁浅事故受损严重。该舰于 1905 年 2 月返回本土接受修理,后于 1906 年 2 月在瑟堡港被列入预备役。接着,"雷诺堡"号于 1910 年被重新启用,准备加入本国地中海舰队;但它在当年 1 月 30 日前往直布罗陀海峡时,不幸搁浅于摩洛哥海岸。该舰最终在"弗里恩特"号[Friant(1893)]和"杜谢拉"号[Du Chayla(1895)]巡洋舰的帮助下成功脱困,随后由"维克多·雨果"号(Victor Hugo)巡洋舰拖带至土伦港接受维修。军舰的维修工作直到 1911 年才完成。从 1912 年 1 月开始,"雷诺堡"号在布雷斯特担任远洋训练舰队旗舰,但很快在 1913 年 11 月进入预备役,之后仅在一战初期被短暂使用。

由于军方打算将"吉尚"号用作远洋破交舰,该舰的海试从 1898 年 10 月持续到了 1900 年 3 月。此外,它在进入海军服役前增设了中桅,并配备试验型的坦珀利(Temperley)起重机,以便快速补充燃煤;但该型起重机和中桅后来都被拆除。"吉尚"号在服役之初隶属北方舰队,后于 1905 年 1 月被派往远东,以接替在 3 月因搁浅受损的"雷诺堡"号。该舰于 1906 年 9 月返回法国本土,在 1910 年被列入预备役,但仍被地中海舰队第二分舰队用作信号传递舰。和"雷诺堡"号相同的是,"吉尚"号在 1912 年也被用作远洋训练舰,直到 1914 年 1 月进入预备役,但很快就在当年 8 月因一战爆发而重新加入海军。

俄罗斯的第二代大型巡洋舰

俄国的最初设想是参照"留里克"号,为其建造一艘姊妹舰。但在 1892 年,海军下令重新考虑设计方案,新的方案需要配备更加完善的装甲防护并增加舱内空间;由于后来对副炮和三级舰炮的布置有所调整,军舰的尺寸更是进一步增大;此外,该舰取消了帆装,不过保留有三根桅杆。[60] 这艘新的舰船就是后来的"俄罗斯"号

完工时的"俄罗斯"号（NHHC NH 93615）

（Rossiya）。该舰采用了和此前舰艇完全不同的动力系统：贝尔维尔水管锅炉（因此设有四座烟囱）搭配三轴推进，其中中部较小的那台发动机仅用于巡航。然而，位于外侧的两个螺旋桨在静止时所产生的阻力大大超出了预期，这导致军舰根本无法达到设计时所提出的经济巡航效率。

增加防护区域面积和提升防护效果的目标也没能实现。军舰主装甲带的厚度降至 8 英寸——好在哈维镍钢投入使用，主装甲带的防护效果和之前相当，其长度也延伸到了舰艉。除此之外，司令塔的装甲厚度有了明显增加，烟囱的部分位置获得装甲防护，锅炉舱前端也增设了 5 英寸厚的横向装甲隔舱壁。和"留里克"号一样，"俄罗斯"号在完工后很快被派往远东服役，等到战争结束才返回欧洲。

"俄罗斯"号的准姊妹舰"雷霆"号（Gromoboi）同样被海军设想用于远东地区，该舰于 1895 年的建造计划中获得订单。[61] 在最初的设计构想中，"雷霆"号是"俄罗斯"号的一艘姊妹舰。但此时大型巡洋舰的职能已经逐渐向舰队主力舰转变（详见本章上一节），如果沿用"俄罗斯"号防护效果较差的设计方案，新的军舰自然不能作为舰队主力舰使用。因此，"雷霆"号在当时被视作构建新型"装甲巡洋舰中队"的基础，采用了防护效果更好的甲板装甲并加强了对舰炮的保护——这两处正是"留里克"号和"俄罗斯"号的主要缺陷。作为平衡，"雷霆"号的主装甲带厚度和长度被相应削减，不过主装甲带的防护效果可以通过舷侧部位斜置的装甲甲板略微加以补偿。锅炉舱前侧的横向装甲被取消，同时采用 3 台同等大小（高度相当低矮）的蒸汽机，节省下的重量则被用于防护舷台、舰艏的 8 英寸炮塔和四分之三的 6 英寸副炮。最终，"雷霆"号的排水量比"俄罗斯"号还要多 1000 吨，只比当时美国为俄罗斯建造的"列特维赞"号（Retvizan）战列舰少大约 500 吨。

在"俄罗斯"号和"雷霆"号建造的同时，俄罗斯海军开始构想一型在文件上被标注为"战列线巡洋舰"（battleship-cruiser）[①]的舰艇——该型舰艇具有高航速、高适航性、防护出色、火力强大等特点，既能在海外基地担任舰队旗舰，也能支援"留

① 译者注：注意与"战列巡洋舰"（battlecruiser）相区分。另外，后文提到的"佩列斯韦特"级通常被划为战列舰。

里克"号这类舰船执行远洋破交作战。因此，这种"战列线巡洋舰"被视作俄罗斯针对英国"百夫长"级巡洋舰采取的应对措施。俄海军最初的设想是用这种军舰组建一支地中海分舰队，且这种军舰能在紧急情况下部署到远东地区。然而，随着日本方面"富士"号（Fuji）和"八岛"号（Yashima）战列舰的建成，以及"六六舰队"计划当中后续四艘战列舰和六艘装甲巡洋舰的建造得以确定，俄罗斯海军将本国新军舰的核心设计要求修改成了有能力在远东地区长期部署。

　　俄罗斯新军舰的设计方案最终演变成为"佩列斯韦特"级（Peresvet-class）战列舰[62]，该级舰的排水量比"俄罗斯"号还要多数百吨，甚至比英国"百夫长"级多出 20%。不过，该级舰在设计上仍和"俄罗斯"号有很多相似之处，包括采用三轴推进系统，舰艏部位布置有 1 门副炮；只是主炮被更换为 4 门 10 英寸炮（采用双联装设计，位于两座炮塔内），6 英寸炮位于舷台内，主装甲带的厚度为 9 英寸，此外航速只比巡洋舰低 1 节。不过，俄军很快意识到了该级舰的续航力比巡洋舰低得多。另外，"佩列斯韦特"级颇具创新性地采用了分舱式排水系统。

　　和俄罗斯其他许多军舰一样，该级舰在建造期间接受了多次改装，包括舰上原先混合装载 6 英寸炮和 4.7 英寸炮的中央炮郭改为统一装载 6 英寸副炮；此外安装一门 75 毫米炮，并且增加 47 毫米炮的数量。为了平衡由此增加的重量，该级首舰"佩列斯韦特"号建成时仅安装有两座军用桅杆，二号舰"奥斯利雅维亚"号（Oslyabya）甚至进一步将后桅换为直杆桅杆——但两舰依然严重超重，军舰处于满载状态时，主装甲带完全处于水面以下。除此之外，由于参考英国"声望"号的设计，三号舰的

"雷霆"号可被视为"俄罗斯"号用于舰队作战的改进型号。本图摄于 1901 年，澳大利亚（**作者个人收藏**）

左上图：1904 年 3 月 31 日摄于远东的"佩列斯韦特"号，此时该舰已采用暗绿色涂装（作者个人收藏）

右上图："胜利"号曾于 1902 年年末前往远东地区，本图摄于该舰停靠比埃雷夫斯港期间，此时舰体上使用的还是和平时期的白色和金色涂装（作者个人收藏）

甲板边缘安装有斜置装甲，该舰因此获得了额外的防护效果。

　　前两艘军舰开工三年后，三号舰"胜利"号（Pobeda）在 1898 年才开始建造。但由于日本已经采购以"富士"号为首的一等战列舰，俄国该级军舰在执行其原定任务时显然难以胜任，且"富士"号的开工时间甚至比"佩列斯韦特"级还要早，但导致这一结果的原因是，"佩列斯韦特"号下水后，新的设计方案尚未确定，因此俄方在空出的船台上建造该舰。"胜利"号（该舰采用的是类似"奥斯利雅维亚"号的桅杆）相较之前两艘姊妹舰有所改进，包括略微修改了舰体设计，并采用克虏伯渗碳钢（而非此前的哈维镍钢）材质装甲：这允许军舰安装达到全舰长度的装甲带，而不像之前那样需要在艏艉部位通过横向装甲隔舱壁封闭。同时，该级前两舰的舰底覆盖有铜质材料，但"胜利"号并非如此。该舰和"奥斯利雅维亚"号一样采用简化版的桅杆与帆装，尽管前者的开工时间晚了将近 3 年，但其反而比后者更早入役。

　　"佩列斯韦特"号和"胜利"号分别在 1901 年和 1902 年完工，之后都被部署到远东。"奥斯利雅维亚"号在 1903 年完工后同样被派往该地区，但在当年 8 月不幸搁浅于直布罗陀海峡，之后在拉斯佩齐亚接受维修至 11 月。

走向世界的"加里波第"级巡洋舰及其衍生型

　　当意大利的财政情况终于允许订购原本计划在"皮萨尼"级之后建造的两艘巡洋舰时，处于设计方案中的两舰已经变得更大且航速更快。该级舰依然配置有强大的武器装备——艏艉各 1 门单装 10 英寸炮或 2 门双联装 8 英寸炮，另有 2 门 6 英寸炮；前一级舰船装备的 4.7 英寸炮则被取消，取而代之的是 76 毫米炮（共 10 门）。该级首舰"朱塞佩·加里波第"号（Giuseppe Garibaldi）采用的配置是 2 门 10 英寸炮，二号舰"瓦雷塞"号（Varese）安装的是 4 门 8 英寸炮（采用双联装设计，位于两座炮塔内）。

　　相较"皮萨尼"级，应用在意大利新一级军舰上的改进措施主要是为了弥补本国在海军现代战列舰领域的不足：由于此前的经济危机，意大利在该领域的差距已经被其他国家进一步拉大。[63]"加里波第"级的主炮能达到就当时标准而言相当高的仰角，其中10英寸炮的最大仰角为35度，8英寸炮的最大仰角为25度，这使得该级舰的主炮射程远超同时代许多舰船。当然，为了搭载这款重型主炮，该级舰的主装甲带厚度相比"皮萨尼"级减少了大约20%，装甲堡[①]也由主甲板层升高到了上层甲板，但主炮炮座前端设有4.7英寸厚的倾斜装甲横壁。从斜置装甲甲板往上看，能够发现位于主装甲带内侧的储煤舱，其长度和整个装甲堡相当，往上延伸到上层甲板高度的防弹甲板，往下则延伸至下层甲板并接着延伸到装甲堡外。

"加里波第"级首舰于1893年7月开工，并于1895年1月下水，建造进度比预期快（该舰下水时间甚至早于"皮萨尼"号）。同一年里，南美洲领土相邻的阿根廷和智利两国因此前西班牙殖民者不负责任的划界所导致的长期边境争议，外交关系极为紧张。随着智利在1887年订购"普拉特舰长"号（Captain Prat）战列舰[②]和另外两艘防护巡洋舰｛即"埃拉苏里斯总统"号[President Errazuriz（1890）]和"平托总统"号[President Pinto（1890）]｝[64]，两国的海军军备竞赛正式开始。作为回应，阿根廷海军很快

图为阿根廷海军的"加里波第"号巡洋舰，也就是原先意大利人建造的"朱塞佩·加里波第"号巡洋舰。该舰于1895年5月下水，在本级舰船中最早完工。不过，这艘军舰在仅完工两个月后便被售出。二号舰"瓦雷塞"号也很快下水，以取代"加里波第"号，但该舰被出售给西班牙，更名为"克里斯托·哥伦布"号。接下来，"朱塞佩·加里波第"级三号舰在1897年被售给阿根廷，更名为"普益勒东"号。直到1901年，意大利才真正拥有自己的"加里波第"号（**作者个人收藏**）

正在进行海试的"圣马丁"号巡洋舰。该舰和"加里波第"号最大的区别便是前者采用4门8英寸主炮，而后者的主炮是2门10英寸炮。除此之外，两舰在桅杆和副炮的具体布置上也存在诸多不同（**作者个人收藏**）

订购两艘岸防战列舰"独立"号[Independencia（1890）]和"自由"号[Libertad（1891）]，以及两艘防护巡洋舰"五月二十五日"号（Veinticinco de Mayo）和"七月九日"号（Nueve de Julio）。之后，两国分别增购了一艘防护巡洋舰，分别为"布宜诺斯艾利斯"号[Buenos Aires（1895）]和"布兰科·恩卡拉达"号[Blanco Enclada（1893）]。此外，智利海军在1894年年底向日本出售一艘防护巡洋舰"埃思梅拉达"号[Esmeralda（下水于1883年的第一代）]，从而订购了一艘装甲巡洋舰，且该舰沿用前者的名称。值得一提的是，虽然"普拉特舰长"号战列舰和"总统"级巡洋舰都是由法国建造，但新的"埃思梅拉达"号（第二代）是由英国阿姆斯特朗造船厂建造。

作为回应，阿根廷海军随即向欧洲派出一支代表团，该代表团此行的目的之一就是与意大利人商议，购买"加里波第"级巡洋舰中的一艘。[65]当时安萨尔多造船厂向阿根廷总统表示，愿意以75万英镑的价格向其出售"朱塞佩·加里波第"号巡洋舰，

① 译者注：Citedal，即位于主装甲带上层，以侧舷装甲和横向装甲封闭的防护区域。

② 译者注：很长一段时间里，该舰也是南美仅有的真正意义上的三艘战列舰之一，另外两艘则是巴西海军的"里亚丘埃洛"号和"阿基达邦"号。

款项可分四次支付，其中第一笔为立即支付（1895年7月14日），最后一笔则在交付舰船时支付。阿根廷方面同意了这项交易，并允许军舰沿用原先的舰名，不过只保留姓氏，以纪念加里波第在19世纪40年代为南美事务所做的贡献。该舰于1896年10月在热那亚交付给阿根廷方面并正式加入该国海军，随后启程前往布宜诺斯艾利斯，并于12月10日抵达，接着在舰队演习中担任第二支队的旗舰。话题回到意大利方面。有关这艘军舰的交易之所以能获得该国政府批准，是因为船厂方面承诺在合同期限内建造一艘采用水管锅炉（而不是圆筒锅炉）的同等规格舰船，以替代该舰。另外，这艘"加里波第"号曾在1900年返回热那亚接受改装，其间移除了舰上的鱼雷发射管。

1896年3月，智利海军订购了一艘新的装甲巡洋舰"奥希金斯将军"号（General O'Higgins）。同月25日，阿根廷开始筹备购买"加里波第"号原先的姊妹舰"瓦雷塞"号，当时该舰正准备在莱戈恩的奥兰多造船厂下水。阿根廷发起这次交易究竟是因为上次已经向意大利购买军舰，或者说仅仅是个巧合，现在的我们并不清楚。不过，由于意大利政府正值换届选举，这次交易直至10月才敲定。有意思的是，意大利外交部长最初反对交易，而海军部长贝内托·布林（Benetto Brin，1833—1898年）以这次如果拒绝阿根廷的请求，那么该国未来可能不再考虑意大利，直接向其他国家购买舰船为由，成功说服了前者。另外，在意大利政府看来，此次交易能够大幅缓解海军经费的紧张，况且军舰只要没有交付并离开本国，那么在紧急情况下依然是可以征用的。

"瓦雷塞"号被重新命名为"圣马丁"号（Saint Martin）。与其原先的姊妹舰相比，该舰采用的是双联装8英寸主炮，位于主甲板层的副炮也被安装在了舷台内，从而拥有一定的轴向射击能力。此外，该舰主桅杆上的战斗桅盘高度更低，烟囱顶部没有安装类似"加里波第"号的顶盖。"圣马丁"号于1898年4月交付，并于6月13日抵达阿根廷，随后加入了"加里波第"号所在的公海舰队且作为旗舰服役至1911年。

由于上述两艘舰船都出售给了阿根廷，意大利很快开始考虑为本国海军建造相应的替代军舰（即第二代"朱塞佩·加里波第"号和"瓦雷塞"号），但这两艘军舰最终也没有加入意大利海军。首先，第二代"朱塞佩·加里波第"号于1896年8月

西班牙海军的"克里斯托·哥伦布"号一直没有安装主炮，直到被击沉，这艘军舰可以使用的最大口径火炮也只是6英寸副炮（NHHC NH 63229）

14 日，也就是下水前一个月被出售给西班牙并更名为"克里斯托·哥伦布"号（Cristóbal Colón）。该舰除了 6 英寸副炮和"圣马丁"号一样被安装在舷台上，其余设计完全参照"加里波第"号，包括采用相同的两门阿姆斯特朗 10 英寸主炮。不过，西班牙海军更倾向于使用洪托里亚的产品 [很可能是 35 倍径 9.4 英寸主炮，和"亚斯图里亚斯亲王"级相同]，因此该舰在 1898 年春与美军交战时甚至尚未安装主炮。[66]此外，西班牙海军曾在 1897 年计划购买一艘更新型的舰船并将其命名为"阿拉贡的佩德罗"号（Pedro de Aragon），不过该计划后来在 1900 年被放弃，有关军舰的建造合同被转给了阿根廷海军，舰名也被改为"里瓦达维亚"号（Rivadavia）。但该舰同样没能建成，相应的舰名被阿根廷海军另外一艘巡洋舰获得。[67]

现在将视线转回南美洲。1897 年夏，阿根廷向意大利订购了另两艘尚未完工的"加里波第"级巡洋舰，即第三代"朱塞佩·加里波第"号和第二代"瓦雷塞"号，并分别更名为"普益勒东"号和"贝尔格拉诺将军"号（General Belgrano）。对于前一艘军舰，阿根廷提出愿意在 75.2 万英镑的购买价格基础上额外支付 3 万英镑，但前提是该舰在下水后两个月内完工——当然，造船厂最终没能满足这一要求。其实智利驻意大利大使曾试图向意大利提出购买"朱塞佩·加里波第"号（第三代），以阻止阿根廷获得这艘巡洋舰。但他没能得到本国海军的支持，因为后者认为"加里波第"级太小，无法满足自身的使用需求。此外，智利海军同样存在经费不足的问题——当时该国的经济实力弱于阿根廷——想要为购舰一事专门筹措一笔经费并不容易。

"普益勒东"号和"贝尔格拉诺将军"号的相同之处是装有 10 英寸主炮和水管锅炉，但两舰的副炮（"普益勒东"号的主甲板副炮和"圣马丁"号一样安装于舷台，而"贝尔格拉诺将军"号和"加里波第"号并非如此）、烟囱（"普益勒东"号的烟囱拥有和"加里波第"号一样的顶盖）和桅杆（"贝尔格拉诺将军"号没有战斗桅盘）布置均存在不同。此外，"贝尔格拉诺将军"号也是阿根廷海军唯一一艘没有安装 4.7英寸炮的"加里波第"级巡洋舰，取代该型火炮的是布置于上层甲板的 4 门 6 英寸炮，因此该舰的副炮数量达到了 14 门。"普益勒东"号于 1898 年 8 月交付阿根廷海军，其姊妹舰则是在 10 月交付军队服役，并分别于 9 月 1 日和 11 月 6 日抵达马德普拉塔港。这四艘"加里波第"级巡洋舰组成了阿根廷海军的第一公海支队。此外，"加里波第"号曾在 1899 年接受改造，其 10 英寸主炮被更换成了和"普益勒东"号、"贝尔格拉诺将军"号一样的新型号。

右侧说明：
左下图：完工时的"弗朗西斯科·费鲁乔"号巡洋舰，可以通过军舰上的烟囱外壳将该舰与其姊妹舰相区分（**作者个人收藏**）

右下图：第四代"朱塞佩·加里波第"号是该级舰中第一艘真正加入意大利海军的军舰。本图摄于热那亚（**作者个人收藏**）

意大利海军的"艾莉娜王后"号(1904)便是19世纪与20世纪之交,战列舰和巡洋舰的区分愈发模糊的一个极佳例证。该舰的主要武器是8英寸舰炮(另有2门专用于击穿敌方舰艇装甲的12英寸炮),最大航速能达到21节。这艘军舰令德国皇帝威廉二世非常羡慕,他希望本国也能将战列舰和大型巡洋舰融合在一起,但因为德国的《舰队法》对两类舰船有着明确的区分标准而难以如愿(**作者个人收藏**)

至于意大利海军,他们在20世纪初才获得第一艘属于自己的"加里波第"级巡洋舰。该级舰和"贝尔格拉诺将军"号(也就是原先的第二代"瓦雷塞"号)一样采用清一色的6英寸主炮,不过前者的3英寸炮数量增至10门,47毫米炮则减至6门。此外,该级各舰的舰体在艏部延长16英尺,以容纳更大的动力系统;指示功率增加了500马力,以确保航速达到20节;都使用水管锅炉,其中"朱塞佩·加里波第"号(第四代)和"瓦雷塞"号(第三代)安装尼克劳塞式,"弗朗西斯科·费鲁乔"号(Francesco Ferruccio)早期还安装了较其姊妹舰高得多的锅炉通风管。上述三舰可以通过烟囱顶端不同的顶盖加以区分。此外,"瓦雷塞"号设有更加宽敞的战斗桅盘,而"费鲁乔"号的艉舷处专门为3英寸炮设置了射击口。"加里波第"号和"瓦雷塞"号于1901年服役;"费鲁乔"号的开工时间虽然只晚了一年,但直到1905年才服役。造成这一延误的主要原因是造船厂缺乏此类舰船的建造经验("费鲁乔"号由威尼斯造船厂建造,而该级其余舰船均交由安萨尔多造船厂或奥兰多造船厂负责),另一个原因则是部分舰载武器需要向外国购买。

当时意大利还打算建造四艘该级军舰,并分别将其命名为"热那亚"号(Genova)、"威尼斯"号(Venezia)、"比萨"号(Pisa)和"阿玛尔菲"号(Amalfi)。其中一艘由拉斯佩齐亚造船厂建造,另有一艘由斯塔比亚海堡(Castellamare di Staba)的造船厂建造。[68]这批新军舰在最初的规划中只是简单加以改进的"加里波第"级,但相应的设计方案很快就发展成了一种排水量达到8000吨的新军舰:在舰艏部位增设艏楼甲板,搭载4门8英寸主炮(采用双联装设计,位于两座炮塔内),装甲防护包括达到全舰长度的5.9英寸厚装甲带和1.6英寸厚甲板装甲,最高航速可达22~23节。然而,这四艘军舰最终并没有获得订单,因为海军的经费被分配给了1901—1902年建造计划中的前两艘"维托里奥·伊曼纽尔"级(Vittorio Emanuele-class)战列舰,且两舰同样由上述两个造船厂建造。除了配备2门12英寸主炮和12门8英寸副炮,同时能够达到21节的高航速,两艘"伊曼纽尔"级战列舰还设有加高的艏楼和位于侧舷的双联装8英寸炮。此外,军舰的主炮是位于艏舷位置的单装火炮,这一设计实际上更接近巡洋舰而非战列舰，尤其是前述四艘没能建成的巡洋舰。无论如何，意大利海军想要获得下一批真正的巡洋舰都必须等到 1904 年之后，且这批巡洋舰会采用完全不同的设计。

智利的回应与阿根廷的反击

前文提到的两艘智利海军的装甲巡洋舰都是购自英国阿姆斯特朗公司。"埃思梅拉达"号的经费来自下水于 1883 年，后于 1894 年 11 月出售给日本海军的同名防护巡洋舰〔日方将其更名为"和泉"号（Izumi）〕。在设计阶段，新的"埃思梅拉达"号只是"布兰科·恩卡拉达"号的略微放大版本——后者由相同的造船厂建造，在一年前下水，装备有 2 门 8 英寸炮和 10 门 6 英寸炮。[69] 不过，等到智利海军在 1895 年 5 月 15 日正式下达订单，"埃思梅拉达"号的设计排水量已经增加近 25%，达到了 6000 吨。同年 7 月，智利提出要求，将舰体进一步延长，并且安装侧舷主装甲带和额外数量的 6 英寸炮。不过造船厂反对这样的设计修改，建议先按照 5 月确定的设计方案来建造"埃思梅拉达"号；然后重新考虑设计方案，以此建造一艘装甲巡洋舰。尽管后来确实以新的设计方案建造了一艘巡洋舰（即"奥希金斯"号），但当时智利方面还是坚持为"埃思梅拉达"号增设侧舷装甲。该舰最终于 1896 年 6 月下水，在当年 12 月 16 日进行海试，于 1897 年 3 月 22 日交付智利海军，随后驶往南美。

"埃思梅拉达"号四分之三的舰体设有高度为 7 英尺的主装甲带，主炮分别位于艏艉。6 英寸副炮主要分布在舷侧，另外遮蔽甲板处设有四门（但在 1910 年被拆除，以便腾出重量，在桅杆上安装火控系统）。舷侧艏部的每两门副炮之间还安装有一门 12 磅炮，舰艉上层建筑的内部也装有两门同型火炮。

另一艘装甲巡洋舰的招标工作始于 1895 年 9 月，性能指标包括排水量 7300 吨，拥有 7 英寸厚的哈维镍钢主装甲带，装备两座 8 英寸火炮炮塔（不再像"埃思梅拉达"号那样仅设置炮盾）和 10 门 6 英寸炮，后者被安装在艏部主甲板的舷台和上层甲板的炮位上。后来智利提出为该舰增加 2 门 8 英寸炮，此时有多个安装位置可供选择，包括主甲板艏艉上层建筑并排的舷台内、上层甲板的舷台内，以及上层甲板的炮塔

智利海军的"埃思梅拉达"号巡洋舰是埃斯维克的阿姆斯特朗兵工厂所建造的大型巡洋舰的典型代表（**作者个人收藏**）

内；当然，军舰排水量也相应地增加 1000 吨。智利最终选择了在炮塔内安装主炮的方案。1896 年 3 月，智利方面正式下达订单，造船厂从 4 月 4 日开始建造军舰。该舰有 4 门 6 英寸炮同样被安装在炮塔内，其余同型火炮则位于主甲板的舷台内。相较"埃思梅拉达"号，这艘新的"奥希金斯将军"号采用水管锅炉，从外观上看两者便存在不同：前者装有两座烟囱，而后者有三座。此外，"奥希金斯将军"号的动力系统表现得相当令人满意——军舰在服役期间时常跑出超过其设计航速的速度，哪怕在临近退役的十年里也能达到 21 节航速。该舰于 1898 年 4 月完工，当年 7 月 5 日抵达

同样由阿姆斯特朗为智利海军建造的"奥希金斯"号采用了不同寻常的设计，该舰后来成为阿姆斯特朗为日本海军建造的一系列巡洋舰的原型（**作者个人收藏**）

阿根廷的最后两艘"加里波第"级是意大利专门为该国建造的巡洋舰。本图为"贝纳迪诺·里瓦达维亚"号，当时人们正为其举办下水典礼。不过，该舰最终被出售给了日本并更名为"春日"号（**作者个人收藏**）

1904 年在热那亚进行最后舾装的"日进"号（前"马里亚诺·莫雷诺"号）和"春日"号（前"里瓦达维亚"号）。阿根廷和智利签署海军军备限制条约后，这两艘军舰都被日本购买（**作者个人收藏**）

智利。值得一提的是，其服役生涯最终达到了60多年。

1898年5月，当时"奥希金斯"号正在英国进行海试，而智利和阿根廷之间的关系已经非常紧张。因此，两国最终同意将安第斯山边境问题交由英国仲裁。随着该问题和其他一些问题得到解决，"贝尔格拉诺将军"号于1899年1月20日载着阿根廷总统前往智利，两国高层于同年2月15日在蓬塔阿雷纳斯（Punta Arenas）签署和平条约。不过，在英国进行的仲裁谈判直到1902年才结束，而且两国在谈判结束后依然不断指责对方侵犯现有边境，甚至诉诸战争威胁。

两国的海军军备竞赛因此并未结束。智利首先从1901年开始向美国提出购买三艘"印第安纳"级（Indiana-class）战列舰[70]，接着购买英国阿姆斯特朗造船厂此前专为外贸建造的防护巡洋舰"查卡布科"号［Chacabuco（1898）］。作为回应，阿根廷于1901年5月向意大利安萨尔多造船厂提出新的购买意向，包括两艘排水量达15000吨，和"玛格丽塔王后"级一样装备12英寸主炮的战列舰；而后在当年12月23日正式向该造船厂订购两艘（新建造的）"加里波第"级巡洋舰。两艘巡洋舰分别被命名为"密特拉"号（Mitra）和"罗卡"号（Roca），于1902年3月开始建造。不过，它们在下水时已经分别更名为"贝纳迪诺·里瓦达维亚"号（Bernardino Rivadavia）和"马里亚诺·莫雷诺"号（Mariano Moreno）。两舰的设计和意大利海军最终完工的两舰非常相似，但前者的动力系统重新采用了圆筒锅炉（很可能是因为贝尔维尔式锅炉在"普益勒东"号和"贝尔格拉诺将军"号上表现欠佳），并且安装半封闭式烟囱。此外，两舰采用的是三叶螺旋桨而非之前军舰使用的四叶螺旋桨，这么做是为了让设计航速达到20节：尽管之前"加里波第"号（第四代）动力系统的功率相比设计时提升5%，但海试时的最大航速仅为19.66节。另外，两舰最初都计划采用"意大利式"武器配置，即舰艏布置单装10英寸主炮，舰艉布置双联装8英寸主炮。不过，"莫雷诺"号在实际建造过程中还是将主炮统一成了4门8英寸炮，这一做法的目的应该是确保该舰在战术上能和"圣马丁"号相互配合。[71]就副炮而言，阿根廷海军的两艘新巡洋舰与意大利海军的"加里波第"级相同，即14门6英寸和10门3英寸炮。此外，阿方军舰的桅杆没有安装战斗桅盘，而意方"加里波第"级布置于桅盘上的舰炮后来被挪到了上层建筑内。

作为回应，智利在1901年年末又订购两艘舰船［"宪法"号（Constitucion）和"自由"号（Libertad）］。尽管被定级为战列舰，但这两艘舰船实际上是专为克制"加里波第"级而诞生，因此就设计初衷而言，它们应是大型巡洋舰。两舰由英国的前首席造船师爱德华·里德（Edward Reed，时任海军首席顾问）设计。在初步设计方案中，单艘军舰配备的是4门10英寸炮、10门或12门7.5英寸炮；后一型火炮的数量后来应客户要求增至14门。随后，军舰设计图纸被分发给阿姆斯特朗和维克斯（两家公司分别负责一艘军舰），建造合同于1902年2月26日正式签署。两舰不仅在舰炮火力上足以压倒"加里波第"级——10英寸主炮的毁伤能力很强，7.5英寸副炮也能发挥很好的补充作用——前两艘军舰的主装甲带厚度也超出其对手15%，并在航速方面与后者相当。

不过，智利这项完全针对其邻国且耗资巨大的军舰建造计划最终因英国担心这两个南美国家的敌对局势激化而被叫停。最终，两国在英国的仲裁下，于1902年围

由于阿根廷和智利两国签署和平条约，原本为后者建造的"巡洋舰杀手"，即"宪法"号最终加入英国海军并更名为"快速"号。本图摄于1909年4月，该舰出发前往地中海期间（作者个人收藏）

绕安第斯山脉地区的边境纠纷签署了三份"五月协定"（Pacts of May），其中最后一份协定便是签署于1903年1月9日的限制海军军备条约。此后五年时间里，除非提前18个月告知另一方，否则（智利和阿根廷两国中的）任何一方不得新购买军舰。

同时，还处在建造阶段的属于两国的舰船必须尽快售出。阿根廷的"加里波第"号、"普益勒东"号，以及智利的"普拉特舰长"号将退出现役，"在泊锚地或港内封存，只保留必要的人员对无法拆除的设备进行管理"；舰上不再装载燃煤、补给、弹药和发射药，此外小口径火炮、鱼雷发射管、鱼雷、探照灯、救生艇都会被拆除。阿根廷的两艘军舰因此在1903年1月退役，到1908年才被重新启用。"加里波第"号成为军官、通信人员、领航员、司炉及枪炮部门成员的训练舰，一直履行相应职责直至最终退役。"贝尔格拉诺将军"号则返回舰队服役，并在1907年加装无线电通信设备（后于1912年再次进行升级）。

有关限制海军军备的条约签署后，当时已下水或准备下水的"宪法"号、"自由"号、"里瓦达维亚"号和"莫雷诺"号便"交由英国国王爱德华七世负责管理，他将确保所有舰船只会在智利和阿根廷共同提出请求的前提下，才以出售或双方达成协议的方式离开造船厂"。这两个南美国家还将派出各自的代表来处理舰船的出售事宜，其中来自纽约的威廉·R.格雷斯（William R. Grace）便是智利任命的代表之一。[72]

智利方面的代表于1902年10月主动与日本商讨"宪法"号和"自由"号的购买事宜，不过当时日本对两舰还没有购买的想法。即使到1903年2月，英国政府警告日本情报部门，称德国和俄国也在计划购买两舰时，日本依然由于缺乏资金而没能做出任何实质性的举动。不过到当年秋季，随着日本和俄罗斯的关系急剧恶化，同时为智利服务的另一位代理商，即英国的安东尼·吉布斯公司（Anthony Gibbs &

Co）在 10 月向日本提出以 160 万英镑的价格出售两舰，日方终于开始了相应的谈判。不过，该公司的另一个目标客户正是俄罗斯，而俄方能够接受的售价高达 180 万英镑。因此，该公司报给日本的售价也相应上涨，导致日方于 11 月 20 日退出谈判。

接着，因为担心"宪法"号和"自由"号落入俄罗斯人手中，英国人决定为本国海军买下这两艘巡洋舰，并在 11 月 27 日给出竞拍价，最终于 12 月 4 日正式购入两舰。12 月 19 日，日本最终筹集了一笔紧急经费，其中就包括向英国购买"宪法"号和"自由"号的资金；不过英国此时拒绝出售两舰，声称本国国会在购买两舰时曾提出条件，其中并不包含允许转售。因此，两舰在 1904 年完工后加入了英国海军且分别更名为"快速"号（Swiftsure）和"凯旋"号（Triumph）。

不过，两舰在实际使用中显得非常尴尬——既不适合加入装备 12 英寸主炮的军舰所组成的战列线之中；因为航速太低，从战术上讲也无法和英国的装甲巡洋舰一起行动。当然，就算如此，两舰还是分别在本土舰队和地中海舰队服役到了 1913 年。之后，"快速"号被派往西印度群岛担任舰队旗舰，而"凯旋"号被部署到远东：和曾经的同名舰①一样，它们也会在海外基地担任二等主力舰。

英国在出售"里瓦达维亚"号和"莫雷诺"号（俄罗斯同样对两舰产生过兴趣）时要上心得多。两舰分别在 1903 年 7—9 月和 10—11 月间由建造商进行海试，当时它们被认为比智利的两艘巡洋舰更先进。很可能是因为前文所述的更换螺旋桨一事发挥了积极作用，加上发动机的功率超出预期约 7%，这使得两舰均达到其设计航速；舰体的振动问题也基本可以忽略——"里瓦达维亚"号和"莫雷诺"号的振动情况甚至好于本已经非常优秀的"加里波第"级。

在英国政府的指示下，吉布斯公司以日本海军代理人的身份于 1903 年 12 月 30 日，用 153 万英镑的价格购买了两艘军舰（俄罗斯方面没能竞拍成功）。之后，两舰于 1904 年 1 月 7 日正式更名为"春日"号和"日进"号并转交给日本。具体的交付工作由阿姆斯特朗公司——即两舰装甲和武器的制造商——负责，航程预计耗时 35 天；此前原本计划由皇家海军提供护航，但最终英方因为需要保持中立而取消此事。"春日"号和"日进"号于当年 1 月 8 日和 9 日夜间悬挂日本商船旗帜离开热那亚港，舰上的指挥官是英国人，但工程师是意大利人，其余船员更是来自各个国家。随着军舰愈发靠近日本，日本船员的数量也不断增加。俄罗斯很快提出抗议，给出的理由是两舰舰长为皇家海军的预备军官；不过英国很快让两人退役，从而规避了有关抗议。

日本方面的两艘军舰于 1 月 13 日抵达塞得港（位于苏伊士运河北端），但当时一支俄国舰队同样在穿越地中海驶向苏伊士运河，除了"奥斯利雅维亚"号，该舰队还包括"迪米特里·顿斯科伊"号及"阿芙乐尔"号［Aurora（1900）］防护巡洋舰。由于日俄两国的外交关系急剧恶化，为防止意外发生，在英国的安排下，两支属于不同国家的舰队在进入苏伊士运河前都保持着较远距离（之后"阿芙乐尔"号曾尾随日舰，但很快被后者甩开）。不论如何，日本方面在两舰于 2 月 5 日离开新加坡前都保持隐忍，没有和俄罗斯完全决裂，但两国的关系在 6 日急剧恶化。后来，"春日"号和"日进"号于 16 日抵达横须贺港。

随着上述两舰完工，"加里波第"级的故事也暂时告一段落。该级巡洋舰的设计和建造时间超过了 10 年，在当时舰船设计可谓日新月异的大环境之中，每一年"加

① 译者注：即第一代"快速"号和"凯旋"号。

正驶往远东地区的"奥斯利雅维亚"号和"迪米特里·顿斯科伊"号巡洋舰，本图摄于 1904 年（ NHHC NH 94416 ）

里波第"级最新舰船的设计都会出现相当明显的变化。得益于该级舰较大的建造数量，阿根廷甚至在 1901 年还希望沿用该级军舰的设计方案——从海军战略上讲，当时该国海军认为有必要尽快获得新的军舰，以应对智利方面正在建造的舰船。

　　战争爆发后，俄罗斯仍在考虑购买原属于南美国家的巡洋舰，以加强本国前往远东解围的舰队的实力。此外，根据英国外交部在 1904 年 5 月和 6 月提交的报告，一个并未被提及名称的中立国也曾在当年 5 月表示对智利海军的巡洋舰有兴趣（其中一份报告指的军舰应该是"奥希金斯"号和"埃思梅拉达"号）。同时，英国外交部的报告指出，土耳其曾作为俄罗斯的中间商，同智利和阿根廷商议购买军舰的事宜。尽管当时智利和阿根廷都不愿意直接将舰船出售给战争中的任何一方，但对于其他提出购买的国家（如土耳其），两国很可能睁一只眼闭一只眼。因此，英国外交部随即施压，以避免此类交易出现，毕竟当时土耳其的财政状况表明该国几乎不可能是军舰真正的买家。

　　1904 年 6 月中旬，希腊似乎曾作为俄罗斯的掮客介入购买军舰的谈判。其他一些传言则指出，波斯很可能代表日本，推进着购舰的进程。就在希腊进行谈判的同时，摩洛哥、玻利维亚和巴拉圭也加入进来。此外，英国外交部在 10 月中旬的报告里曾提到希腊已经为俄罗斯签订合同，但最终该消息被证明是虚假的。有关购舰的谈判在 12 月终于结束，因为此时俄国那支从波罗的海前往远东的舰队已经远行，即使购买了新军舰也无法跟上。最终，该舰队在对马海战中遭遇了毁灭性的一击。

日耳曼舰队的扩张
德国

　　19 世纪 80 年代之前，德国巡洋舰的排水量极少超过 3000 吨；直到本世纪 70 年代，这些舰船还普遍采用木制舰体，而且主要被用作远洋部署舰艇或训练舰，作战性能难以令人满意。德国最早的铁壳军舰为"莱比锡"级［Lepzig-class（1875—1876）］，这是一型将火炮布置在侧舷的全帆装巡航舰。此外，该级舰与其采用木制舰体的前型舰一样，主要被部署在远洋基地。

德国海军的第一型现代化（无风帆动力）巡洋舰是两艘开工于 1886 年的"艾琳"级（Irene-class）防护巡洋舰。该级舰排水量为 5000 吨，装备有 14 门 5.9 英寸炮，最大航速达 18 节，由水平甲板装甲提供防护。德国方面原本打算建造该级舰中的第三艘，但最终选择了一型更大的舰船：该型舰船既能进行远洋部署，又能在本土舰队中充当前哨舰船。因此，后继的"奥古斯塔女皇"号〔Kaiserin Augusta（1892）〕就排水量而言甚至比"艾琳"级多 1200 吨；此外，其设计最大航速可达 21 节，比当时还处在设计阶段的"勃兰登堡"级（Brandenburg-class）战列舰高出 4~5 节。

"奥古斯塔女皇"号建成后，海军局（Navy Office，德国海军的三大管理部门之一）和海军统帅部之间发生了一场辩论。海军局希望同时建造上述大型巡洋舰和 1500 吨级的小型巡洋舰，将两者搭配使用；而统帅部倾向于统一建造 3000 吨级排水量的巡洋舰。辩论结束后，德国人采用了一个完全不同的方案：在 1895—1896 年间建造五艘排水量达 6000 吨，装备两门 8.2 英寸主炮的"维多利亚·露易丝"级（Victoria Louise-class）防护巡洋舰。

除了这些新造舰船，还有三艘在 19 世纪 60—70 年代下水的旧式侧舷炮门和中央炮郭铁甲舰，即"威廉国王"号（Köning Wilhelm）、"皇帝"号（Kaiser）和"德意志"号（Deutschland）于 1891—1897 年间被改造为巡洋舰。三艘军舰换装了新的锅炉并增设新式军用桅杆；同时，尽管上层甲板增设了现代化的中型和轻型火炮，但位于侧舷的旧式舰炮依然得以保留。[73] 其中，"威廉国王"号增加的是 18 门 3.5 英寸炮；"皇帝"号和"德意志"号增加的武器更多，前者为 6 门 4.1 英寸炮和 9 门 3.5 英寸炮，后者为 8 门 5.9 英寸和 8 门 3.5 英寸炮。完成改造后，这三艘巡洋舰中的后两艘基本是在远东地区担任舰队旗舰，只有"威廉国王"号在本土服役。

当然，上述改造仅仅是一种填补空缺的应急手段，"维多利亚·露易丝"级中的最后两艘也是如此，直到 1896 年，德国开工建造排水量达

刚被改造为大型巡洋舰的"威廉国王"号，该照片摄于 1898 年，可见其中桅已被拆除（NHHC NH 47943）

最初以中央炮郭铁甲护卫舰相关标准建造的"皇帝"号（作者个人收藏）

以巡洋舰的标准重建后，"德意志"号所接受的改造相比"威廉国王"号更为彻底（作者个人收藏）

"俾斯麦亲王"号在很多方面可以被视作战列巡洋舰的鼻祖。就武器配置而言，该舰和同时期的德国战列舰相同，但削减了装甲防护性能以获得更高航速（作者个人收藏）

10690 吨的"俾斯麦亲王"号（Fürst Bismarck）。该舰是德国的第一艘装甲巡洋舰，军舰尺寸几乎达到"维多利亚·露易丝"号的两倍，在部分国家已经可以算作战列舰；特别是该舰的主炮配置和德国当时的"腓特烈三世皇帝"级（Kaiser Friedrich III-class）战列舰相同，舰上的六门副炮也和该级战列舰一样被安装在炮塔内。同时，"俾斯麦亲王"号的装甲布置样式和"腓特烈三世皇帝"级类似，但从整体上看，前者的装甲厚度仅为后者的三分之二，因此减少了不少排水量；再加上略长的舰体和更多的大约 500 马力输出功率，"俾斯麦亲王"号的航速相比战列舰多出约 1.2 节。从设计上看，该舰既能担任主力舰队的前哨舰，又能作为主力舰进行远洋部署，但其在一线服役生涯中基本是履行第二种职能。该舰于 1900 年取代"德意志"号，作为东亚分队[74] 的旗舰直至 1909 年。

奥匈帝国

正如前文所述，撞击巡洋舰中的四号舰因为一系列岸防巡洋舰的建造而迟迟没有开工。1891 年，奥匈帝国开始研究一系列替代方案，这些方案所设想的军舰排水量均为 5090 吨，但主要参考的设计原型有所不同，包括"弗朗茨·约瑟夫皇帝"号、小型鱼雷巡洋舰"黑豹"号（Panther）及英国的"皇家亚瑟"号。[75] 到 1894 年，有关建造新舰再度重启，当时担任首席舰船设计师的约瑟夫·克尔纳（Josef Kellner）递交了一份排水量达 5800 吨的军舰设计图纸，该舰装备有 2 门 9.4 英寸主炮（分别位于舰艏和舰艉），外加 8 门位于主甲板的 5.9 英寸副炮；只有 1 座烟囱，并安装有军用前桅和直杆式后桅。1895 年 6 月，克尔纳基于前述方案，推出了排水量为 6000 吨的方案，该方案将军舰艏艉末端的 5.9 英寸副炮挪到和 9.4 英寸主炮平齐的高度，烟囱数量也改为 2 座。此外，维克多·罗洛克（Viktor Lollok）曾在 1895 年 3 月提交过一份竞标的设计方案。该方案所构想的军舰在尺寸上和克尔纳方案相同，但副炮只有一部分位于主甲板的舷台内，另一部分被挪到了上层甲板，由炮盾提供防护。

最终克尔纳的方案得到采用，只是动力系统改为使用水管锅炉（最终安装了 3 座烟囱），并于 1896 年 6 月开工。之后，该舰于 1898 年 10 月下水（因 1897 年的造船厂大罢工而有所延后），被命名为"卡尔六世皇帝"号（Kaiser Karl VI）。这艘军舰和"君主"号（Monarch）岸防舰一样采用克虏伯 C/94 型 40 倍径 9.4 英寸炮作为主炮，该型火炮也被"腓特烈三世"级战列舰和"俾斯麦亲王"号巡洋舰用作主炮。"卡尔六世皇帝"号的 40 倍径 5.9 英寸炮则是奥匈帝国国内斯柯达兵工厂的产品。由于该舰的排水量相较"玛利亚·特蕾西亚"号增加 1000 吨，因此前者动力系统的功率提升近三分之一，最大航速提升 1 节，装甲防护的效果也更佳。可以这样说，该舰于 1900 年 5 月服役后，有效提升了奥匈帝国海军的实力。这艘军舰也是的里雅斯特技术工厂（Stabilimento Tecnico Triestino）的圣洛可（San Rocco）船坞所建造的最后一艘军舰，该公司后来获得的军舰订单都在新建成的圣马可（San Marco）船坞建造。1900 年 11 月，"卡尔六世皇帝"号在海试期间暴露出一定的稳定性问题。因此，该舰后来接受改装，施工人员削减了军舰前桅的重量，并拆除后部舰桥和 2 门 33 倍径 47 毫米炮，同时调整了原先位于上层的载煤舱室的位置。

1898 年之前，从总体上看，奥匈帝国只有在夏季才会拥有一支军舰数量可观的

奥匈帝国的第二艘装甲巡洋舰（名义上是鱼雷装甲巡洋舰）"卡尔六世皇帝"号在建成后拍摄的照片（NHHC NH 87380）

现役舰队以参加海军演习；之后，很多军舰在冬季被归入预备役，只保留 1 ~ 2 艘无防护巡洋舰处于现役状态。但在 1898—1899 年之间的冬季，"玛利亚·特蕾西亚"号巡洋舰和"布达佩斯"号（Budapest）岸防战列舰依然保持现役状态。自此之后，每年冬季至少会有一艘大型舰船处于现役：比如"卡尔六世皇帝"号就是在 1900—1901 年间的冬季服役。

"玛利亚·特蕾西亚"号后来在 1900 年夏季被部署到远东地区，随行舰艇包括"伊丽莎白女皇"号（Kaiserin Elisabeth）和小型巡洋舰"阿斯佩恩"号（Aspern）；后者的姊妹舰"森塔"号（Zenta）之后也被部署到远东。"玛利亚·特蕾西亚"号和"阿斯佩恩"号在远东地区一直待到 1902 年，在 1903 年夏季被"卡尔六世皇帝"号接替；两舰先是返回波拉港，随后退役，并被用作海军枪炮学校的勤务舰。

至于第五艘撞击巡洋舰，其设计工作后来是与"卡尔大公"级（Erzherzog Karl-class）战列舰的有关工作共同进行。[76] 在一份完成于 1899 年 7 月的设计方案中，可以看到该巡洋舰依旧保留有此前巡洋舰所配置的 2 门单装 9.4 英寸主炮，不过上层甲板的 5.9 英寸副炮增加了 2 门。次年 4 月，又有人提议将副炮的口径加大至 7.6 英寸，不过当时 5.9 英寸副炮明显更受青睐。之后出现过两种舰炮配置方案，一种是将上层甲板的 5.9 英寸炮布置在舰桥之后；另一种是将它们安装在舰舷，而 2 门 9.4 英寸主炮被集中布置到舰艏的双联装炮塔内。

该舰最终被命名为"圣乔治"号（Sankt Georg），并于 1901 年 5 月开始建造。最终采用的舰炮配置方案是后一种，即舰艏布置一座双联装炮塔，其中装有 2 门斯柯达 40 倍径 9.4 英寸主炮；舰艉则是 1 门单装 42 倍径 7.6 英寸炮，两舷舯部设有 4 门 7.6 英寸炮，前后的舷台内安装了另外 4 门 5.9 英寸炮。"圣乔治"号如此重型的副炮配置（"卡尔大公"级战列舰与之相同）是为了对抗意大利的 3 艘"加里波第"级巡洋舰，而该舰装备的介于 10 英寸和 8 英寸之间的主炮也符合当时的国际发展潮流。"圣乔治"号的排水量同样比前型舰"卡尔六世"号多 1000 吨，动力系统输出功率增加 3000 马力，最大航速因此提升 2 节；就装甲防护而言，该舰的侧舷主装甲带更薄（因为采用的是克虏伯渗碳钢而非之前的哈维镍钢），但甲板装甲更厚。"圣乔治"号的建造和"卡尔大公"级战列舰一样依赖于 1904 年 5 月批准通过的一份特别经费拨款，这份拨款还为一批大型和小型鱼雷艇的建造提供了支持。

1912 年摄于达尔马提亚海岸阿碧兹亚（奥帕蒂亚）港的"圣乔治"号巡洋舰（NHHC NH 87396）

与此同时，"玛利亚·特蕾西亚"号在 1903 年换装直杆式桅杆。1906 年，该舰原先的老式 9.4 英寸主炮被更先进的 7.6 英寸炮取代。之后，这艘军舰在 1910 年接受改造，主要是武器配置有所调整（包括设置舷台以安装副炮，并将所有 5.9 英寸炮挪到上层甲板新建的炮门处），并换装全封闭式的烟囱。

"拉德茨基"级（Radetzky-class）战列舰（于 1907 年开工）尚处于设计阶段时，奥匈帝国还提出过第四艘装甲巡洋舰的建造计划，最终该计划发展为相较前述战列舰稍小一些的"施鲍恩海军上将"级（Admiral Spaun-class）巡洋舰，并在 1908 年后陆续开工。[77] 该级舰的设计排水量为 8000 吨，最大航速达 23 节，武器配置方案存在多个版本。A 方案布置有 8 门 45 倍径 7.6 英寸炮，这些火炮位于舰艏艉和两舷共 4

摄于 1908 年的"玛利亚·特蕾西亚女皇及女王"号巡洋舰，此时该舰已经接受改造，并换装了直杆式桅杆（NHHC NH 87353）

座双联装炮塔内；B方案则是在艏艉各安装1门单装45倍径9.4英寸炮，并在主甲板舷台内安装6门45倍径7.6英寸副炮；在B方案的基础上，C方案将主炮更换为45倍径280毫米炮，主甲板舷台内只安装4门45倍径7.6英寸副炮；D方案进一步将主炮升级为45倍径12英寸炮；E方案装备10门7.6英寸炮，其中4门位于艏艉各1座双联装炮塔内，另外6门被布置在主甲板侧舷的舷台内。不过，就实际情况而言，以上各方案都未能成为现实：奥匈帝国在1915年之前并没有建造新的大型巡洋舰；1915年之后，该国打算建造的则是完全成熟的战列巡洋舰——军舰排水量达30000 ~ 40000吨，所用主炮的口径更是达到13.8 ~ 15英寸，甚至存在过使用16.5英寸主炮的方案。[78] 此外，奥匈帝国在1918年曾推出“7号方案”：军舰排水量为10000吨或12000吨，装备6门45倍径7.6英寸主炮。[79]

到1904年，奥匈帝国再一次计划增加军舰，以便在冬季保持现役舰队的规模。因此，很快有三艘新的战列舰依次用于冬季期间服役；在1905—1906年的同一季节，“卡尔六世皇帝”号和“圣乔治”号加入其中。此外，从1906年夏季开始，现役军舰中便一直保持有两艘装甲巡洋舰。在冬季没有服役的巡洋舰，则会和另外三艘略旧的战列舰组成后备舰队。

1907年4—6月间，“圣乔治”号和“阿斯佩恩”号巡洋舰代表奥匈帝国，参加了詹姆士顿建城三百周年纪念博览会[80]；并在6月10日参加海军阅舰式，一同接受检阅的军舰包括法国装甲巡洋舰“克莱贝”号（Kléber）、“维克多·雨果”号（Victor Hugo），以及美国装甲巡洋舰“布鲁克林”号、“华盛顿”号（Washington）、“田纳西”号（Tennessee）。在三年后的1910年3—9月间，“卡尔六世皇帝”号被派遣到南美，参加了阿根廷独立一百周年的纪念活动，并访问乌拉圭和巴西的一系列港口。同年秋季，刚完成改造的“玛利亚·特蕾西亚”号被派往萨洛尼卡，作为第一次巴尔干战争期间维护奥匈帝国利益的手段而发挥作用。

4 | 黄金时代
THE GOLDEN AGE

柏坦时代的法国巡洋舰
"圣女贞德"号

1895 年 11 月，法国海军迎来新任海军部长埃杜阿德·拉克洛（Edouard Lockroy，1838—1913 年）。很快，拉克洛在 1896 年就取消了第二艘"德·昂特勒卡斯托"级巡洋舰的建造，并以埃米尔·柏坦所提出的全新设计方案作为替代。柏坦此时刚从日本返回，被任命为海军建造总监（Principal Director of Naval Construction）。相较此前的设计方案以及前一年的两艘远洋破交舰，这个新设计方案将军舰的尺寸放大 40%。军舰被命名为"圣女贞德"号（Jeanne d`Arc，第二代），于 1894—1896 年间建造。就尺寸而言，该舰和当时的"查理曼"级（Charlemagne-class）战列舰相当；不过在建造期间，有关前者用途的描述一直很模糊——有时被描述为实施远洋破交，有时被描述为参与舰队作战。这主要是因为当时法国海军内部对海军发展政策的认识是混乱的；海军部长一职在短时间内频繁换人，也导致海军提出的需求不可能存在连贯性。[81]

处于设计阶段时，"圣女贞德"号便被要求达到相当高的航速（23 节）。该舰的情况和英国"强力"级类似，需要巨大的舱内空间来容纳三倍于"柏莎武"号或两倍于"查理曼"级的动力系统。不过，哪怕其动力系统的输出功率比预计数值还要高 15%，在长达两年的海试中，"圣女贞德"号的最大航速也只达到了 21.8 节——比预想数据少 1 节多。该舰的作战半径倒是比同时期的同类舰船多出一倍，但实施远洋航行时的经济性依然不足。因此，舰上全部 36 台锅炉后来很快被 48 台另一型号的锅

相较此前的巡洋舰尺寸，法国海军的"圣女贞德"号明显进行了一次扩大。这样做主要是为了获得高航速，但对于如此大的舰体来说，舰上的武器装备反而略显薄弱。本图摄于该舰服役初期，图中还能看到法军装备的多艘战列舰和巡洋舰
（作者个人收藏）

舰政合格证 60 号

炉取代：新的锅炉分别位于两组共四段锅炉舱内，每组共用三座烟囱，烟囱分别位于发动机舱的前后两端。上述布置方式来源于法国早年建造的"吉尚"号，并在该国后续的多艘大型巡洋舰上得到应用。此外，"圣女贞德"号回归了"杜佩·德·洛美"号所采用的三轴推进系统，这一点也会在法国的大型巡洋舰上得到延续。

　　和"杜佩·德·洛美"号一样，"圣女贞德"号的装甲也向上延伸到了整个艏楼。不过，设在前部烟囱之后的装甲，还是只延伸到了主甲板的高度。位于主装甲带之上的侧舷装甲，其任何一处的厚度均为 3.1 英寸；主装甲带在舰舯部位的厚度为 5.9 英寸（装甲是由哈维镍钢制成，这也是法国海军首次使用此类装甲钢），并在延伸至艏艉后变得更薄。甲板装甲的厚度在中部水平部位为 1.8 英寸，两舷的斜装甲板厚度在舯部增至 2.2 英寸，艏艉部位依然保持 1.8 英寸厚度。此外，甲板装甲的上一层同样设有防弹甲板，它和装甲甲板一起将主装甲带封闭在中间位置；同时，主装甲带的后部，具体是两层甲板装甲的夹层之内还设有中空隔舱。之所以采用这样的中空设计，是为了确保舰体在受损时也能像救生筏那样提供额外的浮力。在柏坦设计或受其启发而设计的大型舰船中，往往都可以看到中空隔舱或类似部位。

　　该舰的武器包括艏艉各 1 门单装 45 倍径 7.6 英寸炮；侧舷布置有 14 门 45 倍径 5.5 英寸炮，其中 8 门位于上层甲板炮郭内，6 门位于艏楼甲板上（由炮盾提供防护）。相较当时英国舰船将副炮安装在主甲板炮郭内的做法，这样的副炮布置方式更便于战时指挥。不过，从另一方面看，该舰也因为搭载的武器数量过少而饱受批评，特别是相比"德·昂特勒卡斯托"号：尽管前者的尺寸增大 30%，但武器装备上仅增加了 2 门 5.5 英寸炮。这一点倒是和当时其他的多数超大型巡洋舰相似——以削减武器配置的方式，来达到更高航速。

　　经历漫长的海试后，"圣女贞德"号最终于 1903 年服役。该舰于 4 月搭载法国

"朱利恩·德·拉格拉维埃"号在设计阶段被设想为"德·昂特勒卡斯托"级的缩小版，主要用于海外部署。不过，该舰最终为法国新一代装甲巡洋舰的设计奠定了基础（作者个人收藏）

总统卢贝（Loubet）访问阿尔及尔；之后在 6 月 1 日前往北方分舰队，取代"布吕克斯"号成为旗舰，负责指挥包括"吉尚"号、"杜佩·德·洛美"号在内的多艘巡洋舰。1906 年 7 月，该舰被调到地中海舰队担任游击舰队旗舰，直至 1908 年被"儒勒·费里"号（Jules Ferry）取代。此时，"圣女贞德"号返回北方分舰队，加入了"马赛曲"号（Marseillaise，旗舰）、"圭顿"号所属的第二分队，最终在次年退役。后来，该舰在 1912 年被再次启用，以替代运输舰"杜居 - 特鲁因"号（Duguay-Trouin，前"东京"号，1878），担任海军见习军官训练舰。截至 1914 年，"圣女贞德"号的职责没有再发生改变。

装甲巡洋舰建造计划

在 1897 年的建造计划中，有人曾提出增加一艘以"德·昂特勒卡斯托"号为基础的缩小版军舰，但遭到海军建造委员会否决。该委员会认为，装甲巡洋舰才是海军未来需要的舰船。不过，这个缩小版军舰的方案得到了众议院支持，因此最终被建成一艘排水量为 5595 吨的远洋防护巡洋舰"朱利恩·德·拉格拉维埃"号［Jurien de la Gravière（1899）］。从外观上看，该舰很像缩小版的"吉尚"号；但实际上两者在诸多方面差别明显，前者完全可以被看作法国下一代装甲巡洋舰的鼻祖。法国海军原本计划建造第二艘该级军舰，但最终未获批准。

海军建造委员会希望得到的装甲巡洋舰最终被纳入了 1898 年的军舰建造计划。最初准备建造两艘，后来增至四艘，所需经费均通过削减部分战列舰的建造获得。其中，有三艘军舰［最初打算建造四艘，即后来的"克莱贝"级（Kléber-class）］被计划用于海外基地的部署（但海军建造委员会完全反对这样做，声称根本不需要建造该用途的舰船）；而另外三艘军舰［最初打算建造两艘，即后来的"圭顿"级（Gueydon-class）］是通用型巡洋舰，就本质而言可视其为缩小版的"圣女贞德"号。1898 年 6 月，罗克洛再度担任海军部长一职后，通用型巡洋舰的建造数量又增加五艘［即后来的"光荣"级（Gloire-class）］。其中三艘被放入 1897—1898 年的建造计划，另两艘被放入 1898—1899 年的建造计划。该级舰的设计工作同样由柏坦负责。此外，"圭顿"级的舰型也被 1900 年获准建造的"祖国"级战列舰（Patrie-class）[1]采用。

时任海军部长罗克洛的导师，也是当时著名的海军战略理论家厄涅斯特·弗朗索瓦·富尼耶（Ernest François Fournier，1842—1932 年）海军上将认为，这批新型巡洋舰在得到鱼雷舰艇支援的情况下，应当完成现代海军作战中可能出现的任何一类关键任务。因此，它们需要相应能力，执行攻击敌方舰队、侦察、远洋破交和部署到海外基地等任务。在富尼耶看来，法国海军需要 117 艘上述巡洋舰和大约 300 艘鱼雷艇，才能满足自身需求。

对于大型巡洋舰的另外一种职能，法军也在 1893 年进行过详细的研究讨论。当时，海军造舰研究院（Institute of Naval Architects）的萨缪尔·朗恩（Samuel Long，1840—1893 年）少将在一篇论文中，第一次用"战列巡洋舰"一词来描述那些具有高航速、高航程和高适航性，并且可以在保护海上交通线的行动中支援二等和三等巡洋舰的大型巡洋舰。[82]装甲巡洋舰具有的多种用途，将在之后 20 年的讨论里成为相当重要的议题。

---

① 译者注：通常根据其姊妹舰的舰名，被称作"共和国"级（République-class）。

"圭顿"级巡洋舰

在法国的装甲巡洋舰建造计划中，率先开工的是"圭顿"级。该级舰基本延续了"圣女贞德"号的侧舷主装甲带和甲板装甲布置方式，不过装甲并未完全延伸至舰艉，而是采用横向的装甲隔舱壁加以封闭；同时，侧舷装甲在舰艏只延伸至上层甲板高度。在主炮配置上，"圭顿"级和"圣女贞德"号相同，不过后者安装在艏楼上的 5.5 英寸炮被更换为 4 门 3.9 英寸炮；此外，艏楼几乎一直延伸到了舰艉，这导致位于舰艉的主炮也被提升一层甲板的高度。与此同时，该级舰增设了 4 门 47 毫米炮，将其安装在主甲板的舰艉 6.5 英寸副炮炮郭上方的甲板舷台内；不过舰艉的 2 门副炮在军舰航行时几乎无法使用。舰上其余的火炮均位于上层建筑内。

最早完工的是"蒙特卡姆"号（Montcalm）。该舰于 1902 年 3 月正式服役，后于 1903 年被部署至远东，随行舰船包括"德·昂特勒卡斯托"号、防护巡洋舰"毕若"号［Bugeaud（1893）］和"帕斯卡尔"号［Pascal（1895）］。1906 年，"蒙特卡姆"号因螺旋桨受损返回本土。被划入预备役一段时间后，该舰于 1910 年在"阿尔及尔"号［Alger（1889）］防护巡洋舰的陪同下，再次前往远东至次年春。后来，该舰于 1913 年 1 月被部署至西贡，到 1914 年 8 月仍未前往其他地区。

"圭顿"号经历了将近两年的海试，在 1903 年 9 月服役。之后，该舰被派往远东，加入"蒙特卡姆"号所在的舰队。该级三号舰"迪佩蒂 - 图阿尔"号（Dupetit-Thouars）在 1905 年才部署就位。1906 年，"圭顿"号和"迪佩蒂 - 图阿尔"号返回本土，并在 1907 年 1 月加入北方分舰队。后来，"圭顿"号、"圣女贞德"号及"光荣"号于 1909 年 10 月被派往地中海。接着，"圭顿"号在 1910—1914 年间进入预备役，但实际被用作远洋训练舰。"迪佩蒂 - 图阿尔"号在 1911 年被划入预备役，直至一战爆发。

完工时的"光荣"号巡洋舰。该舰和此前的"圭顿"级巡洋舰主要的区别在于副炮安装方式（NHHC NH 64264）

最后的海外基地型装甲巡洋舰

就尺寸而言，"克莱贝"级巡洋舰比"圭顿"级小约20%，并且明显削减了武器配置（未配备7.6英寸炮），装甲防护性能也稍弱（主装甲带的最大厚度仅为4英寸而非5.9英寸，且最多延伸至水线部位；以横向视角看，装甲仅从舰艉延伸至主炮塔后部）。但从另一方面看，"克莱贝"级的主炮为8门45倍径6.5英寸炮（位于4座双联装炮塔内），这是法国海军新近装备的一款舰炮，也是之后所有法国装甲巡洋舰使用的副炮。4座炮塔呈菱形布置，这种主炮布置方式在法国战列舰上一直延续到了1893年开工的"布威"级（Bouvet-class）。此外，"克莱贝"级安装了比"圭顿"级的军用桅杆更轻更小的直杆式桅杆。

"克莱贝"级的后两艘，即"杜普莱克斯"号（Dupleix）和"德赛"号（Desaix）也在1899年年初相继开工，但两舰安装的是尼克劳塞式而非贝尔维尔式水管锅炉。安装尼克劳塞式锅炉的舰船经常会出现故障，"杜普莱克斯"号在1904年服役后表现得尤其明显，因此很快被划入预备役长达五年。1910—1914年间，该舰在远东服役时也出现诸多故障，第一次世界大战期间服役于东非也是如此。

"克莱贝"号在下水时几乎已经完工（甚至有多台锅炉能够正常运行），这也是建造该舰的造船厂所保持的一个传统。当时人们普遍认为，该舰在六天内就能开始海试。然而，"克莱贝"号在下水期间舰底意外受损，因此被迫入坞接受三个多月的维修。此外，该舰在海试中也暴露出诸多问题，直至1904年7月才真正服役。

尽管是为了部署到远洋基地而设计，但该级舰最初都是在本土舰队服役，"德赛"号在和平时期甚至没有部署到海外一次。"克莱贝"号曾于1906—1907年和1911—1912年间分别被部署到西印度群岛和远东地区。需要指出的是，该级舰的武器配置被认为弱于其他国家的同类舰船，同时设计建造两种装甲巡洋舰的做法也招致大量质疑。因此，法国后来决定只建造类似于"圭顿"级的重型通用装甲巡洋舰。

"光荣"级巡洋舰

在原先的计划中，"光荣"级的设计和"圭顿"级完全相同。但在1898年，海军决定对该级舰后三艘的设计方案加以修改，相关舰船便是"光荣"号、"孔代"号

"杜普莱克斯"号是法国最后一艘为海外部署而专门建造的装甲巡洋舰（**作者个人收藏**）

（Condé）和"叙利"号（Sully）。在"圭顿"级的基础上，"光荣"级将舯部的四门6.5英寸炮挪到了艏楼甲板的炮塔内，同时将艉部舷台内的舰炮挪到下层的主甲板上。因此，尽管前四门炮的指挥效率得到提升，舰艉位置那两门炮的指挥效率却有所下降。此外，该级舰将3.9英寸炮的数量增至6门；另加装了两门47毫米炮，该口径火炮中的八门位于舯部主甲板层的炮门内。在当时，将反鱼雷艇火炮布置在较低的高度是一种常见做法，"光荣"级也是如此，这是根据火炮针对的目标（鱼雷艇）而决定的。但不幸的是，设计人员并没有意识到在这样的高度，就任何海况而言都很难进行射击；此外，火炮炮门处于打开状态时还会危及整艘舰船的安全，尤其是舰体受损向一侧倾斜时，炮门甚至不可能被完全密封。[83] 该级舰的动力系统功率相较前级舰提升900马力，但排水量也相应增加900吨。之后，两艘略有改进的"光荣"级军舰获得订单："马赛曲"号（Marseillaise）和"奥比海军上将"号（Admiral Aube）。和法国其他多级巡洋舰相同，"光荣"级各姊妹舰之间的主要区别在于上层甲板通风管的高度和形状。

该级五艘舰船中最早服役的是"马赛曲"号。该舰于1903年10月加入"圣女贞德"号和"吉尚"号所在的北方分舰队；次年被调往地中海加入"德赛克斯"号和"克莱贝"号所在的游击舰队（Light Squadron），并在1905年10月至1907年7月间担任旗舰。"孔代"号于1904年8月加入北方分舰队，之后"光荣"号和"奥比海军上将"号也加入该舰队。1905年9月，"孔代"号被调往地中海海域。1906年4月，该舰陪同美国海军"布鲁克林"号巡洋舰护送约翰·保罗·琼斯（John Paul Jones，1747—1792年）的遗体，从巴黎前往安纳波利斯下葬。

"叙利"号没有像其姊妹舰那样在本土服役，而是在加入海军后被调往远东。经历一年多的海试以及受损的螺旋桨和船舵完成修复之后，该舰才加入"蒙特卡姆"号和"圭顿"号所在的舰队。不过"叙利"号在远东的服役生涯相当短暂：1905年2月7日，其在亚龙湾意外触礁搁浅，救援人员认为该舰已无法获救，因此仅拆除了舰上的武器和其他设备；之后，该舰舰体在秋季的一场台风中被彻底折断。"叙利"号于一个月后被海军除名，其残骸在1906年被出售拆解。

1905年2月7日下午15:00左右，"叙利"号在测试期间于越南下龙湾海域意外触礁。此次事故在其右舷制造了长约200英尺的破口，由于舰艏被卡在礁石上，军舰尚能保持在海面以上。"蒙特卡姆"号、"圭顿"号及其他小型舰船负责抢救舰上武器和其他设备，这项工作持续到了当年4月，且部分证据表明"沃邦"号和"欧罗巴人"号运输舰同样参与过抢救行动。虽然努力施救，但"叙利"号的舰体仍被卡在礁石上。完成武器和其他设备的拆除后，该舰在8月30日因台风受损严重；最终在9月30日的另一场台风之后，军舰舰体被折断，沉入了50英尺深的海中（**作者个人收藏**）

建成时的"浅间"号巡洋舰。该舰的设计来自智利海军"奥希金斯"级巡洋舰（**作者个人收藏**）

建成时的"吾妻"号巡洋舰。该舰反映出了法国对日本六六舰队计划中装甲巡洋舰这一舰种的理解（**NHHC NH 58990**）

从普利茅斯启程，准备前往日本的"岩手"号巡洋舰（**作者个人收藏**）

在斯德丁刚完工的"八云"号巡洋舰，该舰最终的海上服役生涯长达 46 年（**NHHC NH 58993**）

日本海军

1896 年，日本海军提出了包括六艘战列舰和六艘防护巡洋舰的建造计划（即"六六舰队"计划）。然而，俄罗斯对其太平洋舰队的扩充，使日本非常担心六艘战列舰是否能够应对相应的威胁。此外，当时日本的海军经费并不允许增加战列舰的数量。于是，原先"六六舰队"计划中包含的巡洋舰，被升级为战斗力更强且能跟随舰队进行线列作战的装甲巡洋舰。从此，除了远洋破交、舰队侦察和海外部署，大型巡洋舰又被赋予了一种新的职能。

1897 年，日本订购第一批五艘巡洋舰（两艘被编入第一次海军扩张案，另三艘被编入第二次扩张案），并在 1898 年订购最后一艘。[84] 这些巡洋舰分别由三家造船厂建造——英国阿姆斯特朗造船厂、法国卢瓦尔舰船制造厂和德国伏尔铿造船厂——不过各舰的武器装备和总体技术指标都基于阿姆斯特朗方面的设计方案。最早的两艘巡洋舰，即"浅间"号（Asama）和"常磐"号（Tokiwa）在谈判期间就已经于 1896 年 6 月开工，并在仅仅一年后正式出售给日本：当时这两艘军舰才开工 8 个月和 6 个月。[85]

两舰的设计方案主要基于智利海军的"奥希金斯"号发展而来，但强化了军舰的装甲防护，于 1896 年 8 月正式定型。和"奥希金斯"号相比，新方案的排水量增加大约 1000 吨，并采用圆筒锅炉和双联装 8 英寸主炮；6 英寸炮的数量也增加四门，位于舯舭端的副炮被布置在双层甲板舷台处，另有四门 6 英寸炮被挪到上层甲板的开放式炮位。两舰均于 1899 年春完工，和六六舰队计划中其他巡洋舰一样，这两艘军舰也经历了漫长的服役生涯。[86] 在服役早期，"浅间"号还被用作天皇在年度阅舰式上乘坐的御召舰。

"浅间"级的设计为其他国家随后建造日本所购买的巡洋舰定下了技术指标，因此，各国造船厂的设计仅在细节上有所区别。阿姆斯特朗分别在 1897 年 9 月和 1898 年 7 月收到之后两艘巡洋舰"出云"号（Izumo）和"岩手"号（Iwate）的订单。和"浅间"号相比，这两艘军舰的不同之处包括采用水管锅炉（因此拥有三座烟囱）、略微不同的舰体尺寸、削减一具鱼雷发射管以及不同的装甲防护布置；此外，军舰主装甲带在舯部的厚度均为 7 英寸（而没有在动力系统舱室部位将厚度缩减为 5 英寸），并延伸至舰艉。两舰分别在 1900—1901 年间的秋季和冬季完工。

法国和德国建造的"吾妻"号（Azuma）、"八云"号（Yakumo）与英国所建军舰的最大不同就是副炮数量变为 12 门，同时采用后两艘英制舰船已经安装的克虏伯装甲。相较"八云"号，"吾妻"号的舰体更长[87]，但在实际服役时其航速反而低 1 节，且军舰主装甲带和上层装甲带所覆盖的舰体更短。由于舰上前后锅炉舱之间的舱室布置不同，两舰可以根据 2 号和 3 号烟囱的间距轻松进行区分。此外，就开工顺序而言，"八云"号在全部六艘巡洋舰中排名第五；但其在 1900 年 10 月 30 日抵达日本，就这一顺序而言排名第三。

回归侧舷装甲的英国巡洋舰

正如前文所述，英国在 19 世纪 90 年代初认为，巡洋舰并不需要战列舰那样的防护性能，因此只需为前者布置装甲甲板。不过到 1897 年，得益于装甲制造技术的发展，6 英寸厚装甲具有的防护力相比几年前提升了近一倍。如今，6 英寸厚克虏伯渗碳钢装甲具有的防护力已经和 7.5 英寸厚哈维镍钢装甲相当，或相当于 12 英寸厚钢装甲、13 英寸厚复合装甲及 15 英寸厚锻铁装甲中的任意一种。与此同时，随着舰炮和炮弹的发展，仅通过甲板装甲获得防护的军舰已不再适用。在上述两点共同影响下，英国未来的大型巡洋舰会像"奥兰多"级一样拥有侧舷装甲。

新型装甲的出现使英国开始考虑以大型巡洋舰取代部分战列舰，因为此时大型巡洋舰有望在装甲防护上达到战列舰的水平，同时将舰体尺寸和造价维持在合理限度。于是，怀特提出现在有可能造出一种"在不需要承担巨大风险的情况下与敌方舰船近距战斗"的巡洋舰，用其组建战列舰队的快速反应部队。这种军舰很可能是

英国海军"老人星"级战列舰中的"复仇"号。该级舰还处于设计阶段时，其主要用途就被确定为部署到海外基地，但还是被定级为一等战列舰。"老人星"级的主装甲带厚度和同时期的"克雷西"级巡洋舰相同（NHHC NH 52622）

受到了"加里波第"级巡洋舰的启发，毕竟后者的武器和装甲配置正是为了解决意大利海军的经费不足以建造战列舰的问题。从另一方面看，除了"能够执行一等巡洋舰出现后，该型军舰在配属舰队（海峡舰队和地中海舰队）时需要执行的所有任务"和"能够配合战列舰战斗"，这些新型巡洋舰也被要求独立执行任务，"在需要的时候执行保护海上交通线和航运的任务"。

根据这些需求，1897—1898年建造计划中的巡洋舰设计方案很快得以确定，并被送到海军委员会。该型军舰的主装甲带厚度与一年前建造的"老人星"级战列舰相同：舯部为6英寸，在舰艏降至2英寸。同时，在军舰设计方案中，中央装甲堡采用的是和"老人星"级一样的双层装甲甲板，下层为1.5英寸厚穹甲（"老人星"级的厚度为2英寸），主甲板则为1英寸厚装甲（和"老人星"级一样）。[88] 值得一提的是，尽管"老人星"号及其五艘姊妹舰被定级为一等战列舰，但无论是它们在设计阶段被确定的用途，即长期部署于远东殖民地，就像一种低配高速版的"威严"级战列舰；还是"老人星"级与前文所述新型巡洋舰存在的共同点，从本质上讲，前者都可以被视作类似于"大胆"级铁甲舰或之后"百夫长"级战列舰那样的"准装甲巡洋舰"。

新巡洋舰，即后来的六艘"克雷西"级（Cressy-class）被列入1897—1898年的建造计划。尽管在外形上和"桂冠"级相似，但"克雷西"级的排水量增加了1000吨，其中有50%用于布置装甲。由于舯舰安装了2门新的Mk X型46.7倍径9.2英寸主炮，军舰的攻击力得到极大增强；此外，总共12门6英寸副炮（同样更新了型号，为Mk VII型45倍径炮）采用在舯部混合布置的方式，位于多个单层和双层炮郭内。

"克雷西"级的动力系统也是"桂冠"级的升级版本。该级舰的设计最大航速为21节，略低于其主要对手"圣女贞德"号（英方认为该舰的最大航速为23节，但实际数据为21.8节）。不过，后者不可能长时间保持如此高的航速；而且法国巡洋舰如果能在加力送风的情况下达到23节，那么"克雷西"级同样做得到。

"克雷西"级巡洋舰中的五艘在1901—1902年间进入现役，其中首舰"克雷西"号很快被派往远东，其余各舰分别被部署至地中海舰队和海峡舰队。唯一的例外是"欧律阿勒斯"号（Euryalus）：尽管该舰的下水时间只比"酒神祭司"号（Bacchante）晚三个月，但不久后遭遇意外事故[89]，直至1904年年初才最终完工。之后，该舰被

完工时的"克雷西"号依然采用本图所示维多利亚时代的涂装。但不久之后，这种涂装就在1902年被弃用（NHHC NH 61848）

部署到澳大利亚担任舰队旗舰。

在"克雷西"级建造期间，维克斯兵工厂向海军部提出，可以根据该级舰船，对此前的"强力"级和"桂冠"级巡洋舰实施相应的改造，即增加舯部厚度为 4 英寸、舰艏部分厚度为 2 英寸的侧舷主装甲带，在舰艉由 4 英寸厚横向装甲隔舱壁加以封闭；同时，可以选择将"桂冠"级舰艉的双联装 6 英寸炮升级为单装 7.5 英寸炮。不过，这项提议遭到海军部的否决，因为他们担心增加装甲所带来的额外重量会减少主甲板舷台到水线的距离，还会导致航速下降，而且这种做法的性价比并不高。

《德意志帝国海军法》

在海军大臣阿尔弗雷德·冯·提尔皮兹（Alfred von Tirpitz，1849—1930 年）海军上将的大力支持下，德国在 1898 年 4 月 10 日通过《海军法》，首度以立法形式规定德国海军所要达到的规模。对于当时存在的大型巡洋舰，该法律规定了以现存的 10 艘该类型军舰为基础（"威廉国王"号、"皇帝"级、"俾斯麦亲王"号、"奥古斯塔女皇"号和"维多利亚·露易丝"级均被定级为大型巡洋舰）；同时规定各舰的使用寿命为获准建造起 20 年，之后可以用新舰取代相应旧舰。此外，该法律将大型巡洋舰的数量确定为 12 艘，其中 6 艘作为本土舰队的前哨舰船，3 艘用于远洋基地部署，剩下 3 艘作为后备舰船。

因此，根据《海军法》，德国海军总共可以获得五艘新的大型巡洋舰——三艘用于替换已经超龄服役的舰船（此前的铁甲舰），另外两艘用于补足舰队的规模。按照德国海军的传统（即舰船下水前不会公布其真正的舰名），最先开工的三艘被临时授予"威廉国王代舰""皇帝代舰"和"德意志代舰"的名称，而新增的两艘被称为"大型巡洋舰 A"和"大型巡洋舰 B"。

"大型巡洋舰 A"［后被命名为"海因里希亲王"号（Prinz Heinrich）］是新增的两艘大型巡洋舰中的第一艘。出于经济方面的考虑，该舰排水量相比"俾斯麦亲王"号减少 17%，主炮数量被削减一半，副炮也被削减两门。另外，由于设计时主要考虑的是在本土服役，该舰舰底并未接受覆铜处理。因此，就其在舰队中履行的职能以

"海因里希亲王"号是德国日后所有装甲巡洋舰的设计蓝本，同时该舰的装甲布置形式也被之后的战列舰采用（**作者个人收藏**）

及武器配置等方面的性能而言，"海因里希亲王"号与同时期英国的"克雷西"级、法国的"奥比海军上将"级或俄国的"巴扬"号（Bayan）属于同一类舰船。

"海因里希亲王"号体现了自"俾斯麦亲王"号以来德国取得的巨大技术进步，但对该国来说更重要的是，这艘新的巡洋舰不仅在许多方面为下一代装甲巡洋舰的设计奠定了基础，甚至有资格被视作主力舰的设计模板——该舰的装甲布置样式就被后来的"维特斯巴赫"级［Wittelsbach-class（1900—1901）］战列舰采用。此外，考虑到新型装甲可以在减少厚度的同时获得更高强度，"俾斯麦亲王"号所用狭窄的主装甲带被中央装甲堡式的装甲布置取代，从而大大增加了装甲防护区域覆盖的面积。

该舰的副炮被集中布置在舯部侧舷的四座炮塔和六座舷台炮位处。这种设计不仅能让所有5.9英寸副炮获得装甲防护，对于副炮的弹药库和供弹通道来说也是如此。军舰的水下舰体构型有所更改，尤其是舰艉部位。该舰的上层甲板相较"俾斯麦亲王"号更加简洁，并用直杆式桅杆取代了军用桅杆。

"海因里希亲王"号的服役生涯均在本土度过，不过该舰算得上一线的服役经历只有短短几年。其在1908—1912年间被用作炮术训练舰，后于1912年退役，相应职能被新的"阿达尔贝特亲王"号（Prinz Adalbert）接替。第一次世界大战爆发前，"海因里希亲王"号一直保持着退役状态。

从1900年的建造计划算起，德国每年都会订购一艘新的大型巡洋舰。第一艘就是前文所述的"大型巡洋舰B"（后定名为"阿达尔贝特亲王"号），第二艘则是在1901年获得订单的"威廉国王代舰"［后定名为"腓特烈·卡尔"号（Friedrich Carl）］。两舰基本保持"海因里希亲王"号的设计，最主要的变化是进一步加强装甲

"腓特烈·卡尔"号巡洋舰，该舰在服役期间基本都被用作鱼雷测试舰（**作者个人收藏**）

正通过基尔运河的“罗恩”号大型巡洋舰（**作者个人收藏**）

防护，并将艏艉的单装 9.4 英寸主炮更换为双联装 40 倍径 8.2 英寸主炮。“阿达尔贝特亲王”号还存在一处明显不同——拥有三座烟囱，而“海因里希亲王”号仅有两座。此外，该舰依然使用军用桅杆。

尽管“腓特烈·卡尔”号在下水仅 18 个月后便服役，其姊妹舰却因为等待基尔的船坞而延误工期，从下水到最终完工也经历了两年半时间。两舰在一战前基本都被用作训练舰和测试舰——“阿达尔贝特亲王”号甚至在 1914 年 8 月前都没有参加过舰队行动。

1898 年《海军法》存在的一个漏洞便是，一旦海军达到《舰队法》规定的规模且超龄舰船已得到替换，就会导致德国造船工业陷入低迷：德国海军在 19 世纪 70 年代到 19 世纪 80 年代初的发展，将导致 1905—1912 年间本国造船工业不会获得新的主力舰建造订单；之后又需要在 5 年内建造多达 12 艘舰船来填补空缺。如此剧烈的波动显然不利于造船工业的可持续发展，实际实施起来也非常困难。因此，德国在 1900 年 6 月 14 日通过第二版《海军法》，对海军规模进行了扩充，尤其是将大型巡洋舰的数量增至 14 艘（8 艘用于本土舰队，3 艘用于远洋部署，3 艘用于储备）。如此一来，造船厂需要新建两艘大型巡洋舰，即“大型巡洋舰 C”和“大型巡洋舰 D”。

与此同时，1902—1903 年间的建造计划还包括“皇帝代舰”[即后来的“罗恩”号（Roon）]和“德意志代舰”[即后来的“约克”号（Yorck）]。相较“海因里希亲王”号或“阿达尔贝特亲王”号的设计方案，这两艘新军舰的变化之处主要是适当延长舰体，在舯部增加 2 台锅炉（烟囱数量也相应增至 4 座），从而获得 2000 马力的额外动力，航速最终增加 0.5 节。

和前一级大巡洋舰相似，由海军船坞建造的该级首舰“罗恩”号在下水后的舾装工作中又耗费两年多时间，其姊妹舰由私人造船厂建造（开工时间甚至晚了半年），却提前半年完工。两舰均未能达到 22 节的设计最大航速，因为它们舰体的长宽比后来被发现并不适合高速航行，不过这主要是受威廉港的船坞尺寸所限。

美西战争

19世纪90年代，美国和西班牙的外交关系逐渐恶化，尤其在西班牙最后一块美洲殖民地古巴的问题上。古巴当地的独立运动最终在1895年演变为武装起义，而西班牙人对此事的处理方式极大地激怒了美国人，当地的军事冲突也严重影响到美国的商业利益。因此，"缅因"号于1898年1月25日被部署到哈瓦那湾，以保护美国的利益。但该舰因为弹药库意外爆炸而在2月15日沉没，这意味着美西两国通过外交解决争议的尝试彻底失败。当时，美国的官方调查报告将该舰的沉没归咎于水雷——不过后来的研究表明，导致该舰爆炸的最有可能的原因是载煤舱失火[90]。之后发生的一系列事件致使美国就古巴的独立问题向西班牙传达最后通牒。西班牙则于4月23日正式向美国宣战。

在太平洋地区，位于菲律宾马尼拉的西班牙舰队在5月1日的马尼拉湾海战中被完全摧毁，随后美国海军对马尼拉实施封锁。这也导致了国际局势上的一次短暂危机，因为不久之后一支由德国指挥官率领的多国舰队（包括"皇帝"号、"不朽"号和"布吕克斯"号）便抵达当地，保护各国的利益，并拒绝美国海军登舰的要求。不过，马尼拉最终在8月13日被美国登陆部队占领；关岛也在此前的6月21日，由"查尔斯顿"号［Charleston（1888）］巡洋舰占领。

在大西洋战场，西班牙海军向美国的东海岸派出一支包括"玛利亚·特蕾莎公主"号装甲巡洋舰（旗舰）、"奥肯多海军上将"号、"维斯坎亚"号和"克里斯托·哥伦布"

右图：1898年2月15日，摄于哈瓦那港的"缅因"号残骸。该舰的意外爆炸沉没导致了后来的美西战争（**NHHC UA 477.26**）

下两图：1898年4月，摄于弗得角的"克里斯托·哥伦布"号和"维斯坎亚"号巡洋舰。两舰将于4月29日驶向西印度群岛（**NHHC NH 88613**）

号（该舰此时仍未安装主炮，因此舰上搭载的最重型舰炮是 6 英寸副炮），以及另外三艘驱逐舰"冥王星"号［Pluton（1897）］、"恐惧"号（Terror）和"愤怒"号［Furor（1896）］。因为担心这支西班牙舰队攻击美国的沿海城市，美军舰队被一分为二。其一是由"布鲁克林"号巡洋舰担任旗舰的游击舰队，下辖两艘战列舰"德克萨斯"号（Texas）和"马萨诸塞"号［Massachusetts（1893）］。其二则是由"纽约"号担任旗舰的北大西洋舰队，下辖有浅水重炮舰"清教徒"号［Puritan（1882）］和"恐惧"号［Terror（1883）］，不过两舰更多是用来凑数。值得一提的是，该舰队中的"纽约"号、"清教徒"号和"辛辛那提"号［Cincinatti（1892）］防护巡洋舰在 4 月 27 日向哈瓦那港以东的马坦萨斯（Matanzas）的西班牙工事实施炮击，从而打响了这场战争的第一炮。截至 5 月 12 日，该舰队辖有"纽约"号巡洋舰、"恐惧"号浅水重炮舰、"衣阿华"号［Iowa（1896）］和"印第安纳"号［Indiana（1893）］战列舰、"安菲特里忒"号［Amphitrite（1883）］浅水重炮舰、"底特律"号［Detroit（1891）］无防护巡洋舰及 1 艘鱼雷艇、1 艘拖船和 1 艘运煤船，并且已对波多黎各的圣胡安实施炮击。

　　西班牙的巡洋舰编队（"恐惧"号在尝试突破美军封锁期间受损，因此停泊于波多黎各）成功绕过美国海军，于 5 月 19 日抵达古巴圣地亚哥港，并与当地的"梅赛德斯王后"号［Reina Mercedes（1887）］无防护巡洋舰汇合，后者当时因锅炉损坏已基本丧失航行能力。6 月 1 日，美国北大西洋舰队和游击舰队汇合，并在"纽约"号的带领下对圣地亚哥实施封锁。6 月 3 日，美军曾尝试在出港主航道凿沉"梅里马克"号［Merrimac（1894）］运煤船，从而封锁该港口，但该舰尚未抵达预定位置便被岸防炮台重创并丧失航行能力；在"梅赛德斯王后"号、"维斯坎亚"号和"冥王星"号的集中攻击下，"梅里马克"最终在远离航道的水域沉没。之后，美方舰队对圣地亚哥及周边地区展开持续的炮击。6 月 6 日，"维斯坎亚"号、"梅赛德斯王后"号和"愤怒"号均被美舰炮火命中。7 月 1 日，"纽约"号曾短暂离开封锁线，前往圣地亚哥东南方向的阿瓜多雷斯（Aguadores）河口实施炮击，以转移西班牙军队的注意力，从而支援陆上的行动，但并未获得成功。随后"纽约"号返回封锁线。

　　与此同时，西班牙人也意识到己方的舰船不能继续困守圣地亚哥港，因为此时美国的地面部队正逐渐向港口挺进（尽管他们受到了疾病的影响）。于是，西班牙舰队被要求实施突围。突围计划预计在 7 月 3 日 9:00 开始，唯一不执行计划的例外是"梅赛德斯王后"号，因为该舰的锅炉已经无法修复。[91] 西班牙舰队于 8:45 实施行动，凑巧的是在不久之后，"纽约"号和"艾瑞克森"号［Ericsson（1894）］鱼雷艇却离开封锁阵位，以护送舰队司令参加与地面部队高层举行的战场会议。因此，封锁线的最西端产生了一个缺口。此外，"马萨诸塞"号战列舰及防护巡洋舰"纽瓦克"号［Newark（1888）］、"新奥尔良"号［New Orleans（1896）］也在当日清晨离开以补充燃煤。于是，当时美国舰队的旗舰由"布鲁克林"号担任，舰队辖有"德克萨斯"号、"印第安纳"号、"俄勒冈"号［Oregon（1893）］和"衣阿华"号战列舰，以及"雌狐"号［Vixen（1896）］和"格罗斯特"号［Gloucester（1891）］炮舰。

　　"布鲁克林"号于 9:35 首次发现突围的西班牙舰艇，后者在 9:45 已突围离开圣地亚哥海湾，领舰为"玛利亚·特蕾莎"号，紧随其后的依次是"维斯坎亚"号、"哥伦布"号、"奥肯多海军上将"号、"愤怒"号和"冥王星"号。"衣阿华"号战列

舰率先开火，西班牙岸防炮兵随即开火还击，掩护舰队撤离，但西班牙舰队的航速因"维斯坎亚"号舰底的附着物和低质量燃煤而受到拖累。不过，就另一方面而言，"布鲁克林"号的蒸汽机当时处于巡航速度模式，且根本没有时间连接舰上的蒸汽辅机（甚至没有足够的蒸汽来驱动它们），导致该舰的最大航速仅为 17 节。只有"俄勒冈"号战列舰的全部锅炉蒸汽充足，因此该舰反而成为美国舰队中速度最快的一艘舰船。此外，由于动力系统出现故障，"印第安纳"号的最大航速仅为 9 节。

美军舰队当时还实施了错误的机动，导致"布鲁克林"号和"德克萨斯"号险些相撞并互相遮挡射界。不过很快，"玛利亚·特蕾莎"号便被"衣阿华"号发射的 2 枚 12 英寸炮弹直接命中，当然后者也被"哥伦布"号发射的 2 枚 6 英寸炮弹命中，其中 1 枚命中水线部位并导致该舰航速下降。因此，"衣阿华"号只得尾随西班牙的巡洋舰编队，并将目标转向编队最后方的"奥肯多海军上将"号。为了保护舰队中的大多数舰船，西班牙舰队司令命令舰队转向西南，而自己率领"玛利亚·特蕾莎"号直接与"布鲁克林"号展开激战，以这种方式提供掩护。后者尽管被炮弹命中超过 20 次，但仅有 2 人伤亡；"玛利亚·特蕾莎"号则遭受重创，舰桥受损并燃起大火，最终于 10:20 在古巴岛岸边抢滩搁浅。

在剩下的西班牙舰艇中，"艾肯多"号不仅被"衣阿华"号战列舰重创，该舰自身的一门 5.5 英寸炮还意外炸膛，导致所有操作人员死亡。之后，这艘军舰的鱼雷舱燃起大火且锅炉舱发生爆炸。最终，"艾肯多"号不得不脱离舰队，并于 10:30 抢滩搁浅在圣地亚哥以西 7 海里、距离海岸线大约 500 码①处。

"维斯坎亚"号和"布鲁克林"号在近距离上展开了近一个小时之久的激烈交火，但由于前者所发射弹药的质量问题，后者仅有一门 5 英寸舰炮被毁——事后估计，西班牙舰艇发射的炮弹中有大约 85% 是哑弹。西班牙海军的舰炮也存在许多问题，除去"奥肯多"号上发生的炸膛事故，许多舰炮还在此战中暴露出漏气和卡膛等各种故障。"维斯坎亚"号的结局相当悲惨，总共有来自"布鲁克林"号和"德克萨斯"号的 200 余发炮弹命中该舰，最终有 1 枚 8 英寸炮弹直接引爆舰上弹药库中的战雷头。随后，"维斯坎亚"号降旗投降并自行抢滩，于 11:06 搁浅，该舰舰员被"衣阿华"号所救。

① 编者注：为准确表达数据，中文版保留了原书的英制单位。1 码 =0.9144 米，500 码 =457.2 米。下文出现该单位时，读者可自行换算。

左上图："奥肯多海军上将"号的残骸。该舰同其姊妹舰一样，在遭受重创后主动抢滩搁浅（作者个人收藏）

右上图："克里斯托·哥伦布"号巡洋舰翻沉后的残骸（NHHC NH 72711）

西班牙的两艘驱逐舰则接连受到"格罗斯特"号、"衣阿华"号和"印第安纳"号攻击。之后，"纽约"号也加入对两舰的追击；该舰在观察到圣地亚哥湾出口出现烟雾后，便迅速调转航向折返（但"纽约"号和"布鲁克林"号一样，动力系统处于巡航状态）。"愤怒"号最终于10:50沉没，而"冥王星"号于10:45在卡巴纳斯湾（Cabanas Bay）附近搁浅。至此，西班牙舰队中唯一幸存的便是"哥伦布"号巡洋舰，且美方只有"俄勒冈"号战列舰在航速上能够与其保持接触，并将前者限制在沿岸海域。直到"哥伦布"号因舰上装载的威尔士燃煤耗尽，不得不开始使用低质量燃料；加上海岸线出现变化，"俄勒冈"号终于能将前者纳入自己的射程内。美舰立即向敌舰开火，自知无法逃离后，后者转而驶向塔奎诺河口（Rio Tarquino）并打开通海阀，在13:20搁浅。"俄勒冈"号的舰员曾尝试俘获该舰，但此时这艘军舰已严重进水。涨潮后，"纽约"号也曾尝试在"哥伦布"号再度浮起时将其拖曳至岸边，但后者突然向左舷倾斜，随即翻沉，只剩右舷的部分副炮还露出海面。

在这场战役的最后阶段，由于美军即将发起进攻，奥匈帝国部署在西印度群岛的"玛利亚·特蕾西亚女皇"号在德国要求下，来到圣地亚哥试图撤离被困在港内的中立国国民。但该舰被"印第安纳"号战列舰误认为西班牙舰船而遭到攻击，最终侥幸逃脱。不过，该舰在第二天进入港内，并成功将当地的德国和奥匈帝国国民转移至牙买加。之后，"玛利亚·特蕾西亚"号继续在西印度群岛服役，到年底才返回亚得里亚海。

战后，美军对参与这场战役的西班牙巡洋舰残骸进行调查，但最终仅有"玛利亚·特蕾莎"号被认为值得展开打捞，其余各舰则继续待在原处，不过舰上的武器和设备都被捞走。[92] "伏尔甘"号［Vulcan（1884）］维修舰的船员在1898年9月成功打捞了"玛利亚·特蕾莎"号的舰体，并将其拖曳至关塔那摩进行初步维修。10月29日，这艘西班牙军舰再次由"伏尔甘"号拖曳，前往诺福克的海军造船厂接受进一步维修。但在11月1日，两舰于巴哈马群岛附近遭遇风暴，"玛利亚·特蕾莎"号在拖曳绳索断开后飘走，在卡特岛（Cat Island）附近触礁，其龙骨因此折断且最终沉没。不过，该舰及其姊妹舰上的大量5.5英寸舰炮还是被运往美国，陈列于各地以纪念这场战争。[93]

美西战争期间，西班牙其实有一批大型舰船依然留在本土，包括当时进行海试的"卡洛斯五世"号巡洋舰、在法国接受改造的"佩拉约"号［Pelayo（1887）］战列舰，以及尚未完工的"阿方索十三世"号［Alfonso XIII（1891）］防护巡洋舰。这些舰船后来被分为三支分队，第一分队由"卡洛斯五世"号担任旗舰，包括另外四艘辅助巡洋舰；第二分队包括"佩拉约"号战列舰、"阿方索十三世"号巡洋舰，以及老旧的"维托里亚"号［Vitoria（1865）］铁甲舰和另外三艘驱逐舰；第三分队辖有三艘辅助巡洋舰。最初，西班牙海军计划将这三支分队派往大西洋，其中第一分队负责袭击美国海岸，第二分队佯攻加勒比海域，第三分队则在巴西海岸实施远洋破交。

不过，由于担心英国的反应，上述计划被取消。西班牙转而准备实施这一计划：经由苏伊士运河，将"卡洛斯五世"号、"佩拉约"号、3艘驱逐舰、2艘辅助巡洋舰和6艘运输船（"阿方索十三世"号在当时被认为适航性欠佳）派往马尼拉，以击败美军大约4000人的登陆部队。该舰队在1898年6月16日离开卡迪兹，并在26日抵达塞得港。不过，由于美国已经说服英国在埃及的殖民地保持中立，该舰队在7月5—6日通过运河时并未获准补充燃煤。此时圣地亚哥战役大局已定，因为担心获胜后的美国舰队向东移动，威胁西班牙本土（当时美军确实打算让"衣阿华"号、"俄勒冈"号和"布鲁克林"号这样做），这支西班牙舰队在7月7日得到返航命令，并于11日再度通过苏伊士运河，在23日到达西班牙本土。美西战争以8月12日签署的《和平协议》告终，两国后于12月10日正式签署《巴黎和约》。

战后的影响

经历圣地亚哥海战中的毁灭性打击后，西班牙的大巡洋舰便只剩下"卡洛斯五世"号和三艘工期严重延后的"亚斯图里亚斯亲王"级。正如上文所述，后一级军舰要等到下个世纪初才进入舰队服役，并且数量很快就减至两艘。1905年上半年，"西斯内罗斯枢机主教"号执行的几乎都是护送各国王室贵族往返于西班牙的任务，其护送对象包括英国康诺特公爵访问卡迪兹港时所搭乘的"埃塞克斯"号（Essex）装甲巡洋舰、德国皇帝威廉二世访问马翁（Mahon）时随行的"腓特烈·卡尔"号和"汉堡"号［Hamburg（1903）］巡洋舰，以及访问瑟堡和朴次茅斯的西班牙皇家游艇"吉拉尔达"号［Giralda（1894）］。10月，"西斯内罗斯枢机主教"号前往加利西亚参加演习。28日，该舰从穆罗斯（Muros）前往费罗尔（Ferrol），以修理锅炉方面的故障，但在梅西多斯（Meixidos）附近触礁并翻沉。

该舰的另外两艘姊妹舰曾在1911—1912年间参与镇压西班牙殖民地摩洛哥的叛乱。"亚斯图里亚斯亲王"号还在1913年5月被派往达达尼尔海峡接替"摄政女王"号巡洋舰（下水于1906年的第二代同名舰），作为多国舰队中西班牙海军的代表，在第一次巴尔干战争期间保护本国及他国公民。

对于美国而言，美西战争完全改变了其海军的发展战略。在之后几年里，美国海军迅速扩张，获得了包括参考"纽约"号和"布鲁克林"号的成功经验而新建的一批大型巡洋舰。"布鲁克林"号在1899年年末被调往亚洲分舰队（于1902年升格为舰队）担任旗舰；"纽约"号也在次年加入该舰队。但两舰接下来的经历有所不同。

"纽约"号一直在亚洲舰队服役，后于 1905 年返回本土接受改造。而"布鲁克林"号在 1902 年返回北大西洋分舰队担任旗舰，后于 1903—1904 年间被部署至欧洲分舰队，接着前往南大西洋分舰队。1905 年 4 月 1 日，"布鲁克林"号在舰队编制完成重组后成为第二分舰队第 3 支队的旗舰，在 1906 年初还被短暂部署至地中海。之后，该舰一直服役于美国东海岸，直至 1909 年退役接受大修。

两艘"哥伦比亚"级巡洋舰分别在 1898 年和 1899 年进入预备役，后于 1902 年作为接待舰重新得到启用。"哥伦比亚"号后来在大西洋舰队一直服役到 1907 年，其姊妹舰则在 1905—1906 年间被用作特别勤务舰。接着，两舰再次被划入预备役。1915 年，"哥伦比亚"号被改造为潜艇部队旗舰，"明尼安波利斯"号也在 1917 年重新得到启用。不过，此时两舰的 8 英寸主炮已被拆除，因为人们认为这些老式火炮存在安全隐患，并为军舰安装了 6 英寸火炮。

俄罗斯的舰队型巡洋舰

俄罗斯大型巡洋舰从远洋破交舰向舰队辅助型舰艇的职能转变始于"雷霆"号，最终完成这项转变的则是 1899 年正式建造的"巴扬"号（Bayan）巡洋舰。[94] 由于 1896—1902 年间海军的快速扩充给俄罗斯造船业带来了巨大压力，俄国的许多舰船都是由外国造船厂建造——"巴扬"号巡洋舰和"皇太子"号（Tsesarevich）战列舰正是由位于法国拉塞纳的地中海冶金与造船厂负责相应事宜。俄罗斯明确提出，这艘新的大型巡洋舰在排水量上要远远超出此前的 6700 吨级巡洋舰。为此，造船厂提出一系列设计方案，最终选定的方案相较有关排水量增加了至少 1000 吨。在具体设计中，该舰取消了此前俄罗斯装甲巡洋舰都会采用布置的覆铜舰底，这表明俄罗斯已不再将此类舰船用作需要长时间实施远洋航行的破交舰。

"巴扬"号的武器包括舰艏舰艉各 1 门单装 8 英寸主炮、位于主甲板炮郭内的 8 门 6 英寸副炮，以及 20 门 75 毫米炮。就装甲防护而言，除了此前舰船从舰艏一直延伸至动力系统舱室末端的主装甲带，该舰还设有上层装甲，也就是可以为主甲板上 75 毫

刚完工的"巴扬"号巡洋舰，本图摄于法国（**作者个人收藏**）

米炮提供防护的中央炮郭。因此，该舰装甲防护区域的水线上高度较"留里克"号及其后继型号有了明显增高。该舰的水平装甲防护也沿袭法国常见的"中空"设计，即两层装甲甲板位于主装甲带所在位置的上下端，同时中央炮郭上层和艏艉舷台上部设有水平装甲。"巴扬"号于 1902 年完工，在访问地中海各国后才驶往俄罗斯，之后不久被部署到远东地区。

英国的下一代大型巡洋舰
"德雷克"级（Drake-class）巡洋舰

和英国下一代巡洋舰的潜在对手"圣女贞德"级相比，"克雷西"级巡洋舰的主要缺陷便是航速，因此，下一代英国大型巡洋舰设计方案要求军舰最大航速达到 23 节。[95] 若想在保持"克雷西"级武器布置不变的情况下达到这一要求，其动力系统的输出功率就需要达到 30000 马力——相较"克雷西"级提升 30%——这也会是英国军舰所安装的最大功率的往复式蒸汽机。为确保舰体尺寸不会过于夸张，只能为军舰安装水管锅炉①。[96] 同时，新一代巡洋舰的长度需要增加，基本达到"强力"级的水平，因此其排水量最终只比同时期的"伦敦"级［London-class（1899）］战列舰少了 6%。

至于武器装备，新巡洋舰的任务之一是追逐敌方同类舰船，因此需要配置强大的轴向火力。当时可选择的方案包括：在艏艉各安装 1 门 9.2 英寸炮（以此取代之前方案中的 8 英寸炮）；在艏艉的装甲屏障后各安装 2 门 6 英寸炮；在艏艉布置双联装 6 英寸炮（位于炮塔内），且艏艉舷台内各有 2 门 6 英寸炮。最终，安装 9.2 英寸主炮的方案被选用；此外，军舰的双层舷台内装有 16 门 6 英寸副炮及 14 门 12 磅炮，后一种火炮里有 8 门位于上层甲板，另 6 门位于艏艉炮门内。相比此前的舰船，"德

雷克"级的上层建筑显得简洁不少,并取消了小艇甲板。同时,尽管该级舰保持着自"克雷西"级(还有"老人星"级)以来的装甲布置,但其对装甲堡区域的两层装甲甲板的厚度进行了上下对调,前型舰上舰艏的横向装甲隔舱壁的厚度则被削减,以便在舰艏安装一处更厚的横向装甲。

英军在1898—1899年的建造计划中先加入了两艘"德雷克"级巡洋舰,而后在该年度的补充计划中又增加两艘(主要原因是当时英法两国爆发了法邵达危机)。[97]英军内部甚至讨论过,"德雷克"级与更小的23节型装甲巡洋舰(即后来的"蒙默思"级)应达到怎样的数量比例才合适。补充计划所包含的四艘巡洋舰原本有可能全部采用"德雷克"级的设计方案(那么该级舰的数量会达到六艘),不过最终被确定为根据两个设计方案各建两艘。在1899年开工的"德雷克"级巡洋舰有四艘[分别是"德雷克"号、"利维坦"号(Leviathan)、"好望角"号(Good Hope)和"阿尔弗雷德国王"号(King Alfred)],并在1902—1903年间陆续完工。这些军舰在服役期间大多担任舰队旗舰,当然这也和它们庞大的尺寸相称。

此外,"德雷克"级巡洋舰所属的建造计划中还包含六艘"邓肯"级(Duncan-class)"高速"战列舰,其最高航速为19节,不过主装甲带只是略微厚于"德雷克"级。该级战列舰是为了应对俄罗斯"佩列斯韦特"级战列舰而建造,当时英国认为后者的最大航速达19节(实际上仅有18节),而且这种俄罗斯军舰进一步模糊了战列舰和装甲巡洋舰之间的界限。当然,"邓肯"级倒是严格履行了作为"战列舰"的职责,该级舰在一线服役期间均被用作线列战舰。但必须指出的是,这种战列舰的装甲防护水平明显低于"伦敦"级——主装甲带厚度相较后者减少22%,并取消舰艏的横向装甲隔壁,舰艏部分的装甲厚度也减少30%,另外甲板装甲的厚度明显被削减。

"埃克斯茅斯"号战列舰。该舰属于"邓肯"级高速战列舰,专为对抗"佩列斯韦特"级战列舰而设计建造,通过牺牲装甲防护,换取了额外的1节最大航速(**作者个人收藏**)

"蒙默思"级（Monmouth-class）巡洋舰 [98]

在设计"德雷克"级巡洋舰的同时，英国海军也考虑了一种航速相同且排水量在 7700 吨至 9750 吨之间的巡洋舰。正如"德雷克"级的设计目标是对抗"圣女贞德"号，作为其缩小版本的"蒙默思"级则是用于对抗"雷诺堡"号、"吉尚"号，以及"朱利恩·德·拉格拉维埃"号这种拥有实施远洋破交战潜力的巡洋舰。当时英军担心其他国家也在建造 23 节型巡洋舰，此外这类舰船能够用于反制航速为 21 节的"克莱贝"级。另外，"克莱贝"级的 8 门 6.5 英寸主炮为英舰的设计提供了另一项基准指标。

其中尺寸最大的一种设计方案将军舰主要用途设定为保护远洋交通线，相应的最初几艘舰艇分别被放入 1898—1899 年补充建造计划和 1899—1900 年建造计划。该型军舰在 14 门 6 英寸副炮的布置上和此前的英国巡洋舰相同：大多数位于主甲板的上层甲板舷台内，不过艏艉的追击炮位于双联装炮塔内，这在英国舰船上还是第一次，且相应炮塔由电力驱动，而非此前常见的液压驱动。这样的舰炮配置在实际服役中被认为很不实用，主要原因是各舰炮之间距离过近。因此，海军确实在 1911—1912 年间考虑过换用单装 7.5 英寸炮甚至是 9.2 英寸炮，但这两种方案都没被采纳。同时，该级舰也是英国第一批取消了战斗桅盘的巡洋舰。

"蒙默思"级的总体装甲布置和"德雷克"级相似但有所削弱，其主装甲带厚度被削减至 4 英寸，在舰艏减至 2 英寸，另在舰艉由 3 英寸装甲隔舱壁加以封闭。军舰侧舷的 6 英寸舰炮位于此时已被广泛应用的艏艉双层炮郭内。尽管该级舰中的大多数舰船采用贝尔维尔式水管锅炉，但为了进行对比，有两艘采用尼克劳塞式锅炉，还有一艘采用巴布科克式锅炉；此外，有一部分舰船安装的是内向旋转的螺旋桨。

尽管该级舰最早［此处是指"贝德福德"号（Bedford）］是被纳入 1899—1900

1905—1910 年间，至少有三艘巡洋舰在远东地区因意外事故而沉没。第一艘是 1905 年沉没的法国海军"叙利"号，之后是 1907 年沉没的"尚齐"号。最后一艘则是 1910 年 8 月 21 日沉没的英国"贝德福德"号。当时，该舰和姊妹舰"肯特"号、"蒙默思"号一起跟随旗舰"米诺陶"号前往长崎。但糟糕的能见度导致天文导航出现偏差，"贝德福德"号向北和向西分别偏移了 24.5 海里和 8 海里，最终在济州岛附近三宝垄礁触礁。之后，该舰蒸汽机舱前方的舰艏部分迅速进水，水势在接下来两天里迅速向全舰漫延。因此，该舰舰员被迫弃舰，但在日本方面派出的抢修船帮助下，拆卸了舰上的武器和设备。这项工作一直进行到 8 月 31 日，后来军舰残骸于 9 月 2 日被正式转交给三菱公司。但由于后者直至当年 10 月都没能支付 5000 英镑的竞拍底价，因此该舰残骸最终被卖给了中国拆船商（**理查德·奥斯本收藏**）

年的建造计划，但其中最早开工的是由私
人造船厂承包的"蒙默思"号，其进度
远远领先于海军造船厂负责的"肯特"号
（Kent）和"埃塞克斯"号（Essex）。因此，
该级舰最终被称作"蒙默思"级，且位
于 1900—1901 年建造计划中的"康沃尔"
号（Cornwall）和"萨福克"号（Suffolk）
也被列入该级。另外四艘［"贝里克"号
（Berwick）、"坎伯兰"号（Cumberland）、
"多尼戈尔"号（Cumberland）和"兰开
斯特"号（Lancaster）］则因为安装了另
一种型号的双联装 6 英寸炮，也可以被单
独定级为"多尼戈尔"级，但舰上其他
部位和之前的舰船完全相同。

　　自"蒙默思"级诞生，人们对其的
评价便普遍不佳，尤其是以同时期尺寸相近的日本巡洋舰进行对比时，后者显然拥有
更强的武器配置和更好的装甲防护——不过航速也低很多，可见为高航速付出的代价
总是那么高昂。在设计阶段，"蒙默思"级的装甲被认为能够防御 6 英寸炮发射的炮
弹；但在 1900 年针对旧式战列舰"贝尔岛"号［Belleisle（1876）］进行的射击测试
中，人们得出相反的结论。因此，到 1902 年 3 月，海军开始考虑对设计方案进行一
定修改（但当时该级各舰不是已经下水，便是正准备下水）。随后添加的修改包括将

一战前的"蒙默思"级巡洋
舰（具体舰名不详）。从本质上看，
该级舰是"德雷克"级的缩小版本
（NHHC NH 60092）

主装甲带厚度增至 6 英寸，另外对其他一些方面有所修改（包括对武器配置的调整）。其中有部分修改被应用于后来的"德文郡"级（Devonshire-class）巡洋舰；"蒙默思"级反而因为多艘舰船已经建成，无法落实相应修改。

在 1903—1904 年间陆续服役后，"蒙默思"级中的大多数舰船最初在本土服役，只有"兰开斯特"号和"萨福克"号被部署到地中海。"蒙默思"号、"肯特"号和"贝德福德"号后来在 1906—1907 年间先后被派往远东，"贝德福德"号在 1910 年因触礁而沉没。[99] 其他各舰在 1907—1913 年间相继被部署到北美洲或西印度群岛。其中部分是作为训练舰在海外基地服役，剩余军舰则是作为战斗舰艇一直服役。

大巡洋舰时代的黎明

建造于 19 世纪 90 年代的一系列大型巡洋舰是一批前所未有的具备高航速和相对较强的武装，以及厚重装甲的舰船。由此也产生了一种此类舰船才是海军建设的主要方向的思想。就如前文所述，虽然此类舰船的战略职能依旧具有很大的灵活性，但还是逐渐从此前的远洋破交 / 保护交通线转变为可以在战列线中执行任务，尽管这不是有关人员在设计此类舰船时的本意，但新技术的发展确实支持了这一改变——这也体现了从战略影响技术发展，向技术发展影响海军战略的一种转变。[100] 在这样的背景之下，20 世纪的最初 10 年将见证大型巡洋舰的进一步大型化，直到其完全转变为一个全新的舰种：战列巡洋舰。

摄于 1910 年的远东，图中离海岸最近的依次是：美国海军"克利夫兰"号、"查特努加"号或"丹佛"号巡洋舰；皇家海军"默林"号护航舰；一艘未知舰船，其身后为"塔玛尔"号补给舰；美国海军"海伦娜"号炮舰。再向外则是：一艘"蒙默思"级巡洋舰（"蒙默思"号、"肯特"号或"贝德福德"号）；"霍克"号防护巡洋舰、另外两艘"蒙默思"级巡洋舰（其身后是美国海军"圣路易斯"号或"查尔斯顿"号巡洋舰），以及"阿尔弗雷德国王"号（NHHC NH 83075）

5 | 末代大巡洋舰
THE FINAL GENERATION

新世纪的大巡洋舰
法国的政客与诗人们

在 1900 年，不仅是德国颁布了关于海军建设规模的法律，法国也曾颁布本国的《舰队扩充法案》，该法案编列的海军规模为：28 艘战列舰、24 艘大型巡洋舰（分为 8 个分队，每分队下辖 3 艘）、52 艘驱逐舰、263 艘鱼雷艇和 38 艘潜艇。为实现这一目标，法国制定了为期 7 年的海军建造计划，该计划的核心内容包括 6 艘战列舰［即"祖国"级／"民主"级（Démocratie-class）］和 5 艘装甲巡洋舰。计划的目标是建立一支可以灵活部署，结合了战列舰和巡洋舰的作战能力，能够对抗任何可能出现的敌人的舰队，而非此前那样依靠某种特定的海军学说去对抗某种特定的敌人，从而消除了此前困扰法国海军数十年的发展战略之争。

在 1900 年《海军法》需要建造的五艘巡洋舰中，前四艘的设计方案看上去就是将"光荣"级巡洋舰放大，采用双联装 7.6 英寸或 6.5 英寸炮取代之前的单装主炮，并且在此基础上增加两座双联装 6.5 英寸火炮炮塔——主炮数量因此增加一倍——军舰排水量也增加 20%，舰体加长 30 英尺且加宽 7 英尺。该级舰的装甲布置样式同样略有变更，比如主装甲带的延伸部位厚度有所削减，而甲板装甲和舰艉的横向隔舱壁装甲厚度有所增加。此外，该级舰是法国海军中首次布置克虏伯渗碳钢装甲的巡洋舰。柏坦原本还打算对装甲防护进行加强，最终却因为海军对军舰排水量的限制而未能如愿。

此前的海军大型舰艇舰名大多使用前海军将领的名字，另有部分使用曾经的君

"维克多·雨果"号巡洋舰。可以通过图中 3 号烟囱前部方形的进气口和后桅位于桅顶前部的中桁，将该舰与其姊妹舰区分开来（NHHC NH 60092）

1929 年 2 月，摄于其服役生涯晚期的"儒勒·米舍莱"号巡洋舰。该舰此时的外观与其完工时差别不大（NHHC NH 65020）

主名字；新的一些舰船则以共和国的政治家和诗人命名。这是因为共和党政治家查尔斯·佩利坦（Charles Pelletan，1846—1915 年）在 1902—1905 年间担任海军部长，这也导致了当时有一批舰船使用具有"共和国"象征意义的舰名（如"祖国"级／"民主"级），或是象征法国大革命的舰名［如"丹东"级（Danton-class）］。因此，前述新一级巡洋舰的首舰被命名为"莱昂·甘必大"号（Léon Gambetta，以第三共和国的缔造者命名）。该舰于 1905 年 7 月正式服役，并在次月接替"孔代"号，担任北方分舰队第 1 分队的旗舰。1911 年 4 月，该舰被派往地中海，加入了两艘姊妹舰"儒勒·费里"号和"维克多·雨果"号（Victor Hugo）所在的舰队。后两者在服役后直接被派往地中海，且"维克多·雨果"号曾在 1907 年 5 月 8 日被派往纽约，参加詹姆士顿建城纪念活动。

该级舰四号舰，即"儒勒·米舍莱"号（Jules Michelet）的设计方案在军舰建造期间有所修改，这导致军舰的建造延误了两年。主要的修改是将较为拥挤的 6 座双联装 6.5 英寸火炮炮塔更换为 8 门单装炮[101]；同时略微增加甲板装甲的厚度，动力系统的功率也有所提升，以达到更高航速。不过从事后的情况看，军舰航速并未获得提升。"米舍莱"号在 1909 年年初加入现役，并被编入地中海舰队第 1 轻型分队，很快在 1911 年 1 月退居预备役。不过，该舰在 10 月重新服役，随后于 1912 年 1 月被

"厄内斯特·勒南"号大型巡洋舰（LoC LC-B2-2462-82）

编入地中海训练分队，在该单位服役至1914年春。该舰后来担任第1轻型分队的旗舰，直到第一次世界大战爆发。

　　就开工时间而言，1900年《舰队法》中批准建造的第五艘大型巡洋舰其实早于"米舍莱"号：该舰被命名为"厄内斯特·勒南"号（Ernest Renan）。相较前者，第五艘舰艇在副炮和装甲的布置上与之相同，但舰体长度增加30英尺，主炮也采用更强的50倍径7.6英寸炮。和之前的舰船一样，该舰增加舰体尺寸的主要目的是获得更高航速。动力系统的功率相比此前也增加20%，而这需要将锅炉数量翻倍，同时需要再增加一对烟囱，和"圣女贞德"号一样达到6座。设计方最初希望该舰采用水管更细的锅炉，从而将输出功率提升到42000马力，最大航速也能达到25节。不过，海军最终决定安装水管较粗的尼克劳塞式锅炉，因此该舰海试期间的最大航速仅为24.24节——当然，相比"米舍莱"号依然增加了1节。"勒南"号在1909年10月加入现役，短暂地进入第2轻型分队后（此前属于第1轻型分队），又被编入重新组建的第1轻型分队，该分队也是该舰在战争爆发前夕所服役的部队。

英国的"德文郡"级（Devonshire-class）巡洋舰[102]

　　和法国一样，英国在新世纪建造的第一批大型巡洋舰也是其前型舰的升级版本。1901—1902年的建造计划包括6艘与"蒙默思"级相似的巡洋舰，不过新舰使用单装7.5英寸主炮，而非此前的双联装6英寸炮；重新分配并扩大了锅炉舱的空间，以便安装多种类型的锅炉；此外，新的军舰调整了弹药库和鱼雷的布置，最终舰体长度和宽度分别增加10英尺和1英尺。考虑到此前在"贝尔岛"号上进行的实弹射击测试，新舰的主装甲带厚度也相应增至6英寸。军舰建造期间，舰艏部位的双层6英寸舷台炮也被更换成了单装7.5英寸舷台炮。

　　因此，等到新的"德文郡"级巡洋舰完工，其在外观上已经和前型舰有了相当明显的不同：烟囱增至四座，而且为了显得美观，它们和桅杆都在舰上呈现出了一定角度的倾斜[103]。后来，英军发现这样的设计会对起重机的运作产生不利影响，但这个问题在相当长一段时间里都没有暴露出来，因此之后的两型巡洋舰仍然采用了类似设计。相较其姊妹舰，"汉普郡"号拥有更窄且更高的烟囱，"阿盖尔"号（Argyll）和"罗克斯堡"号（Roxburgh）还安装了倾斜的烟囱顶盖；另外三艘军舰，即"德文郡"号、"安特里姆"号（Antrim）和"卡那封"号（Carnarvon）都采用平顶盖。

"汉普郡"号巡洋舰。可以通过舰上较窄的烟囱，将该舰与其姊妹舰相区分（NHHC NH 60425）

此外，该级各舰均混合安装水管锅炉和圆筒锅炉，但事实证明这种布置无法令人满意。

除"卡那封"号在1905—1907年间短暂服役于地中海，"汉普郡"号在1912—1914年间被部署到远东，以及"阿盖尔"号在1911—1912年间护送英国国王乔治五世访问印度，该级各舰在和平时期均服役于本土。

瑞典海军的白天鹅

1892年，瑞典海军的一个委员会建议海军建造两型巡洋舰，但因为海军的经费不足，当年仅有五艘小型巡洋舰{即排水量为800吨的"鹰"级［Örnen-class（1896—1898）］鱼雷巡洋舰}获准建造。不过，到1901年，一个新的委员会再次强调了海军需要一种能够承担舰队侦察任务并对付敌方小型巡洋舰和驱逐舰的大型舰船；在和平时期，这种舰船还能作为训练舰服役。因此，瑞典海军在1902年获得了建造一艘相应舰船的经费，但建造第二艘的经费申请在1903年被驳回。[104]

实际建成的这艘军舰将安装3.9英寸厚主装甲带，仅4300吨的排水量让该舰成为史上最小的装甲巡洋舰。尽管如此，就排水量而言，这艘被命名为"菲尔雅"号（Fylgia）的巡洋舰还是基本达到了瑞典"奥斯卡二世"号（Oscar II）的水平，并且比后者长70英尺，而后者已经是瑞典海军最大的岸防战列舰。"菲尔雅"号的副炮分别位于主甲板的炮座、舷台及上层建筑内。在1916年，该舰的2门57毫米副炮被同口径的防空炮取代；之后在1926—1927年间，军舰舰艏为容纳57毫米副炮而安装的舷台也被拆除。

美国的新守卫者

"宾夕法尼亚"级（Pennsylvania-class）巡洋舰

美西战争期间，"纽约"号和"布鲁克林"号——尤其是它们装备的8英寸主炮——为最终取胜立下了汗马功劳。因此，还没等《巴黎和约》正式签署，美国国会就在

位于地中海东部的"菲尔雅"号，本图摄于1921年9月（LoC LC-M34-90021）

建成时的"西弗吉尼亚"号
（LoC LC-D4-21845）

1898 年 11 月批准了建造三艘排水量达 12000 吨，且"装备同类舰船所装载过最强大的武器和最坚固的装甲"的大型装甲巡洋舰。之后，国会在 1900 年 6 月 7 日批准另外三艘巡洋舰的建造，且两批新造军舰中各有一艘会被部署到西海岸。同时，每一批新造军舰（三艘）都和"弗吉尼亚"级（Virginia-class）战列舰中的部分舰船同属一个建造计划。根据 1898 年的国会法案 [105]，这种大型装甲巡洋舰属于"一等舰"，和战列舰一样采用美国的州作为舰名，而非之前的"纽约"号和"布鲁克林"号那样以城市命名（尽管前者的名称也可以指纽约州，但该舰确实是以纽约市命名）。一开始，该级巡洋舰的首舰舰名为"内布拉斯加"号（Nebraska），但在 1901 年 3 月 7 日该舰开工前，这个舰名被一艘新开工的战列舰使用。因此，相应巡洋舰更名为"宾夕法尼亚"号，以对应负责建造该舰的造船厂（费城的威廉·克兰普造船厂）所在的州。

在"宾夕法尼亚"级最初的设计方案中，单艘军舰装备 4 门 8 英寸主炮和 12 门 6 英寸副炮，配置有 6 英寸厚侧舷装甲带，能达到 22 节航速。有人曾提议将 6 英寸炮更换为 5 英寸炮，从而为军舰提升 1 ~ 2 节航速，但最终未被采纳。因此，该级舰最终装备 14 门 6 英寸炮。军舰艏艉的双联装主炮采用电力驱动的炮塔，并以前后平衡的椭圆形炮塔取代此前舰船上安装的圆形炮塔；另外，主炮型号也是新的 40 倍径 Mk 5 型，而非原先 35 倍径的 Mk 3 型。副炮同样是新的 50 倍径 Mk 8 型 6 英寸炮，其中 10 门位于主甲板炮郭内，距离水线仅 14 英尺，事实证明这些副炮极易受风浪影响；另外 4 门位于上层甲板，和主甲板的副炮在艏艉端形成了双层舷台结构。此外，出于对抗鱼雷艇的需要，该级舰装备有 16 门 50 倍径 3 英寸炮；其中 8 门位于主甲板艏艉位置（艏艉舷台处各布置 4 门），剩余 8 门位于上层甲板的 6 英寸副炮之间。[106] 另外有 12 门 3 磅炮分别被安装在小艇甲板的四角以及双层的 6 英寸炮舷台顶端，2 座军用桅杆的战斗桅盘上还各安装有 1 门 1 磅机关炮。在该级舰建造期间，海军内部对大型军舰上的鱼雷发射管是否存在价值展开了讨论。最终，该级舰只安装了 2 具鱼雷发射管，并将其布置在舰艏 8 英寸火炮弹药库的后侧。

该级舰的装甲防护包括完整覆盖水线的主装甲带（内侧还设有中空的防撞舱壁），其厚度在舯部为 6 英寸，到舰艏和动力系统舱室后方逐渐降为 3.5 英寸，舰艉主炮前后还设有 4 英寸厚横向装甲隔舱壁。位于主装甲带之上的是 5 英寸厚舷台装甲，上层甲板的副炮舷台也设有相同厚度的装甲。甲板装甲的厚度在水平部位为 1.5 英寸，位于舷侧的斜置甲板部位厚度则是 4 英寸。

　　"宾夕法尼亚"级安装的装甲选用了包括普通镍钢、哈维镍钢和克虏伯渗碳钢在内的多种钢材制成，其中渗碳钢仅用于制造厚度超过 5 英寸的装甲。1900 年 11 月 28 日，卡耐基钢铁厂和伯利恒钢铁厂获得了生产该级军舰所需钢材的订单；值得一提的是，相应订单中的其他钢材还会被用于建造 8 艘"缅因"级［Maine-class（1901）］和"弗吉尼亚"级战列舰，以及 3 艘"圣路易斯"级（St Louis-class）巡洋舰。但在第二年，两家钢铁厂发现以其现有的生产能力，根本无法达到合同所需的产量；造船厂没能及时将装甲的设计图纸交付给钢铁企业，同样严重影响了相应装甲的生产。另外，装甲的实际造价超出预订时的平均造价，这显然也会带来负面影响。因此，受以上因素影响的舰船都被迫将工期延后。这也是"宾夕法尼亚"级巡洋舰刚建成时，其防护用装甲并未完全安装，尤其是 8 英寸主炮炮塔和舷侧部位的装甲普遍没有安装的原因。

　　为达到 22 节的设计航速，该级舰的动力系统相比"布鲁克林"号，需要提升 43% 的输出功率。同时，由于当时产生了对内向和外向旋转的螺旋桨的讨论，其中两艘军舰［"宾夕法尼亚"号和"科罗拉多"号（Colorado），均由威廉·克兰普造船厂建造］安装外向旋转的双轴螺旋桨，剩下四艘则安装内向旋转的螺旋桨。不过，最终完工时只有两艘［"西弗吉尼亚"号（West Virginia）和"马里兰"号（Maryland）］使用内向旋转的动力系统（并在 1905 年改为外向旋转），另外两艘［"加利福尼亚"号（California）和"南达科塔"号（South Dakota）］依然使用外向旋转的螺旋桨。

　　和此前的美国装甲巡洋舰不同，"宾夕法尼亚"级安装的锅炉均为水管式。其中由威廉·克兰普造船厂建造的两艘各装有 32 台尼克劳塞式水管锅炉，因为该造船厂拥有该型锅炉在美国的生产专利；其余四艘各装有 16 台巴布科克 & 威尔科克斯（Babcock & Wilcox）生产的锅炉。安装尼克劳塞式锅炉的两艘军舰在舰内布置上与另外四艘略有不同，比如烟囱之间的距离更近；因此，烟囱和舰桥之间也形成了明显的空隙，以便安装额外的进气道。不过，尼克劳塞式锅炉暴露出了许多问题，威廉·克兰普造船厂所建造的多型舰船［包括"缅因"号（第二代）战列舰、为俄罗斯建造的"瓦良格"号（Varyag）[1]防护巡洋舰］都饱受其困扰，"宾夕法尼亚"号和"科罗拉多"号自然也不例外。因此，两舰均在 1911 年入坞，准备换装巴布科克 & 威尔科克斯的锅炉；但最终仅将动力系统最前面的 8 台锅炉和蒸汽鼓更换为巴布科克 & 威尔科克斯的产品，其他部分保持不变。"宾夕法尼亚"级还在 1907—1910 年间更换了更现代化的武器，但此举主要的目的是提升使用火炮时的安全性。1907 年 6 月，"科罗拉多"号的 1 门 8 英寸 Mk 5 型主炮炮口出现损坏，原因正是火炮结果脆弱；因此，该级舰统一更换了新型主炮：1908—1910 年间，各舰（从"科罗拉多"号开始）先后换装强度更高的 Mk 6 型主炮，同时该型主炮的身管长度增至 45 倍径。

　　"宾夕法尼亚"级巡洋舰中最早服役的是"科罗拉多"号，"西弗吉尼亚"号和"宾夕法尼亚"号紧随其后。以上三舰组成了大西洋舰队第 4 分队，由"西弗吉尼亚"号担任旗舰；同年 10 月，"马里兰"号也加入该分队。不过，到 1906 年，美国海军对各舰队进行重组，将所有战列舰集中到大西洋舰队，并安排一个大型巡洋舰分队作为该舰队的辅助，另一个（大型巡洋舰）分队被用于组建亚洲舰队；两艘"圣路易斯"级巡洋舰和两艘之前英国为巴西建造的"新奥尔良"级（New Orleans-class）防护巡

---

[1] 译者注："瓦良格"本意为"维京人"，但此处采用惯常翻译。

洋舰被用于组建太平洋舰队。因此,"西弗吉尼亚"号、"科罗拉多"号、"宾夕法尼亚"号和"马里兰"号于 1906 年 9 月被派往远东,并于同年 11 月抵达甲米地半岛,"西弗吉尼亚"号成为亚洲舰队旗舰。这四艘巡洋舰也取代了先前部署在此的三艘战列舰 {"俄勒冈"号、"威斯康辛"号 [Wisconsin(1898),旗舰] 和"俄亥俄"号 [Ohio(1901)]}。1907 年 4 月 17 日,美国将亚洲舰队和太平洋舰队合并为一支舰队,于是四艘巡洋舰被编入新组建的太平洋舰队,隶属第 1 分舰队第 1 分队,且"西弗吉尼亚"号继续担任旗舰。

1907 年年末到 1908 年年初,上述四艘巡洋舰均位于美国西海岸,其间曾在马雷岛(Mare Island)和布雷默顿(Bremerton)接受整修。到 1908 年 8 月,该分队(不包含"科罗拉多"号,该舰当时在布雷默顿更换新的舰炮)与第 2 分队合编为第 1 分舰队。此时,这支分舰队下辖两艘新的"田纳西"级(Tennessee-class)巡洋舰 [包括旗舰"田纳西"号和"华盛顿"号(Washington)]、两艘"宾夕法尼亚"级巡洋舰("加利福尼亚"号和"南达科塔"号,分别于 1907 年和 1908 年服役)。合并后的第一分舰队很快就前往萨摩亚,而后经由火奴鲁鲁返回西海岸;没过多久,"科罗拉多"号也加入了第 1 分队。这支分舰队在当年 12 月到 1909 年 3 月经过中美洲,沿南美洲海岸向南行驶;之后被部署在西太平洋,直至 1910 年 2 月。

对旧巡洋舰的改造

在建造新式大型巡洋舰的同时,美国人也开始对"纽约"号实施改造,主要是为其更换新的舰炮和锅炉。更换武器时,该舰主要参考了"宾夕法尼亚"级的配置:安装相同的主甲板炮郭,主甲板的副炮和三级舰也参照该级舰加以布置,但 6 英寸炮被 50 倍径 5 英寸炮取代。"纽约"号的上层甲板炮郭内不再安装任何火炮,位于舷侧的单装 8 英寸主炮被更换为 3 磅礼炮。此前位于舰艉的两对主甲板炮门(原本安装的是一对 6 磅炮和一对 4 英寸炮),如今安装的是 3 英寸炮;最接近舰艏的一对炮门被完全封闭,位于其后方的一对炮门同样安装 3 英寸炮,并在略微靠后的位置新增一对 3 英寸炮;剩下的侧舷炮位全部换装新的 5 英寸炮。

有关动力系统的改造则是拆除原先的所有锅炉,重新安装 12 台水管锅炉。舰艏和舰艉的上层建筑同样会接受改造:桅杆平台的数量有所减少,高度也大幅降低。施

"萨拉托加"号巡洋舰(原"纽约"号),本图摄于 1911 年,远东地区。此时该舰已完成改造,可见烟囱有了明显加高(NNHC NH 50964)

工人员在 3 号烟囱上，以及 1 号烟囱与 2 号烟囱之间的位置各安装了一个探照灯支架。最初，烟囱的高度并未发生变化；但"纽约"号在 1910 年前往亚洲分舰队担任旗舰前，该部位被明显加高。1911 年 2 月，由于一艘在当年 9 月开工的战列舰需要使用"纽约"这一舰名，原先使用该舰名的巡洋舰更名为"萨拉托加"号（Saratoga）。该巡洋舰在远东一直服役到 1916 年初，之后返回布莱默顿并进入预备役。

"布鲁克林"号在 1909 年接受的现代化改造远没有"纽约"号（巡洋舰）彻底，仅对外部结构和动力系统有所调整。不过，该舰还是安装了两级供弹系统，以提升军舰的生存能力；采用新的电力驱动炮塔，火控系统也有所升级。此外，该舰拆除了瞭望台（flying bridge）和舰艉舰桥，剩余的鱼雷发射管同样被拆除（舰艏的鱼雷发射管已在 1899 年被拆除），6 磅炮的数量减至 4 门。完工后，"布鲁克林"号又一次在里格岛（League Island）进入预备役，直至 1914 年被调往波士顿，作为接待舰服役。该舰在 1915 年 3 月重回现役，参与过大西洋的中立巡航，直至 11 月被调往亚洲舰队。

"圣路易斯"级巡洋舰

1899 年，"宾夕法尼亚"级巡洋舰的前三艘还处于建造阶段时，美国海军提出新的需求：以 6000 吨级排水量的"奥林匹亚"级防护巡洋舰为基础，建造三艘升级版本的军舰。但这三艘军舰在次年才获准建造。新军舰最初的设计指标为航速 20 节，装备 2 门单装 8 英寸炮、10 门 6 英寸炮（或 14 门 5 英寸炮），甲板装甲厚度达 3.25~4 英寸。不过，以上述配置为标准的话，该级舰的排水量相较美国威廉·克兰普造船厂为俄罗斯建造的"瓦良格"号还要少 700 吨，这难免让美军感到尴尬。因此，这种美国军舰最终获得批准时，其排水量增至 8000 吨；到 7 月进一步增至 8500 吨，武器方面的调整包括取消 8 英寸炮，总共安装 12 门（后增至 14 门）6 英寸炮，甲板装甲的厚度也变为 2~5 英寸。不过，甲板装甲的厚度最终有所削减，同时军舰增设了一段厚度为 4 英寸的侧舷水线装甲带——排水量因此飙升至 9500 吨。上述设计方案最终发展成为"圣路易斯"级巡洋舰，包括"圣路易斯"号、"查尔斯顿"号（二代）和"密尔沃基"号（Milwaukee），三舰均在 1904—1905 年间服役。该级舰的外观和"宾夕法尼亚"级相似：都装有双层炮郭与军用桅杆，都有四座烟囱，并且都选用 16

完工时的"圣路易斯"号巡洋
舰（**作者个人收藏**）

台巴布科克 & 威尔科克斯锅炉这一配置（"宾夕法尼亚"级仅后几艘舰船如此）。

"圣路易斯"级各舰基本都在美国西海岸服役，但大多时候被编入预备役或承担一些附属任务，这表明军方还是认为该级舰的装甲防护和火力打击效果不足。最早完工的是"查尔斯顿"号（1905 年 10 月），该舰在 1906 年夏季沿南美洲海岸对周边国家进行了友好访问；并于 12 月抵达西海岸加入太平洋舰队，与其另外两艘姊妹舰一起加入第二分舰队第 3 分队，服役至 1908 年 6 月。接受整修后，该舰在 1908 年 10 月—1910 年 9 月间被部署于远东，起初担任太平洋舰队第三分舰队旗舰，之后担任在 1910 年重新组建的亚洲舰队旗舰。

"查尔斯顿"号在 1910 年年末返回本土，并退出现役进行封存；之后，该舰在 1912 年重新获得启用并加入太平洋后备舰队，接着在普吉特湾（Puget Sound）担任接待舰直至 1916 年，其间唯一的例外是在 1913 年 10 月驶往旧金山。该舰后在 1916 年被派往巴拿马运河区的克里斯托瓦尔（Cristobal）担任潜艇补给舰，直至次年春。

"圣路易斯"号于 1906 年 8 月服役，该舰在 1907 年 5—8 月间从纽约经合恩角抵达圣迭戈，之后在东太平洋服役两年，在 1909 年 11 月退居预备役。接下来几年里，该舰一直待在普吉特湾的泊锚地，只离开过几次；之后，其在 1914 年 4 月—1916 年 2 月间被派往旧金山担任接待舰。1916 年 7 月，"圣路易斯"号被派往珍珠港担任潜艇补给舰，直至 1917 年 4 月。

1906 年 12 月，"密尔沃基"号在旧金山加入现役，但很快在 1908 年 4 月退居预备役。之后，该舰在 1910 年 5 月退役，除当年夏季前往夏威夷和洪都拉斯参与巡航，其基本处于封存状态，直至 1913 年。在 1913 年 6 月重新获得启用后，该舰也只是服役于太平洋后备舰队，很少出海活动。1916 年 3 月 18 日，该舰被派往圣迭戈，并成为太平洋舰队的驱逐舰和潜艇补给舰。"密尔沃基"号因此参加了相应的演习，同时

1916 年 12 月 4 日，美国的 H-3 号潜艇（1913）在加利福尼亚州尤里卡的海滩搁浅。尽管当地驻扎的海军陆战队表示强烈反对，"密尔沃基"号还是在 1917 年 1 月 13 日尝试将潜艇拖离，但这一举动导致其自身也在同一海滩搁浅。针对该舰实施的救援行动以失败告终（H-3 号反而在当年 4 月成功获救）。之后，"密尔沃基"号的龙骨在 1918 年 11 月的一次风暴中被折断。该舰在次年被海军除名。尽管不久后就被出售拆解，但这艘军舰的绝大部分舰体至今还是被埋在沙滩里（**NHHC NH 46151**）

负责在墨西哥海岸执行测绘和巡逻任务。此时，该舰加装了额外的维修设备，以强化自身作为补给舰的能力。但在 1917 年 1 月，这艘军舰在尝试将 H-3 号潜艇拖离海滩时意外搁浅。其舰体几乎完全被冲上海滩，因此最终被弃用。

美国最后的大型巡洋舰

在 1900 年 10 月为 1901 年建造计划举行的讨论中，美军最初决定沿用"宾夕法尼亚"级的设计方案，但很快就有人提出一种在舯部安装额外的 8 英寸主炮炮塔的放大版设计方案，相应军舰的排水量高达 14500 吨。此外，有人提出过更小一些的设计方案（排水量为 11000 吨），但最终获胜的是较大排水量方案，且当时人们对于"宾夕法尼亚"级的防护水平依然表示怀疑。军方考虑过将主炮和副炮的口径分别增至 10 英寸和 7 英寸［该型火炮也被同时期的"康涅狄格"级（Connecticut-class）和"密西西比"级（Mississippi-class）战列舰采用］[107]，因此出现了多种备选方案。最终被采纳的方案可被视为"宾夕法尼亚"级的放大版本，但这种军舰在装甲防护上有所改良，装备 4 门 10 英寸主炮和 16 门 6 英寸副炮；7 英寸副炮落选的原因是，其会占用过多原本可拿来加强装甲防护的重量。1902 年 7 月 1 日，军方订购该级舰首批共两艘（与"康涅狄格"级战列舰的前两艘一起订购）；之后在 1904 年 4 月 27 日追加订购了两艘。受日俄战争启发，加购的两艘舰船在装甲布置上有所修改；两舰的订购是和第六艘"康涅狄格"级舰船同期进行，而且后者也修改了装甲的布置。

针对此前"宾夕法尼亚"级巡洋舰所采用的一些饱受批评的设计，新的军舰实施了相应的调整：主炮炮座装甲现在一直向下延伸至甲板装甲，主装甲带的高度（厚度为完整的 5 英寸的部分）也抬升至主甲板，并横向延伸至炮座外，在舯舰位置由厚度达 5 英寸的横向隔舱装甲封闭。在此范围之外，主装甲带依然在水线位置延伸至舰艏和舰艉，只是厚度降至 3 英寸。甲板装甲同样覆盖全舰，其中舰舯水平甲板位置的厚度为 1.5 英寸；就舷侧斜置甲板而言，其厚度在舯部为 4 英寸，至舰艉则降至 3 英寸。第二批建造的两艘舰船增加了炮座装甲的厚度，但主装甲带的高度有所降低，当然横向隔舱壁装甲也增厚至 6 英寸。同时，舯部水平装甲甲板的厚度增至 2 英寸，但在舰艉降至 1 英寸。此外，后两艘巡洋舰上司令塔后部的 9 英寸后装甲防盾被取消，一同

完工时的"华盛顿"号巡洋舰。可以通过更大的主炮塔以及没有设置双层副炮的舷台,将该舰及其姊妹舰与"宾夕法尼亚"级相区分(作者个人收藏)

被取消的还有主装甲带后部的中空隔舱。

相较"宾夕法尼亚"级或接受现代化改造后的"纽约"号所用8英寸主炮,新一级巡洋舰装载的10英寸主炮的单位时间投射量只有前者的一半左右,因此该级舰增设了两门舷侧副炮。新增的两门副炮也导致主甲板炮郭的布置发生变化,故该级舰不再考虑此前"宾夕法尼亚"级和"圣路易斯"级采用的双层舷台结构。同时,该级舰安装的3英寸炮数量增加到了22门,其中有6门被安装在主甲板舷台内;此外,军舰的舰艉弹药库前部设有2具21英寸鱼雷发射管。不过,加装鱼雷武器后,载煤空间也相应缩小,进而导致军舰的航程有所减少。

该级舰的动力系统基本和后期型的"宾夕法尼亚"级相同,采用巴布科克&威尔科克斯锅炉和外向对转的双轴推进系统。此前有人提出,可以安装功率增加了2000指示马力的新动力系统以获得1节的额外航速,但相应代价是削减装甲防护和武备,因此这一想法未被采纳。通过观察烟囱,就可以将该级舰的两个建造批次区分开来:前两艘"田纳西"号(Tennessee)和"华盛顿"号(Washington)安装的是全外包的烟囱(和"宾夕法尼亚"级一样);第二批"北卡罗来纳"号(North

前桅已更换为笼状桅杆的"蒙大拿"号巡洋舰。通过半外包的烟囱,即可将该舰与"北卡罗来纳"号同它们的另两艘姊妹舰相区分(LoC LC-D4-22598)

Carolina）和"蒙大拿"号（Montana）安装的则是半外包烟囱，同样的设计也出现在同一天获得订单的"新汉普郡"号（New Hampshire）战列舰上。从外观上看，该级巡洋舰前后两个批次的另一处差别是后一批舰船只有单个锚链孔。

服役之后，"田纳西"号和"华盛顿"号执行的第一个任务是在1907年6—7月，前往法国进行友好访问。之后，两舰一同被派往太平洋，于1908年2月抵达旧金山。同年6月起，两舰和"加利福尼亚"号、"南达科塔"号一起组成第一分舰队第2分队，由"田纳西"号担任旗舰，直至1910年春前两舰被调往大西洋舰队。之后，这两艘军舰加入原本就服役于大西洋的另两艘姊妹舰"北卡罗来纳"号和"蒙大拿"号所在舰队。后两艘军舰曾在1909年4—8月被派往地中海，在此前已被废黜的奥斯曼苏丹阿卜杜勒·哈米德二世所发起政变导致的阿达纳大屠杀（Adana massacres）期间执行撤侨任务。

"公爵"级与"勇士"级巡洋舰 [108]

经历前文所述的几个建造计划后，已经建成一批中型装甲巡洋舰的皇家海军再次将目光转回到排水量和此前"德雷克"级相当的巡洋舰计划之上。不过，这次的设计方案可被视为放大版"德文郡"级巡洋舰，最初的备选方案将军舰舷侧的2门7.5英寸炮更换为4门6英寸炮。之后提出的方案在艏艉部位安装双联装7.5英寸主炮，并在舷侧舷台上布置另外4门7.5英寸炮和8门6英寸炮。接下来，设计方案演化为在艏艉安装单装9.2英寸主炮，另有2座双联装9.2英寸主炮炮塔位于侧舷上层甲板，并在上层甲板处安装另外8门6英寸副炮。

在那之后，海军又提出将全部6门9.2英寸主炮以单装形式布置，分别将其布置于艏艉和两舷；8门6英寸副炮则被挪到了侧舷主甲板舷台内，舷台将由额外延伸出来的1.5英寸厚装甲顶盖和厚达6英寸的主装甲带上延部分提供防护。同时，主装甲带覆盖了整个水线长度（装甲的厚度在艏艉分别降至4英寸和3英寸）。相较而言，"克雷西"级及其后继型号在艏艉部位便没有设置主装甲带提供防护。新军舰

1909年摄于纽约的"爱丁堡公爵"号巡洋舰，图中可见该舰的6英寸副炮所处高度极低（LoC LC-D4-22628）

的这一设计方案在 1902 年 4 月又得到进一步修改，比如舰艏的艏楼被完全取消，由此节省的重量会用来安装 1 座双联装的 9.2 英寸主炮炮塔。其他一些备选方案或提出保留艏楼并增加 2 门 6 英寸炮，或提出将 8 门 6 英寸炮都挪到上层甲板的双联装炮塔内。除此之外，这些备选方案主要是在锅炉配置上存在差别：有的沿用"德文郡"级的配置，即水管／火管锅炉混合使用；有的全部安装水管锅炉；也有的采用全圆筒式火管锅炉的配置，不过这种配置要求将舰体进一步放大。

到 1902 年 5 月，新军舰的设计方案最终得以确定。这种军舰会在艏艉各装载 1 门单装 9.2 英寸主炮，另外 4 门相同口径主炮位于两舷的上层甲板；8 门 6 英寸副炮位于舷侧的主炮之间（当时没有确定将副炮安装在上层甲板的双联装炮塔内，还是安装在主甲板的舷台内）。最终，将副炮安装在主甲板炮郭内的方案获得了更多认可（同时，设计人员在靠近舰艏的舷侧主炮下方增设了 2 门副炮）；为避免工期延后，安装更新的 Mk XI 型 50 倍径 9.2 英寸主炮的建议也未被采纳。另外，军舰装备有 3 具鱼雷发射管，上层甲板和主炮塔顶端还装有 22 门 3 磅炮。在动力系统方面，直到该年 9 月，混合安装不同锅炉的方案才最终获得认可。当时还考虑过一些比较细微的设计，比如可伸缩烟囱，或是为艏艉部位 9.2 英寸主炮提供防护的装甲堡，但这些设计均未被采用。不过，前一种设计导致该级和之后三级巡洋舰都安装了相当低矮的烟囱；后来施工人员不得不将这些烟囱加高，以免此处喷出的烟雾影响舰桥正常运作。

在 1902—1903 年的建造计划中，海军订购了两艘巡洋舰，即"爱丁堡公爵"号（Duke of Edinburgh）和"黑太子"号（Black Prince）；并在之后的 1903—1904 年建造计划中增购四艘。不过，就在"爱丁堡公爵"号开工仅三个月后，根据海军在"克雷西"级和"德雷克"级巡洋舰上获得的海上航行经验，除非当时的海况完全可以用"平静"形容，否则这两级巡洋舰的主甲板副炮根本无法正常操作，这也导致人们对新军舰上位于主甲板的副炮是否具有作战能力产生怀疑——尤其是"爱丁堡公爵"号的主甲板与水线的距离比已经服役的那两级军舰更近。英军确实考虑过将"爱丁堡公爵"号的副炮挪到上层甲板（并以双联装炮塔的样式布置），但考虑到该舰最靠近舰艏的那门副炮相较"德雷克"级上的副炮要靠后很多，加上对舰船重心高度和稳定性的考量，因此，施工人员并未对该舰原先的设计实施任何改动。

到 12 月，有人提议将主甲板的副炮更换为 4 门单装 7.5 英寸炮（新的 50 倍径 Mk II 型），以此取代之前曾提出的双联装 6 英寸炮炮塔。同时，设计人员发现"爱丁堡公爵"号最终的重量会有所盈余，所以他们不仅能对武器配置加以调整，也能保持此前的舷台装甲布局。1904 年 3 月 30 日，在毫无异议地认定该舰的主甲板副炮在中等海况条件下无法使用后，海军决定对之后四艘巡洋舰的设计方案进行修改，由此诞生了"勇士"级（Warrior-class）巡洋舰［另外三艘的舰名分别为"阿喀琉斯"号（Achilles）、"库赫兰"号（Cochrane）和"纳塔尔"号（Natal）］。不幸的是，最初两艘舰船，即"爱丁堡公爵"号和"黑太子"号的建造进度已经不允许它们接受额外的改装——从成本上讲也不划算——这导致两舰在服役期间饱受批评，并且成为在第一次世界大战中第一批拆除主甲板舰炮的装甲巡洋舰。

除去副炮方面的改动，"勇士"级相比"公爵"级还在其他一些方面有所调整：该级舰装备的三级舰炮依然是 3 磅炮，但采用了维克斯生产的型号，舰炮数量也增至

完工时的"库赫兰"号巡洋舰。图中可见该舰安装于上层甲板的单装7.5英寸副炮炮塔，其取代了"公爵"级位于主甲板的6英寸炮（NHHC NH 61367）

26门，被布置在主炮塔顶端及上层建筑内。四艘"勇士"级巡洋舰在服役后均隶属本土舰队第5巡洋舰中队。该级舰在1910年接受第一次现代化改装，改装内容包括将探照灯平台向后移，并拆除两门哈奇开斯机关炮；此外，"勇士"号最靠前的烟囱被加高6英尺。到1912年，该级舰船的烟囱（每舰均四座）都完成了加高。

德国

和英国一样，德国下一代大型巡洋舰的战斗力也得到显著提升。1904—1905年建造计划中的"大型巡洋舰C"和"大型巡洋舰D"[后正式更名为"格奈森瑙"号（Gneisenau）和"沙恩霍斯特"号（Scharnhorst）]的设计方案同样是在之前舰船（即"海因里希亲王"号）的基础上改进而来，但排水量足足多出2000吨，这说明其在舰体尺寸、战斗力和航速上有了明显提升。这种提升源于当时德国提出的新一级巡洋舰应有能力在战斗中接替受损战列舰的要求——该级巡洋舰的主炮数量几乎翻番，其前型舰的5.9英寸火炮炮塔被更换为安装在炮郭内的单装8.2英寸炮，副炮数量则削减至6门（均位于主甲板）。不过，舰上的第三级舰炮被提升到了和战列舰相当的水平，相应火炮在主甲板艏艉各布置有2门，且位于舷侧炮门和舷台内。

此前有人提出在新一级巡洋舰司令塔两侧的舰桥上安装两门三级舰炮，但在参考"布伦瑞克"级战列舰上相应位置的舰炮使用情况后，这两门舰炮并没有被布置到巡洋舰上。与此同时，该级巡洋舰的主装甲带厚度相较"海因里希亲王"号增加50%，达到了5.9英寸——在梅彭（Meppen）靶场对"海因里希亲王"级舷侧结构复

正在接受海试的"沙恩霍斯特"号巡洋舰（作者个人收藏）

制靶进行的射击实验表明，此前采用的 3.9 英寸厚装甲并不足以防御当时的中口径舰炮。此外，新军舰的锅炉数量也增加 2 台，使军舰输出功率增加 7000 马力，因此"沙恩霍斯特"号和"格奈森瑙"号的最大航速相比"罗恩"级提升了 1 节。

"沙恩霍斯特"号在服役后取代"约克"号，担任公海舰队侦察分队旗舰；直到 1909 年 4 月 1 日，该舰被调往远东接替"俾斯麦亲王"号，担任东亚中队旗舰。"格奈森瑙"号也在服役后离开德国本土，于 1910 年 9 月 8 日抵达远东。两艘姊妹舰在远东的部署一直持续到了第一次世界大战爆发。

自 1909 年从远东返回，"俾斯麦亲王"号又于 1910 年在基尔港接受现代化改造。但这项工作的优先级似乎不高，因此等到一战爆发也没有完成。这次改造的内容包括减少上层结构重量，将桅杆更换为直杆式桅杆，而动力系统和武器配置方面基本不变。该舰原本会在接受改造后接替此前的"符腾堡"号［Württemberg（1878）］战列舰，担任福伦斯堡的鱼雷训练舰，因此舰上的鱼雷装载舱室也相应进行了扩大。

"海因里希亲王"号于 1914 年在基尔接受类似改造——此前，具体是 1913 年 9 月，有人曾建议将该舰改造为训练舰，但遭到驳回。接受改造期间，军舰的上层建筑有所削减，桅杆也发生变化，其他部分则基本保持不变。

俄罗斯

"俄罗斯"号和"雷霆"号在返回波罗的海后都进行了大修。1906—1909 年，在波罗的海造船厂接受大修期间，"俄罗斯"号之前用于巡航的发动机被拆除，传动轴数量也因此减为两根。同时，该舰新增的上层甲板 6 英寸炮被包裹进带有装甲的炮郭中，舯舰的测距仪和无线电设备舱室也获得防护；司令塔顶部的装甲布置有所修改，有效降低了弹片飞入的概率。该舰还拆除了部分轻型火炮，换装新型鱼雷发射管，桅杆数量减至两座，中桅被拆除，并且重新调整了前后桅的位置。"雷霆"号在 1906—1911 年间的大修中同样减少了桅杆数量，同时为舰炮增设装甲防护。

"亚速海回忆"号的现代化改造一度遭到拖延。该舰的现代化改造计划最初包括更换新的克虏伯渗碳钢装甲，将现有舰炮更换为 14 门新型 45 倍径 6 英寸炮、16 门 47 毫米和 8 门 37 毫米炮。不过，更换装甲的想法最终没有得到落实；到 1904 年，改造计划的内容仅包括换装 12 门新型 6 英寸炮及其他轻型火炮，更换新的贝尔维尔式水管锅炉（并加高烟囱），拆除中桅，后桅向舰艉挪动并按垂直角度重新竖立桅杆（前桅也是如此）。完成改造工作后，"亚速海回忆"号继续作为炮术训练舰服役，后在 1907 年被正式定级为训练舰。到 1909 年，该舰已基本拆除武器装备，被改造成水下武器训练舰并更名为"德维娜"号（Dvina）。

新巡洋舰已经在路上。俄罗斯在 1905 年春，向法国的一家造船厂订购了一艘沿用"巴扬"级设计方案的新巡洋舰。虽然设计方案出现的时间较早，但根据当时军舰的服役经验，这些相对早的设计方案同样能满足海军的需求。在战争的压力之下，对于俄罗斯的设计人员来说，采用现有设计方案显然比提出新方案更加节省资源。这艘新军舰被命名为"马卡洛夫海军上将"号（Admiral Makarov）。因为采用克虏伯渗碳钢而非哈维镍钢，军舰的装甲厚度有所削减。此外，该舰在一些细节上较原先的舰船有所变化，最明显的地方就是只有一座桅杆；但该舰没能装载更大口径的三级舰

在波罗的海上航行的"雷霆"号巡洋舰（NHHC NH 101909）

在1904年的整修改造中，"亚速海回忆"号的桅杆同样被削减为两座。此外该舰更换了新的武器，桅杆也有所加高。该舰后来很快被改造成训练舰，并更名为"德维娜"号（作者个人收藏）

改造后的"俄罗斯"号巡洋舰。该舰的中桅在改造中被拆除，上层甲板的6英寸炮获得由炮郭提供的防护，同时原先位于舰艏的追击炮被挪到艏楼（作者个人收藏）

"马卡洛夫海军上将"号在完工时就只有一座桅杆，这是该舰与其姊妹舰最大的不同（作者个人收藏）

"雷霆"号同样接受了大范围改造，本图摄于1911年（作者个人收藏）

1912年更换桅杆后的"马卡洛夫海军上将"号，图中位于该舰身后的是英国海军"康瓦里斯"号（1901）战列舰（作者个人收藏）

炮。这艘军舰于1908年完工，一战前曾在地中海和波罗的海服役。

"马卡洛夫海军上将"号的建造合同规定，法国方面应向俄罗斯的造船厂移交全套设计图纸，以便后者为本国建造另两艘同级舰"巴扬"号（二代）和"帕拉达"号，但两舰直到1911年才服役。相较法国建造的原型舰，这两艘军舰接受了少量改造，包括将舰艏主甲板炮门处的75毫米炮挪到上层甲板的艏部，以该炮和另两门75毫米炮取代此前安装在相同位置的47毫米炮。同时，两舰恢复了两座桅杆的设计。"马卡洛夫海军上将"号在1912年也采用类似的桅杆布置，以确保无线电设备的效能。该舰的桅杆设计同其姊妹舰的主要区别在于，前者中桅的底部大概和底桅的中部等高，而非一直延伸到接近甲板处。俄罗斯本土船厂建造的两艘军舰基本都在波罗的海服役，尽管"帕拉达"号在战争中沉没，其姊妹舰却在波罗的海海战中发挥了重要作用。

在沿用"巴扬"级设计方案的同时，俄罗斯也在 1904 年 7 月，针对排水量为 14000~15000 吨的新巡洋舰设计方案进行了国际招标，最终英国的维克斯公司获得订单。于是，俄罗斯人在 1905 年 6 月向有关造船厂订购一艘巡洋舰，即第二代"留里克"号（Ryurik）。[109] 随后，造船厂提供了一系列设计草案供俄罗斯方面选择，其中一个草案甚至装有至少 12 门 10 英寸炮。不过，俄罗斯人最终选定的草案如下：军舰排水量为 13500 吨，舰艏共安装 4 门 10 英寸炮（位于 2 座双联装炮塔内）；侧舷设有 6 座双联装 8 英寸炮炮塔，主甲板的侧舷舷台内布置有 20 门 75 毫米炮。

不过，在草案逐渐发展为等待正式批准的设计方案期间，军舰的排水量增加了大约 1500 吨。之后，设计草案根据海军技术委员会提出的要求实施了进一步修改，包括将主甲板舷台的副炮口径增至 4.7 英寸，并根据战争经验对装甲布置加以调整。为了在重量上达到平衡，设计草案取消了位于舯部的双联装 8 英寸炮炮塔。军舰的装甲防护包括完整的克虏伯渗碳钢水线装甲带，其最厚处足有 6 英寸（厚）；上舯部设有上层装甲带和主甲板舷台装甲（厚度均为 3 英寸）。俄罗斯海军在日俄战争中汲取的最大教训便是，应将侧舷的垂直装甲厚度最大化，将这一点体现得最明显的便是后来建造的"保罗一世皇帝"号［Imperator Pavel I（1906—1907）］和"塞瓦斯托波尔"级［Sevastopol-class（1911）］战列舰。"留里克"号的装甲甲板厚度为 1 英寸（舷侧斜装甲板的厚度为 1.5 英寸），舷台所在位置还设有 1.5 英寸厚的主甲板装甲和 1 英寸厚的上层甲板装甲；此外该舰安装了由 1.5 英寸厚装甲提供防护的防鱼雷隔舱。

进行于 1907 年的火炮设计测试表明，"留里克"号需要进一步加强局部防护。因此，该舰在交付俄方后又前往喀琅施塔得接受了改造。俄罗斯方面原本计划再建造两艘同型舰船，但因为海军经费不足，加上蒸汽轮机出现和"全重型主炮"时代的到来，依然使用往复式蒸汽机的"留里克"号已经显得过时，于是俄方没有再建造同型舰船。完工后，"留里克"号便服役于波罗的海，只在 1910 年短暂部署于地中海，后来在 1913 年担任过舰队旗舰。

增设了直杆式前桅的"留里克"号（第二代）巡洋舰（**NHHC NH 60712**）

最后的经典型装甲巡洋舰
意大利

正如前文所述，意大利海军原本的建造计划中包括四艘装甲巡洋舰，但第一艘直到 1904 年才获准订购。该舰名为"圣焦尔焦"号（San Giorgio），于 1904 年 8 月 3 日获得建造订单；之后，意大利海军在 1905 年 9 月 18 日订购了第二艘"圣马可"号（San Marco）。两舰皆由马斯迪奥设计，可被视作之前设想的"改进型'加里波第'级"的放大版本：新军舰保留了原先设计中的艏楼，不过艏艉的 8 英寸炮被更换为 45 倍径 10 英寸炮，舯部两舷的 8 英寸炮被更换为 45 倍径 7.5 英寸炮。新一级巡洋舰的轮机舱和"加里波第"级一样位于舰舯，锅炉舱则位于轮机舱前后，通过前后各两座烟囱排烟。[110] 此外，"圣马可"号是意大利海军第一艘采用蒸汽轮机的舰船；与姊妹舰相比，该舰上层建筑的结构也有所简化。两艘军舰的装甲布置都非常复杂，主要部分是完整覆盖水线的装甲带和上层装甲带；除了装甲甲板，还有同样具有装甲防护效果的主甲板和上层甲板作为补充。

完成海试后，两舰烟囱的高度有所降低[111]。它们在完工时和当时意大利的其他主力舰（如"埃莉娜王后"级战列舰的后两艘）一样，并未安装前桅。但这两艘巡洋舰在第一次世界大战期间加装了用于灯光通信的前桅，之后又换装更大型的设有桅顶火控系统的前桅。

与此同时，意大利的奥兰多和奥德罗造船厂也根据奥兰多的设计方案，建造了

完工时并未安装前桅的"圣焦尔焦"号巡洋舰（**作者个人收藏**）

"圣马可"号在完工时同样只有一座桅杆。可以通过全封装烟囱和更高的探照灯平台，将该舰与其姊妹舰区分开来（**作者个人收藏**）

两艘性能相似的舰船。不过，这两艘巡洋舰的外观与"圣焦尔焦"级存在明显区别：主要原因是前两舰沿用了类似于"埃莉娜王后"级战列舰上更常规的动力系统布局，当然不包括采用平甲板这一设计。两艘巡洋舰的武器配置和"圣焦尔焦"级一样（尽管舰炮和炮塔的型号有所不同）；主装甲带也基本相同，但前两舰总体的装甲布局更简洁，覆盖面更少，占用的重量因此减少。

尽管两舰是造船厂与意大利海军合作的产物，但它们迟迟没有获得海军的订单。直到 1907 年，两舰才以"阿玛尔菲"号（Amalfi）和"比萨"号（Pisa）的舰名正式获准采购。尽管当时的期刊声称两艘军舰的建造纯属造船厂的商业投资行为，但其尺寸明显比通常以此方式建造的舰船大得多，加上海军曾介入军舰的设计：因此基本可以确定，这只是意大利用来缓解财政压力的一种手段，日本在采购"浅间"级巡洋舰时也使用过类似手段。另一方面，在售出"阿玛尔菲"号和"比萨"号后，奥兰多造船厂有一艘同型舰（代号 B，但部分文献称为代号 X）立即开工；不过当时该舰一直未被意大利海军购入，因此建造工作很快被暂停，以等待潜在的买家出现。[112] 完工时，该舰的主炮采用埃斯维克兵工厂制造的 9.2 英寸舰炮，而非意大利海军两艘同型舰装备的维克斯 10 英寸炮。之后，意大利军方似乎还打算基于这艘改进型舰船，继续建造同型舰船，不过新的舰船会继续安装维克斯的主炮：因为维克斯方面曾接到订单，生产 4 门 9.2 英寸舰炮"供意大利的巡洋舰使用"，但该订单随后被取消了。[113]

英国的末代装甲巡洋舰

早在 1903 年夏季，英国海军就开始考虑 1904—1905 年建造计划中的装甲巡洋舰设计方案。从具体时间上讲，这甚至是在海军决定调整"爱丁堡公爵"号的设计，最终相应舰船发展为"勇士"级巡洋舰之前。[114] 该方案所设想的军舰在装甲防护上至少和前型舰相当，如果可能，还会增加水线主装甲带的厚度。到当年 12 月，总共出现了 11 种武器配置方案，所用火炮包括双联装和单装的 9.2 英寸炮及 7.5 英寸炮，其中有一个方案还采用了双联装 6 英寸炮。值得一提的是，这些配置方案中的某一些曾作为"爱丁堡公爵"级和之后"勇士"级的备选方案（6 门单装 9.2 英寸炮，外加6 座双联装 6 英寸炮炮塔或 6 门单装 7.5 英寸炮）；除此之外的方案则是混合安装双联装 9.2 英寸炮炮塔和 7.5 英寸炮。有一个完全采用 7.5 英寸主炮的方案共配备多达16 门 7.5 英寸炮（位于 8 座双联装炮塔中），甚至有个方案配备了 18 门（6 座双联装炮塔及 6 门单装炮）；有一些方案以单装 9.2 英寸炮替换了双联装的 7.5 英寸炮，另一些方案则是布置双联装 9.2 英寸炮，外加 6 座双联装 7.5 英寸炮炮塔或 10 门单装同口径火炮。

全部安装 7.5 英寸炮的方案被认为舰上空间会太过拥挤，另外军舰在承担舰队侦察任务时缺乏穿甲能力。海军军械总监指出，可以参考美国的"田纳西"级，将双联装 9.2 英寸炮更换为单装 10 英寸炮，从而加强军舰的穿甲能力。但经费问题随即暴露出来（购入"凯旋"号和"快速"号甚至使这一问题更加严重）。因此，海军对恢复炮郭，以安装副炮的设想进行了研究，并考虑过混合安装 7.5 英寸炮和 6 英寸炮。但很明显，相比全炮塔的方案，这样的设计已显落后——到 1904 年 2 月，海军做出决定，就算要解决经费问题，也会减少军舰建造数量，而不是压缩单舰的造价（换句话说，不会采用炮郭这种落后的设计）。此外，海军决定继续以 7.5 英寸炮，而非 6 英寸炮作为副炮。他们会在两个采用两座双联装 9.2 英寸炮炮塔的方案（军舰侧舷齐射投射量和之前"爱丁堡公爵"级的 6 门单装炮相当）中做出选择；最后，由于军方更青睐单装而非双联装副炮，因此决定采用 10 门单装 7.5 英寸炮（两舷各 5 门）。

新军舰的两座双联装主炮塔采用的是 50 倍径 Mk XI 型 9.2 英寸炮，但该型炮塔原本是为"纳尔逊勋爵"级［Lord Nelson-class（1906）］战列舰而设计，因此重量远大于巡洋舰使用的型号。军舰完工前，考虑到当时鱼雷舰艇的尺寸有所增加，舰上的三级舰炮从 3 磅炮升级成了 12 磅炮。同时，该级舰摈弃了混合锅炉的设计，全部采用水管锅炉，因此动力系统功率相比"勇士"级增加 4000 马力。

就装甲防护而言，新军舰基本沿用了"勇士"级的布置，但由于舰体长度增加，装甲的防护性能有所减弱。该级舰并未安装上层装甲带（不过在提弹井位置布置了 7

刚完工时，"米诺陶"号的烟囱还相对低矮。通过垂直的烟囱和桅杆设计，可将该舰及其姊妹舰与前型舰船区分开来（**作者个人收藏**）

英寸厚装甲）以及同一高度层的横向隔舱装甲，此外靠近舰艇部位的主装甲带厚度也降至仅 1 英寸。该级舰在水平防护上主要依靠设有装甲的低层甲板，在发动机气缸部位也设有装甲堡提供防护；同时，舰体的水下部位可通过动力系统舱段的未穿孔舱壁（Unpierced Bulkhead），获得相应的防护。

最初，1904—1905 年的建造计划共包含该级军舰四艘，即"米诺陶"号（二代）、"香农"号（二代）、"防御"号（二代）和"俄里翁"号（Orion）。正如上文所述，因购买"凯旋"号和"快速"号而导致的经费紧张，导致后续一些舰船无法建造（"纳尔逊勋爵"级战列舰第三艘的建造也是因为此事被取消）。在建成的巡洋舰中，"香农"号的舰型与其姊妹舰不同，这是因为人们对空心艏（hollow bow，当时常见的舰艏设计）和全垂直舰艏孰优孰劣存在争论；从某种意义上讲，该舰正是为了解决这一争论而诞生。海试期间，人们在对比中发现，哪怕从理论上讲拥有比"米诺陶"号更有利的试航条件，"香农"号的航速还是慢了约 0.5 节（其动力系统功率甚至比前者多出 1000 马力）。不过，"防御"号也没能达到其设计航速，只有"米诺陶"号可以达到 23 节航速（该舰的另一个特点是使用了巴布科克 & 威尔科克斯的锅炉；相比采用雅罗式锅炉的两艘姊妹舰，该舰的烟囱尺寸更大）。该级四艘军舰的烟囱和桅杆恢复了垂直样式，而不像"德文郡"级到"勇士"级那样一直将桅杆倾斜：此前的使用经验表明，倾斜桅杆在使用起重机吊臂收放小艇时，存在张力过大的问题。[115]

该级军舰中，"香农"号最早进入现役，在本土舰队第 5 巡洋舰中队担任旗舰。1909 年 3 月海军编制重组后，该舰被调往第 2 巡洋舰中队，从 1910 年 3 月开始担任该中队旗舰；但在 1909 年 12 月 5 日，其在朴次茅斯与"乔治亲王"号［Prince George（1896）］意外相撞。1912 年 3 月，"不挠"号（Indomitable）取代"香农"号，担任本中队旗舰；而后者被调往第 3 巡洋舰中队，曾短暂担任该中队旗舰，但很快在年底回到第 2 巡洋舰中队担任旗舰，之后该舰一直在这个中队服役。尽管一开始是在本土舰队的第 1 和第 5 巡洋舰中队服役，但"米诺陶"号很快就在 1910 年 1 月被调往远东，接替"阿尔弗雷德国王"号担任舰队旗舰，并服役到第一次世界大战爆发。该舰在战前接受的现代化改造只包括将烟囱加高 15 英尺，并在 1909 年加装测距钟，后在 1913—1914 年间移除了防鱼雷网。

"防御"号是英国海军装备的最后一艘常规型装甲巡洋舰。该舰的完工时间甚至晚于装备 12 英寸主炮的"无敌"级（Invincible-class）巡洋舰——这艘巡洋舰很快就被重新定级为战列巡洋舰。因此，在本土舰队第 5 和第 2 巡洋舰中队短暂服役后，"防御"号加入了由"米诺陶"号和三艘"无敌"级战列巡洋舰组成的第 1 巡洋舰中队；哪怕"米诺陶"号于 1910 年 1 月被部署至远东，"防御"号依然服役于该中队。不过，该舰曾在 1911—1912 年间负责护送"麦地那"号［Medina（1911）］皇家游艇前往德里杜尔巴；之后其被派往远东，加入了"米诺陶"号所在的舰队。

1913 年 1 月 1 日皇家海军对舰队编制进行重组后，当时的地中海舰队成为一支完全装备巡洋舰的舰队。其主力为第 2 战列巡洋舰中队下辖的四艘战列巡洋舰，由重组的第 1 巡洋舰中队提供支援（此前归属本土舰队的第 1 巡洋舰中队被改组为第 1 战列巡洋舰中队）。新的第 1 巡洋舰中队的旗舰由"防御"号担任，截至 1914 年 8 月，该中队另辖有"黑太子"号、"爱丁堡公爵"号和"勇士"号装甲巡洋舰。

单一口径主炮

相比意大利和英国海军在末代大型巡洋舰上混合布置两种口径的主炮，法国海军有所不同。在 1904 年和 1905 年的建造计划中，他们修改了"厄内斯特·勒南"号两艘姊妹舰（两舰也是 1903—1905 年间法国海军仅有的获准建造的大型舰船）[116] 的设计方案，将原先"厄内斯特·勒南"号采用的 7.6 英寸主炮和 6.5 英寸主炮统一为 14 门 7.6 英寸炮；其中 4 门安装在艏艉的双联装炮塔内，6 门位于上层甲板的单装炮塔内，剩余 4 门被安装在舷侧舷台内，副炮则是 18 门用于对付鱼雷艇的 65 毫米炮。除武器配置外，相比"厄内斯特·勒南"号，新的军舰还调整了装甲的厚度，并修改了上层建筑的设计。同时，新一级军舰采用全封闭的烟囱和新的垂直艏，相同的舰艏设计也被应用于"丹东"级及其后续的战列舰。两艘巡洋舰分别为"瓦尔德克-卢梭"号（Waldeck-Rousseau）和"埃德加·基奈"号（Edgar Quinet），于 1905—1906 年间开工。它们都在 1911 年完工，是法国海军中最后的完全采用往复式蒸汽机的大型舰船["丹东"级战列舰已改用蒸汽轮机，而 1912 年刚刚获准建造的"诺曼底"级（Normandie-class）战列舰混合安装了涡轮和往复式蒸汽机]。进入海军后，两舰均服役于"勒南"号所在的地中海分舰队第一游击分队。

德国海军的大型巡洋舰从未混合安装过不同口径主炮：一直统一安装 8.2 英寸主炮；不过从"阿达尔伯特亲王"级开始增设了 5.9 英寸副炮。德国海军的末代大型巡洋舰或许是此类舰船当中最杰出的典范，只是这艘军舰的结局（最终战沉）并不令人满意。该舰后被命名为"布吕歇尔"号（Blücher），其设计方案的发展过程非常曲折。最初，该方案希望打造一型比"沙恩霍斯特"级航速更快且防护性能更佳的舰船，装备 8 门 8.2 英寸炮。[117] 随后，这一口径主炮的数量很快就增至 12 门，分别位于 6 座双联装炮塔内；但受限于经费问题，之后的设计方案回归 10 门甚至更早 8 门主炮的布局，但也增加了副炮的数量。

同时，尽管当时有方案采用更新型的 9.4 英寸主炮，但该型舰炮被认为重量过重

完工后的"埃德加·基奈"号巡洋舰（作者个人收藏）

且造价过高。于是，在 1905 年 11 月，又一轮方案选型开始，并产生了一个比原先尺寸大得多（排水量达 14400 吨），而且装备 12 门 8.2 英寸主炮的方案。到当月末，新巡洋舰的基本设计指标已被敲定，但该舰想要开工还必须等上 18 个月——此时，这艘德国军舰已经被英国正在建造的装备 12 英寸主炮的巡洋舰远远甩在后面。然而，由于上述消息出现时，该舰的建造经费已经敲定，德国海军也就没有再尝试为军舰安装更大口径的主炮。一个流传甚广的说法是，德方有关人员在考虑"布吕歇尔"号的设计时，受到了"无敌"级的主炮口径只有 9.2 英寸这一情报的误导。但在当时德国方面的设计文件中，并不能找到任何证据支持这种说法；从"布吕歇尔"号的设计方案发展过程中，也找不到类似证据。

　　该舰最终于 1909 年 10 月进入舰队服役，并取代"约克"号，担任侦察群的旗舰，麾下包括"罗恩"号（副旗舰）、"格奈森瑙"号及另外 6 艘轻巡洋舰。但在 1911 年 9 月，装备 11 英寸主炮的"冯·德·坦恩"号（Von der Tann）战列巡洋舰取代"布吕歇尔"号成为旗舰，而后者被用作炮术训练舰。但"布吕歇尔"号很快在 1912 年返回舰队并前往丹麦海峡，在当年和次年的海军演习中担任第二巡洋舰分队旗舰。参加后一次演习期间，该舰于 5 月 28 日不慎在大贝尔特海峡的罗姆斯岛（Romsø）搁浅，但很快在 6 月 1 日获救。

　　之后，"布吕歇尔"号接受整修，其间舰上增加了一座用于测试的三脚桅杆。这是德国海军首次使用此类桅杆，可以安装足够大的桅盘，以装备测距仪和一套原始的射击指挥系统。射击指挥系统最初只能用来指挥左舷的副炮，到 1914 年才能指挥右舷副炮；到当年年底能够指挥该舰主炮。在"布吕歇尔"号上进行测试后，相应的三脚桅杆随即被应用到了设计于 1913 年及之后的主力舰上。和其他所有负责执行辅

建成时的"布吕歇尔"号巡洋舰（**作者个人收藏**）

助任务的舰船一样，"布吕歇尔"号也在一战爆发后重返舰队服役。

战列巡洋舰的黎明

诞生

20 世纪初，巡洋舰的主炮口径最大也只是达到 10 英寸[①]。但随着时代快速发展，火炮射程的提升以及大型巡洋舰的战略和战术有了长足进步，这一口径限制迅速被突破，巡洋舰主炮的口径甚至变得与战列舰相当。

这种"大型舰炮巡洋舰"首次出现于 1899 年法国的海军舰船设计师柏坦向海军部长拉克洛提出的一份设计草案中。该草案设想的军舰是"莱昂·甘必大"级的放大版本（排水量达 14500 吨），艏艉各装备 1 门 12 英寸主炮，外加 14 门 6.5 英寸副炮（6 门位于炮塔内，剩下火炮位于主甲板侧舷舷台内）。[118] 不过，这一设计方案并未继续发展，反而是日本在 1905 年订购了第一艘此类舰船。

有趣的是，在设计建造这种舰船前，日本还考虑过全部使用 6 英寸主炮的设计方案：共有 20 门 6 英寸炮，分布于 8 座双联装炮塔（艏楼和艉楼中轴线各 2 座，另 4 座位于中央装甲堡四角）和 4 座单装炮郭内，主装甲带厚度为 6 英寸。[119] 但根据这种设计方案建造的军舰，已经无法履行日俄战争期间装甲巡洋舰（需要履行）的相应职能。日本最终订购两艘各装备 4 门 12 英寸主炮的巡洋舰，相比"六六舰队"计划当中装备 8 英寸主炮的巡洋舰，这是一次幅度相当大的跨越。

两舰的建造费用由一项临时特别预算案拨付，在 1904 年获得批准。该预算案共包括 2 艘战列舰、4 艘装甲巡洋舰和 47 艘其他小型舰船的建造经费。前两艘装甲巡洋舰分别为"筑波"号（Tsukuba）和"生驹"号（Ikoma），于 1904 年 7 月 4 日获准建造——不过两舰已在 6 月 23 日提前开工。[120] 另两艘的建造则在 1905 年 1 月获得批准，其中"鞍马"号（Kurama）的经费由特别预算（和前两艘一起被划入 1904 年战时补充建造计划）拨付，"伊吹"号（Ibuki）则被划入战前（1903 年 6 月）的第三期海军扩充计划。后一计划包含 3 艘战列舰和 3 艘装甲巡洋舰的建造经费，但当时只有 2 艘战列舰处于建造进程。[121]

新舰的设计工作在 1904 年下半年完成，首舰于 1905 年 1 月开工。该级舰艏艉的 2 座 12 英寸主炮炮塔赋予了军舰与同时代战列舰相当的火力，同时军舰航速达到了 20.5 节——相比当时绝大多数标准战列舰 18 节的航速多出 2.5 节。但从另一方面讲，该级舰的主装甲带厚度仅为 7 英寸，同时代的战列舰相同部位厚度则是 9 英寸。因此，"筑波"级巡洋舰代表了一种新的舰船，其足以击败任何一艘巡洋舰，在遇到比自身更强大的舰船时又能快速逃离；由于军舰艏楼甲板延伸到了相当靠近舰艉的位置，因此适航性也相当出色。另外，该舰是多年以来第一次采用优雅的飞剪艏而非此前常见的冲角艏的大型舰船；同时基于战时经验，该级舰尽可能削减了上层建筑的规模。作为第一艘由本国独立设计建造的主力舰，日本在"筑波"级的建造过程中面临着相当多的挑战；尽管"筑波"号在开工两年后便顺利完工，其姊妹舰耗费的建造时间却长得多。

"筑波"号和"生驹"号的副炮包括位于舷台内的 12 门 45 倍径 6 英寸炮和 12 门 50 倍径 4.7 英寸炮。6 英寸副炮中的 8 门最初被安装在主甲板炮郭内，但事实最终

---

① 译者注：唯一的例外是日本在 1889—1891 年间建造的"松岛"级巡洋舰，其装备有 1 门专门用来穿透战列舰装甲的 12.6 英寸火炮。

证明位于这里的火炮在军舰航行时，会因为环境太过潮湿而难以操作；因此，相应的炮门在1913—1914年间被封闭，有6门炮被挪到上层甲板的对应位置，取代之前的4门4.7英寸炮。在"鞍马"号和"伊吹"号上，原先的6英寸炮被替换为8门45倍径8英寸炮，位于中央装甲堡四角的双联装炮塔内；这导致两舰的长度增加10英尺，排水量也增加800吨，为此需要安装额外的8台锅炉来提供动力，并加装第三座烟囱。

尽管前两舰开工不久后，"鞍马"号也在1905年开始建造；但由于当时需要建造"萨摩"号（Satsuma）和"摄津"号（Settsu）战列舰，而横须贺海军造船厂的主要任务是对打捞的俄罗斯战列舰进行修复重建，因此，该巡洋舰的建造进度相当缓慢。此外，"伊吹"号的开工遭遇延期，因为当时"安艺"号（Aki）战列舰占据着用于建造前者的船台。不过，等到1907年5月"伊吹"号的舰体真正开始建造，

"筑波"号巡洋舰，摄于其服役早期（**作者个人收藏**）

"鞍马"号巡洋舰（**作者个人收藏**）

该舰整体的进展便相当顺利。不久后，日本做出决定，将原本准备为"伊吹"号安装的往复式蒸汽机更换为蒸汽轮机，并增设具有射击指挥能力的火控系统（这两种物品都是首次在日本海军中得到应用）。虽然进行了上述改动，该舰还是在 1909 年11 月顺利完工——其实"伊吹"号和"安艺"号都需要安装蒸汽轮机，但前者拥有更高的优先级，因此后者的建造进程有所延后，直到 1911 年才完工。"鞍马"号也在这一年完工，相较其姊妹舰，该舰采用了大型的三脚桅杆以搭载现代化的火控设备，因此桅杆和烟囱的高度甚至超过"伊吹"号。"筑波"号在完工之后同样加高了，"生驹"号和"伊吹"号的桅杆则没有发生变化。

至于此前建造的装甲巡洋舰，"吾妻"号也采用了全封装的烟囱并有所加高；1912—1914 年间，"春日"号和"日进"号接受了类似改造。后两艘军舰之所以接受改造，是为了将当时已显落后的圆筒式火管锅炉替换为新的舰本式①锅炉。当然，"日进"号接受改造的原因还包括该舰锅炉在 1912 年 11 月发生了爆炸事故，共造成20 人死亡。"常磐"号早在 1910 年就换装舰本式锅炉，但该舰的姊妹舰在第一次世界大战爆发后，才接受了相应改造。

成熟

在英国，全重型火炮装甲巡洋舰始于 1904 年末所制订的 1905—1906 年建造计划（约翰·费舍尔海军上将在当年 10 月升任第一海务大臣，同时带来了他相当激进的改革计划）。当时有人提出对"米诺陶"级（此时正准备开工）进一步实施现代化改造，包括将军舰舷侧的 7.5 英寸炮更换为两舷各 3 座双联装 9.2 英寸炮，备选方案则是在两舷各布置 2 座双联装和 1 座单装炮塔（和"纳尔逊勋爵"级战列舰相同）。尽管这些改装方案最终并未实施（因为修改设计方案所需的时间令海军无法接受），但相应的设计理念会被应用于下一代巡洋舰。新巡洋舰的设计方案一开始是基于 14/16 门 9.2英寸炮的思路提出，但很快被修改为 8 门 12 英寸炮：某种意义上讲，英国之所以做出这样的修改，是因为日本将其新一代装甲巡洋舰的主炮放大到了这一口径。

组建于 1904 年 12 月的一个舰船设计委员会对一系列设计草案进行了评估，最终给出的要求是军舰最大航速需达到 25.5 节，但仅装备 12 英寸主炮和用于对付鱼雷艇的轻型火炮；而装甲防护性能必须达到"米诺陶"级的水平。为了朝军舰前方发射出更强大的火力，前三个设计草案甚至将 2 座双联装 12 英寸主炮炮塔安装在艏楼两侧（其中一个方案还在舰艉后舰桥位置加上了 2 座炮塔）——这种罕见的主炮塔布置样式曾出现在俄罗斯的"叶卡捷琳娜二世"级〔Ekaterina II-class（1883—1889）〕战列舰，以及德国的"齐格弗里德"级〔Siegfried-class（1889—1895）〕岸防战列舰上。不过，炮口爆风导致这种设计无法成为现实，而且这样做会降低舷侧的强度。于是之后的两个草案恢复了棱形的主炮塔分布样式，且后一个草案（E 方案）对于侧舷炮塔采用了斜置布置的样式，以确保一侧炮塔受损的情况下，另一侧炮塔还能越过甲板进行射击。之后有一个草案将两座主炮塔放置在舰艏上层建筑两侧，并取消了艏楼的主炮塔，但最终被选用的还是 E 方案。

1905 年 1 月，在确定新的"无畏"号（Dreadnought）战列舰会使用蒸汽轮机后，皇家海军开始研究将"米诺陶"级的双轴往复式蒸汽机更换为蒸汽轮机的可行性，

---

① 译者注：即舰政本部的缩写。

到次月便确定采用四轴推进的蒸汽轮机动力系统。尽管在当年 6 月就已经获得海军委员会批准，但这三艘被称为"无敌"号（Invincible）、"不屈"号（Inflexible）和"不挠"号（Indomitable）的新巡洋舰还是等到了 1906 年，才真正开始建造。开工后，三舰的建造进度相当迅速，均在 1907 年春下水，并于 1908 年全部完工；它们的服役时间比"米诺陶"级的最后一艘"防御"号还早，仅晚于日本的第一艘全重型火炮大型巡洋舰，但这三艘军舰也使得日本那具有革命性的舰船设计几乎立刻变得落伍了。

尽管"无敌"级巡洋舰的主炮口径已经被放大到 12 英寸，但装备 9.2 英寸主炮的装甲巡洋舰的设计并未就此停止。作为节省经费的一种手段，一系列采用 9.2 英寸主炮的装甲巡洋舰的设计方案依然出现在 1908—1909 年的建造计划中。[122] 其中一个方案可被视为将主炮更换为 9.2 英寸炮的缩小版"无敌"级——相较后者，该方案将军舰长度缩短 40 英尺，排水量也减少 1500 吨；武器装备包括 8 门 50 倍径 9.2 英寸炮和 16 门 Mk VIII 型 40 倍径 4 英寸炮（而非更重型的 50 倍径 Mk VII 型火炮），以及 2 具鱼雷发射管。这种军舰的装甲布局也基本和"无敌"级相同，只是在少数部位削减了装甲厚度。其他的一些方案中，有一个在军舰中轴线上安装 3 座双联装炮塔，排水量达 13000 吨；另一个在舰上安装了 2 座双联装炮塔和 2 座单装炮塔。

然而，随着德国在 1907 年末的建造计划中加入全重型主炮巡洋舰（首舰为"冯·德·坦恩"号），英国的下一代装甲巡洋舰，即"不倦"号（Indefatigable）转而选用了 12 英寸主炮。不过，采用 9.2 英寸主炮的巡洋舰设计方案一直存续到了 1913 年，当时的 E2 方案和 E3 方案就分别装备有 8 门和 6 门 9.2 英寸炮，排水量分别为 15500 吨和 17850 吨，最大航速达 28 节，主装甲带厚度达 6 英寸。

刚完工的"不挠"号巡洋舰
（NHHC NH 60003）

"阿韦罗夫"号是一艘服役生
涯堪称漫长的巡洋舰。本图摄于其
服役早期（**作者个人收藏**）

尽管一战前只有英国、德国和日本真正建造过前文所述的全重型主炮巡洋舰，但早在 1903 年，美国海军战争学院举行的一次会议上，有人就曾设想一种装备战列舰级别装甲的"田纳西"级改进型号，其武器装备包括 4 门 12 英寸炮和 22 门 3 英寸炮（不再装备 6 英寸炮）。1908 年，该学院参照英国"无敌"级，对他们自己设想的军舰设计方案加以调整；到 1909 年 11 月，这些人基于当时最新的"怀俄明"级（Wyoming-class）战列舰，共给出 6 版航速可达 25.5 节的巡洋舰设计草案。这些设计草案体现了美国人为提升军舰航速而牺牲多少装甲和火力的过程中不同程度的取舍。然而，美国方面并未将这些草案付诸实践，直到日本海军在 1914 年开始发展自己相关的舰船；事实上，日本人和英国人提出的构想一样，最终都发展成了"高速战列舰"。[123]

1911 年 11 月 24 日，英国海军将"无敌"号及其后继型装甲巡洋舰（再加上即将服役的"不倦"号）正式定级为战列巡洋舰。这标志着一个新舰种的诞生，也标志着之前一种舰船已经过时。正如前文所述，1913 年 1 月，英国海军原先的第 1 巡洋舰中队更名为第 1 战列巡洋舰中队，此事表明两种舰船的职能已经被完全区分开来。日本海军也在 1912 年将"筑波"级和"鞍马"级，以及前一年刚开工的装备 14 英寸主炮的"金刚"级（Kongo-class）首舰定级为战列巡洋舰。不过，德国海军并未追随前两者的步伐，而是继续将他们的全重型主炮巡洋舰（"冯·德·坦恩"号已于 1910 年 9 月服役，之后每年都会增加一艘同型军舰）和之前的装甲巡洋舰一起称作"大型巡洋舰"（large cruiser），直至 1919 年该国海军被解散。[124]

最后的血脉

建造工作一度停摆的"比萨"级三号舰最终在 1909 年 10 月被希腊购买（但这也是为了该舰不被土耳其购买）[125]，占建造费用三分之一的订金是由当时在埃及经营的希腊富商和慈善家尤里琉斯·阿韦罗夫（Georgios Averof，1815—1899 年）支付。这意味着他需要拿出自己五分之一的资产，来建造这艘会被用于训练希腊海军军官的巡洋舰，而他的条件就是该舰需要以自己的名字命名。该舰其余的费用则来自希腊国家舰队经费。

除上文已经提到的武器装备的差异，"尤里琉斯·阿韦罗夫"号与其意大利姊妹舰的另一处区别，便是前者装有 2 座三脚桅杆。1911 年 6 月，该舰入役不久便驶往英国，一方面是为了参加庆祝英国国王乔治五世加冕而举办的阅舰式，另一方面也是为了在英国装载军舰所需英制 9.2 英寸炮和 7.5 英寸炮的弹药。但阅舰式结束后，该舰在进入朴次茅斯海湾时意外触礁，不得不入坞修理一个月，其间该舰舰员差点发生哗变。

"阿韦罗夫"号的存在让土耳其十分担忧，于是在 1909 年 12 月，奥斯曼帝国的大维齐尔（相当于宰相）便告知驻伊斯坦布尔的德国武官，他希望为奥斯曼海军购买一艘装甲巡洋舰外加数艘驱逐舰，以制衡正在扩充的希腊海军。德国很快便同意向土耳其出售四艘鱼雷艇，但双方在大型舰船的出售一事上经历了重重困难。最初考虑的是"布吕歇尔"号，可土耳其的目光很快便转向当时尚未完工的战列巡洋舰"冯·德·坦恩"号、"毛奇"号（Moltke）及"戈本"号（Goeben）。不过，到当年 7 月，德国国务秘书便将军售选项从一艘大型巡洋舰，调整为多艘"勃兰登堡"级（Brandenburg-class）战列舰。最终在 1910 年 9 月 1 日，德国向奥斯曼土耳其移交"腓特烈·威廉选帝侯"号（Kurfürst Friedrich Wilhelm）和"维森堡"号（Weißenburg），两舰分别更名为"巴巴罗萨·海雷丁"号（Barbaros Hayreddin）和"德拉古特"号（Turgut Reis）。我们将在后文中发现，这些军售仅仅是希腊和土耳其走向武装对抗的第一步。

跻身大型巡洋舰俱乐部的新国家及其海军

通过《海上部队法案》（Naval Service Act）后，加拿大国会依此成立了加拿大海上部队（Naval Service of Canada，后于 1911 年 8 月正式更名为加拿大皇家海军）。为满足这支新海军训练的需要，英国皇家海军向其移交两艘巡洋舰，其中排水量达 3600 吨的"阿波罗"级（Apollo-class）巡洋舰"彩虹"号（Rainbow）会被部署到太平洋海岸，而更大的"尼俄伯"号会被部署在大西洋。两舰在移交前都接受了整修改造，包括增加新的供暖系统、住舱空间和无线电设备。"尼俄伯"号于 1910 年 10 月 21 日抵达新斯科舍的哈利法克斯港，之后在 11 月 12 日正式移交给加拿大方面。不过，在之后的巡航训练中，具体是 1911 年 7 月 30—31 日的夜间，"尼俄伯"号在塞布尔角（Cape Sable）附近海域（当晚出现浓雾）意外触礁搁浅；相应的维修工作持续到 1912 年 1 月，而且此次事故永久性地降低了该舰的最大航速。之后，"尼俄伯"号被封存，直到一战爆发才重新被启用。

同样在 1910 年，另一个国家也拥有了大型巡洋舰。当时秘鲁因为担心厄瓜多尔向意大利购买"翁布里亚"号［Umbria（1891）］，便向法国提出购买一艘装甲巡洋舰来应对这一威胁。法国最初打算向秘鲁出售一艘"克莱贝"级巡洋舰；不过到 1911 年春，前者向后者提议购买前者已退役的"杜佩·德·洛美"号并实施改造。双方最终于 1911 年 7 月签署购买合同，秘鲁为购买军舰花费 300 万法郎，外加 70 万法郎用以整修改造。购舰工作顺利展开，军舰于 1912 年 1 月到 3 月间进行海试。尽管当时负责接收的秘鲁船员并没有到位，该舰还是在 9 月被正式移交给秘鲁海军并更名为"埃利亚斯·阿吉雷中校"号（Commandante Elías Aguirre）。

值得一提的是，"翁布里亚"号巡洋舰最终被出售给海地[126]，秘鲁因此没有了购买这艘装甲巡洋舰的急切需求，随即便延缓支付款项的进度；直到一战爆发前夕秘鲁最终召回前去接收的舰员，该国也只支付了最初 100 万法郎的款项。经过协商，该舰于 1917 年被退还给法国，秘鲁先前支付的钱款被用于抵扣军舰整修的费用（90 万法郎），但之后有 40 万法郎的出售盈余被返还给秘鲁。等待出售期间（军舰原先的舰名"杜佩·德·洛美"已被法国海军的一艘潜艇使用），该舰被系留在洛里昂港；停泊在此的美国海军舰船所载船员，将这艘法国军舰用作他们的浮动宿舍。巡洋舰"杜佩·德·洛美"号于 1918 年 10 月被售出——但该舰迎来的不是被拆解的结局，而是另一段服役生涯。

美国海军的现代化改造

1909—1914 年间，为了对火控系统进行现代化升级，美国所有战列舰和"布鲁克林"级之后的装甲巡洋舰（除"圣路易斯"级外）都换装了笼式桅杆。其中战列舰是原有的两座桅杆都被替换，而装甲巡洋舰只是前桅被替换（最后一艘是"蒙大拿"号，其在 1914 年接受相应改造）。[127] 此次现代化改造期间，上述舰船原有的 3 磅炮、舰桥望台、舰艉舰桥和木制海图室均被移除，因为海军认为，舰船未来的指挥活动会主要发生在司令塔内。做出这一改变的依据来自日俄战争，因为这场战争中暴露在外的舰员——尤其是位于开放式舰桥的海军军官——伤亡十分严重，这也是举行于 1908 年的纽波特海军会议所得出的一个重要结论。[128] 除了"宾夕法尼亚"号，该级其余各舰原先安装的桅杆上部的平台也都被拆除。此外，"宾夕法尼亚"号和"科罗拉多"号一样，舰上原先的 24 台尼克劳塞式锅炉在 1914 年被更换为 12 台巴布科克 & 威尔科克斯式锅炉，不过还是保留了靠近舰体前部的 8 台"复合"锅炉。

接受改造时，"宾夕法尼亚"级和前两艘"田纳西"级巡洋舰仍服役于太平洋舰队。但在 1910 年，两艘"田纳西"级组成一支特别编队前往阿根廷，参加该国的建国 100 周年庆典；之后，两舰北上加入大西洋舰队，与另外两艘自 1908 年完工后便在此服役的姊妹舰汇合。1912 年 11 月—1913 年 5 月，"田纳西"号和"科罗拉多"号又组成一支特混编队前往地中海，于巴尔干战争期间负责维护美国在当地的利益。

美国海军大型巡洋舰上的前桅在 1909—1914 年间被更换为笼式桅杆。本图摄于"田纳西"号完成改造后不久（LoC LC-D4-22786）

　　1911 年 1 月，施工人员在"宾夕法尼亚"号上从后桅一直到舰艉的位置临时搭建了一段甲板。当月 18 日，一架飞机成功在该甲板上完成降落。同月 24 日，"宾夕法尼亚"号又成为美国海军中第一艘释放载人系留气球的舰船；但在此之前，俄军已经进行过类似试验。"宾夕法尼亚"号在当年 9 月被编入太平洋后备舰队——当时美国海军缺乏舰员，许多大型巡洋舰在之后的数年里都被封存。

　　被部署在大西洋的"北卡罗来纳"号和"蒙大拿"号于 1911 年进入预备役。后者在 1914 年被改造为鱼雷训练舰，因此军舰上层甲板处加装了 21 英寸和 18 英寸鱼雷发射管。"华盛顿"号于 1913 年 7 月—1914 年 4 月间退出现役，并在布鲁克林担任勤务舰。重新服役后，该舰立即被部署至加勒比海地区，以应对当时海地、多米尼加共和国和墨西哥之间可能的局势恶化；该舰一直停留于加勒比海域，直到 1916 年年初才返回本土接受整修改造。

　　墨西哥的局势同样使"北卡罗来纳"号在 1914 年 8 月再次加入现役，该舰接替了"密西西比"号战列舰（1905 年被出售给希腊），担任维拉克鲁兹（Veracurz）的海军航空兵基地留守舰。很快，随着第一次世界大战爆发，该舰和重回现役的"田纳西"号及"伊阿宋"号［Jason（1912）］运煤船一道前往地中海，撤离美国和其他中立国的侨民，两艘巡洋舰最终于 1915 年 8 月返回美国本土。之后，"北卡罗来纳"号被派往佛罗里达州彭萨科拉港，担任海军航空兵基地的留守舰。该舰因此加装了一

1911 年 1 月在马尔岛加装了临时飞行甲板的"宾夕法尼亚"号巡洋舰。此时该舰并未换装笼式桅杆（NHHC NH 70595）

1916 年 8 月 29 日，原本停泊在圣多明戈的"孟菲斯"号（前"田纳西"号）被一场飓风产生的风浪推上了海岸。该舰被判定为无法实施救援，随即便由"新汉普郡"号战列舰的舰员拆除舰上所有还能使用的武器和装备。"孟菲斯"号于 1917 年 12 月被除名，并在 1922 年被出售拆解，拆解工作一直进行到 1938 年（NHHC NH 49912）

部早期的飞机弹射器，从而成为第一艘安装此类设备的军舰。该舰于 1915 年 11 月 5 日成功弹射起飞一架飞机。

处于预备役期间，"宾夕法尼亚"号巡洋舰在 1912 年 8 月更名为"匹兹堡"号（Pittsburgh），该舰原本的舰名由一艘新开工的战列舰使用。到 1920 年，所有以州名命名的巡洋舰都将舰名更改为相应州的某座主要城市——但不会是首府。[129] 这不仅反映出美国海军战列舰数量的增加，也意味着大型巡洋舰在该国海军中的地位明显下降。

摄于 1917 年的"西雅图"号巡洋舰（前"华盛顿"号），图中可见舰艉用于起飞舰载机的弹射器和有所加长的起重吊车（NHHC NH 86410）

1914 年 1 月，由于墨西哥革命导致局势紧张，"匹兹堡"号被再次启用。该舰前往太平洋舰队，担任墨西哥西海岸的太平洋舰队旗舰；但一个月后，该舰便由于锅炉故障重新被划入预备役，并在这里待到 1916 年 2 月（其间军舰更换了上述有故障的锅炉）。"加利福尼亚"号因此取代"匹兹堡"号，成为舰队旗舰。1914 年 4 月，美军重新启用"西弗吉尼亚"号和"南达科塔"号，并将两舰派往墨西哥。1914 年，"科

罗拉多"号也曾因需要在墨西哥服役而被短暂启用。由于当时美国认为本国在加勒比海的利益依然受到威胁，"田纳西"号自欧洲返回后亦被派往加勒比海，并在之后三个月中参与针对多米尼加革命的干涉行动。该舰在 1916 年 5 月 25 日更名为"孟菲斯"号（Memphis），不久后（具体是 8 月）因遭遇风浪而搁浅在海岸上。

在 1916—1917 年间的整修改造中，"宾夕法尼亚"级和"田纳西"级巡洋舰都加装了新的火控系统（"蒙大拿"号将前桅下层的探照灯更换为 1 部测距仪），以及 2 门 3 英寸防空炮。此外，以下舰船安装了一套用于起飞水上飞机的压缩空气弹射器——"华盛顿"号（1916 年 3 月）、"北卡罗来纳"号（1916 年 6 月，具体来说是以新设备替换此前的试验型号）和"亨廷顿"号（Huntington，原"西弗吉尼亚"号，1917 年 2 月）；"蒙大拿"号原本也会增设弹射器，但最终有关计划被取消。这些安装在军舰上的弹射器从后桅一直延伸至舰艉，水上飞机朝舰艉方向起飞。飞机降落时，军舰会使用有所改良的小艇起重机进行回收；平时将飞机存放在舰艉的上层建筑内，有滑轨将其与弹射器相连。"北卡罗来纳"号被选中，针对弹射器展开了大范围的测试，包括在舰队演习中实际使用；但相应测试表明这种弹射器在实战中太过脆弱，还会严重干扰舰艉主炮塔的运作。因此，"西雅图"号上的弹射器在 1917 年夏季被拆除，"亨廷顿"号在完成一次跨大西洋的护航任务后也拆除了该设备。"北卡罗来纳"号使用弹射器的时间最长，但也在 1918 年初将其拆除。

辅助服役任务

1904 年，约翰·费舍尔上将担任英国第一海务大臣后，便在海军中进行了大刀阔斧的改革。其中一项重要内容是清理后备舰船，许多老旧的舰船直接被除名：仅 1905—1907 年间，英军便拆解了"厌战"号、"北安普敦"号和所有"奥兰多"级巡洋舰。当时"纳尔逊"号以及"大胆"/"敏捷"级已经全部退役，和其他一些老旧舰船一起被用作辅助舰船。

此前有多艘老式巡洋舰被用作炮术训练舰——如"奥兰多"级——该级舰被拆解后，相应的职责由"埃德加"级巡洋舰接替。因此，"恩底弥翁"号、"忒修斯"号和"格拉夫顿"号在 1905 年接受相应改造，以取代"那喀索斯"号、"不朽"号和"无惧"号。三舰在改造中将部分 6 英寸炮更换为更新的型号，舰上的 4 门 6 磅炮也被更换为 4.7 英寸炮。"忒修斯"号和"恩底弥翁"号（作为炮术训练舰）一直服役到 1912 年，之后分别被"壮丽"号（Magnificent）和"朱庇特"号（Jupiter）取代。接着，前两舰转隶第四舰队，其舰载武器也被更换为之前的配置。

"北安普敦"号和其他老旧舰船在退役后担任青少年军官生训练舰。其中"直布罗陀"号和"圣乔治"号被改造为少年军官生远洋训练舰，而"霍克"号被用作青年军官生远洋训练舰。按照最初的计划，"皇家亚瑟"号会成为航海学校的训练舰，但最终该舰取代"阿里阿德涅"号，成为第 4 巡洋舰中队的旗舰。

正如前文所述，有三艘"大胆"级巡洋舰在 1902—1904 年间被改造为无动力的驱逐舰补给舰。但相应改造项目很快便在 1905 年 1 月被中止，军方选择了拥有自身动力的舰船，将其用作驱逐舰分队的补给舰。一批此时已显老旧的巡洋舰被选中改装为补给舰，其中"蛮横"号更名为"蓝宝石二号"，于 1905 年 2 月取代之前的"厄

上图：20 世纪初，英国的第一代铁壳大型巡洋舰逐渐走向退役的命运。本图摄于 T.W 瓦尔德公司位于莫雷坎比的拆船厂，1905 年 10 月 27 日。可见此时"北安普敦"号的拆解工作已经进行大半，其远处则是刚刚抵达的"雷利"号（兰开夏郡议会收藏）

下图：在德文波特作为"不摧一号"训练船壳的"强力"号，照片摄于 1922 年 10 月（德文波特海军历史传承中心收藏）

瑞波斯"号（Erebus，原"无敌"号），在波特兰担任驱逐舰补给舰。该舰（前者）并未进行太多方面的改造，只是舰台内的全部 6 英寸炮被拆除，以腾出更多空间。第二年有更多巡洋舰被改造为驱逐舰补给舰，包括"布莱克"号、"布伦海姆"号，以及尺寸相较前两者小得多的"利安德"号［Leander（1882）］。其中，前文提到的"蛮横"号在 1912 年年末退役并被出售拆解，而"布莱克"号和"布伦海姆"号一直服役到了 20 世纪 20 年代。军方也曾考虑将"圣乔治"号改造为驱逐舰补给舰，不过该舰因舰底进行过覆铜处理，停泊在钢制舰底的舰船附近时会产生原电池反应。这艘军舰最终在 1910 年被改造为补给舰，并取代诺尔港原先的同类舰船"泰恩"号［Tyne（1878）］。"圣乔治"号和"布莱克"级的两艘舰船一样，只保留了舰台内的四门 6 英寸炮。

上述三艘无动力的驱逐舰补给舰被用于港口勤务。原先的"大胆"号和"无敌"号现被用作朴次茅斯技术军官训练学校的浮动校舍（分别更名为"费思嘉"号和"费思嘉二号"）；"凯旋"号更名为"忒涅多斯"号（Tenedos），在查塔姆港作为浮动校舍服役至 1910 年，随后被转移到德文波特并再次更名为"印度河四号"（Indus IV）。

1912 年，"强力"号的动力系统被拆除，舰上空间也被改造为居住舱室，以便德文波特的少年军校生训练机构成员居住。这处浮动校舍于 1913 年 9 月 23 日启用，同样被改造为校舍的还有"桂冠"级巡洋舰"安德罗墨达"号，此时该舰已更名为"强力二号"。"可怖"号在规划中也会被改造为辅助舰船，军方甚至考虑过将其用作运煤船（运载量可达 12000 吨）。因此在 1914 年 7 月 14 日，相应部门批准拆除该舰的舰炮，但随着第一次世界大战爆发，这项改造不了了之；战争期间，该舰甚至执行过远洋任务。

"桂冠"号在 1913 年退役，次年有人便提出，在 1914—1915 财年将该舰改造为朴次茅斯的鱼雷学校的训练舰，以取代之前的"阿克泰翁"号［Actaeon，原先的四级舰"弗农"号（Vernon）］。但这个安排同样因一战爆发被打断，"桂冠"号因此继续作为司炉训练舰服役到 1915 年 7 月。该舰最终转隶至"费思嘉"训练设施作为浮动宿舍，取代了原先的"大胆"号和"无敌"号（两舰在 1914 年 8 月已被派往斯卡帕湾，且后者在拖曳期间意外沉没）。

6 战火试炼
TRIAL BY COMBAT

意土战争

英法两国借 1877—1878 年的俄土战争占领突尼斯和塞浦路斯后，意大利便一直觊觎着利比亚。1911 年，意大利准备发起侵略行动，并在当年 9 月向奥斯曼土耳其政府下达最后通牒。尽管后来奥斯曼土耳其提出将利比亚的实际控制权转让给意大利，只保留名义上的宗主权（和当时埃及实际上归属英国一样）；但意大利还是拒绝了这一提议，并在 9 月 29 日正式宣战。当时意大利海军的舰船在数量和质量上都拥有绝对优势，装甲巡洋舰是其舰队的重要力量；不过，"圣焦尔焦"号仍因先前的搁浅事故而接受维修，因此在战争爆发时无法作战。

"比萨"号和"阿玛尔菲"号自战争爆发便立即随"罗马"号和"那不勒斯"号(Napoli)战列舰封锁了的黎波里。但上述舰船很快被"贝内德托·布林"号[Benedetto Brin（1901）] 战列舰和意大利海军训练分队接替。训练分队下辖三艘战列舰及"卡洛·阿尔贝托"号巡洋舰，于 10 月 3—4 日间对岸上工事实施炮击。此时"朱塞佩·加里波第"号和"弗朗西斯科·费鲁乔"号也加入炮击行动，而"瓦雷塞"号负责掩护。4 日上午，"加里波第"号向海岸派出一支登陆分队；该部队在 5 日得到大约 1200 人的支援，很快占领了的黎波里城。不过，意军也很快遭遇敌军的反击，甚至一度丢掉城防要塞。但土军随即遭到包括"卡洛·阿尔贝托"号在内的海军舰船的猛烈炮击，该舰在 11 月前一直协助地面部队抵御土军的反击。其姊妹舰则位于意大利本土海域，被这场战争的总指挥官，即阿布鲁齐公爵路易吉·阿梅迪奥（Luigi Amedeo，Duke of Abruzzi，1873—1933 年）用作旗舰。

另一方面，利比亚方向的意军登陆部队很快占领托布鲁克（参与此处行动的舰船包括"比萨"号、"阿玛尔菲"号和"圣马可"号）和胡姆斯（"瓦雷塞"号和"马可·波罗"号参与其中）。但意军在班加西遭遇顽强的抵抗，"圣马可"号还曾为此处的本国陆军提供炮火支援。除此之外，"皮埃蒙特"号［Piedmont（1888）］防护巡洋舰所率领的红海分舰队在 1912 年 1 月 7 日红海的昆福达湾（Kunfuda Bay）海战中成功击败奥斯曼土耳其的一支小规模舰队，并成功封锁也门各港口。在地中海东部，"加里波第"号（旗舰）和"费鲁乔"号于 1912 年 2 月 24 日抵达贝鲁特。它们要求港内的两艘奥斯曼军舰——"圣访"号［Avnillah（1869，于 1907 年重建）[①]］装甲巡航舰和"安哥拉"号［Angora（1906）］鱼雷艇——向意大利投降。不过意军直至最后期限都没有收到回复，于是其军舰在 09:00 向两艘敌舰开火。

土耳其海军的反击并未取得什么效果，到 09:35，"圣访"号已燃起大火，舰员在降旗后弃舰。"加里波第"号随即拉近距离，对"安哥拉"号展开攻击，但炮弹一直没有命中目标。该舰随后向"圣访"号发射鱼雷，第一枚鱼雷并未命中，而是击中了停泊在附近的其他轻型船只；不过第二枚鱼雷最终击中"圣访"号，并将其击

① 译者注：此舰名为宗教用语，又音译为"阿维尼拉"号。

沉在浅海中。意大利的两艘军舰在 11:00 短暂向北离开，之后在 13:45 再次返回对"安哥拉"号展开攻击，后者最终被"费鲁乔"号击沉。

到 4 月，意大利开始在更多地区派遣海军实施行动：主要是沿利比亚海岸为陆上作战提供火力支援。此时，"加里波第"级巡洋舰和"卡洛·阿尔贝托"号已返回意大利本土换装新型舰炮；舰队主力则被派往爱琴海，通过封锁土耳其达达尼尔海峡，支援意军占领希腊多德卡尼斯（Dodecanese）群岛的行动。4 月 18 日，"维托尔·皮萨尼"号带领两艘"比萨"级巡洋舰及"维托里奥·伊曼纽尔"号（Vittorio Emmanuele）、"那不勒斯"号和"罗马"号战列舰，外加数艘鱼雷艇自塔兰托出发，然后与从托布鲁克和奥古斯塔出发的三艘"加里波第"级巡洋舰，以及"玛格丽塔王后"号［Regina Margherita（1901）］、"布林"号、"圣邦海军上将"号［Ammiraglio di Saint Bon（1897）］和"伊曼纽尔·菲利伯托"号［Emanuele Filiberto（1897）］战列舰汇合。

次日清晨 06:30，"比萨"号和"阿玛尔菲"号最先抵达达达尼尔海峡西口，试图引诱奥斯曼舰队离开海峡，但对方不为所动。09:00，土耳其外围要塞开火，之后双方进行了大约两小时的交火，意大利舰队在未遭受任何损失的情况下给土军造成重大伤亡。"玛格丽塔"号、"布林"号、"圣邦"号和"菲利伯托"号对萨摩斯岛上的要塞进行炮击，切断了罗德岛和马尔马里斯之间的通信电缆。之后，舰队主力启程返回意大利，只留下"比萨"级巡洋舰和"玛格丽塔"号、"布林"号、"圣邦"号和"菲利伯托"号，以及几艘鱼雷艇继续在爱琴海活动。从 4 月 28 日起，意军在"比萨"号和"阿玛尔菲"号、"维托里奥·伊曼纽尔"号、"那不勒斯"号、"罗马"号、"玛格丽塔"号、"布林"号、"圣邦"号和"菲利伯托"号的掩护下，对罗德岛实施登陆行动，于 5 月 4—5 日间占领该岛屿。

"圣焦尔焦"号在 6 月加入意大利舰队，但此时舰队主力基本已返回本土休整，只有"埃莉娜王后"级战列舰在 7—8 月间曾前往爱琴海巡弋。同时，阿布鲁奇公爵本人也乘坐"维托尔·皮萨尼"号，在另外 2 艘驱逐舰和 5 艘鱼雷艇的掩护下，于 7

土耳其"圣访"号装甲巡航舰沉没后的残骸。该舰于 1912 年 2 月被意大利海军"朱塞佩·加里波第"号和"弗朗西斯科·费鲁乔"号击沉于贝鲁特（作者个人收藏）

月中旬对达达尼尔海峡进行侦察。8月，"玛格丽塔"号、"布林"号、"圣邦"号和"菲利伯托"号被部署到黎巴嫩和巴勒斯坦沿岸。后来，为了向准备前去进行和平谈判的奥斯曼代表团施压，上述四舰再度回到爱琴海。最终，双方在10月签署《洛桑（乌契）和约》，结束了这场战争。

第一次巴尔干战争

意土战争结束后不久，奥斯曼帝国又在1912年10月被卷入其和希腊、保加利亚、塞尔维亚及黑山之间的第一次巴尔干战争。尽管这场战争主要在陆地上进行，但海上还是发生过两次希腊海军和土耳其海军的对决。希腊舰队的旗舰为"尤里琉斯·阿韦罗夫"号。双方的第一次海上战斗是发生于1912年11月16日的伊里（Elli）战役。此战中，希腊舰队包括由"阿韦罗夫"号巡洋舰率领的三艘"斯佩察"级［Spetsai-class（1889—1890）］战列舰及四艘新型驱逐舰"鹰"号（Aetos）、"隼"号（Ierax）、"黑豹"号（Panthir）和"狮"号（Leon）。土耳其舰队包括"巴巴罗萨·海雷丁"号（旗舰）、"德拉古特"号、"吉祥"号［Mesudiye（1874）］和"圣眷"号［Âsâr-ı Tevfik（1868）］战列舰，"梅吉迪耶"号［Mecidiye（1903）］巡洋舰，以及"国家支持"号［Muavenet-i Milliye（1909）[①]、"国家遗产"号［Yadigâr-i Millet（1909）］、"萨索斯"号［Taşoz（1907）］和"巴士拉"号［Basra（1907）］驱逐舰。此战中，"阿韦罗夫"号两次命中"巴巴罗萨·海雷丁"号的舰艉，第一次造成5人死亡；第二次则击伤舰艉主炮塔，造成13人死亡，爆炸产生的破片还击伤了这艘铁甲战列舰的锅炉并造成舱内失火。此外，"德拉古特"号受了轻伤。

在之后1913年1月18日发生的利姆诺斯战役中，土耳其上述大型舰船（除"圣眷"号外）尽数参加战斗。此战中，"巴巴罗萨"号的艏部炮塔被"阿韦罗夫"号所发射炮弹命中，炮塔内的操作人员全部阵亡；该舰另被命中多达20次，舰员有32人死亡，45人负伤。"德拉古特"号也被命中7次，有9人死亡，49人负伤；"吉祥"号的1门5.9英寸炮被命中，邻近的2门舰炮也因此遭受损坏并造成68人伤亡。但"阿韦罗夫"号仅被2枚炮弹命中。4月期间还发生过一次战斗，但双方均无伤亡。接下来，在1913年5月30日签署《伦敦和约》前，双方舰队不再交战。战争期间，许

利姆诺斯战役中的希腊舰队。图中可见由"阿韦罗夫"号率领的三艘"斯佩察"级战列舰（**作者个人收藏**）

---

① 译者注：舰名取自土耳其海军国家支持协会。

多中立国家都向土耳其领海派出军舰, 以保护本国利益; 其中一些军舰甚至进入了达达尼尔海峡, 包括 "维克多·雨果" 号、"莱昂·甘必大" 号、"比萨" 号、"圣马可" 号和 "汉普郡" 号。

1914 年 7 月 30 日, 原本属于美国海军的两艘战列舰 "密西西比" 号和 "爱达荷" 号 [Idaho (1905)] 也加入希腊海军, 并分别更名为 "基尔基斯" 号 (Kilkis) 和 "利姆诺斯" 号 (Lemnos)。这既是希腊对土耳其购入两艘德国战列舰的回应, 也是后来双方更加激烈的军备竞赛的开端: 土耳其向英国订购一艘现有和两艘在建的战列舰, 希腊则向法国和德国各订购一艘战列舰。不过上述各舰均由于第一次世界大战的爆发而未能交付。[130]

第一次世界大战

到 1914 年夏初, 英国和德国海军中原先属于大型巡洋舰的位置已基本被战列巡洋舰占据, 只有德军的 "沙恩霍斯特" 号和 "格奈森瑙" 号还在远东地区作为一线主力舰服役; 在他们的其他大巡洋舰中, "阿达尔伯特亲王" 级和 "布吕歇尔" 号主要承担装备测试和人员训练任务, 剩余舰船则接受整修或被划入预备役。

在英国皇家海军中, 最后一代大型巡洋舰主要分布于地中海的第 1 巡洋舰中队 ("防御" 号、"黑太子" 号、"爱丁堡公爵" 号和 "勇士" 号) 和本土舰队的第 2 巡洋舰中队 ("香农" 号、"阿喀琉斯" 号、"库赫兰" 号和 "纳塔尔" 号), 另有两艘部署于远东 ("米诺陶" 号和 "汉普郡" 号)。至于那些更老旧的舰船, 第 4 巡洋舰中队各舰 ("萨福克" 号、"贝里克" 号、"埃塞克斯" 号和 "兰开斯特" 号) 已被部署至北美和加勒比海, 余下舰船大多已经降低戒备等级 (第二舰队各舰, 仅留下核心舰员), 或是被划入预备役 (第三舰队, 只为军舰进行基本的维护), 以及作为训练舰服役。但英国海军于 1914 年 7 月开始动员后, 第二和第三舰队都很快被启用, 所有大型巡洋舰都被分配到了相应部队 (例如由 "安特里姆" 号、"阿盖尔" 号、"德文郡" 号和 "罗克斯堡" 组成第 3 巡洋舰中队), 或作为巡逻舰船服役 (被划入第 5、第 6、第 7 或第 9 巡洋舰中队)。只有一小部分舰船因为被改造为港口勤务舰, 或封存情况较差而未被启用。

摄于 1914 年的俄罗斯巡洋舰。最靠前的是 "俄罗斯" 号巡洋舰, 旁边是 "巴扬" 号或 "帕拉达" 号, 再往后则是 "阿芙尔乐" 号或 "狄安娜" 号。此外, 在照片最右侧还能看到 "留里克" 号 (NHHC NH 92426)

德军的情况与之相似。原本已进入预备役或执行辅助任务的大型巡洋舰立即回到一线服役，"布吕歇尔"号被编入第 1 侦察群，其余舰船归属第 4 侦察群（8 月 28 日后重组为第 3 侦察群）。"俾斯麦亲王"号则是一个例外：动员令下达时，该舰仍在接受改造；等到改造完成，之前被启用的舰船大多却又回归预备役。因此，等到改造之后的海试顺利完成，"俾斯麦亲王"号曾短暂被用作鱼雷训练用的靶舰，之后担任驻泊训练舰。

俄罗斯和法国海军则相当缺乏战列巡洋舰，以及在英国和德国海军中承担重要的舰队侦察任务的现代化轻巡洋舰；就后一种舰船而言，法国海军甚至还没有开始订购，而俄罗斯海军的全部六艘正在建造中。因此，已经过时的装甲巡洋舰以及防护巡洋舰仍然在法俄两国的主力舰队中占有一席之地，而且很多时候不仅仅是履行作为巡洋舰的职能。考虑到两国海军相当缺乏无畏舰——对于俄海军来说则是任何一类战列舰都很稀少——他们的巡洋舰还时常会被用作主力舰。

1914 年的北海和北大西洋战场

巡航作战

正如前文所述，当时英国海军只有少量大型巡洋舰还在承担舰队作战任务，余下大多数被用作巡逻舰船。其中，第 7 巡洋舰中队［含"酒神祭司"号（旗舰）、"欧律阿勒斯"号（南部分队旗舰）、"阿布基尔"号（Aboukir）、"克雷西"号和"乌格"号（Hogue）[①]］的任务是巡逻北海中部地区。8 月 28 日英德海军爆发赫尔戈兰湾战役期间，"酒神祭司"号和"欧律阿勒斯"号曾作为英军舰队的增援；此战中德军有两艘轻巡洋舰被击沉。

当时就有军方人士指出，这类巡洋舰中队的舰艇在执行此类任务时太过脆弱，其主要优点在于适航性和航程。9 月 20 日，"欧律阿勒斯"号、"阿布基尔"号、"克雷西"号和"乌格"号在执行巡逻任务期间，其护航驱逐舰受天气影响不得不提前返航，"欧律阿勒斯"号也在不久后由于燃料不足外加无线电设备损坏而提前返航。22 日清晨，当时该中队正按照直线航行，完全忽略了需要按 Z 字形航线航行的规定，因此成为德军 U-9 号潜艇的完美目标。U-9 号发射的鱼雷于 06:20 命中"阿布基尔"号，导致该舰迅速丧失动力并严重倾斜，在 25 分钟后倾覆沉没。由于当时误以为"阿布基尔"号触雷，另外两舰迅速靠拢实施救援，并降低航速以放下救生艇。于是，"乌格"号在 06:55 被两枚鱼雷命中，仅仅 10 分钟后便沉入海底。"克雷西"号尽管不知道发生了什么，但尝试逃离，不过还是在 07:20 被德军潜艇的鱼雷命中。从当时的情况看，该舰依然有可能保持浮力，但到 07:55，德军潜艇发射的第二枚鱼雷再次命中"克雷西"号，其在 20 分钟后倾覆沉没。英军第 7 巡洋舰中队有 1459 人罹难，仅 837 人获救，此后"克雷西"级巡洋舰不再执行任何巡逻任务。上述三舰沉没于水深大约为 90 英尺的海域，因此在 20 世纪 50 年代均被打捞。第 7 巡洋舰中队剩下的舰船最终被编入第 12 巡洋舰中队，随其姊妹舰"萨特累季"号（Sutlej，旗舰）和一批防护巡洋舰，一起为英国和直布罗陀之间的航线护航。

位于更北部地区的则是以第 10 巡洋舰中队为主的北方巡逻舰队，包括"新月"号（旗舰）、"埃德加"号、"直布罗陀"号、"格拉夫顿"号、"霍克"号、"皇家亚

① 译者注：舰名来源于 1692 年的拉乌格战役。

瑟"号、"忒修斯"号和"恩底弥翁"号；之后增加了"阿尔萨斯人"号［Alsatian（1913）］和"曼图亚"号［Mantua（1909）］武装商船。[131]10月15日，"霍克"号在阿伯丁附近海域巡逻时与德军U-9号潜艇相遇，该舰被后者发射的鱼雷命中并很快倾覆沉没。U-9号也因此取得了一个月内击沉四艘巡洋舰的战绩。

"埃德加"级巡洋舰的另一个问题便是很难适应其任务海域的天气状况：到11月9日，"新月"号和"埃德加"号因遭受严重损伤，已经不得不结束任务部署，该级其他各舰的状况也难称乐观。因此，英军决定将该级舰退出现役，转而使用更多的武装商船巡洋舰——后者更适合执行此类任务，数量在12月也已经达到23艘。

但部分"埃德加"级巡洋舰继续在本土执行哨戒和辅助任务。"直布罗陀"号于1915年8月回到北方巡逻舰队，不过是在该巡逻舰队设于设得兰群岛的斯瓦尔贝克湾（Swarbacks Minn）驻地担任哨戒舰和补给舰。此时该舰的武器装备只剩下6英寸炮；它在此处一直服役到1918年1月，后跟随第10巡洋舰中队撤离，并被部署到其他基地。"新月"号和"皇家亚瑟"号也曾担任哨戒舰，后改任补给舰；"新月"号还曾在罗赛斯加装顶盖。此外，有四艘"埃德加"级接受过大幅度改装，以便在地中海服役。

在南方，"安菲特里忒"号、"阿尔戈英雄"号、"欧罗巴"号及另外三艘小型巡洋舰在波特兰组成了第9巡洋舰中队，比斯开湾则由法国的第2轻型中队负责。这支法国中队下辖三支大型巡洋舰分队，第1分队包括"马赛曲"号（该舰也是中队旗舰）、"圣女贞德"号和"奥比海军上将"号；第2分队包括"圭顿"号、"光荣"号和"迪佩蒂-图阿尔"号；第3分队包括"克莱贝"号、"德赛"号、"吉尚"号和"雷诺堡"号；还有四艘小型巡洋舰、两艘驱逐舰和八艘辅助巡洋舰也隶属该中队。第9巡洋舰中队后来被部署至西非海岸，以便在南大西洋执行任务。该部下辖多艘大型巡洋舰和武装商船，"阿尔弗雷德国王"号在1915年10月到1917年间担任中队旗舰；其间该中队还辖有"埃塞克斯"号和"快速"号两艘大型巡洋舰。

西大西洋

在大西洋的另一端，法国海军的"孔代"号巡洋舰和英国的第4巡洋舰中队一起被部署到了西印度群岛；这支英国巡洋舰中队包括"萨福克"号、"兰开斯特"号、"埃塞克斯"号和"贝里克"号，以及部署在北美和西印度舰队的"布里斯托"号［Bristol（1910）］轻巡洋舰和"光荣"号战列舰（旗舰）。在加拿大哈利法克斯，"尼俄伯"号也被重新启用，并和"兰开斯特"号一起在圣劳伦斯湾实施巡逻。"尼俄伯"号还在9月11—13日间负责护送"加拿大"号（Canada）运输船前往百慕大群岛，不过该舰在返航期间发生故障，需要入坞维修一周，这就导致其无法护送在10月向欧洲运送加拿大士兵的船队。不过，"尼俄伯"号还是在1914年10月6日被正式编入第4巡洋舰中队，负责在美洲海岸巡逻；该舰后来在3月11日，将德国的武装商船"艾特尔·腓特烈亲王"号［Prinz Eitel Friedrich（1904）］赶入了当时作为中立国的美国的弗吉尼亚州纽波特纽斯港。不过，这艘军舰最终由于结构老化等问题，在1915年7月结束了自身的巡逻舰生涯，并在同年9月退役。之后，该舰被用作哈利法克斯港的补给舰，为此拆除了所有烟囱，加盖新的舱室，只在原先舰部的锅炉舱安装新的锅炉（以及两处上风道）。

除部署至北美大西洋海岸的第 4 巡洋舰中队，另有一支第 5 巡洋舰中队被部署在西非和巴西之间的海域，下辖军舰包括"卡那封"号（旗舰）、"康沃尔"号、"坎伯兰"号和"蒙默思"号。不过这支中队很快被调往南美洲，以对抗太平洋对岸的德国东亚中队。

舰队服役情况

德国公海舰队当时的一个主要目标便是尽可能削弱英国大舰队的实力，使英国海军在战争初期的优势有所减少，从而获得更大的胜算。因此，除了大范围的布雷和潜艇战，公海舰队还决定进行一定规模的水面舰艇作战，希望引诱出部分（而不是全部）英军舰队，以便事先埋伏好的公海舰队将其歼灭。引诱英军的最佳诱饵自然是第 1 侦察群的战列巡洋舰。

"尼俄伯"号到 1916 年已被用作固定宿舍船。该舰原本的烟囱早就被拆除，图中这两座是新建的。有传言称，该舰的烟囱是在 1917 年 12 月 6 日法国运输船"蒙特－布兰克"号因撞船所导致名为"哈利法克斯大爆炸"的猛烈爆炸中被吹飞。但更换烟囱一事其实是该舰大修的一部分（**作者个人收藏**）

第一次行动始于 1914 年 11 月 2 日，第 1 侦察群对雅茅斯（Yarmouth）海岸进行炮击，并在此地和洛斯托夫特（Lowestoft）之间布设了雷区。实施伏击的两个战列舰中队及其支援舰船稍晚于第 1 侦察群出发，支援舰船包括第 3 侦察群中的"海因里希亲王"号、"罗恩"号和"约克"号。这次突袭并未取得多少战果，且"约克"号在返回威廉港途中因浓雾不幸迷航，于 11 月 4 日进入德军布设于亚德（Jade）河口的雷区时触雷沉没，共有 336 人遇难。

之后德军策划了一次类似的行动，在 12 月 16 日对英国沿海哈特尔浦（Hartlepool）、斯卡布罗和惠特比（Whitby）进行袭扰，其中承担支援任务的包括第 3 侦察群仍然幸存的 2 艘巡洋舰。由于无线电密码被破译，英军已经知晓德军第 1 和第 2 侦察群离港——但不知道有关德军主力舰队的消息。因此，英军自大舰队中抽调的力量包括第 1 战列巡洋舰中队（4 艘战列巡洋舰）、第 2 战列舰中队（6 艘战列舰）和第 1 轻巡洋舰中队（4 艘巡洋舰），外加若干驱逐舰；另有 2 艘轻巡洋舰和来自哈里奇港的 42 艘驱逐舰，以及来自罗赛斯的第 3 巡洋舰中队（"德文郡"号、"安特里姆"号、"阿盖尔"号和"罗克斯堡"号）。

"布吕歇尔"号也参加了对哈特尔浦的袭击，不过该地岸防炮台所发射的炮弹中有 4 枚命中该舰。第一枚命中舰艇的上层建筑，造成 2 门 3.5 英寸炮损毁和 9 人死亡。第二枚命中了右舷的 8.2 英寸炮炮塔，导致炮塔瞄准具和测距仪损坏，但依然能够正常运作。第三枚击中炮塔下方的主装甲带。第四枚则命中前桅，导致天线和其他相关设备损坏。完成任务后，第 1 和第 2 侦察群按计划前往和主力舰队汇合的地点，并于 11:00 返航。

与此同时，作为公海舰队前锋的"罗恩"号和"海因里希亲王"号在 05:15 与 2 艘英国驱逐舰遭遇，不过双方均未开火。公海舰队因为担心继续待命将违背不应与英国优势舰队交战的策略而选择撤退——讽刺的是，此时公海舰队只需保持原先状态几分钟，便可能接触到他们在诱敌战略中所选定的目标——英军舰队的一部分。由于舰队航向改变，之前处于最前方的"罗恩"号便落到舰队最末尾处。05:59，两艘轻巡洋舰再度与英军驱逐舰相遇，并一直被驱逐舰跟踪至06:40；此时两艘接到命令，前去攻击敌方驱逐舰，但又在07:02接到停止行动的命令。最终，德军所有舰船都安全返回。

1914—1918年的太平洋战场

战争爆发时，英军部署在远东的巡洋舰包括"米诺陶"号、"汉普郡"号，以及"纽卡斯尔"号［Newcastle（1909）］和"雅茅斯"号［Yarmouth（1910）］轻巡洋舰；8月8日，原本隶属预备役的"凯旋"号战列舰和法国海军的"杜普莱克斯"号巡洋舰也加入这支部队。东印度舰队则下辖"快速"号装甲巡洋舰、"达茅斯"号［Darmouth（1910）］轻巡洋舰、"狐狸"号［Fox（1893）］防护巡洋舰，以及澳大利亚海军的"澳大利亚"号［Australia（1911）］战列巡洋舰，"墨尔本"号［Melbourne（1912）］、"悉尼"号［Sydney（1912）］、"敌手"号［Encounter（1902）］和"探索者"号［Pioneer（1899）］巡洋舰。法军海军的装甲巡洋舰"蒙特卡姆"号也接受该舰队指挥。

视线转到同盟国一方。弗朗茨·费迪南大公遇刺的消息传来时，"沙恩霍斯特"号和"格奈森瑙"号正在德属加罗林群岛，两舰刚于7月17日抵达波那佩岛（Ponape），并在此地待到8月初。[132] 德国人随后召集了分散在太平洋各处的轻巡洋舰，到8月11日，他们已在马里亚纳群岛的帕甘岛（Pagan）集结起一支舰队：除了上述两艘大型巡洋舰，还有"纽伦堡"号［Nürnberg（1906）］和"埃姆登"号［Emden（1908）］轻巡洋舰，被用作辅助巡洋舰的"艾特尔·腓特烈亲王"号和多艘补给舰。此外，战争爆发时，有一艘轻巡洋舰"秃鹰"号［Geier（1894）］正从德国前往太平洋；但该舰最终没能抵达目的地，而是在11月7日进入火奴鲁鲁的中立国港口。

同盟国在远东地区只有一艘轻巡洋舰"鸬鹚"号［Cormoran（1892）］、S-90号鱼雷艇，以及"林鼬"号（Iltis）、"美洲豹"号（Jaguar）、"虎"号（Tiger）和"山猫"号（Luchs）炮艇（1898—1899），外加奥匈帝国的"伊丽莎白皇后"号巡洋舰。这些军舰的母港很快被英军"凯旋"号战列舰和"尤斯克河"号［Usk（1903）］驱逐舰封锁。日本分别在8月23日和25日向德国和奥匈帝国宣战，当然最后者拒绝将"伊丽莎白皇后"号撤出港口也是日本向其宣战的主要原因之一。27日，"周防"号战列舰率日军舰队加入"凯旋"号的行列，并一同在当天拦截一艘德国运煤船。之后，封锁舰队的旗舰转由"岩手"号巡洋舰担任，法国的"杜普莱克斯"号和英国的"雅茅斯"号轻巡洋舰以及数艘驱逐舰也陆续加入该舰队。

被围困一方在战斗初期的行动还算成功，特别是10月17日，S-90号击沉了布雷巡洋舰"高千穗"号（尽管前者也在后来因为燃煤耗尽而不得不自沉）。9月4日，"美洲豹"号成功击沉日军的"白妙"号［Shirotaya（1906）］驱逐舰。11月11日，日方的33号鱼雷艇（1899）触雷沉没。不过，此时德军已没有多少转圜余地，"鸬鹚"号、"林鼬"号、"山猫"号已于9月28日在港内自沉；10月29日，"虎"号被凿沉；11月2日，"伊丽莎白皇后"号自沉；最终，"美洲豹"号于11月7日自沉，守军也在当日投降。

"埃姆登"号和"艾特尔·腓特烈亲王"号则在8月13日脱离东亚中队，执行远洋破交任务。其余舰船转移至马绍尔群岛的埃尼威托克（Enewetak）环礁，于8月

20 日抵达，之后补充了燃煤。"纽伦堡"号在 9 月 8 日被派往火奴鲁鲁收集情报，德方分舰队则前往刚被英军占领的德属萨摩亚，希望袭击落单的英国舰船。不过，14 日的行动最终无功而返；但在 9 月 22 日，该分舰队在法国殖民地塔希提岛的帕皮特港（Papeete）击沉"热心"号 [Zélée（1900）] 炮艇，之后"沙恩霍斯特"号和"格奈森瑙"号对帕皮特港实施了炮击。

至 10 月 12 日，德舰抵达复活节岛后又得到自美洲赶来的"德累斯顿"号 [Dresden（1907）] 和"莱比锡"号 [Leipzig（1905）] 以及三艘运煤船的支援。一周后，该分舰队驶向马斯阿弗拉岛（Mas a Fuera）；之后沿智利海岸南下，寻找当时在附近海域活动的"格拉斯哥"号 [Glasgow（1909）] 轻巡洋舰。而在另一边，日本海军以"浅间"号、"出云"号两艘装甲巡洋舰和"肥前"号（Hizen，原"列特维赞"号）战列舰一同组成美洲特遣舰队，并在当年 10 月将其派往太平洋寻找德军舰队，之后该舰队占领德国在马绍尔群岛的贾鲁易环礁（Jaluit Atoll）。也正是"浅间"号和"肥前"号出现在夏威夷岛，"秃鹰"号才会在 11 月被迫遁入中立港。同样是在寻找德军舰船期间，"日进"号于 10 月 12 日意外撞上山打根（Sandakan）附近未被标注的暗礁，因此只能前往新加坡接受维修。此外，"伊吹"号被派往新西兰，和英军的"米诺陶"号巡洋舰一起负责护送从澳大利亚前往欧洲的运兵船。"悉尼"号在此期间于 11 月 9 日被派往科科斯岛（Cocos Island），追上并击沉了德军"埃姆登"号巡洋舰。这一战区的其他交通线还包括从印度到英国的航线，"快速"号在 9—11 月间负责为该航线上的舰船提供护航，但之后该舰被部署至苏伊士以守卫运河。

前文提到的"格拉斯哥"号巡洋舰则来自一支更大的特遣编队，其辖有"好望角"号（旗舰）、"蒙默思"号装甲巡洋舰，以及"老人星"号战列舰，外加"奥特兰托"号 [Otranto（1909）] 武装商船。上述两艘巡洋舰分别抽调自第 5 和第 6 巡洋舰中队，负责猎杀德军太平洋分舰队。之前英军计划让更先进和强大的"防御"号（隶属第 1 巡洋舰中队，抽调后"利维坦"号会暂时担任该中队旗舰）加入该舰队，但该舰后来被耽搁在南大西洋；加上"老人星"号因故障导致航速有所下降，当英德双方于 11 月 1 日 16:20 在智利科罗内尔（Coronel）相遇时，英方只有"好望角"号、"蒙默思"号、"格拉斯哥"号和"奥特兰托"号四舰。

英军两艘大型巡洋舰的舰炮在数量和射程上都处于劣势，特别是英舰的 6 英寸副炮都位于主甲板炮郭内，在当时的高海况下根本无法使用。不过当时的落日处于英舰后方，这在战斗初期给予了英方舰船一定的战术优势，而此时德舰只能从水天线上看到敌舰模糊的剪影。

双方在 19:00 前后发生交火。"好望角"号从战斗之初便受到"沙恩霍斯特"号攻击，后者的第三轮齐射取得命中，导致"好望角"号舰艏的 9.2 英寸主炮无法使用；有更多炮弹命中该舰包括舰桥在内的舰舯，随后舰舯部位也发生火灾。"米诺陶"号只有 2 枚 6 英寸炮弹命中"沙恩霍斯特"号。后来，"好望角"号舰舯的主炮塔被炮弹命中两次，并在 19:50 引发该舰后部烟囱和后桅位置的一次大爆炸，导致军舰完全丧失航行能力，并在不久后沉没，舰员无一幸免。

"格奈森瑙"号的目标则是"蒙默思"号，后者的舰舯主炮塔很快就被摧毁，舰楼部位也发生火灾。被命中 30 ~ 40 次，但仅仅命中敌舰 4 次后，"蒙默思"号选择向西撤退。但该舰在 21:00 被"纽伦堡"号追上，此时前者的舰艉已明显下沉并向左舷严重倾斜，不久后整艘军舰沉没，同样无人生还。"格拉斯哥"号遭受了"莱比锡"号和"德累斯顿"号的攻击，不过在被 5 发炮弹命中后侥幸脱身。"沙恩霍斯特"号和"格奈森瑙"号分别被 2 发和 4 发 6 英寸炮弹命中，但两舰并未受到明显损伤，只是弹药消耗均已过半。

此战过后，德军舰队前往智利瓦尔帕莱索（Valparaíso）。但因为中立规则的限制，该舰队只能依靠小艇摆渡进行燃煤补给。之后，这支舰队于 21 日在智利东南海岸的圣昆廷湾集结，准备突破封锁，经大西洋返回德国本土。然而，当时德军决定在途中对福克兰群岛实施一次袭扰，因此在次月 6 日驶向该群岛——这是一个致命的错误。

在福克兰岛海战前夕，日军将更多的舰艇向西部署，"生驹"号、"鞍马"号、"筑波"号巡洋舰以及 2 艘驱逐舰被编入南海分舰队，美洲分舰队也得到另外 2 艘轻巡洋舰的支援。此外，英国派出 2 艘战列巡洋舰［"无敌"号（旗舰）和"不屈"号］猎杀德军巡洋舰，并在福克兰群岛与幸存的"格拉斯哥"号和"老人星"号汇合。刚完成整修改造的"肯特"号、"卡那封"号和"康沃尔"号也正从西非赶来。德军舰队抵达时，英军舰队正在港内补充燃料。不过"老人星"号发射的 1 枚 12 英寸炮弹在海战之初便成功命中"格奈森瑙"号，这让德军舰队放弃了继续攻击的打算，从而错过趁英军舰队还被困在港内，对其实施突袭的机会。德军舰队在离开后仍未意识到英军战列巡洋舰的存在——后者凭借高达 25 节的航速，可以轻松追上航速仅有 22 节的德舰。

"沙恩霍斯特"号巡洋舰。图中还能看到位于后方的"格奈森瑙"号。本图摄于科罗内尔战役之后，德军舰队在智利瓦尔帕莱索港补给燃料期间（BA 134-C0001）

三小时后，"无敌"号和"不屈"号果然追上德军舰队。13:20，"沙恩霍斯特"号和"格奈森瑙"号最终决定与英军舰队交战，英方的小型巡洋舰也继续追击德方其他舰船。之后，双方旗舰很快开始交火，"沙恩霍斯特"号的第三轮齐射命中"无敌"号；尽管该舰接下来依然对敌舰取得命中，但自身也被多枚炮弹命中并起火。英军战列巡洋舰随后改变攻击目标，"不屈"号很快对"沙恩霍斯特"号造成更严重的损伤，后者的3号烟囱严重损毁且舰体开始倾斜。"格奈森瑙"号此前就被"不屈"号重创，其副炮基本无法运作，两段锅炉舱中的前部舱室已被淹没，后部锅炉舱也开始进水。16:00，该舰因烟雾阻隔视线而获得短暂的喘息之机。两艘英国战列巡洋舰开始将火力集中于"沙恩霍斯特"号，后者最终在16:17向左舷倾覆并沉没，全员阵亡。"格奈森瑙"号尽管尝试逃离，但此时其航速已经降到16节，而且除了两艘战列巡洋舰，还受到"卡那封"号攻击。但这艘德国军舰一直在战斗，直到17:15仍有炮弹命中"无敌"号。"格奈森瑙"号一直坚持到17:40，最终选择打开本舰通海阀，在20分钟后沉没，全舰仅190人幸存。

至于德军的其他舰船，"纽伦堡"号被"肯特"号击沉，之后"格拉斯哥"号协助后者击沉了"莱比锡"号。仅有"德累斯顿"号得以逃脱，但该舰最终于1915年3月14日在智利沿岸的马斯蒂拉岛（Más a Tierra）被"奥拉玛"号［Orama（1911）］武装商船、"肯特"号和"格拉斯哥"号围堵，最后被迫自沉。随着德国的分舰队离开太平洋西南地区，法国的"杜普莱克斯"号和"蒙特卡姆"号也选择西撤。其中"杜普莱克斯"号撤回法国本土，而"蒙特卡姆"号和原本会部署到远东的"德赛"号一道负责防守苏伊士运河。但在"德累斯顿"号沉没之前，日军的美洲分舰队依然停留于南美洲海岸，"日进"号也驻扎在斐济。在此期间，"浅间"号于1915年1月31日在墨西哥的下加利福尼亚半岛附近意外触礁搁浅。该舰因此严重受损，直至6月21日才能进行上浮作业，而后在美国圣迭戈接受紧急维修；12月18日，该舰最

1924年摄于横须贺的"阿苏"号巡洋舰，此时该舰已被用作布雷舰（**作者个人收藏**）

终返回横须贺港接受大修，日本海军也趁机为其更换了新型的舰本式锅炉。日军的其他舰船继续在亚洲海域对德国商船进行搜捕，此外一支部署在新加坡的特务舰队便是专门执行这类任务。

1917 年 1 月，由于德军潜艇的活动愈发频繁，英国开始请求日本派出海军舰船在印度洋和地中海进行护航。因此，日本在新加坡组建了以轻巡洋舰为主的第 1 特务舰队，其中两艘舰船被部署到好望角。后来，由于德军"狼"号（Wolf）辅助巡洋舰在 3 月出现，该舰队获得"日进"号（在 1915—1917 年间担任驱逐舰中队旗舰）和"春日"号的支援，此外"出云"号曾在 3—4 月间于澳大利亚弗里曼特尔（Fremantle）和斯里兰卡科伦坡之间执行护航任务。不过，"春日"号于 1918 年 1 月在印度洋邦加海峡搁浅，直到 5 月才获救。日军在一年前已经损失"筑波"号：停泊于东京湾时，该舰舰艏的弹药库意外发生爆炸，军舰在 20 分钟内沉没，共有 305 人遇难。该舰舰体后来被捞起，成为海军航空兵的训练用靶舰，直至 1918 年被出售拆解。"筑波"号是日本在第一次世界大战期间因内部弹药库爆炸而损失的两艘主力舰之一，另一艘则是沉没于 1918 年 7 月的"河内"号 [Kawachi（1910）] 战列舰。

"阿苏"号和"宗谷"号在 1914 年 12 月 1 日被重新编入练习舰队，不过到 1915 年 8 月，两舰已中止远航训练行动。到 1917 年，"阿苏"号被改造为布雷舰，而"津清"号（Tsuguru，也就是被打捞的俄国巡洋舰"帕拉达"号）早在 1915 年就被改造为布雷舰，以接替在 1914 年被击沉的日军第一艘布雷巡洋舰"高千穗"号。[133] "阿苏"号剩余的鱼雷发射管在改造中被拆除，8 英寸主炮被更换为 2 门 50 倍径 6 英寸炮[134]，整舰可以装载 420 枚水雷。不过该舰直到 1920 年 4 月 1 日才被正式定级为布雷舰。

1914—1915 年的地中海和爱琴海

当时法国的海军主力 [第一舰队（1st Armée Navale）] 集中在地中海，其中最先进的四艘装甲巡洋舰组成第一轻型分舰队的第 1 轻型分队（旗舰为"儒勒·米舍莱"号），另外三艘则隶属第 2 分队（旗舰为"莱昂·甘必大"号）。其他的老旧巡洋舰，包括"德·昂特勒卡斯托"号、"柏莎武"号，三艘幸存的"沙内海军上将"级和两艘老式战列舰一起组成一支特遣舰队，在 1914 年 8—11 月间负责护送将殖民地士兵从摩洛哥运往法国本土的运输船队。由于第一次世界大战爆发，"沙内"号也从预备役重新加入现役，若非如此，该舰很有可能在不久后退役除名。

1914 年 8 月，英军地中海舰队的核心是第 2 战列巡洋舰中队（"不屈"号、"不倦"号和"不挠"号）；此外舰队还辖有第 1 巡洋舰中队（"防御"号、"黑太子"号、"爱丁堡公爵"号和"勇士"号），以及另外 4 艘轻巡洋舰和 16 艘驱逐舰。至于同盟国一方，奥匈帝国海军的力量主要集中在亚得里亚海，而德军地中海分队仅有战列巡洋舰"戈本"号和轻巡洋舰"布莱斯劳"号 [Breslau（1911）]。

8 月 3 日，在法国和德国正式宣战后，"戈本"号以副炮轰炸了阿尔及利亚的菲利普维尔（Philippeville），"布莱斯劳"号则炮击了安纳巴（Annaba）。之后，两舰被派往土耳其伊斯坦布尔，这是英法两国指挥官们始料未及的一个决定，因为他们以为两舰会尝试突围，或加入亚得里亚海的奥匈帝国舰队（奥匈帝国确实在 7 日便动员起了包括"圣乔治"号在内的一支舰队，准备和两艘德舰汇合）。

海面上的法国舰队。照片中近
处的是"盾"级（1909—1911）驱
逐舰，由"头盔"号带领。远处从
左至右分别为：1艘"孤拔"级战
列舰；1艘"祖国"/"民主"级战
列舰；1艘"丹东"级战列舰；"布韦"
号战列舰；更多的"丹东"级战列
舰（作者个人收藏）

因此，当两艘德舰的真正行踪被察觉时，只有英国的第1巡洋舰中队（欠"黑
太子"号，此时该舰被派往红海执行任务）有能力拦截它们。英舰一直追击德舰到
7日，不过英军舰队司令厄内斯特·特鲁布里奇（Ernest Troubridge，1862—1926年）
认为强大的"戈本"号对他手头的舰船威胁太大，因此选择了撤退。于是，"戈本"
号和"布莱斯劳"号在8月9—10日得以不受打扰地在希腊基克拉底群岛的左努萨
岛（Donoussa）补充燃煤，最终安全抵达达达尼尔海峡。

特鲁布里奇当时的决定招致大量批评，他本人也被送上军事法庭，但最终无罪
释放。不过从另一方面说，尽管德军"戈本"号战列巡洋舰在航速、火力、防护等
性能上都要强于第1巡洋舰中队的任何舰船，但该舰的锅炉在当时并未完全修复，航
速有所下降；其主炮的射程相较英国巡洋舰也没有明显优势，更不用说该舰很难同时
对付多个目标。

奥斯曼帝国向协约国正式宣战后，英国的殖民地埃及就变得至关重要，尤其是
苏伊士运河所具有的战略意义。为此，法国在1914年12月将"德·昂特勒卡斯托"
号调往叙利亚分队，以加强运河的防御；该舰和岸防炮舰"鲨鱼"号均停泊于苏伊
士湾提姆萨赫湖（Timsah Lake），两舰从这里可以对威胁苏伊士水道的奥斯曼舰船进
行射击。"德·昂特勒卡斯托"号后来一直在北非服役到1917年夏季，其间只因为接
受整修而短暂离开。该舰的主要任务是防守苏伊士运河，此外只在1916年4—8月间
服役于摩洛哥。"蒙特卡姆"号和"德赛"号也加入了印度洋的护航行动，其中前者
在这里部署到1915年末，后者则继续待到了1916年春。

其他被调往埃及用来防守苏伊士运河的英军舰船还有"酒神祭司"号和"欧律
阿勒斯"号，两舰于1915年1月抵达苏伊士运河。随着土耳其在此地构成的威胁逐
渐减弱，两舰在3月被调往达达尼尔战区。

到1915年6月，法国海军在地中海第三分舰队中组建了一个巡洋舰分队。该分
队下辖"迪佩蒂-图阿尔"号、"吉尚"号、"雷诺堡"号、"德赛"号、"柏莎武"
号和"沙内海军上将"号，以及"杜谢拉"号防护巡洋舰和"鲨鱼"号岸防炮舰。
这个分队会执行各类特别任务。三艘"沙内海军上将"级舰船后来于1915年在亚历
山大被编为第3巡洋舰分队。

达达尼尔海峡与加里波利战役

1915年2月，协约国制定了一项通过英法两国战列舰对岸防设施进行轰炸，打
通达达尼尔海峡，最终进入黑海的计划。然而在3月18日，三艘战列舰在行动中触
雷沉没，另有多艘战列舰受损。这导致原先的战略转变为在4月对加里波利半岛发动

登陆行动，但交战双方的地面部队陷入了旷日持久的僵持中，该行动以失败告终。在此期间，协约国海军依然将重心放在进行对岸炮火支援上，"圣女贞德"号和"拉图切-特雷维尔"号参加了 4 月 24 日的轰炸行动，后者在两天后又与"亨利四世"号岸防战列舰一道护送了两个法军师登陆。

除水雷以外，潜艇发射的鱼雷也是一种巨大的威胁。1915 年 5 月 25 日，"凯旋"号便被 U-21 号潜艇发射的鱼雷命中，仅 15 分钟后倾覆沉没。两天后，"威严"号战列舰被同一艘潜艇击沉；早在 15 日，"歌利亚"号［Goliath（1898）］战列舰也被土耳其驱逐舰发射的鱼雷击沉。此时很明显的是，协约国方面需要为实施近岸支援作战的舰船增设水下防护。为此，"埃德加"号、"恩底弥翁"号、"格拉夫顿"号和"忒修斯"号四艘巡洋舰被调离北方巡逻舰队，在改造中安装了水下的防雷突出部，同时 9.2 英寸主炮被 6 英寸炮取代。这些军舰的 9.2 英寸主炮（以及之前从它们姊妹舰上拆除，被安装在岸防炮台里的舰炮）则被用来装备 1915 年专门为对岸支援而设计的新型浅水重炮舰。[135] 具体来说，"埃德加"号的主炮被装在 M-19 号和 M-26 号浅水重炮舰上，"忒修斯"号的主炮由 M-21 号和 M-27 号使用，"格拉夫顿"号的主炮由 M-23 号和 M-28 号使用，"直布罗陀"号的主炮由 M-20 号和 M-22 号使用。[136]

由于双方陆军持续不断地向该战场增兵，许多舰船不得不作为运兵船，重新回归现役；包括 1915 年 9 月 9 日重新被启用的"可怖"号，还有"壮丽"号、"战神"号（Mars）和"汉尼拔"号（Hannibal）战列舰。这些战列舰的主炮塔也被拆走，用于建造"克莱夫勋爵"级（Lord Clive-class）浅水重炮舰，前者的 6 英寸炮数量也降至 4 门。"可怖"号被重新启用时倒是保留着 9.2 英寸主炮，不过舰上副炮的数量也减少到 4 门。该舰在 9 月 16 日离开朴次茅斯前往地中海，于 10 月 2 日抵达穆德罗斯（Mudros），一直担任运兵船至 11 月。不过该舰很快出现了动力系统故障，当时有人考虑将该舰和另外三艘被改造为运兵船的战列舰一同放在英布罗斯的海湾充当防波堤。但该提议被海军部否决[137]，因此"可怖"号最终在 1 月 16 日返回朴次茅斯，后于 26 日退役。

1915 年重建改造后的"恩底弥翁"号，其身后还能看到"前进"号侦察巡洋舰（作者个人收藏）

"可怖"号在1915年9月被改造为运兵船，除4门6英寸炮外，舰上包括轻型火炮在内的所有武器均被拆除。该舰在16日被派往地中海，舰上搭载了34名陆军军官和1319名士兵，并在10月2日抵达穆德罗斯。5—12日间，该舰一直在卸载登陆士兵。之后，该舰于23日离开，在26日抵达马耳他，后于28日驶向法国马赛并于31日抵达，在11月2日抵达土伦港；同行舰船包括也被改造为运兵船的"马尔斯"号、"壮丽"号和"汉尼拔"号战列舰。接着，"可怖"号返回马赛，并在12日搭载720名士兵；该舰驶向亚历山大，于18日抵达，后于20日抵达塞得港。22日，该舰驶向萨洛尼卡，于26日抵达，在此处过夜后次日航向穆德罗斯，于28日抵达。该舰之后在此一直停泊至12月11日后才开始返回本土。该舰于12月18日抵达马耳他，之后在1916年1月6日启程返回朴次茅斯，于16日抵达本土。随后，海军决定按照该舰其他姊妹舰的样式，将这艘军舰改造为浮动船舍。相关拆卸工作很快开始。该舰原先的9.2英寸主炮会安装在"内伊元帅"号和"苏尔特元帅"号浅水重炮舰上（不过最终只有"内伊元帅"号安装相应火炮），舰上仅剩的4门6英寸炮也被分配给"内伊元帅"号。"可怖"号在完成整修改造后执行了一系列辅助任务，直至1919年11月被编入"费思嘉"号海军技术学校，并在1920年8月更名为"费思嘉三号"。此时这艘军舰上建有舰面屋舍，靠近舰艉的19台锅炉均被拆除，剩下的锅炉也在之后和蒸汽机一起被施工人员拆除（**世界舰船协会收藏**）

这场战役很快发展成为根本不可能再有进展的僵持局面，于是，英国在1915年12月决定将所有部队从加里波利撤离。撤离行动在1月9日结束，大多数舰船都和最后撤离的士兵一道离开，只剩"埃德加"级巡洋舰继续留在爱琴海执行其他任务。

1914—1918年的亚德里亚海战场 [138]

奥匈帝国的主力舰队在第一次世界大战期间被编为两个战列舰中队，总计12艘战列舰；三艘装甲巡洋舰和三艘旧式小型巡洋舰则组成巡洋舰编队。这支巡洋舰编队中的"森塔"号在战争初期便已沉没：1914年8月16日，该舰正和"枪骑兵"号［Ulan（1906）］驱逐舰一道对安迪瓦瑞［Antivari，今黑山巴尔（Bar）港］进行炮击，两舰很快被一支英法舰船所组成的舰队所分割。这支英法舰队的主要目的是引诱奥匈帝国主力舰队，下辖法国的"维克多·雨果"号、"儒勒·费里"号装甲巡洋舰，英国第1巡洋舰中队的"勇士"号和"防御"号装甲巡洋舰，以及另外1艘防护巡洋舰和20余艘驱逐舰。"森塔"号在此战中被击沉，阵亡173人，"枪骑兵"号则侥幸逃脱。

奥匈帝国的潜艇在开战初期就击伤了法军舰队旗舰"让·巴尔"号。1915年4月27日，U-5号潜艇在艾奥尼亚海击沉"莱昂·甘必大"号巡洋舰，造成700余人死亡。此后，协约国的大型舰船都选择远远避开奥特兰托海峡。

意大利在1915年5月23日向奥匈帝国宣战后（此时还未向德国宣战），奥匈帝国的舰队在当夜便炮击了意大利的大量沿海目标。"圣乔治"号炮击里米尼（Rimini）

港，摧毁一列货运火车，并炸断了当地的铁路桥。当时的意大利海军舰队中，"比萨"
级、"圣焦尔焦"级巡洋舰和新型战列舰都部署在塔兰托港，三艘"加里波第"级和
"维托尔·皮萨尼"号巡洋舰部署在布林迪西（Brindisi），而"卡洛·阿尔贝托"号和
"马可·波罗"号位于威尼斯。1914年8月战争爆发时，"马可·波罗"号甚至待在远
东，直到当年12月才经由红海返回意大利，在1915年3月抵达那不勒斯。该舰之后
主要被用作英国潜艇的补给舰，从当年10月直至1917年末都履行这一职能。

在战争初期，"皮萨尼"级巡洋舰纷纷拆除后桅，并在前桅战斗桅盘和2号烟
囱后的平台上加装了探照灯。"皮萨尼"号还加高了司令塔，并在其顶端增设瞭望
塔；"加里波第"级巡洋舰也进行了类似改造，同时拆除司令塔上部的开放式舰桥，
随后围绕指挥塔建造了新的舰桥。该级各舰的下风道均被截短，或改为帆布通风口
（windsail）；除此之外，各舰的前烟囱都增设了探照灯平台，前桅的战斗桅盘也加装
1盏探照灯。"瓦雷塞"号和"费鲁乔"号舰艉上层建筑的探照灯则被挪到2号烟囱
的平台上，此外两舰拆除了艉艉的3英寸炮并封堵了炮门。

意大利的"加里波第"号成为1915年7月被潜艇击沉的两艘意军装甲巡洋舰
之一。另一艘被击沉的是"阿玛尔菲"号，当时该舰和姊妹舰"圣焦尔焦"号一道
转往威尼斯，于7月7日在距离威尼斯20海里处被名义上属于奥匈帝国的德国U-26
号潜艇击沉[139]，乘员中有70人死亡。将四艘大型巡洋舰重新部署到威尼斯的决定遭
到了意大利海军司令官阿布鲁奇公爵的反对，但海军总参谋长保罗·塔昂·德·勒韦
（Paolo Thaon di Revel，1895—1948年）还是促成了此事。之后，阿布鲁奇公爵命
令三艘"加里波第"级和"皮萨尼"号一起沿途炮轰卡塔罗和拉古萨之间的铁路线
（在6月5日的炮击中已被破坏，但此时已经修复）。次日凌晨04:00，上述舰船组成
的编队在距离达尔马提亚海岸大约3海里，杜布罗夫尼克东南方向17海里处对铁道
实施炮击。[140]但在一个半小时前，该编队已被奥匈帝国的U-4号潜艇发现，后者于
04:38向前者发射两枚鱼雷，其中一枚命中"加里波第"号（旗舰）右舷靠近后部
锅炉舱的位置。该舰在数分钟后便从舰艉开始下沉，最终整艘军舰倒扣于120米深

摄于第一次世界大战期间的"维托尔·皮萨尼"号,此时该舰的主桅已被拆除(**作者个人收藏**)

摄于1917—1918年间的"玛利亚·特蕾西亚女皇及女王"号,此时该舰已被改造为波拉港的潜艇部队成员浮动船舍(**NHHC NH 87360**)

的水下,共有53人死亡。此后,协约国放弃了在亚得里亚海沿岸登陆的计划,同时大型舰船不再被用于炮轰沿岸目标。

12月29日,"卡尔六世皇帝"号从卡塔罗出发,以支援此前袭扰阿尔巴尼亚海港杜拉佐(Durrazo)后正在返航的小型巡洋舰"赫尔戈兰"号〔Helgoland(1912)〕和另外三艘驱逐舰;这支编队原本还辖有两艘驱逐舰,但两舰不幸在杜拉佐触雷沉没。"卡尔六世皇帝"号虽然成功拦截前来追击的英法意三国海军舰船,却无法追上敌舰实施攻击。这艘装甲巡洋舰执行的另一次任务是在1916年1月8日跟随岸防战列舰"布达佩斯"号和"弗朗茨·约瑟夫一世皇帝"号,对黑山的军事阵地进行持续三天的火力打击,并协助陆上部队在13日攻陷黑山首都。

1916年4月,意大利的三艘大型巡洋舰终于离开威尼斯;自从"阿马尔菲"号被击沉，它们就没有取得什么战果。三舰最终被部署到布林迪西，取代之前部署在此地的"埃莉娜王后"级战列舰；后者被调往法罗拿（Valona），三艘大型巡洋舰在抵达布林迪西前也曾部署于该地。同样在 1916 年 4 月，"卡尔六世皇帝"号原先配备的 K/94 型 9.4 英寸主炮被更换为更先进的 K/97 型。

意大利直到 1916 年 8 月 28 日才正式向德国宣战，宣战导致越来越多的德军潜艇出现在奥匈帝国领海内。为了给这些德军潜艇的艇员提供住舱，"玛利亚·特蕾莎"号在 1917 年 1 月退役并被改造为卡塔罗港的浮动船舍，另一艘鱼雷巡洋舰"黑豹"号（Panther）也接受了类似改造。

亚得里亚海对岸的老旧巡洋舰同样逐渐远离一线作战。"马可·波罗"号在 1917 年末被改造为运输船，除少量 3 英寸炮，其余所有火炮和侧舷装甲都被拆除。"卡洛·阿尔贝托"号接受了类似改造，此前该舰已经在威尼斯作为鱼雷摩托艇母舰服役。两舰分别更名为"科尔泰拉佐"号（Cortellazzo）和"申松"号（Zenson），自 1918 年 4 月起，作为运输舰一直服役至战后。

1919 年春，"申松"号先后向利比亚、爱琴海和阿尔巴尼亚运送了士兵和装备，直到 1920 年 6 月才退役并除名。"科尔泰拉佐"号服役了更长时间。1919 年 9 月—1921 年 1 月，由于极端民族主义诗人加布里埃尔·邓南遮（Gabriele d'Annunzio，1863—1938 年）发起"进军阜姆"行动，该舰被派到阜姆（Fium）海岸。之后，这艘军舰在 1920 年 10 月更名为"欧罗巴"号（Europa），原先的舰名由一艘俘获自奥匈帝国的驱逐舰使用。1921 年 1 月，"欧罗巴"号在波拉退役并于 16 日被除名，但后来它以"伏尔塔"号（Volta）这一舰名再次出现了在海军舰籍簿中。之后，该舰于 1921 年 11 月被调往拉斯佩齐亚，最终在 1922 年 1 月被除名并出售拆解。

"皮萨尼"号在 1915 年夏季以后也很少执行任务，在 1916 年 11 月—1918 年 11 月间主要被用作海军司令的司令部办公用船。停战协定签署后，该舰被派往亚得里亚海担任阿尔巴尼亚海军高级军官的旗舰，后于 1919 年 9 月在拉斯佩齐亚退役，在 1920 年 1 月被除名并很快出售拆解。

意大利海军也很快发现后期建造的只有一座桅杆的装甲巡洋舰在实际服役中存在的问题。因此，当时仍然幸存的"加里波第"级、"比萨"号和两艘"圣焦尔焦"级巡洋舰的 1 号烟囱高处增设了信号平台，更新型的三艘巡洋舰甚至增设一座轻型桅杆。这座轻型桅杆在战争结束前又被更重型的设有一座战斗桅盘的桅杆取代。此外，各舰装备的 3 英寸炮大多被更换为具有高仰角的防空炮。

至于奥匈帝国剩下的两艘装甲巡洋舰"卡尔六世皇帝"号和"圣乔治"号，两舰在 1917 年一直隶属卡塔罗的巡洋舰分舰队。此时它们各增设了 1 门 50 倍径 2.6 英寸炮，以及一挺（"卡尔六世皇帝"号）或两挺（"圣乔治"号）8 毫米机枪作为防空武器。尽管从战术上讲，这两艘军舰已无法和同属一个分舰队但航速更快的四艘"施鲍恩海军上将"级巡洋舰相配合（后者是奥匈帝国在亚德里亚海的主力舰艇）。1917 年 5 月 15 日，"圣乔治"号和另外两艘驱逐舰在对奥特兰托海峡的封锁舰队进行袭扰后，又对遭受协约国猛烈攻击的"诺瓦拉"号（Novara）、"赫尔戈兰"号和"赛达"号（Saida）进行了支援。协约国舰船在看到"圣乔治"号的煤烟后，就实施了撤退。

发生于 1918 年 2 月 1 日的卡塔罗水兵兵变成为奥匈帝国海军的转折点，"卡尔六世皇帝"号和"圣乔治"号两舰均被叛军占据。尽管舰上的叛军分别在2日和3日投降，这一变故还是导致了海军高层的剧烈变动，许多老旧舰船退居二线，执行辅助任务。奥匈帝国的两艘装甲巡洋舰便是如此，在当年3月分别被用作希贝尼克（"卡尔六世皇帝"号）和卡塔罗（"圣乔治"号）的浮动指挥部，其原先的职能由三艘"卡尔大公"级战列舰履行。

到1918年10月2日，"比萨"号、"圣焦尔焦"号、"马可·波罗"号及另外三艘英国海军的轻巡洋舰对杜拉佐港展开袭击。此次行动以意大利军队在10月16日占领该港告终。这也标志着亚得里亚海战事的终结，奥匈帝国于28日开始寻求和意大利签署停战协议，双方于11月3日正式停火。

1914—1915年的波罗的海战场

1914年8月，俄罗斯的波罗的海舰队正处于舰艇换装的第一阶段。此时4艘最现代化的战列舰（"塞瓦斯托波尔"级）即将完工，但另外4艘战列巡洋舰依旧待在船台上，还有5~6艘轻巡洋舰刚刚获准建造。最后者中有2艘由德国造船厂负责建造（且只有1艘下水），因此很快被德国海军征用，只有1艘（直到1928年才完工）最终真正加入俄罗斯海军。[141] 俄罗斯海军的核心便只剩下两艘"保罗一世皇帝"号战列舰、老旧的"光荣"级［Slava-class（1903）］战列舰及"皇太子"号战列舰，外加各巡洋舰编队。

战争爆发后，俄罗斯海军将巡洋舰编为巡洋舰支队，下辖"马卡洛夫海军上将"号、"巴扬"号、"雷霆"号、"帕拉达"号及"诺维科"号［Novik（1911）］驱逐舰，另有"俄罗斯"号、"阿芙乐尔"号、"勇士"号、"狄安娜"号和"奥列格"号所组成的后备支队。1915年春，"塞瓦斯托波尔"级战列舰服役后，俄海军舰队又被重组为数个"机动大队"，其中3个大队各下辖2艘战列舰和1艘巡洋舰，1个大队下辖2艘战列舰，其余大队完全由巡洋舰组成。在最初的计划中，"俄罗斯"号、"塞瓦斯托波尔"号和"波尔塔瓦"号战列舰会被编入第2机动大队；"留里克"号和另外2艘幸存的"巴扬"级军舰（"帕拉达"号已沉没）会组成第5机动大队；"雷霆"号则和"阿芙乐尔"号、"狄安娜"号组成第6机动大队。不过这种机动大队只是战

由"雷霆"号和"马卡洛夫海军上将"号领航的俄罗斯海军巡洋舰支队，照片摄于1914年（NHHC NH 93612）

术上的编组，从行政上讲这些装甲巡洋舰还是属于第 1 巡洋舰支队，第 2 巡洋舰支队则下辖全部防护巡洋舰。

在实际作战中，依旧是巡洋舰撑起了俄罗斯大型水面舰艇的大多数作战行动，并由"光荣"号和"皇太子"号战列舰提供支援。其他更现代化的战列舰主要部署在芬兰湾，仅作为一支存在舰队。不过，尽管装甲巡洋舰的重要程度很高，俄军还是有更重要的作战目标——保护芬兰湾。这也导致"俄罗斯"号的 8 英寸主炮在 1914—1915 年间一度被更换为 6 英寸炮，前者则被安装在波卡拉半岛和纳尔甘岛的岸防炮台上。[142]

对德国而言，考虑到俄罗斯主力舰队作为存在舰队的本质，加上本国海军需要将所有无畏舰集中到北海以对付英国，德国海军在波罗的海的舰队也是以装甲巡洋舰为核心组建。9 月 3—9 日，德国海军从第 1 侦察群抽调"布吕歇尔"号进行了一次深入波罗的海的行动，随行军舰包括 4 艘轻巡洋舰。"布吕歇尔"号在 4 日还曾在芬兰湾入口与"巴扬"号和"帕拉达"号短暂交火。约一个月后，"帕拉达"号被德国 U-26 号潜艇发射的鱼雷命中；前者的弹药库发生殉爆，舰员全部阵亡，舰体被炸成三段，分布在 120 英尺深的海底，直至 2012 年才被发现。

1914 年 11 月，此前一直作为波罗的海舰队旗舰的"留里克"号曾短暂被改造为布雷舰，并于 12 月 14 日在但泽港外围布下 120 枚水雷。后来在 1915 年 2 月 13 日，该舰在但泽湾掩护另一次布雷行动期间，于法罗（Faro）灯塔附近触礁，舰体进水2400 余吨，不过军舰最终还是脱险并撤回港内。

11 月 17 日，当时的德军舰队旗舰"腓特烈·卡尔"号正对拉脱维亚海岸实施炮击，但不慎撞上俄军驱逐舰在 5 日于梅梅尔西南偏南海域布设的水雷。由于当时误认为被鱼雷命中，该舰选择了驶向浅海，却不幸误入雷区更深处并很快再次触雷，导致舰舷严重进水并丧失动力。之后，该舰的舵机很快被卡死，船员最终在第一次触雷大约 6 小时后被迫弃舰，不久后该舰倾覆沉没，所幸仅有 7 名舰员阵亡。后来，"腓特烈·卡尔"号的姊妹舰"阿达尔贝特亲王"号从第 3 侦察群被抽调到波罗的海，以取代前者，担任波罗的海舰队旗舰。

1915 年 1 月 24—25 日夜间，又有两艘轻巡洋舰分别在不同的雷区触雷受伤。这体现了水雷造成的巨大威胁。除此之外，从 1914 年 10 月开始，潜艇造成的威胁也有所加剧：主要原因是英国首次将潜艇部署到波罗的海，由俄罗斯部署在喀琅施塔得的"德维纳"号（Dvina，原"亚速海回忆"号巡洋舰）担任补给舰。水雷产生的威胁迫使德军"阿达尔贝特亲王"号在 1 月 24 日前往利巴乌（Libau）时选择经由浅海水域；该舰不幸搁浅，但幸运的是它在英军 E-9 号潜艇到达前便成功脱困。

到 1915 年 4 月，德国海军在波罗的海的实力已经得到大幅增强，第 3 侦察群幸存的两艘巡洋舰（"罗恩"号和"海因里希亲王"号）在当月被部署到该海域。5 月 11 日，E-9 号潜艇发现"罗恩"号及其他数艘舰船正前往利巴乌；该潜艇共发射五枚鱼雷，但均未命中敌舰。7 月 2 日，俄军派出"巴扬"号、"马卡洛夫海军上将"号、"勇士"号和"奥列格"号袭击德军布雷舰船。"信天翁"号（Albatross）布雷巡洋舰在战斗中遭受重创，不得不前往中立国瑞典的港口寻求庇护。"罗恩"号和一艘轻巡洋舰立即前往支援，并在抵达后主要和"巴扬"号交战。但俄军舰队很快获得"留里克"号巡洋舰和一艘驱逐舰提供的支援，德舰被迫撤退。

部署在但泽的"海因里希亲王"号和"阿达尔贝特亲王"号也立即赶去支援。但后者在途中被 E-9 号潜艇发射的鱼雷命中司令塔下方位置，共有 10 人死亡，且军舰进水超过 2000 吨。这导致"阿达尔贝特亲王"号的吃水深度大增，甚至无法进入但泽港，不过还能以自身动力继续航行，后于 7 月 4 日抵达基尔港。

由于"阿达尔贝特亲王"号无法正常执行任务，"布伦瑞克"号和"阿尔萨斯"号（Elsaß）战列舰在 7 月加入第 3 侦察群。这两艘军舰，加上"罗恩"号和"海因里希亲王"号在次月参加针对俄军部署于里加湾的舰队的行动；此外，德军得到了来自公海舰队的战列舰和战列巡洋舰的支援，以歼灭该海域的俄军舰队。具体来说，德军希望击沉俄军"光荣"号，并在里加湾北部的水道布设雷区。在此期间，"罗恩"号和"海因里希亲王"号还曾于 10 日对俄军的岸上设施进行炮击。

9 月 9—11 日间，刚返回的"阿达尔贝特亲王"号（此前因锅炉受损在基尔港接受维修）和"罗恩"号、"布伦瑞克"号、"阿尔萨斯"号从利巴乌出发，对哥特兰岛进行一次袭击。后来在 21—23 日间，"阿达尔贝特亲王"号又和另外 5 艘战列舰、1 艘轻巡洋舰实施了一次攻击行动（此时"罗恩"号在接受维修）。"海因里希亲王"号于 9 月 22 日返回利巴乌，在 10 月 5—6 日间和"阿达尔贝特亲王"号共同执行了一次布雷任务。"罗恩"号则在 18 日返回。10 月 23 日，"阿达尔贝特亲王"号在利巴乌附近被英国 E-8 号潜艇发射的鱼雷命中，由此产生的爆炸引爆了该舰的弹药库。

1915 年 7 月 2 日被鱼雷击伤后的"阿达尔贝特亲王"号巡洋舰（**BA 134-B2185**）

这艘军舰在爆炸中分裂为两截，共有 672 人死亡。同月，"布伦瑞克"号也曾遭到 E-18 号潜艇袭击，但该舰并未受损。

"留里克"号在 11 月又一次被用作布雷舰，并于当月 11 日和次月 6 日分别在哥特兰岛附近布下 560 枚和 700 余枚水雷。此次行动在一定程度上也让德国海军认定——继续让己方大型舰船在波罗的海东部活动实在太过危险[143]，尤其是它们在这一年年末已经因为敌方水雷和潜艇而遭受巨大损失。"海因里希亲王"号因此返回基尔，军舰的整备程度也有所降低；直至 1916 年退役并解除武装，后来成为一艘辅助舰船。"罗恩"号在 1916 年 2 月成为基尔港的哨戒舰，在 11 月降格为鱼雷训练学校的测试和训练舰。1917—1918 年间，德国人曾尝试将该舰改造为一艘水上飞机母舰，包括在舰艉增设机库和水上飞机收放机构（类似于"斯图加特"号轻巡洋舰接受的改造）。不过，上述改造最终让位于将尚未完工的"奥索尼亚"号（Ausonia）邮轮改建为全通甲板航空母舰的计划——但随着战争结束，该计划被取消。[144]

1915 年的北海

德军第 1 侦察群计划再次对哈特尔浦、斯卡布罗和惠特比实施袭扰行动。具体来说，德军准备大范围攻击英国的渔船，因为当时德方认为它们为英国军方提供了有关公海舰队的情报。但德国海军完全没有意识到，自己的无线电密码已被破译。因此，此次行动没有得到公海舰队的支援。

英军在 1915 年 1 月 23 日德国编队出发前 5 小时便收到警告。英德双方的轻巡洋舰在 24 日上午 07:05 首次相遇；接着，英军战列巡洋舰编队和德军编队从 08:52 开始交火。"布吕歇尔"号在战斗之初便被命中，但并未严重受损。该舰在 10:30 再次被 1 枚炮弹命中，且这枚炮弹击穿了连通艉舰的输弹通道，导致大量发射药起火，火焰迅速蔓延至舰艉侧舷的炮塔。同时，前部锅炉舱的上风道也遭受损伤，导致军舰航速下降至 17 节，落在己方编队最末尾。但很快，由于信号传递出错，英军舰队将火力集中于"布吕歇尔"号，德军其他舰船顺利逃脱。"布吕歇尔"号因此遭到对方优势力量的攻击，尽管该舰曾命中英军"虎"号［Tiger（1913）］和"不挠"号战列巡洋舰及 1 艘驱逐舰，但其自身被 50 ～ 100 枚大口径炮弹命中，最终被"林仙"号［Arethusa（1913）］轻巡洋舰发射的 2 枚鱼雷击沉，全舰仅 260 人获救。

到 1915 年初，英国较新型的几代装甲巡洋舰都已返回本土，其中"防御"号（接替"利维坦"号）、"黑太子"号、"爱丁堡公爵"号和"勇士"号组成大舰队的第 1 巡洋舰中队；"香农"号、"阿喀琉斯"号、"库赫兰"号和"纳塔尔"号则组成第 2 巡洋舰中队。完成整修改造的"米诺陶"号在该年年末至次年 5 月担任重组的第 7 巡洋舰中队［下辖"多尼戈尔"号（Donegal）和"汉普郡"号］旗舰。另外，第 3 巡洋舰中队（包括"安特里姆"号、"德文郡"号、"阿盖尔"号和"罗克斯堡"号）从名义上讲也隶属大舰队，但主要部署在罗赛斯执行巡逻任务。

1916 年之前，这些大型巡洋舰所接受的现代化改造主要是增设 1 ～ 2 门防空炮，同时减少相应的三级舰炮数量，并对桅杆和探照灯配置实施部分改动。此外，在主甲板上装载 6 英寸副炮的舰船也会将部分副炮挪到上层甲板的露天炮位，并取消此前的炮郭。第一艘接受上述改造的是"爱丁堡公爵"号。作为一艘仍然服役于军队的舰船，

上两图：左图为停泊在因弗戈登的"纳塔尔"号巡洋舰，此时该舰顶桅已被削短或拆除，同时可以从舰体上观察到用于伪装的舷浪和舰艉迷彩。1915 年 12 月 30 日，该舰发生火灾（右图摄于火灾被扑灭后）。舰上火势迅速蔓延，并引发一次小规模爆炸，之后数秒内发生了一连串小爆炸和最后一次大爆炸。火焰迅速吞没舰船后半部分，迅速向舰艏蔓延，舰上人员曾尝试向舰艏弹药库灌水，但因为烟雾弥漫及军舰丧失动力而宣告失败。随后，该舰迅速向左舷倾斜，并在短短五分钟后倾覆，右舷的舭龙骨则完全露出海面。共有 404 人死亡。此次事故的起因是用作发射药的无烟火药棉老化自燃，之后火焰蔓延至舰艏并点燃 3 磅炮弹的弹药库，接着引燃舰上的轻武器弹药库，最终导致 9.2 英寸主炮炮弹的弹药库殉爆（NHHC NH 50154/ 作者个人收藏）

该舰在 1916 年 3 月将舰舯周围的 6 门副炮挪到了上层甲板的相同位置，靠近艏艉的舷侧副炮则被拆除，主甲板的侧舷炮门也被完全封堵。

"德雷克"级巡洋舰在 1915 年年末被用于海上交通线护航。该级舰主甲板上的 4 门副炮被挪到了舰舯 12 磅炮的位置，另有 2 门副炮被挪到舰艏舷台上部。"蒙默思"号和"多尼戈尔"号分别被部署到大西洋和远东，用于交通线护航。两舰舯部的副炮被挪到了上层甲板的对应位置，艏艉的副炮则继续留在炮郭内。不过，这些副炮最终还是和"德文郡"级巡洋舰上的副炮一样，被挪到了上层甲板。

"德文郡"级各舰中，"阿盖尔"号在 1915 年 10 月于敦提（Dundee）附近的贝尔礁岩附近不幸触礁沉没。此次事故发生的原因是，相应人员没有按要求点亮当地灯塔（因担心敌方袭扰，灯塔在战时并不是一直处于点亮状态）。该舰仅舰炮和部分设备被拆卸回收。"罗克斯堡"号则在 6 月 20 日被 U-39 号潜艇所发射炮弹击伤，但依靠自身动力回到罗赛斯，相应的修理工作持续到了 1916 年 4 月。

英国在 1915 年的最后几天再次损失一艘大型巡洋舰。当时停泊在因弗戈登（Invergordon）克罗默蒂湾（Cromarty Firth）的"纳塔尔"号意外失火，火势迅速蔓延，很快导致舰艉 9.2 英寸主炮炮弹的弹药库殉爆，该舰在不久后倾覆沉没。这也是战争期间英国海军因弹药库意外爆炸而损失的第二艘大型舰船，第一艘是 1914 年 11 月因此沉没的"壁垒"号（Bulwark）战列舰。但这并不是最后一次，而且意大利和日本两国海军的舰船也遭受过类似损失。值得一提的是，有关弹药库的安全隐患还会在战场上导致直接损失。

1916—1918 年的北海

如前文所述，在 1916 年年初，英国幸存的大型巡洋舰越来越多地被用于海上交通线护航或被部署至海外基地。此类舰船的吨位和良好的适航性十分适合执行上述任务，在执行任务的过程中也很少遇到更先进的敌舰。不过，还是有少数比较现代化的大巡洋舰在大舰队中服役——讽刺的是，这在很大程度上是因为原本用来取代它们的战列巡洋舰此时已被抽调至罗赛斯，组成专门的战列巡洋舰舰队，而不再直接隶属于大舰队。

日德兰海战 [145]

德国海军又计划对桑德兰实施一次对岸轰炸袭击，以此诱使英军部分舰队出动，然后设伏在桑德兰东部、占据压倒性优势的德军战列舰队会将其一举歼灭。除上述部署外，德军潜艇还会在斯卡帕湾、莫雷湾、福斯湾、亨伯河口及泰尔斯海灵

（Terschelling）北部设伏，同时飞艇会为第 1 侦察群提供情报支持，以免后者突然和大舰队相遇。30 日，德军途经斯卡格拉克（Skagerrak）海峡，前往诱敌计划中被设为炮击目标的桑德兰；同日，英军根据截获的情报，令大舰队和战列巡洋舰舰队出港待战。

参与此次海战的英军装甲巡洋舰分属于第 1 或第 2 巡洋舰中队。前文提到的第 7 巡洋舰中队已被解散，其下辖的"米诺陶"号和"汉普郡"号两舰，与"库赫兰"号和"香农"号组成了第 2 巡洋舰中队；前两舰先后接替接受整修的"阿喀琉斯"号，担任该中队旗舰。第 1 巡洋舰中队的旗舰依然是"防御"号，中队下辖"勇士"号、"黑太子"号和"爱丁堡公爵"号。上述两支中队的巡洋舰在火炮口径上并不统一，尤其是副炮——有的是 7.5 英寸，有的是 6 英寸。除了"汉普郡"号，其余各舰的 4 门 9.2 英寸主炮都能向侧舷实施齐射。当然，该舰的舰体尺寸确实小得多，武器装备也远不如其他大型巡洋舰。

在这场后来被称作日德兰海战的战役中，诸多大型巡洋舰作为英国大舰队主力的一部分，"防御"号和"勇士"号首先与德国公海舰队的第 2 侦察群在 17:50 左右开始交战，英舰很快命中此前因遭受战列巡洋舰攻击而丧失动力的德方"威斯巴登"号［Wiesbaden（1915）］轻巡洋舰。到 18:13，（英方）同一巡洋舰中队的"爱丁堡公爵"号和"黑太子"号（该舰发射的炮弹同样命中过"威斯巴登"号）也加入战斗，但该中队很快受到"国王"号［König（1913）］战列舰和"塞德里茨"号［Seydlitz（1912）］战列巡洋舰攻击；没过多久，"吕佐夫"号［Lützow（1913）］战列巡洋舰，"大选帝侯"号（Großer Kurfürst）、"边境总督"号（Markgraf）、"皇太子"号（Kronprinz）、"皇帝"号（Kaiser）和"女皇"号（Kaiserin）各战列舰（1911—1914）也加入其中。"防御"号在 18:19 被炮弹命中，舰艏弹药库发生殉爆，爆炸产生的火焰沿着两舷的弹药运输通道依次蔓延至各 7.5 英寸炮炮塔，而后迅速抵达舰艉主炮炮弹的弹药库并将其引爆。该舰在短短 12 秒内完全沉没，乘员无一幸存。

"勇士"号也遭受了猛烈攻击，被大口径炮弹命中至少 15 次并燃起大火。如果不是英军"厌战"号［Warspite（1913）］战列舰在 18:19 因为舵机故障，在绕圈航行时正好挡在"勇士"号和德军舰队之间，这艘巡洋舰可能已被击沉。但该舰还是遭受致命伤，尤其是一枚炮弹命中军舰后部蒸汽机舱前部隔舱壁左舷水线部位，炮弹似乎

1916 年，在北海海域的"勇士"号巡洋舰。本图摄于该舰接受最后一次现代化改造之后，沉没之前（WSS）

是在击穿中轴线的隔舱壁后才发生爆炸，导致蒸汽机舱进水。尽管锅炉舱因此幸免于难，但进入军舰的水还是逐渐淹没了舰艉的弹药库。"恩加丹"号［Engadine（1911）］水上飞机母舰在 20:40 开始尝试将"勇士"号拖曳回港口，但拖曳期间出现风浪，后者侧舷和甲板的弹孔也开始进水。到 6 月 1 日 08:25，被拖曳大概 100 海里后，"勇士"号的干舷距离海面已不足 3 英尺，而风浪越来越剧烈；最终确定该舰已无法抢救后，该舰舰员选择弃舰，并由"恩加丹"号接走。"勇士"号不久后便沉入大海。[146]

现在将视线转向第 1 巡洋舰中队幸存的两艘装甲巡洋舰。"爱丁堡公爵"号在 18:30 将阵位更换到第二战列巡洋舰中队右翼，并在 18:47 成功避开一枚鱼雷，随后上报发现了一批实际并不存在的潜艇。该舰在 19:15 加入第 2 巡洋舰中队的队形。该中队此前只进行了一次己方拥有压倒性优势的战斗，"米诺陶"号、"库赫兰"号和"香农"号的主炮还一弹未发，有的军舰甚至连副炮都没有开过火；"汉普郡"号总共进行过四次齐射。在"防御"号被击沉且"勇士"号遭受重创后，"黑太子"号的航迹便显得不太清楚；到 20:45，该舰已经落到距离主力舰队 17 海里的后方，这说明其动力系统很可能发生了故障。

慢慢地，这场海战进入混乱的夜战阶段。"黑太子"在 23:36 意外出现于德国公海舰队队形的正前方；在之后的交战中，该舰有 2 发 6 英寸炮弹命中德国"莱茵兰"号［Rheinland（1908）］，而自身只遭受轻伤。但仅仅半个小时后，该舰便被"莱茵兰"号同一中队的"拿骚"号［Nassau（1908）］和"图林根"号［Thüringen（1909）］战列舰猛烈攻击。"图林根"号在 1100 码的极近距离上向"黑太子"号开火，共有 27 枚 5.9 英寸炮弹和 24 枚 3.5 英寸炮弹命中后者；00:07—00:15，这艘英国军舰又被"东弗里斯兰"号［Ostfriesland（1909）］和"腓特烈大帝"号［Friedrich der Große（1911）］攻击。当然，"黑太子"号曾尝试撤退，并以左舷的水下鱼雷发射管发射了 1 枚鱼雷。但该舰还是因舰艉 9.2 英寸主炮炮弹的弹药库发生殉爆，舰艉被炸毁，军舰很快向左舷倾覆并沉没，舰员无一幸存。[147]

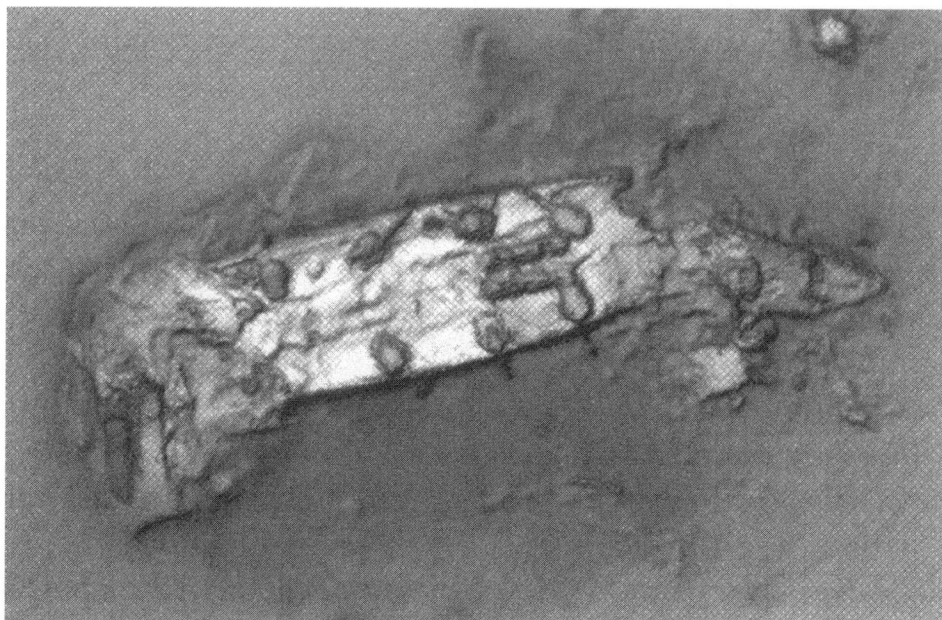

在 2015 年对"防御"号巡洋舰残骸进行多通道声纳探测后，所得到的成像结果。该舰舰艏位于图片左侧，舰体略向左舷倾斜。舰艏 9.2 英寸主炮到 1 号和 2 号锅炉舱之间的水密隔舱壁间的部位已经因舰艏弹药库殉爆而被完全摧毁。弹药库爆炸产生的火焰在当时沿着 7.5 英寸副炮的弹药运输通道很快延烧至舰艉弹药库，并导致舰艉发生第二次殉爆，严重损毁了该舰舰艉和发动机舱（**日德兰海战博物馆，伊内丝·麦卡尼提供**）

日德兰海战之后

6月5日，"汉普郡"号搭载陆军部长基钦纳伯爵（Earl Kitchener）前往俄罗斯。不幸的是，当日19:40，该舰在风浪中于奥肯尼群岛附近触雷，仅15分钟后便沉没。全舰仅有12人生还。军舰残骸倒扣于150英尺深的海底。

日德兰海战标志着装甲巡洋舰在英国主力舰队中服役生涯的终点。战后不久，第1巡洋舰中队被解散，"爱丁堡公爵"号也被调入第2巡洋舰中队。英军后来虽然重建第1巡洋舰中队，但该中队的核心是大型轻巡洋舰①"勇敢"号［Courageous（1916）］和"光荣"号［Glorious（1916）］。尽管从名义上讲，第2巡洋舰中队到战争结束时仍隶属大舰队，甚至在1916年8月18—19日和10月18日参与了对抗德国公海舰队但最终未能执行的两次突围行动；但在1917年，该中队已经沦为一个行政编制而非战术单位——到该年下半年，甚至已经不再设置旗舰，其下辖的舰船要么被英军单独部署，要么在执行巡逻任务。值得一提的是，"阿喀琉斯"号还在1917年3月16日击沉了德国的"利奥波德"号（Leopard）远洋破交舰。到1917年12月8日，由武装商船组成的北方巡逻舰队第10巡洋舰中队也被解散，其职能转由第2巡洋舰中队履行，前者的少数舰船也转隶后者。第2巡洋舰中队编有"米诺陶"号和"香农"号巡洋舰（"阿喀琉斯"号、"库赫兰"号和"爱丁堡公爵"号此时在外执行其他任务），外加"阿尔萨斯人"号、"条顿"号［Tuetonic（1889）］和"奥维多"号［Orvieto（1909）］武装商船，以及2艘武装登陆舰和12艘拖船。该中队所发生最明显的变化就是，中队旗舰不再是一艘装甲巡洋舰，而是"阿尔萨斯人"号武装商船。

1916年以后仍然幸存的"爱丁堡公爵"级、"勇士"级和"米诺陶"级装甲巡洋舰，它们所接受的现代化改造包括以下内容：为主炮增设射击指挥仪；在1917—1918年间为前桅增加支撑结构，以增强结构稳定性；后来还安装了火控设备。此外，大多数军舰的舰桥结构有所改良，探照灯被重新布置。1917年，"爱丁堡公爵"号的舰艉上层建筑处还加装了1门6英寸炮。

对于更老旧的舰船，英军主要是为还能行动的舰船重新布置副炮，其他舰船则退居二线或承担港口勤务。两艘"桂冠"级巡洋舰"阿里阿德涅"号和"安菲特里忒"

已被改造为布雷舰的"安菲特里忒"号（NHHC NH 63009）

号从 1916 年开始被改造为布雷舰。两舰于次年完成改造并再次服役，各装备 4 门 6 英寸炮和 1 门 4 英寸防空炮，可搭载 354～400 枚水雷。"阿里阿德涅"号作为布雷舰的服役生涯十分短暂，其再次服役仅 4 个月后便被潜艇发射的鱼雷击沉（不过该舰已在多佛海峡布下 708 枚水雷），舰上有 30 人死亡。"安菲特里忒"号先后在多佛海峡布下多达 5053 枚水雷，并在 1918 年 4 月布设北海水雷屏障（North Sea Mine Barrage），随后作为布雷舰服役到 1919 年年中。"欧律阿勒斯"号也在 1917 年末在远东被改造为布雷舰，不过改造工作一直未能完成；1919 年年初，该舰返回英国本土并退役。

1916—1918 年的地中海和爱琴海

1916 年年初，法军地中海舰队编制有 3 个战列舰中队，另有第一和第二轻型分队负责提供支援。第一分队下辖"瓦尔德克·卢梭"号（旗舰）、"埃德加·基奈"号和"厄内斯特·勒南"号；第二分队下辖"儒勒·米舍莱"号（旗舰）、"维克多·雨果"号和"儒勒·费里"号，可谓集中了法国最先进的 6 艘装甲巡洋舰。法军在亚历山大港部署了"沙内海军上将"级所组成的第三轻型分队，该分队辖有部署在塞得港的"德·昂特卡勒斯托"号、部署在叙利亚的分队旗舰"柏莎武"号，以及"若雷吉贝里"号（Jauréguiberry）战列舰和"鲨鱼"号岸防炮舰。1916 年 2 月 8 日，"沙内海军上将"号在返回塞得港途经贝鲁特期间被 U-21 号潜艇发射的 1 枚鱼雷命中，该艇正是一年前击沉"凯旋"号的凶手。"沙内海军上将"号在 2 分钟后沉没，全舰仅 1 人生还，他在海上漂流了 5 天后才获救。

1916 年 5 月 1 日，第二轻型分队被解散，该部所属大部分第二代装甲巡洋舰被编入第四轻型分队（"圭顿"号、"蒙特卡姆"号和"迪佩蒂-图阿尔"号），并一直部署在大西洋沿岸。重组的第三轻型分队（"光荣"号、"奥比海军上将"号、"马赛曲"号和"孔代"号）则被部署在地中海。第六分队（"杜普莱克斯"号、"克莱贝"号和"德赛"号）也曾短暂部署于地中海，之后在 10 月被派往达喀尔。当时部署在大西洋沿岸的还有"雷诺堡"号巡洋舰，

摄于 1918 年的"香农"号巡洋舰。可见该舰已经接受战时的现代化改造，但前桅还没有被更换为三脚桅杆（WSS）

在风浪中航行的"香农"号巡洋舰。可见该舰此时已经换装三脚桅杆，烟囱上也增设了用来干扰敌方测距的挡板——但实际上并不会对德军采用的体视式测距仪产生什么作用。因为北大西洋时常出现巨大的风浪，所有大型巡洋舰在作为远洋护航舰船执行任务时，都会拆除位于主甲板的副炮（WSS）

摄于 1918 年的"阿喀琉斯"号巡洋舰。该舰是英国最后三级装甲巡洋舰中的典型，在现代化改造中换装了三脚桅杆以安装射击指挥仪，在其他细节上也有所改良（WSS）

更老旧的英军装甲巡洋舰普遍没有接受太多方面的改造，但大多数会拆除主甲板舷台内的副炮，并将部分或全部副炮挪到上层甲板，舷侧的 12 磅炮均被拆除。本图展示的便是已经接受上述改造的"兰开斯特"号巡洋舰（WSS）

该舰于1916年2月抵达，主要任务是搜寻德国的"海鸥"号［Möwe（1914）］远洋破交舰，并一直待到当年7月，而后返回比塞大（Bizerte）港接受整修改造。

同样是在1916年，俄罗斯海军开始寻求能在波罗的海和黑海以外地区服役的大型舰船（当时只有部署在地中海的"阿斯科尔德"号防护巡洋舰满足相应条件）。最终，俄国和日本达成协议，俄方会购买一批舰船，包括"丹后"号（Tango，原"波尔塔瓦"号）战列舰，后更名为"切什梅"号（Chesma，原先的舰名"波尔塔瓦"已经由一艘无畏舰使用）。还有"宗谷"号（恢复原舰名"瓦良格"）和"相模"号（原"佩列斯韦特"号，同样恢复原舰名），只是此时两舰被重新定级为装甲巡洋舰。俄罗斯海军一开始计划将"切什梅"号部署至地中海，另外两艘军舰则前往白海；但最终"切什梅"号也被部署到了白海。

1916年5月23日，"佩列斯韦特"号在符拉迪沃斯托克（海参崴）附近搁浅，直到7月7日才获救。这意味着另外两舰启程返航时，该舰还留在符拉迪沃斯托克（海参崴）。在日本舞鹤接受维修后，该舰于10月18日才启航返回俄罗斯；通过苏伊士运河后，该舰的动力系统又发生故障，不得不在塞得港接受维修。1917年1月4日，离开塞得港仅仅数小时后，该舰又撞上了两枚水雷（由U-73号潜艇布设）。第一枚水雷造成舰艇的弹药库爆炸，直接将舰艇10英寸主炮炮塔的顶盖掀飞；接下来，第二枚水雷在舰艉锅炉舱左舷位置炸开一个大洞，很快导致主甲板起火。之后，该舰从舰艏开始迅速沉没，共有90人遇难。

1917年9月，"雷诺堡"号和"吉尚"号在比塞大被改造为快速运兵船，随后往返于塔兰托和希腊的伊泰阿（Itea），以支援萨洛尼卡前线的战事。次年1月，两舰被调往达喀尔执行护航任务，同时被派去的还有第六轻型分队下辖的"克莱贝"级巡洋舰，而"吉尚"号已被划入预备役至少一年。"德·昂特卡勒斯托"号最初也被用作护航舰船，之后被改造为运兵船，往返于（前文所述的）同一段航线。在此期间，"雷诺堡"号曾于1917年10月救起被德国U-35号潜艇击沉的"高卢"号［Gallia（1913）］武装商船的幸存者。不过在1917年12月14日，"雷诺堡"号被德国UC-38号潜艇发射的鱼雷命中；该舰运载的士兵被转移到了"鲁昂"号辅助巡洋舰，以及"马穆鲁克"号［Mameluck（1910）］和"雇佣兵"号［Lansquenet（1911）］

在日本海军作为"相模"号服役近十年后，"佩列斯韦特"号于1916年被售回其曾经的祖国。本图摄于该舰自远东港口出发，返回俄罗斯欧洲部分之前（NHHC NH 94791）

驱逐舰上,而"凤仙花"号(Balsamine)拖船曾在人员转移后尝试将受损的"雷诺堡"号拖回基地。然而,在大约90分钟后,"雷诺堡"号再次被UC-38号发射的鱼雷命中;尽管这艘潜艇最终被两艘法国驱逐舰击沉,但"雷诺堡"号也在第二次被命中后迅速沉没。另外两艘巡洋舰则作为运兵船,服役到了1919年。

正如前文所述,英国在1917年1月要求日本海军派遣驱逐舰到地中海承担反潜护航任务。因此,日本的第二特遣舰队于1917年4月13日抵达马耳他。该舰队包括由"明石"号防护巡洋舰率领的八艘驱逐舰。1917年6月,"出云"号也抵达马耳他,并担任舰队旗舰;一同抵达的还有另四艘驱逐舰。1918年秋,"日进"号被派往地中海接替"出云"号,担任舰队旗舰,并率领日本舰队于12月6日抵达伊斯坦布尔。之后,"日进"号、"出云"号,以及"桧"号[Hinoki(1916)]、"柳"号[Yanagi(1917)]驱逐舰于1919年1月5日抵达英国,以接收七艘划归日本的德军潜艇。不过,"日进"号在3月就被提前解除旗舰职务,与其下辖的八艘驱逐舰经马耳他返回日本,于6月18日抵达本土;而"出云"号和剩下的驱逐舰一起访问了地中海的诸多港口,后于7月2日返回日本。

　　1917—1918 年间，法国拆除了许多战列舰[148]和装甲巡洋舰的后桅，以便为其装载系留热气球及相关设备。相应装甲巡洋舰包括"厄内斯特·勒南"号、"埃德加·基奈"号和"柏莎武"号。改装中，这些军舰上前桅的顶桅被拆除，前桅上增设了第二个探照灯平台，以取代战争开始时就从舰桥被挪到其他部位的探照灯。从 1918 年春季开始，法军的八艘装甲巡洋舰及幸存的"丹东"级战列舰就陆续从爱琴海转移到亚得里亚海，以取代此前被部署在此处的五艘"祖国"或"民主"级战列舰。

大西洋护航作战

　　1917 年 4 月 6 日美国对德国宣战时，"匹兹堡"号巡洋舰正担任太平洋舰队旗舰。但该舰随即被调往大西洋舰队的侦察部队，与"普韦布洛"号（Pueblo，原"科罗拉多"号）一同留在南大西洋，并服役至年底。"亨廷顿"号（Huntington，原"西弗吉尼亚"号）当时主要要在佛罗里达海域进行航空测试，不过该舰在 8 月被调往巡洋舰与运输部队（Cruiser and Transport Force）。同月，美军开始在布鲁克林集结海军舰船，相应编队最终包括由"西雅图"号、"北卡罗来纳"号、"蒙大拿"号和"亨廷顿"号组成的第 1 分队；由"圣迭戈"号、"弗雷德里克"号（Frederick）、"普韦布洛"号（1918年 1 月加入该分队）和"南达科塔"号组成的第 2 分队。

　　"萨拉托加"号（原"纽约"号）在重新启用后接受了改造：舰体后部的上层建筑被降低高度，拆除部分探照灯，增强前桅的舰桥结构并加装火控设备。此外，该舰拆除了所有 3 英寸炮和最靠近舰艉的两门 5 英寸炮，同时增设两门 3 英寸防空炮。"萨拉托加"号最初被部署至总部设于夏威夷的太平洋舰队，但在 1917 年 11 月被调往大西洋舰队 [日本海军的"常磐"号和"浅间"号（1918 年 8 月）先后取代"萨拉托加"号，履行相应职能）。之后，该舰（1917 年 12 月 1 日更名为"罗彻斯特"号）被编入巡洋舰分舰队第二中队第 4 分队，承担船队护航任务。美国海军中仅有两艘大型巡洋舰没有参加过大西洋护航行动，它们分别是"布鲁克林"号（该舰在 1920 年之前一直驻于远东）和"匹兹堡"号（该舰主要部署在南大西洋，作为大西洋舰队侦察群的一部分）。

　　幸存的两艘"圣路易斯"级巡洋舰同样在大西洋执行护航任务。"圣路易斯"号此前在火奴鲁鲁被用作潜艇补给舰；美国参战后，其立即返回本国东海岸，在圣迭戈补充舰员，后于 1917 年 4 月 20 日完全恢复现役。之后，该舰穿越巴拿马海峡，于 5 月 29 日抵达费城，其间曾向古巴运送一批海军陆战队官兵。"圣路易斯"号从 6 月 17 日开始执行第一次船队护航任务。"查尔斯顿"号也曾在巴拿马运河担任潜艇补给舰，于 1917 年 4 月 6 日重新回到现役。该舰最初被编入加勒比海地区的巡逻编队；6 月 14 日，它开始为运送美国远征军前往法国的船队提供护航。"西雅图"号（舰队旗舰）的情况和"查尔斯顿"号相似。战争结束前，"查尔斯顿"号还曾在加勒比海和新斯科舍之间海域担任护航舰，之后加入巡洋舰与运输编队，负责向欧洲运送占领部队和接回先前的战斗部队。两艘"哥伦比亚"级巡洋舰也参与过船队护航任务，为此拆除了两门 4 英寸炮。"哥伦比亚"号在 1918 年 1—11 月间参加过五轮船队护航任务，"明尼安波利斯"号则在同年 2—10 月间参加过四轮。

美国的大型巡洋舰也曾和包括"爱丁堡公爵"号、幸存的"勇士"级军舰、"德雷克"号、"阿尔弗雷德国王"号、"利维坦"号、"贝里克"号、"康沃尔"号、"卡那封"号在内的英国大型巡洋舰，以及两国的多型前无畏舰一同执行任务。[149] 比如 1918 年 10 月 13 日从纽约出发的包括 12 艘运输船的高速船团，其护航舰船便包括"蒙大拿"号、"爱丁堡公爵"号巡洋舰，还有"内布拉斯加"号战列舰。除此之外，法国部署在布雷斯特的大西洋分队（原第四轻型分队，于 1918 年 1 月更名）和西印度群岛分队，包括"圭顿"号、"蒙特卡姆"号、"迪佩蒂 - 图阿尔"号和"圣女贞德"号也都参加过护航任务。部署在达喀尔的第六分队（依然下辖"克莱贝"级巡洋舰）同样执行过此类任务。

尽管大型巡洋舰的舰体尺寸及适航性让它们非常适合在大西洋执行此类任务，但正如前文所述，英军拆除了这些军舰主甲板部位的舰炮；美军也拆除了相同位置的副炮，并将许多舰船的主甲板炮门完全封堵。以美军"弗雷德里克"号为例，1917

执行大西洋护航任务的"查尔斯顿"号巡洋舰（作者个人收藏）

"明尼安波利斯"号巡洋舰，本图摄于 1918 年。此时军舰舰体已经涂上船队护航舰船所用的迷彩涂装。同时，舰艉新增的上层建筑中设有无线电收发室（NHHC NH 46198）

　　1918 年 11 月 3 日，"库赫兰"号自摩尔曼斯克出发，于 10 日抵达斯卡帕湾。之后，该舰舰艏因航行时穿过一段狭窄水道而遭挤压变形。这艘军舰在 12 日出发，前往默西。但在 14 日，尽管从 07:15 开始由河口领航员引导，"库赫兰"号还是在 07:57 意外搁浅。随后抵达的拖船曾尝试等到当天下午和夜间涨潮，将该舰拖离海岸。不过"库赫兰"号依然没有浮起的迹象，因此在当天夜间，舰员开始搬运弹药，来减少军舰重量。次日凌晨 04:00 左右，该舰的一号锅炉舱开始进水。上午 06:00，该舰将发动机反转功率开到最大，并在几艘拖船的协助下继续尝试脱离搁浅地区，但依然没有成功。于是，军舰舰员在 09:00 再次搬运弹药。当天下午，有 500 名舰员离舰登岸；到夜间，人们再次尝试将"库赫兰"号拖离，但还是没有成功。16 日 09:00，一艘打捞船也抵达现场，同时"库赫兰"号的舰员进一步尝试减轻舰船重量。之后又有 170 余名舰员离舰登岸。但在 20 日，人们发现该舰已无法实施抢救；不久后，该舰龙骨最终折断，军舰迅速沉没。由于军舰残骸威胁到航运安全，人们又花了六个月时间将其拆除。1919 年 2 月 19 日，军事法庭将"库赫兰"号的沉没归咎于该舰航海长失职（**作者个人收藏**）

　　护送从北美出发的船队抵达北海海峡期间，具体是 1917 年 10 月 2 日 09:15，"德雷克"号被德国 U-79 号潜艇发射的鱼雷命中 2 号烟囱位于右舷的部位，当即造成 18 人阵亡。驶向教堂湾期间，该舰由于舵面失效，又在 10:37 在拉斯林岛附近和"门迪普丘陵"号碰撞，导致后者严重受损，被迫选择抢滩搁浅。"德雷克"号在 11:46 被迫下锚，等待救援船只到来，但随着更多的水进入军舰，舰体的倾斜程度迅速加剧。于是，舰员被迫弃舰，转移至"马丁"号（1910）驱逐舰上（图中左侧军舰），这一行动在 14:05 完成。"德雷克"号在 30 分钟后倾覆，沉没于 15～20 米深的海水中，其左舷的舭龙骨大部分还露出海面。海军最终在 1918 年 3 月 4 日，以 5350 英镑的价格将该舰残骸售出，对部分舰体的拆解打捞工作持续到了 20 世纪 20 年代，而舰上的弹药直到 20 世纪 70 年代才逐渐由海军潜水员清理，之后军舰舰体被爆破拆除，不过依然有很大一部分留在海底（**汤米·塞西尔收藏**）

　　年，该舰在南大西洋服役期间便拆除了主甲板的 3 英寸炮；之后在 1918 年拆除靠近舰艏的六门 6 英寸炮，剩下的四门炮也在当年 3 月被拆除。不过，美国海军并没有像英国海军那样，将这些舰炮重新安装到上层甲板（而是将这些舰炮安装到武装商船上，用作自卫武器）[150]；如此一来，这些大型巡洋舰上的副炮便只剩下四门。只有在南大西洋服役的"匹兹堡"号保留有主甲板副炮，但也拆除了其中四门。实战经验表明，此前纽波特海军会议上做出的拆除舰桥，完全通过司令塔实现对舰船指挥的决定是不符合实际的；因此，这些大型巡洋舰很快重新拥有了大型舰桥上层建筑。[151]

　　除了执行跨大西洋护航任务和在北海进行巡逻的舰船，英国还有一支部署在西非海岸的第 9 巡洋舰中队，专门负责南大西洋海域的行动。到 1917 年 9 月，该中队辖有"酒神祭司"号（旗舰）、"阿尔弗雷德国王"号巡洋舰，外加"阿非利加"号（Africa）、"不列颠尼亚"号（Britannia）战列舰及四艘武装商船巡洋舰。不过在 1918 年 6 月以后，该中队只剩下"酒神祭司"号和另两艘战列舰仍留在西非，"阿非利加"号已在前一年 6 月被召回，"不列颠尼亚"号则在 11 月被击沉。到战争结束，该中队只剩下"酒神祭司"号和两艘辅助支援性质的武装捕鲸船。

　　正如前文所述，从行政编制上讲，"米诺陶"号和"香农"号两舰自始至终都隶属大舰队第 2 巡洋舰中队，该中队在 1918 年 3 月已经改组为一支完全由装甲巡洋舰组成的中队；包括 1918 年年初加入的"库赫兰"号，还有"阿喀琉斯"号，不过后者在 1918 年 2—11 月间一直处于整修改造状态。后来，"库赫兰"号巡洋舰在 1918

年 3 月被派到白海，直到 11 月才返回英国本土；
然而，该舰在 14 日于默尔西附近触礁搁浅，最
终沉没。后来，英国将所有执行船队护航任务的
大型巡洋舰都编入了北美—西印度舰队。相应地，
法国也在 1917 年 9 月将大西洋分队与西印度分
队合并。

实施大西洋护航行动期间，协约国一共损失
四艘大型巡洋舰，其中三艘军舰是在靠近某国本
土的海域沉没。第一艘损失的军舰是"克莱贝"
号，该舰于 1917 年 6 月 26 日 06:00，在返回布
雷斯特港时触雷，军舰前部锅炉舱迅速进水并导
致全舰丧失动力。当时，"无常"号［Inconstant
（1916）］反潜舰曾尝试将该舰拖曳回港。但到
06:45，"克莱贝"的情况已相当恶劣，其锅炉舱
的水密隔舱壁发生坍塌，导致军舰最终沉没，共
有 38 人遇难。第二艘是英国海军的"德雷克"
号巡洋舰，该舰于 1917 年 10 月刚随船队抵达北
海海峡时，被 U-79 号潜艇发射的鱼雷命中，军
舰于五小时后倾覆沉没。第三艘是美国"圣迭戈"
号（原"加利福尼亚"号）巡洋舰，于 1918 年
7 月在长岛附近海域触雷（由德国 U-156 号潜艇
布设），之后很快翻沉。最后一艘是"迪佩蒂 -
图阿尔"号，该舰于 1918 年 8 月 7 日在距离布
雷斯特以西 400 海里处被 U-62 号潜艇击沉。当
时"迪佩蒂 - 图阿尔"位于船队正前方，其右舷
在 20:51 被两枚鱼雷命中，军舰在 50 分钟后沉没；
幸运的是该舰无人遇难，舰员均被随行的美国驱
逐舰救起。

战争结束后，美国的大型巡洋舰及之前承担
护航任务的战列舰开始将士兵运送回国。为增加
搭载空间，这些舰船拆除了部分或全部副炮。

协约国在大西洋护航行动中损失的另外一艘大型巡洋舰——美国"圣迭戈"号（原
"加利福尼亚"号，本图摄于 1915 年 9 月 10 日，此时该舰仍使用原舰名）。该舰于
1918 年 7 月 19 日自朴次茅斯返回美国本土，准备为下一支船队护航时，在长岛附近
海域触雷（由德国 U-156 号潜艇布设）。水雷在左舷发动机舱附近爆炸，导致发动机
舱和相邻的锅炉舱进水，舰体在短时间内倾斜 9 度，海水因此从左舷的侧舷炮门涌入。
军舰舰体在触雷 10 分钟后倾覆，并在 20 分钟后完全沉没。由于该舰沉没的地点水深
较浅（仅 110 英尺），因此其残骸在 20 世纪 50 年代被出售拆解，不过军舰的绝大部
分残骸至今仍在海底（作者个人收藏）

1919 年 2 月 22 日，"普韦布洛"号（原"科罗拉多"号）从法国返回纽约。该
舰的舰体此时已被明显扩大，体现了美国从战争中获得的舰艇设计经验。注意该舰主
甲板的副炮已被拆除（NHHC NH 55270）

1916—1919 年的波罗的海和俄罗斯海军

1915—1916 年间，俄罗斯对早期的装甲巡洋舰的舰载武器进行了升级。"俄罗斯"
号在 1914—1915 年间更换 8 英寸主炮，之后其舰艉后甲板上增设了两门 8 英寸炮（军
方甚至打算在军舰舯楼处也加装两门，但根据现有资料，无法肯定这两门火炮实际进
行了安装）。为容纳这些新添加的主炮，该舰拆除了舯楼，以保持稳定性。[152] 该舰的
6 英寸副炮数量也因此降至 14 门。此外，尽管施工人员更换了右舷的副炮，但左舷副
炮都是在故障最为严重时才被更换。

舰楼正被拆除，以增设两门8英寸火炮的"俄罗斯"号巡洋舰（**作者个人收藏**）

舰楼已被拆除的"俄罗斯"号巡洋舰，此时舰艉处还未加装8英寸火炮（**作者个人收藏**）

战争期间，俄罗斯同样计划对"巴扬"级进行升级改造。图中的"马卡洛夫海军上将"号就在1917年，于舰艉部位增设一门单装8英寸火炮（**作者个人收藏**）

1917年，摄于瑞威尔的"留里克"号巡洋舰。该舰之前因触雷受损，但此时已经修复，前桅也被更换为三脚桅（**作者个人收藏**）

"雷霆"号还拆除了艏楼两侧和舰艉甲板的6英寸炮（以及所有75毫米炮和47毫米炮），艏艉位置的8英寸主炮则被抬升到艏楼甲板高度。两艘幸存的"巴扬"级拆除了所有75毫米炮及相应舰艏防护设备，此举目的是在后桅前部的舰体中轴线上再安装1门单装8英寸炮（但最终似乎只有"马卡洛夫海军上将"号接受这一改装）；另外，两舰以6英寸炮取代了设有防护炮盾的4门75毫米炮。

完成升级改造后，"留里克"号继续在舰队中服役，并在1916年6月执行数次破交作战，但仅击沉1艘德国船只。11月7日，该舰在芬兰湾的赫尔戈兰岛附近触雷，导致舰艏严重损坏，维修工作持续到了1917年4月，其间前桅也被更换为三角桅杆。此时，俄罗斯舰队的编制结构已完成重组，"留里克"号、"巴扬"级两舰、"勇士"号和"奥列格"号被编入第一巡洋舰支队；"俄罗斯"号、"雷霆"号、"阿芙乐尔"号和"狄安娜"号则被编入第二巡洋舰支队。

俄国舰队的作战效率在1917年因国内局势影响而大幅下降。但就算如此，当德国在10月发动"阿尔比恩"行动，计划夺取将里加湾和波罗的海其他海域分隔开来的西爱沙尼亚群岛时，面对德国海军的优势兵力，俄方波罗的海舰队依然进行了顽强抵抗。[153] 参加行动的德军舰队包括10艘现代化的战列舰、1艘战列巡洋舰、11艘轻巡洋舰、1艘扫雷艇、43艘驱逐舰和13艘潜艇，外加大量扫雷艇和其他辅助舰船。俄罗斯海军部署在此地的军舰有"光荣"号、"公民"号（Grazhdanin，原"皇太子"号）战列舰，"巴扬"号、"马卡洛夫海军上将"号、"狄安娜"号巡洋舰，3艘炮舰"勇敢"号[Khrabryi（1895）]、"威胁"号[Groziashchiy（1890）]、"希维涅"号[Khivinetz（1905）]，以及3个支队的驱逐舰、鱼雷艇和其他辅助舰船。

德军舰队从10月11日开始对目标实施炮击，俄军"马卡洛夫海军上将"号、"威胁"号

俄罗斯许多老旧的或尚未建成的大型舰船后来都被售给德国的拆船厂进行拆解。"雷霆"号便是其中之一，但该舰在被拖往德国途中，于利耶帕亚附近的防波堤处搁浅，后来被就地拆解（**作者个人收藏**）

1918 年 3 月 10 日，摄于俄罗斯远东地区的"布鲁克林"号和"萨福克"号巡洋舰，两舰分别于 3 月 1 日和 1 月 24 日抵达。图中远处的大型舰船则是日本海军的战列舰"石见"号（原俄罗斯海军"鹰"号战列舰）和"朝日"号（1899）（**NHHC NH 69711**）

和另外 6 艘驱逐舰也在当天下午对德国的鱼雷艇展开攻击。13 日，双方的战斗主要在俄罗斯驱逐舰和德军轻型舰艇之间展开，"希维涅"号后来也加入其中。"公民"号和"马卡洛夫海军上将"号在第二天下午抵达战场，但此时敌舰已超出两舰射程，因此双方都在入夜后停火。17 日，"公民"号、"光荣"号、"巴扬"号在驱逐舰的支援下，对德国扫雷艇进行袭击；之后，德军"国王"号和"皇储"号也前来支援。当时德军战列舰主要将火力集中于俄军的战列舰，因此"巴扬"号在战斗初期并未受到攻击。

"公民"号在此战中只受了轻伤，但"光荣"号严重受损。"巴扬"号曾遭受"国王"号的攻击。10:36，该舰（前者）被一枚炮弹击穿上层甲板和主甲板，炮弹在舰体内部爆炸，导致军舰起火，大火在次日才被完全扑灭。德军战列舰于 10:40 停火，而俄舰在 10 分钟后撤往里加湾北部的海峡。不幸的是，"光荣"号已严重进水，最终只能自沉。俄军其余舰船则成功撤入芬兰湾或返回喀琅施塔得，德军随即在 20 日完全控制里加湾。

随着国内局势发生变化，俄罗斯和同盟国于 12 月 15 日签署停战协定。《布雷斯特 - 立陶夫斯克条约》承认了芬兰的独立，这也使得原先部署在赫尔辛弗斯（赫尔辛基）的俄罗斯主力舰队于 1918 年 3 月穿破冰封海域，返回喀琅施塔得。此后，俄罗斯将绝大多数大型舰船编入预备役，且这些舰船几乎再未被启用。上述舰船包括俄罗斯的装甲巡洋舰，其中许多舰船的舰炮被拆下，安装于岸防工事。只有"俄罗斯"号在 1922 年由德国购买并拆解，"雷霆"号则在前往拆船厂途中因意外搁浅而选择就近拆解。尽管军方在 1921 年 5 月 21 日的计划中决定长期保留"留里克"号，但该舰的状况已经相当糟糕，许多关键设备也被拆除。因此，到 1923 年 11 月，海军最终决定将该舰拆解，其 8 英寸火炮则用于建设岸防炮台。

随着俄罗斯的战争能力因局势变化而不断瓦解，昔日的协约国盟友开始担心其储存在摩尔曼斯克和符拉迪沃斯托克（海参崴）的军事装备和物资的命运。因此，各协约国在 1917—1918 年间向这两个港口派出海军舰船，以保护本国利益，其中很多军舰都是大型巡洋舰。美国最先派出的是"布鲁克林"号，该舰于 1917 年 11 月 25 日抵达符拉迪沃斯托克（海参崴），直至 1918 年 3 月才返回美国。之后是 1 月 14 日抵达的英国海军"萨福克"号巡洋舰，该舰还贡献了一批 6 英寸炮和 12 磅炮，用于防守铁路和河口。"肯特"号于 1919 年 1 月抵达，也曾拆除部分舰炮，以支援岸上的作战。

如前文所述，"库赫兰"号巡洋舰曾被派往白海，并在 1918 年 3 月 6 日为一支从"光荣"号战列舰上登陆的英军部队提供支援。"圭顿"号和"奥比海军上将"号则在 1918 年 8 月抵达该海域。1918 年 12 月，"蒙特卡姆"号巡洋舰前来接替前两艘军舰，同时前者名义上属于新成立的波罗的海分舰队，并在此服役至 1919 年 5 月。"圭顿"号则在 1919 年 11 月被派往波罗的海，接替 1918 年 12 月抵达该海域的"马

沉没于喀琅施塔得的"亚速海回忆"号巡洋舰残骸。该舰在 1919 年 8 月 17 日被 CMB-79 号鱼雷艇击沉。该舰后方可以看到"狄安娜"号和"阿芙乐尔"号防护巡洋舰（作者个人收藏）

赛曲"号。

英国也向波罗的海派遣了舰船，并在 1918 年 11 月—1920 年 2 月间直接为白军、芬兰和波罗的海国家士兵提供火力支援。1919 年夏季，英国舰船还袭击了喀琅施塔得[154]；此次行动主要针对作为潜艇补给舰服役的"亚速海回忆"号（在 1917 年恢复此舰名）。该舰还在 7 月 30 日成为"怀恨"号水上飞机母舰（Vindictive）的空袭目标，但（前者）未被命中。1919 年 8 月 17 日，英军又出动鱼雷快艇，对其实施一次袭击。最终，"亚速海回忆"号被 CMB-79 号鱼雷艇击沉（但该艇随后也被击沉），CMB-84 号则成功击沉"奥列格"号防护巡洋舰；此外，"首召者安德烈"号（Andrei Pervosvannyi）战列舰被击伤。[155] 对沉没的装甲巡洋舰实施的打捞拆解工作直到 1923 年末才展开，而且有一艘打捞船在工作期间，具体是 1924 年 9 月因撞上"亚速海回忆"号水下残骸的一根吊艇柱而沉没。

7 日渐凋零
THE LONG DYING

一战后的世界

第一次世界大战结束后，同盟国的所有大型巡洋舰中，只有德国的"罗恩"号因已经拆除武装并被改造为港口勤务舰而不受1919年的《凡尔赛条约》影响。协约国对该舰的唯一限制是，军舰报废后不得出售给其他国家拆解。

奥匈帝国的军舰在1918年11月就已经被协约国接管，并分布在不同的港口。其中"玛利亚·特蕾西亚"号位于波拉港，"卡尔六世"号在希贝尼克，"圣乔治"号在卡塔罗。后来，根据签署于1919年的《圣日耳曼莱昂条约》（Treaty of Saint-Germainen-Laye），上述三艘大型巡洋舰均被移交给英国，不过"圣乔治"号此前曾被考虑交给意大利，作为一艘"宣传"舰——在尚未考虑各国在战争中的损失前，奥匈海军的舰艇原本会被分给协约国三个主要成员国用作靶舰。[156] 但英国并不打算将这些巡洋舰送回本土，因此三舰（以及英国分得的其他所有舰船）[157] 均在其停泊的亚德里亚海港口就地出售给意大利的企业，其中一些舰船因这些企业没能在合同到期前完成拆解作业而再次被转售。

停战后，英军许多处于现役的舰船也很快被划入预备役（第2巡洋舰中队在1918年年末解散）。此前各型巡洋舰履行的职能，此时大多已经由更现代化的巡洋舰承担，就连许多早期的战列巡洋舰也被划入预备役。但从另一方面看，因为绝大多数新的装甲巡洋舰都是为了在北海地区服役而设计的舰队型巡洋舰，所以远洋部署任务还是由旧式的"韦茅斯"级、"查塔姆"级和"伯明翰"级巡洋舰执行。此外，在战后的计划中，英军会继续使用武装商船巡洋舰进行远洋护航和船队护航，直到能够执行此类任务的新式大型巡洋舰出现。[158]

英军当时唯一长期保持远洋航行状态的是"坎伯兰"号巡洋舰。直至1920年4月，该舰都被用作见习军官训练舰。另外，"罗克斯堡"

英国在战前建造的大多数军舰都在战争结束后几年内很快被拆解，尤其是性能已经落后的大型防护巡洋舰和装甲巡洋舰。本图展示的是在1920年春季抵达布莱斯造船厂的"利维坦"号，此时该舰仍保留有战争后期的迷彩涂装（**WSS，大卫·K. 布朗收藏**）

英国有少量大型巡洋舰曾短暂地作为港口勤务舰服役。本图为摄于1920年的朴次茅斯港"费思嘉"号训练学校，可见"费思嘉一号"（原"斯巴达人"号）和"费思嘉三号"（原"可怖"号）浮动船舍。再向右还能看到"费思嘉二号"（原"赫拉克勒斯"号中央炮郭铁甲舰）（**作者个人收藏**）

号在 1919 年担任过无线电设备训练舰,"安特里姆"号曾在 1920 年 3 月—1922 年间担任声纳设备测试舰。"阿喀琉斯"号在 1919 年 6 月接替"桂冠"号,担任司炉训练舰。"香农"号则于 1919—1922 年间,在舍尔尼斯的"阿克泰翁"号鱼雷训练学校担任浮动宿舍。上述各舰以外的大型巡洋舰基本是在等待出售拆解。但从另一方面讲,舰体较长的大型巡洋舰服役时间也会长得多:"强力"号、"可怖"号和"斯巴达人"号先后服役到了 1929—1932 年,"安德洛墨达"号在转入"反抗"号鱼雷训练学校后更是服役到了第二次世界大战之后。

对于很多缺乏现代巡洋舰的国家及其海军而言,这些幸存的大型巡洋舰在战后依然会作为一线舰船服役。虽然其中的老旧舰船大多会被出售拆解,但其他舰船都会加入现役。值得一提的是,许多舰船直到 20 世纪 20 年代仍在一线服役,其中一些的服役时间甚至更长。

转为商用

绝大多数大型巡洋舰战后的命运都是被送往拆船厂,但因为战后商船吨位数的严重不足,许多军舰也会被改造为民用船只——不仅包括小型舰船,也包括一部分装甲舰船,但后者作为重型舰船的构造、布置和商船理想的样式正好相反,因此对这类舰船实施改造并不划算。意大利在战时就曾将老旧的"意大利"号[Italia(1880)]战列舰改造为谷物运输船。英国也将"卡律布狄斯"号[Charybdis(1893)]防护巡洋舰改造为往返于百慕大群岛和纽约的货船,该舰因此拆除了大部分锅炉,以增加装载空间。[159] 法国也在 1918 年 10 月将"杜佩·德·洛美"号巡洋舰出售给比利时的一家公司,之后该舰在波尔多被改造为货船。[160]

将不同军舰改造为民用船只的过程是基本相同的,即拆除所有武器装备,同时尽可能地拆除装甲,动力系统只需满足基本使用要求;接着,空出来的动力系统舱室和弹药库就会被改造为货舱。以"杜佩·德·洛美"号巡洋舰为例,该舰除舰艉舱面室(可用作船员住舱)以外的所有上层建筑,以及侧舷装甲都被完全拆除。同时被拆除的还有前部的两段锅炉舱和发动机舱,以及它们之间的水密隔舱壁,只留下后部中轴的发动机和后部锅炉舱,锅炉减少到六座(功率为 1700 ~ 2000 马力,最大航速为 10 ~ 10.5 节)。此外,该舰向前延伸的舰艉上新建了艏楼,以增加船员舱室(舰艉主甲板也布置了更多舱室)。该舰一共建造四个货舱,就位置而言,其中一个货舱等于此前的舰艉弹药库,一个等于两段锅炉舱,一个等于发动机舱,最后一个等于舰艉弹药库,由新增的九台起重机进行货物装卸。舰桥和高级海员住舱则建在剩下的锅炉舱前部位置。

该舰之后更名为"秘鲁人"号(Peruvier),其第一次商业航行开始于 1920 年 1 月 20 日,由卡迪兹向里约热内卢运送煤炭。不过,该舰在大西洋中部位置便发生故障,最后不得不由拖船拖曳至拉斯帕尔马斯(Las Palmas),之后被拖曳至

由于战后商船的极度缺乏,各国开始尝试将巡洋舰改造为商船。法国原先的"杜佩·德·洛美"号巡洋舰就被改造为"秘鲁人"号商船,但其民用服役生涯并不顺利且相当短暂【刊载于《工程师》第 129 期(1920)第 270 页】

尽管法国保留了部分大型巡洋舰，但幸存的"沙内海军上将"级舰船还是很快被弃用。本图摄于1922年，展示了已被改造为打捞船的"拉图切－特雷维尔"号，此时正在打捞1911年因内部发生爆炸而意外沉没的"自由"号战列舰（作者个人收藏）

巴西的伯南布哥（Pernambuco），抵达时已是6月1日。不久后，船上一个满载煤炭的舱室又发生火灾。大火在19天后才终于被扑灭。这场大火导致舰船后桅［就在起火的舱室（原先的前部发动机舱）正后方］完全坍塌，动力系统也完全损毁。之后，该舰在10—11月间返回母港安特卫普，于1923年被出售拆解。

之后对"拉图切-特雷维尔"号进行的改造被视为相应改造的模板，因此整个过程显得小心翼翼。不过，该舰实际作为打捞船服役，曾打捞在1911年因弹药库意外爆炸而沉没的"自由"号［Liberté（1905）］战列舰，直到后来被出售拆解。有人曾提议将"儒勒·米舍莱"号改造为航速达15节的邮轮，但此事最终并未落实。[161]1920年9月，英国将"欧罗巴"号售出，该舰的买家打算将其改造为移民船。但仅仅四个月后，该舰便在科西嘉岛附近因风暴沉没，此时相应改造甚至还没有开始。

继续远航

正如前文所述，虽然皇家海军在战时建造了多个类型的巡洋舰，包括专门为海外部署而设计的排水量达9750吨的"卡文迪许"级巡洋舰，其他国家的海军却无法让它们的旧式巡洋舰离开远洋部署地，无论这些巡洋舰的设计是多么落后。尽管美国当时已在建造10艘"奥马哈"级（Omaha-class）巡洋舰，但直到该级首舰于1923年正式服役，美国海军都只有3艘还算先进的轻巡洋舰（1907年下水的"切斯特"级）可供使用。意大利的情况与之相似，只有3艘现代化的侦察巡洋舰，即"夸尔托"号［Quarto（1911）］和2艘"尼诺·比卓"级［Nino Bixio-class（1912）］；以及舰龄不算大但设计落后的"利比亚"号（Libia，原本为土耳其设计）和"巴斯利卡塔"级［Basilicata-class（1914）］巡洋舰。法国的情况更糟糕，其第一型现代化轻巡洋舰"拉蒙特-皮奎特"级（Lamotte-Piquet-class）的建造因一战而中断。[162]因此，这三个国家都需要保留至少一部分装甲巡洋舰或防护巡洋舰，直到新型巡洋舰服役。对于法国和意大利而言，它们甚至可能需要启用从德国与奥匈帝国获得的赔偿舰船。[163]

日本的情况和上述三国相似。尽管当时已经开始实施一个包括"天龙"级（Tenryu-class）、"球磨"级（Kuma-class）轻巡洋舰的庞大建造计划，但日本海军还是保留了旧式大型巡洋舰，将其用于辅助性质的任务——最主要的就是作为见习军官训练舰。日军的多艘大型巡洋舰早在一战前便已经执行过此类任务。战争结束前，"常磐"号装甲巡洋舰已于1917年4月被调往江田岛海军兵学校，作为训练舰服役；其姊妹舰也在1918年承担这一任务。南美国家的大型巡洋舰同样以这种角色服役了相当长的时间，此类舰船优秀的适航性、充足的载员空间和漂亮的外观使它们相当适合履行这一职责。也正是出于这样的原因，被用作训练舰的大巡洋舰中的最后一艘，甚至到1950年都还在海上航行。

"千代田"号同样得以保留，并在1919—1920年间被改造为潜艇补给舰，因此拆除了后桅与绝大部分武器装备。该舰一直服役至 1924 年，后被改造为海军学校的训练舰。舰上的设备在 1927 年被拆除，这艘军舰也在当年 8 月的海军阅舰式上作为靶舰被击沉。不过，"千代田"号的舰桥倒是一直在海军兵学校作为观礼台得到保留，直至二战结束。

法国

法国海军中幸存的两艘"沙内海军上将"级舰船在停战后很快被弃用。"克莱贝"级倒是继续服役了较短一段时间，但也难逃退役的命运；"吉尚"号亦是如此。退役之前，具体是 1919—1921 年间，"德·昂特勒卡斯托"号曾在布雷斯特担任训练舰；后于 1923 年 5 月被售给比利时海军，先后担任系泊巡洋舰和（比方从德国接收的鱼雷艇的）补给舰。为此，该舰拆除了所有武器装备和螺旋桨，其老式锅炉也被更换为从"暴怒"号［Furieux 1883）］岸防舰上拆下的贝尔维尔式水管锅炉。

1922 年 2 月 6 日，由英、法、美、日、意五国签署的《华盛顿海军条约》中的第 18 款明确规定，禁止"以赠予、出售或其他任何形式向任何一个在未来可能和签约国发生战争的国家转让可能被用于战争的军用舰艇"。不过，各签约国接受了"德·昂特勒卡斯托"号先前所进行的改造，因为上述改造已经使该舰"解除武装……且丧失航行能力，所以并不具有作为战斗舰艇的能力"。因此该舰被允许出售给比利时海军。不过，随着 1926 年比利时海军解散，其全部军舰都被改造为民用船只；"德·昂特勒卡斯托"号也被拖回瑟堡，等待它的下一个买家。

1923 年 6 月 18 日，波兰开始和法国协商将"德赛"号巡洋舰改造为类似的训练舰。[164] 考虑到改造和拖曳的费用，法国海军最初建议以类似比利时获得"德·昂特勒卡斯托"号的方式，将军舰永久租借给波兰海军。1924 年 3 月，法国外交部决定将这艘巡洋舰赠予波兰；但到 1925 年 3 月，法国海军部还是要求波兰支付该舰的

"德·昂特勒卡了斯托"号作为无武装的固定训练舰服役了很长一段时间；一开始是在布雷斯特，被租借给比利时海军后以布鲁日为母港。比利时海军解散后，该舰又被出售给波兰海军，直至 1939 年被德军俘获（作者个人收藏）

舰体和改造费用。当时也有人担心这样做会疏远两国之间的关系，并影响后续向波兰出售新造舰船的计划。[165]因此，到6月，法国海军指出将此舰赠予波兰还需要经过国会批准——这样做可能出现更多问题——而且需要考虑其他一些因素。法波两国最终于1926年7月14日达成协议，波兰将以120万法郎的价格购买该舰舰体，并向法国支付242万法郎，作为该舰实施改造和拖曳至格丁尼亚港的费用；相应经费在法国向波兰提供的长期贷款中列支，改造工作则在土伦港进行。

不过，英美两国都提出此次军售有可能违反《华盛顿海军条约》第18款；值得注意的是，该条款已经阻止了英国向外销售一系列舰船的尝试。尽管"德赛"号将以"无航行能力的舰体"这一形式出售，但英美两国并不确定该舰日后不会成为"军用舰艇"（条约中也没有对此提出明确限制）。因此，军舰出售的问题拖延了一年之久。不过，随着"德·昂特勒卡斯托"号（从比利时）回到法国，相应问题迎刃而解：首先，这艘军舰已经被改造为一艘无航行能力的训练舰；其次，法国将该舰转让给比利时的时候，它就不再是一艘"军用舰艇"。

波兰自然也向法国提出购买"德·昂特勒卡斯托"号，以替代原先的"德赛"号。该舰（前者）在1927年7月30日加入波兰海军，舰名因此变更为"瓦迪斯拉夫四世"号（Król Władysław IV）；而后经基尔运河，于8月11日抵达格丁尼亚。9月，这艘军舰更名为"波罗的海"号（Bałtyk），并先后在但泽和格丁尼亚接受整修改造至1928年6月。之后的一年里，波兰海军又对该舰实施了包括移除烟囱顶盖在内的诸多内部改造。有人曾提出将"波罗的海"号改造为浮动防空火炮平台，但相应计划并未实施。之后，该舰仍然作为训练舰，服役到了1939年9月。"波罗的海"号在当年9月1日被德国空军投下的炸弹炸伤舰舷，后于11日被波兰海军弃用，19日被德军俘获。此后，该舰被德军用作浮动船舍，在1940—1942年间被拆解。

其他一些巡洋舰继续在法国海军中服役了一段时间。"圣女贞德"号恢复战前作

很多海军舰船停泊在靠近布雷斯特的朗德韦内克"海军坟场"内。图中可以看到"吉尚"号和"杜普莱克斯"号巡洋舰，以及"公正"号和"弗兰德"号战列舰。最后者虽然已经在1914年下水，但由于一战爆发，军舰始终没有完工（作者个人收藏）

"圣女贞德"号在战后恢复了战前的见习军官训练舰职能，并继续执行远洋训练任务。不过该舰最终还是难逃退役并被拆解的命运。本图照片摄于该舰停泊于朗德韦内克，等待被拖曳至拆船厂期间（作者个人收藏）

左下图："埃德加·基奈"号也被改造为训练舰，以填补新旧两艘"圣女贞德"号之间的空档。因此，该舰在 1928 年再次服役，不过舰上有两座烟囱被拆除，舰桥也被重建（作者个人收藏）

右下图：不幸的是，"埃德加·基奈"号新的服役生涯仅持续了一年左右。该舰在 1929 年 10 月离开布雷斯特。1930 年 1 月 4 日，它正以 12 节的航速航行，以扮演"罗克斯少尉"号（1915）驱逐舰进行鱼雷训练时的靶舰；但前者在此时不幸撞上阿尔及利亚的白角附近水面下一块约 90 英尺的暗礁。该舰舰体当即被卡在了礁石上，右舷舰体被撕开一道近 50 英尺长的缺口，海水迅速淹没前部锅炉舱。"埃德加·基奈"号的舰员随即撤离军舰，只留下大约 100 人抢救设备。尽管轻型舰炮很快被拆卸，但该舰舰体在当天夜间的风暴中，从 2 号烟囱的位置发生断裂，军舰后半部分迅速沉没，而前半部分在海面上漂浮了四天（L'Illustration, 1930 年 6 月 18 日）

为见习军官训练舰的职能，在 1919 年 12 月—1928 年间执行过九次远洋航行训练任务；其间该舰并未接受太多改造，只是移除了侧舷炮郭内的 5.5 英寸副炮，并封堵其炮门。法国海军此前曾计划以一艘同名新舰取代"圣女贞德"号，但该舰在建造进度上拖延许久。因此，"埃德加·基奈"号也被改造为训练舰以填补空缺，并以这个身份服役了三年。原"圣女贞德"号因此被划入预备役并更名为"圣女贞德二号"，后于 1933 年退役，并在次年被出售拆解。

为履行训练舰的相应职能，"埃德加·基奈"号接受了大范围改造：1 号和 6 号烟囱被拆除，部分锅炉也被拆除，以腾出人员的训练空间；此外，舷台内的四门 7.6 英寸炮被拆除，上层建筑也实施了不少修改。该舰在 1928—1929 年间进行了第一次成功的远洋训练航行，最远曾抵达美国的加利福尼亚海岸。但在 1930 年年初，该舰突遭横祸，于阿尔及利亚海岸附近意外搁浅沉没。[166] 之后，原本属于第一轻型分队的三艘重巡洋舰"迪凯纳"号（Duquesne）、"图尔维尔"号（Tourville）和"絮弗伦"号［Suffren（1925—1927）］都曾在 1930 年执行训练海军军官的远航任务，直至 1931 年 10 月新的"圣女贞德"号投入使用。

法国其他幸存的大型巡洋舰中，1921 年 1 月—1922 年 8 月间，"蒙特卡姆"号被部署在远东，之后被"科尔马"号［Colmar，原德国"科尔贝格"号（Kolberg）］

轻巡洋舰接替。截至 1923 年夏季，"维克多·雨果"号和"儒勒·米舍莱"号也被部署在远东。返回本土后，"维克多·雨果"号被划入预备役（于 1928 年被出售拆解）。不过，"米舍莱"号在 1925 年 7 月又返回远东，以接替"科尔马"号，直至 1929 年 6 月（前者）被"瓦尔德克·卢梭"号接替。"米舍莱"号则取代"圣路易斯"号（Saint-Louis）战列舰，成为技术兵训练舰，直至 1936 年退役除名。之后，该舰被用作海军航空兵和潜艇部队的靶舰，最终于一年后被"忒提斯"号（Thétis）潜艇击沉。

1920—1922 年间，"马赛曲"号、"光荣"号和"孔代"号全部服役于大西洋中队直至退役。"光荣"号很快被弃用。20 世纪 30 年代，"孔代"号在洛里昂被用作浮动训练舰，以训练海军陆战队士兵。"马赛曲"号被配属给土伦的枪炮训练学校，直至 1929 年被除名。不过，由于当时拆解出售的报价较低，该舰（以及法军的"圣路易斯"号战列舰）直到 1933 年才被出售给拆船厂。

"厄内斯特·勒南"号在 1927—1928 年间也曾短暂配属给枪炮训练学校。1931 年，该舰被用作靶舰，直至 1936 年退役除名，后于次年被出售拆解。退役于 1926 年的"蒙特卡姆"号在 1931 年成为布雷斯特的驻泊训练舰，并在 1934 年更名为"特里明廷"号（Trémintin），原先的舰名由一艘新建舰船使用；之后，该舰（原"蒙特卡姆"号）与"阿摩里卡"号 {Armorique，原"米索"号［Mytho（1879）］运兵船} 一同在布雷斯特港成为新的舰员训练设施。"柏莎武"号也回归了战前的远洋枪炮测试和训练

战后，许多幸存的装甲巡洋舰都继续在海外基地服役，本图为 1927 年摄于远东的"儒勒·米舍莱"号和美国"匹兹堡"号（原"宾夕法尼亚"号）。位于图片最右侧的是意大利"利比亚"号（1914）轻巡洋舰（**NHHC NH 60439**）

到 20 世纪 30 年代，绝大多数法国装甲巡洋舰都结束了航海生涯。"孔代"号成为洛里昂港的训练舰。本图摄于 20 世纪 30 年代，图中还能看到法国的"沃邦"级或"鹰"级大型驱逐舰（1930—1934）（**作者个人收藏**）

舰这一岗位，不仅安装有新的改进型舰炮，其主炮也被更换为试验型防空炮（位于炮塔中），直至 1926 年 6 月该舰被"圭顿"号接替。"柏莎武"号于次年退役，最终在 1929 年被出售拆解。

　　担任测试及训练舰后，"圭顿"号艉楼和主甲板舯台处的火炮都被更换为新式 M1923 型 40 倍径 5.5 英寸炮 {新的"猎豹"级［Guépard-class（1928—1930）］大型驱逐舰也采用了这一型号主炮}，并在后部烟囱两侧和舰艉的原 6.5 英寸主炮炮台及其后部的上层甲板加装 75 毫米防空炮。此外，一些更轻型的舰炮也在舰上进行了测试和训练。"圭顿"号的舰桥结构也得到明显扩建，上层舰桥部位布置有多具用于训练的不同型号测距仪；前桅还增设了用以支撑的部件，以安装搭载射击指挥仪的桅杆平台。1928 年，该舰还安装了法国海军第一部可实际使用的遥控动力控制（Remote Power Control，简称 RPC）射击系统，不久后军舰前桅底部被加大的平台上（原先搭载射击指挥仪的平台连同其支撑杆一起被拆除）增设一部现代化主炮射击指挥仪；同时，舰艏通风道两侧位置各增加了一部探照灯。该舰作为测试及训练舰服役到 1933 年，直到被"冥王星"号（Pluton）巡洋布雷舰取代；前者原先拥有的包括主炮射击指挥仪在内的所有设备，以及四门 75 毫米防空炮和两挺 13.2 毫米机枪，都由后者继续使用。

地中海中部和东部

　　1920—1922 年间，"瓦雷塞"号在意大利被用作海军学院的训练舰。之后，该舰的姊妹舰"弗朗西斯科·费鲁乔"号在 1923—1929 年间接替相应职能；"比萨"号也在 1925 年成为一艘训练舰。不过，这两艘舰船随后分别被"克里斯托弗·哥伦布"号（Cristoforo Colombo）和"亚美利哥·韦斯普奇"号（Amerigo Vespucci）专用训练舰（两舰分别于 1928 年和 1931 年完工）取代。"弗朗西斯科·费鲁乔"号在 1930

"圭顿"号在 1925—1926 年间被改造为枪炮测试和训练舰，并接替"柏莎武"号。本图展示了该舰完成第一次改造时的状态，可见已经更换的新型舰炮和明显扩大的舰桥（**作者个人收藏**）

担任多年的见习军官训练舰之后，"弗朗西斯科·费鲁乔"号在 1929 年退役除名。不过，该舰的舰体被保留，后于 1937 年作为轰炸机的靶舰被击沉（**LoC LOT 5213**）

"比萨"号也曾担任见习军官训练舰。战后，该舰在外观上发生的最大变化是新增了大型前桅（**作者个人收藏**）

年退役除名，不过该舰最终存活到了 1937 年——在当年和"燧发枪手"号［Fuciliere（1909）］驱逐舰一起作为轰炸机靶舰被击沉。

包括"比萨"号在内三艘幸存的意大利巡洋舰在战争结束后接受了整修改造。其中最重要的一项内容是新增更大型的前桅以容纳火控设备。1921 年，三舰被定级为"二等战斗舰"（2nd class ships of battle）。"比萨"号在改造期间拆除了上层建筑上的 3 英寸舰炮，并将其挪到主炮炮塔顶端；该舰从 1921 年承担各类训练任务，但之后又被划归为岸防舰。1925 年，这艘军舰成为海军学院的第二艘训练舰，其间拆除了舰上 7.5 英寸主炮炮塔顶端的 3 英寸炮。同时，和当时的许多意大利巡洋舰一样，"比萨"号搭载了一架当时堪称海军标配的"马基"（Macchi）M.7 型船身式水上飞机，可通过安装在 2 号烟囱处的起重机吊臂进行收放。1925—1930 年期间，"比萨"号每年都会进行一次年度海上训练航行；主要地点是地中海海域，不过有时也会前往英国附近海域甚至波罗的海（如 1929 年）。1930 年 10 月 14 日，完成最后一次远洋航行后，该舰被改造为拉斯佩齐亚的港口勤务舰，直至 1937 年退役除名。

"圣焦尔焦"号此前曾作为东地中海分舰队的旗舰参加第一次世界大战，但这一职位在 1921 年 7 月 16 日，具体地点是伊斯坦布尔，由意大利从奥匈帝国俘获的"布林迪西"号（Brindisi，原"赫尔戈兰"号）巡洋舰接替。之后，"圣焦尔焦"号被派往远东；1924 年 7—9 月间，该舰负责搭载意大利王储翁贝托亲王访问阿根廷、智利、乌拉圭和巴西等国，其姊妹舰"圣马可"号也一道前去。1925—1926 年，"圣焦尔焦"号被调往红海和印度洋分舰队，支援意大利对索马里的军事行动。"圣马可"号则在波拉港担任训练舰，直至 20 世纪20 年代末；"圣焦尔焦"号也在 1928 年 9 月成为该港口的训练舰。

一战结束时，希腊海军的旗舰"阿韦罗夫"号巡洋舰正部署于伊斯坦布尔，并参加了 1919—1922年间的希土战争；等到战争结束，该舰又负责从土耳其撤走本国的难民。之后，该舰被送到法国拉塞纳，进行大范围改造；其间增设新的前桅和火控系统，拆除几乎所有的三级舰炮和鱼雷发射管，并加装了新的防空武器。该舰还更换了新的锅炉，但依然使用的是燃煤型号。

与图中的本级首舰"圣焦尔焦"号一样，"圣焦尔焦"级各舰后来均加装了更大的前桅，并且一直服役到战后（作者个人收藏）

"圣焦尔焦"级各舰接受改造后，依然可以通过舰上烟囱和探照灯的布置形式，将"圣马可"号与其姊妹舰区别开来（作者个人收藏）

美国

美国海军的大多数大型巡洋舰在一战结束后继续执行着海外部署任务。"哥伦比亚"号从 1919 年上半年开始在大西洋舰队驱逐舰分舰队的第二中队担任旗舰，一直服役至 1921 年 6 月。"明尼安波利斯"号也在 1919 年 2 月至 1921 年 3 月间作为太平洋分舰队的旗舰。但两舰都在不久后退役，并被出售拆解。

"罗切斯特"号自 1919 年 5 月起在大西洋舰队担任驱逐舰编队的旗舰，"布鲁克林"号在 1921 年1 月自远东返回后担任太平洋方面的驱逐舰编队旗舰。不过，后者很快在当年末被出售拆解，其职位

"比萨"号在希腊海军中的准姊妹舰"阿韦罗夫"号也在 20 世纪 20 年代中期由法国方面进行改造。该舰后来加装了新的前桅和火控系统。本图摄于 20世纪 30 年代，具体地点为马耳他（作者个人收藏）

由"查尔斯顿"号巡洋舰接替，而这艘军舰一直服役到了 1923 年 6 月。

在 1919 年的设想中，"宾夕法尼亚"级和"田纳西"级巡洋舰中有四艘会保持现役，而另外四艘转为二线服役（只保留 65% 的舰员）。同时，有人建议对"宾夕法尼亚"级进行现代化改造，改造内容包括更换燃油动力系统；将重装甲防护的主炮塔更换为更轻的型号；在上层甲板处增加新的 5 英寸或 6 英寸副炮，并增加两门用于反潜或对岸火力支援的 12 英寸臼炮；拆除炮郭装甲，以及安装三脚桅杆或直杆式桅杆。在《华盛顿海军条约》将新造舰船的排水量限制在 10000 吨以下后，美国海军便开始认真考虑对这两级巡洋舰实施现代化改造。根据 1922—1923 年的研究，在换装新的燃油锅炉并更换类似"列克星敦"级（Lexington-class）战列巡洋舰的舰艏构型后，两级巡洋舰的最大航速应能达到 25 节——甚至可能高达 27 节。另外可以将主炮塔更换为后来为条约型重巡洋舰设计的三联装主炮塔，不过相应的改造并未实施。有关改造的问题在 1928 年又一次被提出，当时人们考虑过为两级巡洋舰更换"突击

者"号（Ranger）航空母舰的动力系统，并增加主炮塔的仰角，安装新型火控系统（包括三脚樯杆），将六门副炮挪到上层甲板，以及在后甲板增设水上飞机弹射器。不过后续的研究表明，就算为这些老式巡洋舰实施现代化改造，它们相比新的"彭萨科拉"级（Pensacola-class）重巡洋舰依然处于劣势；为这些旧军舰安排现代化升级改造，无疑又会影响到新的 8 英寸主炮巡洋舰的建造计划。因此，上述两级旧式巡洋舰最终并没有进行太大幅度的改装。

正如前文所述，美国诸多大型巡洋舰在执行大西洋护航任务期间拆除了所有的主甲板副炮。从 1919 年 12 月开始，海军军械局强烈要求恢复这些巡洋舰的 6 英寸副炮，以恢复军舰的战斗力。不过，海军并未付诸行动，尽管"宾夕法尼亚"级和"田纳西"级巡洋舰的档案中依旧列有这些武器，但军舰其实只剩下 4 门副炮（"匹兹堡"号是个例外，该舰保留了 10 门副炮），其余武器均被列为后备装备。

1919 年 6 月，"匹兹堡"号前往地中海，担任美国的亚得里亚海特遣舰队司令官兼美国驻土耳其特命全权代表的旗舰。1920 年 4 月，该舰成为美国海军欧洲特遣舰队旗舰，"圣路易斯"号巡洋舰也在这一舰队中。"匹兹堡"号于 1921 年 10 月返回美国本土并于当年退役。"圣路易斯"号在一个月后返回本土，直到 1922 年 3 月第二次退出现役。"亨廷顿"号在 1919 年的撤军行动期间担任巡洋舰分舰队第一中队旗舰，后于 1920 年 9 月 1 日最后一次退役。"弗雷德里克"号在 1920 年下半年则被划入预备役，并担任海军学院的训练舰；接着，该舰被调往西海岸作为后备舰船旗舰，直到 1922 年 2 月退役。"西雅图"号则在 1919 年末至 1920 年初担任太平洋舰队巡洋舰分舰队旗舰，但在几个月之后同样退役。

完成从欧洲撤军的行动后，"蒙大拿"号和"北卡罗来纳"号便在西海岸进入二线服役，并分别于 1921 年 2 月和 9 月退役。两舰在 1920 年 6 月更名为"米苏拉"号（Missoula）和"夏洛特"号（Charlotte），但后来不再出航。"普韦布洛"号同样在完成撤军行动后进入二线，不过该舰很快便在 1919 年 9 月退役。1921 年 4 月，这艘军舰被重新启用，担任布鲁克林海军造船厂的勤务舰，直至 1927 年 9 月最后一次退役。

"南达科塔"号很早就从撤军行动中被抽调出来，在 1919 年 9 月前往往亚洲舰队，接替"布鲁克林"号担任舰队旗舰。1920 年 6 月，该舰更名为"休伦"号（Huron）。截至 1926 年，该舰每到冬季都会在菲律宾海域活动，夏季则部署在东北亚。1926 年，这艘军舰的锅炉发生故障，其职务由"匹兹堡"号接替。之后，"休伦"号在 1927 年 3 月返回西雅图普吉特湾，并在三个月后退役。进行远洋部署的最后一年里，该舰已经拆除了前樯的探照灯。"匹兹堡"号于 1922 年 10 月被重新启用，担任欧洲特遣舰队旗舰，直至 1926 年夏季被新完工的第二代"孟菲斯"号［Memphis（1924）］轻巡洋舰取代。

1922 年，被封存于马尔岛的"弗雷德里克"号巡洋舰和"罗德岛"号（1904）战列舰。后者很快被出售拆解，而前者一直被保留到了 20 世纪 20 年代末（作者个人收藏）

"西雅图"号在1923年3月被重新启用并服役于一线。此时该舰已经拥有新的舰桥及主炮塔上的长基线测距仪（类似于战列舰使用的型号）；另外，军舰前桅的平台上设有一部测距仪（此前由"蒙大拿"号巡洋舰使用）。为了更好地履行未来的职能，该舰在诸多细节上也有所改良。"西雅图"号先是被派往太平洋服役，直到1927年6月被刚完成改造的"德克萨斯"号［Texas（1912）］战列舰取代。在此期间，前者的最大航速被限制在15节以下，因为舰上锅炉的状况相当糟糕。后来，"西雅图"号接替"普韦布洛"号担任勤务舰，并服役了20年之久。

1926年7月返回美国本土后，且前往亚洲接替"休伦"号之前，"匹兹堡"号曾接受大范围的整修改造：新增封闭式舰桥，安装新型火控系统，封闭没有搭载舰炮的侧舷炮门以布置更多舰员住舱，并拆除当时已无法使用的八台混合式锅炉和与之搭配的1号烟囱。之后，该舰作为亚洲舰队旗舰一直服役到1931年2月，直到新建造的"奥古斯塔"号［Augusta（1930）］重巡洋舰将其取代，然后经地中海返回美国本土。"匹兹堡"号于7月退役，被出售拆解前，它还曾在切萨皮克湾被用作武器测试工作的靶舰。[167]

不过，"匹兹堡"号并不是美国最后一艘退出现役的大型巡洋舰——这一"殊荣"反而属于舰龄最

"休伦"号（原"南达科塔"号）巡洋舰，摄于1922—1924年间，远东。本图左侧的舰船是法军所使用的由德国赔偿的"科尔马"号巡洋舰（NHHC NH 68989）

1925年摄于墨尔本的"西雅图"号巡洋舰，它当时是美国海军舰队总司令的座舰。图中该舰一侧还停泊有一艘运煤船（作者个人收藏）

1931年摄于远东的"匹兹堡"号巡洋舰，该舰当时正处于服役生涯的最后时光。注意此时这艘军舰已经拆除最前部的锅炉和烟囱，以及主甲板上部分6英寸副炮（NHHC NH 94170）

舰龄最老的"纽约"号巡洋舰，即后来的"罗切斯特"号一直服役到了本图拍摄时的1923年4月14日，甚至会继续服役十年。因此，该舰既是美国海军第一艘列装，也是最后一艘退役的装甲巡洋舰（NHHC 80-G-464248）

完成最后一次整修改造的"罗切斯特"号巡洋舰，此时该舰已经拆除了前部的锅炉及相对应的烟囱（NHHC NH 58663）

大的"罗切斯特"号。该舰（后者）在美国东海岸和加勒比海一直服役到 20 世纪 30 年代。它曾在 1927 年接受改造，拆除了舰体前部的锅炉和对应的烟囱；后于 1932 年 6 月被调往亚洲舰队，最终于 1933 年 4 月 29 日在菲律宾甲米地基地退役。

西班牙

到 20 世纪 20 年代初，"亚斯图里亚斯亲王"号、"加泰罗尼亚"号和"卡洛斯五世"号巡洋舰依然在西班牙海军中服役。"卡洛斯五世"号此前已在 1916 年被改造为训练舰，但在 1923 年成为驻泊在费罗尔（Ferrol）的舰员、鱼雷操作人员和电气工程师学校的浮动校舍。该舰于 1931 年 12 月退役除名并在费罗尔进行封存，直至 1933 年被拖往毕尔巴鄂（Bilbao）拆解。

"亚斯图里亚斯亲王"号在 1921—1924 年间参与过摩洛哥的里夫叛乱战争。1924 年 4 月炮击叛军阵地时，该舰被叛军发射的炮弹命中，导致两名军官阵亡。战后，这艘军舰于 1927 年 12 月退役；此前作为见习军官训练舰的"加泰罗尼亚"号也紧随其后，在 1928 年 11 月退役。两舰均于 1930 年被除名，而后在 1932—1933 年间被拖往毕尔巴鄂拆解。

南美洲

阿根廷的四艘大型巡洋舰在 1923 年均被编入教导训练分队，后于 1932 年重新被定级为岸防舰。"加里波第"号早在 1908 年就已经承担训练任务，后来在 1917 年加入炮术学校，并在 1924 年迎接意大利海军的巡洋舰"圣焦尔焦"号与"圣马可"号（两舰负责护送前来访问的翁贝托亲王）。"加里波第"号直到 1930 年 8 月 31 日才被正式定级为训练舰，在 1932 年、1933 年和 1934 年 3 月先后多次退役和再度入役，后于 1935 年 11 月被出售拆解。但该舰被再次转售，最终由瑞典船员将其驶往圣地亚哥河口，并在 1936—1937 年间进行拆解。

"普益勒东"号在 1918—1919 年间作为见习军官训练舰，替代当时接受整修改造的"萨米恩托总统"号［Presidente Sarmiento（1897）］训练舰。"圣马可"号也在 1920 年担任过军官训练舰，并负责在 1921 年 5 月运送前往秘鲁参加该国独立一百周年纪念仪式的官兵，之后在 11 月代表阿根廷参加巴西的建国一百周年庆典。

"普益勒东"号的锅炉在 1922—1923 年间被更换为燃油专烧型号。"圣马丁"号也于 1926 年在贝尔格拉诺港（Puerto Belgrano）接受类似调整。1926 年 10 月 21 日—1927 年 7 月间，"贝尔格拉诺将军"号同样是在贝尔格拉诺港接受整修；之后，该舰搭载着执行接收"塞万提斯"号（Cervantes）和"胡安·德·加雷"号（Juan de Garay）驱逐舰任务的舰员前往西班牙。10 月，"贝尔格拉诺将军"号前往巴西，参加为贝尔格拉诺将军所建雕像的揭幕仪式。该舰后于 1927 年 10 月前往热那亚参加一次类似的活动，接着访问西班牙，直到 11 月返回热那亚，在奥兰多造船厂接受整修改造。此次改造中，"贝尔格拉诺将军"号安装了新的锅炉、三脚桅杆、火控平台和射击指挥仪，并在 10 英寸主炮的炮盾顶端加装了测距仪；主甲板副炮及相应的炮郭装甲也被拆除，但上层甲板和舰桥两侧的遮蔽甲板处加装了八门 4.7 英寸炮。该舰在

摄于 20 世纪 20 年代的"加里波第"号巡洋舰，停泊在该舰前方的是"布宜诺斯艾利斯"号防护巡洋舰（**作者个人收藏**）

1927 年 10 月 6 日摄于热那亚的"贝尔格拉诺将军"号巡洋舰（作者个人收藏）

左下图：摄于 1929 年 5 月 25 日的"贝尔格拉诺将军"号。此时该舰在意大利莱戈恩接受改造，且相关工作已接近完成（作者个人收藏）

右下图：摄于 1930 年的"奥希金斯"号巡洋舰，可见其此时已经完成扩建的舰桥和有所改良的桅杆（作者个人收藏）

1929 年 10 月 25 日启程返回本土，并在 11 月 24 日抵达布宜诺斯艾利斯。"普益勒东"号于 1924—1926 年间在贝尔格拉诺港接受类似改造，唯一的区别是该舰上层甲板和遮蔽甲板处所增设舰炮的口径增至 6 英寸，相关改造工作在 1934 年完成。

"圣马丁"号原本也被拆除武装，准备在 1926 年 5 月接受类似改造，不过相关计划最终被取消。1927 年，该舰被封存在圣地亚哥，并于 1935 年退役除名，但直到 1947 年 5 月才被出售拆解。军舰的舰体到 1953 年才开始被拖往拆船厂，但拖行期间，具体是 3 月 31 日在布宜诺斯艾利斯附近搁浅。三天后，该舰才成功浮起并抵达目标泊位。而"普益勒东"号还会在海上服役 20 年。

至于智利海军的两艘装甲巡洋舰，"埃思梅拉达"号在 1929 年退役除名，次年被出售拆解。"奥希金斯"号在 1919 年的改造中增加了水上飞机及收放起重机；但在 1920 年 8 月 24 日，一架飞机因意外撞上该舰，飞行员最终丧生。之后，"奥希金

斯"号主要作为训练舰服役，并接受过两次整修改造：第一次是在 1919—1920 年，改造内容包括在前后桅杆的低层平台增加火控设备，并拆除顶部平台的探照灯；第二次是在 1928—1929 年，改造内容包括拆除桅杆的上层平台及后桅低层平台的探照灯，并扩建舰艏舰桥，同时拆除舰艉舰桥。在 1931 年 9 月 1 日智利海军的大规模兵变中，该舰被哗变的水兵占领。两年后，"奥希金斯"号被改造为浮动船舍。

日本

在日本，作为装甲巡洋舰而建造的舰船中有三艘因为《华盛顿海军条约》而被迫拆毁。尽管上述条约并未对巡洋舰的数量施加任何限制，却对主力舰的数量明确提出要求——就连三艘装备 12 英寸主炮，并在 1912 年被重新定级为战列巡洋舰的舰船也属于后一类。因此，"生驹"号、"伊吹"号和"鞍马"号均在 1923 年 9 月退役，随后被拆解。[168] 不过，三舰的主炮塔得以保留，其中"伊吹"号和"生驹"号的主炮塔被用于建造岸防炮台；另外，后者的舰艉炮塔被纳入后备物资储存体系，而没有像其他几座炮塔一样被用作岸防炮台。

更老旧的大型巡洋舰（后来在 1921 年被重新定级为岸防舰）则没有受到条约影响，因此继续服役了相当长一段时间。最初，所有原"六六舰队"计划中的装甲巡洋舰都被用作军官训练舰，但和英国或德国的同类舰艇不同，这些日本巡洋舰在之后 20 多年里依旧能执行远洋航行任务。"浅间"号在 1921 年成为舞鹤的港口勤务舰，到 1941 年才正式退役并被拆空船体。日本的两艘"加里波第"级巡洋舰则从未担任过军官训练舰，而是在本土服役到 1927 年。"春日"号被改造为航海和技术人员训练舰，因此扩建了用于训练的舰桥，主甲板上的舰炮也被拆除。"日进"号则被改造为横须贺港的浮动仓库及训练舰。上述两舰的 8 英寸主炮（分别在 1942 年和 20 世纪 30 年代被拆除）和其他许多同类舰炮一样，在二战期间被用于建造南太平洋地区的岸防炮台，包括位于特鲁克环礁的炮台。[169]

"常磐"号在 1920 年 5 月执行最后一次训练航行任务，之后被改造为布雷舰，接替此前的"津轻"号，来到了"阿苏"号所在的地区。因此，当时有人认为"阿苏"号的服役生涯很快就会结束。"常磐"号的改造工作于 1924 年完成，具体是拆除了舰艉的 8 英寸炮和主甲板的 6 英寸炮，以容纳 500 枚水雷。1927 年 8 月 1 日 09:39，

1936 年 8 月 6 日摄于巴拿马运河克里斯托瓦尔的"八云"号，当时该舰被用作见习军官训练舰（NHHC NH 111701）

"吾妻"号曾在 1919—1920 年间担任见习军官训练舰，该舰的烟囱布置早在 1914 年就进行了修改（**作者个人收藏**）

1932 年的"常磐"号，该舰此时已经被改造为布雷舰（**NHHC NH 51896**）

该舰于九州佐伯湾附近训练时，一枚水雷在拆解过程中意外爆炸，并诱爆数枚水雷，导致军舰舰艉严重受损；事故共造成 35 人死亡，65 人受伤。但有关"常磐"号的维修工作到 9 月才真正开始。

剩下四艘属于六六舰队的装甲巡洋舰继续搭载见习军官，执行远航训练任务至 20 世纪 20 年代。其中"浅间"号和"岩手"号各开展过六次航行训练，"出云"号和"八云"号各开展过五次，航行范围包括太平洋、美国、地中海和欧洲海域。[170] 除"浅间"号在 1917 年就已经更换新锅炉，其余各舰则是在 20 世纪 20—30 年代陆续更换新锅炉。虽然新动力系统的功率只有此前的一半，但这样非常适合训练舰执行巡航任务。同时，各舰拆除了主甲板的副炮，上层甲板处带有防盾的副炮也相继在 20 世纪 30 年代被拆除，每舰只有四门位于上层甲板炮郭的副炮得以保留。在 20 世纪 20 年代的图片或影像资料里，可以通过"出云"号桅杆上增设的封闭式平台，以及没有战斗桅盘（在日俄战争期间便被拆除）这两点，将该舰与"岩手"号区分开来。

《伦敦海军条约》

签订于 1930 年的《伦敦海军条约》标志着美国残存大型巡洋舰的终结，因为该条约对美国、英国和日本在 1936 年 12 月 31 日以前能够拥有的巡洋舰数量和总吨位都进行了限制。就老旧的"宾夕法尼亚"级和"田纳西"级（以及其他属于预备役的舰船）而言，尽管上述条约签署前已有部分舰船退役，但现在每一吨的排水量都需要用到更加现代化的舰船上。不过，从另一方面看，条约第 12 款特别允许了日本保留"浅间"号、"八云"号、"出云"号、"岩手"号和"春日"号——直到三艘"球磨"级轻巡洋舰（1919—1920）被新舰取代，能够替代上述五舰担任训练舰。同时，"阿苏"号和"常磐"号也获准作为布雷舰继续服役，直到 1927 年舰队补充方案中工期延后的两艘新舰，即"川内"号（Okinoshima）和"津轻"号（二代）完工。"阿苏"号在 1931 年 4 月 1 日退役，并于 1932 年 8 月作为靶舰被击沉。但接替其职能的"川内"号要到 1936 年 10 月才最终完工，"津轻"号甚至到 1939 年才开工，并于 1941 年完工。因此，"常磐"号服役到了第二次世界大战爆发后。

《伦敦海军条约》的签约国也同意保留各国在 1930 年 4 月 1 日前已不具备远洋航行能力的舰船。因此，"西雅图"号、"日进"号，还有原先的"安德洛墨达"号、"可怖"号、"斯巴达人"号并未受到条约影响；不过后两者还是在 1932 年，因为"费思嘉"号训练学校关闭而被出售拆解。

因为对总吨位的限制，美国剩下的大型巡洋舰均在 1930—1931 年间被出售拆解，唯一幸存的只有前文提到的"罗切斯特"号。该舰被退役封存，直到 1938 年才正式从海军除名。之后，这艘舰船被拖曳至苏比克湾的乌朗牙坡（Olongapo）海军基地，作为辅助发电站以及机械车间。另外还有两艘舰船以别样的方式继续存在着——"查尔斯顿"号和"休伦"号在 1930—1931 年间被拆除水线以上部分，但剩余部分被用作浮动防波堤长达 30 年时间。[171]

尽管英、法、意三国曾在 1930—1931 年间尝试达成协议，但法国和意大利的巡洋舰建造并未受到相应限制。不过，两国在战争中幸存的装甲巡洋舰被纳入一个基本协议（法国和意大利甚至有意将其发展为两国之间的专门协议），即意大利方面两艘

"罗切斯特"号在 1933 年最后一次退役，并从 1938 年开始停泊于菲律宾。本图摄于 1941 年 10 月 27 日，具体地点是乌朗牙坡海军基地。两个月后，该舰在日军到达苏比克湾之前实施了自沉（NHHC 80-G-178319）

"查尔斯顿"号（前）和"休伦"号（后）被交由西雅图的大湖联盟造船和机械制造厂进行拆解，两舰水线下的船壳后来被转售给英属哥伦比亚，在鲍威尔河作为浮动防波堤使用。它们剩余的舰体也分别在 1930 年 10 月和 1931 年 8 月被送至这里，并一直使用到了 1961 年 2 月。"休伦"号因风暴沉没在了 78 英尺深的水下。人们认为"查尔斯顿"号在类似情况下也有沉没的风险，因此将其转移到温哥华岛的凯尔希湾，作为固定防波堤一直使用至今（鲍威尔河博物馆馆藏 PH004414）

新战列舰的建造计划中，每建造一艘就需要拆除两艘巡洋舰作为交换。[172] 不过，由于这样做会导致两国为了保留其他现有的超龄巡洋舰或驱逐舰而牺牲一些新造舰船，而且上述协议并没有提出法国能否直接用新造舰船取代现有的装甲巡洋舰；以上两点最终导致两国的谈判破裂，但这也使两国老旧舰船此后的服役生涯不受影响。

法国大型巡洋舰的一线服役生涯在 1932 年 5 月，随着"瓦尔德克 - 卢梭"号从远东返回朗德韦内克而结束。该舰在 1936 年 6 月正式退役除名，但并未立即被出售拆解。此前作为炮术训练舰的"圭顿"号于 1935 年退役，在布雷斯特港和"特里明廷"号、"阿摩里卡"号一起成为水兵和下级军官的训练舰。"厄内斯特·勒南"号一直作为靶舰服役，后于 1937 年被出售拆解。

在意大利，"圣焦尔焦"号作为远洋训练舰服役到了 20 世纪 30 年代。"圣马可"

号在 1931—1935 年间被改造为无线电遥控靶舰；相比之下，美国、英国和日本则是将战列舰改造为此类靶舰。改造工作包括拆除所有武器装备和上层建筑；并安装部分新锅炉，使舰船航速达到 18 节。具体负责遥控的是"大胆"号［Audace（1916）］鱼雷艇（建成时被定级为驱逐舰）。1936 年西班牙内战爆发后，"圣焦尔焦"号一度被派往西班牙保护本国利益。不过该舰在次年便返回拉斯佩齐亚，以接受重建改造。此次改造的内容包括拆除六台锅炉和对应的两座烟囱，剩下的锅炉也被更换为燃油型号；所有的鱼雷发射管也被拆除，以加装包括四座双联装 100 毫米防空炮炮塔，以及数门 37 毫米和 20 毫米机关炮在内的防空武器。之后，该舰继续作为军官训练舰服役。

瑞典海军的"菲尔雅"号也继续作为见习军官训练舰服役。1933 年 7 月完成最后一次（第 33 次）前往欧洲海域的远洋巡航后，该舰因舰体材料老化需要整修重建而暂时退役。这艘军舰的整修改造进行于 1939—1940 年，其间更换了新的锅炉，烟囱被削减至两座；舰艏和舰桥被重建；主炮射程有所增加，并且增设了火控系统、防空火炮和鱼雷发射管。

"基尔基斯"号和"利姆诺斯"号战列舰于 1932 年退役后，"阿韦罗夫"号就成了希腊海军的最后一艘大型舰船。不过在 1935 年 3 月 1 日，该舰参加反对希腊第二共和国的军事政变，而共和国政府不得不重新启用"基尔基斯"号战列舰与之对抗。当然，政变只持续了不到一周便被镇压。1937 年，"阿韦罗夫"号还曾代表希腊海军，参加英国国王乔治六世加冕典礼之后的阅舰式。

1935 年之后，阿根廷海军只剩下"普益勒东"号巡洋舰能够执行远洋航行任务。但该舰在 1941 年再次成为远洋训练舰，以取代阿海军专门建造的"阿根廷"号［La Argentina（1937），其取代的是"萨米恩托总统"号］练习轻巡洋舰——随着第二次世界大战爆发，这艘军舰重新进入了一线部队。智利海军的"奥希金斯将军"号则继续作为浮动船舍服役 24 年之久，在 1958 年才被出售拆解。

获准保留部分大型巡洋舰后，日本海军继续将"浅间"号、"岩手"号和"八云"号用作远洋军官

法国最后的装甲巡洋舰是退役于 1932 年的"瓦尔德克－卢梭"号，本图摄于 1936 年之后，此时该舰已拆除武装，并封存于朗德韦内克。其身后的两舰分别是"马恩"级和"亚眠"级护航舰（具体舰名不详）（作者个人收藏）

"圭顿"号在 1935 年拆除了舰内设施，并在布雷斯特加入"阿摩里卡编队"，作为一艘炮术训练舰服役。该编队另有两艘巡洋舰，其中一艘是"阿摩里卡"号（原"米索"号运兵／医院船），该舰在 1910 年被改造为无动力训练舰并更名为"布列塔尼"号，后于 1912 年更名为"阿摩里卡"号。另外一艘是"圭顿"号的姊妹舰"特里明廷"号（原"蒙特卡姆"号，此时舰上的两座烟囱已被拆除）（作者个人收藏）

1937 年，即将被拖往土伦当地拆船厂的"厄内斯特·勒南"号巡洋舰（维尔福雷德·朗格里收藏）

已被改造为无线电遥控靶舰的"圣马可"号（作者个人收藏）

1940 年完成重建改造后，准备前往土伦的"圣焦尔焦"号（作者个人收藏）

摄于 1941—1942 年间接受改造后的"菲尔雅"号巡洋舰（作者个人收藏）

1932—1933 年间摄于远东的"出云"号和"罗切斯特"号巡洋舰（NHHC NH 76480）

训练舰。"岩手"号甚至在 1931 年换装了新型锅炉；同时，施工人员调整了该舰轻型舰炮的布置，并在前桅增设了封闭的指挥平台。"浅间"号结束其 1935 年的远航并返回本土期间，具体是 10 月 13—14 日的夜间返回吴港并参加防空演习时，不慎在广岛白石灯塔附近触礁搁浅。尽管该舰在打捞船的帮助下成功上浮，但海军认为已经没有必要将其修复。"浅间"号在 1937 年退役除名，但很快以下士官训练舰的身份出现在海军舰籍簿当中。"岩手"号和"八云"号一直执行远洋训练航行任务，但两舰组成的练习舰队在 1939 年 12 月被解散；此后，相应职能由另两艘专门建造的练习巡洋舰"香取"号［Katori（1939）］和"鹿岛"号［Kashima（1939）］履行。[173]

此前已被拆除舰内设备的"日进"号则在 1935 年 4 月 1 日正式退役，并更名为"6 号废舰"，后于 1936 年在吴市外海的海军舰炮测试靶场作为靶舰被击沉。但该舰后来又被捞起，并在 1942 年 1 月 18 日被"陆奥"号［Mutsu（1920）］战列舰拖曳至广岛仓桥，作为新锐的"大和"号［Yamato（1940）］战列舰所装备 18.1 英寸主炮的测试靶舰。该舰（原"日进"号）很快倾覆沉没，但舰体再次被打捞并售出拆解。

第二次世界大战

到 1939 年，除了"普益勒东"号，全世界只剩下六艘大型巡洋舰还具备远洋航行能力。其中三艘都是由意大利建造，包括希腊海军的"阿韦罗夫"号，意大利海军的"圣焦尔焦"号、"圣马可"号；另外三艘则是日本海军的"出云"号、"岩手"号和"八云"号。还有多艘大型巡洋舰拆除了舰内设备，以浮动船壳的形式继续服役。

在那些以浮动船壳形式服役的舰船中，"西雅图"号依然停泊于纽约港，隶属第三海军军区，负责接待各方面人员。"罗切斯特"号服役于菲律宾，但在 1941 年 12 月 14 日，随着日军不断逼近，该舰被拖曳至苏比克湾，最终实施了自沉。这艘军舰的残骸以右舷朝下的形式，沉没于 100 英尺深的水下。1967 年 7 月 10—22 日，美国海军的港口航路保障部门曾对该舰进行水下探摸，发现其舰体除了右舷舰艏严重受损，其余部位并没有遭受什么损伤。

在法国海军中，"瓦尔德克 - 卢梭"号和所有已经正式划归为无航行能力的舰船一样——到1939年9月战争爆发，它们都被封存于朗德韦内克。不过，在1940年5—6月间，"瓦尔德克 - 卢梭"号被拖曳至距离布雷斯特南部防波堤东南半海里附近的位置停泊。之后，该舰逐渐进水。等到当年6月末德军占领布雷斯特港，这艘军舰的进水状况已经严重到抽水泵无法操作。"瓦尔德克 - 卢梭"号最终于8月8日接触海底。[174] 尽管该舰的残骸在1941—1944年间逐步被拆解，但仍有部分残骸留在原地。

在被用作港口勤务舰的大型巡洋舰中，"孔代"号的舰体最初被德军用作潜艇部队的浮动船舍。该舰在1942年被拖曳至韦尔东，作为轰炸机靶舰被击沉。其残骸直到1951年才被拆解。二战爆发后，位于布雷斯特港中的"特里明廷"号很快就被弃用，处于无人维护的状态，这也是该舰在1942年2月沉到海底的主要原因。[175]

"圭顿"号在战争爆发时已经被部分拆解。德军俘获该舰后，将其剩余舰体和同样停泊在此的"瓦兹"号[Oise（1917）]、"埃纳"号[Aisne（1917）]艉艉相接，从而伪装成"欧根亲王"号（Prinz Eugen）重巡洋舰。相应工作在1941年8月开始，到12月8日完成。不过，完工后的这艘伪装军舰似乎很难骗过空中侦察机，但在遭遇空袭时确实有可能误导来袭的敌机。因此，德国人没有继续将"圭顿"号（及另外两舰）按照"欧根亲王"号的外观进行伪装，这艘法国军舰很快就被拆解。"圭顿"号剩下的舰体在1944年8月英国空军发动的一次昼间空袭中被击沉，因为当时法国抵抗军方面传来的情报认为，德军计划使用该舰和尚未完工的"克莱蒙梭"号（Clemenceau）战列舰的舰体堵塞港口。后一艘军舰当时停泊在倾覆的"特里明廷"号残骸附近；这些残骸在1952年才最终被切割为五段，然后有关人员将其打捞拆解。

摄于1940年6月18日的"瓦尔德克 - 卢梭"号巡洋舰。该舰当时停泊在布雷斯特，在图中还可以看到准备驶往达喀尔的"黎塞留"号战列舰。"瓦尔德克 - 卢梭"号此前刚从朗德韦内克被拖曳至布雷斯特，后于8月在停泊位置沉没（**作者个人收藏**）

被德军用作轰炸机靶舰并击沉的"孔代"号巡洋舰，本图摄于1942年（**作者个人收藏**）

法国投降后，驻于布雷斯特的"阿摩里卡编队"下辖训练学员被撤走，三艘舰船的舰体也被挪到港口西南角的防波堤处。到1941年，三舰几乎已经无法使用。在本图顶部还能看到德军修建的潜艇洞库。当年年末，"特里明廷"号在港口内沉没。"阿摩里卡"号则在1942年2月被售给德国并拖曳至朗德韦内克作为一个浮动工厂，后于1944年被凿沉（**维尔福雷德·朗格里藏**）

"圭顿"号在1941年年末脱离"阿摩里卡编队"，并与老式通报舰"瓦兹"号和"埃纳"号一起被改建为用于掩护"欧根亲王"号重巡洋舰的假目标（**作者个人收藏**）

1941年1月，由于英国军队占领托布鲁克港，之前被用作浮动防空平台的"圣焦尔焦"号巡洋舰由意方自沉于港内（作者个人收藏）

"圣马可"号巡洋舰舰体，本图摄于二战结束前。该舰在1943年被德军俘获，后来在1945年被凿沉于拉斯佩齐亚港（作者个人收藏）

摄于1942年的"阿韦罗夫"号巡洋舰。此时该舰已经采用英国海军的标准迷彩，军舰舰艏9.2英寸主炮炮塔顶部也增设了一门3英寸防空炮（作者个人收藏）

地中海战场的行动

和上述在1939年已经丧失远洋航行能力的舰船不同，也有部分大型巡洋舰不仅在地中海继续服役，甚至在战争中发挥了重要作用。比如"圣焦尔焦"号就在1940年5月被派往意大利在北非的殖民地托布鲁克，作为浮动炮台协助当地友军的防御；因此，该舰艉楼部位增设了2门3.9英寸炮和数门轻型火炮。意大利参战后，托布鲁克于6月12日遭到英国海军和空军袭击。"圣焦尔焦"号在当天被一枚炸弹命中并起火。6月19日，英军"帕提亚人"号［HMS/M Parthian（1929）］潜艇又向该舰发射两枚鱼雷——但都提前发生爆炸。之后，这艘意大利军舰增设了更多轻型火炮。"圣焦尔焦"号曾在1941年1月21日向澳大利亚军队开火，但随着英澳联军很快攻占托布鲁克，该舰被人凿沉。仍旧浮在水面上的舰体于1944年3月—1945年间，被英国海军用作维修平台。1952年，"圣焦尔焦"号前三分之二的舰体浮起，人们准备将其拆毁（舰艉的两门3.9英寸炮被留在了托布鲁克作为纪念），但这段舰体在被拖曳回意大利的途中意外沉没。二战期间，"圣马可"号一直停泊在拉斯佩齐亚，直至1943年9月9日被德军俘获。该舰于1945年被击沉在拉斯佩齐亚港的浅海当中，不久之后被出售拆解。

此外，意大利在1940年10月28日入侵希腊。发生于11月1日对萨拉米斯的空袭中，"阿韦罗夫"号便是意大利空军的主要目标。不过，该舰并未受损，反倒是已经拆除武装的"利姆诺斯"号曾被一枚航弹命中。德国开始干涉这场战争后，希腊方面的抵抗于1941年4月结束。"阿韦罗夫"号被下令凿沉，但该舰经由克里特岛，最终逃亡至埃及，并在1941年4月23日加入了撤退至亚历山大港的另外三艘希腊海军驱逐舰和五艘潜艇组成的舰队。1941年8月，"阿韦罗夫"号被派往印度洋。

该舰于 9 月 10 日抵达孟买；截至 1942 年年末，它一直在印度洋执行远洋护航任务。其间该舰由于士气低落，加上（相比其他己方军舰）极少执行任务，还曾发生多起舰员违纪事件。1943—1944 年间，这艘军舰停泊于塞得港。1944 年 10 月 17 日，"阿韦罗夫"号终于再一次作为希腊舰队的旗舰，搭载本国流亡政府成员返回雅典。

太平洋战争

现在将视线转到远东地区。1941 年 12 月 8 日，"出云"号在开战后不久便击沉英国海军的"海燕"号［Peterel（1927）］炮艇。12 月 31 日，这艘日本军舰在菲律宾的林加延湾触雷受损；1942 年 2 月 4 日，该舰才由"友正丸"号打捞船拖曳至港口并进行维修。在此期间，"出云"号、"岩手"号、"八云"号一起被重新定级为一等巡洋舰。然而到 1943 年，"出云"号不再担任舰队旗舰，转而成为一艘训练舰，与另外两艘巡洋舰一起在本土执行训练任务，直至战争结束。

"常磐"号在二战期间一直服役于一线，隶属第四舰队的布雷舰中队，即第 19 战队。其间，该舰在 1941 年 12 月同"川内"号和"津轻"号一起组成吉尔伯特群岛特遣舰队——其实就是被用作运兵船。在布雷舰的支援下，上述三舰于 1942 年 1 月对拉包尔实施登陆。但在 1942 年 2 月 1 日，"常磐"号于夸贾林环礁被美国海军"企业"号（USS Enterprise）航空母舰搭载的飞机击伤，不得不撤回特鲁克环礁，最终返回佐世保接受修理。到当年 8 月，"常磐"号再次履行运兵船的职能，负责向吉尔伯特群岛的马金环礁运送士兵，以抵御美军发起的登陆。

到 1943 年，"常磐"号仅存的 8 英寸主炮也被拆除（此时仅剩四门 6 英寸炮——主甲板副炮同样被拆除——和数门 3 英寸防空炮］，以安装新的防空炮。该舰在 5 月被调往大凑警备府的第 52 警备分队。1944 年 1 月，"常磐"号又被调往第七舰队第 18 护航中队担任旗舰，并带领中队在 6 月 19—20 日的夜间于冲绳岛附近布下 1650 枚水雷。1945 年 2 月 27 日，该舰在辅助布雷舰"光荣丸"号（Koei Maru）的支援下，在屋久岛以南布设 1000 枚水雷。不过，到了 1945 年 4 月 14 日，"常磐"号也在九州岛部崎附近意外触雷受损。尽管很快得到修复，但该舰于 6 月 3 日，具体是在补骨脂海峡（Bakuchizaki），又撞上了盟军飞机布设的水雷。接着，这艘军舰于 8 月 9 日，在大凑附近遭到美国海军第 38 特遣舰队的舰载机轰炸，其间被一枚炸弹直接命中，另有四枚落到军舰附近。最终，"常磐"号被迫选择抢滩搁浅，以免沉没。

其余三艘还能进行远洋航行的装甲巡洋舰分别在 1944 年 3—4 月（"出云"号）和 1945 年（"岩手"号和"八云"号），将 8 英寸主炮更换为双联装 5 英寸防空炮，并增设了大量 25 毫米防空炮，这表明此时日本本土已经面临着巨大的空中威胁。尽管此前躲过了美国海军的袭击，但"岩手"号与"出云"号还是在 1945 年 7 月 27 日的空袭中被击沉。此前拆除了舰内设备的"春日"号在 10 天前就被击沉，并以倾斜 60 度的形式沉没在浅海中。[176]

"吾妻"号曾在横须贺遭受严重损伤，舰内设备也被拆除。而"浅间"号（自 1944 年以来便作为浮动船舍服役）和依然具有远洋航行能力的"八云"号在美军的空袭中逃过一劫，后者甚至在日本投降后仍处于服役状态。此时，该舰在同盟国所主持的遣返行动中被用作复员船，遣返行动从 1945 年 12 月 7 日开始，到 1946

1945年10月摄于长崎松浦岛的"浅间"号。该舰自1942年起便停泊在此，被用作训练舰和浮动船舍。1935年，"浅间"号在一次触礁事故（是其服役生涯里的第二次）中严重受损，此后也不再出海（NHHC NH 86279）

与其姊妹舰"浅间"号不同，"常磐"后在1945年6月触雷前一直作为布雷舰服役。此外，该舰在同年8月因遭受敌机轰炸，被迫抢滩搁浅（作者个人收藏）

"出云"号巡洋舰一直服役于日本海军，直到1945年7月被击沉在吴港（NHHC 80-G-351724）

"岩手"号的经历和"出云"号相似，但该舰最终没有发生倾覆，本图（及上图）拍摄于1945年10月，图中可见"岩手"号所有舰炮都被拆除（NHHC 80-G-351365）

年6月结束。"八云"号在1946年7月被送去拆解，这一工作最终在1947年4月1日完成。日军其余的大巡洋舰则根据需要，在1945—1946年间进行了打捞拆解。

颇有讽刺意味的是，就在上述经典的大型巡洋舰走向终结时，这一舰种却在美国海军中通过"阿拉斯加"级（Alaska-class）大型巡洋舰，实现了一次"回光返照"。尽管该级舰常被称作战列巡洋舰，但美国海军对其的正式定级确实是大型巡洋舰（Large Cruiser, CB），属于《华盛顿海军条约》时代排水量10000吨级、装备8英寸主炮的巡洋舰的放大版本。美国海军对"阿拉斯加"级最初的定位便是针对上述"条约型巡洋舰"的"巡洋舰杀手"，类似于德国建造的"德意志"级（Deutschlandclass）"袖珍战列舰"。"阿拉斯加"级的初步设计来自"巴尔的摩"级（Baltimore-class）重巡洋舰，但前者有所放大，排水量达到30000吨并装备12英寸主炮。美国海军在1940年订购了六艘"阿拉斯加"级巡洋舰，但只有三艘在1941—1943年间开工，最终只有两艘（"阿拉斯加"号和"关岛"号）在1944年完工。该级舰的建造也导致日本针锋相对地提出排水量达到31500吨的B-65型设计方案。然而这型军舰只获得两艘的订单，且最终并未实际建造。

重型火炮巡洋舰（注意这种军舰并不等同于战列巡洋舰）也引起了苏联的兴趣。该国设计人员考虑过一种排水量达40000吨的69型大型巡洋舰，一开始准备像美国或日本的同类军舰那样，为其安装9门12英寸主炮；但很快修改为6门15英寸主炮。1939年，苏联开始建造2艘69型"喀琅施塔得"级（Kronshdadt-class）巡洋舰，但2艘舰船均未完工。[177]二战结束后，苏联又设计了排水量达35500吨、装备9门12英寸炮的82型巡洋舰，并打算在1951—1952年间建造3艘"斯大林格勒"级（Stalingrad-class）巡洋舰。不过上述计划在1953年3月被取消。[178]同时，苏联在1951年12月批准了一型尺寸稍小、排水量

在日本海军"六六舰队"计划所包含的的装甲巡洋舰中，只有"八云"号在第二次世界大战结束后仍拥有远洋航行能力。本图摄于1945年10月，吴港，可以在图片右上角找到和这些投降的舰船一起停泊的"八云"号。图中其余舰船包括：驱逐舰"花月"号、"夏月"号、"春月"号、"宵月"号、"桐"号（上述舰船均在1945年下水）、"夕风"号（1921）;潜艇I-47号（1943）、I-36号（1941）、I-402号（1944）、Ha-203号（1945）、Ha-204号（1945）、I-203号（1944）和I-53号（1943）；运输船T-22号（1945）（**NHHC 94884**）

1945年1月摄于特拉华河的"关岛"号（CB-2）大型巡洋舰，可以将该舰看作19世纪的大型巡洋舰的直系后代（**NHHC NH 92283**）

为 26330 吨、装备 8.7 英寸主炮的 66 型巡洋舰[179]，计划在 1952 年以后开工。但该型军舰因为苏联海军发生的变革而被取消——于是，66 型巡洋舰成为世界上最后一型被认真考虑并设计的重型火炮巡洋舰。

传奇的终结

和平的到来很快终结了"西雅图"号的服役生涯。该舰在 1946 年 6 月 28 日再次退役，之后被拖曳至费城并出售拆解。

"普益勒东"号，摄于 1951 年 9 月 19 日，热那亚港；该舰正进行其军官生训练舰生涯中的倒数第二次远航。作为当时唯一一艘仍处于现役状态的装甲巡洋舰，"普益勒东"号已经迈入了其服役生涯的第六个十年，且舰上布置与 1933 年重建后几乎相同——仅小幅度扩建了舰桥建筑，并拆除了位于三角枪基座的探照灯（作者个人收藏）

"西雅图"号巡洋舰，此时该舰停靠在纽约市北河的第 92 号码头，位于它右侧的是当时被用作住宿舰的原潜艇补给舰"卡姆登"号 [IX-42，原舷号为 AS-6（1900）]。"西雅图"号在 20 世纪 40 年代主要被用作接待舰。（NHHC NH 89402）

"安德洛墨达"号是最后留存于世的英制大型巡洋舰。该舰一直被用作皇家海军"反抗"训练学校的固定教学用舰，后于 1946 年被"弗罗比舍"号重巡洋舰取代。本图摄于 20 世纪 30 年代，图中位于"安德洛墨达"号前方的是"反抗 I"号（原"无常"号），位于其后方的则是"反抗 III"号（原"火神"号）（作者个人收藏）

"反抗"号（原"安德洛墨达"号）的舰体于 1956 年下半年在伯吉斯被拆解（理查德·奥斯本收藏）

"阿韦罗夫"号是希腊海军中仅存的大型舰艇，另两艘购自美国的战列舰都在 1941 年的轰炸中被击沉。本图摄于 20 世纪 50 年代，当时该舰停泊在萨拉米斯港。图中还可以看到正被打捞的"基尔基斯"号（原美军"密西西比"号，1905）残骸（作者个人收藏）

其他一些大型巡洋舰继续在各国军队中服役。"阿韦罗夫"号在 1947—1949 年间被用作希腊海军的司令部,在 1952 年退役并被封存于萨拉米斯。"菲尔雅"号在战争期间负责确保瑞典的中立,并继续承担远洋训练舰的职责,只是其活动海域被限制在本国领海之内。该舰在 1948 年进行了最后一次巡航,后于 1953 年退役除名。所有装备被拆除后,"菲尔雅"号在瑞典北方的卡利克斯要塞区(Kalixlinjen)被用作靶舰。尽管遭到炮弹和导弹的多次命中,但这艘巡洋舰依旧没有沉没,后于 1957 年被出售拆解。

最后一艘在海上服役的大型巡洋舰是阿根廷海军的"普益勒东"号。该舰直到 1952 年都在履行见习军官训练舰的职能;从 1941 年起,还进行了八次远洋航行训练。1952 年 3—11 月,这艘军舰进行最后一次远航,但之后就因为锅炉状况不佳而被封存在贝尔格拉诺港,并于 1954 年 8 月 2 日正式退役,次年 1 月 4 日除名。接着,该舰被出售给巴尔的摩的波士顿钢铁公司,不过最终被转卖并拖曳至意大利进行拆解。[180] 一年之前,"反抗"号(原"安德洛墨达"号)也被售出;该舰在 1956 年 8 月 14 日抵达比利时布鲁日的拆船厂。同年 2 月,"抵抗二号"——即所有全金属大型巡洋舰的鼻祖"无常"号——也被出售拆解。此时大巡洋舰已基本消亡殆尽。

不过,尽管"阿韦罗夫"号不再具有航行能力,希腊海军却一直舍不得抛弃这

1984 年,"阿韦罗夫"号从原先的封存地被拖往萨拉米斯,以接受复原和改造作业(作者个人收藏)

艘古老的旗舰。因此，该舰直到1956年都还待在萨拉米斯。之后，它被拖往波罗斯岛，并在海军舰籍簿中作为海军学校的"哨戒舰"存续到1983年。在此期间，"阿韦罗夫"号的状况逐渐老化，时常需要接受整修。1973年年初，被称作"上校政权"的军政府还专门为纪念利姆诺斯战役60周年拨付经费，将该舰运往比雷埃夫斯（Piraeus）并改造为博物馆舰。但随着上述政权在当年夏季崩溃，该计划也被搁置。迈入20世纪80年代以后，希腊政府再次考虑过将"阿韦罗夫"号巡洋舰改造为博物馆舰，以便长期保存。因此，该舰在1984年被拖往萨拉米斯入坞并重新舾装。1985年1月，希腊政府选择了位于斯卡拉曼加斯（Skaramangas）的尼阿乔斯造船厂，由其负责该舰的整修工作。然而，这家造船厂在同年5月破产倒闭，因此"阿韦罗夫"号的整修工作被移交给埃莱夫西斯（Elefsis）造船厂负责，最终在1985年10月完成。接着，该舰被拖曳到位于雅典达勒隆海湾（Phaleron Bay）的新泊锚地。毫不夸张地说，这艘军舰是战列巡洋舰时代之前，一代代人为这类或许最具魅力的舰种所投入的精力和资源的见证。

8 总结回顾
RETROSPECT

从"好斗"号开工算起，到日德兰战役标志着经典大型巡洋舰退出一等主力舰行列不过半个世纪，其间最令人惊叹的莫过于这类舰船的设计师所勾勒出的如此多样化的设计思路，一些思路甚至超出了这类舰船本应拥有的能力。显然，在蒸汽时代的海军中，军舰很少会承担它们在设计阶段被认为需要承担的任务。即使是那些依照相当明确的需求而设计的舰船，也时常根据舰队当时的需要进行部署，很少承担在需求分析和设计阶段所设想的相应职责。尤其是那些专门为对付别国某一型甚至某一艘舰船而设计建造的舰船，实际上很少有机会与其原先设想的对手在战争中处于同一片海域。最明显的例子当属专门为对抗"留里克"号而设计的"强力"级巡洋舰。尽管该级两艘舰船实现了技术上的巨大进步，但也浪费了大量资源，而这些资源本可以拿来建造大量的稍小一些的实用性和灵活性更强的舰船。

另一方面，比如法国最初设计"好斗"号和之后的"阿尔玛"级所设想的让它们在海外基地担任主力舰的想法则是明智的——至少在这种情况下，它们的对手不过是木制军舰（或者无防护舰船）；因此敌舰根本没有获胜的机会，也很难在大巡洋舰的追击下成功逃离（以英国驻扎在远东的最后一艘木壳战列舰"罗德尼"号为例，该舰最大航速和"好斗"号一样，即11.5节）。不过，尽管和"阿尔玛"级同时期的"大胆"级已经拥有更大的舰体、更强的武装和更高的航速，但法国后来的几代大型巡洋舰相比其原型的进步并不算大。

到19世纪80年代，新型战列舰及巡洋舰的出现打破了法国海军的优势；尤其需要考虑的是，法方最新的两艘舰船依然是木壳铁甲舰。法国人的这种海外部署型舰船

通过图中最近处刚服役的"不挠"号和右侧远处的"蒙默思"级巡洋舰，就可以很好地看出大型巡洋舰发展过程中所出现的新旧两种舰船有何区别——尽管时间上仅仅相差20年，但"不挠"号采用的技术和设计思路已经发生了天翻地覆的变化。图中最左侧则是"暴怒"号（1896）防护巡洋舰（NHHC NH 60004）

甚至服役到了 19 世纪 90 年代。后来，他们建造了"德·昂特勒卡斯托"号和"克莱贝"级巡洋舰，但这两种军舰不仅没有能力单舰应对任何一种全尺寸的战列舰，甚至无法对当时新兴的区域性强国（之后很快崛起为世界列强）日本产生威胁。

作为大型巡洋舰领域的另一位先行者，俄罗斯则对其第一代该型舰船有着不同的理解。尽管俄方设计这种舰船的主要目的，也是将其用作舰队主力舰，部署在远东地区。但无论从续航力还是设计航速（尽管最终没能达到相应指标）上看，俄罗斯的大型巡洋舰都更像是远洋破交舰，这倒和 19 世纪 50 年代以来俄海军的主要战略相吻合——具体的表现便是新一代"海军元帅"号，直接取代了前一代同名舰船。这种设计思路甚至会延续到 19 世纪 90 年代的"俄罗斯"号巡洋舰上，而该舰的准姊妹舰"雷霆"号从设计上讲，就很好地体现了俄罗斯海军对于此类舰船使用战略的变化。此外，远洋破交战略还催生出混合了战列舰和巡洋舰设计特点的"佩列斯韦特"级，该级舰在设想中被用于支援执行远洋破交任务的巡洋舰。

在 19 世纪的俄罗斯海军中，"纳西莫夫海军上将"号显然是一个例外。该舰所采用的"远洋装甲"理念在很多方面接近法国海军用于远洋部署的轻型战列舰，但从设计上讲几乎又是英国"蛮横"级的翻版；通过上述两点，我们可以管窥 19 世纪后半叶世界主力舰发展的大致脉络。英国大型巡洋舰的设计，则更多地受到了皇家海军对于海外部署主力舰的需求的影响，并借鉴了法国海军一等巡洋舰的发展思路，以取代此前的"纳尔逊"级和更早的"香农"号——后者正是为了对抗"海军元帅"级而设计。这是一种非线性的发展模式，或许前一级舰船还可以看作"蛮横"级的后继型号，也就是一种明显的"巡洋"军舰（相应舰船在 1887 年被正式定级为巡洋舰，这也是装甲舰中首次出现"战列舰"和"巡洋舰"之分）；但后一级舰船就成了"百夫长"级这种小型战列舰，前后两种舰船从承担的职能到军舰本身的性能都存在不小区别。而"百夫长"级的出现又影响了俄罗斯，促使后者建造"佩列斯韦特"级（该级舰中的一艘后来又被定级为巡洋舰）。

和法国、俄罗斯两国更多地从军舰的职能来考虑设计不同，英国当时的造舰策略大多是被动的，比如前文提到的"强力"级就是为了对付"留里克"号（一代）而设计，"大胆"级与"香农"号也是针对法国的"好斗"号及其后继型号。这种被动的设计策略甚至延续到了 20 世纪，比如"德雷克"级巡洋舰的航速（及其舰体尺寸）便是基于对法国"圣女贞德"号航速的预计（但后者根本没有达到英方所预计的指标）。当然，从另一方面讲，英国也创新性地发展出了"克雷西"级这样的舰队型巡洋舰（尽管该级舰很可能是受到意大利海军的启发）。随后，法国和俄国也逐渐将大型巡洋舰的设计职能从远洋破交，转变为跟随舰队行动。

对于法国而言，上述转变也意味着十余年的混乱。在此期间，为了对抗突然崛起并占据支配地位的"绿水学派"，法国海军内部涌现出多种多样的战略思路，不仅包括建造专门的远洋破交舰，也包括建造专门用于远洋基地部署的大型巡洋舰，而这些思路在 19 世纪 90 年代已经显得相当落后。当然，在这十余年之后，法国便发展出一种标准的通用大型装甲巡洋舰，这就让该国拥有了一批基本相同的舰队型巡洋舰，且这批舰艇一直服役到了 20 世纪 20 年代。不过，这样做的弊端也显而易见：因为将大量的建造计划都集中在这类能够满足巡洋舰各类需求的"高端"大型巡洋舰上，法国海军在一战中相当缺乏那种自德国出现，经由英国不断发展，非常适合执行各类任务的小型轻巡洋舰。

远在大洋彼岸的美国最初建造大型巡洋舰的主要目的，也是用于执行远洋破交任务。比如"纽约"号，它的职能既包括远洋破交，也包括远洋交通线护航（因此更类似于"纳西莫夫海军上将"号那样的通用型远洋装甲舰）；另有基于法国的设计思路，专为远洋破交而建造的"哥伦比亚"级巡洋舰。不过，鉴于"纽约"号和"布鲁克林"号在美西战争中的使用经验，美国也在设计"宾夕法尼亚"级时与国际上的发展趋势接轨，开发出了更适合作为主力舰队高速编队组成部分的巡洋舰。但"宾夕法尼亚"级和"田纳西"级实际上更多地被用作亚洲和太平洋舰队的主力舰，从而取代之前部署在这些海域的战列舰。美国和法国一样，在大型巡洋舰的发展上选择了标准化、通用化的思路，而不是开发类似于英国和德国那样的小型巡洋舰，这也导致美国的大型巡洋舰在舰船本身过时后依旧需要长时间服役。

在开发大型巡洋舰的过程中，德国的目的就显得相当明确。从"奥古斯塔女皇"号开始，德方便要求此类舰船能够同时执行舰队作战和远洋部署任务，并且在"俾斯麦亲王"号完工前，创新性地通过改造老旧的"皇帝"级铁甲舰填补了空缺。"俾斯麦亲王"号是大型巡洋舰发展史上一个独特的成果，该舰的尺寸和主炮都和当时的战列舰几乎没有区别，只是通过削减副炮和装甲防护换取更高的航速，因此在使用上非常接近后来的战列巡洋舰。在"俾斯麦亲王"级之后，吨位相对更小的巡洋舰放弃了采用战列舰级别主炮（在德国，许多战列舰使用的甚至是更小口径主炮）的思路。但短短 6 年后，德国又发展出了排水量达 9000 吨、装备 4 门战列舰级别主炮的"阿达尔贝特亲王"级，之后更是发展出排水量达 15800 吨、装备 12 门主炮的"布吕歇尔"号。如果不是后来战列巡洋舰出现，"布吕歇尔"号就很可能成为日后大型巡洋舰发展过程中新的标杆。

大型巡洋舰发展战略的转变在某种程度上还受到了一些国家财政状况的影响。对一些国家而言，大型巡洋舰既能作为舰队战列舰使用，又是真正的巡洋舰，能够在大西洋和太平洋进行远洋作战——不仅是根本无法确保真正的战列舰正常服役的南美国家，就连处于财政危机之中的列强也持有这样的观点。比如意大利便是基于火力相对不足的"维托尔·皮萨尼"级，开发出了能够搭载单装 10 英寸或双联装 8 英寸主炮的"朱塞佩·加里波第"级巡洋舰，以取代该国由于经济危机而暂时无力建造的战列舰。

财政拮据也是日本最终选择"六六舰队"计划的主要因素。该计划所包含的巡洋舰亦是主力舰队的重要组成部分，而不仅仅是用来履行巡洋舰的相应职能。随着日俄战争初期日本损失两艘战列舰，上述情况变得越来越明显，这不仅让日本现有的大型巡洋舰显得更加重要，也使得能否购买阿根廷的两艘"加里波第"级在很大程度上足以左右战争胜负，因为它们将直接取代日方之前损失的两艘战列舰。

不过，同样是在日本，大型巡洋舰的发展最终触及了使其本身这个经典舰种走向衰亡的设计——即采用战列舰级别的单一口径主炮的战列巡洋舰。虽然此前许多大型巡洋舰的主炮口径已经和战列舰相当，但这些所谓的战列舰基本都是二等战列舰，其中许多甚至会被视为大型巡洋舰（比如"百夫长"级和"佩列斯韦特"级）；或者受到某些海军政策的影响，战列舰反而采用较小口径的主炮（比如德国"腓特烈三世皇帝"号和"维特尔斯巴赫"级战列舰的主炮，就与同时期的"俾斯麦亲王"号和"海因里希亲王"号相同）。但日本的"筑波"级采用的是和当时最现代化的一等战列舰相同的 12 英寸主炮。

"筑波"级的出现堪称开启了新时代的大门。英国也不必再考虑是否为新一代的装甲巡洋舰装备统一的 9.2 英寸主炮，而是直接跃进到了装备八门 12 英寸主炮的"无敌"级巡洋舰。为了保持这种与战列舰主炮口径的对等关系，英国在短短四年后就开始建造四艘装备 13.5 英寸主炮的巡洋舰；而且该级舰在舰体尺寸上已经不只是满足于和战列舰相当，而是超出了同时期战列舰近 20%。很快，这类巡洋舰便被定级为一类全新的舰种——战列巡洋舰。日本也很快采用这样的分类。

战列巡洋舰立即使大型巡洋舰变得落伍，因为前者可以轻易地追上并击败后者。如此一来，尽管已经开工的大型巡洋舰基本得以完工，但不会再有新舰获准建造。不过，新式的战列巡洋舰造价相当昂贵，只有极少数列强能够支付相应的建造费用。这也意味着那些相对较新的"经典"大型巡洋舰仍有用武之地，在许多国家或地区能够保持其原先的地位和战略意义，并且在集群战斗中有能力战胜落单的战列巡洋舰（当然也请读者们尊重特鲁布里奇的不同观点）。

由于在日德兰战役中损失了三艘，大型巡洋舰的价值开始受到质疑。但不可否认的是，"防御"号、"黑太子"号和"勇士"号确实拥有一定的战斗力；而且航速上高出主力舰队两节这一点，也让三舰在大舰队中具有相当的战术价值。此外，"防御"号上的灾难在战列巡洋舰（乃至战列舰）上也有可能发生：大型军舰都存在被大量炮弹命中后，弹药库殉爆的隐患。弹药库殉爆也造成了此战中"无敌"号、"不倦"号和"玛丽女王"号（其中"玛丽女王"号战列舰的装甲防护不仅不如同型舰船，甚至比不上"防御"号）的沉没。至于另外两艘大巡洋舰，"黑太子"号面临的是几乎不可能幸存的劣势，并走向了和"防御"号相似的结局。"勇士"号却在猛烈的攻击中坚持了相当长时间，如果足够幸运，该舰甚至有可能幸存并返回港口。

但从另一方面讲，随着"声望"级（Renown-class）和"勇敢"级（Courageous-class）战列巡洋舰入役，经典的大型巡洋舰确实不再具有其在舰队中的使用价值。这些英国大型巡洋舰的尺寸、适航性让它们非常适合与美国和法国的同行一起为横跨大西洋的船队提供护航。实际上，许多大型巡洋舰正是因为其足够优秀的适航性而非战斗力，才服役到了一战结束，甚至之后。也有一些国家的海军是因为非常缺乏，甚至完全没有其他类型的巡洋舰。比如法国和美国海军，两国海军在他们的第一型排水量达 10000 吨的条约型重巡洋舰完工后，才逐渐将之前的大型巡洋舰从一线退役。

同样是因为良好的适航性，许多大型巡洋舰后来都被用作见习军官训练舰，进行了大量的远洋训练航行，为训练新一代的海军指挥官发挥巨大作用。由于载员空间充裕、巡航经济性高且外观雄伟，许多大型巡洋舰甚至服役了超过 40 年——"普益勒东"号在海上服役的时间就长达 54 年，最终由于舰龄过大才退出现役。部分大型巡洋舰因为充裕的舰内空间，作为港口勤务舰服役了许多年，其勤务服役生涯甚至远超海上服役生涯，比如"安德洛墨达"号的海上和港口服役时长就分别为13年和43年。

多年以来，本书所涵盖的舰船时常会遭受批评——不仅被当时的军事评论家批

"阿韦罗夫"号是如今"硕果仅存"的大型巡洋舰。本图拍摄于2016年,当时该舰静静地停泊在雅典附近的帕勒隆湾(**作者个人拍摄**)

评,也被现代的历史学家批评。但在仔细分析这些舰船自身的情况后,就不难得出结论:为了满足自身获准建造时海军可能提出的需求,大型巡洋舰其实很好地平衡了当时快速发展的海军技术,与海军及官僚体系所提出的(有时甚至是含糊的)需求。同时,此类舰船的设计师们也大胆地提出各种设计方案,来协调航速、火力和防护力这三项相互矛盾的指标;只不过这些舰船时常需要面对自身并非为此而设计的情况,或是远比自身先进强大的敌舰。

大型巡洋舰往往拥有令人印象深刻的英武外观,以便"宣扬国威",这对于部署在遥远海外的该型军舰尤其重要。因此,这类在其所处时代可能是最为复杂也最为新颖的舰船,最终能有一艘作为纪念舰保留至今,无论怎么说也算是一件幸事。

第二部分：技术诸元及舰史

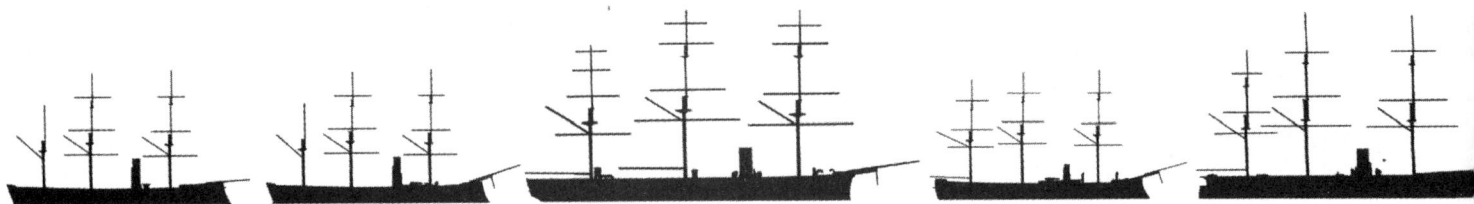

"好斗"号（法国）　　　"阿尔玛"号（法国）　　　"大胆"号（英国）　　　"拉·加利索尼埃"号（法国）　　　"海军元帅"号（俄罗斯）

"弗拉基米尔·莫诺马赫"号（俄罗斯）　　　"蛮横"号（英国）　　　"纳西莫夫海军上将"号（俄罗斯）

"千代田"号（日本）　　　"布莱克"号（英国）　　　"缅因"号（美国）　　　"沙内海军上将"号（法国）

"纽约"号（美国）　　　"百夫长"号（英国）　　　"埃德加"号（英国）

"卡洛斯五世"号（西班牙）　　　"柏莎武"号（法国）　　　"布鲁克林"号（美国）　　　"朱塞佩·加里波第"号（意大利）

"雷诺堡"号（法国）　　　"吉尚"号（法国）　　　"埃思梅拉达"号（智利）

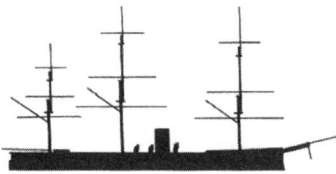

"米宁"号（俄罗斯）

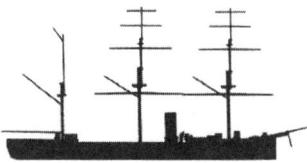

"香农"号（英国）

"纳尔逊"号（英国）

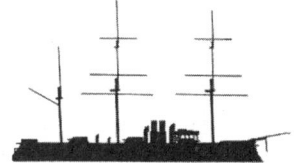

"巴雅"号（法国）

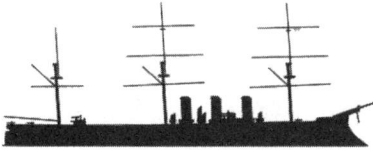

"亚速海回忆"号（俄罗斯）

"奥兰多"号（英国）

"杜佩·德·洛美"号（法国）

"玛利亚·特蕾莎公主"号（西班牙）

"马可·波罗"号（意大利）

"留里克"号（一代舰，俄罗斯）

"哥伦比亚"号（美国）

"玛利亚·特蕾西亚女皇和女王"号（奥匈帝国）

"维托尔·皮萨尼"号（意大利）

"俄罗斯"号（俄罗斯）

"强力"号（英国）

"德·昂特勒卡斯托"号（法国）

"佩列斯韦特"号（俄罗斯）

"桂冠"号（英国）

"声望"号（英国）

"克莱贝"号（法国）

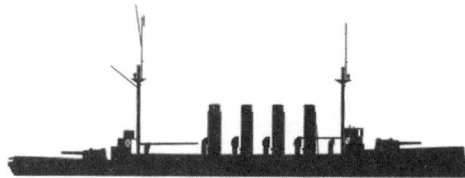

"克雷西"号（英国）

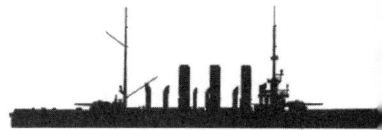

"卡尔六世皇帝"号（奥匈帝国）

"浅间"号（日本）

"阿达尔贝特亲王"号（德国）

"圭顿"号（法国）

"出云"号（日本）

"圣乔治"号（奥匈帝国）

"光荣"号（法国）

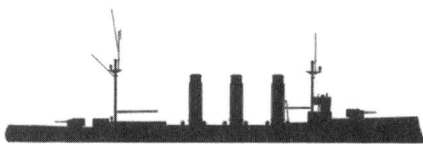

"莫诺马赫"号（英国）

"莱昂·甘必大"号（法国）

"宪法"号（智利）

"圣路易斯"号（美国）

"菲尔雅"号（瑞典）

"爱丁堡公爵"号（英国）

"厄内斯特·勒南"号（法国）

"瓦尔德克－卢梭"号（法国）

"沙恩霍斯特"号（德国）

"鞍马"号（日本）

"留里克"号（二代舰，俄罗斯）

"米诺陶"号（英国）

"奥希金斯将军"号（智利）

"圣女贞德"号（法国）

"俾斯麦亲王"号（德国）

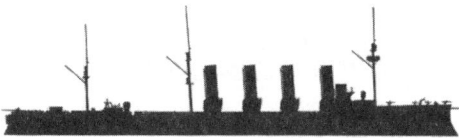

"雷霆"号（俄罗斯）

"八云"号（日本）

"吾妻"号（日本）

"海因里希亲王"号（德国）

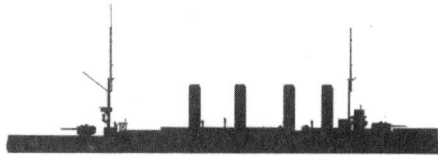

"巴扬"号（俄罗斯）

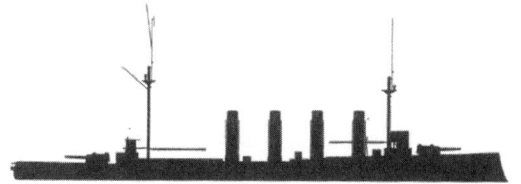

"德雷克"号（英国）

"宾夕法尼亚"号（美国）

"罗恩"号（德国）

"德文郡"号（英国）

"勇士"号（英国）

"田纳西"号（美国）

"儒勒·米舍莱"号（法国）

"圣焦尔焦"号（意大利）

"比萨"号（意大利）

"筑波"号（日本）

"无敌"号（英国）

"布吕歇尔"号（德国）

"尤里琉斯·阿韦罗夫"号（希腊）

9 | 阿根廷
ARGENTINA

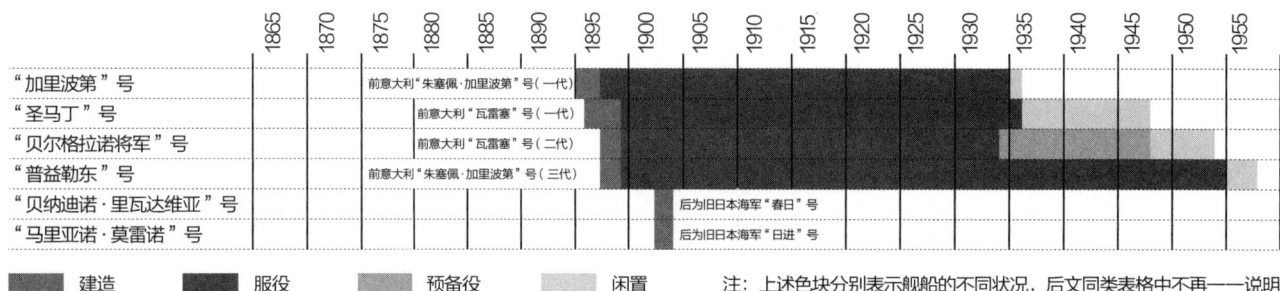

		1865	1870	1875	1880	1885	1890	1895	1900	1905	1910	1915	1920	1925	1930	1935	1940	1945	1950	1955

"加里波第"号 — 前意大利"朱塞佩·加里波第"号（一代）
"圣马丁"号 — 前意大利"瓦雷塞"号（一代）
"贝尔格拉诺将军"号 — 前意大利"瓦雷塞"号（二代）
"普益勒东"号 — 前意大利"朱塞佩·加里波第"号（三代）
"贝纳迪诺·里瓦达维亚"号 — 后为旧日本海军"春日"号
"马里亚诺·莫雷诺"号 — 后为旧日本海军"日进"号

■ 建造　■ 服役　■ 预备役　■ 闲置　注：上述色块分别表示舰船的不同状况，后文同类表格中不再一一说明

"朱塞佩·加里波第"级

装甲巡洋舰（最初）；装甲舰（1915 年）；
装甲巡洋舰（1922 年）；岸防舰（1927 年）

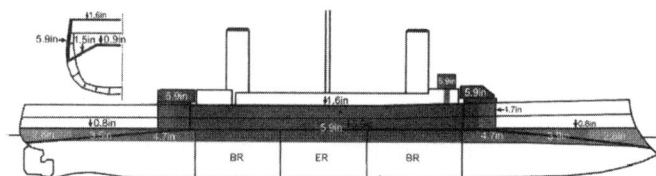

排水量	6732 吨（"加里波第"号）、6773 吨（"圣马丁"号）、7069 吨（"贝尔格拉诺将军"号）、6773 吨（"普益勒东"号）
尺寸	328.1 英尺（垂线间长）/363.7 英尺（全长）×59.75 英尺 ×23.3 英尺；其中，"里瓦达维亚"号和"莫雷诺"号的部分数据有所不同，即 334 英尺（垂线间长）/366.7 英尺（全长） 100 米（垂线间长）/107.8 米（全长）×18.2 米 ×23.3 米；其中，"里瓦达维亚"号和"莫雷诺"号的相应数据为 104.9 米（垂线间长）/111.8 米（全长）
动力系统	8 台圆筒式火管锅炉（"贝尔格拉诺"号和"普益勒东"号为 16 台贝尔维尔式水管锅炉；两舰在 1930—1934 年间接受改造后，改为安装 8 台雅罗式锅炉）；双轴推进；往复式蒸汽机（立式三胀式）；指示功率为 13000 马力 = 20 节；载煤量为 400 吨 /1000 吨（"普益勒东"号），1150 吨（"贝尔格拉诺"号）或 1137 吨；航程：10 节航速下 6000 海里（"贝尔格拉诺"号为 4800 海里）

武器装备

		10 英寸 40 倍径炮	8 英寸 45 倍径炮	6 英寸 40 倍径炮	4.7 英寸 40 倍径炮	4.7 英寸 45 倍径炮	3 英寸炮	47 毫米炮	37 毫米炮	1 磅机关炮	18 英寸鱼雷发射管
"加里波第"号	建成时	2	—	10	6	—	—	10	—	10	4
	1900 年	2	—	10	6	—	2	6	—	—	—
	1930 年	2	—	10	6	—	—	4	—	—	—
"圣马丁"号	建成时	—	4	10	6	—	—	10	—	10	4
	1924 年	—	4	10	6	—	2	6	—	—	—
"普益勒东"号	建成时	2	—	10	6	—	—	10	—	12	4
	1924 年	2	—	10	6	—	2	4	—	—	—
	1934 年	2	—	8	—	—	—	4	1	—	—
"贝尔格拉诺将军"号	建成时	2	—	14	—	—	2	10	—	12	4
	1924 年	2	—	14	—	—	4	4	—	—	—
	1930 年	2	—	—	—	8	4	2	—	—	—
"里瓦达维亚"号	建成时	1	2	14	—	—	10	—	—	—	4
"马里亚诺·莫雷诺"号	建成时	—	4	14	—	—	10	—	—	—	4

装甲防护	主装甲带从一端到另一端的厚度变化为 2.8~3.5~4.7~5.9~4.7~2.8 英寸；炮郭装甲厚度为 5.9 英寸；炮塔装甲厚度为 5.9 英寸；装甲甲板厚度为 0.9/1.5 英寸；司令塔装甲厚度为 5.9 英寸
舰员	500 人

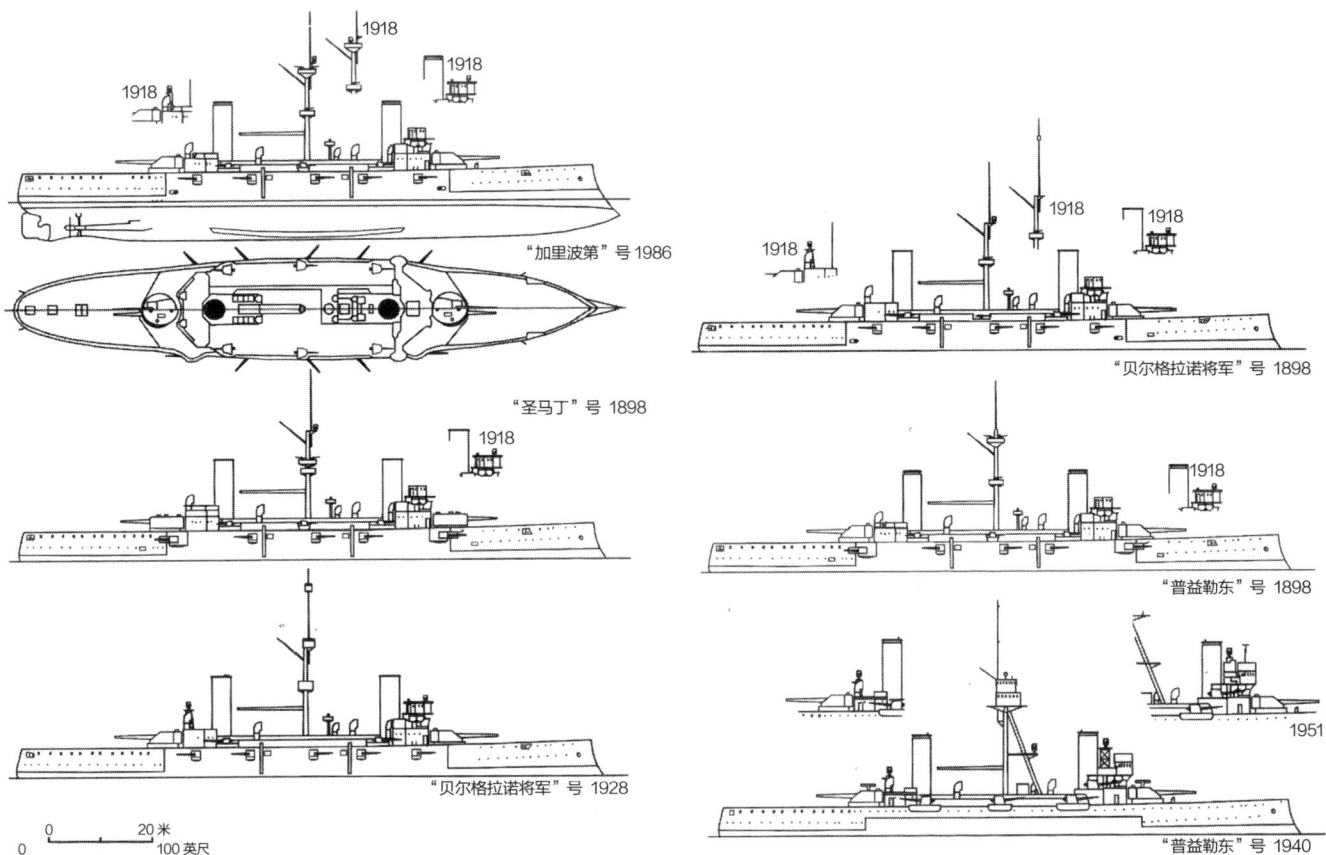

"加里波第"号 1986

"圣马丁"号 1898

"贝尔格拉诺将军"号 1928

"贝尔格拉诺将军"号 1898

"普益勒东"号 1898

1951

"普益勒东"号 1940

0　　　20 米
0　　　　　100 英尺

舰船状况

舰名	建造商	开工时间	下水时间	购买时间	完工时间	最终结局
"加里波第"号（Garibaldi） [原意大利海军"朱塞佩·加里波第"号（一代）]	安萨尔多 （热那亚－西塞斯特里）	1893.07.25	1895.5.27	1895.7.14	1896.10.14	1934.3.20 退役；1935.11.5 出售给朱利安·内里·许尔塔（Julián Nery Huerta）公司；后转售给阿根廷跨大西洋商贸和航运公司；1936—1937 年转售给瑞典拆解
"圣马丁"号（San Martin） [原意大利海军"瓦雷塞"号（一代）]	奥兰多（莱戈恩）	1895	1896.5.25	1896.10.26	1898.4.25	1935.12.18 退役；1947 年在布宜诺斯艾利斯被拆解
"贝尔格拉诺将军"号（General Belgrano） [原意大利海军"瓦雷塞"号（二代）]	奥兰多（莱戈恩）	1896.6	1897.7.25	1897	1898.10.8	1933 年作为潜艇补给舰服役；1947.5.8 正式退役；后于 1953.4.3 抵达布宜诺斯艾利斯并被拆解
"普益勒东"号（Pueyrredón） [原意大利海军"朱塞佩·加里波第"号（三代）]	安萨尔多 （热那亚－西塞斯特里）	1896.8	1897.9.25	1897	1898.8.4	1955.1.4 退役；被出售给波士顿钢铁厂（巴尔的摩）；1957.7 转售给意大利瓦多利古雷（Vado Ligure）拆解
"里瓦达维亚"号（Rivadavia，一代） （原西班牙海军"阿拉贡的佩德罗"号）	安萨尔多 （热那亚－西塞斯特里）	—	—	1900	—	1902 年取消建造
"贝纳迪诺·里瓦达维亚"号 （Bernadino Rivadavia，二代；原"密特拉"号） 后转售给日本并更名为"春日"号（1904 年）	安萨尔多 （热那亚－西塞斯特里）	1902.3.10	1902.10.22	—	1904.1	1904.1.7 出售给日本
"马里亚诺·莫雷诺"号 （Mariano Moreno；原"罗卡"号） 后转售给日本并更名为"日进"号（1904 年）	安萨尔多 （热那亚－西塞斯特里）	1903.3.29	1903.2.9	—	1904.1	1904.1.7 出售给日本

"加里波第"号

1897，第二分队（旗舰）；1898，装甲巡洋舰分队；1901，第一分队；1903—1907，解除武装，进入预备役；1908，第一分队；1912—1931.8.31，远洋训练舰。

"圣马丁"号

1907—1908，训练分队；1908—1910，第一分队；1914，训练分队；1920—1921，海军军官训练舰；1924—1926.5.20，训练分队。

"贝尔格拉诺将军"号

1902，第一分队；1903.5—1923.12.6，预备役；1909，第二分队；1910，第一分队；1911，训练分队；1917—1922，第二分队；1923—1926.10.12，训练分队；1927—1929，前往欧洲接受改造；1930—1931，枪炮训练舰；1932—1933，训练舰；1933.8.31—1946，潜艇补给舰。

"普益勒东"号

1901，布兰卡港分队；1902，第一分队；1903—1906，解除武装，进入预备役；1907，第一分队；1909，第二分队；1911—1912，接受整修改造；1913—1914，预备役及枪炮训练舰；1914，第一分队；1918—1921，军官训练舰；1922—1923、1924—1926，接受整修改造；1930—1953，训练舰。

10 奥匈帝国
AUSTRIA-HUNGARY

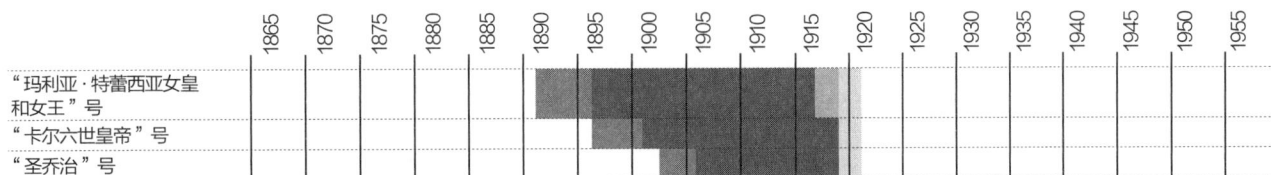

	1865	1870	1875	1880	1885	1890	1895	1900	1905	1910	1915	1920	1925	1930	1935	1940	1945	1950	1955
"玛利亚·特蕾西亚女皇和女王"号																			
"卡尔六世皇帝"号																			
"圣乔治"号																			

"玛利亚·特蕾西亚女皇和女王"号
装甲巡洋舰

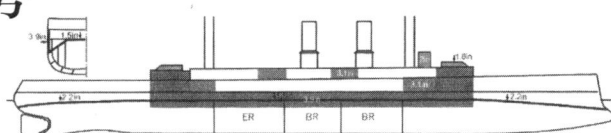

排水量	5247 吨
尺寸	349.7 英尺（垂线间长）/366.5 英尺（水线长）/373 英尺（全长）×53.4 英尺×22.4 英尺 106.6 米（垂线间长）/111.7 米（水线长）/113.67 米（全长）×16.26 米×6.13 米
动力系统	6 台圆筒式火管锅炉；双轴推进；往复式蒸汽机（水平三胀式）；指示功率为 9000 马力 =19 节；载煤量为 746 吨；航程：10 节航速下 3500 海里
武器装备	2 门 35 倍径 9.4 英寸炮（在 1906 年更换为 2 门 42 倍径 7.6 英寸炮）、8 门 35 倍径 5.9 英寸炮、12 门 44 倍径 47 毫米炮、6 门（在 1904 年为 4 门）33 倍径 37 毫米炮、2 挺 8 毫米机枪。4 具 17.7 英寸鱼雷发射管。在 1904 年增加 4 门（到 1910 年又增加 2 门）37 毫米机关炮；在 1910 年增加 2 门 33 倍径 47 毫米炮
装甲防护	主装甲带厚度为 3.9 英寸；炮座装甲厚度为 5.9 英寸；炮郭装甲厚度为 3.1 英寸；装甲甲板厚度为 1.5~2.2 英寸；司令塔装甲厚度为 2 英寸
舰员	32 军官 +443 舰员

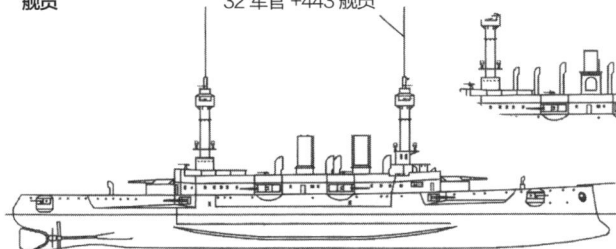

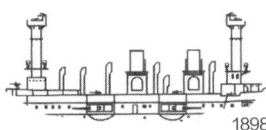

"玛利亚·特蕾西亚女皇和女王"号 1895

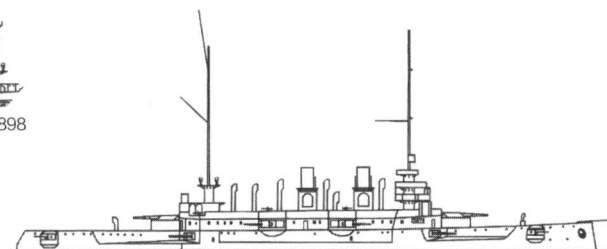

1898

1903

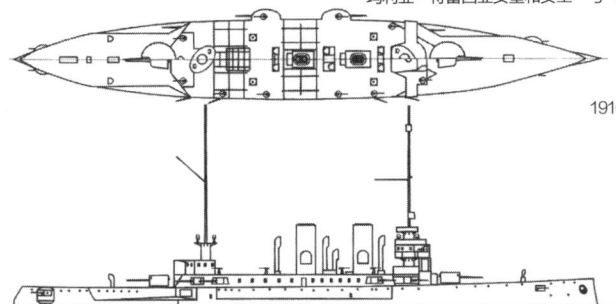

1910

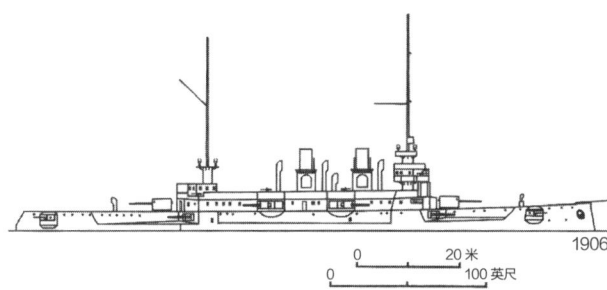

1906

0   20 米

0   100 英尺

舰船状况

舰名	建造商	开工时间	下水时间	完工时间	最终结局
"玛利亚·特蕾西亚女皇和女王"号 （Kaiserin und Königin Maria Theresia）	的里雅斯特技术工厂 （Stabilimento Tecnico Triestino，位于圣罗科）	1891.10.6	1893.4.29	1895.3.24	1920.1 出售给英国；1920.8.27 出售给菲亚特汽车工厂（都灵）；接着转售给瓦卡洛（Vaccaro）公司，后在费拉约港（厄尔巴岛）被拆解

1895.4—1895.5，巡洋舰中队（旗舰）；1896.4—1896.8，演习中队；1896.5—1897.9，爱琴海；1897.9—1898.5，预备役；1898.5—1898.10，西印度群岛；1899.1—1899.2，现役中队（旗舰）;1899.3—1900.5，预备役;1900.5—1900.6，现役中队第1巡洋舰分队;1900.6—1902.12，远东;1902.12—1904.10，预备役;1904.10—1904.11，现役中队;1904.11—1905.7，搁浅后接受维修;1905.7—1905.12，现役中队;1906—1908，整修，后加入预备役;1909—1910，接受改造;1910.6—1910.9，夏季中队（巡洋舰分队旗舰）;1910.9—1911.2，预备役中队;1911.2—1912.12，黎凡特;1913.2—1913.5，第一巡洋舰分队[1]；1914—1917.2，亚得里亚海；1917.2—1918.11，波拉港，被用作浮动船舍；1919.2.3，拆空舰壳。

"卡尔六世皇帝"号
装甲巡洋舰

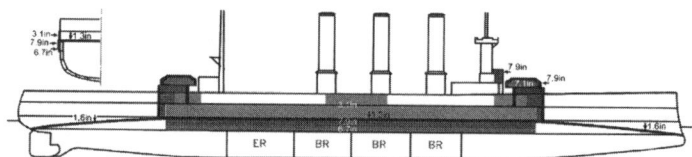

排水量	6265 吨
尺寸	367.5 英尺（垂线间长）/386.8 英尺（水线长）/393.6 英尺（全长）×56.6 英尺×20.5 英尺 112 米（垂线间长）/117.9 米（水线长）/119.96 米（全长）×17.25 米×6.26 米
动力系统	16 台贝尔维尔式水管锅炉；双轴推进；往复式蒸汽机（立式三胀式）；指示功率为12000 马力＝20 节；载煤量为 500/818 吨
武器装备	2 门 40 倍径 9.4 英寸炮、8 门 40 倍径 5.9 英寸炮、16 门（在 1904 年为 14 门）44 倍径 47 毫米炮、2 门 33 倍径 47 毫米炮、2 挺 8 毫米机枪（在 1906 年改为 37 毫米炮，后于 1917 年被拆除）、2 具 17.7 英寸鱼雷发射管。在 1917 年增加 1 门 50 倍径 2.6 英寸防空炮和 1 挺 8 毫米机枪；最终于 1918 年拆除武装
装甲防护	主装甲带厚度为 7.9 英寸；炮郭装甲厚度为 3.1 英寸；主炮塔不同部位装甲厚度为 7.9~7.1~2 英寸；炮座装甲厚度为 7.9 英寸；装甲甲板不同部位厚度为 1.6~1.3~1.6/2.4 英寸；司令塔装甲厚度为 7.9 英寸
舰员	550 人

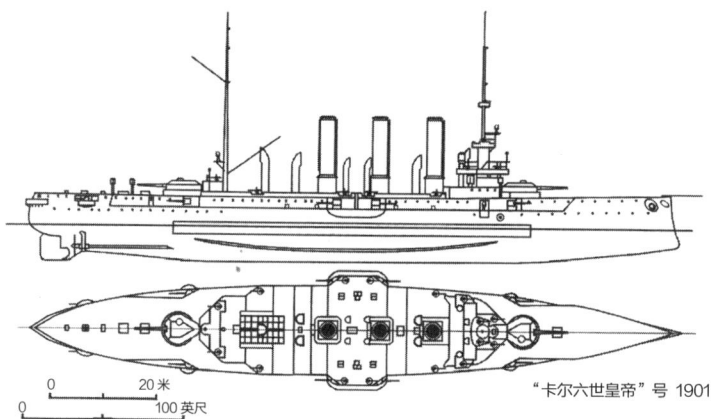

"卡尔六世皇帝"号 1901

舰船状况

舰名	建造商	开工时间	下水时间	完工时间	最终结局
"卡尔六世皇帝"号（Kaiser Karl VI）	的里雅斯特技术工厂（Stabilimento Tecnico Triestino，圣罗科）	1896.6.1	1898.10.4	1900.5.23	1920.1 出售给英国；1920.8.21 转售给瓦卡洛公司；1922 年在那不勒斯被拆解

1900—1902.9，亚得里亚海;1903.9—1902.9，远东;1902.10—1906.6，预备役中队和炮术学校勤务舰;1906.6—1906.9，夏季中队;1906.9—1907.6，预备役中队;1907.6—1907.9，夏季中队;1907.9—1908.6，预备役中队;1908.6.15—1908.9.15，夏季舰队;1908.9—1908.12，预备役中队;1909.1—1909.3，鱼雷分舰队领舰;1909.4—1909.6，爱琴海;1909.6—1910.2，本土舰队;1910.3—1910.10，南美;1911，本土，鱼雷分舰队领舰;1911.9—1913.3，接受整修，后加入预备役;1913.3.13—1914.6，亚得里亚海;1914.6—1914.8，地中海;1914.8—1918.3，亚得里亚海;1918.3.19，在希贝尼克被封存;1919.2，波拉。

---
[1] 译者注：原文该段时间服役情况缺失，有关信息为译者根据资料自行补充。

"圣乔治"号

装甲巡洋舰

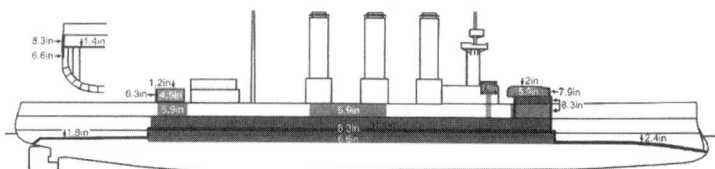

排水量	7300 吨（标准）/8070 吨（满载）
尺寸	383.8 英尺（垂线间长）/404.2 英尺（水线长）/407.8 英尺（全长）×65.4 英尺 ×22.4 英尺 117 米（垂线间长）/123.2 米（水线长）/124.3 米（全长）×19 米 ×6.8 米
动力系统	12 台雅罗式水管锅炉；双轴推进；往复式蒸汽机（立式三胀式）；指示功率为 12300 马力 /15000 马力（加力送风）= 21/22 节；载煤量为 600/1000 吨；航程：10 节航速下 4500 海里
武器装备	2 门 40 倍径 9.4 英寸炮（位于 1 座双联装炮塔内）、5 门 42 倍径 7.6 英寸炮、4 门 40 倍径 5.9 英寸炮、9 门 66 毫米炮、6 门（在 1914 年增至 10 门）44 倍径 47 毫米炮、2 门 33 倍径 47 毫米炮（在 1914 年被拆除）、4 门 33 倍径 37 毫米炮（在 1914 年被拆除）、2 具 17.7 英寸鱼雷发射管。在 1917 年增加 1 门 50 倍径 2.6 英寸防空炮和 1 挺 8 毫米机枪；在 1918 年拆除武装
装甲防护	主装甲带厚度分别为 0（无装甲，下同）~8.3 英寸 ~0；炮郭装甲厚度为 5.9 英寸；炮座装甲厚度为 8.3 英寸；舰艏主炮塔不同部位装甲厚度为 7.9~5.9 英寸；舰艉主炮塔不同部位装甲厚度为 6.3~4.5 英寸；装甲甲板不同部位厚度为 1.8~1.4~2.4 英寸；司令塔装甲厚度为 7.9 英寸
舰员	628 人

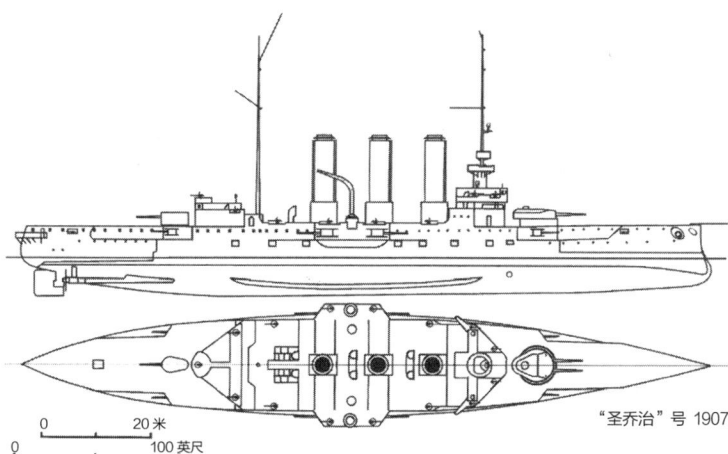

"圣乔治"号 1907

舰船状况

舰名	建造商	开工时间	下水时间	完工时间	最终结局
"圣乔治"号（Sankt Georg）	波拉海军造船厂	1903.3.11	1903.12.8	1905.7.21	1920 年出售给英国；1920.8.12 出售给塔尔韦纳公爵和亚历山德罗·比亚乔（Count Taverna & Alessandro Piaggio）公司；接着转售给瓦卡洛公司；最后在塔兰托被拆解

1905.9—1905.11，夏季中队；1905.11—1905.12，爱琴海；1906.3—1906.5，黎凡特；1906.6—1906.9，夏季中队（巡洋舰分队旗舰）；1906.9—1906.12，重型分队；1907.3—1907.7，大西洋 / 北美 / 地中海；1907.6—1907.9，夏季中队（第三巡洋舰分队旗舰）；1907.12，爱琴海；1908.6—1908.9，夏季中队（第三巡洋舰分队旗舰）；1908.12—1911.5，预备役中队；1911.6—1911.8，夏季中队（第三巡洋舰分队旗舰）；1911.12—1912.5，巡洋舰分舰队（旗舰）；1912.5—1912.8，夏季中队（第三巡洋舰分队旗舰）；1913—1914，巡洋舰分队旗舰；1914.8—1918.4，亚得里亚海；1914.8.7，封存；1918.4—1918.11，蒂瓦特（Tivat）港，司令部舰船。

11 | 智利
CHILE

	1865	1870	1875	1880	1885	1890	1895	1900	1905	1910	1915	1920	1925	1930	1935	1940	1945	1950	1955
"埃思梅拉达"号																			
"奥希金斯将军"号																			
"宪法"号								后为英国"快速"号（二代）											
"自由"号								后为英国"凯旋"号（二代）											

"埃思梅拉达"号

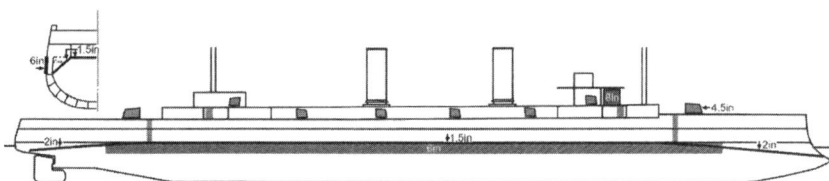

排水量	7032 吨
尺寸	436 英尺（垂线间长）/468.25 英尺（全长）×52.4 英尺 ×20.5 英尺 132.9 米（垂线间长）/142.7 米（全长）×15.9 米 ×6.2 米
动力系统	6 台圆筒式火管锅炉；双轴推进；往复式蒸汽机（立式三胀式）；指示功率为 16000 马力 = 22.25 节；载煤量为 550/1374 吨；航程：10 节航速下 7680 海里
武器装备	2 门 40 倍径 8 英寸炮、16 门 40 倍径 6 英寸炮、8 门 12 磅炮、10 门 6 磅炮；3 具 18 英寸鱼雷发射管
装甲防护	主装甲带厚度分别为 0（无装甲，下同）~6 英寸 ~0；装甲甲板厚度为 1.5/2 英寸；炮盾装甲厚度为 4.5 英寸；司令塔装甲厚度为 8 英寸（哈维镍钢材质）
舰员	513 人

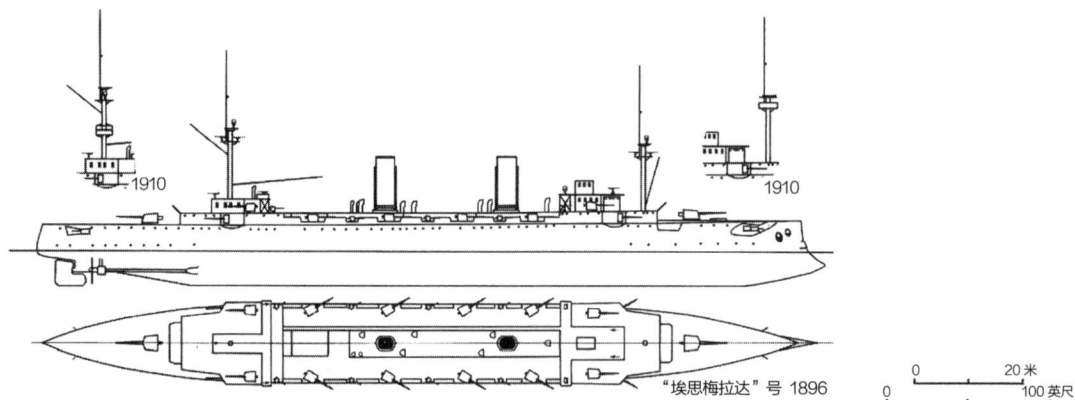

"埃思梅拉达"号 1896

舰船状况

舰名	建造商	开工时间	下水时间	完工时间	最终结局
"埃思梅拉达"号（Esmeralda，二代）	阿姆斯特朗（埃斯维克兵工厂）	1895.7.4	1896.4.14	1896.12	1929 年退役除名；后于 1930 年被出售拆解

"奥希金斯将军"号

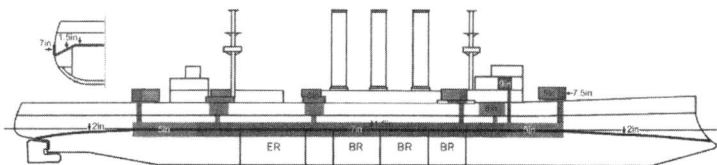

排水量	8476 吨
尺寸	412 英尺（垂线间长）/446 英尺（全长）×62 英尺 ×22 英尺 125.6 米（垂线间长）/135.94 米（全长）×18.9 米 ×6.7 米
动力系统	30 台贝尔维尔式水管锅炉；双轴推进；往复式蒸汽机（立式三胀式）；指示功率为 16000 马力 = 21 节；载煤量为 550/1253 吨
武器装备	4 门 45 倍径 8 英寸炮、10 门 40 倍径 6 英寸炮、4 门 45 倍径 4.7 英寸炮（在 1920 年被拆除）、8 门（在 1920 年增加 2 门；在 1929 年增加 2 门）12 磅炮、10 门 6 磅炮（在 1929 年被拆除）；3 具 18 英寸鱼雷发射管
装甲防护	主装甲带厚度分别为 0（无装甲，下同）~5 英寸 ~7 英寸 ~5 英寸 ~0；装甲甲板厚度为 1.5/3 英寸；主炮塔装甲厚度为 5~7 英寸；副炮炮塔及炮郭装甲厚度为 5~6 英寸；司令塔装甲厚度为 9 英寸（哈维镍钢材质）
舰员	489 人

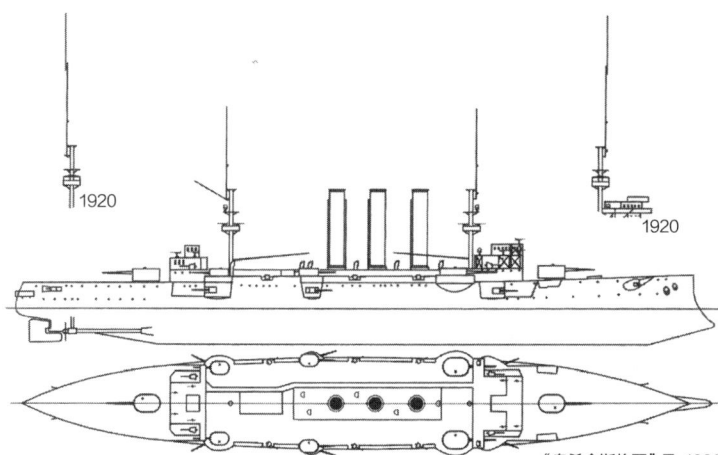

"奥希金斯将军"号 1898

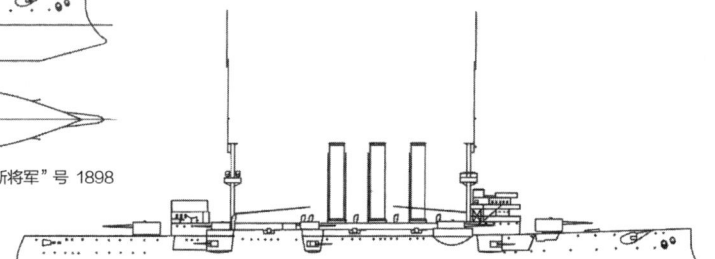

"奥希金斯将军"号 1930

舰船状况

舰名	建造商	开工时间	下水时间	完工时间	最终结局
"奥希金斯将军"号 （General O'Higgins）	阿姆斯特朗 （埃斯维克兵工厂）	1896.3.19	1897.3.17	1898.4.2	1933 年被改造为浮动船舍；1958 年被出售拆解

"宪法"级

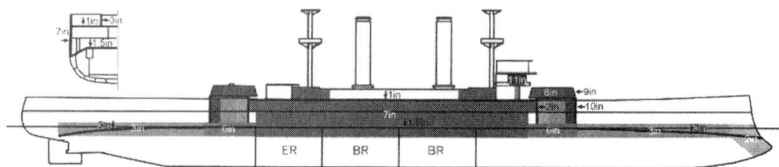

排水量	11740 吨（"宪法"号）/11985 吨（"自由"号）
尺寸	436 英尺（垂线间长）/462.5 英尺（水线长）/475.2 英尺（全长）×71.2 英尺 ×26.6 英尺 132.9 米（垂线间长）/139.6 米（水线长）/146.2 米（全长）×21.6 米 ×7.7 米
动力系统	12 台雅罗式水管锅炉；双轴推进；往复式蒸汽机（立式三胀式）；指示功率为12500 马力 = 19 节；载煤量为 800/2048 吨；航程：10 节航速下 6210 海里
武器装备	4 门 45 倍径 10 英寸炮（位于 2 座双联装炮塔内）、14 门 50 倍径 7.5 英寸炮、14 门 14 磅炮、2 门 8 英担[①]/12 磅炮、4 门 6 磅炮、4 门 3 磅炮；2 具 18 英寸鱼雷发射管
装甲防护	主装甲带厚度分别为 0（无装甲，下同）~3 英寸 ~6 英寸 ~7 英寸 ~6 英寸 ~3 英寸 ~2 英寸；炮郭装甲厚度为 7 英寸；炮座装甲厚度为 10 英寸；主炮塔装甲厚度分别为 9 英寸 ~8 英寸；装甲甲板厚度为 3 英寸 ~1.5 英寸 ~3 英寸；司令塔装甲厚度为 11 英寸
舰员	800 人

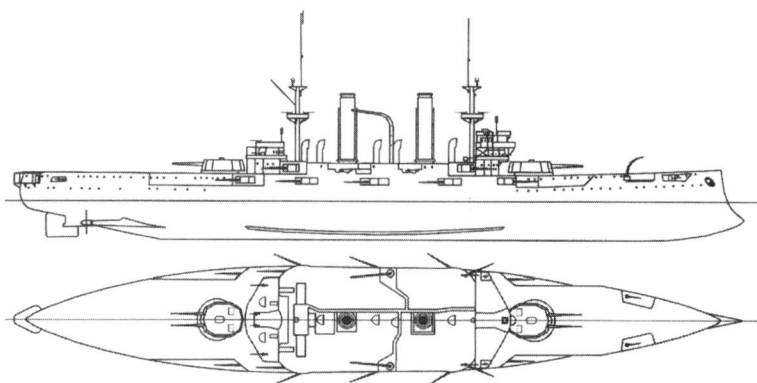

"自由"号 = 英国皇家海军"凯旋"号 1904

舰船状况

舰名	建造商	开工时间	下水时间	完工时间	最终结局
"宪法"号（Constitucion） = 英国皇家海军"快速"号（Swiftsure，二代）	阿姆斯特朗－威特沃斯（埃斯维克）	1902.3.13	1903.1.12	1904.1	1903.12.3 出售给英国
"自由"号（Libertad） = 英国皇家海军"凯旋"号（Triumph，二代）	维克斯（巴罗）	1902.3.13	1903.1.15	1904.1	1903.12.3 出售给英国

---

① 编者注：为准确表达数据，中文版保留了原书的英制单位。1 英担 =112 磅 =50.802 千克，8 英担 =896 磅 =406.4 千克。下文出现该单位时，读者可自行换算。

	1865	1870	1875	1880	1885	1890	1895	1900	1905	1910	1915	1920	1925	1930	1935	1940	1945	1950	1955
"好斗"号																			
"阿尔玛"号																			
"阿米德"号																			
"阿塔兰忒"号																			
"圣女贞德"号（一代）																			
"蒙特卡姆"号（一代）																			
"布兰卡王后"号																			
"忒提斯"号																			
"拉·加利索尼埃"号																			
"凯旋"号																			
"胜利"号																			
"巴雅"号																			
"杜盖克兰"号																			
"蒂雷纳"号																			
"沃邦"号																			
"杜佩·德·洛美"号																			
"沙内海军上将"号																			
"尚齐"号																			
"拉图切－特雷维尔"号																			
"布吕克斯"号																			
"柏莎武"号																			
"德·昂特勒卡斯托"																			
"雷诺堡"号																			
"吉尚"号																			
"圣女贞德"号（二代）																			
"德赛"号																			
"杜普莱克斯"号																			
"克莱贝"号																			
"蒙特卡姆"号（二代）																			
"圭顿"号																			
"迪佩蒂－图阿尔"号																			
"光荣"号																			
"马赛曲"号																			
"叙利"号																			
"奥比海军上将"号																			
"孔代"号																			
"儒勒·费里"号																			
"莱昂·甘必大"号																			
"维克多·雨果"号																			
"儒勒·米舍莱"号																			
"厄内斯特·勒南"号																			
"埃德加·基奈"号																			
"瓦尔德克－卢梭"号																			

"好斗"号
装甲巡航舰

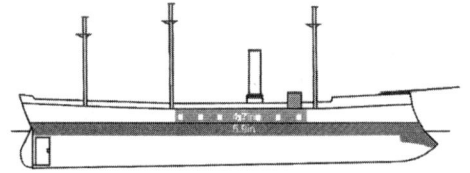

排水量	3717 吨
尺寸	223.1 英尺（水线长）/229.7 英尺（全长）×46 英尺 ×23 英尺 68 米（水线长）/70 米（全长）×14 米 ×7 米
动力系统	4 台椭圆形锅炉；单轴推进；往复式蒸汽机（HRCR）；指示功率为 1200 马力 = 11 节；载煤量为 250 吨；航程：10 节航速下 1410 海里
武器装备	4 门 7.6 英寸炮、6 门（在 1876 年减至 4 门）6.5 英寸炮；在 1876 年增加 5 门 5.4 英寸炮
装甲防护	主装甲带厚度为 5.9 英寸；炮郭装甲厚度为 4.7 英寸（此处采用的是锻铁装甲）
舰员	300 人

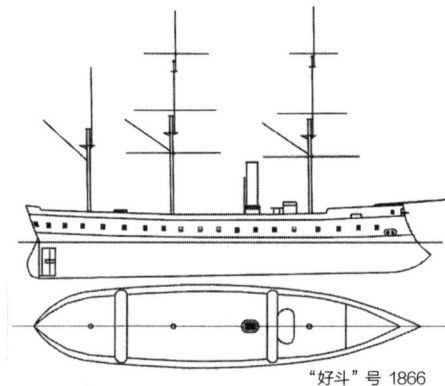

"好斗"号 1866

舰船状况

舰名	建造商	开工时间	下水时间	完工时间	最终结局
"好斗"号（Belliqueuse）	土伦海军造船厂	1863.9	1865.9.6	1866.10.30	1886.5.3 退役除籍；之后作为靶舰被击沉

1866.12.22—1869.5.26，太平洋；1869.11—1870.7，黎凡特；1870.8—1871.6.5，太平洋；1872.10—1874.5，东亚海域；1877.6—1877.12，试验中队；1877—1883，预备役；1884.11 退役封存。

"阿尔玛"级
装甲巡航舰

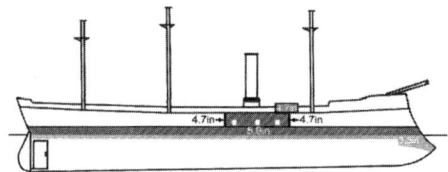

排水量	3513~3828 吨
尺寸	226 英尺（水线长）/236.9 英尺（全长）×45 英尺 ×21 英尺 69 米（水线长）/72.2 米（全长）×14 米 ×6.5 米
动力系统	4 台椭圆形锅炉；单轴推进；往复式蒸汽机（HRCR）；指示功率为 1600~1800 马力 = 11.7~12 节
武器装备	6 门 7.6 英寸炮
装甲防护	主装甲带厚度为 5.9 英寸；炮郭装甲厚度为 5.9 英寸；炮座装甲厚度为 3.9 英寸（此处采用的是锻铁装甲）
舰员	316 人

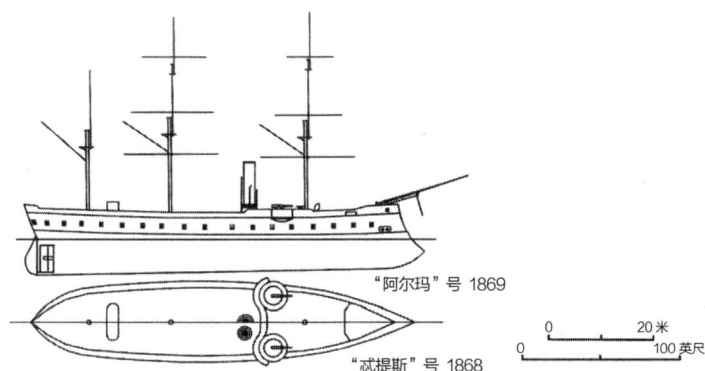

"阿尔玛"号 1869

"忒提斯"号 1868

0　　　20米

0　　　100英尺

舰船状况

舰名	建造商	开工时间	下水时间	完工时间	最终结局
"阿尔玛"号（Alma）	洛里昂海军造船厂	1865.10.1	1867.11.26	1869.8.24	1886.3.12 退役除籍；1893.5 被出售拆解
"阿米德"号（Armide）	罗什福尔海军造船厂	1865	1867.4.12	1867.10.5	1882.10.25 退役除籍；1886.3 作为靶舰被击沉
"阿塔兰忒"号（Atlante）	瑟堡海军造船厂	1865.6	1868.4.9	1869.4.1	1887 年退役除籍；后来在西贡翻沉
"圣女贞德"号（Jeanne d'Arc，一代）	瑟堡海军造船厂	1865	1867.9.28	1868.3.9	1883.8.28 退役除籍
"蒙特卡姆"号（Montcalm，一代）	罗什福尔海军造船厂	1865.10.26	1868.3.10	1869.4.15	1891.4.2 退役除籍
"布兰卡王后"号（Reine Blanche）	洛里昂海军造船厂	1865	1868.3.10	1869.4.15	1886.11.12 退役除籍
"忒提斯"号（Thétis）	土伦海军造船厂	1865.7.20	1867.8.22	1868.5.1	1885 年，在新喀里多尼亚的努美阿拆空舰壳

"阿尔玛"号
1871.6—1873.1，东亚；1873.10，试验中队；1876—1881，瑟堡，预备役；1881.3，黎凡特；1883.1，瑟堡，预备役；1884，退役。

"阿米德"号
1867.10—1870.7，布雷斯特，预备役；1870.7—1870.11，波罗的海；1874.8，黎凡特；1875.12—1877，布雷斯特，预备役；1878.1—1880.3，远东；1880.3，土伦，退役。

"阿塔兰忒"号
1869.7—1870.2，布雷斯特，预备役；1870.2，试验中队；1870.8，赫尔戈兰；1872.8—1874.2，太平洋；1874.2—1875.12，洛里昂，预备役；1876.1—1878.5，远东；1878.5—1882，洛里昂，预备役；1882.7—1885，远东；1885，西贡，退役除籍。

"圣女贞德"号
1869—1870.4，布雷斯特，预备役；1870.4，北方中队；1876.1.1—1879，布雷斯特，预备役；1879.4，黎凡特。

"蒙特卡姆"号
1869.6—1870.5，布雷斯特、瑟堡和地中海；1871—1873，瑟堡，预备役；1874.1—1876.5，东亚；1878—1880，瑟堡，预备役；1882—1884，太平洋；1884—1891，瑟堡，预备役。

"布兰卡王后"号
1870.9—1871，洛里昂，预备役；1871.7，试验中队第 2 分队；1876.2—1876.4，预备役；1878.1—1879，土伦，预备役；1879.4，黎凡特；1884.1—1886.5，太平洋。

"忒提斯"号
1869—1870，布雷斯特，预备役；1870.6，北方中队；1871，试验中队；1872.5，黎凡特；1877.4，试验中队；1885，太平洋。

"拉·加利索尼埃"号

装甲巡航舰（最初）；装甲巡洋舰（1885 年）

排水量	4645 吨
尺寸	251.6 英尺（水线长）/261.8 英尺（全长）×48.8 英尺 ×23 英尺 76.7 米（水线长）/79.8 米（全长）×14.9 米 ×7 米
动力系统	4 台椭圆形锅炉；双轴推进；往复式蒸汽机（垂直复合式）；指示功率为 2370 马力 = 13 节；载煤量为 500 吨；航程：10 节航速下 3240 海里
武器装备	6 门 14 倍径 9.4 英寸炮、6 门 25 倍径 4.7 英寸炮（在 1880 年更换为 3.9 英寸炮）
装甲防护	主装甲带厚度为 5.9 英寸；炮郭装甲厚度为 4.7 英寸；炮座装甲厚度为 4.7 英寸
舰员	352 人

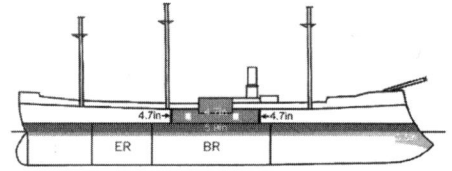

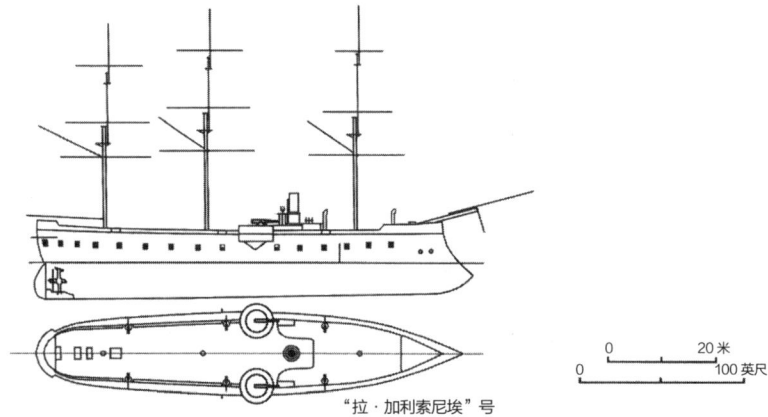

"拉·加利索尼埃"号

舰船状况

舰名	建造商	开工时间	下水时间	完工时间	最终结局
"拉·加利索尼埃"号 （La Galissonnière）	布雷斯特海军造船厂	1868.6.22	1872.5.7	1874.4.20	1894.12.24 除名；1896 年被法国海军用作靶舰；1902 年在瑟堡被出售拆解

1874.10—1877.3, 太平洋；1878.10—1880.5, 西印度群岛；1880.5—1881.5, 瑟堡，预备役；1883.11, 黎凡特；1884.3—1886.2, 远东；1888, 瑟堡，预备役；1893, 退役。

"胜利"级

装甲巡航舰（最初）；装甲巡洋舰（1885 年）

排水量	4434 吨（"胜利"号）/4585 吨（"凯旋"号）
尺寸	261.8 英尺（"胜利"号）/252.1 英尺（"凯旋"号，两处均指全长）×48.8 英尺 ×20.7 英尺 79.80 米（"胜利"号）/76.85 米（"凯旋"号，两处均指全长）×14.9 米 ×6.3 米
动力系统	4 台椭圆形锅炉；单轴推进；往复式蒸汽机（垂直复合式）；指示功率为 2360 马力 = 12.5 节；载煤量为 330 吨；航程：10 节航速下 2740 海里
武器装备	6 门 19 倍径 9.4 英寸炮、1 门 20 倍径 7.6 英寸炮、8 门 21 倍径 5.4 英寸炮；"凯旋"号在 19 世纪 80 年代增加了 4 具 14 英寸鱼雷发射管
装甲防护	主装甲带厚度为 5.9 英寸；炮郭装甲厚度为 4.7 英寸；炮座装甲厚度为 4.7 英寸
舰员	382 人

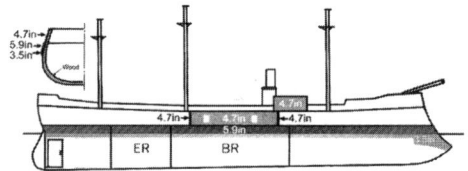

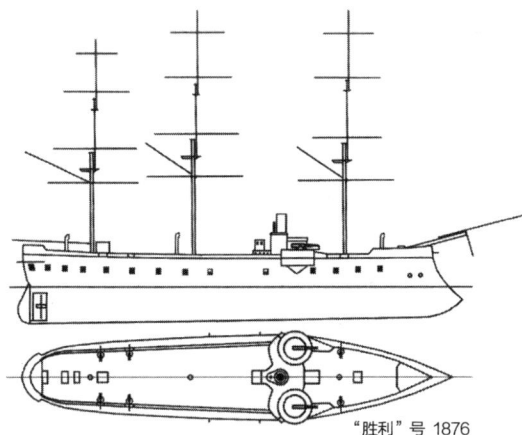

"胜利"号 1876

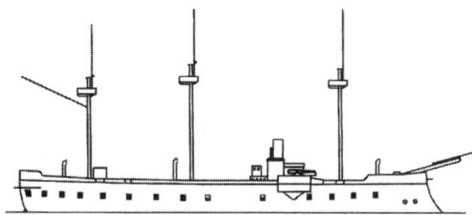

"凯旋"号 1895

舰船状况

舰名	建造商	开工时间	下水时间	完工时间	最终结局
"胜利"号（Victorieuse） ="沙米拉姆"号（Semiramis, 1900）	土伦海军造船厂	1869.8.5	1875.11.18	1876.11.1	1900.3.8 退役；1904 年被出售拆解
"凯旋"号（Triomphante）	拉什福德海军造船厂	1869.8.5	1877.3.28	1879.5.6	1896.7.18，退役除名；1903 年在西贡出售给中国商家拆解

"胜利"号

1876.11，土伦，预备役；1878.8—1881.5，太平洋；1881.12—1884.4，远东；1884.12，黎凡特；1888—1891，瑟堡，预备役；1892.2，北方中队；1897.5，退役；1898，比塞大港，驱逐舰补给舰；1900，朗德韦内克，勤务舰。

"凯旋"号

1880.10，太平洋；1883.2，黎凡特；1883.8，远东；1894.2.5，预备役。

"巴雅"级
装甲巡航舰（最初）；装甲巡洋舰（1885 年）

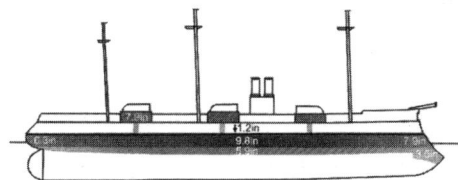

排水量	5891 吨（"巴雅"号）/6263 吨（"蒂雷纳"号）/6094 吨（"杜盖克兰"号）/6024 吨（"沃邦"号）
尺寸	267.7 英尺（水线长）/276.6 英尺（全长）×57.3 英尺 ×25.6 英尺 81.6 米（水线长）/84.3 米（全长）×17.5 米 ×7.8 米
动力系统	6 台圆筒式火管锅炉；双轴推进；往复式蒸汽机（垂直复合式）；指示功率为 4500 马力 =14.5 节；载煤量为 400~450 吨；航程：10 节航速下 3600 海里
武器装备	4 门 18 倍径 9.4 英寸炮、2 门 20 倍径 7.6 英寸炮/1 门 6.5 英寸炮（仅后两舰）、6 门 21 倍径 5.4 英寸炮；2 具 14 英寸鱼雷发射管（仅后三舰）
装甲防护	主装甲带厚度分别为 6.3 英寸 ~9.8 英寸 ~7.9 英寸；炮座装甲厚度为 7.9 英寸；装甲甲板厚度为 1.2 英寸（此处采用的是锻铁装甲；但后两舰炮座采用的是混合装甲）
舰员	451 人

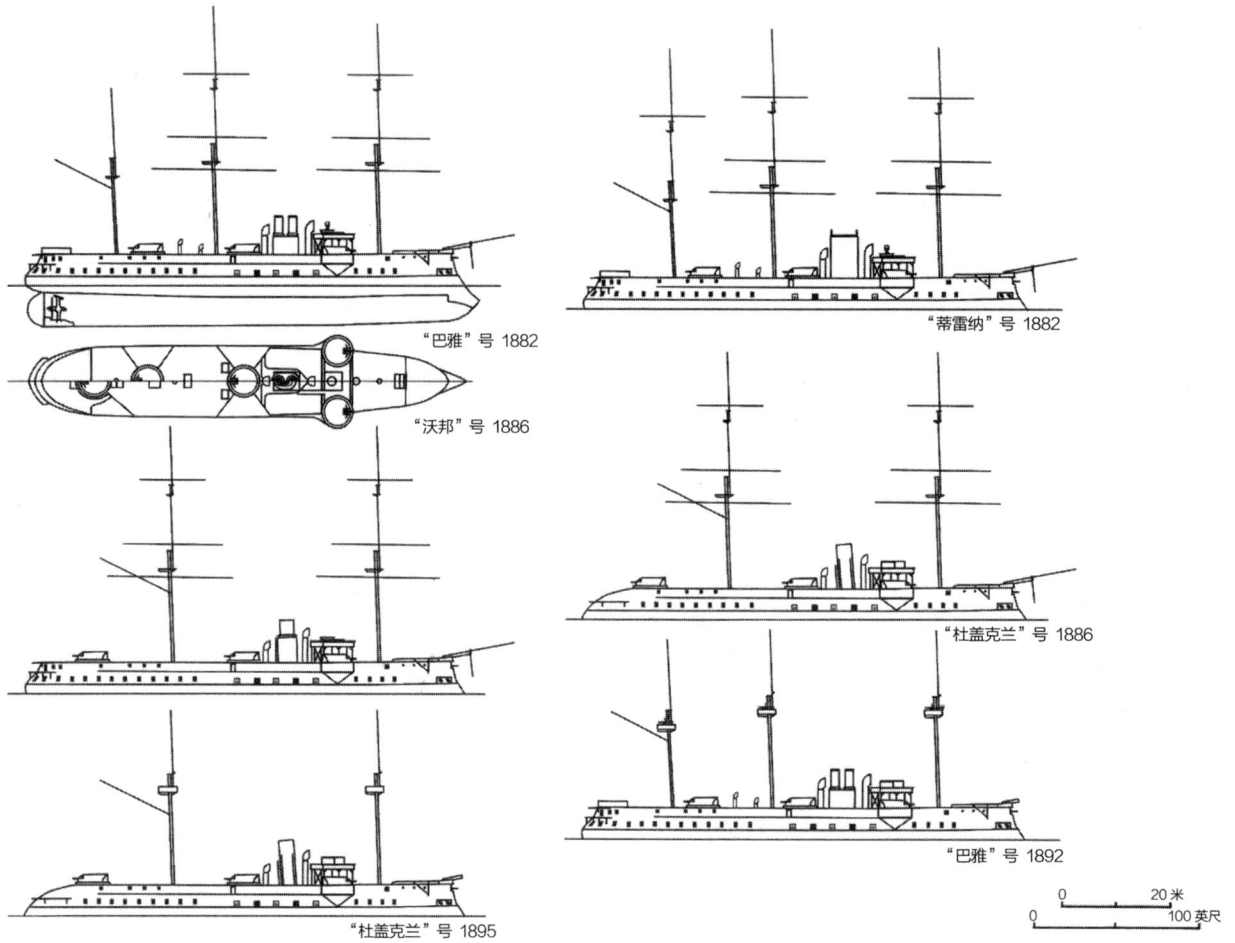

"巴雅"号 1882

"蒂雷纳"号 1882

"沃邦"号 1886

"杜盖克兰"号 1886

"巴雅"号 1892

"杜盖克兰"号 1895

| 0 | | 20 米 |
| 0 | | 100 英尺 |

舰船状况

舰名	建造商	开工时间	下水时间	完工时间	最终结局
"巴雅"号（Bayard，原名"孔代"号）	布雷斯特海军造船厂	1876.9.19	1880.3	1882.11.22	1899.4.26 退役除籍；1899 年拆空舰壳；1904 年在西贡被出售拆解
"蒂雷纳"号（Turenne）	洛里昂海军造船厂	1877.3.1	1879.10	1882.2.4	1900.9.11 退役除籍；1901 年在瑟堡被出售拆解
"杜盖克兰"号（Duguesclin）	罗什福特海军造船厂	1877.3	1883.4.7	1886.1.1	1904.10.10 退役除籍；1906 年在土伦被出售拆解
"沃邦"号（Vauban）	瑟堡海军造船厂	1877.8.1	1882.7.3	1886.3.9	1904 年退役除籍；1914 年在西贡被出售拆解

"巴雅"号
1883—1885，远东；1888.8，土伦，预备役；1894—1899，远东。

"蒂雷纳"号
1885—1890.3，远东；1890.3，瑟堡，预备役。

"杜盖克兰"号
1887.7，预备役。

"沃邦"号
1887.6.8，黎凡特；1888.1，地中海；1892.4，远东；1904，拆空舰壳；1906—1910，亚龙湾，鱼雷艇补给舰；1911—1913，西贡 / 头顿（Rach Dua），潜艇补给舰。

"杜佩·德·洛美"号
一等装甲巡洋舰

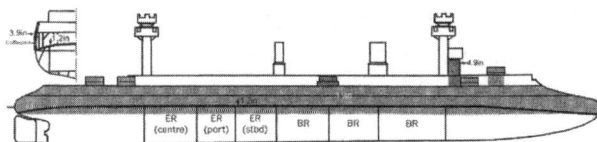

排水量	6676 吨（被改造为"秘鲁人"号后排水量达 8100 吨）
尺寸	364.2 英尺（垂线间长）/374 英尺（全长）×51.5 英尺 ×23 英尺 111 米（垂线间长）/114 米（全长）×15.7 米 ×7 米
动力系统	13 台圆筒式火管锅炉（在 1905 年更换为 20 台盖约特 – 杜 – 汤普勒三鼓式水管锅炉）；三轴推进；往复式蒸汽机（水平 + 立式三胀式）；指示功率为 13000 马力 = 19.7 节；载煤量为 1080 吨；航程：10 节航速下 7000 海里。被改造为"秘鲁人"号后：6 台盖约特 – 杜 – 汤普勒式水管锅炉；单轴推进；往复式蒸汽机（立式三胀式）；指示功率为 2000 马力 = 10.5 节
武器装备	2 门 45 倍径 7.6 英寸炮、6 门 45 倍径 6.5 英寸炮、4 门 50 倍径 65 毫米炮、8 门 40 倍径 47 毫米炮、8 门 20 倍径 37 毫米炮；4 具 17.7 英寸鱼雷发射管
装甲防护	主装甲带厚度为 3.9 英寸；装甲甲板厚度为 1.2 英寸；主炮塔装甲厚度为 3.9 英寸；司令塔装甲厚度为 4.9 英寸
舰员	526 人

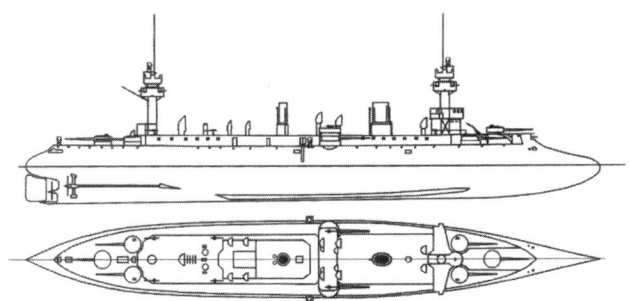
"杜佩·德·洛美"号 1895

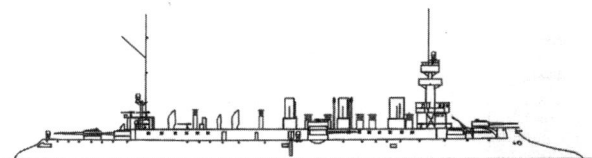
"杜佩·德·洛美"号 1906

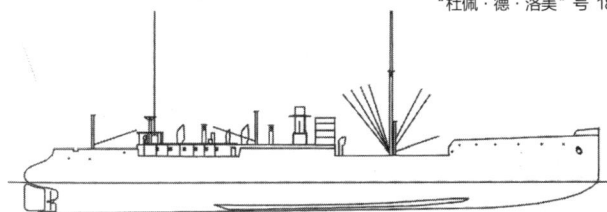
"秘鲁人"号，原"杜佩·德·洛美"号 1920

舰船状况

舰名	建造商	开工时间	下水时间	完工时间	最终结局
"杜佩·德·洛美"号（Dupuy de Lôme）="埃利亚斯·阿吉雷中校"号（Commandante Elías Aguirre），1912 =原"杜佩·德·洛美"号，1917 ="秘鲁人"号（Peruvier），1919	布雷斯特海军造船厂	1876.9.19	1880.3	1882.11.22	1910.3.20 被弃用；1911.2.20 被军方退役除名；1912.9.12 出售给秘鲁；1917.1.17，秘鲁将军舰退还；1918.10 出售给巴黎工业商贸公司（Soc. Commeriale & Industriel de Paris）；接着转售给北方财团（Consortium du Nord）；后转售给劳埃德比利时皇家商业公司（Lloyd Royal Belge and Mercantile）；1923.3.4 抵达美国法拉盛，并被拆解

1895—1902，北方中队；1902—1906，布雷斯特，接受改造；1906.10—1908.9，布雷斯特，预备役；1908.12—1909.9，摩洛哥；1909.9—1910.3，洛里昂，预备役。

"沙内海军上将"级
二等装甲巡洋舰（最初）；一等装甲巡洋舰（1891 年）

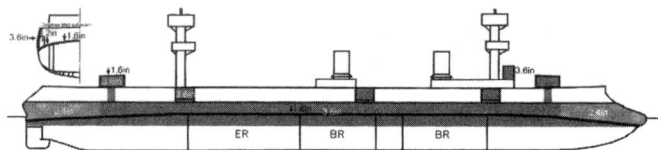

排水量	4700 吨
尺寸	363.5 英尺（垂线间长）/374 英尺（水线长）×47.3 英尺 ×20.3 英尺 106.1 米（垂线间长）/110.2 米（水线长）×14.04 米 ×6 米
动力系统	16 台贝尔维尔式水管锅炉；双轴推进；往复式蒸汽机（水平三胀式；"布吕克斯"号为立式三胀式）；指示功率为 8000 马力（"布吕克斯"号为 8900 马力）=18.5 节；载煤量为 406/535 吨；航程：10 节航速下 4000 海里，18 节航速下 950 海里
武器装备	2 门 45 倍径 7.6 英寸炮、6 门 45 倍径 5.5 英寸炮、6 门 65 毫米炮、4 门 47 毫米炮、6 门 37 毫米炮；4 具 17.7 英寸鱼雷发射管（后在 1906—1907 年间被拆除）
装甲防护	主装甲带厚度为 3.6 英寸；装甲甲板厚度为 1.6/2 英寸；主炮塔装甲厚度为 3.6 英寸；司令塔装甲厚度为 3.6 英寸
舰员	16+378 人

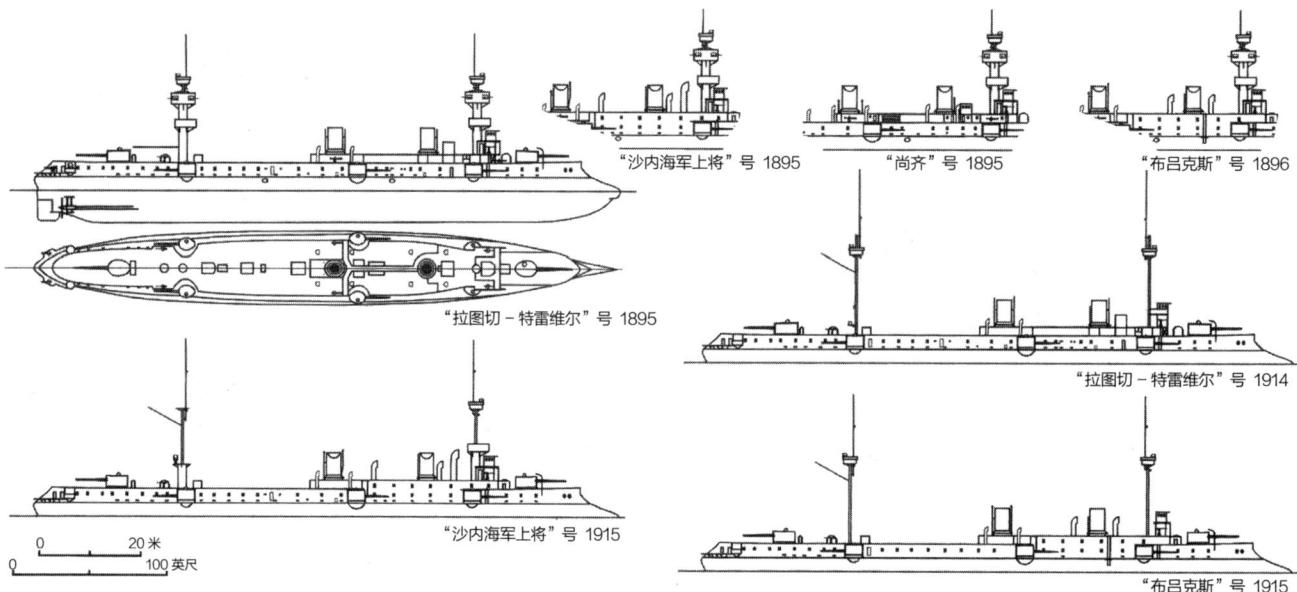

"沙内海军上将"号 1895　"尚齐"号 1895　"布吕克斯"号 1896
"拉图切-特雷维尔"号 1895
"拉图切-特雷维尔"号 1914
"沙内海军上将"号 1915
"布吕克斯"号 1915

0　　20 米
0　　　　100 英尺

舰船状况

舰名	建造商	开工时间	下水时间	完工时间	最终结局
"沙内海军上将"号（Admiral Charner，原"沙内"号）	罗什福特海军造船厂	1889.6.15	1893.3.18	1895.8.19	1916.2.18 在贝鲁特以西被 U-21 号潜艇的鱼雷击沉
"布吕克斯"号（Bruix）	罗什福特海军造船厂	1891.11.9	1894.8.2	1896.12.1	1920.6.9 被出售拆解
"尚齐"号（Chanzy）	吉伦特造船公司（Société de la Gironde，波尔多）	1889.12.18	1894.6.24	1895.5.1	1907.3.20 在远东海域搁浅；1907.6.12 以爆破的形式被拆除
"拉图切-特雷维尔"号（Latouche-Tréville）	地中海冶金与造船厂（勒阿弗尔-格朗维尔）	1890.4.25	1892.11.5	1895.5.6	1921.6.21 被弃用；1922 年作为打捞船继续服役；1926 年被出售拆解

"沙内海军上将"号
1895，训练分队；1896—1901，地中海；1901—1902，远东；1911—1912.7，地中海；1912—1914.8，比塞大港，预备役；1914.8，在地中海沉没。

"布吕克斯"号
1906—1909，远东；1914—1915，大西洋；1915，红海；1916—1917，爱琴海；1918，萨洛尼卡，预备役。

"尚齐"号
1895，地中海；1897，黎凡特；1898，地中海；1904.3.3，土伦，预备役；1906.9，沉没，远东。

"拉图切-特雷维尔"号
1895，训练分队；1897，黎凡特；1897.5，土伦，预备役；1897.10—1899，地中海；1907.2，炮术学校勤务舰；1912，土伦，预备役；1912.12—1918，地中海。

"柏莎武"号
一等装甲巡洋舰

排水量	5365 吨
尺寸	370.75 英尺（水线长）×50 英尺 ×22.5 英尺 113 米（水线长）×15 米 ×6.5 米
动力系统	18 台贝尔维尔式水管锅炉；双轴推进；往复式蒸汽机（水平三胀式）；指示功率为 10400 马力 = 19 节；载煤量为 538/630 吨；航程：10 节航速下 4500 海里
武器装备	2 门 40 倍径 7.6 英寸炮、10 门 45 倍径 5.5 英寸炮、12 门 47 毫米炮、8 门 37 毫米炮；4 具 17.7 英寸鱼雷发射管。到 1919 年，该舰仅装备 10 门 45 倍径 5.5 英寸炮、4 门 75 毫米防空炮
装甲防护	主装甲带厚度分别为 1.2 英寸 ~2.4 英寸 ~1.4 英寸；装甲甲板厚度为 1.4 英寸 ~3.3 英寸；主炮塔装甲厚度为 7.1 英寸；炮郭装甲厚度为 2.2 英寸；司令塔装甲厚度为 9.4 英寸
舰员	626 人

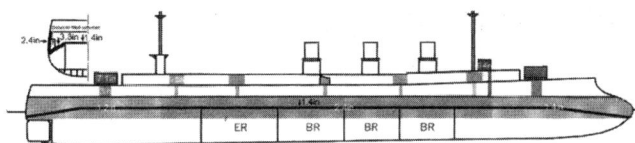

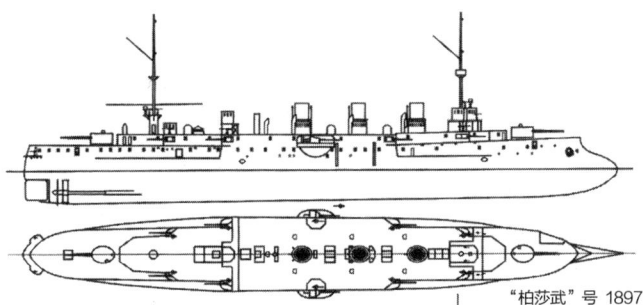

"柏莎武"号 1897

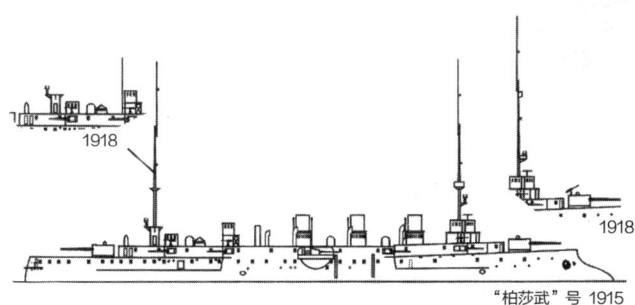

"柏莎武"号 1915

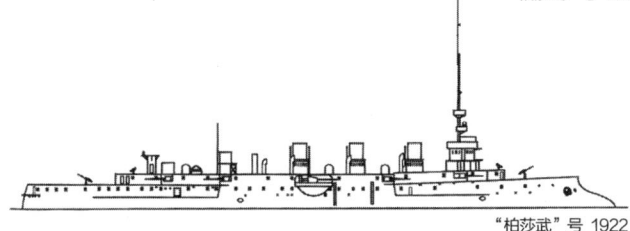

1918

1918

"柏莎武"号 1922

0   20 米
0   100 英尺

舰船状况

舰名	建造商	开工时间	下水时间	完工时间	最终结局
"柏莎武"号（Pothuau）	地中海冶金与造船厂（勒阿弗尔－格朗维尔）	1893.5.25	1895.9.19	1897.6.8	1927.11.3 退役除名；1929.9.25 出售给米底海军装备公司（Société de Matériel Naval du Midi）拆解

1897.7，北方中队；1898.9—1905 年中期，地中海；1906.8—1914.7，试验和炮术训练舰；1914.10—1915.6，喀麦隆；1916.1—1917，红海 / 印度洋；1917.5—1917.9，远东；1917.11—1918，地中海；1919—1926.6，试验和炮术训练舰。

"德·昂特勒卡斯托"号
一等装甲巡洋舰

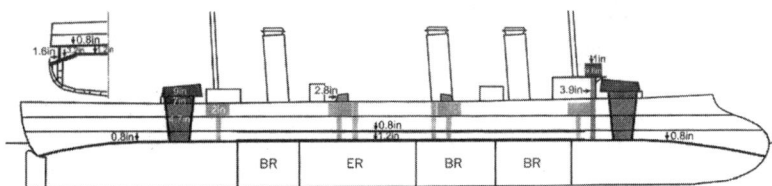

排水量	8114 吨
尺寸	383.8 英尺（垂线间长）/393.5 英尺（水线长）×58.5 英尺 ×26 英尺 117 米（垂线间长）/120 米（水线长）×17.9 米 ×7.5 米
动力系统	5 台圆筒锅炉；双轴推进；往复式蒸汽机（立式三胀式）；指示功率为 13500 马力 = 19.5 节；载煤量为 650/1000 吨；航程：10/19 节航速下分别为 5000/2700 海里
武器装备	2 门 40 倍径 9.4 英寸①炮、12 门 30 倍径 5.5 英寸炮、12 门 47 毫米炮、6 门 37 毫米炮；6 具 18 英寸鱼雷发射管（后于 1911 年被拆除）
装甲防护	装甲甲板厚度分别为 0.8/2 英寸 ~1.2/3.2 英寸 ~0.8/2 英寸；纵向隔舱壁装甲厚度为 1.6 英寸；主炮塔装甲厚度为 9 英寸；副炮炮盾装甲厚度为 2.8 英寸；炮郭陵装甲厚度为 2 英寸；司令塔装甲厚度为 9.8 英寸
舰员	521 人

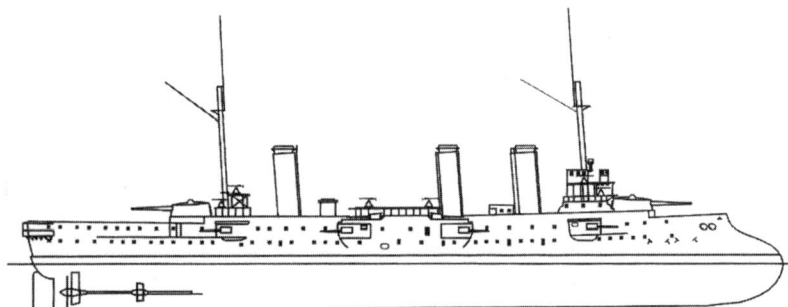

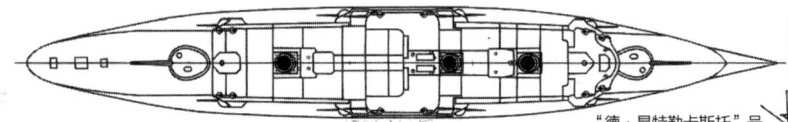

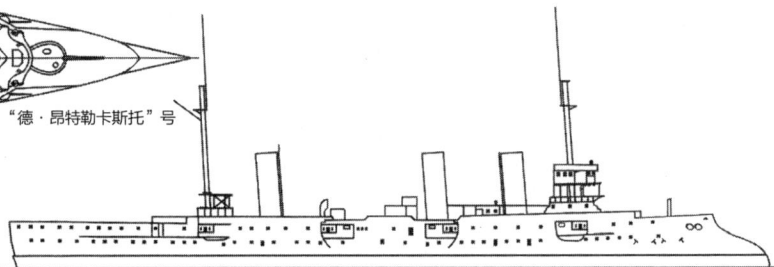

"德·昂特勒卡斯托"号

"波罗的海"号（原"德·昂特勒卡斯托"号）1930

舰船状况

舰名	建造商	开工时间	下水时间	完工时间	最终结局
"德·昂特勒卡斯托"号 （D'Entrecasteaux） ="瓦迪斯拉夫四世"号 （Król Wladyslaw IV），1927.7.30 ="波罗的海"号 （Baltyk），1927.9	地中海冶金与造船厂 （勒阿弗尔-格朗维尔）	1893.5.25	1895.9.19	1897.6.8	1922.10.27 退役除籍；1923.5.25 被租借给比利时； 1927.7.30 被租借给波兰；1939.9.19 被德国俘获； 1940—1942 年在格丁尼亚被拆解

1898—1900 及 1901—1903，远东；1905—1906，印度洋；1906—1909，远东；1910.1—1912.1，土伦，预备役；1912.1—1913.11，地中海训练中队；1913.12—1914.8，土伦，预备役；1914.8—1919，地中海；1919.7.2，布雷斯特，预备役；1921.6.1，被弃用；先后租借给比利时和波兰海军，作为补给/训练舰服役。

---

① 译者注："德·昂特勒卡斯托"号的 9.4 英寸炮与法国之前几级军舰的相同口径火炮不同，实际口径为 238 毫米，详见文末附表 1。

"雷诺堡"号
二等巡洋舰

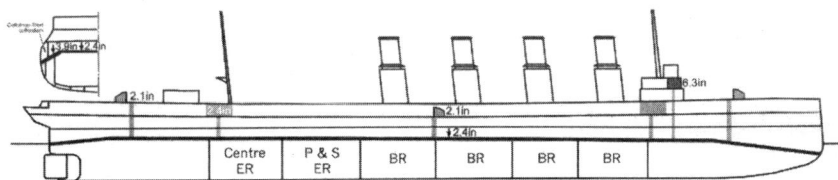

排水量	8200 吨
尺寸	441 英尺（水线长）/457 英尺（全长）×56 英尺 ×22.5 英尺 135 米（水线长）/140 米（全长）×18 米 ×7.5 米
动力系统	28 台诺曼德－西高迪式锅炉；三轴推进；往复式蒸汽机（立式三胀式）；指示功率为 24000 马力 = 23 节；载煤量为 1460/2100 吨；航程：10 节航速下 7500 海里
武器装备	2 门 40 倍径 6.5 英寸炮、6 门 45 倍径 5.5 英寸炮、12 门 47 毫米炮、3 门 37 毫米炮
装甲防护	装甲甲板厚度为 2.4/3.9 英寸；炮郭装甲厚度为 2.4 英寸；炮盾装甲厚度为 2.1 英寸
舰员	18+569 人

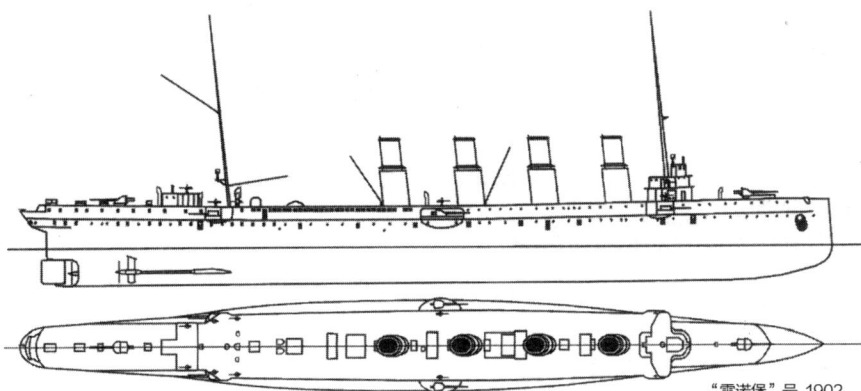

"雷诺堡"号 1902

舰船状况

舰名	建造商	开工时间	下水时间	完工时间	最终结局
"雷诺堡"号 （Châteaurenault）	地中海冶金与造船厂 （拉塞纳）	1895	1898.5.12	1902.10.10	1917.12.14 在凯法隆尼亚附近被德国 UC–38 号潜艇击沉

1902.10—1905，远东；1906.2—1910.1，瑟堡，预备役；1910.1，地中海；1912.1—1913.11，远洋训练舰；1913.11—1914.8，预备役；1914.8—1915.4，大西洋；1915.5—1916.2，地中海；1916.2—1916.6，大西洋；1916.9—沉没，作为运兵船服役。

"吉尚"号
一等巡洋舰

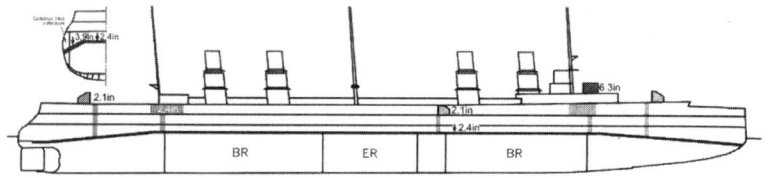

排水量	8300 吨
尺寸	436 英尺（垂线间长）×55 英尺×27 英尺 133 米（垂线间长）×16.7 米×7.4 米
动力系统	30 台拉格拉斐尔·德·阿列斯特式锅炉；三轴推进；往复式蒸汽机（立式三胀式）；指示功率为 24000 马力 = 23 节；载煤量为 1460/2000 吨；航程：10 节航速下 7500 海里
武器装备	2 门 40 倍径 6.5 英寸炮、6 门 45 倍径 5.5 英寸炮、12 门 47 毫米炮；2 具 17.7 英寸鱼雷发射管
装甲防护	装甲甲板厚度为 2.4/3.9 英寸；炮郭装甲厚度为 2.4 英寸；炮盾装甲厚度为 2.1 英寸；司令塔装甲厚度为 6.3 英寸
舰员	625 人

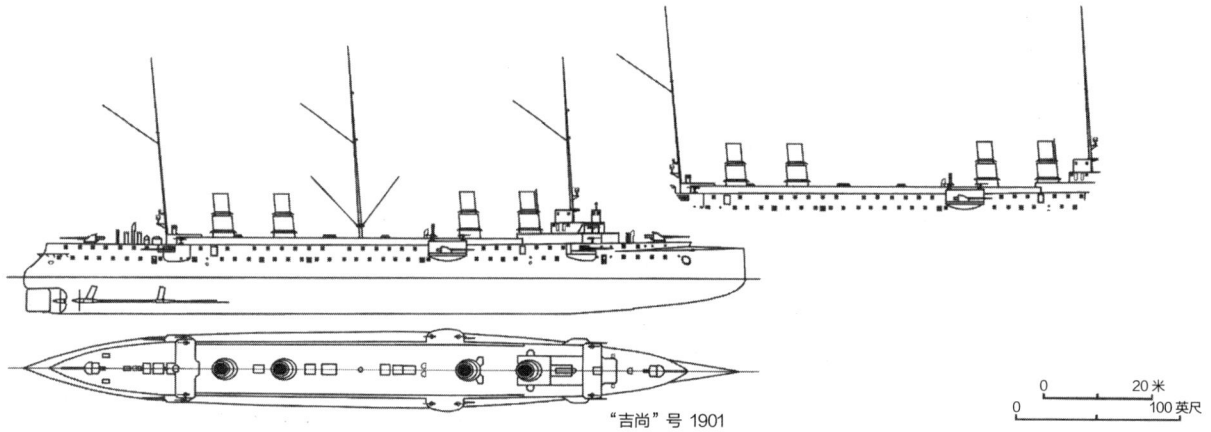

"吉尚"号 1901

舰船状况

舰名	建造商	开工时间	下水时间	完工时间	最终结局
"吉尚"号（Guichen）	地中海冶金与造船厂（圣纳泽尔）	1895.10	1898.5.17	1900.5	1921.11.29 退役除名；1922 报废，并被出售至布雷斯特拆解

1900.3—1905.1，北方中队；1905.1—1906.9，远东；1906—1910，布雷斯特，预备役；1910，地中海；1911.4—1914.1，远洋训练舰；1914.1—1914.8，布雷斯特，预备役；1914.8—1915.5，大西洋；1915.6—1917.1，地中海；1917.1—1917.7，东非；1917.8—1919.7，运兵船；1919.7，预备役。

"圣女贞德"号

一等装甲巡洋舰

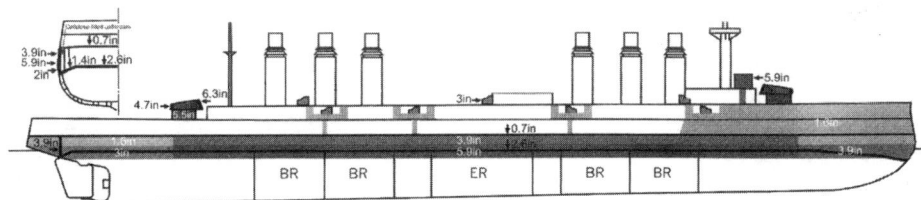

排水量	11270 吨
尺寸	477 英尺（垂线间长）×63.7 英尺 ×26.7 英尺 145 米（垂线间长）×19.4 米 ×8.1 米
动力系统	36 台盖约特－杜－汤普勒式锅炉（在 1912 年更换为 48 台诺曼德－西高迪式锅炉）；三轴推进；往复式蒸汽机（立式三胀式）；指示功率为 20500 马力 = 23 节；载煤量为 1400/2100 吨；航程：10 节航速下 13500 海里
武器装备	2 门 40 倍径 7.6 英寸炮、14 门（在 1919 年减至 6 门）45 倍径 5.5 英寸炮、16 门 47 毫米炮；2 具 17.7 英寸鱼雷发射管。1918 年前后，加装 2 门 75 毫米防空炮
装甲防护	主装甲带厚度分别为 3 英寸 ~5.9 英寸 ~3.9 英寸；装甲甲板厚度为 1.8/2.2 英寸；主炮塔装甲厚度为 7.9 英寸；炮座装甲厚度为 6.6 英寸；炮郭装甲厚度为 5 英寸；司令塔装甲厚度为 5.9 英寸
舰员	626 人

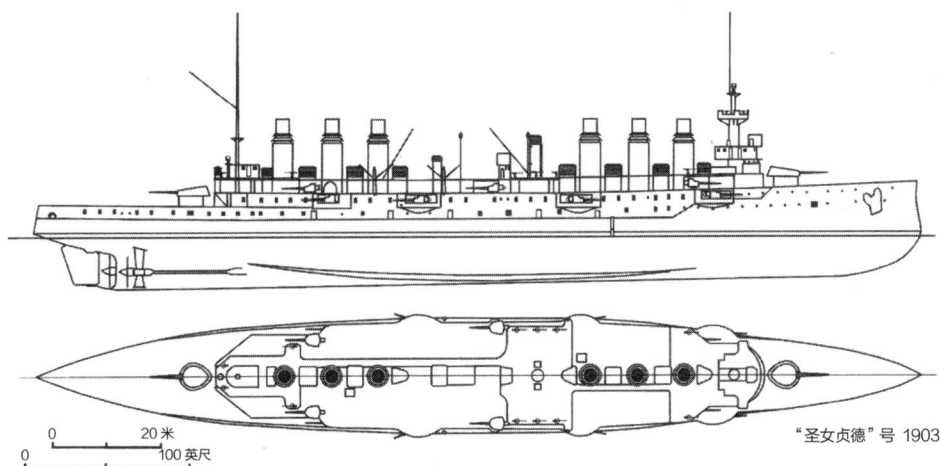

"圣女贞德"号 1903

舰船状况

舰名	建造商	开工时间	下水时间	完工时间	最终结局
"圣女贞德"号（Jeanne d' Arc，二代）	土伦海军造船厂	1896.10.24	1899.9.8	1903.5.19	1933.2.15 除名；1933.3.21 被弃用；1934.7.9 被出售至拉塞纳；1934.8 由地中海冶金与造船厂在拉塞纳将军舰拆解

1903.6—1906.7，北方中队；1906.7—1908，地中海（轻型中队）；1908—1909，北方中队第 2 巡洋舰分队；1909—1912，预备役；1912.3—1914.7，军官训练舰；1914.8—1915.4，北方中队（第 1 巡洋舰分队 / 第 2 轻型分队）；1915.4—1917.1，第三中队（达达尼尔海峡）；1917.1—1919，第 4 轻型分队；1919.12—1928，见习军官训练舰。

"圭顿"级
一等装甲巡洋舰

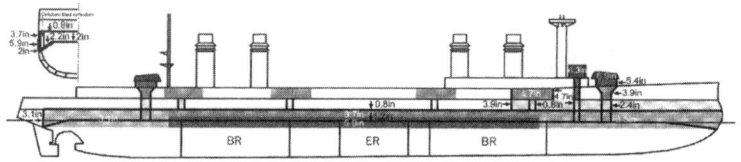

排水量	9517 吨
尺寸	452.8 英尺（水线长）/460 英尺（全长）×63.6 英尺 ×24.5 英尺 138 米（水线长）/140.2 米（全长）×19.4 米 ×7.45 米
动力系统	28 台尼克劳塞式水管锅炉（"圭顿"号）/28 台贝尔维尔式水管锅炉（"迪佩蒂－图阿尔"号）/20 台诺曼德式水管锅炉（"蒙特卡姆"号）； 三轴推进；往复式蒸汽机（立式三胀式）；指示功率为 20000 马力 =21 节；载煤量为 1000/1600 吨；航程：10 节航速下 10000 海里
武器装备	2 门 40 倍径 7.6 英寸炮、8 门 45 倍径 5.5 英寸炮、4 门 3.9 英寸炮、16 门 M1885 型 47 毫米炮；2 具 17.7 英寸鱼雷发射管。在 1918 年前后加装 2 门 75 毫米防空炮 "圭顿"号（1927 年）：9 门 45 倍径 5.5 英寸炮，4 门 75 毫米防空炮、12 门 40 毫米炮、4 门 37 毫米炮
装甲防护	主装甲带厚度分别为 0（无装甲）~3.1 英寸 ~5.9 英寸 ~3.5 英寸；装甲甲板厚度为 2/2.2 英寸；主炮塔装甲厚度为 6.9 英寸；炮郭装甲 厚度为 4.7 英寸；司令塔装甲厚度为 5.9 英寸
舰员	26+565 人（作为旗舰时搭载 35+629 人）

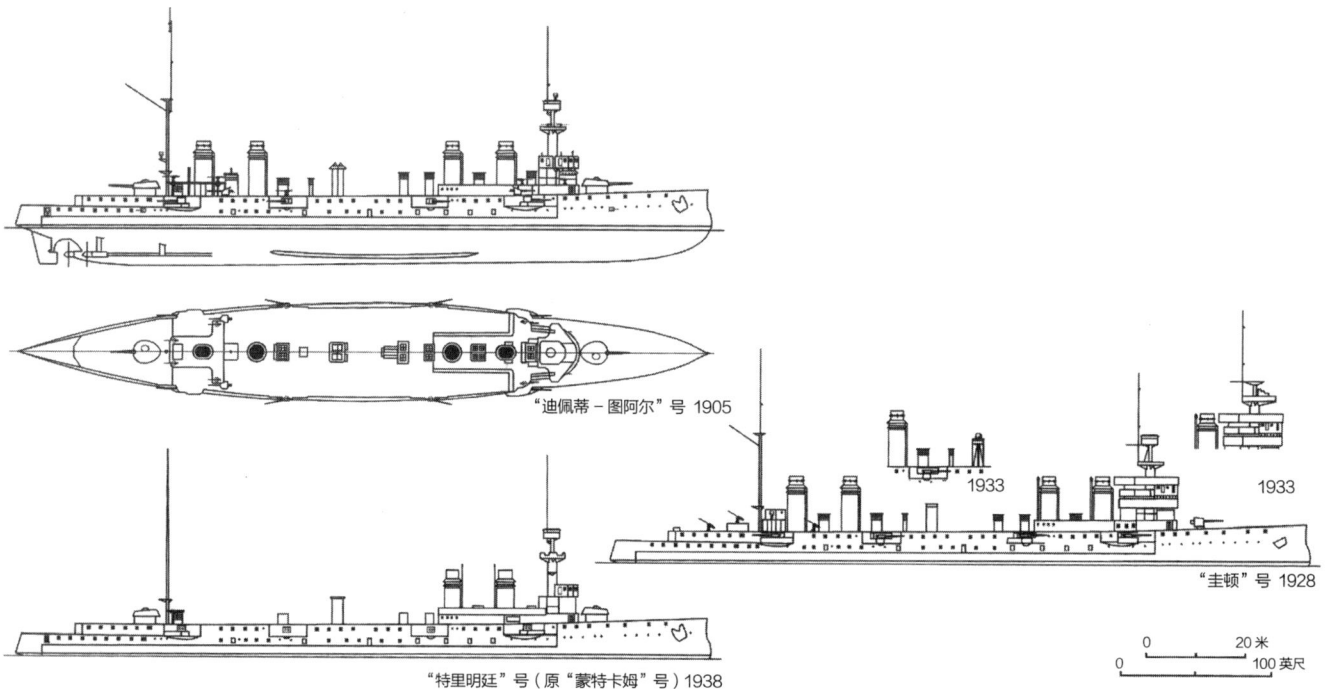

"迪佩蒂－图阿尔"号 1905

"特里明廷"号（原"蒙特卡姆"号）1938

1933

1933

"圭顿"号 1928

舰船状况

舰名	建造商	开工时间	下水时间	完工时间	最终结局
"圭顿"号（Gueydon）	洛里昂海军造船厂	1897.8.13	1899.9.20	1903.9.1	1935.7.24 除籍并拆空舰体；1944.8.27 在布雷斯特 被皇家空军轰炸击沉；1948.4.1 被打捞拆解
"蒙特卡姆"号（二代）="特里明廷" 号（Trémintin），1934.10.1	地中海冶金与造船厂 （拉塞纳）	1898.9.27	1900.3.27	1902.3.20	1926.10.28，除籍并拆空舰体；1941 年在布雷斯特坐 沉；1952 年被拆解
"迪佩蒂－图阿尔"号 （Dupetit-Thouars）	土伦海军造船厂	1899.4.17	1901.7.5	1905.8.28	1918.8.7 在布雷斯特以西 400 海里处被德国 U-62 号潜艇击沉

"圭顿"号

1903—1906，远东；1907.1—1909.10，北方中队；1909.10.5—1910，地中海；1910，预备役；1912.10—1914.1，布雷斯特，轻型中队预备役分队；1914，远洋训练分队；1914.8—1916.4，第二轻型中队第 2 分队；1916.5.1—1917.6，第 4 分队；1917.6.15—1918.8，布雷斯特，预备役；1918.8.11—1919.11，北冰洋；1919.11—1920.3，波罗的海；1920.3.15—1921.11，大西洋分队；1921.11—1922.3，游击中队；1923—1926，被改造为炮术训练舰；1926—1933，炮术训练舰；1935.7.24，海军士官训练舰；1941—1942，被用作"欧根亲王"号的假目标。

"蒙特卡姆"号

1903.2—1906，远东；1906.12.27—1909，布雷斯特，预备役；1910.1—1911.4.21，远东；1911.6.25—1912.10，布雷斯特，预备役；1913.1—1915，远东；1915.3—1916.1，苏伊士运河；1916.5—1917.4.27，大西洋（第 4 分队）；1917.7—1918.11.27，西印度群岛；1918.12—1919.5，波罗的海；1919.5—1920，大西洋分队；1921.3.11—1922.6.22，远东；1922.8.16，布雷斯特，预备役；1931，被并入海军训练学校；1934.9.25，海军士官训练学校浮动船舍。

"迪佩蒂－图阿尔"号

1905—1906，远东；1907.1.1—1909.10，北方中队；1909.10—1911.1，地中海；1911—1914，预备役；1914.8—1916.4，轻型中队第 2 分队；1916.5.1—1917.1，第 4 分队；1917.1—1917.8，西印度群岛分队；1917.8—1918.2，预备役；1918.2—沉没，西印度群岛分队。

"克莱贝"级
装甲巡洋舰

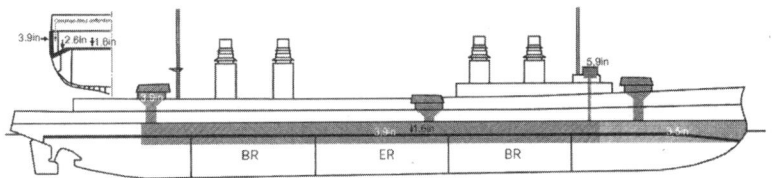

排水量	7580 吨
尺寸	426.8 英尺（垂线间长）/433.3 英尺（全长）×58.3 英尺 ×24.3 英尺 130 米（垂线间长）/132.1 米（全长）×17.9 米 ×7.4 米
动力系统	24 台尼克劳塞式水管锅炉 /20 台贝尔维尔式水管锅炉（"克莱贝"号）；三轴推进；往复式蒸汽机（立式三胀式）；指示功率为 17000 马力 = 21 节；载煤量为 880/1200 吨；航程：10 节航速下 6400 海里
武器装备	8 门 45 倍径 6.5 英寸炮（位于 4 座双联装炮塔内）、4 门 3.9 英寸炮、10 门 47 毫米炮、4 门 37 毫米炮；2 具 17.7 英寸鱼雷发射管。在 1918 年前后加装 2 门 75 毫米防空炮
装甲防护	主装甲带厚度分别为 0（无装甲）~3.9 英寸 ~3.5 英寸；装甲甲板厚度分别为 1.6 英寸 ~2.6 英寸；主炮塔装甲厚度为 3.9 英寸；司令塔装甲厚度为 5.9 英寸
舰员	19+551 人（作为旗舰时搭载 24+584 人）

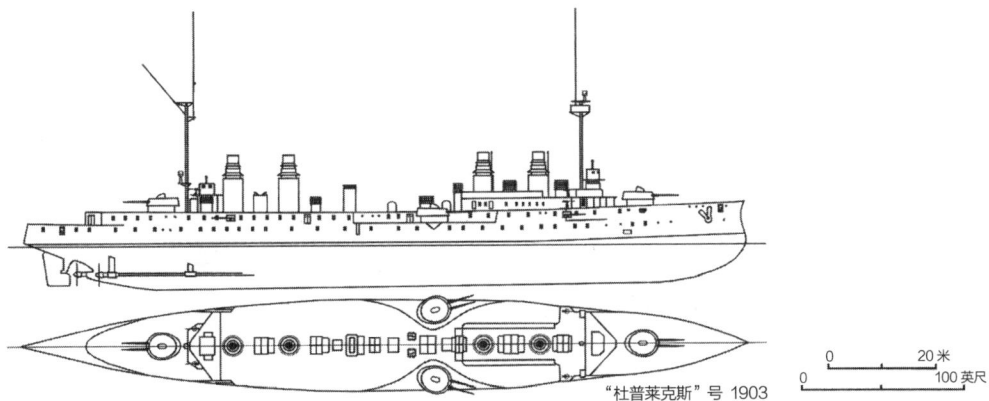
"杜普莱克斯"号 1903

舰船状况

舰名	建造商	开工时间	下水时间	完工时间	最终结局
"克莱贝"号（Kléber）	吉伦特造船公司（波多尔）	1898.4	1902.9.20	1904.7.4	1917.6.27 触雷沉没（水雷由 UC-61 号潜艇布设）
"杜普莱克斯"号（Dupleix）	罗什福特海军造船厂	1899.1.18	1900.4.28	1904.9.15	1919.9.27 除籍；1923 年在布雷斯特被出售拆解
"德赛"号（Desaix）	鹏霍特（圣纳泽尔）	1899.1.18	1901.3.21	1904.4.5	1921.6.30 被弃用；1927 年被出售拆解

"克莱贝"号

1904.7—1906.11，地中海（轻型分队）；1906.11—1907.10，西印度群岛；1908.2—1909.2，摩洛哥分队；1909—1911.3，布雷斯特／瑟堡，预备役；1911.5—1913.2，远东；1913.3—1914.7，布雷斯特，预备役；1914.8.1—1915.4，第二轻型中队第3分队；1915.4—1915.12，达达尼尔海峡；1916.1—1916.5，第2巡洋舰分队；1916.7—沉没，第6巡洋舰分队（达喀尔）。

"杜普莱克斯"号

1904.9，大西洋分队；1905—1910，布雷斯特，预备役；1910.11.1—1914.12，远东；1915—1916.1，达达尼尔海峡分队；1916.10—1919.4，第6轻型分队（达喀尔）；1919.4，布雷斯特，预备役；1919.5.1，退役；1920—1922，朗德韦内克，勤务舰。

"德赛"号

1904.4—1905.10，地中海（轻型分队）；1905.10—1906.11，大西洋分队；1906.10—1908.1，地中海（轻型分队）；1908.1—1908.9，北方中队（第3分队）；1908—1913.4，瑟堡，预备役；1913.4—1914.7，布雷斯特，预备役；1914.8—1914.12，第二轻型中队第3分队；1915.1，达达尼尔海峡分队；1915，苏伊士运河／印度洋；1915—1916.5，叙利亚中队；1916.5—1918.7，第6巡洋舰分队（达喀尔）；1918.7—1919，西印度群岛分队；1919—1921.3，远东；1921.3，退役。

"光荣"级
一等装甲巡洋舰

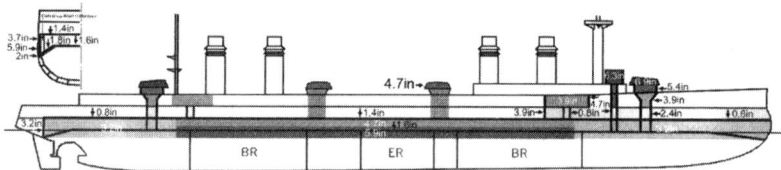

排水量	10236 吨
尺寸	452.8 英尺（水线长）/458.7 英尺（全长）×58.3 英尺 ×24.3 英尺 130 米（水线长）/140 米（全长）×20.3 米 ×7.7 米
动力系统	28 台尼克劳塞式水管锅炉／贝尔维尔式水管锅炉（"奥比海军上将"号和"马赛曲"号）；三轴推进；往复式蒸汽机（立式三胀式）；指示功率为 20500 马力 = 21.4 节；载煤量为 970/1590 吨；航程：10 节航速下 12000 海里
武器装备	2 门 45 倍径 7.6 英寸炮、8 门 45 倍径 6.5 英寸炮、6 门 3.9 英寸炮、18 门 47 毫米炮；2 具 17.7 英寸鱼雷发射管。在 1918 年前后加装 2 门 75 毫米防空炮
装甲防护	主装甲带厚度分别为 0（无装甲）~3.1 英寸 ~5.9 英寸 ~3.5 英寸；装甲甲板厚度为 1.6/1.8 英寸；主炮塔装甲厚度为 6.9 英寸；副炮塔装甲厚度为 4.7 英寸；炮郭装甲厚度为 3.9 英寸；炮座装甲厚度为 3.9 英寸；司令塔装甲厚度为 7.9 英寸
舰员	612 人

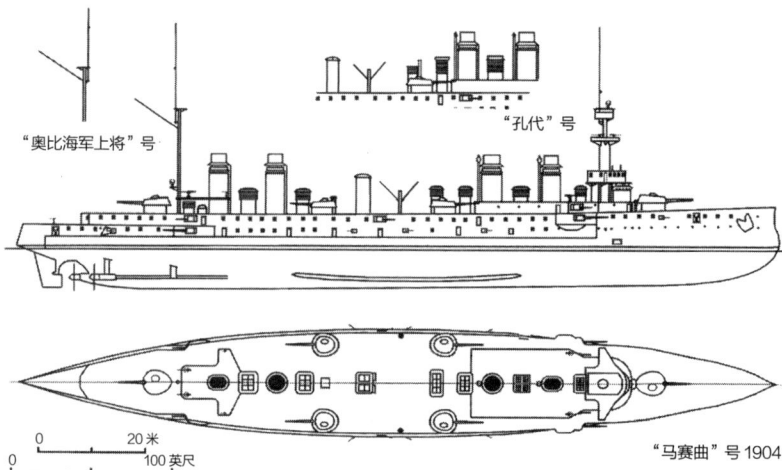

舰船状况

舰名	建造商	开工时间	下水时间	完工时间	最终结局
"奥比海军上将"号 （Amiral Aube）	鹏霍特（圣纳泽尔）	1899.8.9	1902.5.9	1904.4.1	1922.7.7 被弃用；1922 年被出售拆解
"叙利"号（Sully）	地中海冶金与造船厂 （拉塞纳）	1899.5.24	1901.6.4	1904.1.26	1905.2.7 在亚龙湾搁浅；1905.9.28 沉底； 1905.10.31 除名；1906 年残骸被出售拆解
"光荣"号（Gloire）	洛里昂海军造船厂	1899.9.5	1900.6.27	1904.4.28	1922.7.7 退役废弃；1923 年被拆解
"马赛曲"号（Marseillaise）	布雷斯特海军造船厂	1900.1	1900.7.14	1903.10	1929 退役除名；1932.2.13 被弃用； 1933.12 在布雷加永（土伦）被出售拆解
"孔代"号（Condé）	洛里昂海军造船厂	1901.3.20	1902.3.12	1904.8.12	1933.2.15，退役除名并拆空舰壳；1942 年在苏扎克 角（Pointe de Suzac）搁浅，被用作轰炸机靶舰； 1944 年遭盟军轰炸；1952 年被拆解

"奥比海军上将"号

1904.4—1910.4，北方中队；1910.4—1912.4，地中海；1912.4—1912.12，预备役编队；1913.1—1913.12，布雷斯特，预备役；1914.1—1916.5，大西洋（第二轻型中队第 1 分队）；1916.5—1916.12，地中海（第 3 轻型分队）；1917.1—1918.5，大西洋；1918.5—1918.8，西印度群岛分队；1918.8—1919，北冰洋；1919—1920，大西洋分队；1920.3，退役。

"叙利"号

1904.1.29—沉没，远东。

"光荣"号

1904.4—1909.10，北方中队（第 1 分队 / 第 2 分队）；1909.10—1914，地中海第二中队第 2 分队 / 第 3 分队；1914，预备役；1914，远洋训练舰；1914.8—1916.4，大西洋（轻型中队，第 2 分队）；1916.5.1—1917.1，地中海（第 3 轻型分队）；1917.1—1917.5，大西洋分队；1917.5.18—1918，西印度群岛分队；1918—1920.9，大西洋海军分队；1920—1922，地中海（第 1 轻型分队）。

"马赛曲"号

1903.10—1904.10，北方中队（第 1 巡洋舰分队）；1904.10—1907，地中海（轻型中队）；1907.7—1908.1，预备役；1908.1—1909.10，北方中队（第 2 巡洋舰分队）；1909.10—1912.12，地中海（第二中队，第 2/ 第 3 轻型分队）；1913.1—1916.4，大西洋（第二轻型中队第 1 分队）；1916.5.1—1917.1，地中海（第 3 轻型分队）；1917.1—1917.8，大西洋分队；1917.8—1918.12，西印度群岛分队；1918.12.18—1920.3，波罗的海；1920.3—1920.9，大西洋分队；1921，预备役；1925—1929，地中海训练分队。

"孔代"号

1904.10—1905.9，北方中队（第 1 巡洋舰分队）；1905.9—1909，地中海（轻型中队）；1909.10—1911，地中海（第二中队第 2/ 第 3 轻型分队）；1911，西印度群岛分队；1912.4—1912.12，地中海（第二中队第 3 轻型分队）；1913.1—1913.8，大西洋（第二轻型中队第 1 分队）；1913.8.1—1916.7，西印度群岛分队；1916—1917.1，第 3 轻型分队；1917.1—1917.8，预备役；1917.8.11—1920.3，第 3 轻型分队；1920.3—1928，布雷斯特，预备役；1928—1933，洛里昂，海军陆战队训练舰；1933，洛里昂，训练舰（仅舰壳）；1940，德国潜艇部队补给舰。

"莱昂·甘必大"级
一等装甲巡洋舰

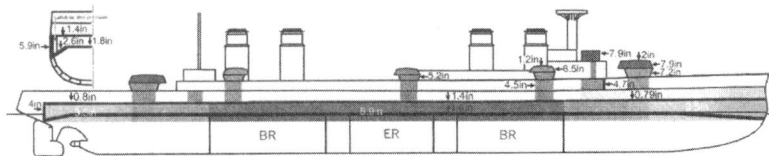

排水量	12500 吨
尺寸	476 英尺（水线长）/486.8 英尺（全长）×70.25 英尺 ×26.5 英尺 148 米（垂线间长）×21.4 米 ×8.2 米
动力系统	28 台尼克劳塞式水管锅炉（"莱昂·甘必大"号）/28 台贝尔维尔式水管锅炉（"维克多·雨果"号）/24 台盖约特－杜－汤普勒式锅炉（"儒勒·费里"号）；三轴推进；往复式蒸汽机（立式三胀式）；指示功率为 27500 马力 = 22 节；载煤量为 1320/2100 吨；航程：10 节航速下 12000 海里
武器装备	4 门 45 倍径 7.6 英寸炮（位于 2 座双联装炮塔内）、16 门 45 倍径 6.5 英寸炮（位于 6 座双联装、4 座单装炮塔内）、2 门 65 毫米炮、22 门 47 毫米炮；4 具（后削减为 2 具）17.7 英寸鱼雷发射管。在 1918 年前后加装 2 门 75 毫米防空炮
装甲防护	主装甲带厚度分别为 0（无装甲）~3.5 英寸 ~5.9 英寸 ~3.5 英寸；装甲甲板厚度为 1.6/2.6 英寸；主炮塔装甲厚度为 7.9 英寸；副炮塔与炮郭装甲厚度为 5.4 英寸；炮座装甲厚度为 7.9 英寸；司令塔装甲厚度为 7.9 英寸
舰员	26+708 人（作为旗舰时搭载 30+749 人）

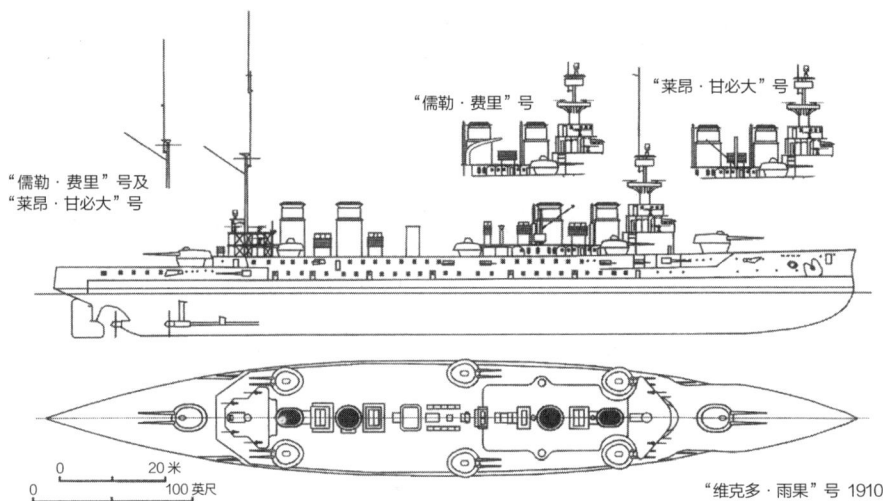

"儒勒·费里"号及"莱昂·甘必大"号

"儒勒·费里"号

"莱昂·甘必大"号

"维克多·雨果"号 1910

舰船状况

舰名	建造商	开工时间	下水时间	完工时间	最终结局
"莱昂·甘必大"号（Léon Gambetta）	布雷斯特海军造船厂	1901.1	1902.10.26	1905.7.21	1915.4.24 在亚德里亚海被奥匈帝国 U-5 号潜艇击沉
"儒勒·费里"号（Jules Ferry）	瑟堡海军造船厂	1901.10	1903.8.23	1907.6.1	1927.1.19 退役除名；1928 年被出售拆解
"维克多·雨果"号（Victor Hugo）	洛里昂海军造船厂	1902.7.3	1904.3.30	1907.4.16	1928.1.20 被弃用；1930.11.26 被出售拆解

"莱昂·甘必大"号
1905.8—1909.8，北方中队；1909.10—1911.4，地中海（第一中队第 1 轻型分队）；1911.4.4—1913.10，地中海（第一轻型中队第 2 分队）；1913.10—沉没，地中海（第 2 轻型分队）。

"儒勒·费里"号
1907.6—1909.10，地中海（轻型中队）；1909.10—1911.4，地中海（第一中队第 1 轻型分队）；1911.4.4—1913.10，地中海（第一轻型中队第 2 分队）；1913.10—1917.8.12，地中海（第 2 轻型分队）；1917.8—1918.7，轻型分队；1918.7—1923.10，比塞大港，预备役；1923.11—1925.9，远东；1925.10—1926，土伦，预备役。

"维克多·雨果"号
1907.6—1909.10，地中海（轻型中队）；1909.10—1911.4，地中海（第一中队第 1 轻型分队）；1911.4—1913.10，地中海（第一轻型中队第 2 分队）；1913.10—1917.8，地中海（第 2 轻型分队）；1917.8—1918，第 1 轻型分队；1918—1922，预备役；1922.10—1923.7，远东；1923.8.11，土伦，预备役。

"儒勒·米舍莱"号
一等装甲巡洋舰

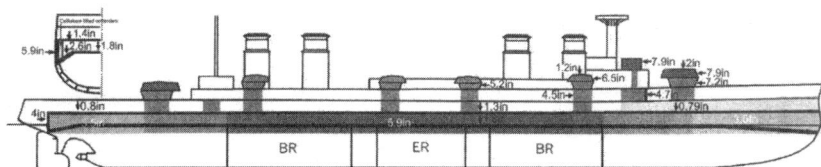

排水量	12600 吨
尺寸	485 英尺（水线长）/493 英尺（全长）×70 英尺 ×27 英尺 148 米（水线长）/150.25 米（全长）×21.4 米 ×8.2 米
动力系统	28 台盖约特 – 杜 – 汤普勒式锅炉；三轴推进；往复式蒸汽机（立式三胀式）；指示功率为29000 马力 = 23 节；载煤量为1400/2300 吨； 航程：10 节航速下 12000 海里
武器装备	4 门 45 倍径 7.6 英寸炮（位于 2 座双联装炮塔内）、12 门 45 倍径 6.5 英寸炮（位于 4 座双联装及 4 座单装炮塔内）、22 门 M1902 型 47 毫米炮；4 具 17.7 英寸鱼雷发射管。在 1918 年前后加装 2 门 75 毫米防空炮；在 1923 年增加 2 架水上飞机
装甲防护	主装甲带厚度分别为 0（无装甲）~3.5 英寸 ~5.9 英寸 ~3.5 英寸；装甲甲板厚度为 1.8/2.6 英寸；主炮塔装甲厚度为 7.9 英寸；副炮塔 装甲厚度为 6.5 英寸；炮郭装甲厚度为 4.5 英寸；炮座装甲厚度为 7.2 英寸；司令塔装甲厚度为 7.9 英寸
舰员	770 人

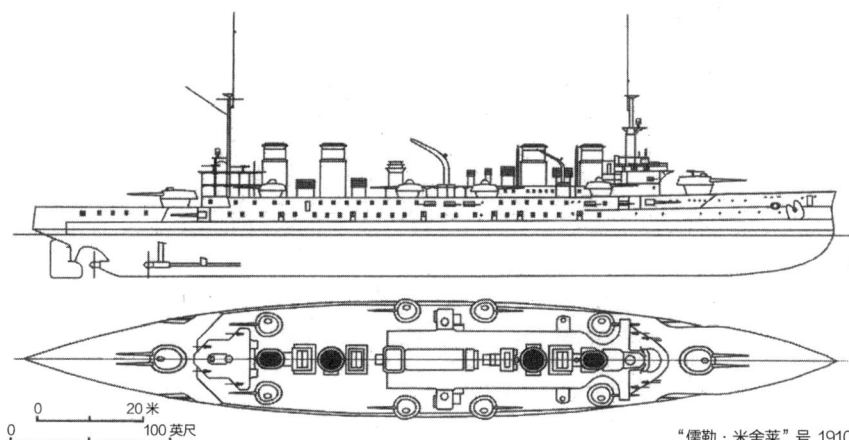

"儒勒·米舍莱"号 1910

舰船状况

舰名	建造商	开工时间	下水时间	完工时间	最终结局
"儒勒·米舍莱"号 （Jules Michelet）	洛里昂海军造船厂	1904.6	1905.8.31	1909.1	1936.5.3 除名；1937.5.8 作为靶舰在土伦被"图尔维尔" 号重巡洋舰和"忒提斯"号潜艇击沉

1909.1—1911.12，地中海（第 1/2 轻型分队）；1912.1—1914.4，地中海训练分队；1914—1915，第 1 轻型分队；1915—1920.3，第 2 轻型分队；1920.7—1921，土伦，预备役；1921.11，大西洋游击舰队；1922.10—1923.7，远东；1925.7—1929.5，远东；1929，退役；1931，先被弃用，后来在土伦被用作技术人员训练舰。

"厄内斯特·勒南"号
一等装甲巡洋舰

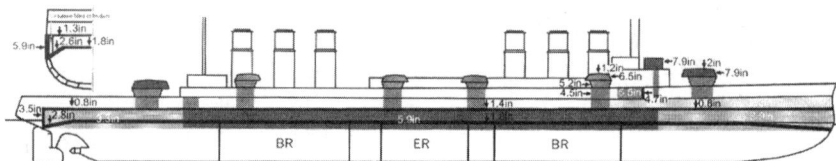

排水量	13644 吨
尺寸	515 英尺（水线长）×70.3 英尺 ×27 英尺 157 米（水线长）×21.36 米 ×8.2 米
动力系统	40 台尼克劳塞式水管锅炉；三轴推进；往复式蒸汽机（立式三胀式）；指示功率为 37000 马力 = 23 节；载煤量为 1350/2300 吨；航程：10 节航速下 10000 海里
武器装备	4 门 50 倍径 7.6 英寸①炮（双联装 ×2）、12 门 45 倍径 6.5 英寸炮（双联装 ×4 及单装 ×4）、16 门 65 毫米炮、8 门 47 毫米炮；2 具 17.7 英寸鱼雷发射管
装甲防护	主装甲带厚度分别为 0（无装甲）~3.3 英寸 ~5.9 英寸 ~4 英寸；装甲甲板厚度为 1.8/2.6 英寸；主炮塔装甲厚度为 7.9 英寸；副炮塔与炮廓装甲厚度为 5.2 英寸；司令塔装甲厚度为 7.9 英寸
舰员	750 人

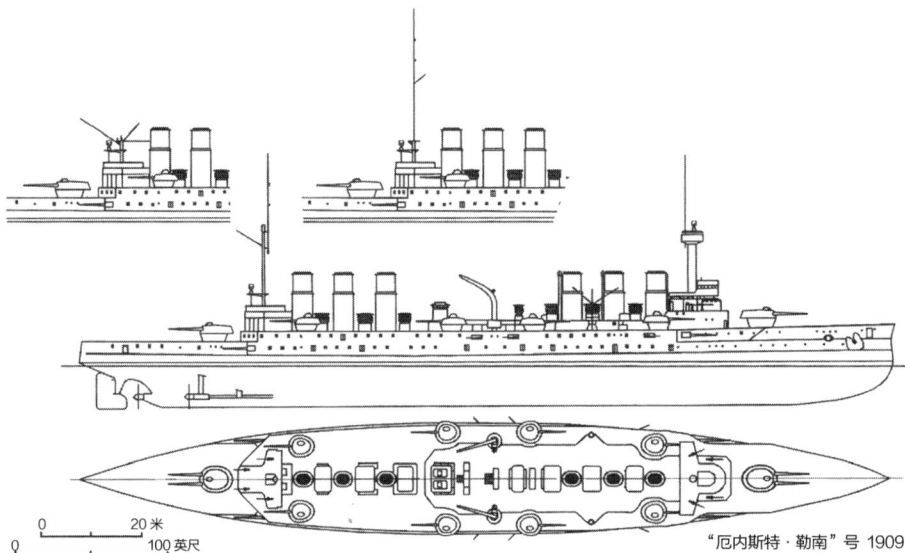

"厄内斯特·勒南"号 1909

舰船状况

舰名	建造商	开工时间	下水时间	完工时间	最终结局
"厄内斯特·勒南"号 （Erenest Renan）	鹏霍特 （圣纳泽尔）	1903.10	1906.3.9	1909.2.1	1936.5.3 除名；1937 年被拆解

1909.10—1910.1，第 2 轻型分队；1910.1—1919，第 1 轻型分队；1919—1921.7，东地中海中队轻型分队；1921.7—1924，黎凡特分队；1924.6，土伦，服役于二线；1927—1931，炮术训练舰；1931，靶舰。

"瓦尔德克－卢梭"级
一等装甲巡洋舰

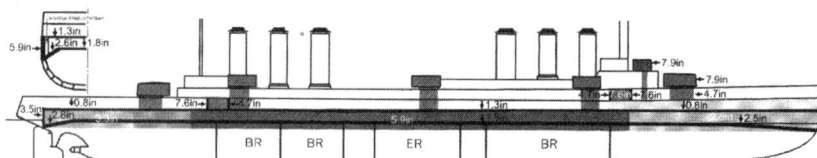

排水量	14000 吨
尺寸	515 英尺（水线长）/527.5 英尺（全长）×70.5 英尺 ×27 英尺 157 米（水线长）/159 米（全长）×21.36 米 ×8.4 米

① 译者注：原书此处误写为 6.7 英寸。

动力系统	40 台尼克劳塞式水管锅炉；三轴推进；往复式蒸汽机（立式三胀式）；指示功率为 37000 马力 = 23 节；载煤量为 1242/2300 吨；航程：10 节航速下 10000 海里
武器装备	14 门 50 倍径 7.6 英寸炮（双联装 ×2 及单装 ×10）、18 门 65 毫米炮（后增设 2 门 75 毫米防空炮和 4 门 47 毫米炮）；2 具 17.7 英寸鱼雷发射管 "瓦尔德克 – 卢梭"号，20 世纪 20 年代末：14 门 50 倍径 7.6 英寸炮、8 门 75 毫米炮、2 门 75 毫米防空炮；2 具 17.7 英寸鱼雷发射管 "埃德加·基奈"号，1929 年：10 门 50 倍径 7.6 英寸炮（双联装 ×2 及单装 ×6）、4 门 75 毫米炮、2 门 75 毫米防空炮；2 具 17.7 英寸鱼雷发射管
装甲防护	主装甲带厚度分别为 0（无装甲）~3.3 英寸 ~5.9 英寸 ~2.8 英寸；装甲甲板厚度为 2.5/2.6 英寸；主炮塔装甲厚度 7.9 英寸；炮郭装甲厚度为 7.6 英寸；司令塔装甲厚度为 7.9 英寸
舰员	23+818 人（作为旗舰时搭载 34+890 人）

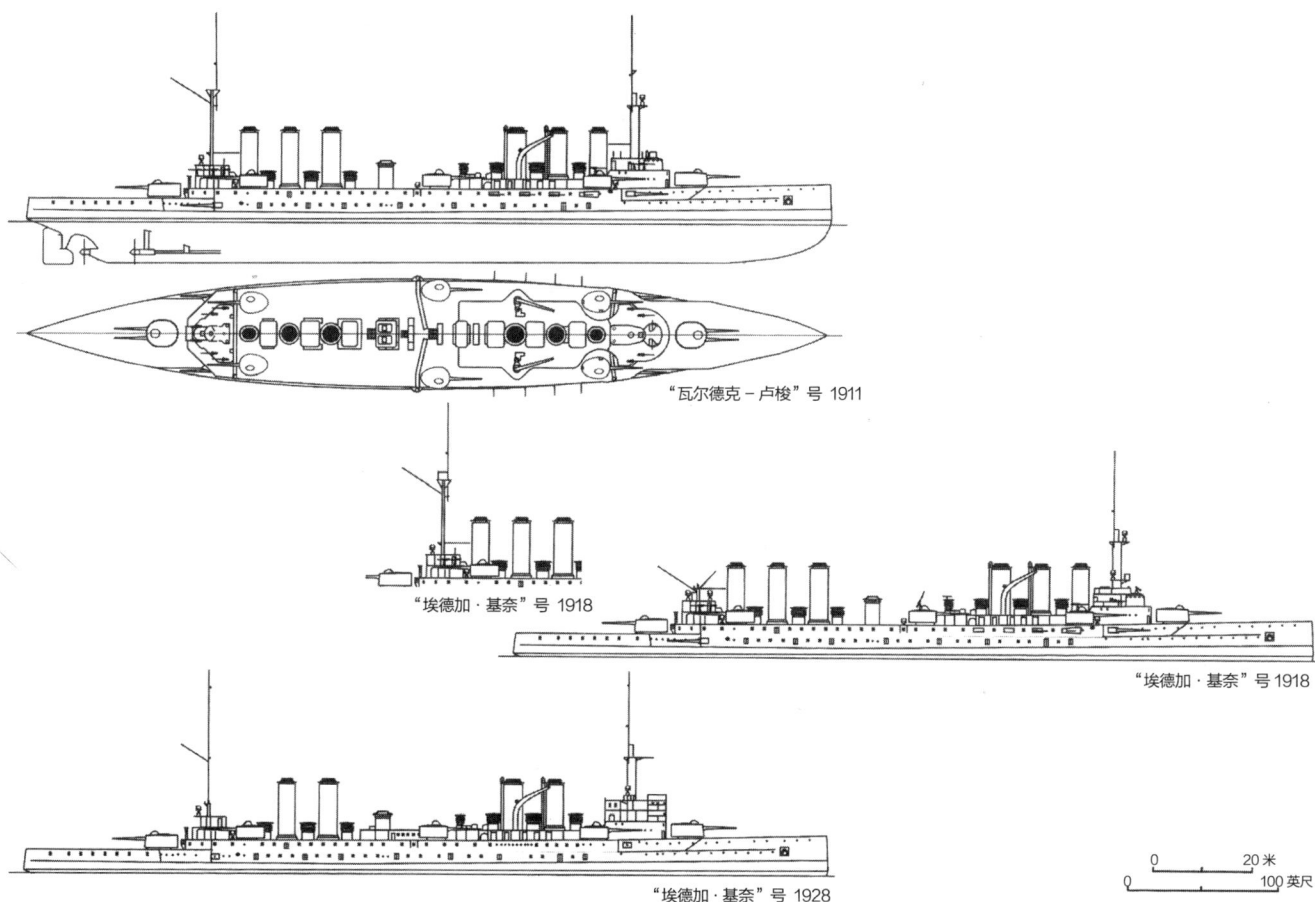

"瓦尔德克 – 卢梭"号 1911

"埃德加·基奈"号 1918

"埃德加·基奈"号 1918

"埃德加·基奈"号 1928

0　　　　　20 米
0　　　　　　　100 英尺

舰船状况

舰名	建造商	开工时间	下水时间	完工时间	最终结局
"瓦尔德克 – 卢梭"号（Waldeck-Rousseau）	洛里昂海军造船厂	1905.7.31	1908.3.4	1911.8.15	1936.6.14 除名；1940.8.9 在布雷斯特沉没触底；1941—1944 年，被拆解
"埃德加·基奈"号（Edgar Quinet）	布雷斯特海军造船厂	1904.8	1907.9.21	1910.12.15	1930.1.4 在白角触礁沉没

"瓦尔德克 – 卢梭"号

1911.8—1919，第 1 轻型分队；1919.3—1921，第 2 分队；1921.8—1923.9，东地中海轻型分队；1924—1929.4，土伦，预备役；1929.6—1932.5，远东；1932—1936，布雷斯特，预备役。

"埃德加·基奈"号

1911.4—1919，第 1 轻型分队；1919.7.1—1920.6，比塞大港，预备役；1921.7—1923.9，东地中海中队／黎凡特分队；1923.10.1—1924，地中海中队；1924.6—1927.1，土伦，二线服役；1928.10.12—沉没，见习军官训练舰。

13 | 德国
GERMANY

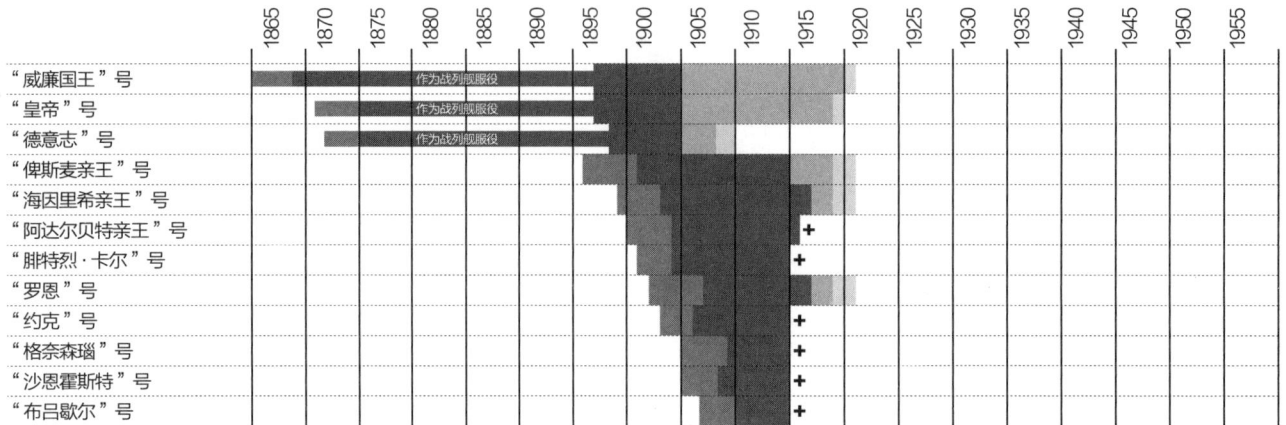

	1865	1870	1875	1880	1885	1890	1895	1900	1905	1910	1915	1920	1925	1930	1935	1940	1945	1950	1955
"威廉国王"号		作为战列舰服役																	
"皇帝"号		作为战列舰服役																	
"德意志"号		作为战列舰服役																	
"俾斯麦亲王"号																			
"海因里希亲王"号																			
"阿达尔贝特亲王"号										+									
"腓特烈·卡尔"号										+									
"罗恩"号																			
"约克"号										+									
"格奈森瑙"号										+									
"沙恩霍斯特"号										+									
"布吕歇尔"号										+									

"威廉国王" 号
二等装甲巡洋舰

（最初被定级为装甲护卫舰、装甲舰；1897.1.25,
被定级为一等巡洋舰；1899,被定级为大型巡洋舰）

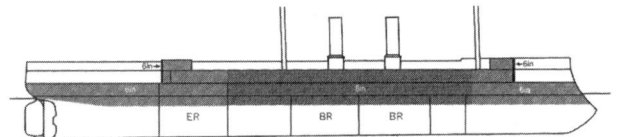

排水量	9600 吨
尺寸	356.3 英尺（水线长）/368.1 英尺（全长）×60 英尺 ×28 英尺 108.6 米（水线长）/112.2 米（全长）×18.3 米 ×8.6 米
动力系统	8 台箱形锅炉；单轴推进；往复式蒸汽机（横置单胀式）；指示功率为 8000 马力 =14 节；载煤量为 1013 吨；航程：10 节航速下 2240 海里
武器装备	22 门 20 倍径 9.4 英寸炮、1 门 30 倍径 5.9 英寸炮、18 门 30 倍径 3.5 英寸炮、6 门 37 毫米机关炮；5 具 13.8 英寸鱼雷发射管
装甲防护	主装甲带厚度分别为 6 英寸 ~8 英寸 ~6 英寸；炮郭装甲厚度为 8 英寸；艏艉炮郭装甲厚度为 6 英寸；司令塔装甲厚度分别为 1.2 英寸 ~4 英寸（锻铁装甲）
舰员	38+1102 人

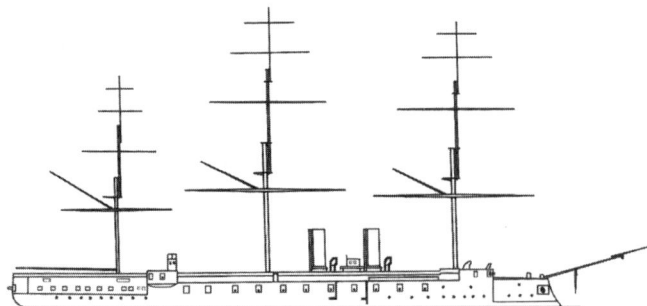

"威廉国王"号 1870

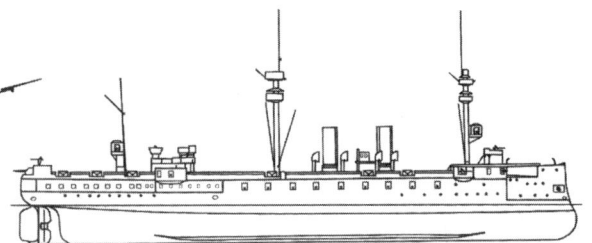

"威廉国王"号 1897

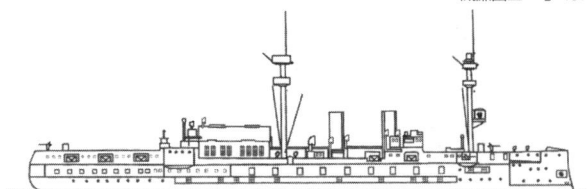

"威廉国王"号 1908

0　　　20 米

0　　　100 英尺

舰船状况

舰名	建造商	开工时间	下水时间	完工时间	最终结局
"威廉国王"号（König Wilhelm）[原名"威廉一世"号，或"法蒂赫"号（一代）]	泰晤士钢铁厂（布莱克沃尔）	1865	1868.4.25	1896.4.16	1921.1.4 除籍；1921 年在莱恩贝克奥尔特曼（Oltmann, Rönnbeck）被拆解

1896.4.16—1897.9.30，现役；1904.4.3，港口勤务舰；1907.10—1909.10，浮动船舍和固定训练舰；1909.10—1919.11，福伦斯堡（在基尔退役）。

"皇帝"级
二等装甲巡洋舰
（最初被定级为装甲护卫舰、装甲舰；1897 年，被定级为一等巡洋舰；1899 年，被定级为大型巡洋舰）

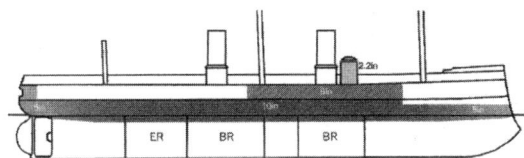

排水量	7770 吨
尺寸	290.4 英尺（水线长）/293.1 英尺（全长）×62.7 英尺 ×23.5 英尺 88.5 米（水线长）/89.34 米（全长）×19.1 米 ×7.15 米
动力系统	8 台箱形锅炉；单轴推进；往复式蒸汽机（横置单胀式）；指示功率为5700 马力 = 14 节；载煤量为 680/880 吨；航程：10 节航速下 2470/3300 海里
武器装备	"皇帝"号：8 门 20 倍径 10.2 英寸炮、1 门 30 倍径 5.9 英寸炮、6 门 35 倍径 4.1 英寸炮、9 门 30 倍径 3.5 英寸炮、12 门 37 毫米机关炮；5 具 13.8 英寸鱼雷发射管 "德意志"号：8 门 20 倍径 10.2 英寸炮、8 门 30 倍径 5.9 英寸炮、8 门 30 倍径 3.5 英寸炮、12 门 37 毫米机关炮；5 具 13.8 英寸鱼雷发射管
装甲防护	装甲甲板厚度分别为 5 英寸 ~10 英寸 ~5 英寸；装甲甲板厚度分别为 1.5 英寸 ~2 英寸；炮郭装甲厚度分别为 7 英寸 ~8 英寸 ~7 英寸；司令塔装甲厚度为 2.2 英寸（钢装甲）
舰员	36+620 人（作为旗舰时搭载 47+677 人）

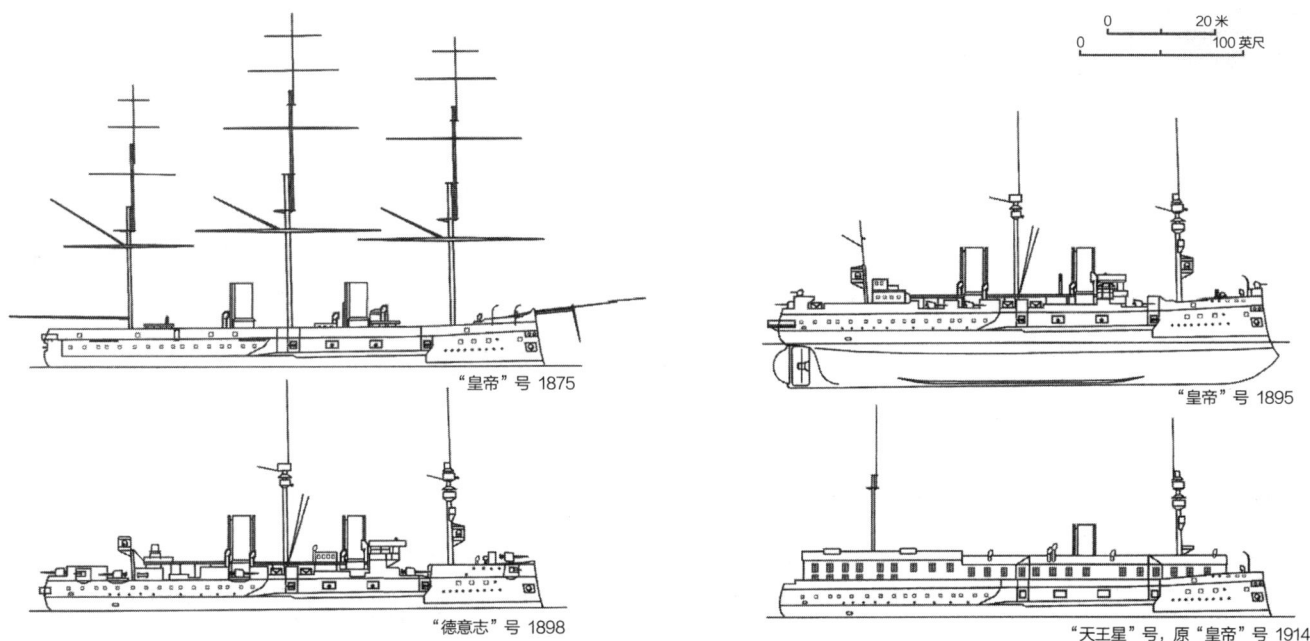

"皇帝"号 1875

"皇帝"号 1895

"德意志"号 1898

"天王星"号，原"皇帝"号 1914

舰船状况

舰名	建造商	开工时间	下水时间	完工时间	最终结局
"皇帝"号（Kaiser，一代）="天王星"号（Uranus），1905.10.12	萨姆达（波普拉）	1871	1871.9.15	1878.4.27	1906.5.21 除名并被拆空舰壳；1920 年被转运至哈尔堡赛科利达造船厂
"德意志"号（Deutschland，一代）="木星"号（Jupiter），1904.11.22	萨姆达（波普拉）	1872	1874.9.12	1897.12.2	1906.6.21 除名，1907 年作为靶舰服役；1908 年被出售给莱姆维德的诺伊格鲍尔公司；1909 年在汉堡被拆解

"皇帝"号

1895.4—1899.10，远东巡洋舰中队；1904.5.3，港口勤务舰；1906—1918.11，在福伦斯堡作为鱼雷训练学校浮动船舍。

"德意志"号

1897.12—1900.3，远东巡洋舰中队；1904.5.3，港口勤务舰。

"俾斯麦亲王"号

一等巡洋舰（最初）；大型巡洋舰（1899）

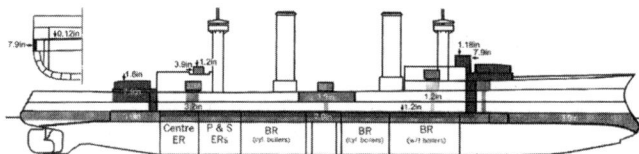

排水量	10690 吨（设计）或 11461 吨（满载）
尺寸	412.4 英尺（水线长）/416.7 英尺（全长）×67 英尺 ×27.5 英尺 125.7 米（水线长）/127.0 米（全长）×20.4 米 ×8.5 米
动力系统	4 台舒尔茨－桑克罗夫特式锅炉和 8 台圆筒锅炉；三轴推进；往复式蒸汽机（立式三胀式）；指示功率为 13500 马力 = 18.7 节；载煤量为 900/1400 吨；1908—1909 年接受后，载油量为 120 吨；航程：10 节航速下 4560 海里
武器装备	4 门（2 座双联装）40 倍径 9.4 英寸炮（双联装 ×2）、12 门 40 倍径 5.9 英寸炮、10 门 30 倍径 3.5 英寸炮；6 具 17.7 英寸鱼雷发射管。1916.9，舰上武器被拆除
装甲防护	主装甲带厚度分别为 3.9 英寸 ~7.9 英寸 ~3.9 英寸；装甲甲板厚度分别为 1.2 英寸 ~2 英寸；炮座装甲厚度为 7.9 英寸；主炮塔装甲厚度分别为 1.6 英寸 ~7.9 英寸；副炮塔装甲厚度分别为 2.8 英寸 ~3.9 英寸；炮郭装甲厚度为 3.9 英寸；舰艏司令塔装甲厚度为 7.9 英寸；舰艉司令塔装甲厚度为 3.9 英寸
舰员	36+585 人（作为旗舰时搭载 50+647 人）

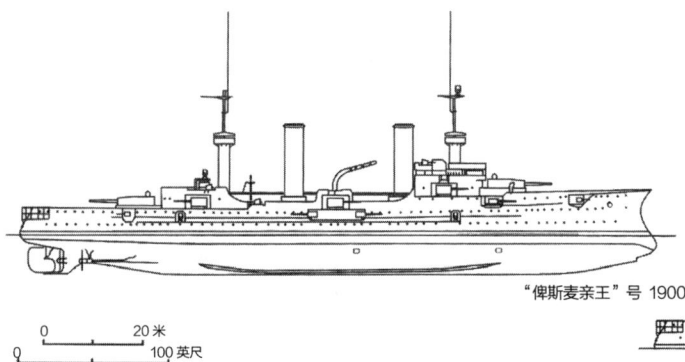

"俾斯麦亲王"号 1900

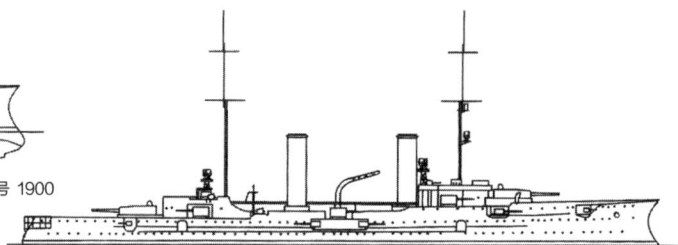

"俾斯麦亲王"号 1914

舰船状况

舰名	建造商	开工时间	下水时间	完工时间	最终结局
"俾斯麦亲王"号（Fürst Bismarck）	基尔海军造船厂	1896.4.1	1897.9.25	1900.4.1	1919.6.17 除名；1919 年被出售给石勒苏益格－霍尔施泰因集团；后转售给奥尔多夫布兰德公司；1919—1920 年在奥尔多夫－伦茨堡被拆解

1900.6.30—1909.6.26，远东巡洋舰中队；1910—1914.11.29，在基尔海军造船厂接受重建改造；1915.2—1915.3，在鱼雷研发中心担任靶舰；1915.3—1918.12.31，在工程训练学校担任海军陆战队训练舰；1919.1—1919.5.27，波罗的海，辅助舰船、浮动办公区。

"海因里希亲王"号
大型巡洋舰

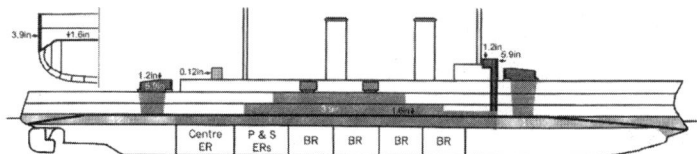

排水量	8930 吨
尺寸	409.6 英尺（水线长）/415 英尺（全长）×64.4 英尺 ×26.3 英尺 124.9 米（水线长）/126.5 米（全长）×19.6 米 ×8 米
动力系统	14 台杜尔（Dürr）式锅炉；三轴推进；往复式蒸汽机（立式三胀式）；指示功率为 13500 马力 = 20 节；载煤量为 900/1590 吨；1908—1909 年接受改造后，载油量为 175 吨；航程：10 节航速下 4580 海里
武器装备	2 门 40 倍径 9.4 英寸炮、10 门 40 倍径 5.9 英寸炮、10 门 30 倍径 3.5 英寸炮；6 具 17.7 英寸鱼雷发射管。1916 年，舰上武器被拆除
装甲防护	主装甲带厚度分别为 3.1 英寸 ~3.9 英寸 ~3.1 英寸；装甲甲板厚度分别为 1.4 英寸 ~1.6/2 英寸；炮座装甲厚度为 3.9 英寸；主炮塔装甲厚度分别为 1.6 英寸 ~5.9 英寸；副炮塔装甲厚度为 2.8 英寸 ~3.9 英寸；炮郭装甲厚度为 3.9 英寸；舰艏司令塔装甲厚度为 5.9 英寸；舰艉司令塔装甲厚度为 0.5 英寸
舰员	35+532 人（作为旗舰时搭载 44+676 人）

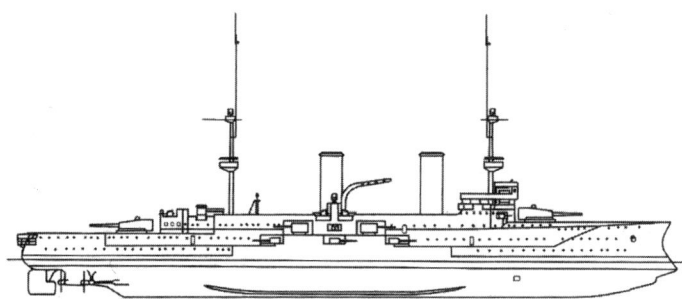

"海因里希亲王"号 1902

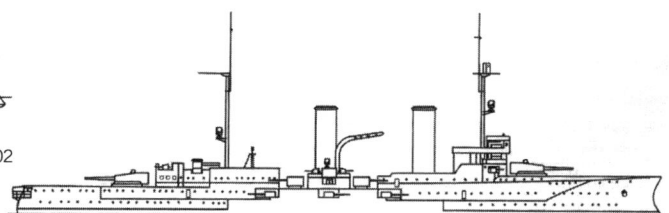

"海因里希亲王"号 1915

舰船状况

舰名	建造商	开工时间	下水时间	完工时间	最终结局
"海因里希亲王"号（Prinz Heinrich）	基尔海军造船厂	1898.12.1	1900.3.23	1902.3.11	1920.1.25 除名；1920 年在奥尔多夫 - 伦茨堡由布兰德公司拆解

1902.7—1906.4，侦察群；1908.5—1919.10，炮术指导学校炮术训练舰；1914，在基尔接受重建改造；1914.4—1915.11，第三侦察群；1915.11—1916.3，预备分队；1916—1918，波罗的海特遣舰队最高指挥部军官船舍；1918，潜艇补给舰。

"阿达尔贝特"级

大型巡洋舰

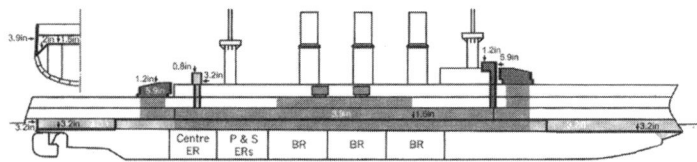

排水量	9050 吨
尺寸	409.8 英尺（水线长）/415 英尺（全长）×64.3 英尺 ×25.6 英尺 124.9 米（水线长）/126.5 米（全长）×19.6 米 ×7.8 米
动力系统	14 台杜尔式锅炉；三轴推进；往复式蒸汽机（立式三胀式）；指示功率分别为 16200 马力（"阿达尔贝特亲王"号）17000 马力（"腓特烈·卡尔"号）= 20/20.5 节；载煤量为 750/1630 吨；1908—1909 年接受后，载油量为 200 吨；航程：12 节航速下 5000 海里
武器装备	4 门（2 座双联装）40 倍径 8.2 英寸炮（双联装 ×2）、10 门 40 倍径 5.9 英寸炮、12 门 35 倍径 3.5 英寸炮；4 具 17.7 英寸鱼雷发射管
装甲防护	主装甲带厚度分别为 0（无装甲）~3.1 英寸 ~3.9 英寸 ~3.1 英寸；装甲甲板厚度分别为 3.1 英寸 ~1.6 英寸 ~3.1/3.1 英寸 ~2 英寸 ~3.1 英寸；炮座装甲厚度为 3.9 英寸；主炮塔装甲厚度为 3.1 英寸 ~5.9 英寸；副炮塔装甲厚度分别为 2.6 英寸 ~3.9 英寸；炮郭装甲厚度为 3.9 英寸；舰艏司令塔装甲厚度为 5.9 英寸；舰艉司令塔装甲厚度为 0.8 英寸
舰员	35+551 人（作为旗舰时搭载 44+595 人）

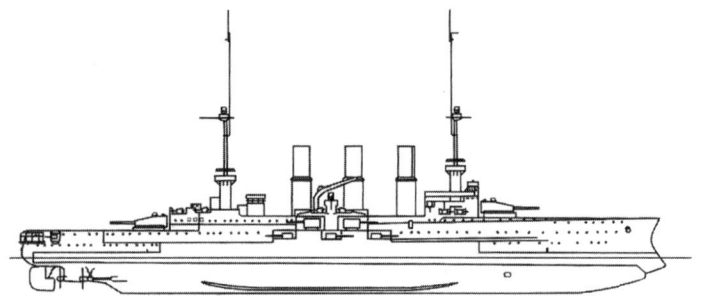

"阿达尔贝特亲王"号（二代）1906

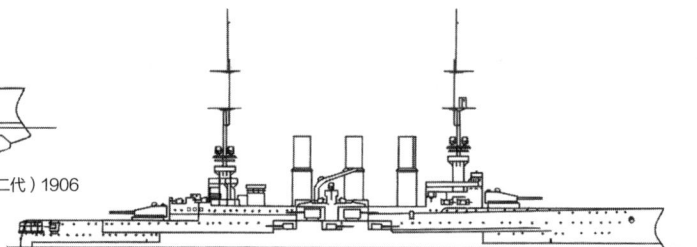

"阿达尔贝特亲王"号 1915

舰船状况

舰名	建造商	开工时间	下水时间	完工时间	最终结局
"阿达尔贝特亲王"号 （Prinz Adalbert，二代）	基尔海军造船厂	1900.6.5	1901.6.22	1904.1.12	1915.10.23 在利巴乌以西被英国 E-8 号潜艇击沉
"腓特烈·卡尔"号 （Friedrich Carl，二代）	布罗姆－福斯 （汉堡）	1901.8.18	1902.6.21	1903.12.12	1914.11.17 在梅美尔西南触雷沉没

"阿达尔贝特亲王"号
1904.5—1911.9，枪炮试验舰；1912.11—1914.8，炮术训练舰；1914.8—沉没，第三/第四侦察群

"腓特烈·卡尔"号
1904.3—1908.3，侦察群；1909.3—1914.8，鱼雷试验舰；1914.8—沉没，第三侦察群

"罗恩"级
大型巡洋舰

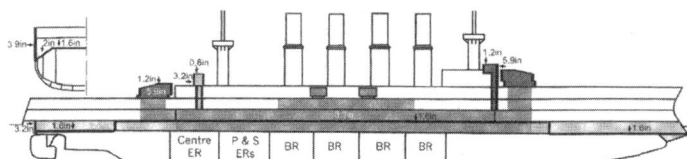

排水量	9585 吨
尺寸	417.7 英尺（水线长）/422.6 英尺（全长）×66.3 英尺 ×25.5 英尺 127.3 米（水线长）/127.8 米（全长）×20.2 米 ×7.76 米
动力系统	16 台杜尔式锅炉；三轴推进；往复式蒸汽机（立式三胀式）；指示功率为 19000 马力 = 21 节；载煤量为 750/1570 吨；1908—1909 年接受改造后，载油量为 207 吨；航程：12 节航速下 4200 海里
武器装备	4 门 40 倍径 8.2 英寸炮（双联装 ×2）、10 门 40 倍径 5.9 英寸炮、14 门 35 倍径 3.5 英寸炮；4 具 17.7 英寸鱼雷发射管。1916 年，舰上武器被拆除
装甲防护	主装甲带厚度分别为 0（无装甲）~3.1 英寸 ~3.9 英寸 ~3.1 英寸；装甲甲板厚度分别为 1.6 英寸 ~2.4/1.6 英寸 ~2 英寸；炮座装甲厚度为 3.9 英寸；主炮塔装甲厚度分别为 3.1 英寸 ~5.9 英寸；副炮塔装甲厚度分别为 2.8 英寸 ~3.9 英寸；炮郭装甲厚度为 3.9 英寸；舰艏司令塔装甲厚度为 5.9 英寸；舰艉司令塔装甲厚度为 3.1 英寸
舰员	35+598 人（作为旗舰时搭载 48+660 人）

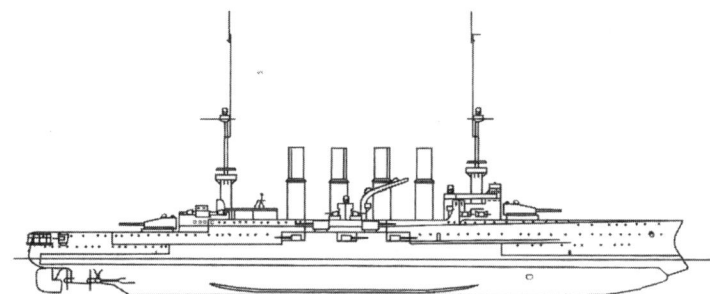

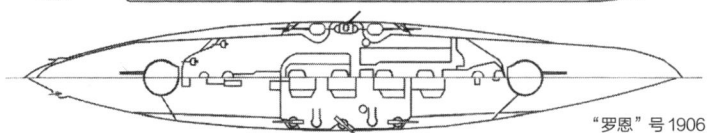

"罗恩"号 1906

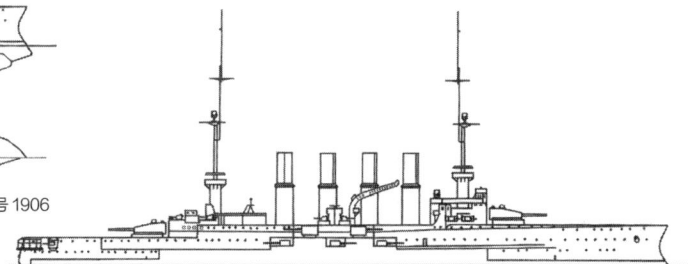

"罗恩"号 1914

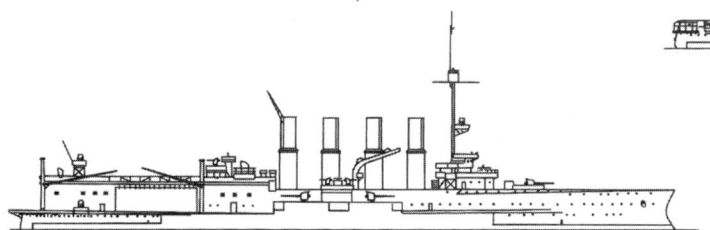

"罗恩"号 1917/1918 年改造计划

舰船状况

舰名	建造商	开工时间	下水时间	完工时间	最终结局
"罗恩"号（Roon）	基尔海军造船厂	1902.8.1	1903.6.27	1906.4.5	1920.11.25 除名；1921 年在基尔被拆解
"约克"号（Yorck）	布罗姆－福斯（汉堡）	1903.4.25	1904.5.14	1905.11.21	1914.11.4 在亚德湾触雷沉没

"罗恩"号
1906.7—1911.9，侦察群；1914.8，第四侦察群；1914.8—1916.2，第三侦察群；1916.10，基尔港哨戒舰和浮动船舍；1916.11—1918.12，基尔，鱼雷训练学校，测试和训练舰。

"约克"号
1906.3—1913.5，侦察群；1914.8，第四侦察群；1914.8—沉没，第三侦察群。

"沙恩霍斯特"级
大型巡洋舰

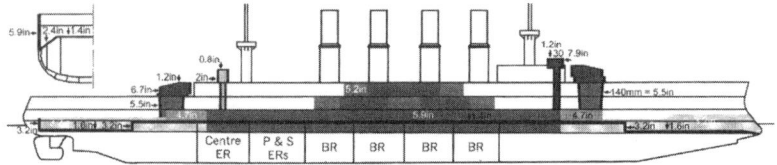

排水量	11435 吨
尺寸	471.8 英尺（水线长）/474.4 英尺（全长）×70.9 英尺 ×27.5 英尺 143.8 米（水线长）/144.6 米（全长）×21.6 米 ×8.4 米
动力系统	18 台海军制式锅炉；三轴推进；往复式蒸汽机（立式三胀式）；指示功率为 26000 马力 = 22.5 节；载煤量为 800/2000 吨；航程：12 节航速下 5120 海里
武器装备	8 门 40 倍径 8.2 英寸炮（双联装 ×2 及单装 ×4）、6 门 40 倍径 5.9 英寸炮、18 门 35 倍径 3.5 英寸炮；4 具 17.7 英寸鱼雷发射管
装甲防护	主装甲带厚度分别为 0（无装甲）~3.1 英寸 ~5.9 英寸 ~3.1 英寸；装甲甲板厚度分别为 2.4 英寸 ~1.4/1.6 英寸 ~2.2 英寸；炮座装甲厚度为 5.4 英寸；主炮塔装甲厚度分别为 1.2 英寸 ~6.7 英寸；副炮塔装甲厚度分别为 2.8 英寸 ~3.9 英寸；炮郭装甲厚度为 5.9 英寸；舰艏司令塔装甲厚度为 7.9 英寸；舰艉司令塔装甲厚度为 2 英寸
舰员	38+726 人（作为旗舰时搭载 52+784 人）

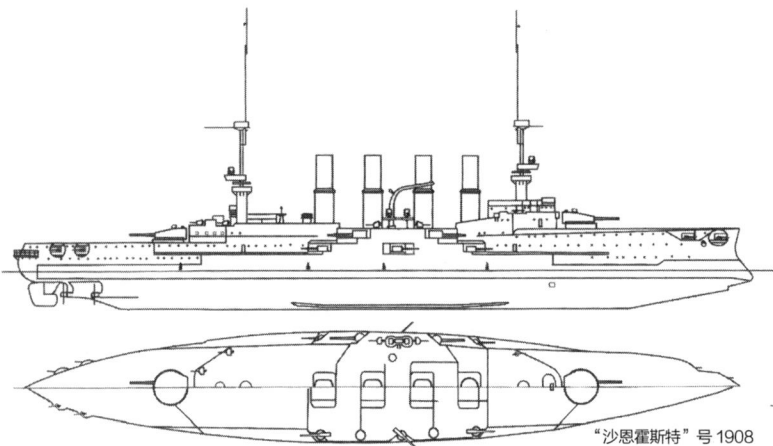

"沙恩霍斯特"号 1908

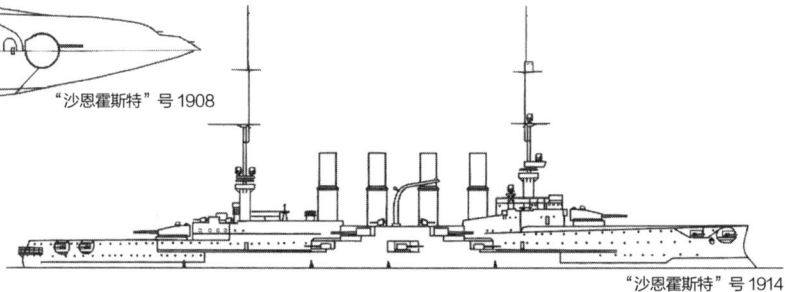

"沙恩霍斯特"号 1914

舰船状况

舰名	建造商	开工时间	下水时间	完工时间	最终结局
"沙恩霍斯特"号（Scharnhorst）	布罗姆－福斯（汉堡）	1905.1.3	1906.3.23	1907.10.24	1914.12.8 在福克兰附近被"无敌"号和"不屈"号战列巡洋舰击沉
"格奈森瑙"号（Gneisenau，二代）	威悉股份公司（不莱梅）	1904.12.28	1906.6.14	1908.3.6	1914.12.8 在福克兰附近被"无敌"号和"不屈"号战列巡洋舰击沉

"沙恩霍斯特"号
1908.5.1—1909.3.30，侦察群（旗舰）；1909.4—沉没，东亚中队（旗舰）。

"格奈森瑙"号
1908.7.12—1910.11.9，侦察群；1910.11.11—沉没，东亚中队。

"布吕歇尔"号

大型巡洋舰

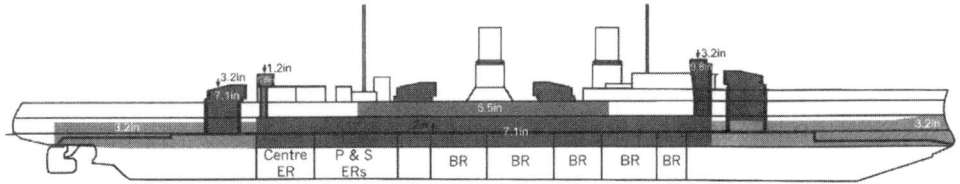

排水量	15600 吨
尺寸	528.5 英尺（水线长）/530.8 英尺（全长）×80 英尺 ×29 英尺 161.1 米（水线长）/161.8 米（全长）×24.5 米 ×8.84 米
动力系统	18 台海军制式锅炉；三轴推进；往复式蒸汽机（立式三胀式）；指示功率为 32000 马力 = 24.5 节；载煤量为 900/2510 吨；航程：12 节航速下 6600 海里
武器装备	12 门 45 倍径 8.2 英寸炮（双联装 ×6）、8 门 45 倍径 5.9 英寸炮、16 门 45 倍径 3.5 英寸炮；4 具 17.7 英寸鱼雷发射管
装甲防护	主装甲带厚度分别为 0（无装甲）~3.1 英寸 ~7 英寸 ~3.1 英寸；装甲甲板厚度分别为 2 英寸 ~2.8 英寸；防鱼雷隔舱装甲厚度为 1.4 英寸；主炮塔装甲厚度为 3.1 英寸 /7 英寸；炮郭装甲厚度为 5.4 英寸；舰艏司令塔装甲厚度为 10 英寸；舰艉司令塔装甲厚度为 5.4 英寸
舰员	41+812 人（作为旗舰时搭载 55+874 人）

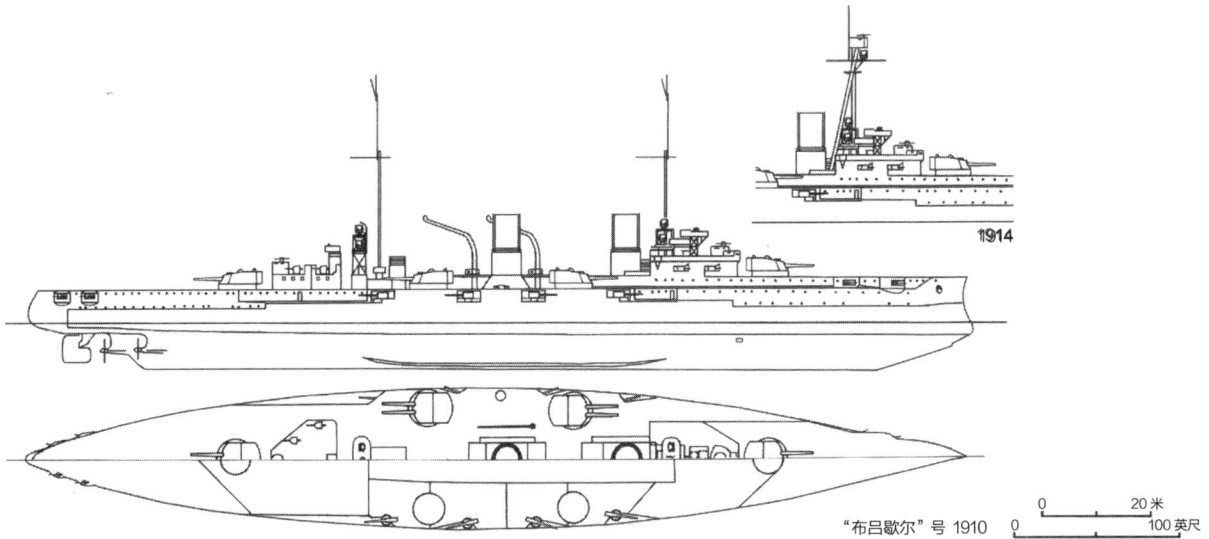

"布吕歇尔"号 1910

舰船状况

舰名	建造商	开工时间	下水时间	完工时间	最终结局
"布吕歇尔"号（Blücher，二代）	基尔海军造船厂	1907.2.21	1908.4.11	1909.10.01	1915.1.24 在多格滩战役中被英国战列巡洋舰、轻巡洋舰和驱逐舰的舰炮和鱼雷击沉

1910.4—1911.9，侦察群；1911.9—1914.8，枪炮测试和训练舰（曾在 1912.9 演习中担任第二侦察群旗舰）；1914.8—沉没，第一侦察群。

14 希腊
GREECE

	1865	1870	1875	1880	1885	1890	1895	1900	1905	1910	1915	1920	1925	1930	1935	1940	1945	1950	1955
"尤里琉斯·阿韦罗夫"号																			

"尤里琉斯·阿韦罗夫"号
装甲巡洋舰

排水量	9832 吨
尺寸	426 英尺（垂线间长）/461 英尺（全长）×69 英尺 ×24.3 英尺 130 米（垂线间长）/140.5 米（全长）×21.1 米 ×7.4 米
动力系统	22 台贝尔维尔式水管锅炉；双轴推进；往复式蒸汽机（立式三胀式）；指示功率为 19000 马力 = 22.5 节；载煤量为 600/1560 吨；航程： 12/17 节航速下分别为 7125/2489 海里
武器装备	4 门 45 倍径 9.2 英寸炮（双联装 ×2）、8 门 45 倍径 7.5 英寸炮（双联装 ×4）、16 门（1927 年时只有 8 门）40 倍径 3 英寸炮、4 门 3 磅炮（在 1927 年被更换为 4 门 3 英寸防空炮和 6 门 37 毫米防空炮）；3 具 18 英寸鱼雷发射管（后于 1927 年被拆除）
装甲防护	主装甲带厚度分别为 3.5 英寸 ~8 英寸 ~3.5 英寸；主炮塔装甲厚度为 6.5 英寸；主炮炮座装甲厚度为 8 英寸；副炮塔装甲厚度为 7.1 英寸； 装甲甲板厚度为 1.6 英寸；司令塔装甲厚度为 7.1 英寸
舰员	550 人

"尤里琉斯·阿韦罗夫"号 1911

0 20 米
0 100 英尺

"尤里琉斯·阿韦罗夫"号 1940

舰船状况

舰名	建造商	开工时间	下水时间	完工时间	最终结局
"尤里琉斯·阿韦罗夫"号 （Georgios Averof）	奥兰多（莱戈恩）	1907	1910.3.12	1911.5.1	1985 年，在雅典成为一艘博物馆舰

1941.4.23，埃及；1941.8—1942，印度洋；1942—1944，埃及；1944.10—1952，被用作舰队指挥部；1957—1983，在波罗斯被封存。

15 意大利
ITALY

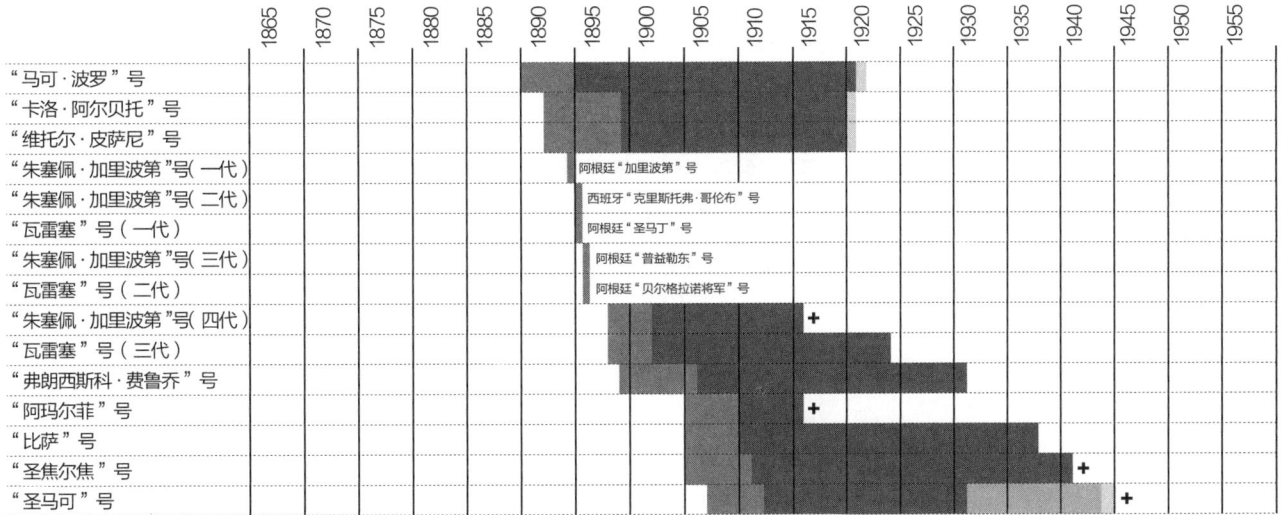

	1865	1870	1875	1880	1885	1890	1895	1900	1905	1910	1915	1920	1925	1930	1935	1940	1945	1950	1955
"马可·波罗"号																			
"卡洛·阿尔贝托"号																			
"维托尔·皮萨尼"号																			
"朱塞佩·加里波第"号(一代)							阿根廷"加里波第"号												
"朱塞佩·加里波第"号(二代)							西班牙"克里斯托弗·哥伦布"号												
"瓦雷塞"号(一代)							阿根廷"圣马丁"号												
"朱塞佩·加里波第"号(三代)							阿根廷"普益勒东"号												
"瓦雷塞"号(二代)							阿根廷"贝尔格拉诺将军"号												
"朱塞佩·加里波第"号(四代)										+									
"瓦雷塞"号(三代)																			
"弗朗西斯科·费鲁乔"号																			
"阿玛尔菲"号										+									
"比萨"号																			
"圣焦尔焦"号																+			
"圣马可"号															+				

"马可·波罗"号
三等战斗舰;一等辅助舰(1918)

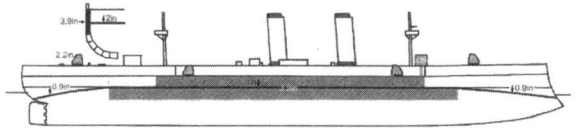
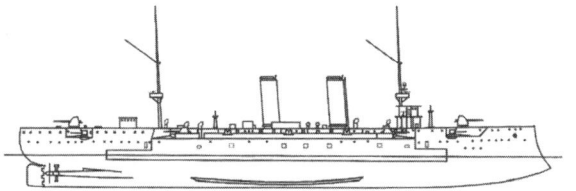
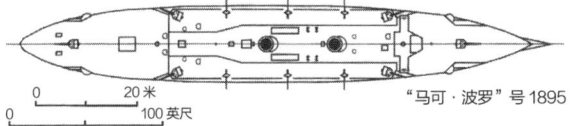
"马可·波罗"号 1895

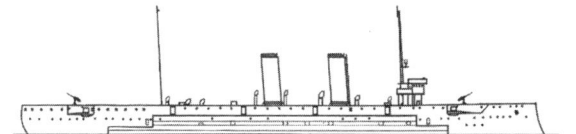
"马可·波罗"号 1918

排水量	4510 吨
尺寸	327 英尺(垂线间长)/347 英尺(全长)×48.2 英尺×21.5 英尺 99.7 米(垂线间长)/106 米(全长)×14.7 米×6 米
动力系统	4 台圆筒式火管锅炉;双轴推进;往复式蒸汽机(立式三胀式);指示功率为10000马力 = 17节;载煤量为620吨;航程:10 节航速下 5800 海里
武器装备	6门40倍径6英寸炮、10门(1910年时为4门)40倍径4.7英寸炮、2门(1910年时为1门)75毫米炮、9门(1910年时为6门)57毫米炮、4门(1910年时为2门)37毫米炮;5具(1910年时为4具)17.7英寸鱼雷发射管。后于1917年增设2门3英寸炮
装甲防护	主装甲带厚度分别为0(无装甲)~3.9英寸~0(无装甲);装甲甲板厚度分别为0.9英寸~2英寸~0.9英寸;炮盾装甲厚度为2.2英寸;司令塔装甲厚度为2.2英寸
舰员	22+372 人

舰船状况

舰名	建造商	开工时间	下水时间	完工时间	最终结局
"马可·波罗"号(Marco Polo) ="科特拉佐"号(Cortelazzo, 1918.4.4) ="欧罗巴"号(Europa, 1920.10.1) ="伏打"号(Volta, 1921.1.16)	斯塔比亚海堡海军造船厂	1890.1	1892.10.27	1894.7.21	1922.1.5 退役除籍并被出售拆解

1896—1897,游击分队;1898.2—1899.8、1901.10—1903.2 和 1904.3—1907.1,远东;1907—1913,地中海 / 亚得里亚海;1913.3—1914.12,远东;1915.10—1917.5,潜艇补给舰;1917—1918,威尼斯,改造为运兵船;1918.4 起,运兵船;1921.1.5,退役。

"维托尔·皮萨尼"级

二等战斗舰（1918）

一等辅助舰"泽农"号（原"卡洛·阿尔贝托"号）

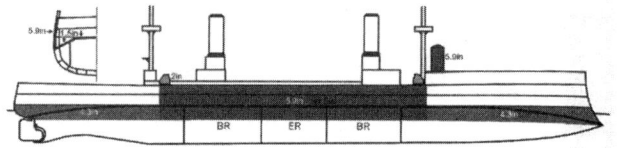

排水量	6270 吨（"维托尔·皮萨尼"号）; 6832 吨（"卡洛·阿尔贝托"号）
尺寸	324.8 英尺（垂线间长）/346.8 英尺（全长）×59 英尺 ×23 英尺 99 米（垂线间长）/105.7 米（全长）×18 米 ×7 米
动力系统	8 台圆筒形锅炉; 双轴推进; 往复式蒸汽机（立式三胀式）; 指示功率为13000 马力 =19 节; 载煤量为 600/1000 吨, 载油量为 120 吨; 航程: 10 节航速下 6000 海里
武器装备	12 门 6 英寸 40 倍径舰炮; 2 门 75 毫米舰炮; 10 门 57 毫米舰炮; 10 门 37 毫米舰炮; 3 具 17.7 英寸鱼雷发射管
装甲防护	主装甲带厚度分别为 4.3 英寸 ~5.9 英寸 ~4.3 英寸; 炮盾装甲厚度为 2 英寸; 装甲甲板厚度为 1.5 英寸; 司令塔装甲厚度为 5.9 英寸
舰员	28+476 人（"维托尔·皮萨尼"号）, 27+403 人（"卡洛·阿尔贝托"号）

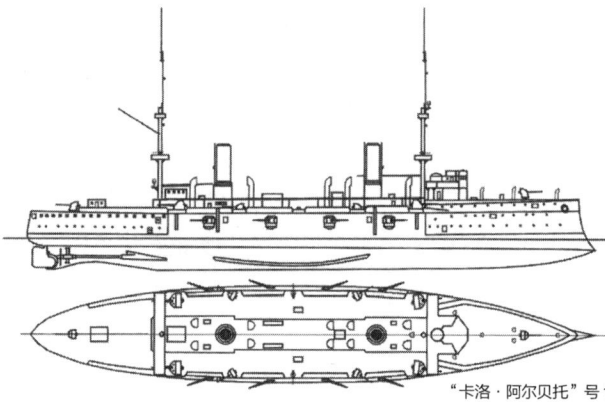

"卡洛·阿尔贝托"号 1898

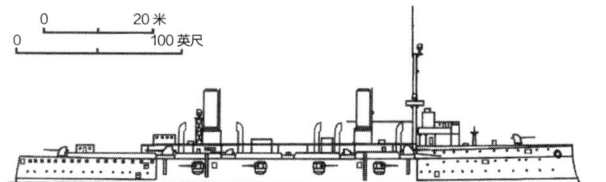

"维托尔·皮萨尼"号 1916

舰船状况

舰名	建造商	开工时间	下水时间	完工时间	最终结局
"维托尔·皮萨尼"号	斯塔比亚海堡海军造船厂	1892.12.7	1895.8.18	1898.4.1	1920.1.20 除籍; 1920.3.13 被拆解
"卡洛·阿尔贝托"号	拉斯佩齐亚和海堡海军造船厂	1893.1	1896.9.23	1898.5.1	1920.1.12 除籍并被出售拆解

"维托尔·皮萨尼"号

1900.4.3—1901.1.4, 远东; 1905—1916, 地中海 / 亚得里亚海; 1916.11.1—1918.11.27, 司令部船; 1918.11—1919.8, 大西洋; 1919.9.11, 退役。

"卡洛·阿尔贝托"号

1898.6—1899.2, 南非; 1899—1900.1, 远东; 1902.6—9, 被用作皇家游艇; 1902.10, 北美; 1902 .12—1903.2, 委内瑞拉; 1903—1906, 地中海; 1907—1910, 炮术 / 鱼雷训练舰; 1911—1917, 地中海 / 亚得里亚海; 1916.10.1—1917 年, 鱼雷艇支援舰; 1917—1918, 被改装为威尼斯至塔兰托的运兵船; 1918—1920, 运兵船; 1920.4, 退役。

"朱塞佩·加里波第"级

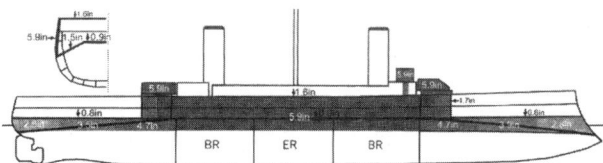

排水量	6730~6790 吨（"朱塞佩·加里波第"号一代至三代，以及"瓦雷塞"一代至二代）；7280 吨（后 3 舰）。
尺寸	328.1 英尺（垂线间长）/363.7 英尺（全长）×59.75 英尺 ×23.3 英尺；后 3 舰的部分数据有所不同，即 344 英尺（垂线间长）/366.7 英尺（全长） 100 米（垂线间长）/107.8 米（全长）×18.2 米 ×7.1 米；后 3 舰的部分数据有所不同，即 104.9 米（垂线间长）/111.8 米（全长）
动力系统	8 台圆筒式火管锅炉（第二代与第四代"加里波第"号、"费鲁乔"号为 24 台尼克劳塞式水管锅炉；第三代"加里波第"号为 16 台贝尔维尔式水管锅炉；第三代"瓦雷塞"号为 24 台贝尔维尔式）；双轴推进；往复式蒸汽机（立式三胀式）；指示功率为 13500 马力 =20 节；载煤量为 400/1000 吨（前 5 舰，改造后为 1600 吨），650/1200 吨（后 3 舰）；航程：10 节航速下 4400~6000 海里
武器装备	2 门（后 3 舰仅 1 门）45 倍径 10 英寸炮、4 门（仅第一代"瓦雷塞"号如此，后 3 舰为 2 门）45 倍径 8 英寸炮（双联 ×1 及单联 ×2）、10 门（后 4 舰为 14 门）45 倍径 6 英寸炮、4 门 44 倍径 4.7 英寸炮（仅前 3 舰）、10 门（后 3 舰仅 6 门）37 毫米炮
装甲防护	主装甲带厚度分别为 2.8 英寸 ~3.5 英寸 ~4.7 英寸 ~5.9 英寸 ~4.7 英寸 ~3.5 英寸 ~2.8 英寸；炮郭装甲厚度为 5.9 英寸；主炮塔装甲厚度为 5.9 英寸；装甲甲板厚度为 0.9/1.5 英寸；司令塔装甲厚度为 5.9 英寸
舰员	25+530 人（后 3 舰）

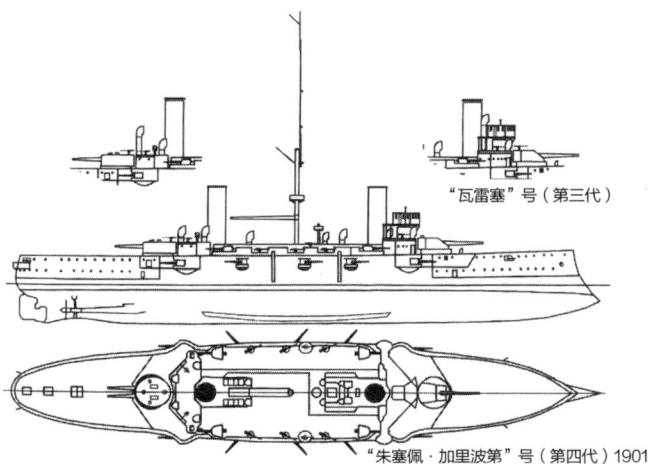

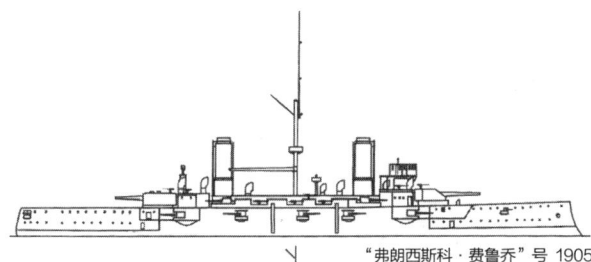

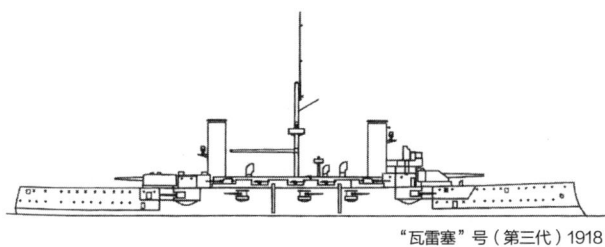

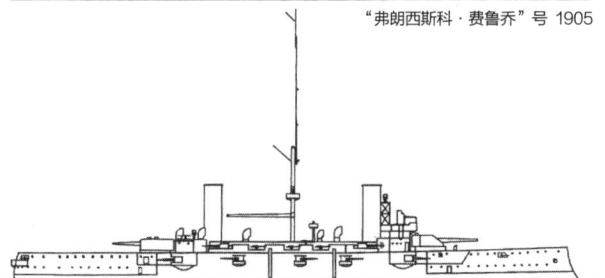

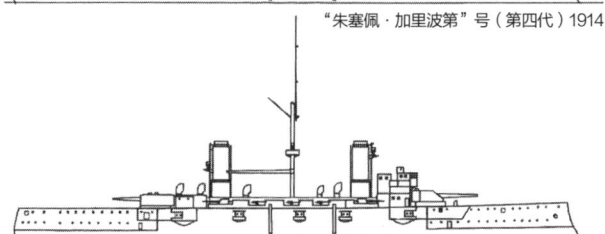

"瓦雷塞"号（第三代）

"朱塞佩·加里波第"号（第四代）1901

"瓦雷塞"号（第三代）1918

"弗朗西斯科·费鲁乔"号 1905

"朱塞佩·加里波第"号（第四代）1914

"弗朗西斯科·费鲁乔"号 1929

舰船状况

舰名	建造商	开工时间	下水时间	完工时间	最终结局
"朱塞佩·加里波第"号 （Giuseppe Garibaldi） =阿根廷"加里波第"号（1895.7）	安萨尔多（热那亚－西塞斯特里）	1893.7.25	1895.5.27	——	出售给阿根廷海军
"瓦雷塞"号（Varese，第一代） =阿根廷"圣马丁"号（1896.10）	奥兰多（莱戈恩）	1895	1896.5.25	——	出售给阿根廷海军
"朱塞佩·加里波第"号（第二代） =西班牙"克里斯托弗·哥伦布"号（1896.8）	安萨尔多（热那亚－西塞斯特里）	1895	1896.9.16	——	出售给西班牙海军
"朱塞佩·加里波第"号（第三代） =阿根廷"普益勒东"号（1897）	安萨尔多（热那亚－西塞斯特里）	1896.8	1897.9.25	——	出售给阿根廷海军
"瓦雷塞"号（第二代） =阿根廷"贝尔格拉诺将军"号（1897）	奥兰多（莱戈恩）	1896.6	1897.7.25	——	出售给阿根廷海军
"朱塞佩·加里波第"号（第四代）	安萨尔多（热那亚－西塞斯特里）	1898.9.21	1899.6.26	1901.1.1	1915.7.18 在察夫塔特被奥匈帝国U-4 号潜艇击沉
"瓦雷塞"号（第三代）	奥兰多（莱戈恩）	1898.9.15	1899.8.6	1901.4.5	1923.1.4 退役除名
"弗朗西斯科·费鲁乔"号	威尼斯海军造船厂	1899.9.18	1902.4.23	1905.9.1	1930.4.1 退役除籍； 1936.8—1936.9 在拉斯佩齐亚被用作靶舰

"朱塞佩·加里波第"号（第四代）
1902—沉没，地中海/亚得里亚海。

"瓦雷塞"号（第三代）
1902—1918，地中海/亚得里亚海；1920—1922，见习军官训练舰。

"弗朗西斯科·费鲁乔"号
1905—1918，地中海/亚得里亚海；1919—1923，利比亚；1923.1.4，见习军官训练舰。

未实施计划
一等战斗舰

排水量	8000 吨
尺寸	400 英尺 ×63 英尺 ×22 英尺 122 米 ×16 米 ×6.7 米
动力系统	锅炉未知；双轴推进；往复式蒸汽机（立式三胀式）；指示功率为 15000~19000 马力 =22/23 节；载煤量为 600/2100 吨；航程：10 节航速下 15000 海里
武器装备	12 门 45 倍径 8 英寸炮（双联装 ×6）、12 门 40 倍径 3 英寸炮、12 门 47 毫米炮；4 具 17.7 英寸鱼雷发射管
装甲防护	主装甲带厚度为 5.9 英寸；主炮塔装甲厚度为 5.9 英寸；装甲甲板厚度为 1.6 英寸；司令塔装甲厚度为 5.9 英寸
舰员	未知

舰船状况

舰名	建造商	开工时间	下水时间	完工时间	最终结局
"热那亚"号（Genova）	拉斯佩齐亚和海堡海军造船厂	——	——	——	1901 年取消建造
"威尼斯"号（Venezia）	拉斯佩齐亚和海堡海军造船厂	——	——	——	1901 年取消建造
"比萨"号（Pisa，第一代）	海军造船厂	——	——	——	1901 年取消建造
"阿玛尔菲"号（Amalfi，第一代）		——	——	——	1901 年取消建造

"比萨"级
一等战斗舰；
1921.7.1，岸防舰（二等战斗舰）

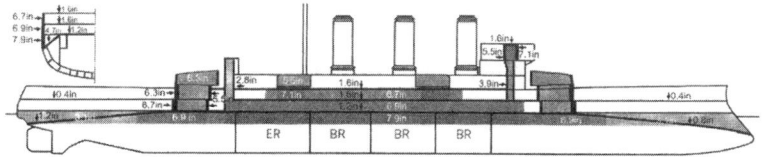

排水量	9676 吨
尺寸	426 英尺（垂线间长）/460 英尺（全长）×68.9 英尺 ×23 英尺 130 米（垂线间长）/140.5 米（全长）×21 米 ×7 米
动力系统	22 台贝尔维尔式水管锅炉；双轴推进；往复式蒸汽机（立式三胀式）；指示功率为 20000 马力 =23 节；载煤量为 670/1560 吨；航程： 12/21 节航速下分别为 2500/1400 海里
武器装备	4 门 45 倍径 10 英寸炮（双联装 ×2）、8 门 45 倍径 7.5 英寸炮（双联装 ×4）、16 门（1918 年时为 14 门）45 倍径 3 英寸炮、8 门 50 倍径 47 毫米炮（在 1918 年更换为 6 门 45 倍径 3 英寸防空炮）；3 具 17.7 英寸鱼雷发射管
装甲防护	主装甲带厚度分别为 3.1 英寸 ~6.9 英寸 ~7.9 英寸 ~9.9 英寸 ~3.1 英寸；主炮塔装甲厚度为 6.3 英寸；副炮塔装甲厚度为 5.5 英寸； 装甲甲板厚度为 2 英寸；司令塔装甲厚度为 7 英寸
舰员	32+655 人

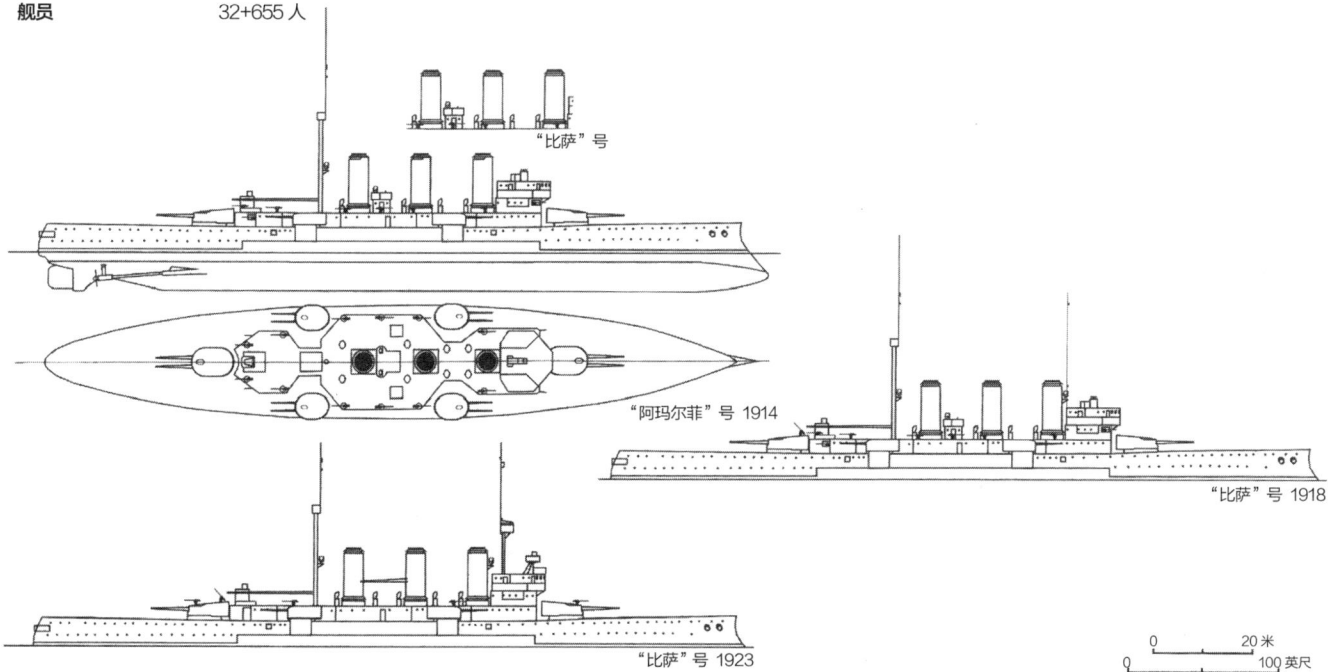

"比萨"号

"阿玛尔菲"号 1914

"比萨"号 1918

"比萨"号 1923

舰船状况

舰名	建造商	开工时间	下水时间	完工时间	最终结局
"比萨"号（Pisa，第二代）	奥兰多（莱戈恩）	1905.2.20	1907.9.15	1909.9.1	1937.4.28 退役除名并被出售拆解
"阿玛尔菲"号（Amalfi，第二代）	奥德罗（西塞斯特里）	1905.7.24	1908.5.5	1909.9.1	1915.7.7 在亚得里亚海北部被奥匈帝国 U-26 号潜艇击沉

"比萨"号
1921—1930，训练舰。

"圣焦尔焦"级
一等战斗舰；1921.7.1，二等战斗舰；
"圣焦尔焦"号，1938，岸防舰；
"圣马可"号，1931，靶舰

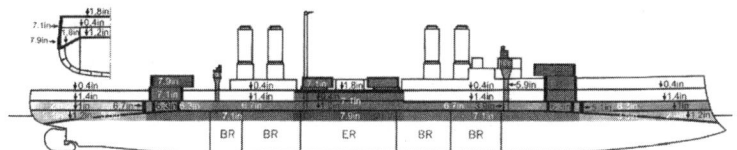

排水量	10167 吨（"圣焦尔焦"号）/10720 吨（"圣马可"号）；"圣焦尔焦"号（1938）：9470 吨；"圣马可"号（1935）：8600 吨
尺寸	430 英尺（垂线间长）/451.5 英尺（水线长）462.3 英尺（全长）×68.9 英尺 ×24 英尺（"圣马可"号为 25.6 英尺） 131 米（垂线间长）/137.6 米（水线长）140.9 米（全长）×21 米 ×7.3 米（"圣马可"号为 7.8 米）

动力系统	"圣焦尔焦"号：14台（1938年时为8台）布莱切顿式水管锅炉；双轴推进；往复式蒸汽机（立式三胀式）；指示功率为18000马力=22.5/16节；载煤量为700/1500吨（1938年时载油量为1300吨）；航程：12/10节航速下分别为3100/6270海里（12/17节航速下分别为4237/2368海里） "圣马可"号：14台巴布科克&威尔科克斯（1935年时为4台桑克罗夫特式）水管锅炉；四轴推进；帕森斯蒸汽轮机；输出功率为20000/13000轴马力=23/18节；载煤量为700/1400吨；航程：12/10节航速下分别为3100/4800海里
武器装备	4门45倍径10英寸炮（双联装×2）、8门45倍径7.5英寸炮（双联装×4）、18门（1918年时为10门）40倍径3英寸炮、2门50倍径47毫米炮（后于1918年增设6门40倍径76毫米防空炮）；3具17.7英寸鱼雷发射管 "圣焦尔焦"号（1938年）：4门45倍径10英寸炮（双联装×2）、8门45倍径7.5英寸炮（双联装×4）、8门（1940年时为10门）47倍径3.9英寸防空炮、4挺（1940年时为10挺）13.2毫米防空机枪（后于1940年增设6门54倍径37毫米防空炮和12门65倍径20毫米防空炮） "圣马可"号于1935年拆除舰上武器装备
装甲防护	主装甲带厚度分别为2.4英寸~3.5英寸~7.1英寸~7.9英寸~7.1英寸~3.5英寸~2.4英寸；装甲甲板厚度为1.2/1.8英寸；炮座装甲厚度为6.3英寸~7.1英寸；主炮塔装甲厚度为7.9英寸；副炮塔装甲厚度为7.1英寸；司令塔装甲厚度为10英寸
舰员	699人（"圣焦尔焦"号）、703人（"圣马可"号）

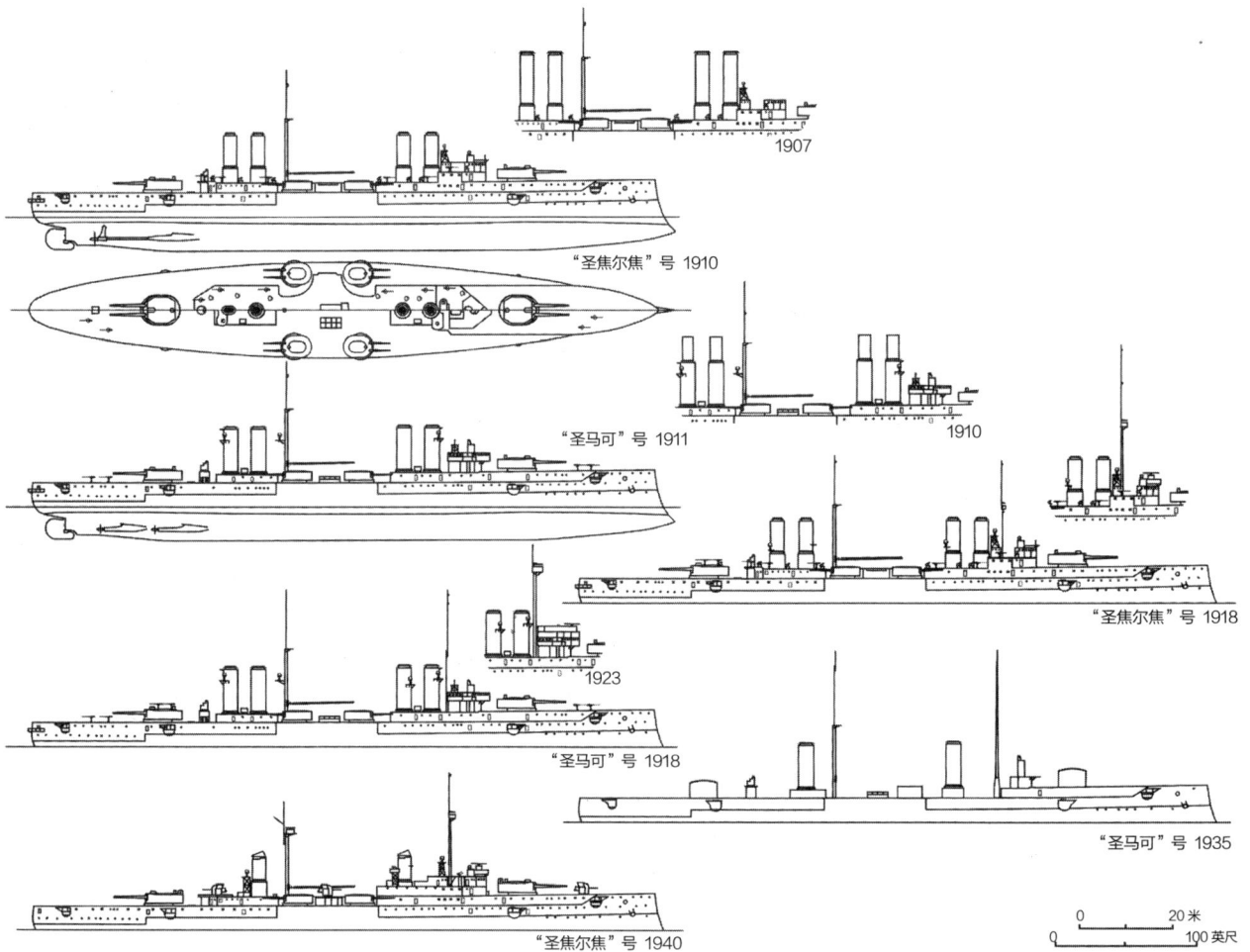

1907

"圣焦尔焦"号 1910

1910

"圣马可"号 1911

"圣焦尔焦"号 1918

1923

"圣马可"号 1918

"圣马可"号 1935

"圣焦尔焦"号 1940

| | 0 | 20米 |
| | 0 | 100英尺 |

舰船状况

舰名	建造商	开工时间	下水时间	完工时间	最终结局
"圣焦尔焦"号（San Giorgio）	——	1905.7.4	1908.7.27	1910.7.1	1941.1.22在托布鲁克被凿沉；1952年被打捞；同年在马耳他以东沉没
"圣马可"号（San Marco）	——	1907.1.2	1908.12.20	1911.2.7	1935年被用作靶舰；1945年在拉斯佩齐亚被凿沉；1947.2.27退役除籍后被拆解

"圣焦尔焦"号

1924.6，海军特遣分队；1925.11—1926.4，红海海军分队；1928.9—1936.12，远洋训练舰；1938.6—1939，训练舰；1940.5—沉没，托布鲁克。

"圣马可"号

1924.6，海军特遣分队；1924—1929.9，远洋训练舰。

	1865	1870	1875	1880	1885	1890	1895	1900	1905	1910	1915	1920	1925	1930	1935	1940	1945	1950	1955
"千代田"号																			
"浅间"号																			
"常磐"号																	+		
"吾妻"号																			
"岩手"号																	+		
"出云"号																	+		
"八云"号																			
"相模"号 原俄罗斯海军"佩列斯韦特"号												+							
"周防"号 原俄罗斯海军"胜利"号																			
"阿苏"号 原俄罗斯海军"巴扬"号(一代)														+					
"春日"号 原阿根廷海军"里瓦达维亚"号																	+		
"日进"号 原阿根廷海军"莫雷诺"号																+			
"筑波"号												+							
"生驹"号																			
"鞍马"号																			
"伊吹"号																			

"千代田"号

一等舰；1898.3.21，三等巡洋舰；
1912.8.28，二等岸防舰；1920.3，潜艇补给舰；
1921，潜艇母舰；1922，潜艇补给舰；
1924.12.1，训练舰

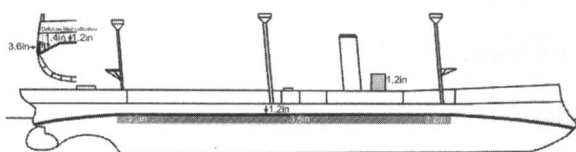

排水量	2439 吨
尺寸	310 英尺（水线长）/302 英尺（垂线间长）×42 英尺 ×14 英尺 94.5 米（水线长）/92 米（垂线间长）×13 米 ×4.3 米
动力系统	6 台机车式火管锅炉（1898 年时为贝尔维尔式）；双轴推进；往复式蒸汽机（立式三胀式）；指示功率为 5600 马力 =19 节；载煤量为 330/427 吨；航程：10 节航速下 8000 海里
武器装备	10 门 40 倍径 4.7 英寸炮、14 门（后减为 6 门）47 毫米炮、3 门 25 毫米加特林机关炮[1]（后更换为 11 管 37 毫米型号）；3 具 14.2 英寸鱼雷发射管
装甲防护	主装甲带厚度分别为 0（无装甲）~3.2~3.6 英寸 ~3.2 英寸 ~0（无装甲）；装甲甲板厚度为 1.2/1.4 英寸；司令塔装甲厚度为 1.2 英寸
舰员	350 人

---

[1] 译者注：根据日方记录，建成时安装有 3 座 5 管 8.5 毫米诺邓飞转管机枪，后将其拆除并更换为 1 到 2 挺 6.5 毫米保式机枪（仿哈奇开斯）。

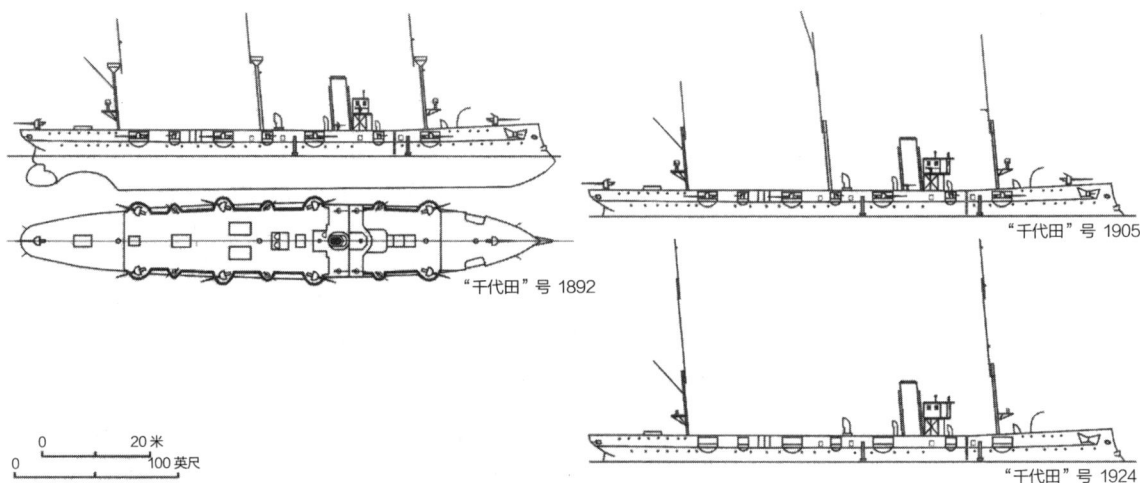

"千代田"号 1892

"千代田"号 1905

"千代田"号 1924

舰船状况

舰名	建造商	开工时间	下水时间	完工时间	最终结局
"千代田"号（Chiyoda）	J&G. 汤普森（克莱德班克）	1888.12.4	1890.6.3	1891.1.1	1927 年被拆空舰壳；1927.8.5 在丰后水道被"古鹰"号重巡洋舰当作靶舰击沉

"浅间"级

一等巡洋舰；1921，一等岸防舰
"常磐"号，1922，布雷舰；
"浅间"号，1930，岸防舰；
"常磐"号，1931，岸防舰；
"浅间"号，1942，训练舰

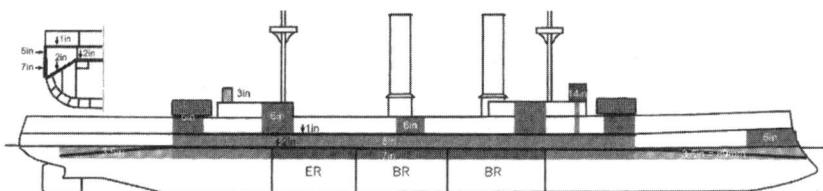

排水量	9670 吨
尺寸	408 英尺（垂线间长）/442 英尺（全长）×67 英尺 ×24.4 英尺 124.36 米（垂线间长）/134.72 米（全长）×20.5 米 ×7.42 米
动力系统	12 台圆筒式火管锅炉（"常磐"号在 1910 年更换为 16 台贝尔维尔式；"浅间"号在 1917 年更换为 16 台宫原式锅炉；另外"常磐"号在 1938 年更换为 8 台舰本式锅炉）；双轴推进；往复式蒸汽机（立式三胀式）；指示功率为 13000 马力 =20 节（"常磐"号在 1938 年为 8000 马力 =16 节）；载煤量为 600/1200 吨；航程：10 节航速下 10000 海里
武器装备	4 门 45 倍径 8 英寸炮（双联装 ×2）、14 门 40 倍径 6 英寸炮、12 门 12 磅炮、8 门 47 毫米炮；5 具 18 英寸鱼雷发射管 "常磐"号（1924 年）：2 门 45 倍径 8 英寸炮（双联装）、8 门 40 倍径 6 英寸炮、2 门 12 磅炮、1 门 40 倍径 3 英寸防空炮；5 具 18 英寸鱼雷发射管 "常磐"号（1943 年）：4 门 40 倍径 6 英寸炮、1 门 3 英寸防空炮、2 门 40 毫米防空炮、30/35 门 25 毫米防空炮（双联装 ×10 及单装 ×10/15）；200~300 枚水雷
装甲防护	主装甲带厚度分别为 0（无装甲）~3.5~5 英寸 ~7 英寸 ~5 英寸 ~3 英寸；装甲甲板厚度为 2 英寸；炮郭装甲厚度为 6 英寸；主炮塔装甲厚度为 6 英寸；司令塔装甲厚度为 14 英寸（哈维镍钢）
舰员	661 人

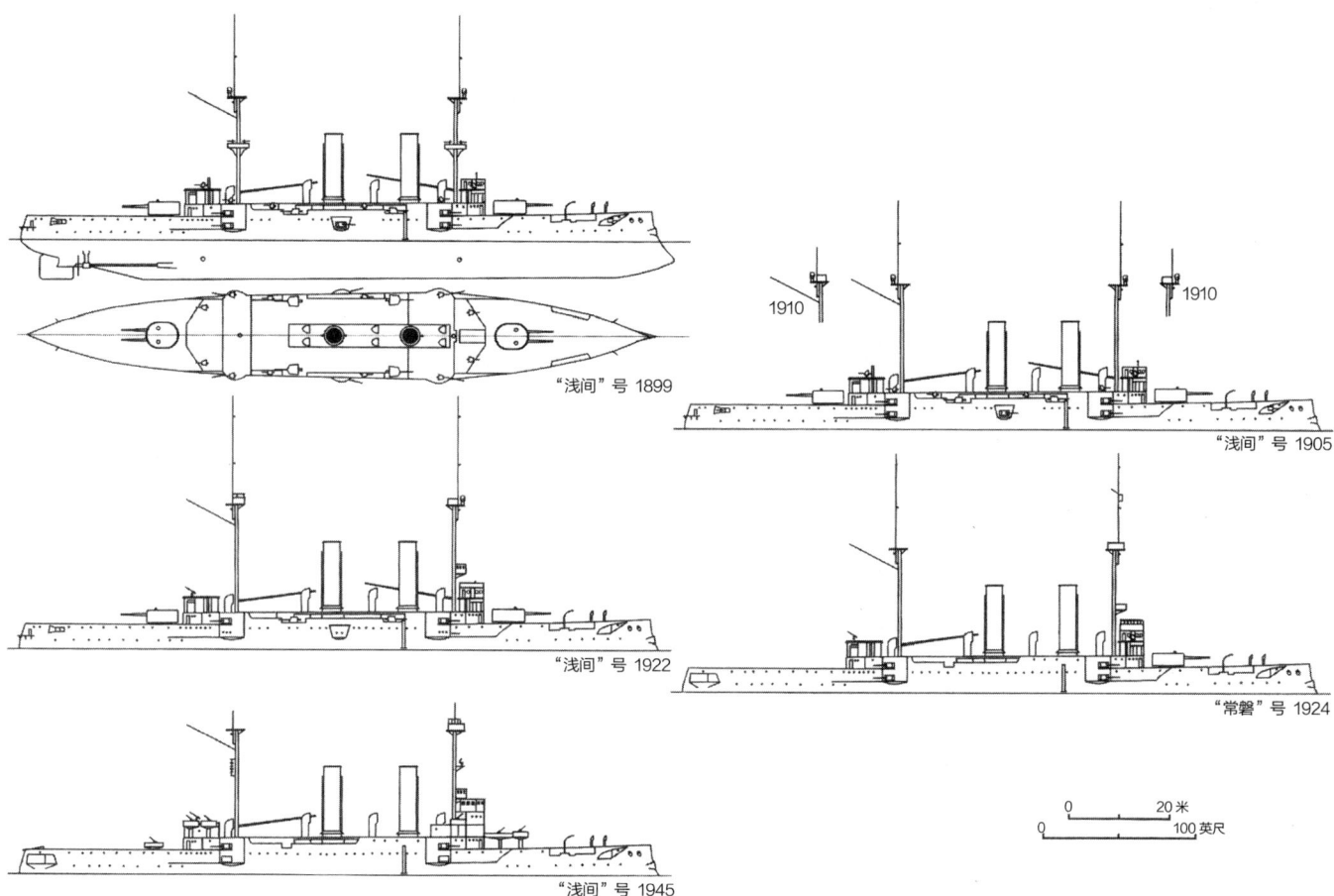

"浅间"号 1899

"浅间"号 1905

"浅间"号 1922

"常磐"号 1924

"浅间"号 1945

```
0          20 米
0              100 英尺
```

舰船状况

舰名	建造商	开工时间	下水时间	完工时间	最终结局
"浅间"号（Asama）	阿姆斯特朗（埃斯维克）	1896.10.20	1898.3.22	1899.3.18	1935 年被拆空舰壳；1945.11.30 退役除名；1946.8.15—1947.3.25, 在因岛由日立公司拆解
"常磐"号（Tokiwa）	阿姆斯特朗（埃斯维克）	1897.1.6	1898.6.6	1899.5.18	1945.8.9 在大凑附近海域被轰炸，随后搁浅；1945.11.30 退役除名；1947.4.5 被打捞；1947.10 在函馆被拆解

"浅间"号

1902.8—1903.5, 欧洲；1910.10.16—1911.3.6, 军官训练巡航（随同"笠置"号防护巡洋舰）；1914.4.20—1914.8.11, 军官训练巡航（随同"八云"号）；1914.10—1915.12, 东太平洋。另在以下时间段进行过军官训练远航：1918.3.2—1918.7.6（随同"岩手"号）；1920.8.21—1921.4.2、1922.6.26—1923.2.8, 1922.6.26—1923.2.8（随同"岩手"号与"出云"号);1923.11.7—1924.4.5（随同"岩手"号与"出云"号);1924.11.10—1925.4.2（随同"出云"号与"八云"号）；1926.6.30—1927.1.17、1927.6.30—1927.12.26（随同"岩手"号）；1929.7.1—1929.12.27、1932.3.1—1932.7.14、1934.2.15—1934.7.26、1935.2.20—1935.7.22（随同"八云"号）。1938.7.5 在吴港被改造为海军士官驻泊训练舰；1942.8.2 在松岛被用作炮术训练舰/营房舰。

"常磐"号

1914.8.17—1914.10.31, 第二舰队第 4 中队；1914.11.9, 第一舰队。该舰在以下时间段进行过军官训练远航：1917.4.5—1917.8.17（随同"八云"号）、1919.3.1—1919.7.26（随同"吾妻"号）、1919.11.24—1920.5.20。1922.9.30—1924.3, 在佐世保被改造为布雷舰；1927, 预备役；1932.1—1933.5.17, 被重新启用；1933—1939, 预备役；1939.11.15, 第四舰队第 19 战队；1940.11.15, 第 19 布雷队；1943.5, 大凑警备府第 52 警备分队；1944.1.20, 第七舰队第 18 战队；1945.4.5, 第七舰队；1945.4.10, 护卫舰队司令部。

"出云"级

一等巡洋舰；一等岸防舰（1921）；岸防舰（1931）；
一等巡洋舰（1942）；训练舰（1943）

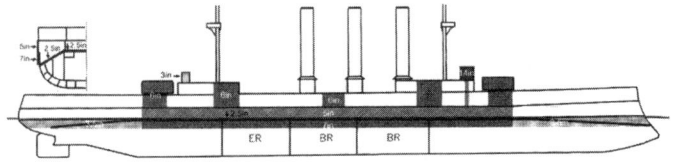

排水量	9600 吨
尺寸	400 英尺（垂线间长）/434 英尺（全长）×68.5 英尺 ×23.75 英尺 121.9 米（垂线间长）/132.2 米（全长）×20.9 米 ×7.24 米
动力系统	12 台圆筒式火管锅炉（"常磐"号在 1910 年更换为 16 台贝尔维尔式；"浅间"号在 1917 年更换为 16 台宫原式锅炉；"常磐"号后于 1938 年更换为 8 台舰本式锅炉）；双轴推进；往复式蒸汽机（立式三胀式）；指示功率为 13000 马力 = 20 节（"常磐"号在 1938 年为 8000 马力 =16 节）；载煤量为 600/1200 吨；航程：10 节航速下 10000 海里
武器装备	4 门 45 倍径 8 英寸炮（双联装 ×2）、14 门 40 倍径 6 英寸炮、12 门 12 磅炮、8 门 2.5 磅炮；4 具 18 英寸鱼雷发射管 1924 年：4 门 45 倍径 8 英寸炮（双联装 ×2）、14 门 40 倍径 6 英寸炮、8 门 40 倍径 3 英寸炮、1 门 3 英寸防空炮 20 世纪 30 年代：4 门 45 倍径 8 英寸炮（双联装 ×2）、8 门（后减为 4 门）40 倍径 6 英寸炮、4 门 40 倍径 3 英寸炮、1 门 3 英寸防空炮 "出云"号（1944.4）：4 门 40 倍径 6 英寸炮、4 门 5 英寸防空炮（双联装 ×2）、1 门 3 英寸防空炮、14 门 25 毫米防空炮（三联装 ×2 及双联装 ×2 及单装 ×4）、2 挺 13 毫米防空机枪 "岩手"号（1945.4）：4 门 40 倍径 6 英寸炮、4 门 5 英寸防空炮（双联装 ×2）、3 门 3 英寸防空炮、9 门 25 毫米防空炮（三联装 ×1 及双联装 ×2 及单装 ×2）、2 挺 13 毫米防空机枪
装甲防护	主装甲带厚度分别为 3.5 英寸 ~7 英寸 ~3.5 英寸；装甲甲板厚度为 2.5 英寸；炮郭、主炮塔和炮座装甲厚度为 6 英寸；司令塔装甲厚度为 14 英寸（克虏伯渗碳钢）
舰员	682 人

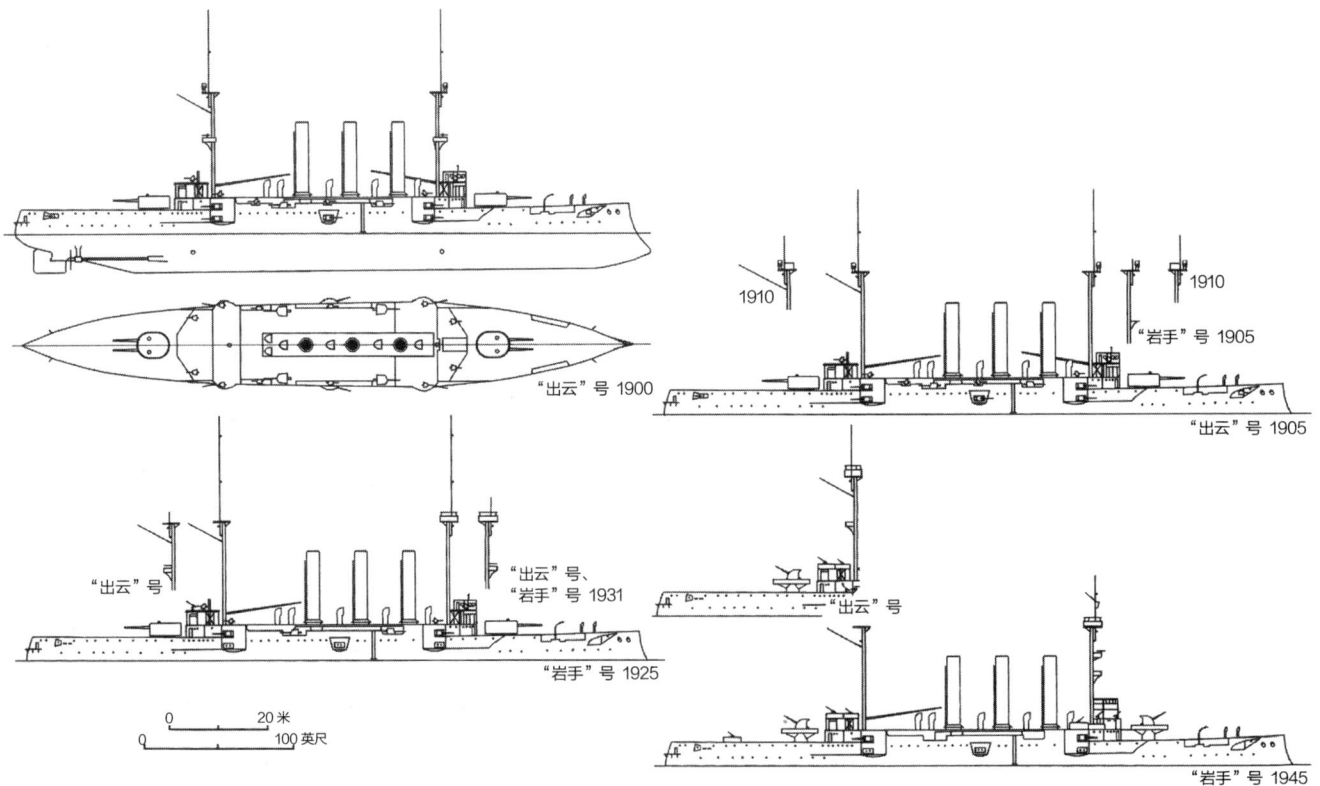

"出云"号 1900

"出云"号

"出云"号、"岩手"号 1931

"岩手"号 1925

1910

1910

"岩手"号 1905

"出云"号 1905

"出云"号

"岩手"号 1945

舰船状况

舰名	建造商	开工时间	下水时间	完工时间	最终结局
"出云"号（Izumo）	阿姆斯特朗（埃斯维克）	1898.5.14	1899.9.19	1900.9.25	1945.7.24 在吴港遭盟军轰炸击沉；1947 年被打捞后拆解
"岩手"号（Iwate）	阿姆斯特朗（埃斯维克）	1898.11.11	1900.3.29	1901.3.18	1945.7.24 在吴港遭盟军轰炸击沉；1946 年被打捞后拆解

"出云"号

1907.9.20—1907.12, 北美;1917.6—1919.5, 地中海;1921.8, 训练中队旗舰。军官训练巡航:1921.8.20—1922.4.4(随同"八云"号)、1922.6.26—1923.2.17(随同"岩手"号与"浅间"号)、1924.11.20—1925.4.4(随同"浅间"号与"八云"号)、1926.6.30—1927.1.17(随同"八云")、1928.4.23—1928.10.3、1931.3.5—1931.8.15。1932.2.2, 第三舰队(旗舰);1944.2.20, 吴港训练中队。

"岩手"号

1915.1.25—1916, 地中海和印度洋。军官训练巡航: 1916.4.20—1916.8.22(随同"吾妻"号)、1918.3.2—1918.7.6、1920.8.21—1921.4.2、1922.6.26—1923.2.8(随同"出云"号和"浅间"号)、1923.11.7—1924.4.5(随同"浅间"号和"八云"号)、1925.11.10—1926.4.6、1927.6.30—1927.12.26(随同"浅间"号)、1929.7.1—1929.12.27、1932.3.1—1932.7.14、1933.3.6—1933.7.26(随同"八云"号)、1934.2.15—1934.7.26(随同"浅间"号)、1936.6.9—1936.11.20(随同"八云"号)、1937.6.7—19.7.10.19、1938.4.6—1938.6.29、1938.11.16—1939.1.30、1939.10.4—1939.11.20。1940.2.1, 第三支援舰队第12中队。

"八云"号

一等巡洋舰;一等岸防舰(1921);
岸防舰(1930);一等巡洋舰(1942)

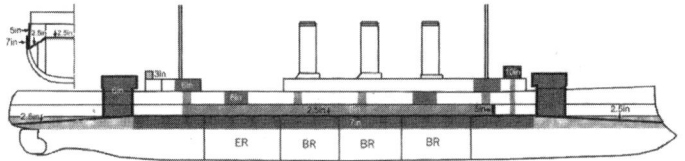

排水量	9850 吨
尺寸	415.4 英尺(垂线间长)/434 英尺(全长)×64.3 英尺 ×23.7 英尺 124.6 米(垂线间长)/132.3 米(全长)×19.6 米 ×7.2 米
动力系统	24 台贝尔维尔式水管锅炉(在 1927 年安装 6 台雅罗式水管锅炉);双轴推进;往复式蒸汽机(立式三胀式);指示功率为 15500 马力 =20.5 节(在 1927 年为 7000 马力 =16 节);载煤量为 550/1300 吨;航程: 10 节航速下 7000 海里
武器装备	4 门 45 倍径 8 英寸炮(双联装 ×2)、12 门 40 倍径 6 英寸炮、12 门 40 倍径 12 磅炮、8 门 47 毫米炮;4 具 18 英寸鱼雷发射管 1924 年: 4 门 45 倍径 8 英寸炮(双联装 ×2)、12 门 40 倍径 6 英寸炮、8 门 40 倍径 12 磅炮、1 门 3 英寸防空炮;2 具 18 英寸鱼雷发射管 1933 年: 4 门 45 倍径 8 英寸炮(双联装 ×2)、8 门 40 倍径 6 英寸炮、4 门 40 倍径 12 磅炮、1 门 3 英寸防空炮 1944 年 2 月: 4 门 40 倍径 6 英寸炮、4 门 5 英寸防空炮(双联装 ×2)、1 门 3 英寸防空炮、12 门 25 毫米防空炮(三联装 ×2 及双联装 ×2 及单装 ×2)
装甲防护	主装甲带厚度分别为 3.5 英寸 ~7 英寸 ~3.5 英寸;装甲甲板厚度为 2.5 英寸;炮座装甲厚度为 6 英寸;主炮塔装甲厚度为 6 英寸;副炮塔装甲厚度分别为 2.8 英寸 ~5.9 英寸;炮郭装甲厚度为 6 英寸;司令塔装甲厚度为 10 英寸
舰员	648 人

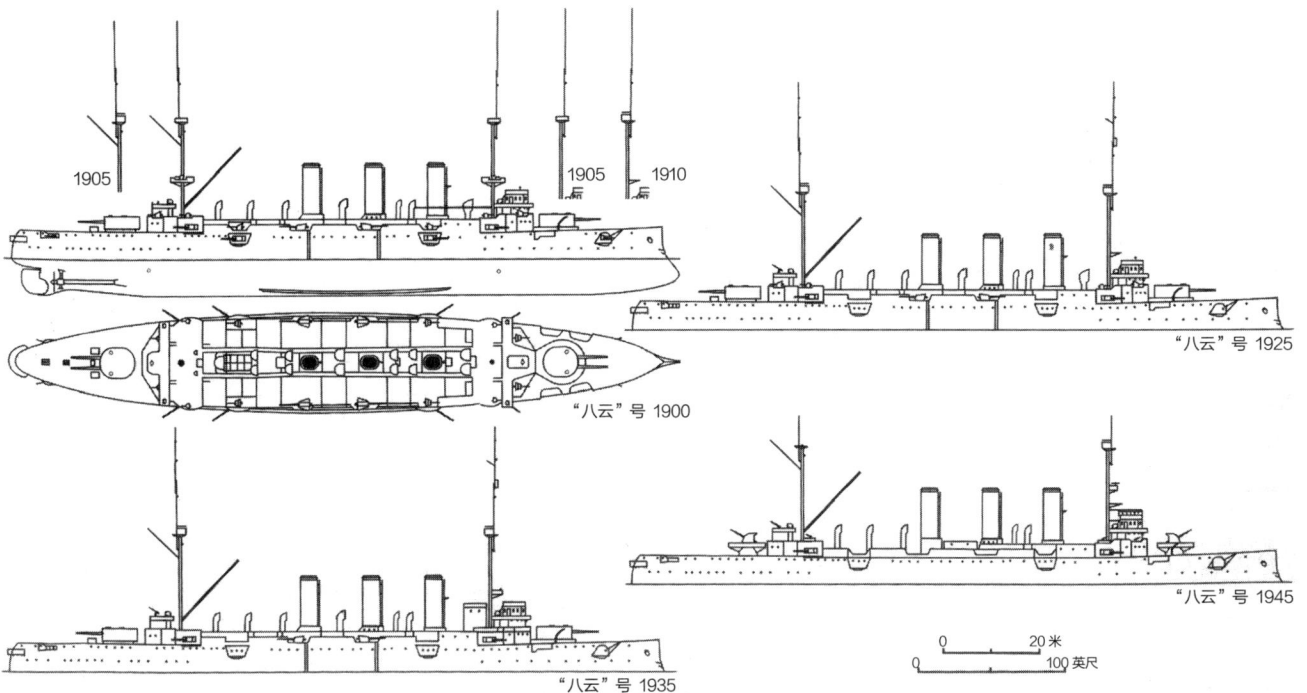

"八云"号 1900

"八云"号 1925

"八云"号 1935

"八云"号 1945

舰船状况

舰名	建造商	开工时间	下水时间	完工时间	最终结局
"八云"号（Yakumo）	伏尔铿造船厂（斯德丁）	1898.9.1	1899.7.8	1900.6.20	1946.7.20 抵达舞鹤；1947.4.1 由日立造船与工程公司负责拆解

军官训练巡航：1917.4.5—1917.8.17（随同"常磐"号）、1921.8.20—1922.4.2（随同"出云"号）、1923.11.27—1924.4.5（随同"浅间"号与"岩手"号）、1924.11.10—1925.4.4（随同"浅间"号与"出云"号）、1926.6.30—1927.1.17、1928.4.23—1928.10.3（随同"出云"号）、1930.11.18—1930.12.30、1931.5.5—1931.8.16、1933.3.6—1933.7.26（随同"岩手"号）、1935.2.20—1935.7.22（随同"浅间"号）、1936.6.9—1936.11.20（随同"岩手"号）、1937.6.9—1937.10、1938.4.6—1938.6、1938.11.16—1939.1.30、1939.10.4—1939.11.20。1943.9.5，第一舰队；19475.10.1，吴港，退役除名；1945.12.1—1946.6.19，复员船；1946.7.15，被第二复员省除名，随后被拆解。

"吾妻"号
一等巡洋舰；1921，一等岸防舰

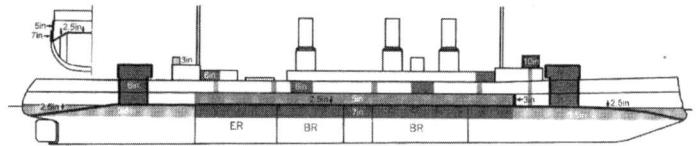

排水量	9278 吨（标准排水量），9953 吨（满载排水量）
尺寸	431.6 英尺（垂线间长）/452.4 英尺（全长）×58 英尺 ×23.6 英尺 131.56 米（垂线间长）/137.9 米（全长）×17.7 米 ×7.2 米
动力系统	24 台贝尔维尔式水管锅炉；双轴推进；往复式蒸汽机（立式三胀式）；指示功率为 17000 马力 =20 节；载煤量为 550/1200 吨；航程：10 节航速下 7000 海里
武器装备	4 门 45 倍径 8 英寸炮（双联装 ×2）、12 门（1930 年时为 8 门）40 倍径 6 英寸炮、12 门（1924 年时为 8 门；1930 年时为 4 门）40 倍径 12 磅炮、12 门 47 毫米炮（在 1924 年被拆除）；5 具（1930 年时为 2 具）18 英寸鱼雷发射管。在 1924 年增设 1 门 3 英寸防空炮
装甲防护	主装甲带厚度分别为 3.5 英寸 ~7 英寸 ~3.5 英寸；炮座、主炮塔及炮郭装甲厚度为 6 英寸；装甲甲板厚度为 2.5 英寸；司令塔装甲厚度为 14 英寸
舰员	670 人到 726 人

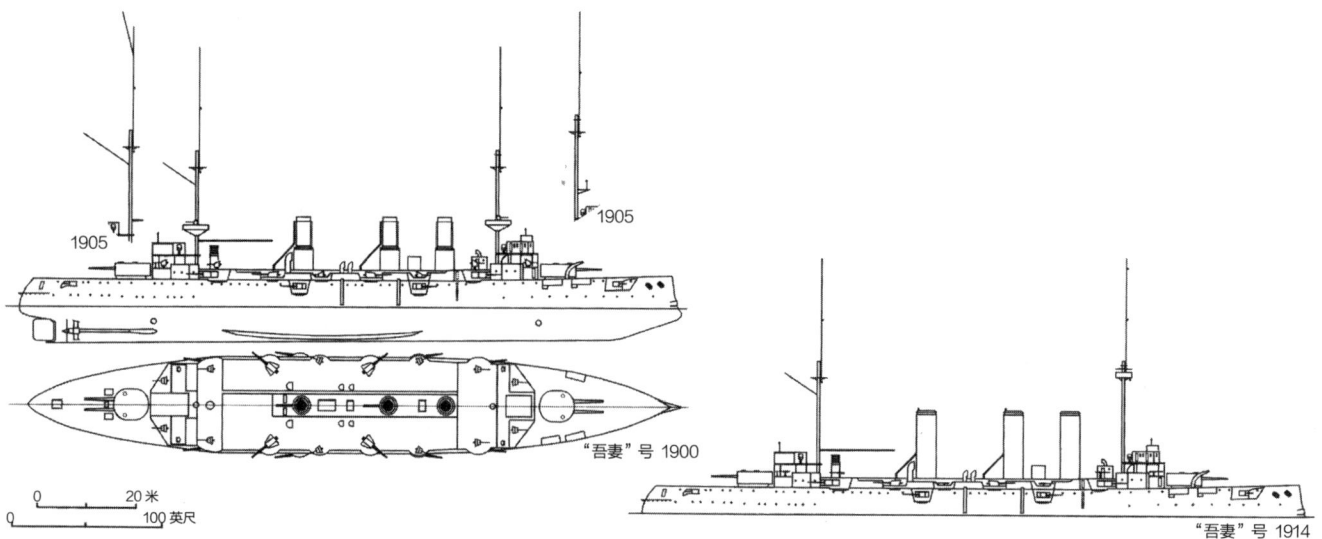

"吾妻"号 1900

"吾妻"号 1914

舰船状况

舰名	建造商	开工时间	下水时间	完工时间	最终结局
"吾妻"号（Azuma）	卢瓦尔舰船制造厂（圣纳泽尔）	1898.2.1	1899.6.24	1900.7.28	1941 年退役除籍并被拆空舰壳；1946 年被拆解

军官训练巡航：1912.12.5—1913.4.21（随同"宗谷"号）、1914.4.20—19174.8.11（随同"浅间"号）、1916.4.20—1916.8.22（随同"岩手"号）、1919.3.1—1919.7.26（随同"常磐"号）、1919.11.28—1920.5.20。1921.9.7，舞鹤镇守府练习舰；1927.10.1，舞鹤海军机关学校港口练习舰。

"加里波第"级
一等巡洋舰；1921，一等岸防舰；1942，训练舰

排水量	7500 吨
尺寸	344 英尺（垂线间长）/366 英尺（水线长）×61.3 英尺 ×24 英尺 104.9 米（垂线间长）/111.7 米（水线长）×18.7 米 ×7.3 米
动力系统	8 台圆筒式水管锅炉（1914：14 台舰本式锅炉）；双轴推进；往复式蒸汽机（立式三胀式）；指示功率 14800 马力 = 20 节；载煤量 500/1190 吨；航程：10 节航速 5500 海里
武器装备	1 门 45 倍径 10 英寸炮（"春日"号）、2 门（"日进"号为 4 门）45 倍径 8 英寸炮（双联装 ×1/2）、14 门（"春日"号为 4 门）45 倍径 6 英寸炮、10 门（1924 年时为 8 门；"春日"号在 1927 年为 4 门）40 倍径 3 英寸炮、6 门（"日进"号为 4 门，但在 1914 年将其拆除）47 毫米炮；4 具（1930 年时为 2 具）18 英寸鱼雷发射管。在 1918 年增设 1 门 40 倍径 3 英寸防空炮
装甲防护	主装甲带厚度分别为 2.8 英寸 ~3.5 英寸 ~4.7 英寸 ~5.9 英寸 ~4.7 英寸 ~3.5 英寸 ~2.8 英寸；炮郭装甲厚度为 5.9 英寸；主炮塔装甲厚度为 5.9 英寸；装甲甲板厚度为 0.9/1.5 英寸；司令塔装甲厚度为 5.9 英寸
舰员	560 人

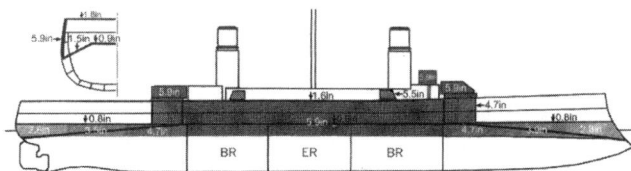

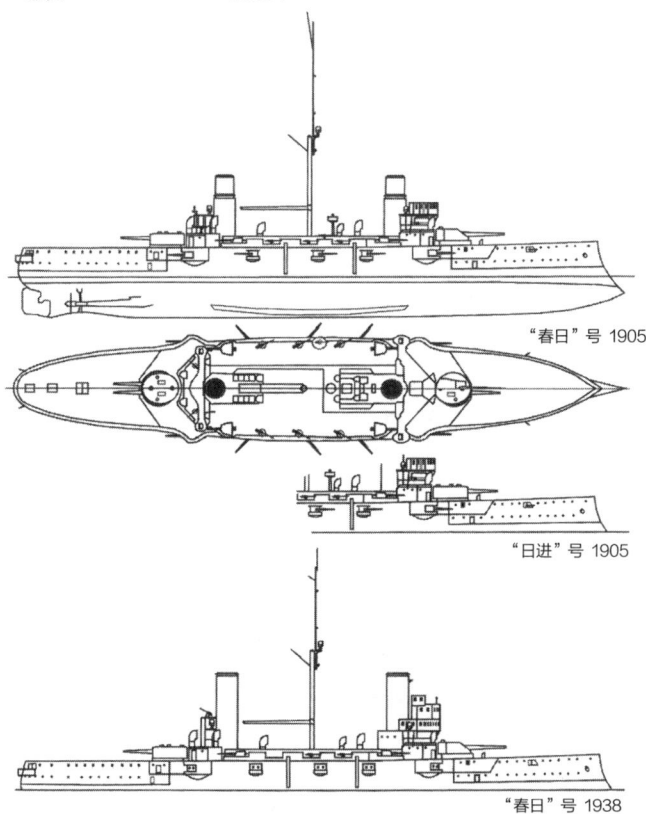

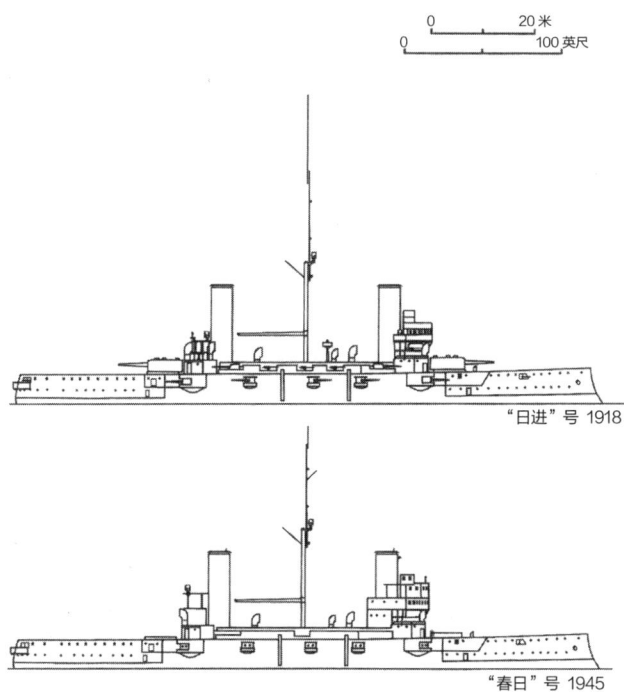

"春日"号 1905

"日进"号 1905

"日进"号 1918

"春日"号 1938

"春日"号 1945

舰船状况

舰名	开工时间	下水时间	完工时间	最终结局
"春日"号（Kasuga，原"贝纳迪诺·里瓦达维亚"号）	1902.3.10	1902.10.22	1904.1.7	1942 年被拆空舰壳；1945.7.18 在横须贺遭空袭；在蒲贺被拆解
"日进"号（原"马里亚诺·莫雷诺"号）="六号废舰"（1935）	1902.3.29	1903.2.9	1904.1.7	1927 年被拆空舰壳；1935.4.1 除名；1936 年在吴港作为靶舰被击沉；被打捞；1942.1.18 在长崎仓桥再次作为靶舰被击沉；被拆解

"春日"号
1927，士官训练舰；1942.7，被拆空舰壳，在横须贺作为浮动船舍。

"日进"号
1914—1915，太平洋巡逻；1915.12.13—1916.5.13 及 1916.9.12—1916.12.1，第 1 驱逐舰中队旗舰；1917.3.28—1917.4.13，第 2 驱逐舰中队旗舰；1917，印度洋；1918—1919，地中海；1927，在横须贺被拆空舰体。

原俄罗斯"佩列斯韦特"级

除下述内容，其余性能诸元见后文：

动力系统	30 台宫原式水管锅炉；三轴推进；往复式蒸汽机（立式三胀式）；指示功率为 14500 马力 =18 节；载煤量为 1060/2060 吨；航程：10 节航速下 6200 海里
武器装备	4 门 45 倍径 10 英寸炮、10 门 45 倍径 6 英寸炮、18 门（"相模"号）/16 门（"周防"号）40 倍径 3 英寸炮；2 具 18 英寸鱼雷发射管

舰船状况

舰名	俘获时间	入役时间	最终结局
"相模"号（Sagami，原俄罗斯"佩列斯韦特"号）	1905.1.5	1908.4	1916 年被出售给俄罗斯
"周防"号（Suwo，原俄罗斯"胜利"号）	1905.1.5	1908.10	1922.4.1 退役除名；1922.7.13 在吴港拆除装甲时意外翻沉；1922.9.25 在吴港被拆解；1945 年之后被出售拆解

原俄罗斯"巴扬"级
一等巡洋舰；1920.4.1，布雷舰

除下述内容，其余性能诸元见后文：

排水量	7726 吨
动力系统	24 台宫原式水管锅炉
武器装备	2 门 45 倍径 8 英寸炮（在 1913 年更换为 2 门 50 倍径 6 英寸炮）、8 门 40 倍径 6 英寸炮、16 门 12 磅炮；2 具 15 英寸鱼雷发射管（在 1913 年被拆除）。在 1917 年装载 420 枚水雷
舰员	570 人

舰船状况

舰名	俘获时间	入役时间	最终结局
"阿苏"号 [原"巴扬"号（一代）] ="四号废舰"（1931.4.1）	1905.1.5	1908	1931.4.1 退役除籍；1932.8.8 作为靶舰被"妙高"号、"那智"号重巡洋舰的炮火以及其他舰艇发射的鱼雷击沉

"阿苏"号
军官训练巡航：1909.3.14—1909.8.7（随同"宗谷"号）、1911.11.25—1912.3.12、1915.4.20—1915.8.23。1917，被改造为布雷舰。

"筑波"级

一等巡洋舰；1912，战列巡洋舰；
1921，一等巡洋舰

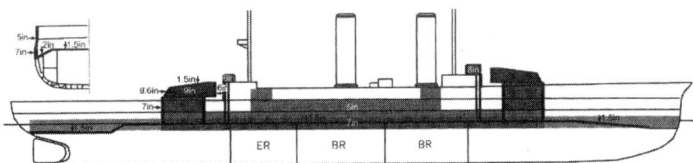

排水量	13750 吨
尺寸	440 英尺（垂线间长）/450 英尺（水线长）/475 英尺（全长）×75 英尺 ×26 英尺 134.11 米（垂线间长）/137.16 米（水线长）/144.78 米（全长）×22.9 米 ×7.9 米
动力系统	20 台宫原式水管锅炉；双轴推进；往复式蒸汽机（立式三胀式）；指示功率为 20500 马力 =20.5 节；载煤量为 1600 吨（"生驹"号 为 1911 吨 +160 吨燃油）
武器装备	4 门 45 倍径 12 英寸炮（双联装 ×2）、12 门（1914 年时为 10 门）45 倍径 6 英寸炮、12 门（1914 年时为 8 门）40 倍径 4.7 英寸炮、 4 门 40 倍径 3 英寸炮；3 具 18 英寸鱼雷发射管（"生驹"号为 2 具 21 英寸和 1 具 18 英寸鱼雷发射管）。在 1918 年增设 2 门 28 倍 径 3 英寸防空炮
装甲防护	主装甲带厚度分别为 4 英寸 ~7 英寸 ~4 英寸；主炮塔装甲厚度分别为 9.6 英寸 ~9 英寸 ~6 英寸；炮座装甲厚度为 7 英寸；炮郭装甲 厚度为 5 英寸；装甲甲板厚度为 1.5/2 英寸；司令塔装甲厚度为 8 英寸
舰员	820 人

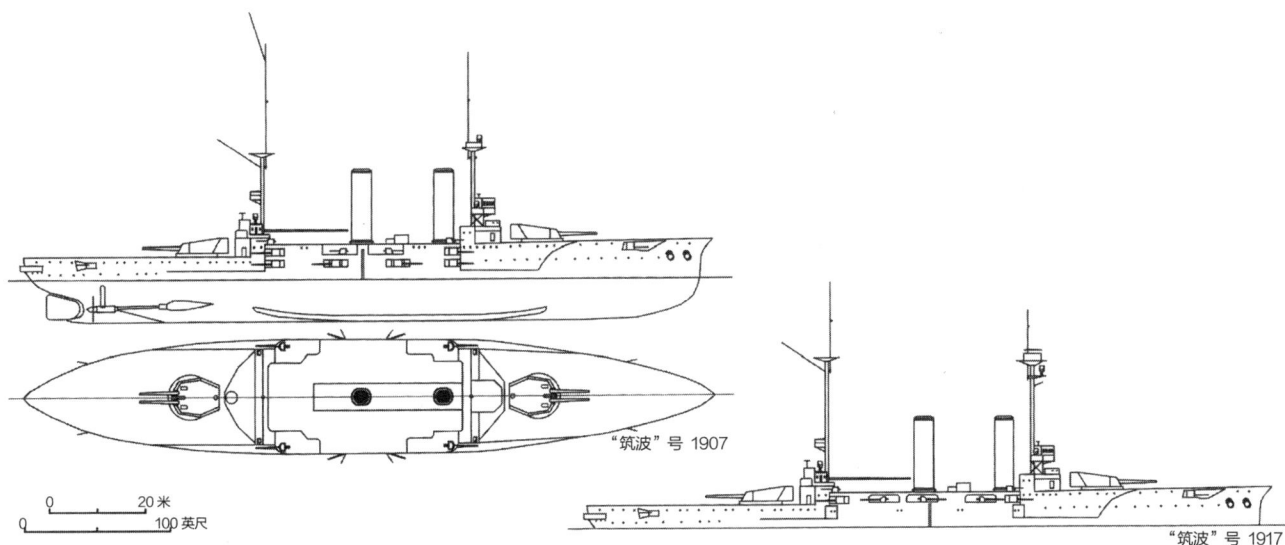

"筑波"号 1907

"筑波"号 1917

0 20 米
0 100 英尺

舰船状况

舰名	建造商	开工时间	下水时间	完工时间	最终结局
"筑波"号（Tsukuba）	吴港海军造船厂	1905.1.14	1905.12.26	1907.1.14	1917.1.14 在横须贺因内部殉爆沉没；1917 年被打捞 并用作靶舰；1917.9.1 除名；1918 年被拆解
"生驹"号（Ikoma）	吴港海军造船厂	1905.3.15	1906.4.9	1908.3.24	1923.9.20 除名；1924.11.13 在长崎被出售给三菱造 船厂拆解

"鞍马" 级
一等巡洋舰；1912，战列巡洋舰；
1921，一等巡洋舰

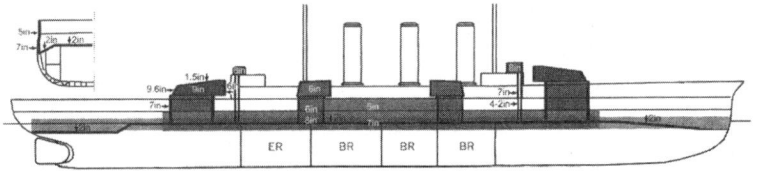

排水量	14635 吨
尺寸	450 英尺（垂线间长）/475.45 英尺（水线长）/485 英尺（全长）×75.5 英尺 ×26.1 英尺 137.16 米（垂线间长）/144.3 米（水线长）/147.82 米（全长）×23 米 ×7.97 米
动力系统	28 台宫原式水管锅炉；双轴推进；往复式蒸汽机（"鞍马"号为立式三胀式）或寇蒂斯式蒸汽轮机（"伊吹"号）；指示功率为22500 马力 =21.25 节 /24000 马力 =22.5 节；载煤量为 600/1868 吨 +218 吨燃油
武器装备	4 门 45 倍径 12 英寸炮（双联装 ×2）、8 门 45 倍径 8 英寸炮（双联装 ×4）、14 门 40 倍径 4.7 英寸炮、4 门 40 倍径 3 英寸炮、3 门47 毫米炮；3 具 18 英寸鱼雷发射管。在 1918 年增设 4 门 28 倍径 3 英寸防空炮
装甲防护	主装甲带厚度分别为 4 英寸 ~7 英寸 ~4 英寸；主炮塔装甲厚度分别为 9.6 英寸 ~9 英寸 ~6 英寸；炮座装甲厚度为 7 英寸；副炮塔装甲厚度为 6 英寸；炮郭装甲厚度为 5 英寸；装甲甲板厚度为 2 英寸；司令塔装甲厚度为 8 英寸
舰员	845 人

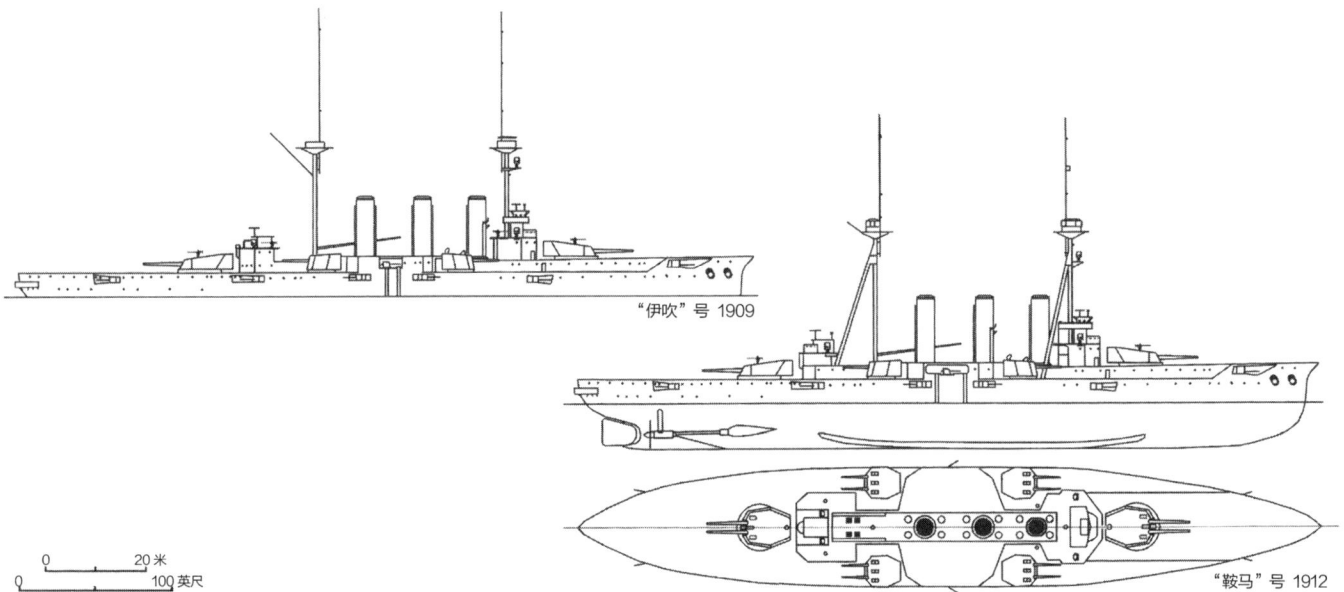

"伊吹"号 1909

"鞍马"号 1912

舰船状况

舰名	建造商	开工时间	下水时间	完工时间	最终结局
"鞍马"号（Kurama）	佐世保海军造船厂	1905.8.23	1907.10.21	1911.2.28	1923.9.20 退役除名；1924—1925 被出售给神户精工造船厂拆解
"伊吹"号（Ibuki）	吴市海军造船厂	1907.5.22	1907.11.21	1909.11.1	1923.9.20 退役除名；1924.12.9 被出售给神户川崎重工拆解

	1865	1870	1875	1880	1885	1890	1895	1900	1905	1910	1915	1920	1925	1930	1935	1940	1945	1950	1955
"波扎尔斯基公爵"号																			
"米宁"号											+								
"海军元帅"号																			
"爱丁堡公爵"号																			
"弗拉基米尔·莫诺马赫"号									+										
"迪米特里·顿斯科伊"号									+										
"纳西莫夫海军上将"号									+										
"亚速海回忆"号											+								
"留里克"号（一代）									+										
"俄罗斯"号																			
"奥斯利雅维亚"号									+										
"佩列斯韦特"号									被日本缴获后更名为"相模"号										
"雷霆"号																			
"胜利"号									被日本缴获后更名为"周防"号										
"巴扬"号（一代）									被日本缴获后更名为"阿苏"号										
"马卡洛夫海军上将"号																			
"巴扬"号（二代）																			
"帕拉达"号											+								
"留里克"号（二代）																			

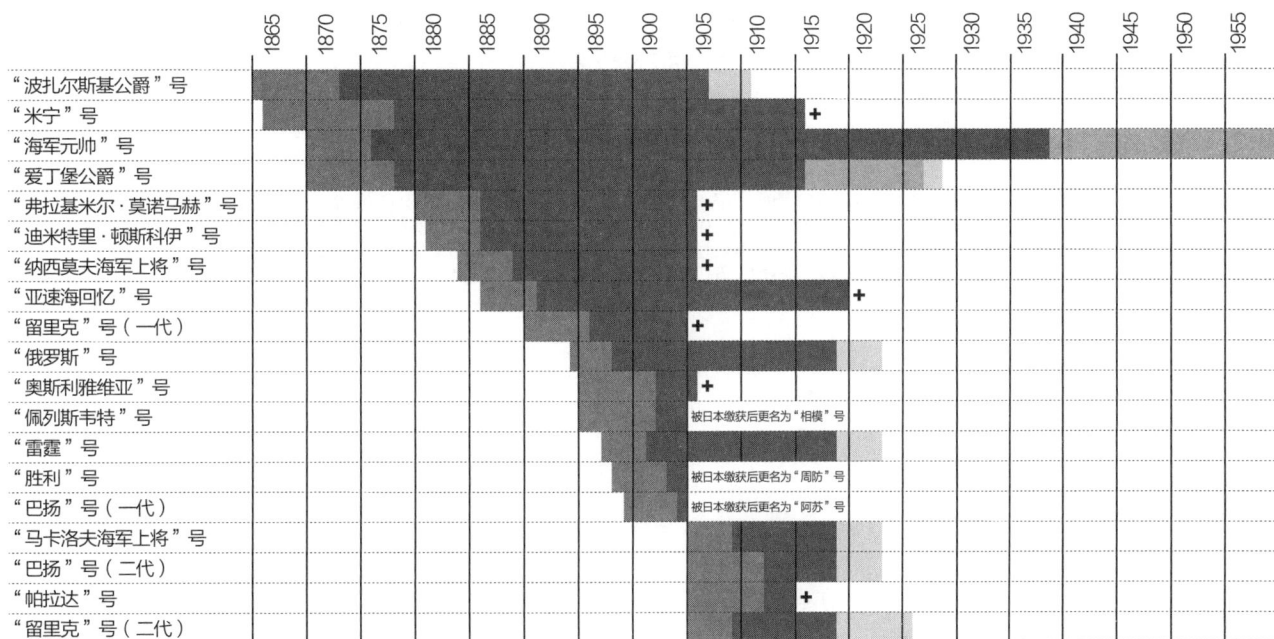

"波扎尔斯基公爵"号

半中央炮郭护卫舰；1892.2.13，一等巡洋舰；1906.3.24，训练舰

排水量	4730 吨
尺寸	267.7 英尺（水线长）/279.5 英尺（全长）×49 英尺 ×20.8 英尺 82.2 米（水线长）/85.2 米（全长）×14.9 米 ×6.3 米
动力系统	6 台（1877 年时为 8 台）圆筒式火管锅炉；单轴推进；往复式蒸汽机（水平直杆式）；指示功率为 2835 马力 =11 节；载煤量为 365 吨；航程：10 节航速下 1200 海里
武器装备	8 门 22 倍径 8 英寸炮、2 门 22 倍径 6 英寸炮；在 1877 年增设 8 门 87 毫米炮 1892 年：8 门 35 倍径 8 英寸炮、2 门 23 倍径 6 英寸炮、8 门 87 毫米炮、4 门 47 毫米炮、6 门 37 毫米炮；2 具鱼雷发射管 19 世纪 90 年代：2 门 8 英寸炮、2 门 6 英寸炮、4 门 87 毫米炮 1906：1 门 6 英寸炮、4 门 87 毫米炮、2 门 47 毫米炮、6 门 37 毫米炮
装甲防护	主装甲带厚度为 4.5 英寸；炮郭装甲厚度为 4.5 英寸；司令塔装甲（于 1871 年增设）厚度为 2 英寸
舰员	24+471 人

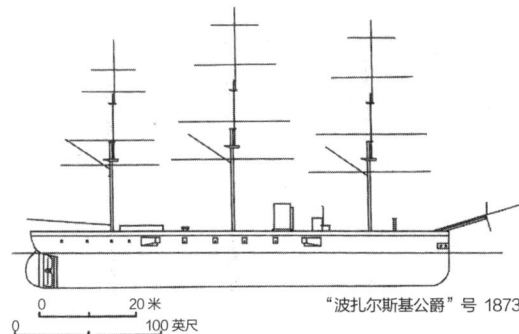

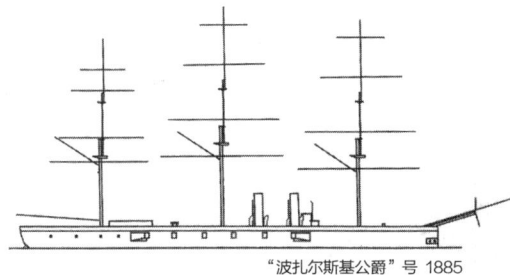

"波扎尔斯基公爵"号 1873

"波扎尔斯基公爵"号 1885

舰船状况

舰名	建造商	开工时间	下水时间	完工时间	最终结局
"波扎尔斯基公爵"号（Kniaz Pozharskiy）	米契尔（圣彼得堡）	1864.11.30	1867.9.12	1869	1911.4.14 退役除名；后被出售拆解

1873—1875，太平洋；1878.5，地中海；1880—1881，太平洋；1906.3.24，训练舰；1909.10.27，被拆空舰壳。

"海军元帅"级

装甲巡航舰；1875.3.27，装甲护卫舰；
1892.2.13，一等巡洋舰；1906.3.24，训练舰；
1909.10.25，布雷舰；1920.6.13，训练舰

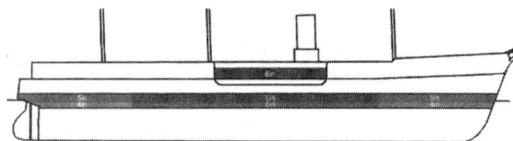

排水量	4600 吨
尺寸	281.3 英尺（垂线间长）/282.2 英尺（水线长）/285.5 英尺（全长）×47.9 英尺 ×23 英尺 85.75 米（垂线间长）/86 米（水线长）/87 米（全长）×14.6 米 ×7 米
动力系统	5 台（"爱丁堡公爵"号为 4 台；"海军元帅"号在 1886 年为 3 台，在 1892 年为 5 台，在 1911 年为 8 台）圆筒式（"海军元帅"号在 1913 年为 6 台贝尔维尔式）火管锅炉；单轴推进，往复式蒸汽机（立式混合式）；指示功率为 5300 马力＝14 节；载煤量为 1000 吨；航程：10 节航速下 5900 海里
武器装备	"海军元帅"号：6 门 30 倍径 8 英寸炮、2 门 28 倍径 6 英寸炮、6 门 87 毫米炮、2 门 47 毫米炮；1 具鱼雷发射管。在 1885 年为 6 门 30 倍径 8 英寸炮、1 门 28 倍径 6 英寸炮、6 门 87 毫米炮、8 门 37 毫米炮；1 具鱼雷发射管。在 19 世纪 90 年代为 1 门或 4 门 45 倍径 6 英寸炮、6 门 47 毫米炮、8 门 37 毫米炮。在 1911 年为 4 门 50 倍径 75 毫米炮；658~800 枚水雷 "爱丁堡公爵"号：4 门 30 倍径 8 英寸炮、5 门 28 倍径 6 英寸炮、6 门 9 磅炮；3 具鱼雷发射管。在 19 世纪 80 年代为 10 门 6 英寸炮。在 1890 年前后为 6 门 45 倍径 6 英寸炮、6 门 75 毫米炮、8 门 47 毫米炮、2 门 37 毫米炮。在 1911 年为 4 门 50 倍径 75 毫米炮；700 枚水雷
装甲防护	主装甲带厚度分别为 5 英寸 ~6 英寸 ~5 英寸；炮郭装甲厚度为 6 英寸
舰员	482 人

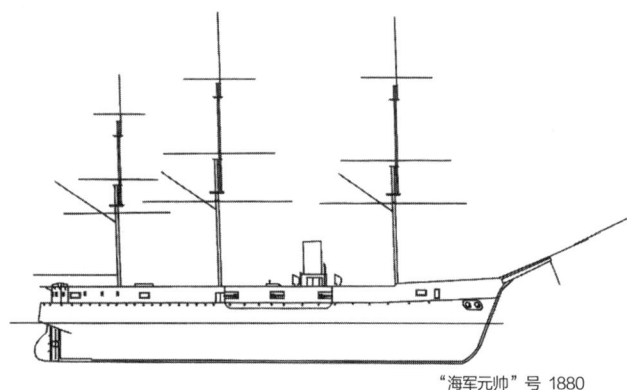
"海军元帅"号 1880

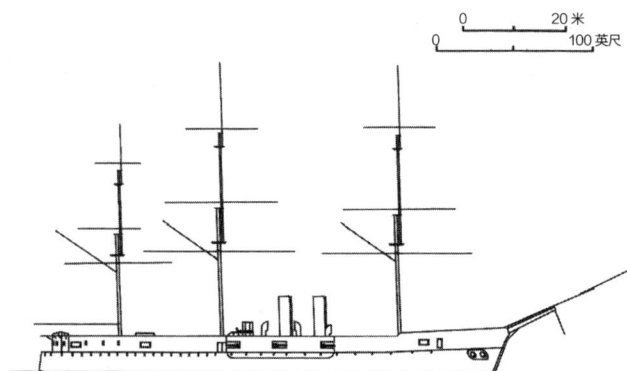
"海军元帅"号 1886

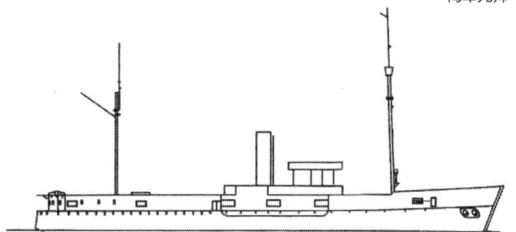
"纳尔瓦"号（原"海军元帅"号）1914

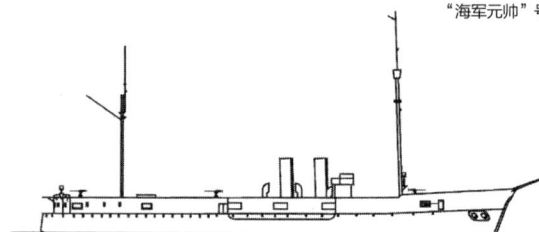
"奥涅加"号（原"爱丁堡公爵"号）1914

舰船状况

舰名	建造商	开工时间	下水时间	完工时间	最终结局
"海军元帅"号（General-Admiral；二代） ="纳尔瓦"号（Narova，1909.10.25） ="十月二十五日"号（25 Oktiabrya，1924.9.5）	金属矿业公司造船厂（圣彼得堡）	1870.11.27	1873.10.8	1875.9.20	1937.6.13 退役除籍；1944.7.28 被弃用，后在列宁格勒沉没；1953 年被打捞拆解
"爱丁堡公爵"号（Gerzog Edinburgskiy，原二代"亚历山大·涅夫斯基"号） ="奥涅加"号（Onega，1909.10.5） ="9 号舰壳"（Blokshiv No.9，1915.10.14） ="壁垒"号（Barrikada，1918.11.28） ="5 号舰壳"（1922.1.1）	波罗的海兵工厂（圣彼得堡）	1870.9.27	1875.9.10	1877	1945.5 被出售拆解

"海军元帅"号
1882—1883，远东；1884，波罗的海；1884—1885，地中海；1886—1908，训练舰；1909，布雷舰；1918.4—1918.5，被德国–芬兰联军征用；1918.5.14，被返还给俄罗斯；1922.5—1924.3，预备役；1937.6，浮动厂舍。

"爱丁堡公爵"号
1881—1884，远东；19世纪90年代—1908，远洋训练舰；1909，布雷舰；1915.10.14，被拆空舰壳；1939.7，海军水雷与鱼雷局浮动办公室。

"米宁"号
半装甲护卫舰；1892.2.13，一等巡洋舰；
1906.3.24，训练舰；1909.10.25，布雷舰

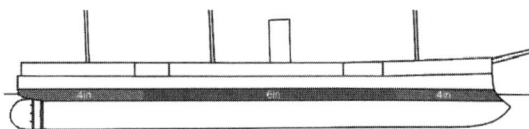

排水量	5725 吨
尺寸	295 英尺（水线长）/302 英尺（全长）×49 英尺 ×23.6 英尺 89.9 米（水线长）/92 米（全长）×14.9 米 ×7.2 米
动力系统	被改造为炮塔舰后：8/9 台锅炉；单轴推进；往复式蒸汽机（水平直杆式）；指示功率为 4000 马力 =14 节；载煤量为 300 吨；航程：10 节航速下 3000 海里 完工时：12 台圆筒式（1887 年时为 12 台贝尔维尔式；1911 年时为 6 台贝尔维尔式）锅炉；单轴推进；往复式蒸汽机（立式混合式）；指示功率为 6000 马力 =10.3 节（（1911 年时为 4000 马力 =12.2 节）；载煤量为 850/1200 吨；航程：10 节航速下 5300 海里
武器装备	被改造为炮塔舰后：4 门 20 倍径 11 英寸炮（双联装 ×2）、2 门 6 英寸炮 完工时：4 门 30 倍径 8 英寸炮、12 门 28 倍径 6 英寸炮。在 1887 年增设 3 具 14 英寸鱼雷发射管 1901 年：4 门 30 倍径 8 英寸炮、6 门 45 倍径 6 英寸速射炮、6 门 75 毫米炮、8 门 47 毫米炮、4 门 37 毫米炮 1909 年：4 门 47 毫米炮；1000 枚水雷
装甲防护	主装甲带厚度分别为 4 英寸 ~6 英寸 ~4 英寸（锻铁装甲）
舰员	46+505 人（1879 年）；24+295 人（1906 年）；14+299 人（1914 年）

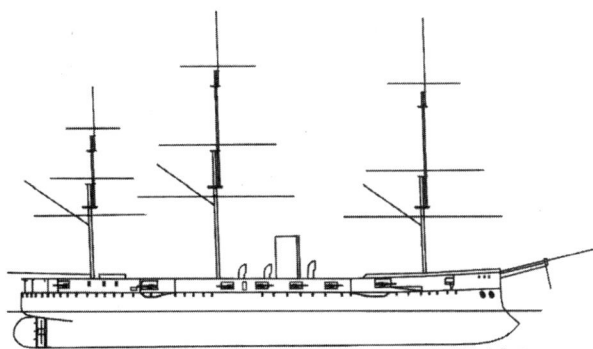
"米宁"号 1878

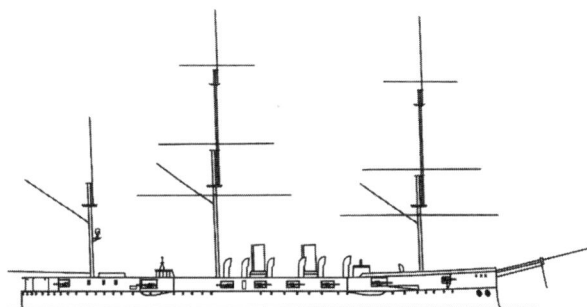
"米宁"号 1887

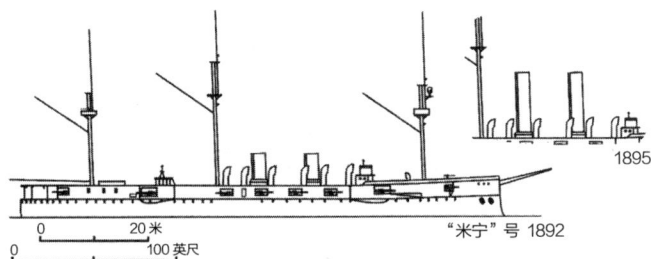
1895
"米宁"号 1892

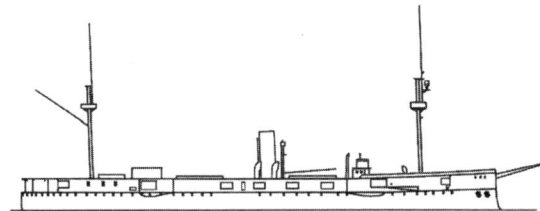
"拉多加湖"号（原"米宁"号）1914

舰船状况

舰名	建造商	开工时间	下水时间	完工时间	最终结局
"米宁"号（Minin）	波罗的海造船厂（圣彼得堡）	1866.11.24	1869.11.3	1878	1915.8.15 在芬兰湾埃尔岛触雷（由 UC-4 号潜艇布设）沉没；1917.3.28 除名；1919.4.30 残骸被出售给爱德华·坎贝尔公司拆解

1878—1881.9，地中海和远东；1883.9—1885.11，地中海和太平洋；1889—1891，海军军官学员和新兵训练舰；1891—1908，炮术训练舰；1909，布雷舰。

"弗拉基米尔·莫诺马赫" 级

半装甲护卫舰；1892.2.13，一等巡洋舰

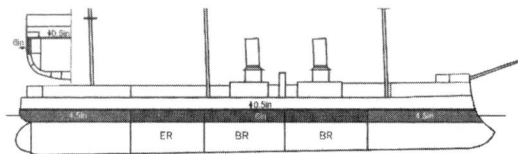

排水量	5754 吨（"莫诺马赫"号）/5900 吨（"顿斯科伊"号）
尺寸	"莫诺马赫"号：295 英尺（水线长）/307.75 英尺（全长）×51 英尺 ×25 英尺 90.2 米（水线长）/93.8 米（全长）×15.8 米 ×7.6 米 "顿斯科伊"号：296.7 英尺（水线长）/306.5 英尺（全长）×52 英尺 ×25 英尺 90.4 米（水线长）/93.4 米（全长）×15.8 米 ×7.6 米
动力系统	6 台（"顿斯科伊"号最初为 8 台，在 1895 年为 12 台；"莫诺马赫"号在 1897 年为 8/12 台）圆筒式火管锅炉；双轴推进（"顿斯科伊"号为单轴推进）；往复式蒸汽机（立式混合式；"顿斯科伊"号在 1895 年，"莫诺马赫"号在 1897 年改为立式三胀式）；指示功率为 7000 马力 =16 节；载煤量为 900/1200 吨；航程：10 节航速下 6200/8500 海里
武器装备	"莫诺马赫"号：4 门 22 倍径 8 英寸炮、12 门 28 倍径 6 英寸炮、4 门 24 倍径 3.4 英寸炮、2 门 19 倍径 2.5 英寸炮、4 门 47 毫米炮、8 门 37 毫米炮；3 具鱼雷发射管。1897 年：5 门 45 倍径 6 英寸炮、6 门 4.7 英寸炮、16 门 47 毫米炮、4 门 37 毫米炮、2 门 37 毫米机关炮；3 具 14 英寸鱼雷发射管 "顿斯科伊"号：2 门 30 倍径 8 英寸炮、14 门 28 倍径 6 英寸炮、6 门 87 毫米炮；4 具鱼雷发射管。1895 年：6 门 45 倍径 6 英寸炮、10 门 4.7 英寸炮、6 门 47 毫米炮、22 门 37 毫米炮；5 具 14 英寸鱼雷发射管。1903 年：6 门 45 倍径 6 英寸炮、4 门 4.7 英寸炮、6 门 75 毫米炮、6 门 47 毫米炮、10 门 37 毫米炮；5 具鱼雷发射管。1904 年：6 门 45 倍径 6 英寸炮、10 门 75 毫米炮、6 门 47 毫米、12 门 37 毫米炮；4 具鱼雷发射管
装甲防护	主装甲带厚度分别为 4.5 英寸 ~6 英寸 ~4.5 英寸；装甲甲板厚度为 0.5 英寸
舰员	14+478 人（"莫诺马赫"号）；24+527 人（"顿斯科伊"号）

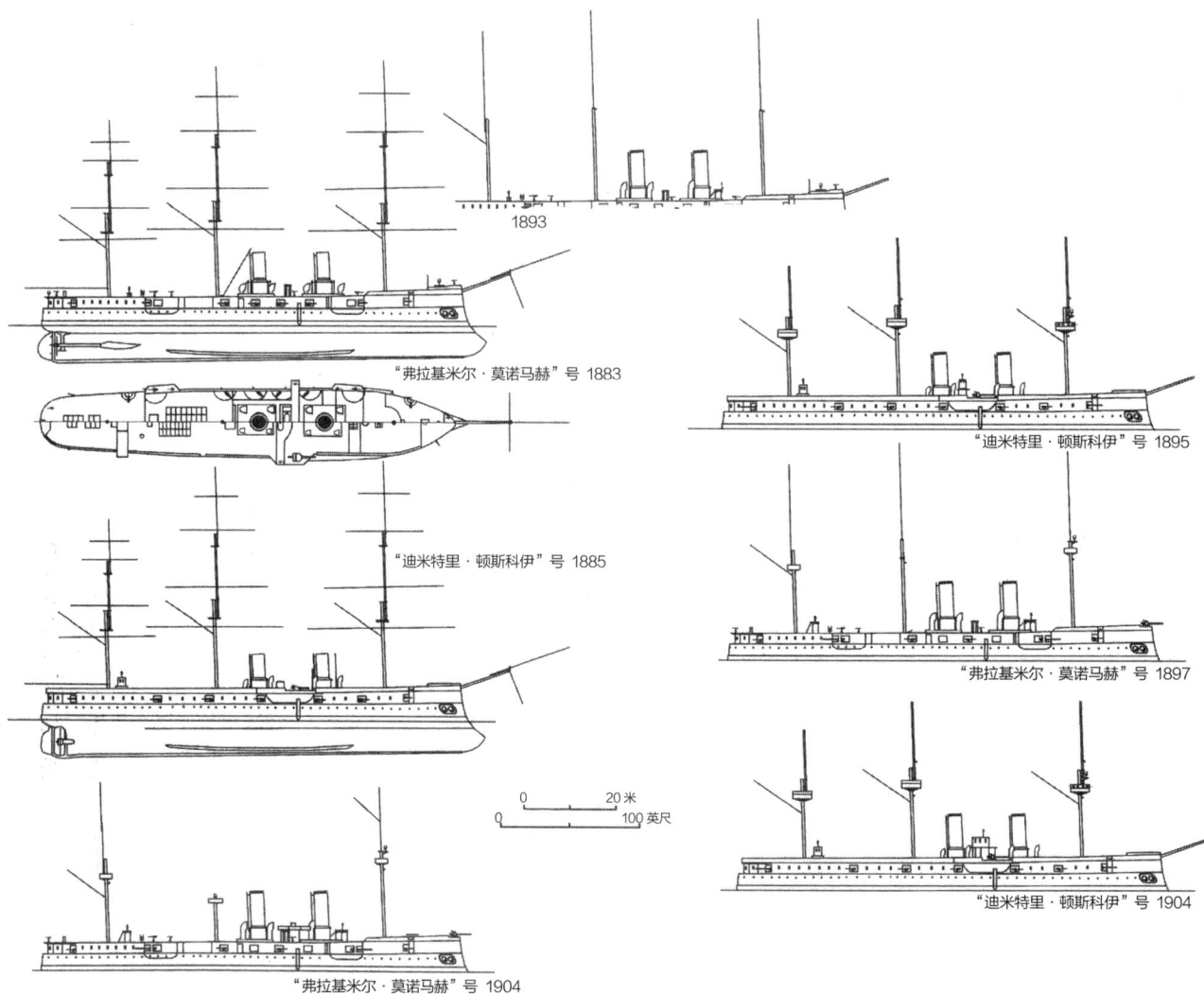

1893

"弗拉基米尔·莫诺马赫"号 1883

"迪米特里·顿斯科伊"号 1885

"迪米特里·顿斯科伊"号 1895

"弗拉基米尔·莫诺马赫"号 1897

"迪米特里·顿斯科伊"号 1904

"弗拉基米尔·莫诺马赫"号 1904

舰船状况

舰名	建造商	开工时间	下水时间	完工时间	最终结局
"弗拉基米尔·莫诺马赫"号 （Vladimir Monomakh）	波罗的海造船厂 （圣彼得堡）	1881.2.24	1882.10.22	1883.7.13	1905.5.27 在对马海战中被日军鱼雷艇发射的鱼雷命中， 于次日沉没
"迪米特里·顿斯科伊"号 （Dimitri Donskoi）	新海军部造船厂 （圣彼得堡）	1881.2.24	1883.8.30	1885.2	1905.5.29 在对马岛东北遭日军巡洋舰攻击后自沉

"弗拉基米尔·莫诺马赫"号

1884.10—1887.5，地中海和太平洋；1889.11—1892.8，不详；1893.10—1902.10，不详；1905.2—沉没，太平洋舰队第3中队。

"迪米特里·顿斯科伊"号

1885.8—1889.5，地中海和太平洋；1891.10—1893.3，不详；1893.4，参加纽约哥伦比亚博览会；1895.11—1902，地中海和太平洋；1903.10—1904.3，地中海；1904.10—沉没，太平洋舰队第2中队。

"纳西莫夫海军上将"号
一等装甲巡洋舰；1892.2.13，一等巡洋舰

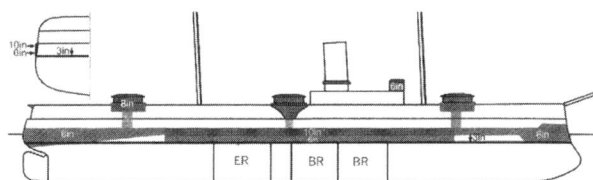

排水量	8260 吨
尺寸	330.9 英尺（垂线间长）/333 英尺（水线长）/339 英尺（全长）×61 英尺 ×26.3 英尺 97.8 米（垂线间长）/101.5 米（水线长）/103.3 米（全长）×18.6 米 ×8.0 米
动力系统	12 台圆筒式火管锅炉；双轴推进；往复式蒸汽机（立式混合式；1889 年时为立式三胀式）；指示功率为 8000 马力 =16.1 节；载煤量为 1100/1200 吨；航程：10 节航速下 4000 海里
武器装备	8 门 30 倍径 8 英寸炮（双联装 ×4）、10 门 28 倍径 6 英寸炮、12 门 47 毫米炮、6 门 37 毫米炮；3 具 15 英寸鱼雷发射管 1900 年：8 门 30 倍径 8 英寸炮（双联装 ×4）、10 门 45 倍径 4.7 英寸炮、14 门 47 毫米炮、2 门 37 毫米炮 1904 年：8 门 30 倍径 8 英寸炮（双联装 ×4）、10 门 45 倍径 4.7 英寸炮、6 门 87 毫米炮、4 门 37 毫米炮
装甲防护	主装甲带厚度为 10 英寸；炮座装甲厚度分别为 7 英寸 ~8 英寸；主炮塔装甲厚度分别为 2 英寸 ~2.5 英寸（1900 年时为 6 英寸）；装甲甲板厚度分别为 3 英寸 ~2 英寸 ~3 英寸；司令塔装甲厚度为 6 英寸
舰员	23+549 人；28+696 人（1904 年）

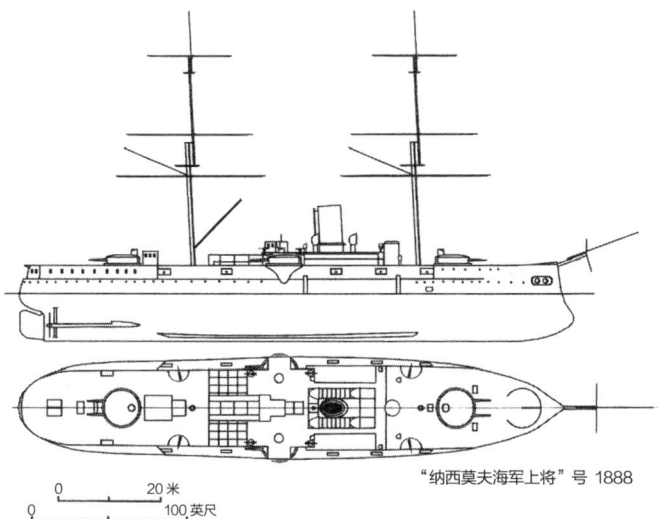

"纳西莫夫海军上将"号 1888

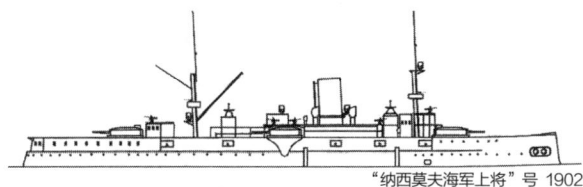

"纳西莫夫海军上将"号 1902

舰船状况

舰名	建造商	开工时间	下水时间	完工时间	最终结局
"纳西莫夫海军上将"号 （Admiral Nakhimov）	波罗的海造船厂（圣彼得堡）	1884.7	1885.11.2	1887.12.15	1905.5.27 在对马战役被日本鱼雷艇发射的鱼雷命中， 次日沉没

1888，波罗的海；1889—1891、1894—1898、1900—1902，远东；1904.10.15—沉没，太平洋第2中队

"亚速海回忆"号

半装甲护卫舰；1892.2.13，一等巡洋舰；
1907.10.10，训练舰

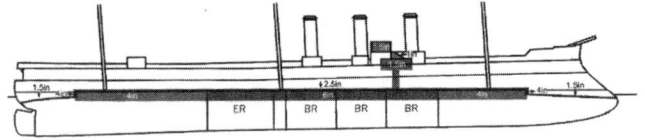

排水量	6734 吨
尺寸	377.7 英尺（垂线间长）/385 英尺（全长）×51.2 英尺 ×24 英尺 115.2 米（垂线间长）/117.3 米（全长）×15.6 米 ×7.2 米
动力系统	6 台圆筒式火管锅炉（1904 年时为 8 台贝尔维尔式水管锅炉）；双轴推进；往复式蒸汽机（立式三胀式）；指示功率为 8500 马力 =17 节；载煤量为 967/1200 吨；航程：10 节航速下 6100 海里
武器装备	2 门 35 倍径 8 英寸炮、13 门 35 倍径 6 英寸炮、7 门 47 毫米炮、8 门 37 毫米炮；3 具 18 英寸鱼雷发射管。1904 年：12 门 45 倍径 6 英寸炮。1909 年：4 门 47 毫米炮、2 具 18 英寸鱼雷发射管
装甲防护	主装甲带厚度分别为 0（无装甲）~4 英寸 ~6 英寸 ~4 英寸 ~0（无装甲）；炮座装甲厚度为 1.5 英寸；装甲甲板厚度分别为 1.5 英寸 ~2.5 英寸；司令塔装甲厚度为 1.5 英寸
舰员	23+546 人

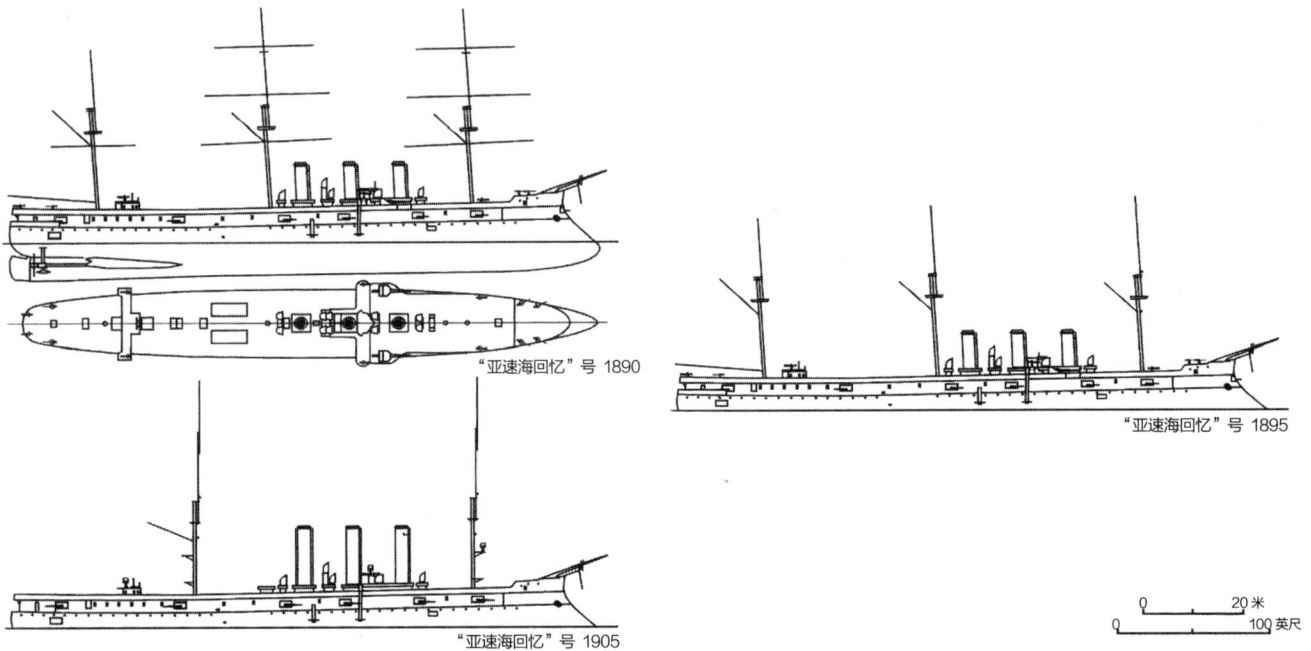

"亚速海回忆"号 1890

"亚速海回忆"号 1895

"亚速海回忆"号 1905

舰船状况

舰名	建造商	开工时间	下水时间	完工时间	最终结局
"亚速海回忆"号（Pamiat Azova） ="德维娜"号（Dvina, 1909.2.25） ="亚速海回忆"号（1917.4.13）	波罗的海造船厂（圣彼得堡）	1886.3.4	1888.5.20	1890	1919.8.18 在喀琅施塔得被英国鱼雷摩托艇 CMB-79 号击沉；1923.12 被打捞并拆解

1890—1892，远东；1893—1894，地中海；1894—1899，远东；1900—1907，炮术训练舰；1909，鱼雷/水雷训练舰；1915—1917，潜艇补给舰。

"留里克"号（一代）
一等巡洋舰

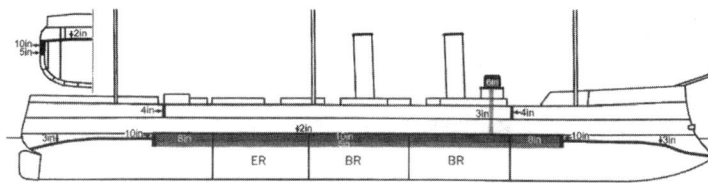

排水量	11690 吨
尺寸	412 英尺（垂线间长）/426.9 英尺（水线长）/435 英尺（全长）×67 英尺 ×26 英尺 129.8 米（垂线间长）/130.1 米（水线长）/132.6 米（全长）×20.4 米 ×9.1 米
动力系统	8 台圆筒式火管锅炉；双轴推进；往复式蒸汽机（立式三胀式）；指示功率为 13500 马力 =18 节；载煤量为 1933 吨；航程：10 节航速下 6700 海里
武器装备	4 门 35 倍径 8 英寸炮、16 门 45 倍径 6 英寸炮、6 门 45 倍径 4.7 英寸炮、6 门 43 倍径 47 毫米炮、10 门 23 倍径 37 毫米炮；6 具 15 英寸鱼雷发射管
装甲防护	主装甲带厚度分别为 0（无装甲）~8 英寸 ~10 英寸 ~8 英寸 ~0（无装甲）；装甲甲板厚度为 2 英寸；司令塔装甲厚度为 6 英寸（钢装甲）
舰员	27+692 人

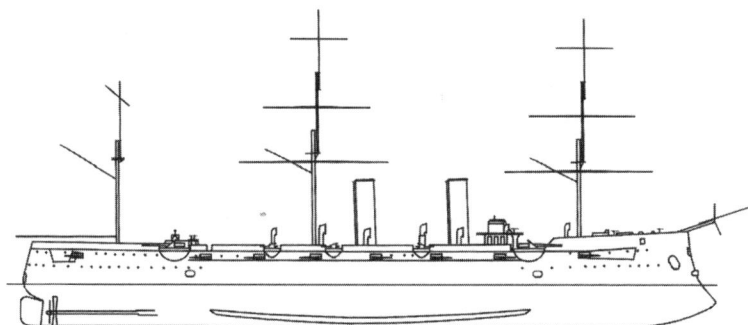

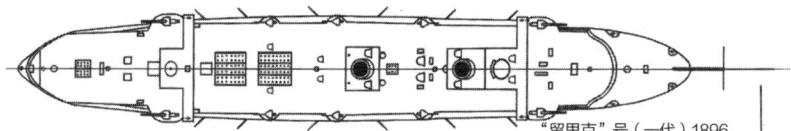

"留里克"号（一代）1896

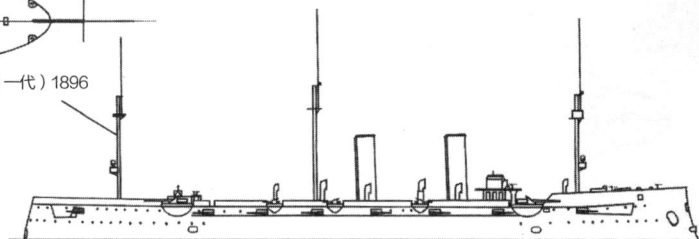

"留里克"号（一代）1904

舰船状况

舰名	建造商	开工时间	下水时间	完工时间	最终结局
"留里克"号（一代）	波罗的海海军造船厂（圣彼得堡）	1890.5.19	1892.10.22	1895.10.16	1904.8.14 在蔚山海战中受损，后自沉

1896—沉没，远东。

"俄罗斯"号
一等巡洋舰; 1907.10.10, 装甲巡洋舰

排水量	12195 吨 (在 1909 年为 13060 吨)
尺寸	461.3 英尺 (垂线间长)/473.1 英尺 (水线长)/485 英尺 (全长)×68.6 英尺 ×26.2 英尺 (在 1909 年为 28.3 英尺) 140.6 米 (垂线间长)/141.4 米 (水线长)/146.3 米 (全长)×20.7 米 ×7.9 米 (在 1909 年为 8.63 米)
动力系统	32 台贝尔维尔式水管锅炉; 双轴 + 单轴推进; 往复式蒸汽机 (立式三胀式); 指示功率为 14500 马力 +2500 马力巡航 (在 1909 年 被拆除)=19 节; 载煤量为 2530/2700 吨; 航程: 10/12 节航速下分别为 7740/5700 海里
武器装备	4 门 (在 1915 年被拆除; 在 1916 年为 6 门) 45 倍径 8 英寸炮、16 门 (在 1904 年为 22 门; 在 1915 年为 26 门; 在 1916 年为 14 门; 后于 1919 年被拆除)45 倍径 6 英寸炮、12 门 (在 1909 年被拆除)50 倍 75 毫米炮、20 门 (在 1916 年为 2 门)43 倍径 47 毫米炮、 18 门 (在 1909 年被拆除)23 倍径 37 毫米炮; 5 具 15 英寸鱼雷发射管
装甲防护	主装甲带厚度分别为 5 英寸 ~6 英寸 ~8 英寸 ~6 英寸 ~0 (无装甲); 装甲甲板厚度分别为 2 英寸 ~3 英寸 ~2.5 英寸; 下层炮郭装甲厚 度为 5 英寸; 上层炮郭装甲厚度为 4 英寸; 司令塔装甲厚度为 12 英寸 (哈维镍钢)
舰员	28+811 人

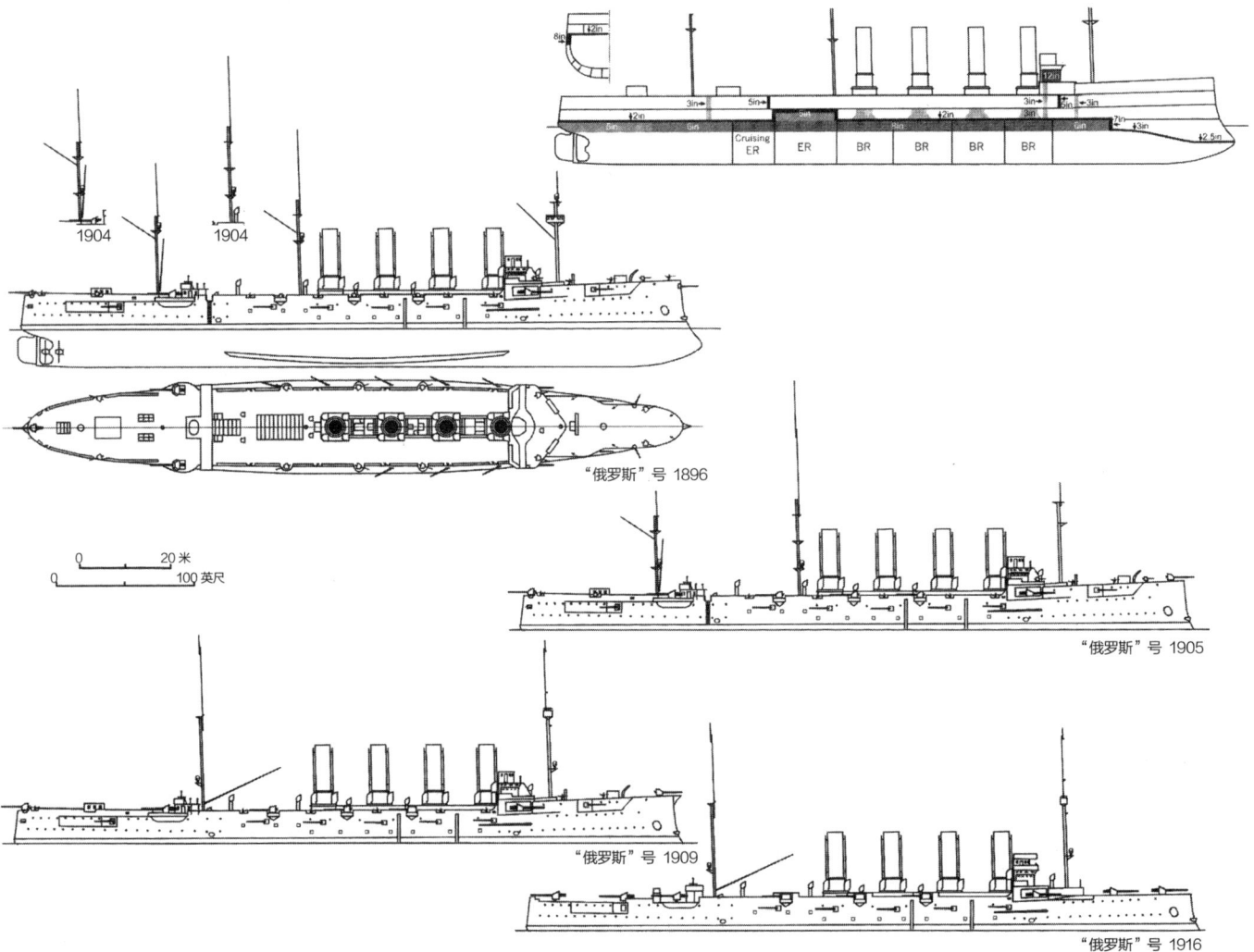

"俄罗斯"号 1896

"俄罗斯"号 1905

"俄罗斯"号 1909

"俄罗斯"号 1916

舰船状况

舰名	建造商	开工时间	下水时间	完工时间	最终结局
"俄罗斯"号 (Rossiya)	波罗的海造船厂	1895.5.20	1896.4.30	1897.9.13	1922.7.1 被出售给德俄金属公司; 1922.10.3 由 马里乌波尔的红色钢铁厂购买; 1922 年末在塔 林德文西搁浅; 被打捞后在基尔进行拆解

1897.10—1906.3, 远东; 1909—1918, 波罗的海 (其中 1912—1913 在大西洋作为训练舰; 1914 年位于地中海); 1918, 喀琅施塔得, 预备役。

"佩列斯韦特"级

中队装甲舰;
1916,装甲巡洋舰("佩列斯韦特"号)

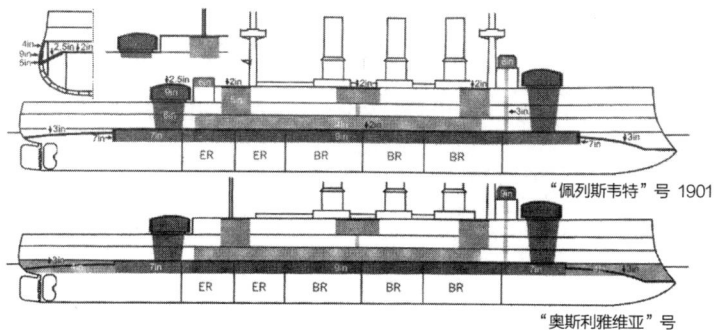

"佩列斯韦特"号 1901

"奥斯利雅维亚"号

排水量	13810 吨("佩列斯韦特")/14408 吨("奥斯利雅维亚"号)/13320 吨("胜利"号)
尺寸	401.25 英尺(垂线间长)/426.5 英尺(水线长)/434.4 英尺(全长)×71.5 英尺×26.25 英尺 122.3 米(垂线间长)/130 米(水线长)/132.4 米(全长)×21.8 米 ×8 米
动力系统	30 台贝尔维尔式水管锅炉;三轴推进;往复式蒸汽机(立式三胀式);指示功率为 14500 马力 =18 节;载煤量为 1060 吨("胜利"号为 1142/2060 吨);航程:10 节航速下 6200 海里
武器装备	4 门 45 倍径 10 英寸炮、11 门 45 倍径 6 英寸炮、20 门 40 倍 3 英寸炮、20 门 43 倍径 47 毫米炮、8 门 23 倍径 37 毫米炮;5 具 18 英寸鱼雷发射管
装甲防护	主装甲带厚度分别为 0(无装甲)~4 英寸 ~7 英寸 ~9 英寸 ~7 英寸 ~4 英寸("胜利"号为 4 英寸 ~7 英寸 ~9 英寸 ~7 英寸 ~4 英寸);主炮塔装甲厚度为 9 英寸;炮座装甲厚度为 8 英寸;炮郭装甲厚度为 5 英寸;装甲甲板厚度分别为 3 英寸 ~2/2.5 英寸 ~3 英寸;司令塔装甲厚度为 6 英寸(哈维镍钢,但"胜利号"为克虏伯渗碳钢)
舰员	27+744 人

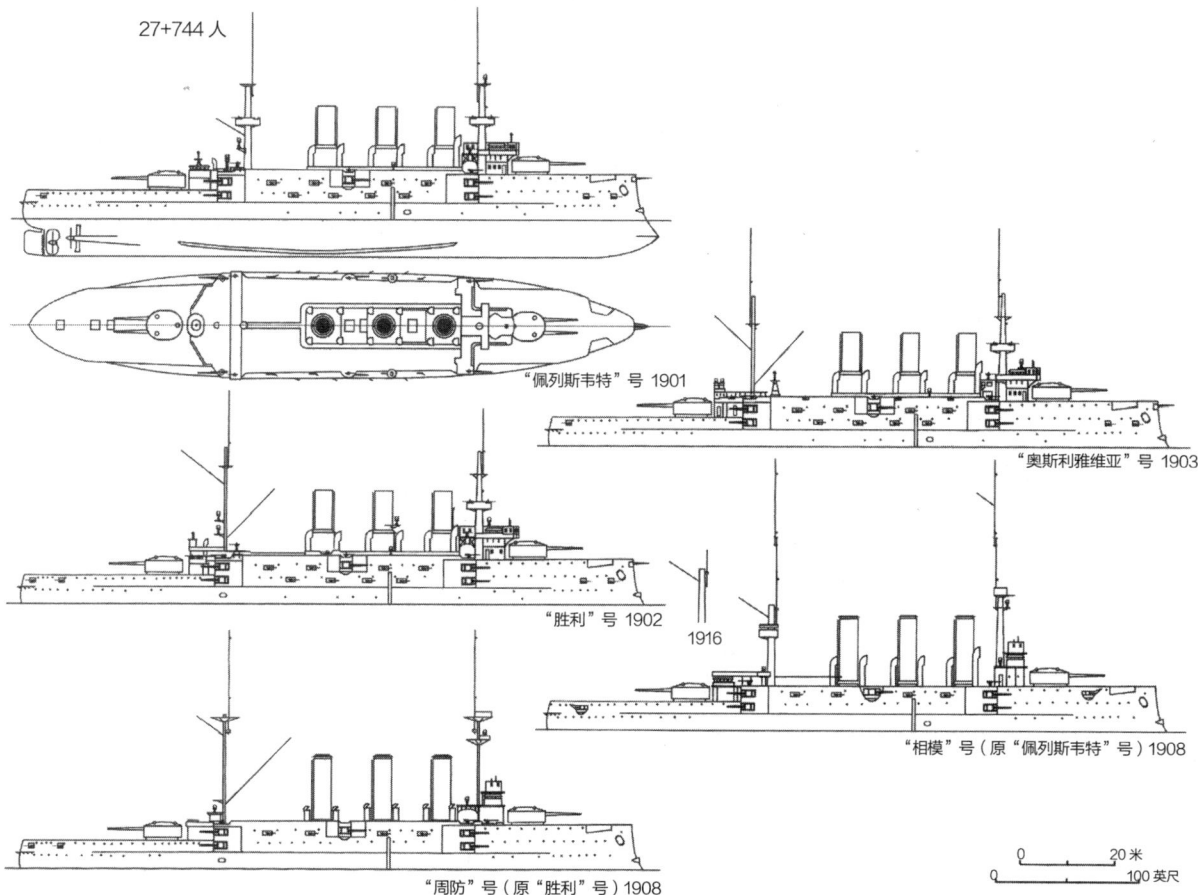

"佩列斯韦特"号 1901

"奥斯利雅维亚"号 1903

"胜利"号 1902

1916

"相模"号(原"佩列斯韦特"号)1908

"周防"号(原"胜利"号)1908

舰船状况

舰名	建造商	开工时间	下水时间	完工时间	最终结局
"佩列斯韦特"号(Peresvet) ="相模"号(Sagami, 1905) ="佩列斯韦特"号(1916.4.5)	波罗的海造船厂 (圣彼得堡)	1895.11.21	1898.5.19	1901.8	1904.12.7,遭受日本陆军炮火攻击后自沉;1905.6.29 被日军捞起;1916 被出售给俄罗斯;1917.1.4 在塞得港附近触雷(由 U-73 号潜艇布设)沉没
"奥斯利雅维亚"号(Oslyabya)	新海军部造船厂 (圣彼得堡)	1895.11.21	1898.11.8	1901.8	1905.5.27 在对马海战中被日军舰队炮火击沉
"胜利"号(Pobeda) ="周防"号(Suwo, 1905)	波罗的海造船厂 (圣彼得堡)	1899.2.21	1900.5.10	1902.10	1904.12.7,遭受日本陆军炮火攻击后自沉;1905.6.29 被日军捞起

"佩列斯韦特"号
1901.10—被击沉，远东；1916—沉没，返回北方舰队途中。

"奥斯利雅维亚"号
1903.8—1904，自地中海前往远东；1904.10.15—沉没，太平洋第2中队。

"胜利"号
1902.10—沉没，远东。

"雷霆"号
一等巡洋舰；1907.10.10，装甲巡洋舰

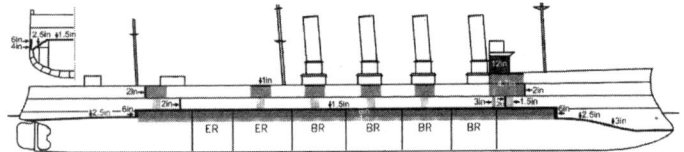

排水量	12455 吨
尺寸	461.3 英尺（垂线间长）/472.5 英尺（水线长）/481 英尺（全长）×68.5 英尺 ×27.7 英尺 140.6 米（垂线间长）/144 米（水线长）/146.6 米（全长）×20.9 米 ×8.4 米
动力系统	32 台贝尔维尔式水管锅炉；三轴推进；往复式蒸汽机（立式三胀式）；指示功率为 14500 马力 =19 节；载煤量为 800/2500 吨；航程：10 节航速下 8100 海里
武器装备	4 门（在 1916 年为 6 门）45 倍径 8 英寸炮、16 门（在 1911 年为 22 门；在 1916 年为 20 门；在 1919 年被拆除）45 倍径 6 英寸炮、24 门（在 1904 年为 19 门；在 1911 年为 4 门；在 1916 年被拆除）50 倍 75 毫米炮、12 门（在 1911 年为 4 门；在 1916 年被拆除）43 倍径 47 毫米炮、8 门（在 1911 年为 2 门）23 倍径 37 毫米炮；4 具 15 英寸鱼雷发射管（在 1911 年为 2 具 18 英寸鱼雷发射管）。在 1916—1917 年间增设 2 门 2.5 英寸和 2 门 47 毫米防空炮
装甲防护	主装甲带厚度为 6 英寸；炮郭装甲厚度分别为 4.7 英寸 ~6 英寸；装甲甲板厚度分别为 1.5/2.5 英寸 ~2.5/3 英寸；司令塔装甲厚度为 12 英寸（哈维镍钢）
舰员	28+846 人

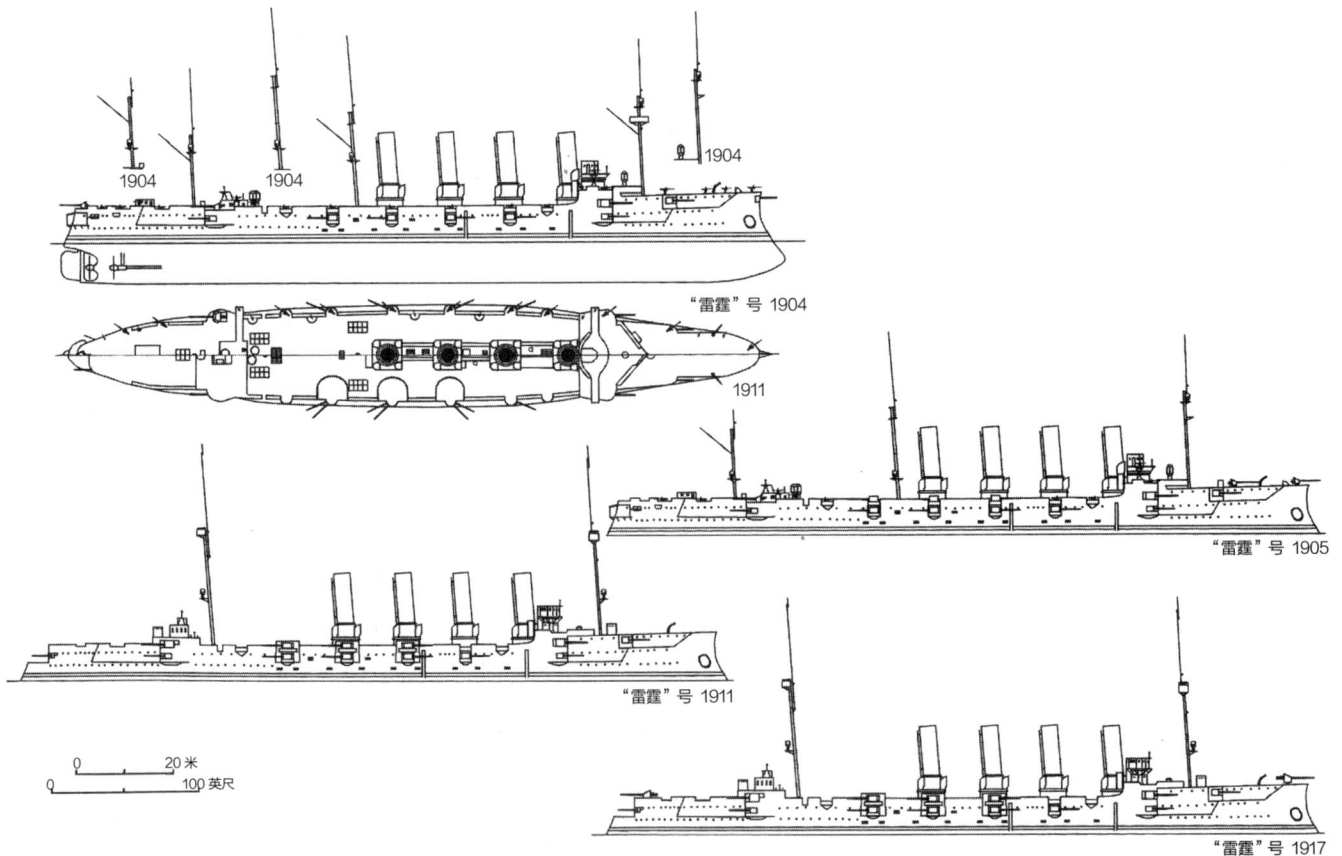

"雷霆"号 1904

"雷霆"号 1905

"雷霆"号 1911

"雷霆"号 1917

舰船状况

舰名	建造商	开工时间	下水时间	完工时间	最终结局
"雷霆"号（Gromoboi）	波罗的海造船厂（圣彼得堡）	1897.7.14	1898.4.26	1900.10	1922.7.1 被出售给德俄金属公司；1922.10.12 由红色钢铁厂购买；1922.10.30 在利耶帕亚搁浅，后来在当地被拆解

1901—1907，远东；1911—1918，波罗的海；1918.5，喀琅施塔得，预备役。

"巴扬"级
一等巡洋舰；1907.10.10，装甲巡洋舰

排水量	7802 吨（后 3 舰为 7750 吨）
尺寸	443 英尺（水线长）/449.6 英尺（全长）×57.5 英尺 ×22 英尺 135 米（水线长）/137 米（全长）×17.5 米 ×6.3 米
动力系统	26 台贝尔维尔式水管锅炉；双轴推进；往复式蒸汽机（立式三胀式）；指示功率为 16500 马力 =21 节；载煤量为 750/1100 吨；航程：10 节航速下 3900 海里

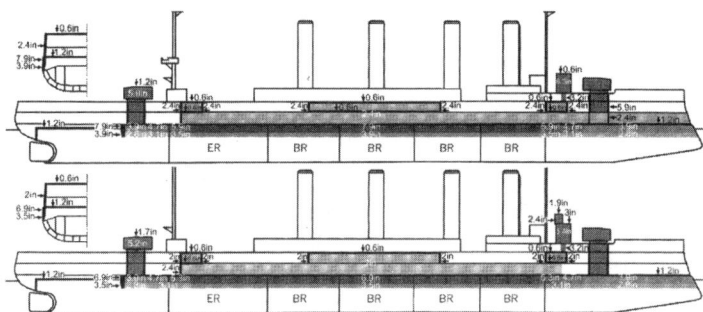

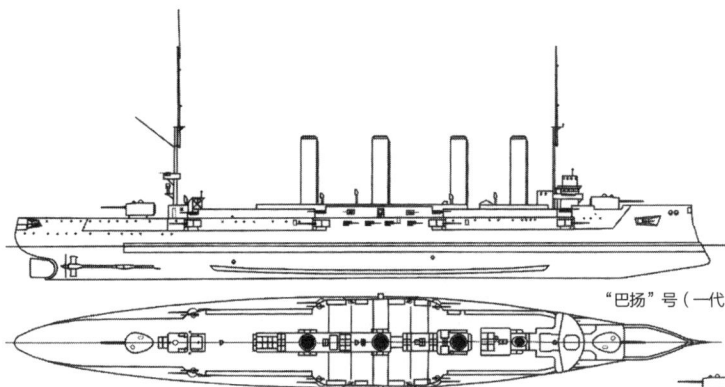
"巴扬"号（一代）1903

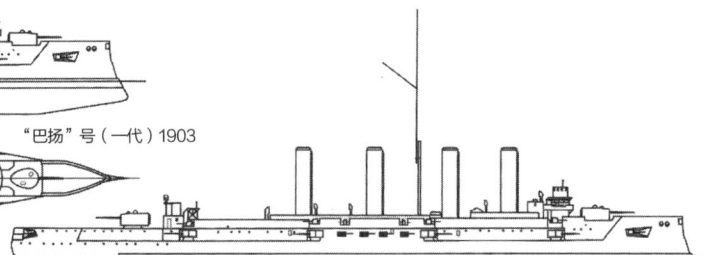
"马卡洛夫海军上将"号 1908

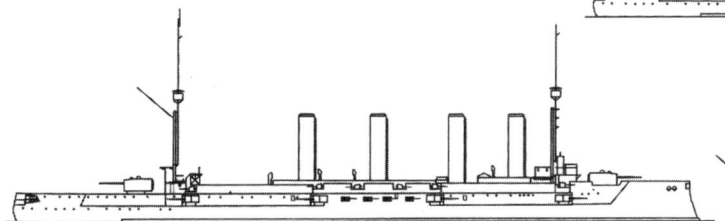
"帕拉达"号 1914

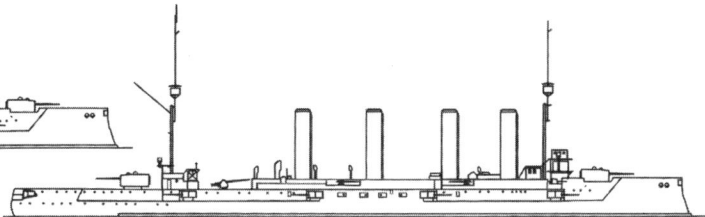
"马卡洛夫海军上将"号 1917

0　　20 米
0　　　100 英尺

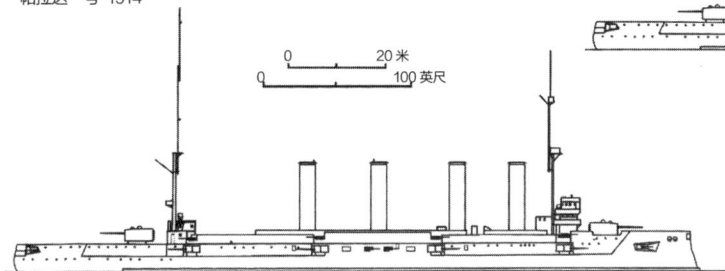
"阿苏"号（原"巴扬"号［一代］）1914

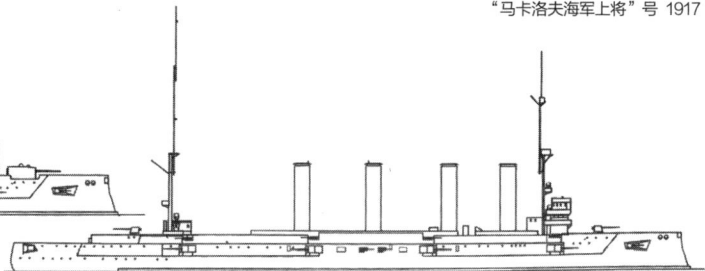
"阿苏"号 1924

武器装备	2门（在1916年为3门）45倍径8英寸炮、8门[在1916年为12门；"巴扬"号（二代）在1919年拆除该型火炮]40倍径6英寸炮、20门（在1916年为4门）50倍75毫米炮、8门（后3舰为4门）43倍径47毫米炮、2门23倍径37毫米炮[仅"巴扬"号（一代）]；2具18英寸鱼雷发射管["巴扬"号（一代）为15英寸鱼雷发射管]
装甲防护	"巴扬"号（一代）：主装甲带厚度分别为3.9英寸~7.9英寸~3.9英寸；主炮塔装甲厚度为5.9英寸；炮郭装甲厚度为2.3英寸；炮座装甲厚度为6.7英寸；装甲甲板厚度为1.2英寸；司令塔装甲厚度为6.3英寸（哈维镍钢被用于舰体船壳，两层各有0.4英寸厚度的覆板） 后3舰：主装甲带厚度分别为3.5英寸~6.9英寸~3.5英寸；主炮塔装甲厚度为5.3英寸；炮郭装甲厚度为2.3英寸；炮座装甲厚度为6.7英寸；装甲甲板厚度为1.2英寸；司令塔装甲厚度为5.4英寸（哈维镍钢被用于舰体船壳，两层各有0.4英寸厚度的覆板）
舰员	20+589人

舰船状况

舰名	建造商	开工时间	下水时间	完工时间	最终结局
"巴扬"号（Bayan，一代）	地中海冶金与造船厂（拉塞纳）	1898年末	1900.6.2	1903.1.14	1904.11.26被日本陆军炮火击沉；1905.6.24被日军捞起（见前文）
"马卡洛夫海军上将"号（Admiral Makarov）	地中海冶金与造船厂（拉塞纳）	1905.4.4	1906.5.8	1908.5.26	1922.8.15被出售给德俄金属公司并在德国拆解；1925.11.21除名
"巴扬"号（Bayan，二代）	新海军部造船厂（圣彼得堡）	1905.4.28	1908.8.15	1911.7.14	1922.7.1被出售给德俄金属公司并在德国拆解
"帕拉达"号（Pallada，二代）	新海军部造船厂（圣彼得堡）	1905.5.30	1907.11.10	1911.2.15	1914.10.11在芬兰湾被德国U-26号潜艇击沉

"巴扬"号（一代）
1903，波罗的海；1903.8—沉没，远东。

"马卡洛夫海军上将"号
1908，波罗的海；1908—1909，地中海；1909—1910，波罗的海；1910，地中海；1911—1918，波罗的海；1918.9.7，彼得格勒，预备役；1921.7，彼得格勒，被用作海军指挥部。

"巴扬"号（二代）
1911—1918，波罗的海；1918.5，彼得格勒，预备役。

"帕拉达"号
波罗的海，直至沉没。

"留里克"号（二代）

装甲巡洋舰

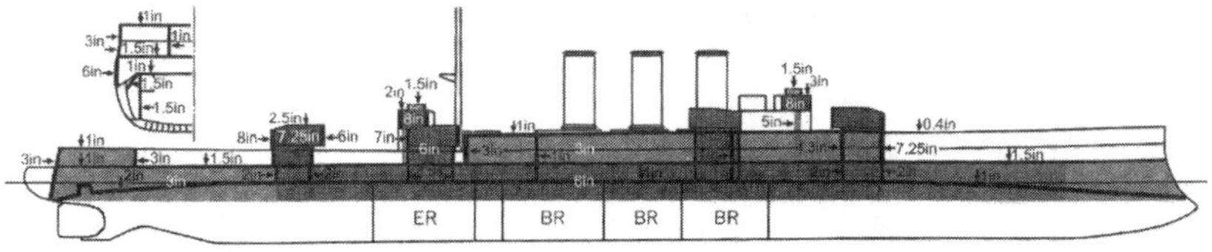

排水量	15130 吨
尺寸	490 英尺（垂线间长）/517 英尺（水线长）/529 英尺（全长）×75 英尺 ×26 英尺 149.4 米（垂线间长）/157.6 米（水线长）/161.2 米（全长）×22.9 米 ×7.9 米
动力系统	28 台贝尔维尔式水管锅炉；双轴推进；往复式蒸汽机（立式三胀式）；指示功率为 19700 马力 =21 节；载煤量为 1200/2000 吨；航程：10 节航速下 6100 海里
武器装备	4 门 50 倍径 10 英寸炮（双联装 ×2）、8 门 50 倍径 8 英寸炮（双联装 ×4）、20 门 50 倍 4.7 英寸炮、4 门 43 倍径 47 毫米炮；2 具 18 英寸鱼雷发射管
装甲防护	主装甲带厚度分别为 3 英寸 ~6 英寸 ~4 英寸 ~3 英寸；主炮塔装甲厚度为 8 英寸；副炮塔装甲厚度为 7 英寸；炮郭装甲厚度为 3 英寸；装甲甲板厚度为 1/1.5 英寸；司令塔装甲厚度为 8 英寸
舰员	26+910 人

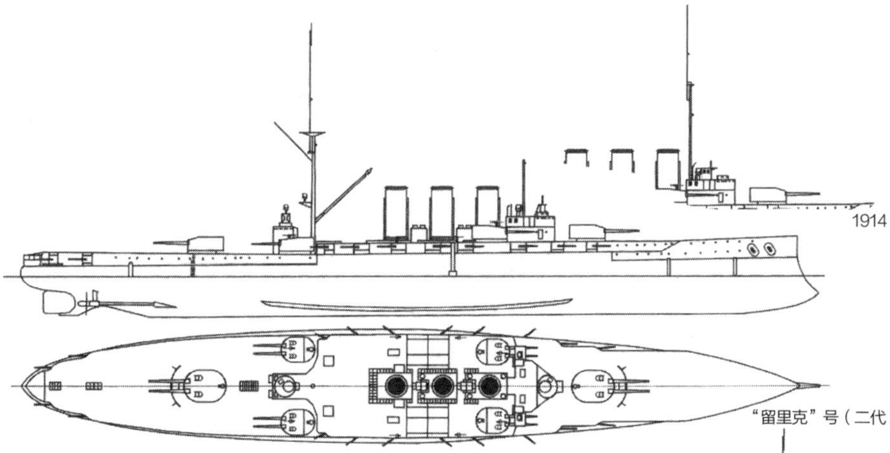

1914

"留里克"号（二代）1909

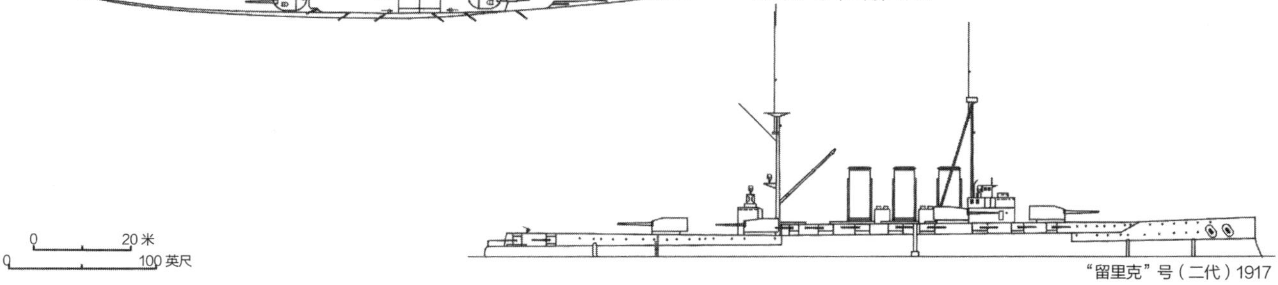

"留里克"号（二代）1917

20 米
100 英尺

舰船状况

舰名	建造商	开工时间	下水时间	完工时间	最终结局
"留里克"号（Ryurik，二代）	维克斯（巴罗）	1905.8.9	1906.11.4	1908.8	1921—1922 年间在喀琅施塔得退役；1923 年在彼得格勒；1923.11.1 除名；1924—1925 年间在列宁格勒被拆解

1909—1910，波罗的海；1910.7，地中海；1910—1918，波罗的海；1918.10，喀琅施塔得，预备役。

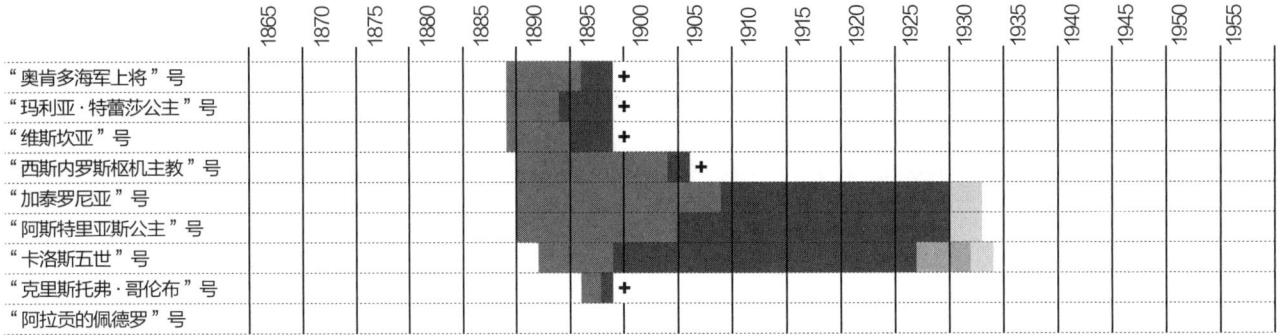

	1865	1870	1875	1880	1885	1890	1895	1900	1905	1910	1915	1920	1925	1930	1935	1940	1945	1950	1955
"奥肯多海军上将"号								+											
"玛利亚·特蕾莎公主"号								+											
"维斯坎亚"号								+											
"西斯内罗斯枢机主教"号									+										
"加泰罗尼亚"号																			
"阿斯特里亚斯公主"号																			
"卡洛斯五世"号																			
"克里斯托弗·哥伦布"号								+											
"阿拉贡的佩德罗"号																			

"玛利亚·特蕾莎公主"级
一等防护巡洋舰; 1898, 二等装甲舰

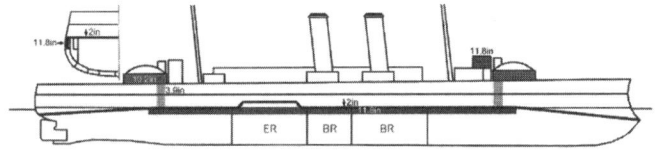

排水量	6890 吨
尺寸	340 英尺(垂线间长)×65 英尺 ×21.5 英尺 103.6 米(垂线间长)×19.8 米 ×6.6 米
动力系统	6 台圆筒式火管锅炉; 双轴推进; 往复式蒸汽机(立式三胀式); 指示功率为 9000 马力 /13000 马力(加力送风)= 18/20 节; 载煤量为 1200 吨; 航程: 10 节航速下 9700 海里
武器装备	2 门 35 倍径 11 英寸炮、10 门 35 倍径 5.5 英寸炮、8 门 57 毫米炮、8 门 37 毫米炮; 8 具(仅"玛利亚·特蕾莎"号)/6 具 14 英寸鱼雷发射管
装甲防护	主装甲带厚度为 11.8 英寸; 主炮台装甲厚度为 10.5 英寸; 装甲甲板厚度为 2 英寸(舰艏分别为 2/3 英寸); 司令塔装甲厚度为 11.8 英寸
舰员	500 人

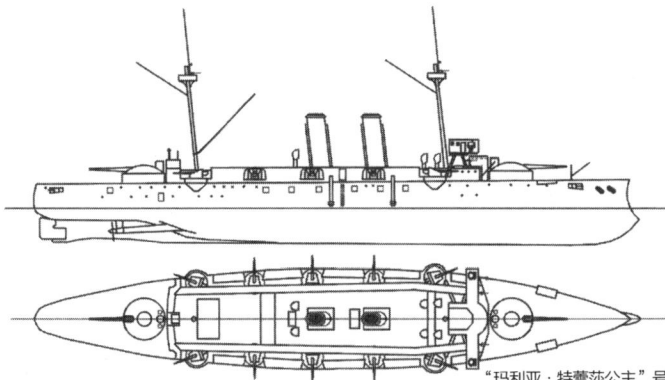

"玛利亚·特蕾莎公主"号 1893

舰船状况

舰名	建造商	开工时间	下水时间	完工时间	最终结局
"玛利亚·特蕾莎公主"号（Infanta María Teresa）	内维翁造船厂（塞斯陶）	1889.7.24	1890.8.30	1893.8.28	1898.7.3 在古巴圣地亚哥遭受美国"衣阿华"号战列舰和"布鲁克林"号巡洋舰攻击后抢滩搁浅；1898.9.23 被美国捞起；1898.11.3 从关塔那摩被拖往弗吉尼亚诺福克期间在巴哈马群岛猫岛附近搁浅
"维斯坎亚"号（Vizcaya）	内维翁造船厂（塞斯陶）	1889.10.7	1891.7.8	1894.8.2	1898.7.3 在古巴圣地亚哥遭受美国"德克萨斯"号战列舰和"布鲁克林"号巡洋舰攻击后抢滩搁浅
"奥肯多海军上将"号（Almirante Oquendo）	内维翁造船厂（塞斯陶）	1889.11.16	1891.10.3	1895.8.21	1898.7.3 在古巴圣地亚哥遭受美国"衣阿华"号战列舰攻击后抢滩搁浅
"亚斯图里亚斯亲王"号（Princesa de Asturias）	西班牙海军造船厂（拉卡拉卡海军基地）	1889.9.23			后作为"亚斯图里亚斯亲王"级完工
"西斯内罗斯枢机主教"号（Cardenal Cisneros）	西班牙海军造船厂（费罗尔）	1890.9.1			后作为"亚斯图里亚斯亲王"级完工
"加泰罗尼亚"号（Cataluña）	西班牙海军造船厂（喀塔赫纳）	1890.1			后作为"亚斯图里亚斯亲王"级完工

"亚斯图里亚斯亲王"级
一等防护巡洋舰

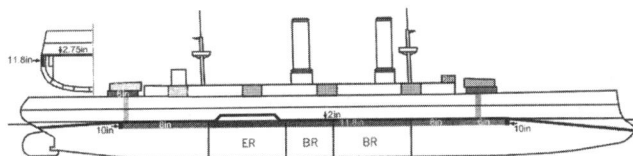

排水量	7500 吨
尺寸	347.7 英尺（垂线间长）/358.6 英尺（全长）×60.7 英尺 ×23.5 英尺 106 米（垂线间长）/109.3 米（全长）×18.5 米 ×7.2 米
动力系统	6 台圆筒式火管锅炉；双轴推进；往复式蒸汽机（立式三胀式）；指示功率为 10500 马力 /15000 马力（加力送风）=18/20 节；载煤量为 750/2000 吨；航程：10 节航速下 6500 海里
武器装备	2 门 42.5 倍径 9.4 英寸炮、8 门 40 倍径 5.5 英寸炮、8/10 门 37 毫米炮；2 具（"西斯内罗斯"号为 5 具）14 英寸鱼雷发射管（在 1910 年被拆除）
装甲防护	主装甲带厚度分别为 8 英寸 ~11.8 英寸 ~8 英寸 ~6 英寸；主炮台装甲厚度为 8 英寸；炮郭装甲厚度为 2.75 英寸；装甲甲板厚度为 2 英寸；司令塔装甲厚度为 8 英寸
舰员	546 人

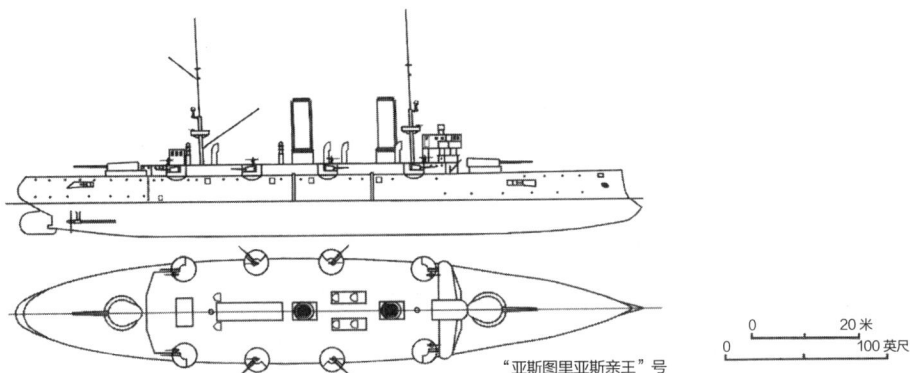

"亚斯图里亚斯亲王"号

舰船状况

舰名	建造商	开工时间	下水时间	完工时间	最终结局
"亚斯图里亚斯亲王"号（Princesa de Asturias）	西班牙海军造船厂（拉卡拉卡海军基地）	1889.9.23	1896.10.17	1903.6.10	1930 年除名；1932—1933 年间在毕尔巴鄂被出售拆解
"西斯内罗斯枢机主教"号（Cardenal Cisneros）	西班牙海军造船厂（费罗尔）	1890.9.1	1897.3.19	1903.3.30	1905.10.28 在穆罗斯湾触礁沉没
"加泰罗尼亚"号（Cataluña）	西班牙海军造船厂（喀塔赫纳）	1890.1	1900.9.24	1908.4.7	1930 年除名；1932—1933 年间在毕尔巴鄂被出售拆解

"亚斯图里亚斯亲王"号
1927.12.28 退役。

"加泰罗尼亚"号
20 世纪 20 年代，见习军官训练舰；1928.11 退役。

"卡洛斯五世"号
一等巡洋舰

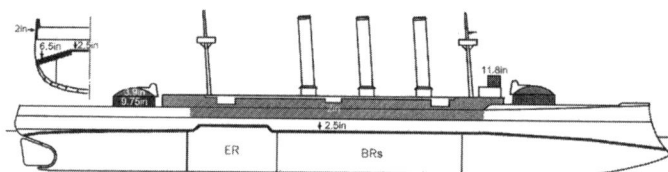

排水量	9090 吨
尺寸	380 英尺（全长）×67 英尺 ×25 英尺 115.8 米（全长）×20.4 米 ×7.6 米
动力系统	12 台圆筒式火管锅炉；双轴推进；往复式蒸汽机（立式三胀式）；指示功率为 18500 马力（加力送风）=20 节；载煤量为 1200/1800 吨；航程：10 节航速下 9600 海里
武器装备	2 门 35 倍径 11 英寸炮、8 门 35 倍径 3.9 英寸炮（后升级为 4.1 英寸炮）、2 门 70 毫米炮、8 门 57 毫米炮；6 具（仅后 2 舰）14 英寸鱼雷发射管（在 1910 年被拆除）
装甲防护	装甲甲板厚度为 2.5/6.5 英寸；炮郭装甲厚度为 2 英寸；主炮台装甲厚度为 9.75 英寸；炮盾装甲厚度为 3.9 英寸；司令塔装甲厚度为 11.8 英寸
舰员	590 人

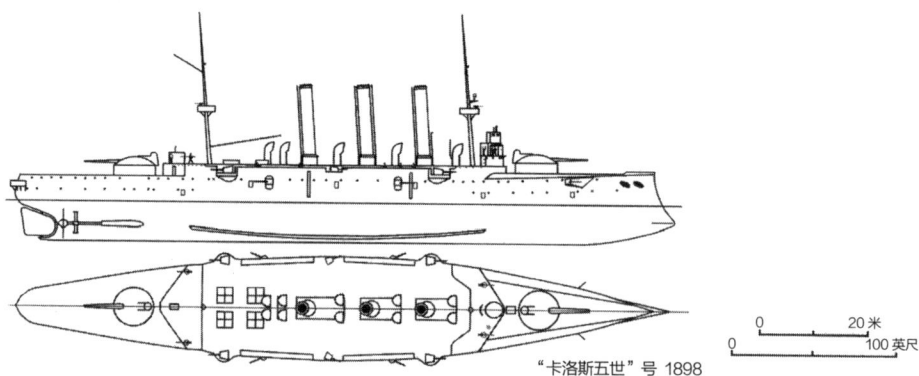

"卡洛斯五世"号 1898

舰船状况

舰名	建造商	开工时间	下水时间	完工时间	最终结局
"卡洛斯五世"号 [Carlos V，原"卡洛斯五世皇帝"号（Emperador Carlos V）]	维佳 - 穆尔亚嘉（卡迪兹）	1892.3.4	1895.3.13	1898.6.2	1931.12.5 除名；1933 年在毕尔巴鄂被拆解

1916，训练舰；1923，费罗尔，训练舰。

"朱塞佩·加里波第"级
一等巡洋舰

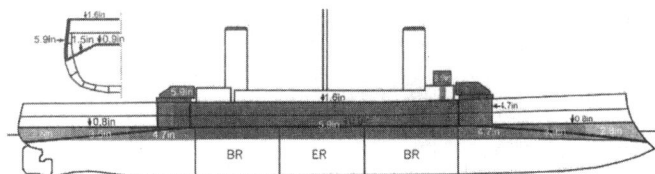

排水量	6840 吨
尺寸	328.1 英尺（垂线间长）/363.7 英尺（全长）×59.75 英尺 ×23.3 英尺 100 米（垂线间长）/107.8 米（全长）×18.2 米 ×7.1 米
动力系统	24 台尼克劳塞式水管锅炉；双轴推进；往复式蒸汽机（立式三胀式）；指示功率为 15000 马力 = 20 节；载煤量为 400/1000 吨；航程：10 节航速下 8300 海里
武器装备	2 门 40 倍径 9.4 英寸炮（未实装）、10 门 40 倍径 6 英寸炮、6 门 4.7 英寸炮、18 门 57 毫米炮；4 具 18 英寸鱼雷发射管
装甲防护	主装甲带厚度分别为 2.8 英寸 ~3.5 英寸 ~4.7 英寸 ~5.9 英寸 ~4.7 英寸 ~3.5 英寸 ~2.8 英寸；炮郭装甲厚度为 5.9 英寸；主炮塔装甲厚度为 5.9 英寸；炮盾装甲厚度为 3.9 英寸；装甲甲板厚度为 0.9/1.5 英寸；司令塔装甲厚度为 5.9 英寸
舰员	500 人

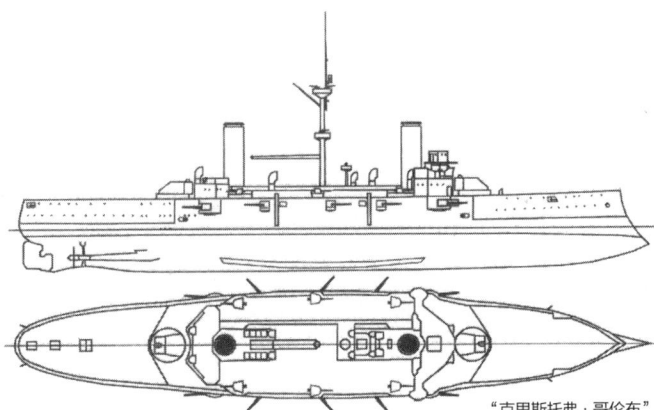

"克里斯托弗·哥伦布"号 1898

舰船状况

舰名	建造商	开工时间	下水时间	完工时间	最终结局
"克里斯托弗·哥伦布"号 [Cristóbal Colón，原意大利"朱塞佩·加里波第"号（二代）]	安萨尔多（热那亚－西塞斯特里）	1895	1896.9.16	1897.5.16	1898.7.3 在古巴塔奎诺河口搁浅后被拆解
"阿拉贡的佩德罗"号（Pedro de Aragon）＝阿根廷海军"里瓦达维亚"号（Rivadavia，一代）	安萨尔多（热那亚－西塞斯特里）	——	——	——	1900 年被出售给阿根廷

19 | 瑞典
SWEDEN

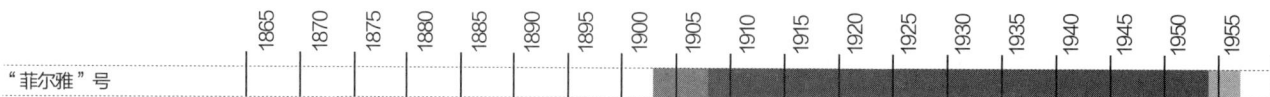

| 1865 | 1870 | 1875 | 1880 | 1885 | 1890 | 1895 | 1900 | 1905 | 1910 | 1915 | 1920 | 1925 | 1930 | 1935 | 1940 | 1945 | 1950 | 1955 |

"菲尔雅"号

"菲尔雅"号
装甲巡洋舰

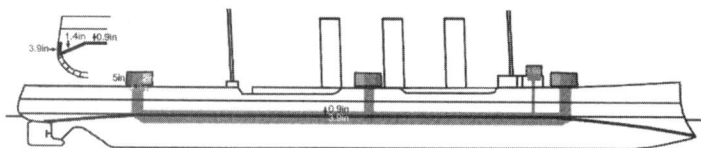

排水量	4800 吨
尺寸	377.6 英尺（水线长）/383.8 英尺（全长）×48.5 英尺×20.6 英尺 115.1 米（水线长）/117 米（全长）×14.8 米×6.3 米
动力系统	12 台雅罗式水管锅炉 [在 1941 年更换为 4 台鹏霍特（Phenoët）式锅炉]；双轴推进；往复式蒸汽机（立式三胀式）；指示功率为 12000 马力 = 21.5 节；载煤量为 900 吨；航程：10 节航速下 5770 海里
武器装备	8 门 50 倍径 6 英寸炮（双联装 ×4）、14 门（1913 年时为 12 门；1918 年时为 10 门）48 倍径 57 毫米炮、2 门 39 倍径 37 毫米炮；2 具 17.3 英寸鱼雷发射管。在 1918 年增设 2 门 57 毫米防空炮 1941 年：8 门 50 倍径 6 英寸炮（双联装 ×4）、4 门 57 毫米防空炮、2 门 40 毫米防空炮、1 门 25 毫米防空炮、1 门 20 毫米防空炮；2 具 21 英寸鱼雷发射管
装甲防护	主装甲带厚度为 3.9 英寸；主炮塔装甲厚度分别为 2 英寸 ~4.9 英寸；装甲甲板厚度为 0.9/1.4 英寸；司令塔装甲厚度为 3.9 英寸
舰员	322 人

舰船状况

舰名	建造商	开工时间	下水时间	完工时间	最终结局
"菲尔雅"号（Fylgia）	伯格松德机械制造厂（芬伯达）	1902.10	1905.12.20	1907.6.21	1953.1.30 退役除名；被用作靶舰；1957 年在哥本哈根被出售拆解

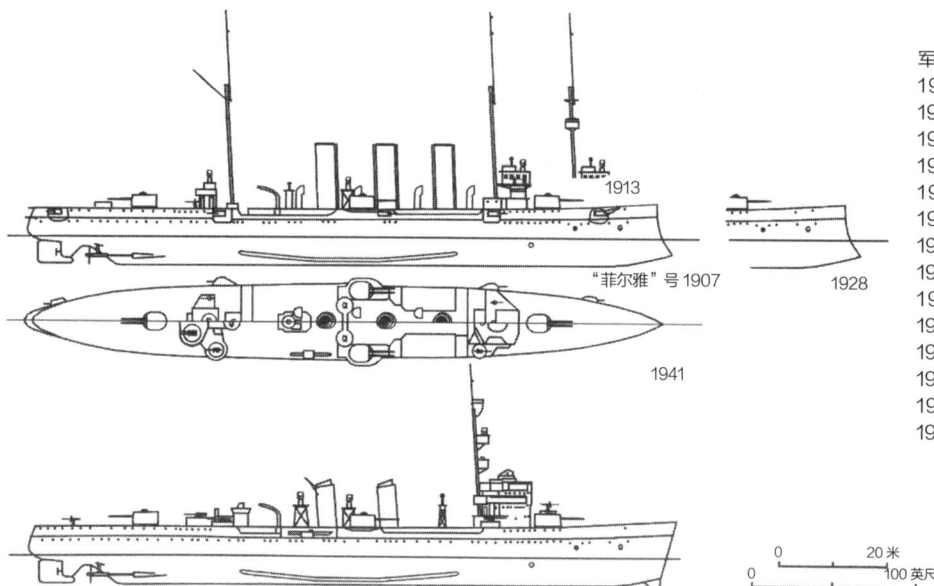

1913

"菲尔雅"号 1907

1928

1941

军官训练巡航：1907.7—1907.9、1907.11—1908.4、1908.11—1909.4、1909.6—1909.8、1910.5—1910.7、1911.5—1911.6、1912.5—1912.8、1912—1913、1913.11—1914.5、1911.11—1920.4、1920—1921、1921.10—1922.4、1922.11—1923.4、1923、1923—1924、1924.4、1924.11—1925.4、1925、1925.10—1926.3、1926.11—1927.4、1927.11—1928.3、1928.5—1928.7、1928.11—1929.3、1930.11—1931.3、1931.5—1931.7、1931.11—1932.3、1932.5—1932.7、1932.11—1933.3、1933.5—1933.7。1933—1939，预备役。军官训练巡航：1945—1946、1946.1—1946.3、1946.4—1946.6、1947.11—1948.3、1948.4—1948.6。

0   20 米

0   100 英尺

20 英国
UNITED KINGDOM

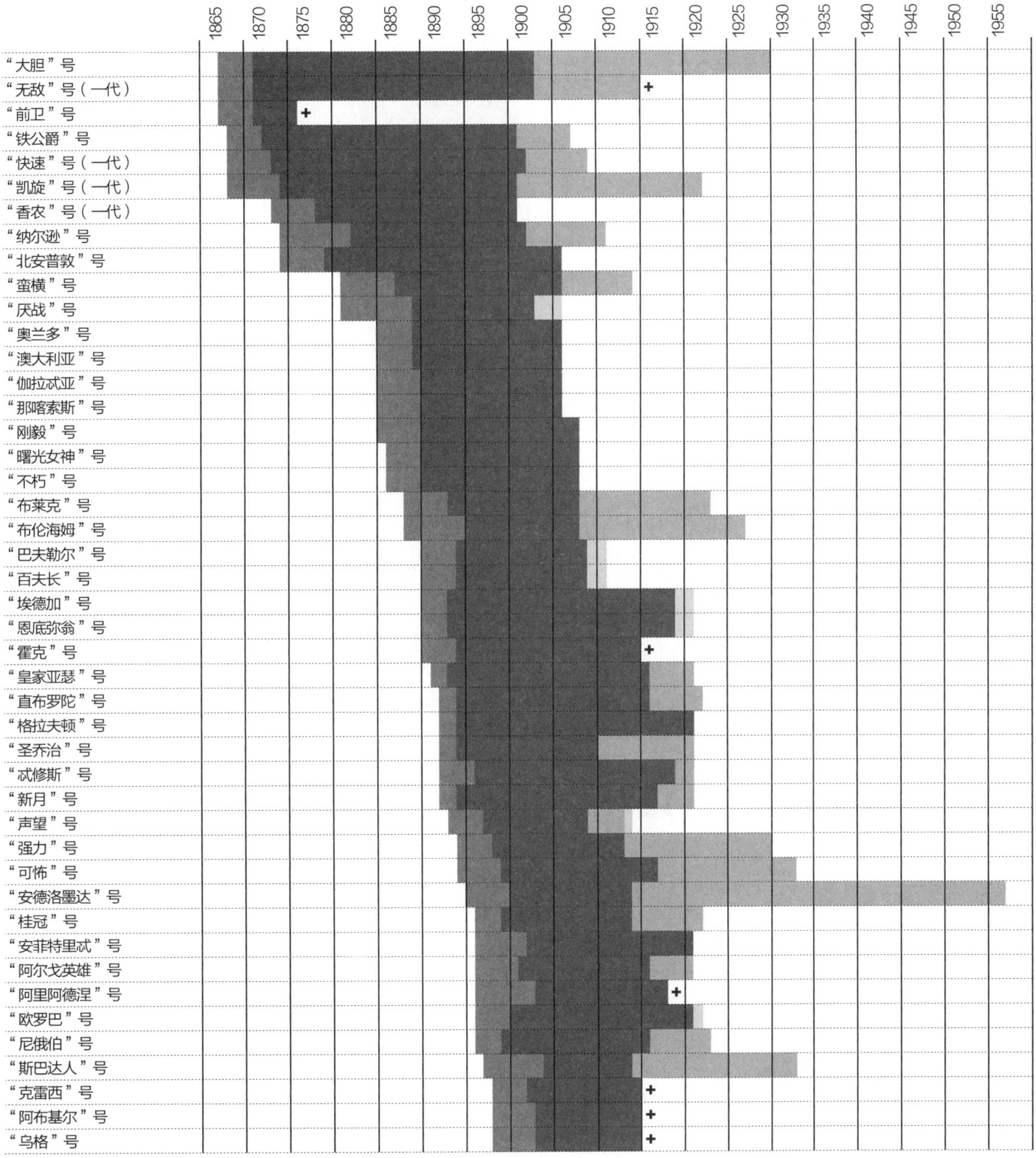
1865
1870
1875
1880
1885
1890
1895
1900
1905
1910
1915
1920
1925
1930
1935
1940
1945
1950
1955
“大胆”号
“无敌”号（一代）
“前卫”号
“铁公爵”号
“快速”号（一代）
“凯旋”号（一代）
“香农”号（一代）
“纳尔逊”号
“北安普敦”号
“蛮横”号
“厌战”号
“奥兰多”号
“澳大利亚”号
“伽拉忒亚”号
“那喀索斯”号
“刚毅”号
“曙光女神”号
“不朽”号
“布莱克”号
“布伦海姆”号
“巴夫勒尔”号
“百夫长”号
“埃德加”号
“恩底弥翁”号
“霍克”号
“皇家亚瑟”号
“直布罗陀”号
“格拉夫顿”号
“圣乔治”号
“忒修斯”号
“新月”号
“声望”号
“强力”号
“可怖”号
“安德洛墨达”号
“桂冠”号
“安菲特里忒”号
“阿尔戈英雄”号
“阿里阿德涅”号
“欧罗巴”号
“尼俄伯”号
“斯巴达人”号
“克雷西”号
“阿布基尔”号
“乌格”号

	1865	1870	1875	1880	1885	1890	1895	1900	1905	1910	1915	1920	1925	1930	1935	1940	1945	1950	1955
"萨特累季"号																			
"酒神祭司"号																			
"德雷克"号																			
"欧律阿勒斯"号																			
"好望角"号																			
"阿尔弗雷德国王"号																			
"利维坦"号																			
"蒙默思"号																			
"贝德福德"号																			
"埃塞克斯"号																			
"肯特"号																			
"贝里克"号																			
"康沃尔"号																			
"坎伯兰"号																			
"多尼戈尔"号																			
"兰开斯特"号																			
"萨福克"号																			
"德文郡"号																			
"安特里姆"号																			
"阿盖尔"号																			
"卡那封"号																			
"汉普郡"号																			
"罗克斯堡"号																			
"爱丁堡公爵"号																			
"黑太子"号																			
"勇士"号																			
"阿喀琉斯"号																			
"库赫兰"号																			
"纳塔尔"号																			
"米诺陶"号																			
"防御"号																			
"香农"号（二代）																			
"不挠"号																			
"不屈"号																			
"无敌"号（二代）																			

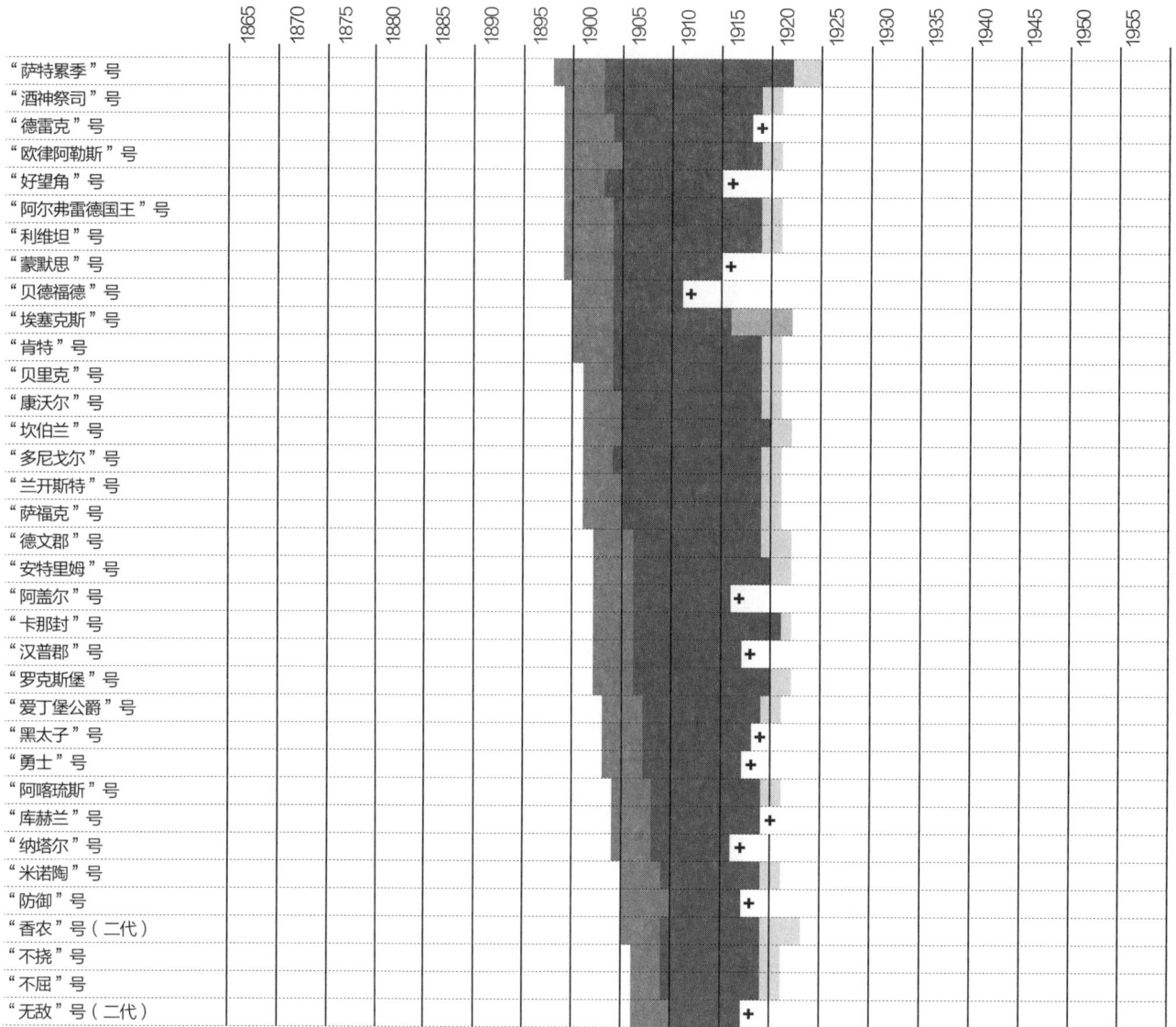

"大胆"级和"敏捷"级

铁甲舰；
1887，二等装甲战斗舰；
1892，三等装甲战斗舰

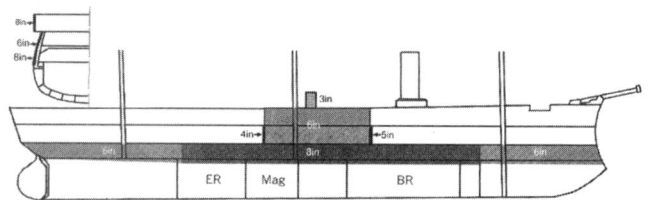

排水量	6010 吨（"快速"号为6910吨；"凯旋"号为6640吨）
尺寸	280 英尺（垂线间长）×54 英尺（"快速"号和"凯旋"号为55英尺）×23.2英尺（前述两舰为26.1英尺） 85.3 米（垂线间长）×16.5 米（前述两舰为16.8 米）×7.1 米（前述两舰为7.8 米）
动力系统	6 台箱形火管锅炉；双轴（"敏捷"号和"凯旋"号为单轴）推进；往复式蒸汽机；指示功率为 4830/4900 马力 =13/12.6 节；载煤量为 460 吨；航程：10 节航速下 1260 海里
武器装备	门 14 倍径 12 吨型 9 英寸前装线膛炮、4 门 15.5 倍径 6.3 英寸前装线膛炮、4 门 20 磅炮（"凯旋"号在 1882 年为 4 门 25 倍径 5 英寸炮；"快速"号在 1882 年为 8 门 25 倍径 4 英寸炮；其他舰船在 1885 年为 6/8 门 27 倍径 4 英寸炮）。在 1875 年后增设 4 具 14 英寸鱼雷发射管
装甲防护	主装甲带厚度分别为 6 英寸 ~8 英寸；中央炮郭装甲厚度分别为 4 英寸 ~6 英寸
舰员	450 人

"大胆"号 1870

"凯旋"号 1873

"铁公爵"号 1880

"大胆"号 1890

"厄瑞波斯"号（原"无敌"号）1904

"铁公爵"号 1905

```
0        20 米
0              100 英尺
```

舰船状况

舰名	建造商	开工时间	下水时间	完工时间	最终结局
"大胆"号（Audacious） ="阿里阿德涅"号（Ariadne，1904.3.21） ="费思嘉"号（Fisgard，1904.3.31） ="蛮横"号（Imperieuse，1914.10.14）	奈皮尔（加文）	1867.6.26	1869.2.27	1870.9.10	1902年被拆空舰体；1927.3.15被出售给T. W.沃德公司，在因弗基辛进行拆解
"无敌"号（Invincible，一代） ="厄瑞波斯"号（Erebus，1904.3.21） ="费思嘉二号"（Fisgard II，1905.10.12）	奈皮尔（加文）	1867.6.28	1869.5.29	1870.10.1	1904年被拆空舰体；1914.9.17在波特兰附近沉没
"铁公爵"号（Iron Duke）	彭布罗克海军造船厂	1868.8.23	1870.3.1	1871.1.21	1900年被拆空舰体；1906.6.15被出售至格拉斯哥由加尔布雷斯公司拆解
"前卫"号（Vanguard）	莱尔德（博肯黑德）	1867.10.21	1870.7.3	1870.9.28	1875.9.1在都柏林海域被"铁公爵"号撞沉
"快速"号（Swiftsure，一代） ="奥龙特斯"号（Orontes，1904.3.21）	帕尔默（贾罗）	1868.8.31	1870.6.15	1872.6.27	1901年被拆空舰体；1908.7.14被出售至卡斯尔拆解
"凯旋"号（Triumph，一代） ="忒涅多斯"号（Tenedos，1904.3.21） ="印度河四号"（Indus IV，1910） ="阿尔及尔"号（Algiers，1915.1）	帕尔默（贾罗）	1868.8.31	1870.9.27	1873.4.8	1904年被拆空舰体；1921.11.11被出售给B. 福莱公司（桑德兰）；1922.7.25由皮特森·拉贝克公司购买并拆解

"大胆"号

1870.10，金士敦，哨戒舰；1871.11—1874，亨伯，哨戒舰；1874.9—1878，远东（旗舰）；1879.2—1881，赫尔，哨戒舰；1882.9—1889，远东（旗舰）；1890.4—1894，赫尔，哨戒舰；1894—1900，查塔姆，预备役；1903.9—1905.3.14，菲利克斯托（Felixtowe），驱逐舰补给舰；1906.1.1—1914.9，朴次茅斯，技术人员训练舰；1914.10—1920.3，接待舰；1920—1927，罗赛斯，浮动仓库。

"无敌"号

1870.10—1871，赫尔，哨戒舰；1872.8—1876，地中海；1878.3—1880，地中海/英吉利海峡；1880—1885，地中海；1886.11—1893，南安普敦，哨戒舰；1893—1900，朴次茅斯，预备役；1904.5.30—1905.3.21，朴次茅斯，驱逐舰补给舰；1906.1.1—1914.9，朴次茅斯，技术人员训练舰。

"铁公爵"号

1871.1—1871.9，普利茅斯，哨戒舰；1871.8—1874，远东（旗舰）；1875.7—1875.9，赫尔，哨戒舰；1875.9—1877.7，金士敦，哨戒舰；1878.7—1883，远东（旗舰）；1885.4—1885.8，特别行动中队；1885.9—1890，海峡（名称不详）；1890.5—1893，昆斯费里（Queensferry），哨戒舰；1893—1902，朴次茅斯，预备役；1902—1905，浮动储煤船；1905—1906，比特海峡。

"前卫"号

1871.7—沉没，金士敦，哨戒舰。

"快速"号

1871—1872，德文波特，预备役；1872.5—1878.10，地中海；1882.3—1885.12与1888.4—1890.10，太平洋（旗舰）；1890—1891，德文波特，预备役；1891.8—1893，德文波特，哨戒舰；1893—1901，朴次茅斯，预备役；1901—1908，浮动车间及办公室（舰壳被拆）。

"凯旋"号

1873.3—1877.9，英吉利海峡；1878.5—1882.10与1885.1—1888.12，太平洋（旗舰）；1889—1890，德文波特，预备役；1890.2—1892.9，昆士敦（旗舰）；1892—1900.7，德文波特，预备役；1904—1905.2.20，查塔姆，驱逐舰补给舰；1906.1.1—1910，查塔姆，技术人员训练舰；1910—1914.10，轮机人员训练舰；1914.10—1921.1，因弗戈登，浮动仓库。

"香农"号（一代）

铁甲舰；1887，一等装甲巡洋舰

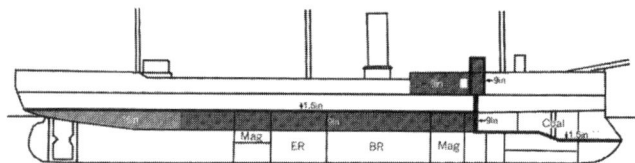

排水量	5095 吨
尺寸	260 英尺（垂线间长）×54 英尺 ×22.5 英尺 79.2 米（垂线间长）×16.5 米 ×6.9 米
动力系统	8 台圆筒式火管锅炉；单轴推进，往复式蒸汽机；指示功率为 3500 马力 = 13 节；载煤量为 280 吨；航程：10 节航速下 2260 海里
武器装备	2 门 14.5 倍径 18 吨型 10 英寸前装线膛炮、7 门 14 倍径 12 吨型 9 英寸前装线膛炮、6 门 20 磅炮。在 1881 年增设 6 门 27 倍径 4 英寸炮和 2 具 14 英寸鱼雷发射管
装甲防护	主装甲带厚度分别为 6 英寸 ~9 英寸 ~0（无装甲）；中央炮郭装甲厚度为 9 英寸；装甲甲板厚度为 1.5 英寸
舰员	452 人

舰船状况

舰名	建造商	开工时间	下水时间	完工时间	最终结局
"香农"号（Shannon）	彭布罗克海军造船厂	1873.9.29	1875.11.11	1877.9.17	1899.12.15 被出售至加斯顿拆解

1877.7.17，特别行动中队；1878.3，英吉利海峡；1878.4—1878.7，远东；1878.12，英吉利海峡；1879，地中海；1879.7—1881.7，太平洋；1883.5，补给舰；1883.6，格陵诺克（Greenock），海岸巡逻舰；1883.8，班特里（Bantry），哨戒舰；1885.6—1885.7，特别行动中队；1893.5，舰队预备役；1898.1，船坞预备役。

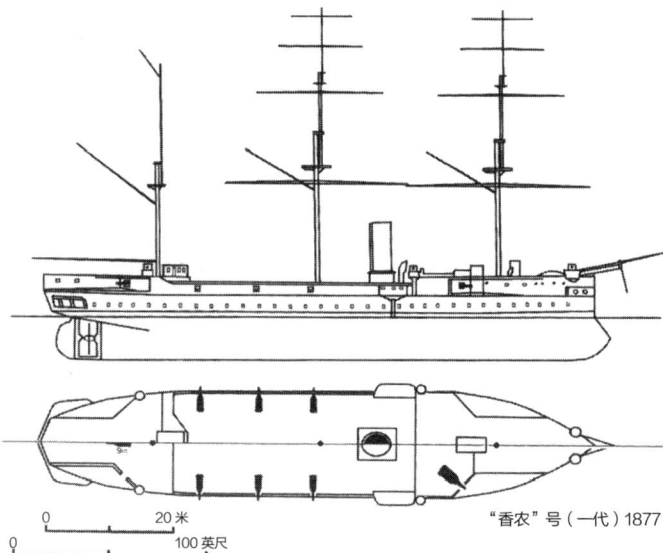

"香农"号（一代）1877

"纳尔逊"级

铁甲舰；1887，一等装甲巡洋舰

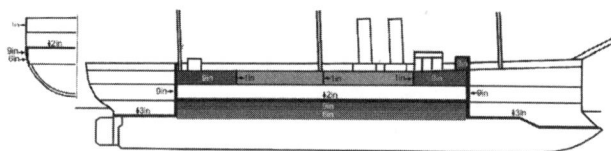

排水量	7473 吨（"纳尔逊"号）/7630 吨（"北安普敦"号）
尺寸	280 英尺（垂线间长）×60 英尺 ×25.8 英尺 85.5 米（垂线间长）×18.3 米 ×7.8 米
动力系统	10 台椭圆火管锅炉；双轴推进；往复式蒸汽机（混合）；指示功率为 6600（"纳尔逊"号）/6000（"北安普敦"号）马力 = 14/13 节；载煤量为 1150 吨；航程：10 节航速下 5000 海里
武器装备	4 门 14.5 倍径 18 吨型 10 英寸前装线膛炮、8 门 14 倍径 12 吨型 9 英寸前装线膛炮、6 门 20 磅炮（"北安普敦"号于 1886 年拆除，"纳尔逊"号于 1891 年拆除）、4 门 4.7 英寸炮（仅"纳尔逊"号）、6 门 6 磅炮、8/14 门 3 磅炮。在 1886—1891 年间增设 2 具 14 英寸鱼雷发射管
装甲防护	主装甲带厚度分别为 6 英寸 ~9 英寸 ~0（无装甲）；中央炮郭装甲厚度为 9 英寸；装甲甲板厚度为 1.5 英寸
舰员	560 人

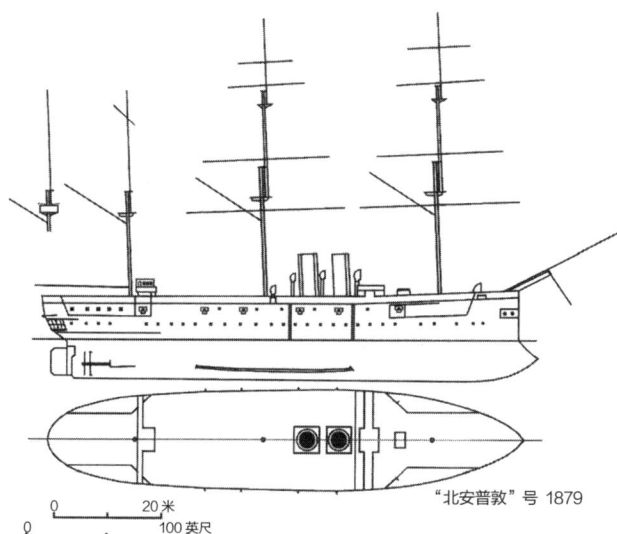

"北安普敦"号 1879

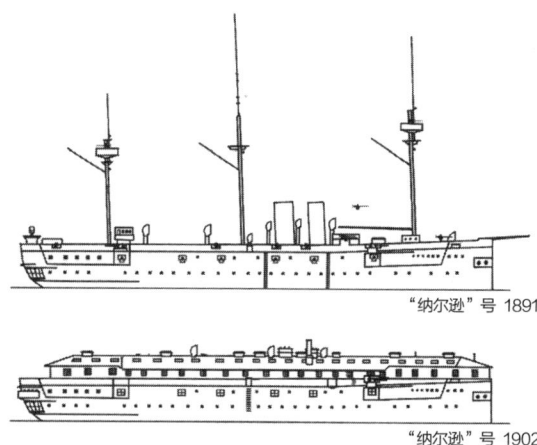

"纳尔逊"号 1891

"纳尔逊"号 1902

舰船状况

舰名	建造商	开工时间	下水时间	完工时间	最终结局
"纳尔逊"号（Nelson）	埃尔德（赫尔）	1874.11.2	1876.11.4	1881.7.26	1901 年被拆空舰壳；1910.7.12 被出售；在尼德兰进行拆解
"北安普敦"号（Northampton）	奈皮尔（格拉斯哥）	1874.10.26	1876.11.18	1878.12.7	1905.4.5 被出售给 T. W. 沃德公司；1905.9.30 抵达莫克姆（Morecambe）进行拆解

"纳尔逊"号

1881.7—1888，澳大利亚（旗舰）；1891.10，朴次茅斯，哨戒舰；1894.11，舰队预备役；1901.4，船坞预备役；1901.12，被拆空船壳，用作司炉训练舰。

"北安普敦"号

1879.9—1886.4，北美及西印度群岛；1886.11，查塔姆，第 3 预备舰队；1889.3，舍尔尼斯，旗舰；1893，舍尔尼斯，"A"后备舰队；1894.2，舰队预备役；1894.6—1904.11，新兵和新兵远洋训练舰；1904.11—1905.4，舰队预备役。

"蛮横"级
炮台钢装甲战列舰；1887，一等装甲巡洋舰

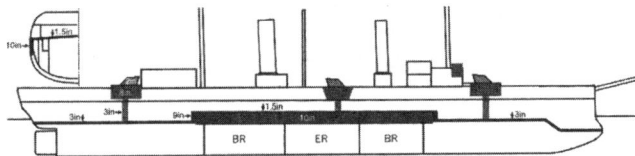

排水量	8550 吨
尺寸	315 英尺（垂线间长）×62 英尺 ×27.2 英尺 96 米（垂线间长）×18.9 米 ×8.3 米
动力系统	12 台椭圆 / 圆筒火管锅炉；双轴推进；往复式蒸汽机（混合）；指示功率为 8000 马力 /10000 马力（加力送风）= 16/16.7 节；载煤量为 1130 吨；航程：10 节航速下 5500 海里
武器装备	4 门 32 倍径 9.2 英寸炮、6 门（1892 年时为 10 门）25 倍径 6 英寸炮、4 门 6 磅炮；6 具 14 英寸鱼雷发射管
装甲防护	主装甲带厚度为 10 英寸；炮台装甲厚度为 8 英寸；装甲甲板厚度为 4 英寸；司令塔装甲厚度为 9 英寸
舰员	555 人

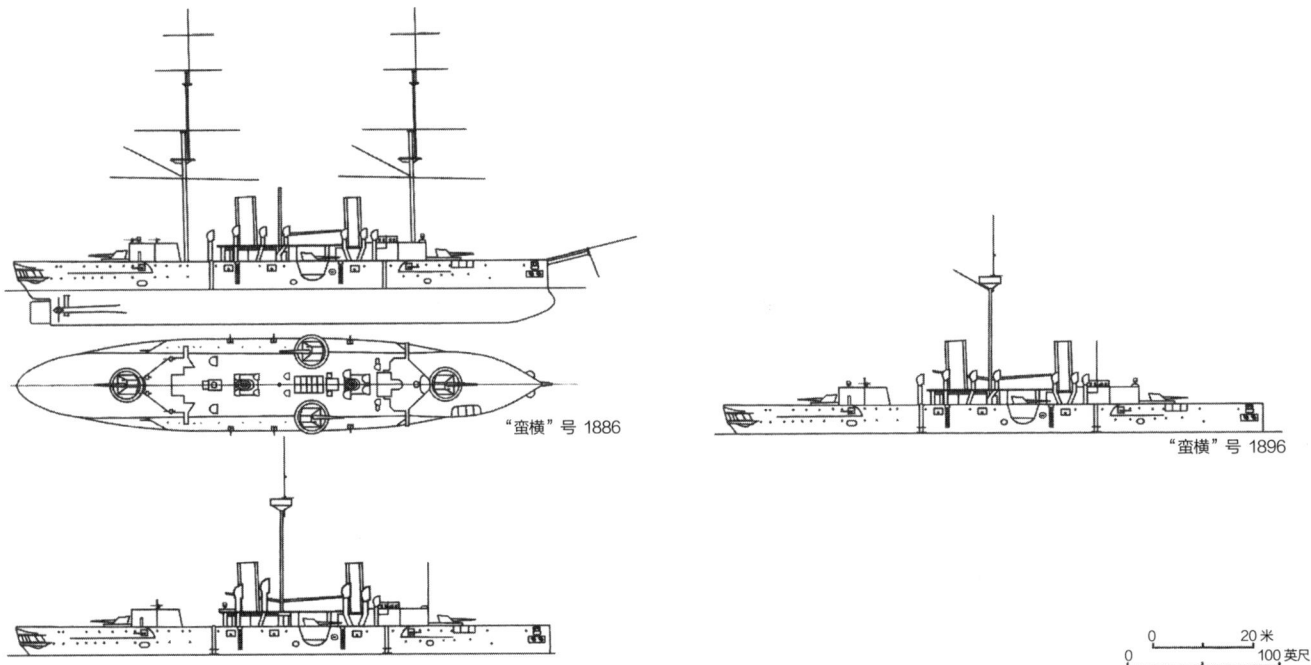

"蛮横"号 1886

"蛮横"号 1896

舰船状况

舰名	建造商	开工时间	下水时间	完工时间	最终结局
"蛮横"号（Imperieuse） ="蓝宝石二号"（Saphire II, 1905.2） ="蛮横"号（1905.6）	朴次茅斯海军造船厂	1881.8.10	1883.12.18	1886.9	1913.9.24 被出售给 T. W. 沃德公司；1913.10.29 抵达莫克姆进行拆解
"厌战"号（Warspite）	查塔姆海军造船厂	1881.10.25	1884.1.29	1888.6	1905.4.4 被出售给 T. W. 沃德公司；在普雷斯顿进行拆解

"蛮横"号
1889.3—1894，远东（旗舰）；1896.3—1899，太平洋（旗舰）；1905.2—1912.12，波特兰，驱逐舰补给舰。

"厌战"号
1890.2—1893，太平洋（旗舰）；1893.8—1896.12，昆士敦，哨戒舰；1899.3—1902，太平洋（旗舰）；1902.7，查塔姆，预备役。

"奥兰多"级
一等装甲巡洋舰

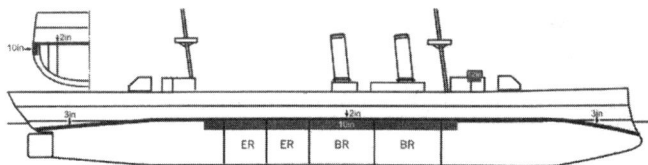

排水量	5600 吨（满载排水量）
尺寸	300 英尺（垂线间长）×56 英尺 ×26 英尺 91.4 米（垂线间长）×17.1 米 ×7.9 米
动力系统	4 台圆筒式火管锅炉；双轴推进；往复式蒸汽机（水平三胀式）；指示功率为 5500 马力 /8500 马力（加力送风）= 17/18 节；载煤量为 900 吨；航程：10 节航速下 8000 海里
武器装备	2 门 32 倍径 9.2 英寸炮、10 门 25 倍径 6 英寸炮、3 门 9 磅炮、10 门 3 磅炮；6 具 14 英寸鱼雷发射管（在 1897—1900 年间被拆除）
装甲防护	主装甲带厚度为 10 英寸；装甲甲板厚度为 2/3 英寸；司令塔装甲厚度为 12 英寸
舰员	484 人

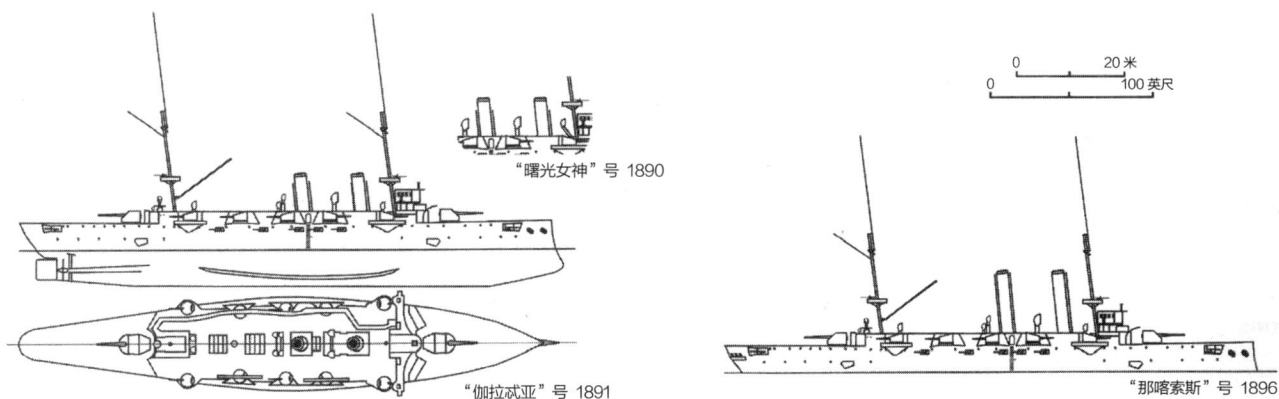

"曙光女神"号 1890

"伽拉忒亚"号 1891

"那喀索斯"号 1896

舰船状况

舰名	建造商	开工时间	下水时间	完工时间	最终结局
"奥兰多"号（Orlando）	帕尔默（贾罗）	1885.4.23	1886.8.3	1888.6	1905.7.11 被出售给 T. W. 沃德公司；1906.1.17 抵达莫克姆进行拆解
"澳大利亚"号（Australia）	费尔菲尔德（加文）	1885.4.21	1886.11.25	1888.10	1905.4.4 被出售给 J.J. 金公司；在特伦港进行拆解
"伽拉忒亚"号（Galatea）	奈皮尔（格拉斯哥）	1885.4.21	1887.3.10	1889.3	1905.4.4 被出售给 J.J. 金公司；在特伦港进行拆解
"那喀索斯"号（Narcissus）	厄尔（赫尔）	1885.4.27	1886.12.15	1889.7	1906.9.11 被出售；在布里顿费里（Briton Ferry）进行拆解
"刚毅"号（Undaunted）	帕尔默（贾罗）	1885.4.23	1886.11.25	1890.9.18	1907.4.9 被出售给哈里斯公司（布里斯托）；在法茅斯（Falmouth）进行拆解
"曙光女神"号（Aurora）	彭布罗克海军造船厂	1886.2.1	1887.10.28	1890.7.1	1907.10.2 被出售给佩顿公司；在米尔福德港进行拆解
"不朽"号（Immortalité）	查塔姆海军造船厂	1886.1.18	1887.6.7	1890.7.1	1907.1.1 被出售给拆船厂；在布莱克沃尔进行拆解

"奥兰多"号
1888—1898，澳大利亚（旗舰）；1898—1899，朴次茅斯；1899—1902，远东；1903—1905，朴次茅斯。

"澳大利亚"号
1888—1889，查塔姆；1889—1893，地中海；1893—1903，南安普敦，海岸警卫舰；1904，查塔姆。

"伽拉忒亚"号
1889—1890，朴次茅斯；1890—1892，英吉利海峡；1892—1893，朴次茅斯；1893—1895，昆斯费里，海岸警卫舰；1895—1903，赫尔，海岸警卫舰；1904，查塔姆。

"那喀索斯"号
1889—1892，查塔姆；1892—1894，英吉利海峡；1895，朴次茅斯；1895—1899，远东；1899—1901，朴次茅斯；1901—1905，朴次茅斯，炮术训练舰。

"刚毅"号
1889—1890，德文波特；1890—1893，地中海；1893—1900，远东；1901—1904，德文波特，炮术训练舰。

"曙光女神"号
1889—1890，德文波特；1890—1892，英吉利海峡；1892—1893，德文波特；1893—1895，班特里海湾，海岸警卫舰；1895—1899，德文波特；1900—1902，远东；1902—1903，接受整修改造；1904，德文波特；1905，神圣湖（Holy Loch）。

"不朽"号
1890—1894，英吉利海峡；1894—1895，查塔姆；1895—1899，远东；1899—1901，舍尔尼斯；1901—1905，舍尔尼斯，炮术训练舰；1905—1907，神圣湖。

"布莱克"级
一等巡洋舰；1905，一等防护巡洋舰

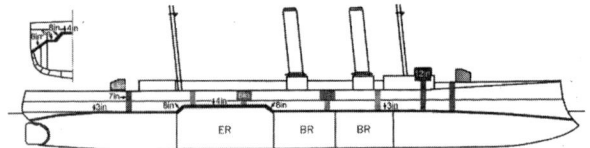

排水量	9000 吨
尺寸	375 英尺（垂线间长）/387 英尺（水线长）/399 英尺（全长）×65 英尺 ×24 英尺 114.3 米（垂线间长）/118 米（水线长）/121.8 米（全长）×19.8 米 ×7.3 米
动力系统	6 台圆筒式火管锅炉；双轴推进；往复式蒸汽机（水平三胀式）；指示功率为 13000 马力 /20000 马力（加力送风）= 20/22 节；载煤量为 1500/1800 吨；航程：10 节航速下 15000 海里
武器装备	2 门 30 倍径 9.2 英寸炮、10 门 26 倍径 6 英寸炮、18 门 3 磅炮；4 具 14 英寸鱼雷发射管 "布莱克"号（1907 年）：4 门 40 倍径 6 英寸炮、4 门 50 倍径 4 英寸炮、4 门 12 磅炮 "布伦海姆"号（1905 年）：4 门 40 倍径 6 英寸炮、12 门 12 磅炮。在 1919 年为 3 门 45 倍径 4 英寸炮、1 门 12 磅炮
装甲防护	装甲甲板厚度为 3/6 英寸；发动机舱斜置装甲厚度为 4/8 英寸；炮郭装甲厚度为 6 英寸；主炮炮盾装甲厚度为 4.5 英寸；司令塔装甲厚度为 12 英寸
舰员	484 人

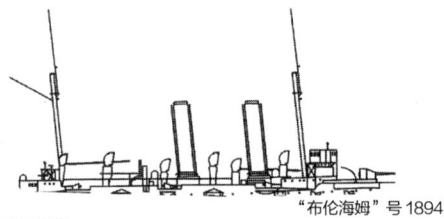

"布伦海姆"号 1894

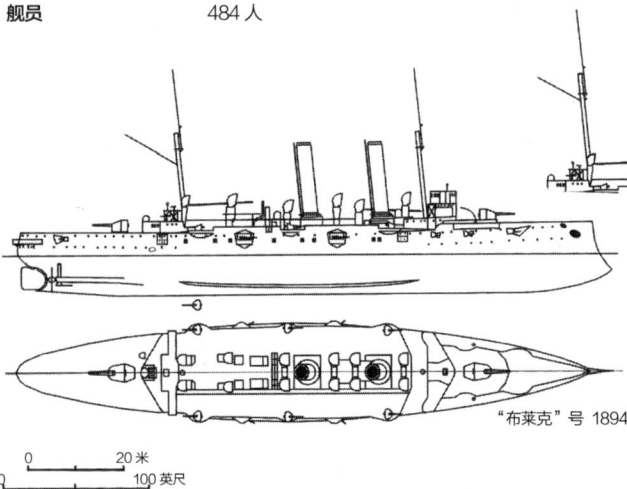

"布莱克"号 1894

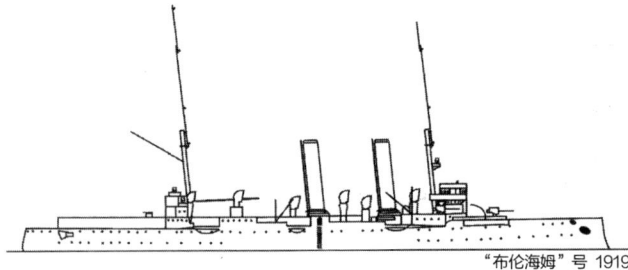

"布伦海姆"号 1919

舰船状况

舰名	建造商	开工时间	下水时间	完工时间	最终结局
"布莱克"号（Blake）	查塔姆海军造船厂	1888.7	1889.11.23	1892	1922.6.9 被出售给埃德加·G. 里斯有限公司；1922.8 在拉内利（Llanelli）进行拆解
"布伦海姆"号（Blemheim）	泰晤士钢铁厂（波普拉）	1888.10	1890.7.5	1894.5.26	1926.7.13 被出售给 T. W. 沃德公司并由彭布罗克造船厂进行拆解

"布莱克"号
1892—1895，北美和西印度群岛；1895—1898，英吉利海峡；1897—1907，德文波特，预备役；1907，驱逐舰补给舰；1908—1909，诺尔；1909—1914，本土舰队；1914—1919，大舰队（第 2 和第 11 驱逐舰分舰队）。

"布伦海姆"号
1891—1894，查塔姆，预备役；1894—1898，英吉利海峡；1898，查塔姆，预备役；1898.6，远东；1898—1901，查塔姆，预备役；1901—1904，远东；1905，驱逐舰补给舰；1906—1913，本土舰队；1912—1920，地中海；1921—1925，舍尔尼斯 / 哈里奇，扫雷舰补给舰。

"埃德加"级
一等巡洋舰；1905，一等防护巡洋舰；
1913，巡洋舰

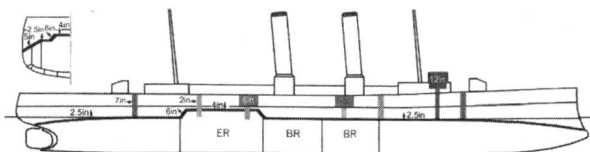

排水量	7350 吨（满载排水量）；"直布罗陀"号、"圣乔治"号、"新月"号和"皇家亚瑟"号为 7700 吨
尺寸	360 英尺（垂线间长）/387.5 英尺（全长）×60 英尺（"埃德加"号、"恩底弥翁"号、"格拉夫顿"号和"忒修斯"号在 1915 年为 90 英寸）×24 英尺 109.7 米（垂线间长）/118.1 米（全长）×18.3 米（上述四舰在 1915 年为 27.5 米）×7.2 米
动力系统	4 台圆筒式火管锅炉；双轴推进；往复式蒸汽机（水平三胀式）；指示功率为 7700 马力 /12000 马力（加力送风）= 18/19.5 节；载煤量为 850/1250 吨
武器装备	2 门（"新月"号与"皇家亚瑟"号为 1 门；在 1915 年被拆除）30 倍径 9.2 英寸炮、10 门（"新月"号与"皇家亚瑟"号为 12 门；"埃德加"号、"恩底弥翁"号、"格拉夫顿"号与"忒修斯"号在 1915 年为 12 门）40 倍径 6 英寸炮、12 门 6 磅炮（"恩底弥翁"号、"忒修斯"号与"格拉夫顿"号在 1905—1912 年间更换为 8 门 6 磅炮和 4 门 4.7 英寸炮）、5 门 3 磅炮；4 具 18 英寸鱼雷发射管。"皇家亚瑟"号在 1915 年拆除武装。"圣乔治"号在 1910 年为 4 门 40 倍径 6 英寸炮、8 门 12 磅炮；在 1919 年为 2 门 6 英寸炮、2 门 12 磅防空炮、3 门 3 磅防空炮。"新月"号在 1915 年 2 月为 4 门 40 倍径 6 英寸炮
装甲防护	装甲甲板厚度为 2.5/5 英寸；发动机舱斜置装甲厚度为 4/6 英寸；炮郭装甲厚度为 6 英寸；司令塔装甲厚度为 12 英寸
舰员	544 人

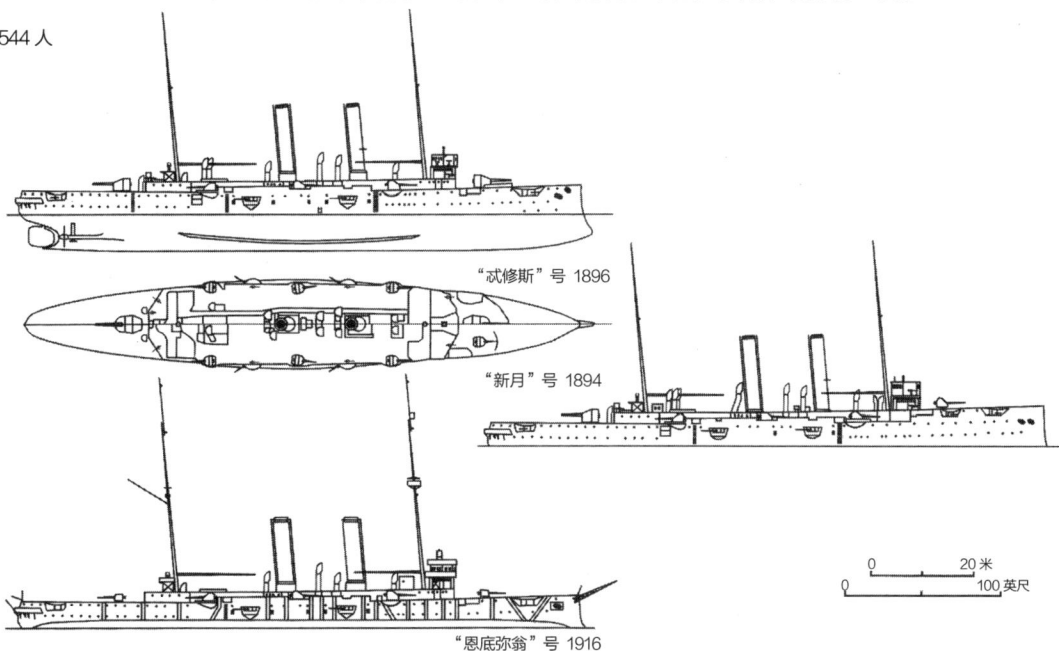

"忒修斯"号 1896

"新月"号 1894

"恩底弥翁"号 1916

舰船状况

舰名	建造商	开工时间	下水时间	完工时间	最终结局
"埃德加"号（Edgar）	德文波特海军造船厂	1889.6.3	1890.11.24	1893.3.2	1921.5.9 被出售给 T.W. 沃德公司；1923.4.3 抵达莫克姆进行拆解
"恩底弥翁"号（Edymion）	厄尔（赫尔）	1889.11.21	1891.7.22	1894.5.26	1920.3.16 被出售给 E. 伊文思公司并在卡迪夫进行拆解
"直布罗陀"号（Gibraltar）	比德摩尔（邓米尔）	1889.12.2	1892.4.27	1894.11.1	1923.9 被出售给 J. 卡斯摩尔公司并在纽波特进行拆解
"格拉夫顿"号（Grafton）	泰晤士钢铁厂（布莱克沃）	1890.1.1	1892.1.30	1894.10.18	1920.7.1 被出售给 S. 卡斯尔公司并在普利茅斯进行拆解
"霍克"号（Hawke）	查塔姆海军造船厂	1889.6.17	1891.3.11	1893.5.16	1914.10.15 在北海被 U-9 号潜艇击沉
"圣乔治"号（St George）	厄尔（赫尔）	1890.4.23	1892.6.23	1894.10.25	1920.7.1 被出售给 S. 卡斯尔公司并在普利茅斯进行拆解
"忒修斯"号（Theseus）	泰晤士钢铁厂（布莱克沃）	1890.7.16	1892.9.8	1896.1.14	1921 年被出售给斯坦利公司；1921.11.8 由斯劳贸易公司购买并在德国进行拆解
"新月"号（Crescent）	朴次茅斯海军造船厂	1890.10.13	1892.3.20	1894.2.22	1921.9.22 被出售给科恩公司并在德国进行拆解
"皇家亚瑟"号 [Royal Arthur, 原"半人马"号（Centaur）]	朴次茅斯海军造船厂	1890.1.20	1891.2.26	1893.3.2	1921.9.22 被出售给科恩公司并在德国进行拆解

"埃德加"号

1893—1894，地中海；1894—1897，远东；1898—1900，运输舰；1901—1902，德文波特；1903—1904，霍利黑德，哨戒舰；1905，查塔姆；1905—1906，北美和西印度群岛（新兵训练舰）；1907，诺尔，仅保留核心舰员；1907—1908，运兵船；1909—1911，朴次茅斯，第4分队；1912，第三舰队；1913—1914，昆士敦，训练中队；1914，第10巡洋舰中队；1915—1916，达达尼尔海峡；1917，爱琴海；1918，直布罗陀；1919，昆士敦，退役。

"恩底弥翁"号

1894—1895，英吉利海峡；1896—1897，特别行动中队；1899—1902，查塔姆；1904，英吉利海峡；1905—1912，舍尔尼斯，炮术训练舰；1912—1913，朴次茅斯，第三舰队；1913—1914，昆士敦，训练中队（旗舰）；1914，第10巡洋舰中队；1915—1916，达达尼尔海峡；1916—1918，地中海；1918，爱琴海；1919，诺尔，退役。

"直布罗陀"号

1894—1895，特别行动中队；1896，游击中队；1896—1899，地中海；1899—1901，朴次茅斯；1901—1904，好望角（旗舰）；1904—1906，北美和西印度群岛；1906—1913，德文波特，仅核心舰员服役，第4分队；1914，波特兰，反潜训练学校；1914，第10巡洋舰中队；1915.10—1918.1，斯瓦尔贝克湾，补给舰；1918.2—1918.12，朗霍普（Longhope）；1919.3—1923，波特兰，驱逐舰补给舰；1923.4.24，退役。

"格拉夫顿"号

1894—1895，特别行动中队；1895—1899，远东（旗舰）；1899—1901，查塔姆；1902—1904，太平洋；1905—1913，朴次茅斯，炮术训练舰；1913—1914，昆士敦训练中队；1914，第10巡洋舰中队；1915—1916，达达尼尔海峡；1916—1917，地中海；1917—1918，红海；1918，爱琴海；1919，黑海，补给舰；1919—1920，诺尔，退役。

"霍克"号

1893—1899，地中海；1899—1902，查塔姆；1902，特别行动中队；1903—1904，本土；1904—1906，北美和西印度群岛，第4巡洋舰中队；1906—1907，舍尔尼斯，鱼雷训练学校；1907，诺尔，仅核心舰员服役；1908—1913，朴次茅斯/诺尔，第三舰队；1913—1914，昆士敦，训练中队；1914—沉没，第10巡洋舰中队。

"圣乔治"号

1894—1898，好望角和西非（旗舰）；1898—1899，朴次茅斯；1899—1902，巡洋舰中队；1902—1904，查塔姆；1904，南大西洋；1905—1906，北美和西印度群岛（新兵训练舰）；1906—1909，德文波特，仅核心舰员服役；1910，驱逐舰补给舰；1910.2—1912，诺尔，第3驱逐舰分舰队；1913—1914，福斯湾，第9驱逐舰分舰队；1914—1915，亨伯，第7驱逐舰分舰队；1915—1917，地中海；1917，潜艇补给舰；1918—1919，爱琴海。

"忒修斯"号

1896，游击中队；1896—1898，地中海（1897，好望角）；1899—1902，地中海；1902—1905，查塔姆；1905—1911，德文波特，炮术训练舰；1912，德文波特，第三舰队；1913—1914，昆士敦，训练中队；1914，第10巡洋舰中队；1915—1916，达达尼尔海峡；1916—1918，地中海；1918，拖船补给舰；1918—1919，黑海；1919，德文波特，退役。

"新月"号

1894—1895，特别行动服役（远东/澳大利亚）；1895—1897，北美和西印度群岛（旗舰）；1897—1899，朴次茅斯；1899—1902，北美和西印度群岛（旗舰）；1902—1903，朴次茅斯；1904—1907，好望角（旗舰）；1907—1913，朴次茅斯，第三舰队；1913—1914，昆士敦，训练中队；1914，第10巡洋舰中队（旗舰）；1915，霍伊（Hoy），哨戒舰；1915—1917，朴次茅斯；1917—1918，斯卡帕湾，潜艇补给舰；1919，福斯湾。

"皇家亚瑟"号

1893—1896，太平洋（旗舰）；1896—1897，朴次茅斯；1897，因特别行动服役；1897—1904，澳大利亚（旗舰）；1905—1906，北美的西印度群岛（旗舰）；1906—1913，朴次茅斯，仅核心舰员服役，第4分队；1913—1914，昆士敦，训练中队；1914，第10巡洋舰中队；1915，斯卡帕湾，哨戒舰；1918，第12潜艇分队，潜艇补给舰；1919—1920，罗赛斯，第1潜艇分队；1920，退役。

1892 年 5 月被定级为巡洋舰的旧战列舰

舰名	排水量	下水时间	最终结局
"勇士"号（Warrior） ="弗农三号"（Vemon III, 1904.4.1） ="勇士"号（1923.10.1） =C77 号（1942.8.27） ="勇士"号（1974）	9137 吨	1860.12.29	1883.6，退役；1902.7.16—1904.3.31，驱逐舰补给舰；1904.4.1—1923.10，浮动车间与发电站；1929.3—1978，米尔福德港，输油管防波堤；1979 年，博物馆舰
"黑太子"号（Black Prince） ="祖母绿"号（Emerald, 1904.3） ="不催三号"（Impregnable III, 1910.7） ="黑太子"号（1922.10.12）	9137 吨	1861.2.27	1896 年，训练舰；1923.2.21 被出售拆解
"赫克托耳"号（Hector）	7000 吨	1862.9.26	1886 年，退役；1905.7.11，被出售拆解
"阿喀琉斯"号（Achilles） ="西伯尼亚"号（Hibernia, 1902） ="埃格蒙特"号（Egmont, 1916.6.19） ="彭布罗克"号（Pembroke, 1919.6.6）	9820 吨	1863.12.23	1885 年，退役；1901 年，补给舰；1923.1.26，被出售给格兰顿拆船厂拆解
"米诺陶"号（Minotaur） ="博斯考恩"号（Boscowen, 1904.3） ="恒河"号（Ganges, 1906.7.21） ="恒河二号"（Ganges II, 1908.4.25）	10627 吨	1863.12.12	1895 年，训练舰；1922.1.30 被出售拆解
"阿金库尔"号（Agincourt） ="博斯考恩三号"（Boscowen III, 1904.6） ="恒河二号"（Ganges II, 1906.6.21） =C108 号（1908.9）	10627 吨	1865.3.27	1895 年，训练舰；1910 年，浮动储煤船；1960.10.21 被出售至格雷斯（Greys）进行拆解
"诺森伯兰"号（Northumberland） ="阿刻戎"号（Acheron, 1904.3） =C8 号（1919） =C68 号（1926） ="斯泰德蒙德"号（Stedmound, 1927）	10584 吨	1866.4.14	1898 年，训练舰；1909 年，浮动储煤船；1927.4.26 被出售给 T.W. 沃德公司；转售蒸汽船合作有限公司购买后用作储煤船；1935 年在达喀尔被出售拆解

"百夫长"级
一等装甲战斗舰；1905，战斗舰

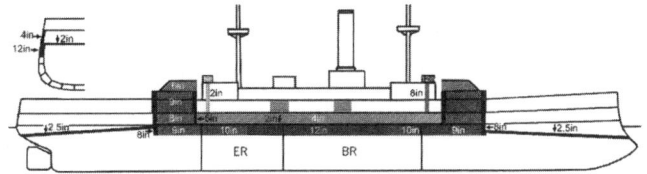

排水量	10634 吨（标准排水量），11120 吨（满载排水量）
尺寸	360 英尺（垂线间长）/390.8 英尺（全长）×70 英尺 ×25.6/26.7 英尺 109.7 米（垂线间长）/119.1 米（全长）×21.3 米 ×7.8/8.1 米
动力系统	8 台圆筒式火管锅炉；双轴推进；往复式蒸汽机（水平三胀式）；指示功率为 9000 马力 /13000 马力（加力送风）= 17/18.5 节；载煤量为 750/1440 吨；航程：10 节航速下 5230 海里
武器装备	4 门 32 倍径 10 英寸炮（双联装 ×2）、10 门 40 倍径 4.7 英寸炮（在 1904 年为 45 倍径 6 英寸炮）、8 门 6 磅炮、12 门 3 磅炮；7 具（在 1904 年为 3 具）18 英寸鱼雷发射管
装甲防护	主装甲带厚度分别为 0（无装甲）~9 英寸 ~10 英寸 ~12 英寸 ~10 英寸 ~9 英寸 ~0（无装甲）；上层装甲带厚度分别为 0（无装甲）~4 英寸 ~0（无装甲）；主炮台装甲厚度为 9 英寸；主炮炮盾装甲厚度为 6 英寸；炮郭装甲厚度为 4 英寸（1904 年时为 5 英寸）；装甲甲板厚度分别为 2.5 英寸 ~2 英寸 ~2.5 英寸；舰艏司令塔装甲厚度为 12 英寸；舰艉司令塔装甲厚度为 3 英寸（复合装甲）
舰员	600 人

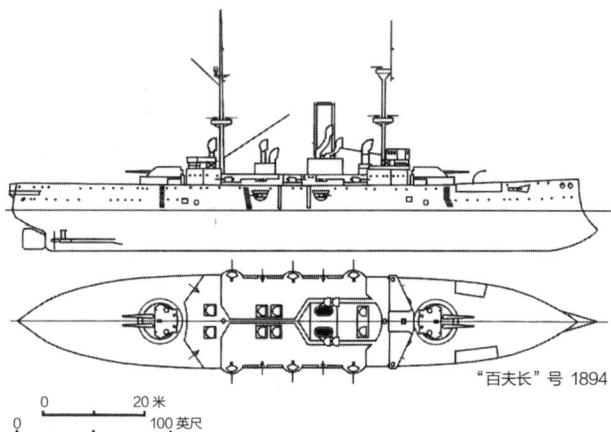

"百夫长"号 1894

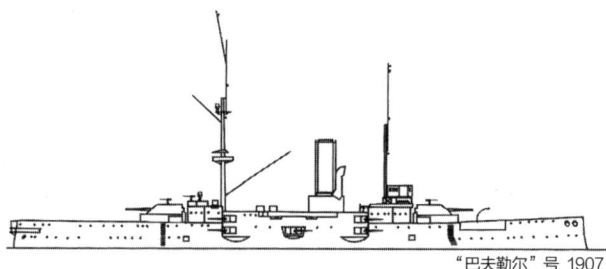

"巴夫勒尔"号 1907

舰船状况

舰名	建造商	开工时间	下水时间	完工时间	最终结局
"百夫长"号（Centurion）	朴次茅斯海军造船厂	1890.3.30	1892.8.3	1894.2.14	1910.7.12 被出售给 T. W. 沃德公司；1910.9.4 抵达莫克姆进行拆解
"巴夫勒尔"号（Barfleur）	查塔姆海军造船厂	1890.10.12	1892.8.10	1894.6.22	1910.7 被出售给 C. 伊文思公司（格拉斯哥）；后被转售至休斯·布洛克，1910.8 抵达敦斯顿进行拆解

"百夫长"号
1894.2—1901.9，远东（旗舰）；1903.11—1905.8，远东；1905.9—1909.3，本土舰队，朴次茅斯分队；1909.4.1，朴次茅斯，退役。

"巴夫勒尔"号
1895.2，地中海；1898.9—1901.12，远东（1900.9 之前为副旗舰）；1902.1，舰队预备役；1905.1，预备役；1905.5，朴次茅斯，预备役（旗舰）；1907.3，仅核心舰员服役；1909.4，本土舰队第 4 分队；1909.6，朴次茅斯，退役。

"强力"级
一等巡洋舰；
1905，一等防护巡洋舰；
1913，巡洋舰（"可怖"号）

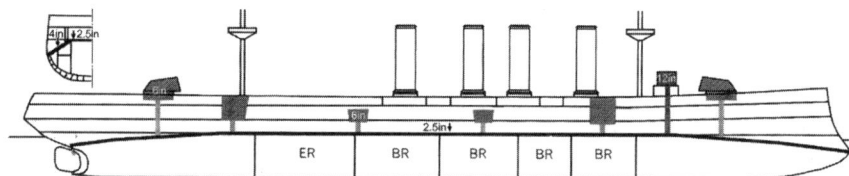

排水量	14200 吨
尺寸	500 英尺（垂线间长）/521 英尺（水线长）/538 英尺（全长）×71 英尺 ×27 英尺 152.4 米（垂线间长）/158 米（水线长）/164 米（全长）×21.6 米 ×8.2 米
动力系统	48 台贝尔维尔式水管锅炉；双轴推进；往复式蒸汽机（水平三胀式）；指示功率为 18000 马力 /25000 马力（加力送风）= 20/22 节；载煤量为 1500/3000 吨（另有 100 吨燃油）
武器装备	2 门 40 倍径 9.2 英寸炮、12 门（"强力"号在 1903 年为 16 门）40 倍径 6 英寸炮、16 门 12 磅炮（12 英担型）、2 门 12 磅炮（8 英担型）、12 门 3 磅炮；4 具 18 英寸鱼雷发射管
装甲防护	炮郭、炮座及主炮塔装甲厚度为 6 英寸；装甲甲板厚度为 2.5/4 英寸；炮郭装甲厚度为 6 英寸；司令塔装甲厚度为 12 英寸
舰员	894 人

舰船状况

舰名	建造商	开工时间	下水时间	完工时间	最终结局
"强力"号（Powerful）="不催"号（Impregnable, 1919.12.1）	海军建造与武器公司（巴罗）	1894	1895.7.25	1897.6.8	1913 年被拆空舰壳；1929.8.19 被出售给休斯·布洛克公司；1929.9 抵达布莱斯进行拆解
"可怖"号（Terrible）="费思嘉三号"（Fisgard III, 1920.8）	J&G 汤普森（克莱德班克）	1894	1895.5.27	1898.3.24	1916 年被拆空舰壳；1932.7.25 被出售给 J. 卡什莫尔公司；1932.9 抵达纽波特，1934.6.8 被拆解

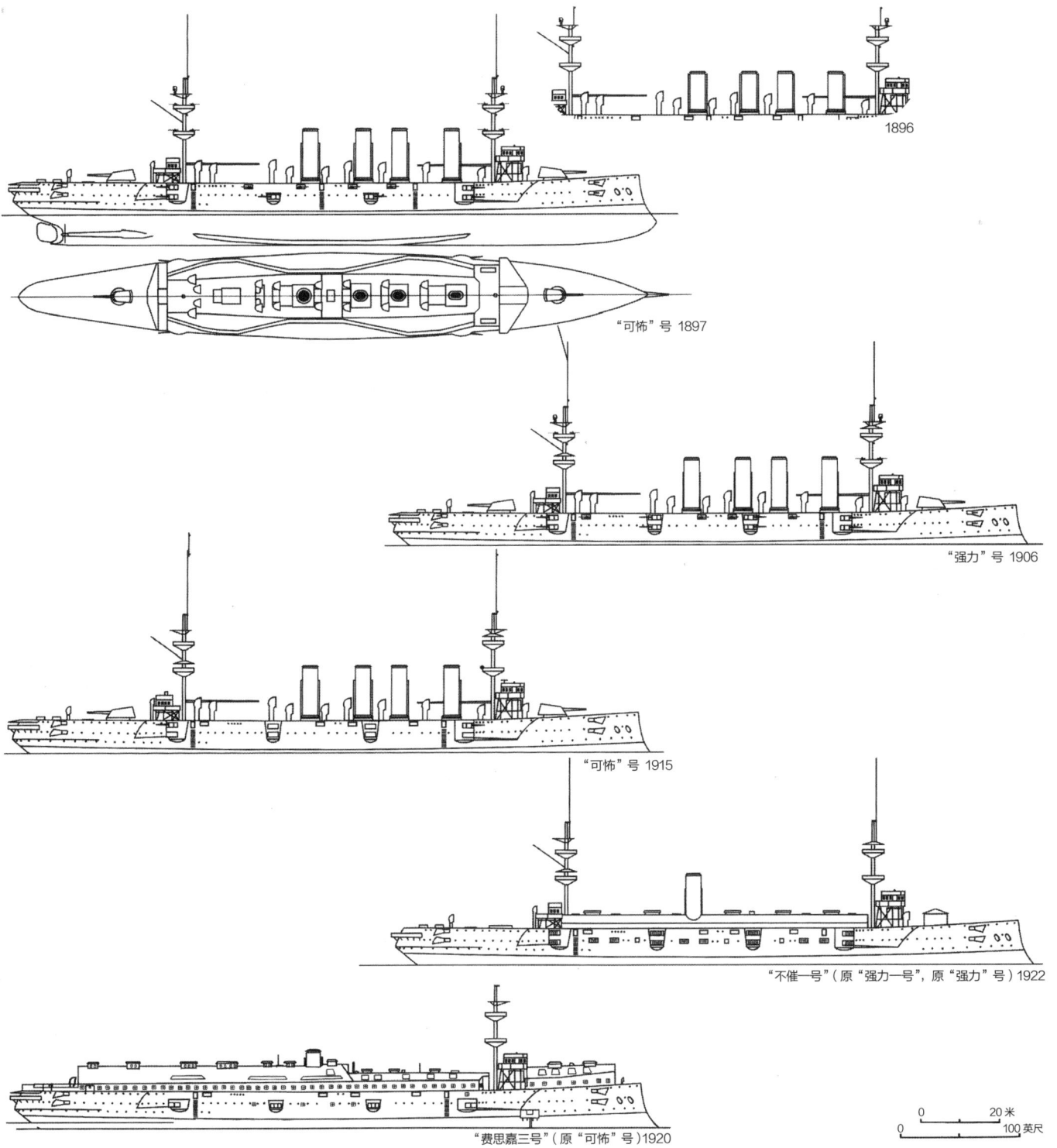

1896

"可怖"号 1897

"强力"号 1906

"可怖"号 1915

"不催一号"（原"强力一号"，原"强力"号）1922

"费思嘉三号"（原"可怖"号）1920

0　　　　20米
0　　　　　100英尺

"强力"号
1898—1899，远东；1899.10—1900.3，好望角；1903—1906，朴次茅斯，预备役；1907.10—1912.1，澳大利亚（旗舰）；1912.3—1912.8，第三舰队（第7巡洋舰中队）；1913.9—1929.1.1，德文波特，新兵训练舰。

"可怖"号
1898—1899，因特别行动服役；1899.10—1900.3，好望角；1900.4—1902.10，远东；1904.6.21—1904.12.22，因特别行动服役；1905.1.3—1906，预备役/特别服役；1906—1908.5.4，朴次茅斯，仅核心舰员服役/第4分队；1909.4.1—1913.12，朴次茅斯，仅核心舰员服役/第4分队；1913.12—1914.7，彭布罗克，预备役；1915.9.9—1916.1.26，向达达尼尔海峡运送兵员；1916.3—1919.9.1，朴次茅斯，浮动船舍（1918.1.29再次启用）；1919.11—1932.1.1，"费思嘉"号训练学校，浮动船舍。

"声望"号
战斗舰，一等装甲舰；1905，战斗舰

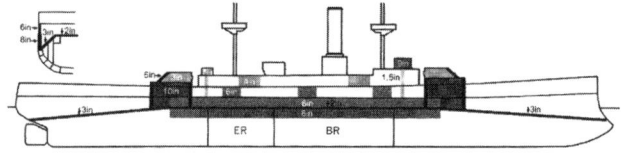

排水量	11690 吨
尺寸	380 英尺（垂线间长）/412.2 英尺（全长）×72.3 英尺 ×25.4 英尺 115.8 米（垂线间长）/125.6 米（全长）×22 米 ×7.7 米
动力系统	8 台圆筒式火管锅炉；双轴推进；往复式蒸汽机（水平三胀式）；指示功率为 10000 马力 /12000 马力（加力送风）= 17/18 节；载煤量为 800/1890 吨；航程：10 节航速下 6400 海里
武器装备	4 门 32 倍径 10 英寸炮（双联装 ×2）、10 门（在 1902 年为 4 门；在 1905 年已被拆完）40 倍径 6 英寸炮、12 门 12 磅炮（12 英担型）、2 门 12 磅炮（8 英担型）、8 门 3 磅炮；5 具 18 英寸鱼雷发射管
装甲防护	主装甲带厚度分别为 0（无装甲）~6 英寸 ~8 英寸 ~6 英寸 ~0（无装甲）；上层装甲带厚度分别为 0（无装甲）~6 英寸 ~0（无装甲）；主炮台装甲厚度为 10 英寸；主炮盾装甲厚度分别为 6 英寸 ~1 英寸；上层炮郭装甲厚度为 4 英寸；下层炮郭装甲厚度为 6 英寸；装甲甲板厚度分别为 3 英寸 ~2 英寸 ~3 英寸；舰艏司令塔装甲厚度为 12 英寸；舰艉司令塔装甲厚度为 3 英寸（哈维镍钢）
舰员	650 人

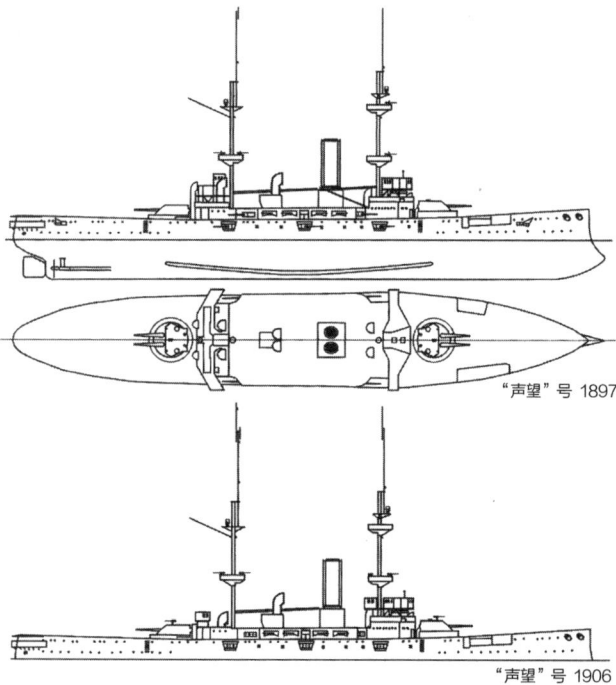

"声望"号 1897

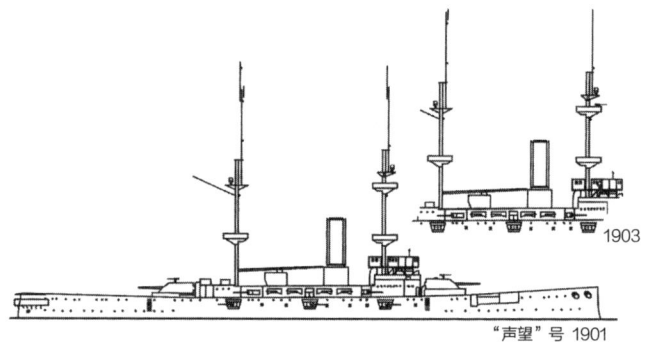

"声望"号 1906

1903

"声望"号 1901

舰船状况

舰名	建造商	开工时间	下水时间	完工时间	最终结局
"声望"号（Renown）	彭布罗克海军造船厂	1893.2.1	1895.5.8	1897.6.8	1914.4.2 被出售至休斯·布洛克；1914.4 抵达布莱斯进行拆解

1897.8—1899.4，北美和西印度群岛（旗舰）；1899.7—1902.10，地中海（1902.5 前担任旗舰）；1902.11—1903.3，皇家游艇；1903.4—1904.5，地中海；1904.5—1905.4，德文波特，预备役；1905.10—1906.5，皇家游艇；1906.5—1907.5，朴次茅斯，预备役；1907.5—1909.3，本土舰队配属游船；1909.4—1904.9，本土舰队第 4 分队；1909.10—1913.1，朴次茅斯，司炉训练舰。

"桂冠"级

一等巡洋舰;
1905,一等防护巡洋舰;
1913,巡洋舰

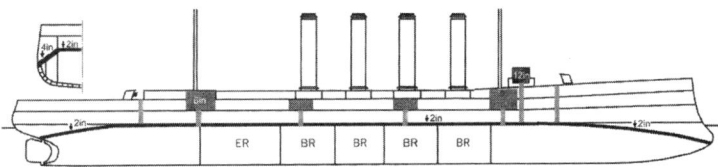

排水量	11000 吨
尺寸	435 英尺(垂线间长)/456 英尺(水线长)/462.5 英尺(全长)×69 英尺×25.5 英尺 132.6 米(垂线间长)/139 米(水线长)/141 米(全长)×21 米×7.8 米
动力系统	30 台贝尔维尔式水管锅炉;双轴推进;往复式蒸汽机(水平三胀式);指示功率为 16500 马力 = 20.25 节((后 4 舰为 18000 马力 =20.75 节);载煤量为 1000/1900 吨
武器装备	16 门("阿里阿德涅"号与"安菲特里忒"号在 1917 年为 4 门)40 倍径 6 英寸炮、12 门 12 磅炮(12 英担型)、2 门 12 磅炮(8 英担型)、12 门 3 磅炮;2 具 18 英寸鱼雷发射管 "阿里阿德涅"号与"安菲特里忒"号(1917 年):1 门 4 英寸防空炮;400 枚水雷
装甲防护	炮郭和炮盾装甲厚度为 4.5 英寸;装甲甲板厚度为 2.5/4 英寸;司令塔装甲厚度为 12 英寸
舰员	677 人

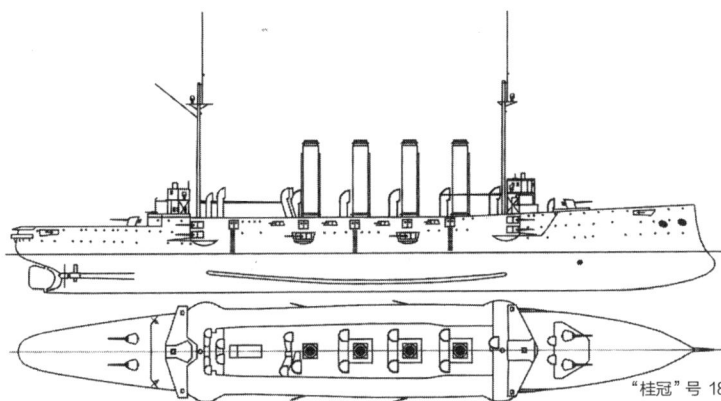

"桂冠"号 1898

"安菲特里忒"号 1918

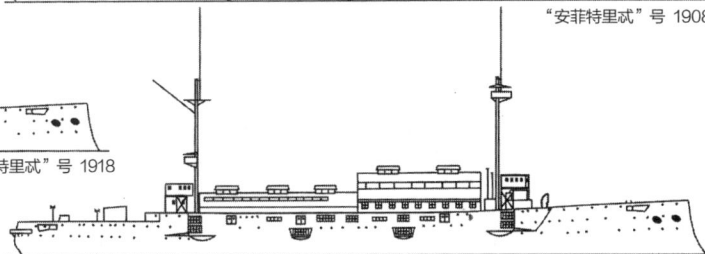

"尼俄伯"号 1918

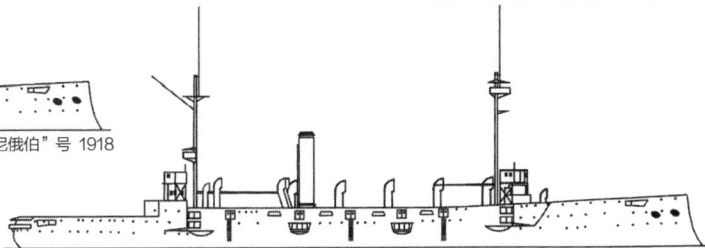

"阿尔戈英雄"号
"斯巴达人"号

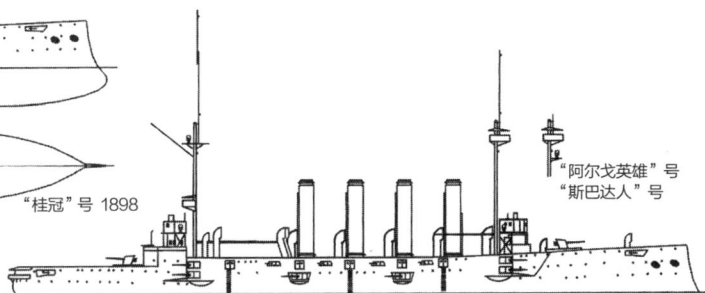

"安菲特里忒"号 1908

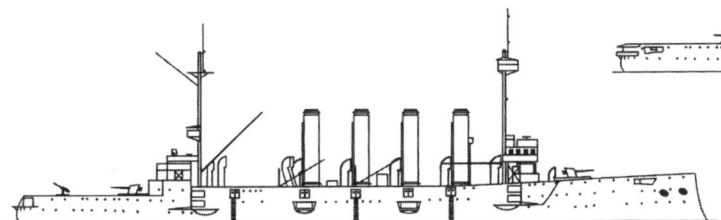

"强力二号"(原"安德洛墨达"号)1913

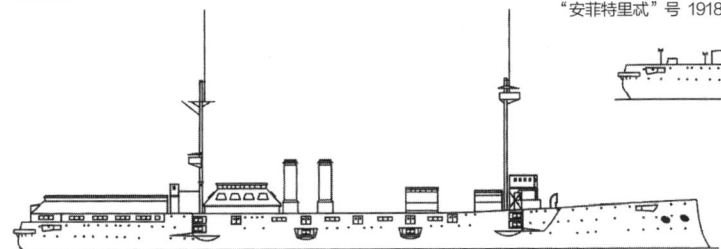

"费思嘉一号"(原"斯巴达人"号)1925

舰船状况

舰名	建造商	开工时间	下水时间	完工时间	最终结局
"桂冠"号（Diadem）	费尔菲尔德（加文）	1896.1.23	1896.10.21	1897.7.19	1921.9.5 被出售给 T. W. 沃德公司；1921.10.1 抵达莫克姆进行拆解
"安德洛墨达"号（Andromeda）="强力二号"（Powerful II, 1913）="不催二号"（Impregnable II, 1919.11）="反抗"号（Defiance, 1931.1.20）	彭布罗克海军造船厂	1895.12.2	1897.4.30	1899.9.5	1913 年被拆除舰壳；1956.8.14 被出售拆解
"欧罗巴"号（Europa）		1896.10.10	1897.3.20	1899.11.23	1920.8.19 被出售给朱里奥·法拉德莱托（Giulio Fradeletto）名下的热那亚建造公司；1921.1 在科西嘉附近沉没，后被打捞并拆解
"尼俄伯"号（Niobe）	维克斯（巴罗）	1895.12.16	1897.2.20	1898.12.6	1910.9.6 被出售给加拿大；1922 年被出售至费城拆解
"安菲特里忒"号（Amphitrite）	维克斯（巴罗）	1896.12.8	1898.1.5	1901.9.17	1917年被改造为布雷舰；1920.12.4 被出售给 T. W. 沃德公司并在米尔福德港进行拆解
"阿尔戈英雄"号（Argonaut）	费尔菲尔德（加文）	1896.11.23	1898.1.24	1900.4.19	1920.5.18 被出售给 T. W. 沃德公司于 20 日在米尔福德港进行拆解
"阿里阿德涅"号（Ariadne）	汤姆森（克莱德班克）	1896.10.29	1898.4.22	1902.6.5	1917 年被用作布雷舰；1917.7.26 在比奇角附近被 UC-65 号潜艇击沉
"斯巴达人"号（Spartiate）="费思嘉一号"（Fisgard I, 1915）	彭布罗克海军造船厂	1897.5.10	1898.10.27	1903.3.17	1932.7.25 被出售给 T. W. 沃德公司；1932.8 抵达彭布罗克造船厂；1934.6.8 被拆解

"桂冠"号

1898—1902，英吉利海峡；1904—1905，查塔姆预备役 / 因特别行动服役；1905—1907，远东；1907—1909，仅核心舰员服役；1909—1903，第 4 分队（1912 隶属于第三舰队第 7 巡洋舰中队）；1914—1918，朴次茅斯，司炉训练舰（1915.10—1918.1 期间被关闭）；1918.1.1—1920.10，浮动船舍。

"安德洛墨达"号

1899—1902，地中海；1904—1906，远东；1906，查塔姆，仅核心舰员服役；1907—1911，德文波特，仅核心舰员服役，隶属第 4 分队；1912，归属第三舰队第 9 巡洋舰中队；1913—1929，德文波特，海军新兵训练舰；1931.1.20，鱼雷训练学校。

"欧罗巴"号

1899—1990，向澳大利亚运送士兵；1900—1904，朴次茅斯，预备役；1904—1911，德文波特，预备役，第 4 分队（1908，因特别行动服役）；1912—1914，第三舰队第 9 巡洋舰中队；1914—1915，第 9 巡洋舰中队；1915.7—1919.10，穆德罗斯（旗舰）；1919.10.29—1920.3，士麦那（Smyrna）；1920.3—被出售，马耳他（退役）。

"尼俄伯"号

1899—1902，英吉利海峡 [1899—1900 期间被调往好望角，1901 负责护送皇家游船 "奥菲尔" 号（Ophir）前往印度]；1905—1910，德文波特，仅核心舰员服役，第 4 分队；1910，被出售给加拿大；1910.10.10—1912，大西洋；1914.10—1915.7，北美和西印度群岛，第 4 巡洋舰中队；1915.9.6—1920.5.31，哈利法克斯，补给舰；退役。

"安菲特里忒"号

1901—1902，因特别行动服役；1902—1905，远东；1905—1907，查塔姆，仅核心舰员服役；1908—1909，德文波特（1908 担任运兵船）；1910—1914，德文波特，司炉训练舰（1912—1914 隶属第三舰队第 9 巡洋舰中队）；1914—1915，第 9 巡洋舰中队；1915.6.22—1916.6.18，朴次茅斯，浮动船舍；1916—1917.8.9，德文波特，被改造为布雷舰；1917.8—1919.6，诺尔，被用作海军司令部；1919—1920，朴次茅斯，预备役。

"阿尔戈英雄"号

1900—1904，远东；1904—1905，查塔姆，预备役；1909—1911，仅核心舰员服役；1909—1911，朴次茅斯，第 4 分队；1912—1914，第三舰队第七巡洋舰中队（1913.10.10，特招入伍成为军官训练舰）；1914—1915，第 9 巡洋舰中队；1915—1917，朴次茅斯，医院船；1918.1.1—1920.3，司炉人员浮动船舍。

"阿里阿德涅"号

1902—1905，北美和西印度群岛（旗舰）；1905—1909，朴次茅斯，预备役 / 仅核心舰员服役；1909—1911，第 4 分队；1912—1913，隶属第三舰队第 7 巡洋舰中队；1913.10—1915，朴次茅斯，司炉训练舰；1915.7.7，德文波特，"不催"号浮动船舍；1915.9.9，"生动"号（Vivid）海军补给设施；1916—1917.3.20，德文波特，被改造为布雷舰；1917，诺尔，被用作海军司令部。

"斯巴达人"号

1903—1904，朴次茅斯，预备役；1904—1905，查塔姆，预备役；1906—1909，朴次茅斯，仅核心舰员服役（1907，运兵船）；1909—1911，第 4 分队；1912—1913，隶属第三舰队第七巡洋舰中队；1913—1915，朴次茅斯，司炉训练舰；1915.7.17—1932.1.14（退役），"费思嘉"号海军训练学校浮动船舍。

"克雷西"级
一等装甲巡洋舰；
1905，装甲巡洋舰；1913，巡洋舰

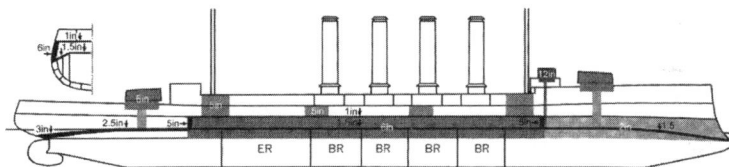

排水量	12000 吨
尺寸	440 英尺（垂线间长）/460 英尺（水线长）/472 英尺（全长）×69.9 英尺 ×26 英尺 134.1 米（垂线间长）/140.2 米（水线长）/143.9 米（全长）×21.2 米 ×7.9 米
动力系统	30 台贝尔维尔式水管锅炉；双轴推进；往复式蒸汽机（水平三胀式）；指示功率为 21000 马力 = 21 节；载煤量为 800/1600 吨
武器装备	2 门 46.7 倍径 9.2 英寸炮、12 门（"酒神祭司"号、"萨特累季"号与"欧律阿勒斯"号在 1916 年为 4 门）45 倍径 6 英寸炮、12 门 12 磅炮（12 英担型）、2 门 12 磅炮（8 英担型）、3 门 3 磅炮；2 具 18 英寸鱼雷发射管
装甲防护	主装甲带厚度分别为 0（无装甲）~6 英寸 ~2 英寸；主炮塔及炮座装甲厚度为 6 英寸；炮郭装甲厚度为 5 英寸；装甲甲板厚度分别为 3 英寸 ~2.5 英寸 ~1.5 英寸；主甲板装甲厚度分别为 0（无装甲）~0.5 英寸 ~0（无装甲）；司令塔装甲厚度为 12 英寸
舰员	760 人

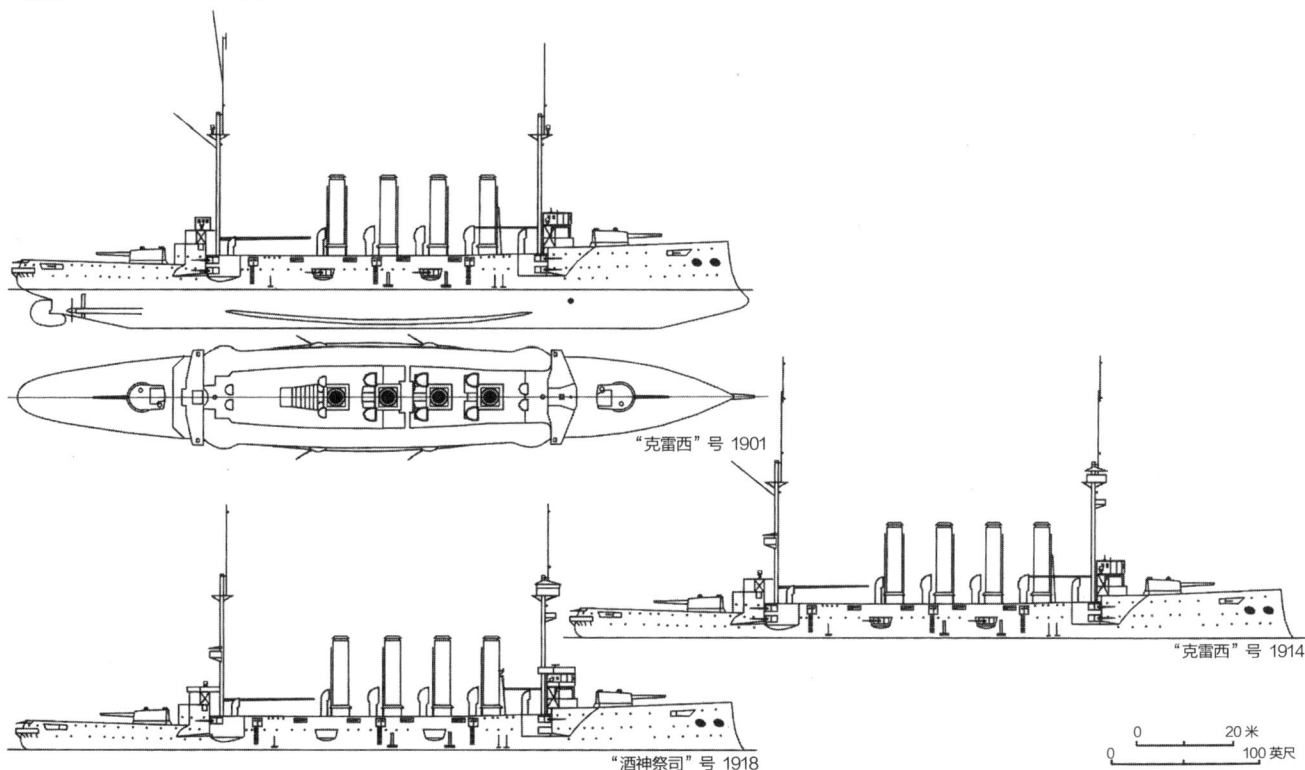

"克雷西"号 1901

"克雷西"号 1914

"酒神祭司"号 1918

0　　　　20 米
0　　　　　　100 英尺

舰船状况

舰名	建造商	开工时间	下水时间	完工时间	最终结局
"乌格"号（Hogue）	维克斯（巴罗）	1898.7.14	1900.8.13	1902.11.19	1914.9.22，在北海被 U-9 号潜艇击沉
"萨特累季"号（Sutlej）	约翰·布朗 （克莱德班克）	1898.8.15	1899.11.18	1902.5.6	1921.5.9 被出售给 T. W. 沃德公司；1924.5 抵达贝尔法斯特拆除设备并在 1924.8.15 被转售至普雷斯顿；1925.6.30 被拆解
"克雷西"号（Cressy）	费尔菲尔德（加文）	1898.10.12	1899.12.4	1901.5.28	1914.9.22，在北海被 U-9 号潜艇击沉
"阿布基尔"号（Aboukir）	费尔菲尔德（加文）	1898.11.9	1900.5.16	1902.4.3	1914.9.22，在北海被 U-9 号潜艇击沉
"酒神祭司"号（Bacchante）	约翰·布朗 （克莱德班克）	1899.2.15	1901.2.21	1902.11.25	1920.11.11 被出售给 S. 卡斯尔公司；1924.9.18 被转售至普利茅斯和德文波特拆船厂；1928 年被拆解
"欧律阿勒斯"号（Euryalus）	维克斯（巴罗）	1899.7.18	1901.5.20	1904.1.5	1921.8.29 被出售给 S. 卡斯尔公司；1922.10.10 抵达基尔德意志造船厂由 A. 库巴茨公司拆解

"乌格"号

1902—1904，英吉利海峡；1904—1906，远东；1906—1908，北美和西印度群岛，海军新兵训练舰，隶属第4巡洋舰中队（同"圣乔治"号）；1908—1909，德文德特，仅核心舰员服役；1909—1911及1913—1914，诺尔，第三舰队；沉没前，第7巡洋舰中队。

"萨特累季"号

1902—1904，英吉利海峡；1904—1906，远东；1906—1909，北美和西印度群岛，海军新兵训练舰，隶属第4巡洋舰中队；1909—1914，德文波特，第三舰队（1909—1912，旗舰）；1912—1913，第6巡洋舰中队；1913，第7巡洋舰中队；1913—1914，第6巡洋舰中队）；1914，第9巡洋舰中队；1914—1915，第11巡洋舰中队；1915.7.7—1915.8.6，德文波特，司炉训练舰；1916—1917，第9巡洋舰中队；1917.5.4，在德文波特退役；1917.5—1918，罗赛斯，补给舰。

"克雷西"号

1901—1904，远东；1904—1907，朴次茅斯，仅核心舰员服役；1907—1909，北美和西印度群岛，海军新兵训练舰，隶属第4巡洋舰中队；1909—1914，诺尔，第三舰队（1912，隶属第6巡洋舰中队）；沉没前，第7巡洋舰中队。

"阿布基尔"号

1902—1905，地中海；1906，诺尔，仅核心舰员服役；1906—1907，德文波特；1907—1909，第3巡洋舰中队；1909—1912，第6巡洋舰中队；1912—1914，第三舰队（1912，隶属第4巡洋舰中队；1913，隶属第6巡洋舰中队；1914，隶属第7巡洋舰中队）；沉没前，第7巡洋舰中队。

"酒神祭司"号

1902—1904，地中海（巡洋舰旗舰）；1905—1906，朴次茅斯，仅核心舰员服役；1906—1908，第3巡洋舰中队；1909—1912，第6巡洋舰中队；1912—1914，诺尔，第三舰队（1912，隶属第6巡洋舰中队）；1914，第7巡洋舰中队（旗舰）；1914—1915，第12巡洋舰中队；1915—1916，地中海；1917—1919.4，第9巡洋舰中队（旗舰，自1918.12.31起驻泊诺尔）；1919.4.30，退役。

"欧律阿勒斯"号

1904—1905，澳大利亚（旗舰）；1905—1906，朴次茅斯，仅核心舰员服役；1906—1909，北美和西印度群岛，海军新兵训练舰，隶属第4巡洋舰中队；1909—1910，朴次茅斯，第三舰队；1911—1913，德文波特；1913—1914，诺尔；1914，第7巡洋舰中队；1914—1915，第12巡洋舰中队；1915—1916，地中海；1915.10—1916.1，塞得港，补给舰；1916—1917，东印度群岛（旗舰）；从1917.11开始，在远东被改造为布雷舰（1917.12.20退役，1918.8，改造工作中止）；1919.4，返回诺尔。

"德雷克"级

一等装甲巡洋舰；
1905，装甲巡洋舰；
1913，巡洋舰

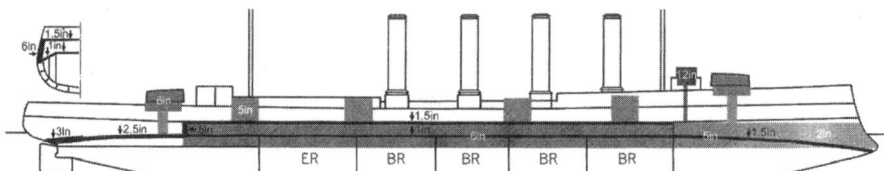

排水量	14150 吨
尺寸	500 英尺（垂线间长）/521 英尺（水线长）/533.5 英尺（全长）×71.3 英尺 ×26 英尺 152.4 米（垂线间长）/158.8 米（水线长）/162.6 米（全长）×21.7 米 ×7.9 米
动力系统	43 台贝尔维尔式水管锅炉；双轴推进；往复式蒸汽机（水平三胀式）；指示功率为 30000 马力 = 23 节；载煤量为 1250/2500 吨
武器装备	2 门 46.7 倍径 9.2 英寸炮、16 门（在 1916 年为 14 门）45 倍径 6 英寸炮、14 门 12 磅炮、3 门 3 磅炮；2 具 18 英寸鱼雷发射管
装甲防护	主装甲带厚度分别为 0（无装甲）~6 英寸 ~5 英寸 ~2 英寸；主炮塔及炮座装甲厚度为 6 英寸；炮郭装甲厚度为 5 英寸；装甲甲板厚度分别为 3 英寸 ~2.5 英寸 ~1 英寸 ~1.5 英寸；主甲板装甲厚度分别为 0（无装甲）~1.5 英寸 ~0（无装甲）；司令塔装甲厚度为 12 英寸
舰员	900 人

舰船状况

舰名	建造商	开工时间	下水时间	完工时间	最终结局
"德雷克"号（Drake）	彭布罗克海军造船厂	1899.4.24	1901.3.5	1903.1.13	1917.10.2 在北方海峡被 U-79 号潜艇击沉
"好望角"号[Good Hope，原"阿非利加"号（Africa）]	费尔菲尔德（加文）	1899.9.11	1901.2.21	1902.11.8	1914.11.1 在克罗内尔被德国海军"沙恩霍斯特"号炮火击沉
"阿尔弗雷德国王"号（King Alfred）	维克斯（巴罗）	1899.8.11	1901.10.28	1903.12.22	1920.2.10 被出售给 RS. 黑尔德（原蒙塔古·叶茨）公司；后在荷兰进行拆解
"利维坦"号（Leviathan）	约翰·布朗（克莱班克）	1899.11.30	1901.7.3	1903.6.16	1920.3.3 被出售给休斯·布洛克公司并在布莱斯进行拆解

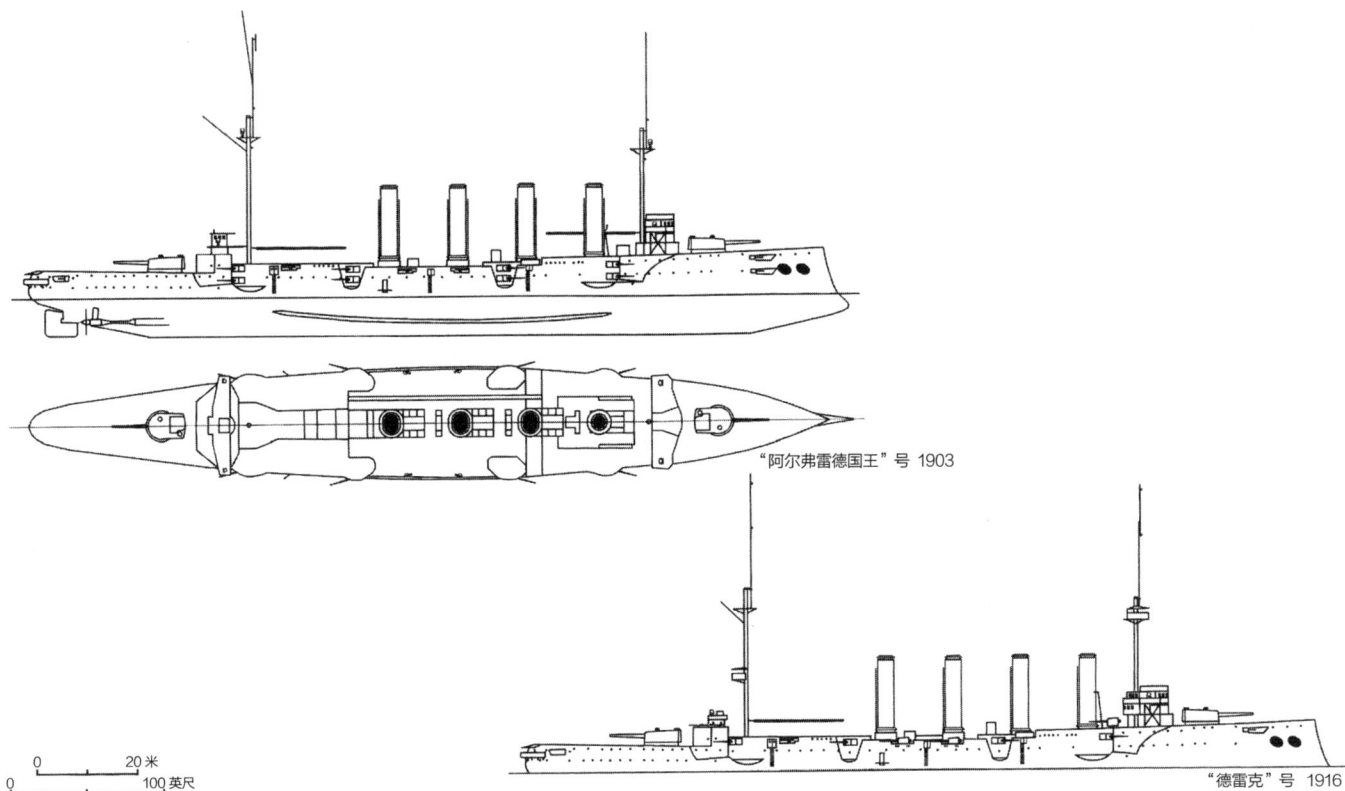

"阿尔弗雷德德国王"号 1903

0　　　20米
0　　　　　　100英尺

"德雷克"号 1916

"德雷克"号

1903—1904，英吉利海峡；1905—1908，大西洋第二舰队（旗舰）；1908—1910，第1巡洋舰中队（旗舰，英吉利海峡）；1910—1911，第5巡洋舰中队（大西洋）；1911—1913，澳大利亚（旗舰）；1913—1914，第二舰队（隶属第6巡洋舰中队）；1914—1915，大舰队第6巡洋舰中队；1916—沉没，北美和西印度群岛。

"好望角"号

1903—1904，英吉利海峡；1905—1907，第1巡洋舰中队（旗舰，英吉利海峡）；1907—1909，第2巡洋舰中队（旗舰，大西洋）；1911，第5巡洋舰中队（大西洋）；1912，地中海；1913—1914，第二舰队（隶属第6巡洋舰中队）；1914，大舰队（第6巡洋舰中队）；1914—沉没，南美（旗舰）。

"阿尔弗雷德国王"号

1902，因特别任务服役；1905，查塔姆，仅核心舰员服役；1906—1910，远东（旗舰）；1911，德文波特，第3分队；1912—1914，第二舰队（先后隶属第5和第6巡洋舰中队）；1914，大舰队（第6巡洋舰中队）；1915—1917，第9巡洋舰中队（大西洋）；1917—1919，北美和西印度群岛。

"利维坦"号

1903—1904，英吉利海峡；1905—1906，第3巡洋舰中队（地中海）；1908—1909，本土，第5巡洋舰中队；1909—1912，北美和西印度群岛，第4巡洋舰中队；1912，训练中队（旗舰）；1913—1914，第二舰队（隶属第6巡洋舰中队）；1914—1915，第6巡洋舰中队（大舰队）；1915—1919，北美和西印度群岛（旗舰）；1919.2.27，退役。

"蒙默思"/"多尼戈尔"级

一等装甲巡洋舰；
1905，装甲巡洋舰；1913，巡洋舰

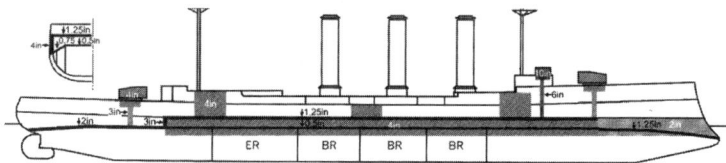

排水量	9800 吨
尺寸	440 英尺（垂线间长）/455 英尺（水线长）/467.5 英尺（全长）×68 英尺 ×25 英尺 134.1 米（垂线间长）/138.7 米（水线长）/142.5 米（全长）×20.7 米 ×7.6 米
动力系统	31 台贝尔维尔式（"贝里克"号与"萨福克"号为尼克劳塞式；"康沃尔"号为巴布科克斯式）水管锅炉；双轴推进；往复式蒸汽机（水平三胀式）；指示功率为 9800 马力 = 23 节；载煤量为 800/1600 吨
武器装备	14 门 45 倍径 6 英寸炮（双联装 ×2 及单装 ×10）、8 门 12 磅炮、3 门 3 磅炮；2 具 18 英寸鱼雷发射管
装甲防护	主装甲带厚度分别为 0（无装甲）~4 英寸 ~2 英寸；主炮塔、炮座及炮郭装甲厚度为 4 英寸；装甲甲板厚度分别为 2 英寸 ~0.75 英寸 ~1.5 英寸；主甲板厚度分别为 0（无装甲）~1.5 英寸 ~0（无装甲）；司令塔装甲厚度为 10 英寸
舰员	675~720 人

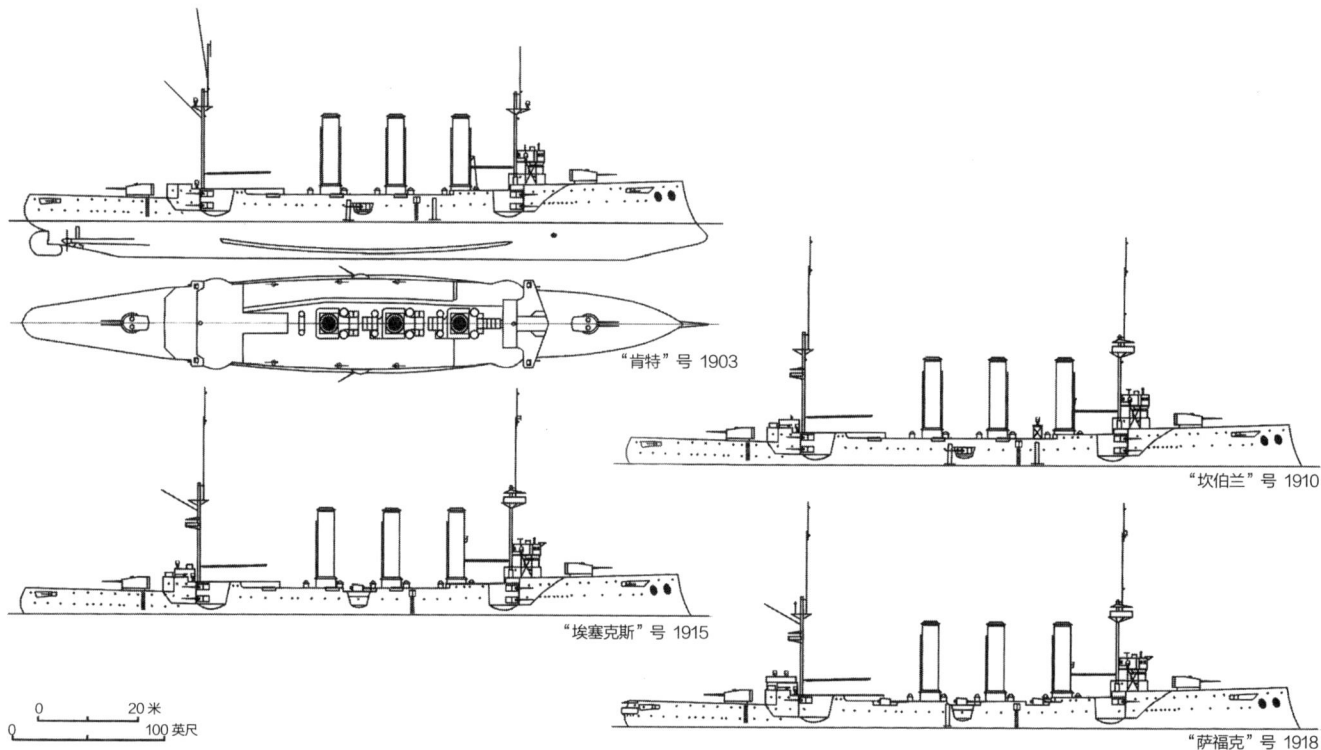

"肯特"号 1903

"坎伯兰"号 1910

"埃塞克斯"号 1915

"萨福克"号 1918

0   20 米
0   100 英尺

舰船状况

舰名	建造商	开工时间	下水时间	完工时间	最终结局
"蒙默思"号（Monmouth）	伦敦＆格拉斯哥（加文）	1899.8.29	1901.11.13	1903.12.2	1914.11.1 在克罗内尔附近被德国海军"格奈森瑙"号和"纽伦堡"号巡洋舰击沉
"贝德福德"号（Bedford）	费尔菲尔德（加文）	1900.2.19	1901.8.31	1903.11.11	1910.8.21 在济州岛附近搁浅；1910.10 残骸被出售拆解
"埃塞克斯"号（Essex）	彭布罗克海军造船厂	1900.1.1	1901.8.29	1904.3.22	1921.11.8 被出售给斯劳贸易公司；1922.4.11 抵达吕斯特林根（Rüstringen）由 A. 库巴茨拆解
"肯特"号（Kent）	朴次茅斯海军造船厂	1900.2.12	1901.3.6	1903.10.1	1920.6.3 被出售至泰昌（Tuckcheong，音译）并在远东进行拆解

（接上表）

"康沃尔"号（Cornwall）	彭布罗克海军造船厂	1901.3.11	1902.10.29	1904.12.1	1920.6.7 被出售给 T. W. 沃德并在布里顿费里进行拆解
"萨福克"号（Suffolk）	朴次茅斯海军造船厂	1901.3.25	1903.1.15	1904.5.21	1922.8.29 被出售给 S. 卡斯尔；1922.9.6 抵达威廉港由 A. 库巴茨拆解
"多尼戈尔"号（Donegal）	费尔菲尔德（加文）	1901.2.14	1902.9.4	1903.11.5	1921.1.13 被出售给 S. 卡斯尔（注册为商船）；1924.9.18 被转售至普利茅斯与德文波特拆船公司；1927 年被转售至格雷顿拆船厂；1927.7 抵达格雷顿进行拆解
"贝里克"号（Berwick）	比德摩尔（邓米尔）	1901.4.19	1902.9.20	1903.12.9	1922.8.28 被出售给 S. 卡斯尔；1922.9.3 抵达伦内贝克由 A. 库巴茨拆解
"坎伯兰"号（Cumberland）	伦敦＆格拉斯哥（加文）	1901.2.19	1902.12.16	1904.12.1	1921.5.9 被出售给 T. W. 沃德；1923.4 抵达布里顿费里进行拆解
"兰开斯特"号（Lancaster）	阿姆斯特朗（埃斯维克）	1901.3.4	1902.3.22	1904.4.5	1920.3.3 被出售给 T. W. 沃德；在博肯黑德拆除设备后在普雷斯顿进行拆解

"蒙默思"号
1903—1906，第 1 巡洋舰中队（英吉利海峡）；1906—1913，远东；1913—1914，第三舰队；1914，第 5 巡洋舰中队（大西洋）；1914—沉没，南美。

"贝德福德"号
1903—1906，英吉利海峡；1906—1907，诺尔，仅核心舰员服役；1907—沉没，远东。

"埃塞克斯"号
1904—1906，第 2 巡洋舰中队（大西洋）；1906，德文波特，仅核心舰员服役；1907—1909，本土；1909—1912，北美和西印度群岛，第 4 巡洋舰中队；1912，训练中队；1914—1916，北美的西印度群岛，第 4 巡洋舰中队；1916—1919，德文波特，驱逐舰补给舰；1919，退役。

"肯特"号
1903—1905，第 1 巡洋舰中队（英吉利海峡）；1906—1913，远东；1914—1915，南美；1915—1916，太平洋；1916—1918，好望角；1918，远东；1919.1—1919.6，符拉迪沃斯托克（海参崴）；1919.8.7，在远东退役。

"康沃尔"号
1904—1906，第 2 巡洋舰中队（大西洋）；1908—1914，北美和西印度群岛，军官训练舰；1914，第 5 巡洋舰中队（大西洋）；1914—1915，南美；1915，东非；1915，达达尼尔海峡；1915—1917，远东；1917—1919，北美和西印度群岛；1919，见习军官训练舰；1919，退役。

"萨福克"号
1904—1909，第 3 巡洋舰中队（地中海）；1909—1912，第 6 巡洋舰中队（地中海）；1913—1916，北美和西印度群岛，第 4 巡洋舰中队；1917—1918，远东（旗舰）；1918—1919，符拉迪沃斯托克（海参崴）；1919 年末，在德文波特退役。

"多尼戈尔"号
1903—1905，英吉利海峡；1907—1909，德文波特，本土舰队，仅核心舰员服役；1909—1912，北美和西印度群岛，第 4 巡洋舰中队；1912，训练中队；1913—1914，第三舰队（隶属第 5 巡洋舰中队）；1914，第 5 巡洋舰中队（大西洋）；1915，大舰队，第 6 巡洋舰中队；1915.11—1916，大舰队，第 7 巡洋舰中队；1916.3—1916.9，大舰队，第 2 巡洋舰中队；1916—1917，第 9 巡洋舰中队（大西洋）；1917—1918，北美和西印度群岛，第 4 巡洋舰中队；1918.6，在德文波特退役；1920.2.10，德文波特，封存维护。

"贝里克"号
1903—1904，第 1 巡洋舰中队（英吉利海峡）；1904—1907，第 2 巡洋舰中队（大西洋）；1908，本土舰队，朴次茅斯分队；1909—1919，北美和西印度群岛，第 4 巡洋舰中队（1912，训练中队）；1919，北美和西印度群岛，第 8 轻巡洋舰中队；1919，退役。

"坎伯兰"号
1904—1906，第 2 巡洋舰中队（大西洋）；1907，德文波特，仅核心舰员服役；1907—1914，北美和西印度群岛，见习军官训练舰；1914—1915，第 5 巡洋舰中队（大西洋）；1915，大舰队，第 5 巡洋舰中队；1915—1919，北美和西印度群岛；1919—1920，见习军官训练舰；1920.4.15，在昆士敦退役。

"兰开斯特"号
1904—1909，第 3 巡洋舰中队（地中海）；1909—1912，第 6 巡洋舰中队（地中海）；1912—1913，第二舰队，第 5 巡洋舰中队；1913—1915，北美和西印度群岛，第 4 巡洋舰中队；1916—1919，太平洋；1919.6.21，在舍尔尼斯退役。

"德文郡"级
装甲巡洋舰；1913，巡洋舰

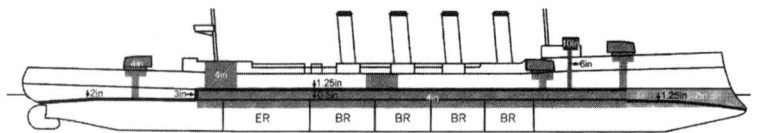

排水量	10700 吨
尺寸	450 英尺（垂线间长）/465 英尺（水线长）/473.5 英尺（全长）×68.6 英尺 ×25 英尺 137.2 米（垂线间长）/141.7 米（水线长）/144.3 米（全长）×20.9 米 ×7.6 米
动力系统	15 台尼克劳塞式（"德文郡"号）/16 台雅罗式（"安特里姆"号和"汉普郡"号）/16 台巴布科克斯式（"阿盖尔"号）/17 台杜尔式（"罗克斯堡"号）水管锅炉 +6 台圆筒锅炉；双轴推进；往复式蒸汽机（水平三胀式）；指示功率为 21000 马力 = 23 节；载煤量为 800/1800 吨
武器装备	4 门 45 倍径 7.5 英寸炮、6 门 45 倍径 6 英寸炮、12 门 12 磅炮、20 门（在 1916 年为 10 门）3 磅炮；2 具 18 英寸鱼雷发射管
装甲防护	主装甲带厚度分别为 0（无装甲）~4 英寸 ~2 英寸；主炮塔、炮座、炮郭装甲厚度为 4 英寸；装甲甲板厚度分别为 2 英寸 ~0.75 英寸 ~1.5 英寸；主甲板厚度分别为 0（无装甲）~1.5 英寸 ~0（无装甲）；司令塔装甲厚度为 10 英寸
舰员	655~700 人

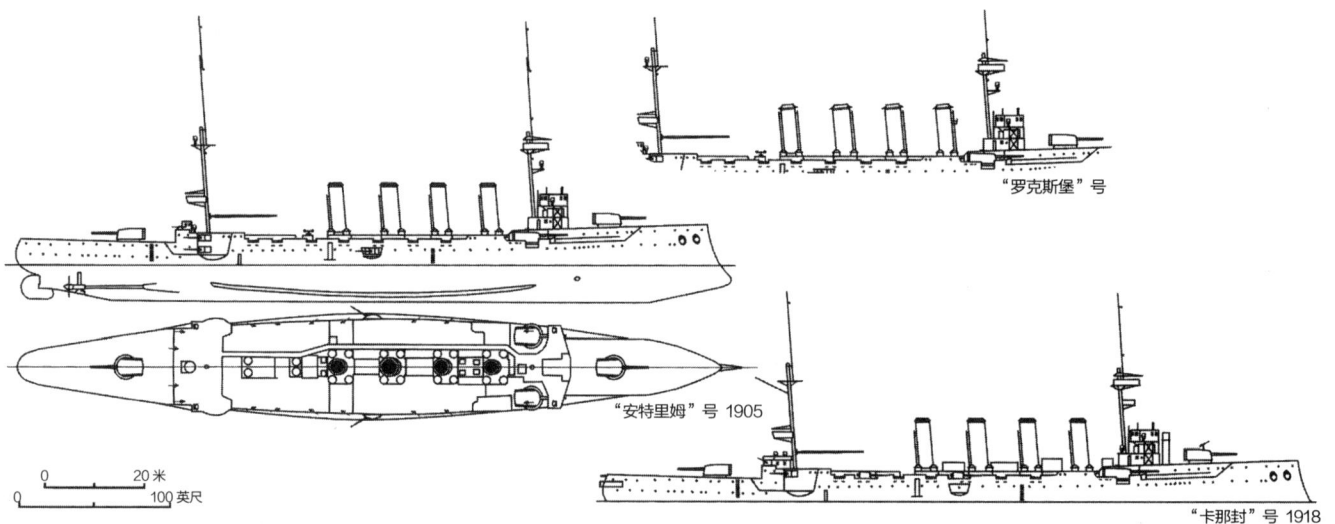

"罗克斯堡"号

"安特里姆"号 1905

"卡那封"号 1918

舰船状况

舰名	建造商	开工时间	下水时间	完工时间	最终结局
"德文郡"号（Devonshire）	查塔姆海军造船厂	1902.3.25	1904.4.30	1905.3.24	1921.5.9 被出售给 T. W. 沃德公司；1923.11 抵达普雷斯顿拆除装备；在巴罗进行拆解
"安特里姆"号（Antrim）	约翰·布朗（克莱德班克）	1902.8.27	1903.10.8	1905.6.23	1922.12.16 被出售给休斯·布洛克；1923.3 在敦斯顿进行拆解
"阿盖尔"号（Argyll）	司各特（格陵诺克）	1902.9.1	1904.3.3	1905.12	1915.10.28 在贝尔礁岩搁浅
"卡那封"号（Carnarvon）	比德摩尔（邓米尔）	1902.10.1	1903.10.7	1905.5.29	1921.11.8 被出售给斯劳贸易公司；1922.3.28 离开查塔姆，最终在德国被拆解
"汉普郡"号（Hampshire）	阿姆斯特朗（埃斯维克）	1902.9.1	1903.9.24	1905.7.15	1916.6.5 在奥肯尼群岛触雷沉没
"罗克斯堡"号（Roxburgh）	伦敦＆格拉斯哥（加文）	1902.6.13	1904.1.19	1905.9.5	1921.11.8 被出售给斯劳贸易公司；1922.4.18 抵达吕特林根由德意志造船厂拆解

"德文郡"号
1905—1906，第 1 巡洋舰中队（英吉利海峡）；1906—1907，大西洋；1907—1909，第 2 巡洋舰中队（大西洋）；1909—1911，德文波特，第三舰队；1913—1914，第二舰队第 3 巡洋舰中队；1914—1916，大舰队第 3 巡洋舰中队；1916，大舰队第 7 巡洋舰中队；1916—1919，北美和西印度群岛；1920.3.31，德文波特，退役。

"安特里姆"号
1905—1906，第 1 巡洋舰中队（英吉利海峡）；1906—1907，大西洋；1907—1909，第 2 巡洋舰中队（大西洋）；1909—1911，诺尔，第三舰队；1912，第二舰队第 5 巡洋舰中队；1913—1914，第二舰队第 3 巡洋舰中队；1914—1916，大舰队第 3 巡洋舰中队（旗舰）；1916.6，阿尔汉格尔斯克；1916—1918，北美和西印度群岛；1918.9，诺尔，预备役；1920.3—1921，声纳设备测试舰；1922，见习军官训练舰；1922，在朴次茅斯退役。

"阿盖尔"号
1906—1907（大西洋）、1907—1909（英吉利海峡），第 1 巡洋舰中队；1909—1912，第 5 巡洋舰中队（大西洋）；1913—1914，第二舰队第 3 巡洋舰中队；1914—沉没，大舰队第 3 巡洋舰中队。

"卡那封"号
1905—1907，第 3 巡洋舰中队（地中海）;1907—1909，第 2 巡洋舰中队（大西洋）;1909—1911，德文波特，第三舰队;1912—1914，第二舰队第 5 巡洋舰中队;1914，第 5 巡洋舰中队（大西洋）；1914—1915，南大西洋；1915—1918，北美和西印度群岛；1919—1921，见习军官训练舰。

"汉普郡"号
1905—1906（英吉利海峡）、1906—1907（大西洋）、1907—1908（英吉利海峡），第 1 巡洋舰中队；1909—1911，朴次茅斯，第三舰队；1911—1912，第 6 巡洋舰中队（地中海）；1912—1914，远东；1914.12，大舰队第 6 巡洋舰中队；1915.1—沉没，大舰队第 7 巡洋舰中队。

"罗克斯堡"号
1905—1906（英吉利海峡）、1906—1907（大西洋）、1907—1909（英吉利海峡），第 1 巡洋舰中队；1909—1911，朴次茅斯，第三舰队；1912，第二舰队第 5 巡洋舰中队；1913—1914，第二舰队第 3 巡洋舰中队；1914—1916，大舰队；1916—1919，北美和西印度群岛；1919—1920，无线电遥控靶舰；1920.1，退役。

智利海军"宪法"级
详见 226 页

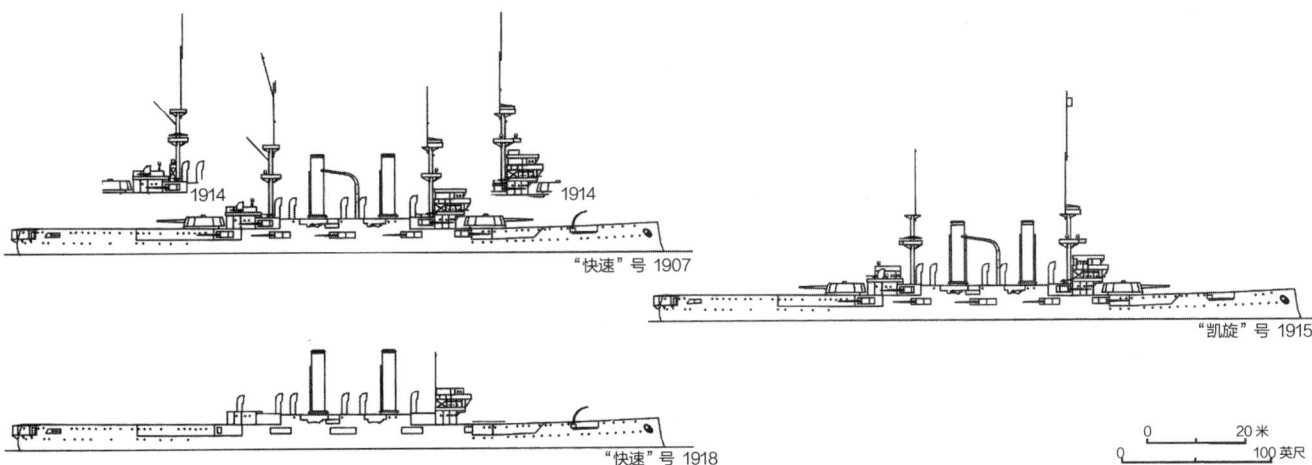

"快速"号 1907

"凯旋"号 1915

1914

1914

"快速"号 1918

0   20 米
0   100 英尺

舰船状况

舰名	原舰名	购买时间	完工时间	最终结局
"快速"号（Swiftsure，二代）	"宪法"号（Constitucion）	1903.11.27	1904.6.21	1920.6.18 被出售至斯坦利并在多佛进行拆解
"凯旋"号（Triumph，二代）	"自由"号（Libertad）	1903.11.27	1904.6.21	1915.5.25 在达达尼尔海峡被德国 U-21 号潜艇击沉

"快速"号
1904.6—1908.10，本土／英吉利海峡；1908.10—1909.4，预备役；1909.4—1912.5，地中海；1912.5—1913.3，第三舰队；1913.3—1915.2，东印度群岛；1915.2—1916.2，达达尼尔海峡；1916.2—1917.3，第 9 巡洋舰中队；1917.4—1918 年末，预备役；1918，靶舰。

"凯旋"号
1904.6—1909.4，本土／英吉利海峡；1909.4—1912.5，地中海；1912.5—1913.8，第三舰队；1913.8—1915.1，远东；1915.2—沉没，达达尼尔海峡。

"爱丁堡公爵"级
装甲巡洋舰；1913，巡洋舰

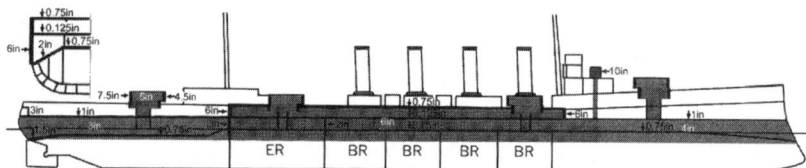

排水量	13500 吨
尺寸	480.27 英尺（垂线间长）/505.3 英尺（全长）×73.5 英尺×27 英尺 146.4 米（垂线间长）/154.0 米（全长）×22.4 米×8.2 米
动力系统	20 台巴布科克 & 威尔科克斯式水管锅炉 +6 台圆筒锅炉；双轴推进；往复式蒸汽机（水平三胀式）；指示功率为 23500 马力 = 23.3 节； 载煤量为 1000/2050 吨（另有 600 吨燃油）
武器装备	6 门 45 倍径 9.2 英寸炮、10 门（在 1916 年为 6 门；在 1917 年为 8 门）45 倍径 6 英寸炮、22 门 3 磅炮；2 具 18 英寸鱼雷发射管。 在 1915—1916 年间增设防空炮
装甲防护	主装甲带厚度分别为 4 英寸~6 英寸~3 英寸；主炮塔装甲厚度分别为 7.5 英寸~4.5 英寸；炮座装甲厚度为 6 英寸；装甲甲板厚度分 别为 1.5 英寸~0.75 英寸；主甲板装甲厚度分别为 1 英寸~0.125 英寸~1 英寸；上层甲板装甲厚度分别为 0（无 装甲）~1 英寸~0（无装甲）；司令塔装甲厚度为 10 英寸
舰员	700~850 人

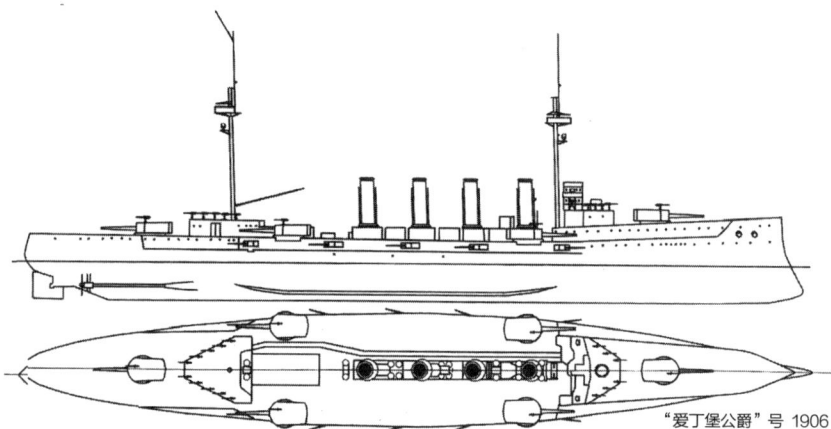

"爱丁堡公爵"号 1906

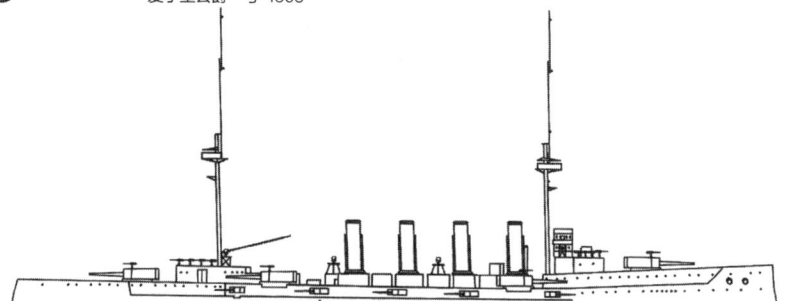

"黑太子"号 1913

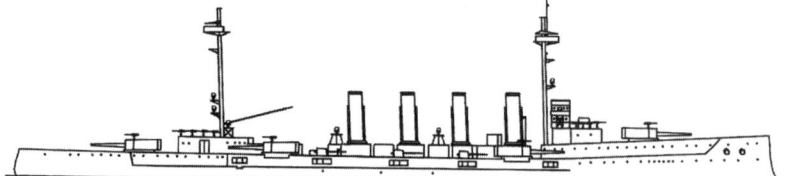

"黑太子"号 1916

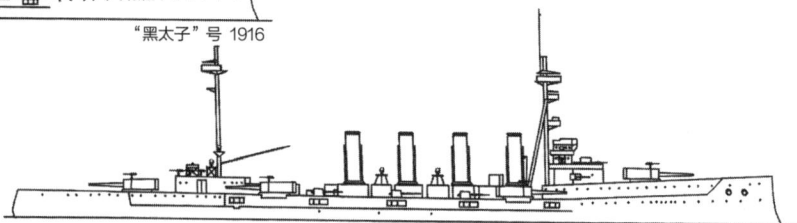

"爱丁堡公爵"号 1917

舰船状况

舰名	建造商	开工时间	下水时间	完工时间	最终结局
"爱丁堡公爵"号（Duke of Edinburgh）	彭布罗克海军造船厂	1903.2.11	1904.6.14	1906.1.20	1920.4.12 被出售给休斯·布洛克并在布莱斯进行拆解
"黑太子"号（Black Prince）	泰晤士钢铁厂（布莱克沃尔）	1903.6.3	1904.11.8	1906.3.17	1916.6.1 在北海被德国战列舰击沉

"爱丁堡公爵"号
1906—1908，第2巡洋舰中队（大西洋）；1908—1909，第1巡洋舰中队（英吉利海峡）；1909—1913，第5巡洋舰中队（大西洋）；1913—1914，第1巡洋舰中队（地中海）；1914—1916，大舰队第1巡洋舰中队；1916.6—1917，大舰队第2巡洋舰中队；1918，北美和西印度群岛；1918.8.3，在朴次茅斯退役。

"黑太子"号
1906—1908，第2巡洋舰中队（大西洋）；1908—1909，第1巡洋舰中队（英吉利海峡）；1909—1912，第5巡洋舰中队（大西洋）；1912—1914，第1巡洋舰中队（地中海）；1914—沉没，第1巡洋舰中队（大舰队）。

"勇士"级
装甲巡洋舰；1913，巡洋舰

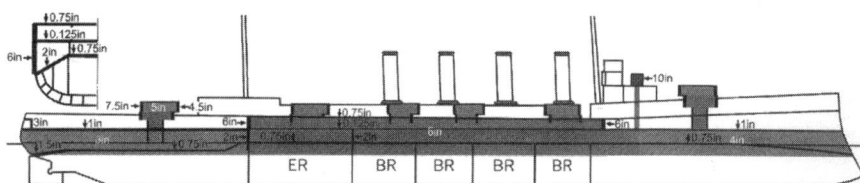

排水量	13550 吨
尺寸	480.27 英尺（垂线间长）/505.3 英尺（全长）×73.5 英尺 ×27 英尺 146.4 米（垂线间长）/154.0 米（全长）×22.4 米 ×8.2 米
动力系统	19 台雅罗式水管锅炉 +6 台圆筒锅炉；双轴推进；往复式蒸汽机（水平三胀式）；指示功率为 23650 马力 = 23.3 节；载煤量为 1000/2050 吨（另有 600 吨燃油）
武器装备	6 门 45 倍径 9.2 英寸炮、4 门 50 倍径 7.5 英寸炮、26 门（在 1915—1916 年间为 24 门；在 1917 年为 20 门）3 磅炮；3 具 18 英寸鱼雷发射管。在 1915—1916 年间增设 1 门 6 磅（在 1916 年为 3 英寸型号）防空炮和 2 门 3 磅防空炮
装甲防护	主装甲带厚度分别为 4 英寸 ~6 英寸 ~3 英寸；主炮塔装甲厚度分别为 7.5 英寸 ~4.5 英寸；炮座装甲厚度为 6 英寸；装甲甲板厚度分别为 1.5 英寸 ~0.75 英寸；主甲板厚度分别为 1 英寸 ~0.125 英寸 ~1 英寸；上层甲板装甲厚度分别为 0（无装甲）~1 英寸 ~0（无装甲）；司令塔装甲厚度为 10 英寸
舰员	712 人

舰船状况

舰名	建造商	开工时间	下水时间	完工时间	最终结局
"勇士"号（Warrior，二代）	彭布罗克海军造船厂	1903.11.5	1905.11.25	1906.12.12	1916.5.31 遭受德国战列舰炮击，1916.6.1 沉没于北海
"纳塔尔"号（Natal）	维克斯（巴罗）	1904.1.6	1905.9.30	1907.3.5	1915.12.30 因内部殉爆在因弗戈登沉没；1920.6.16 残骸被出售给斯坦利公司；1924 年被出售给南安普敦老鹰驳运公司；1925.7 由乌普诺拆船厂购买；1930.2.22 被转售给米德尔斯堡打捞公司；1937.2.23 被转售给南斯科顿拆船厂
"阿喀琉斯"号（Achilles，二代）	阿姆斯特朗（埃斯维克）	1904.2.22	1905.6.17	1907.4.22	1921.5.9 被出售给 T. W. 沃德公司；1923.8 抵达布里顿费里并在 1925.10 完成拆解
"库赫兰"号（Cochrane）	费尔菲尔德（加文）	1904.3.24	1905.5.20	1907.2.18	1918.11.14 在默尔西附近搁浅；1918.11.20 船员弃舰；残骸在 1919 年被拆解

"勇士"号
1907—1909，第5巡洋舰中队（大西洋）；1909—1913，第2巡洋舰中队（大西洋）；1913—1914，第1巡洋舰中队（地中海）；1914.12—沉没，第2巡洋舰中队（大舰队）。

"纳塔尔"号
1907—1909，第5巡洋舰中队（大西洋）；1909—沉没，第2巡洋舰中队（大西洋 / 大舰队）。

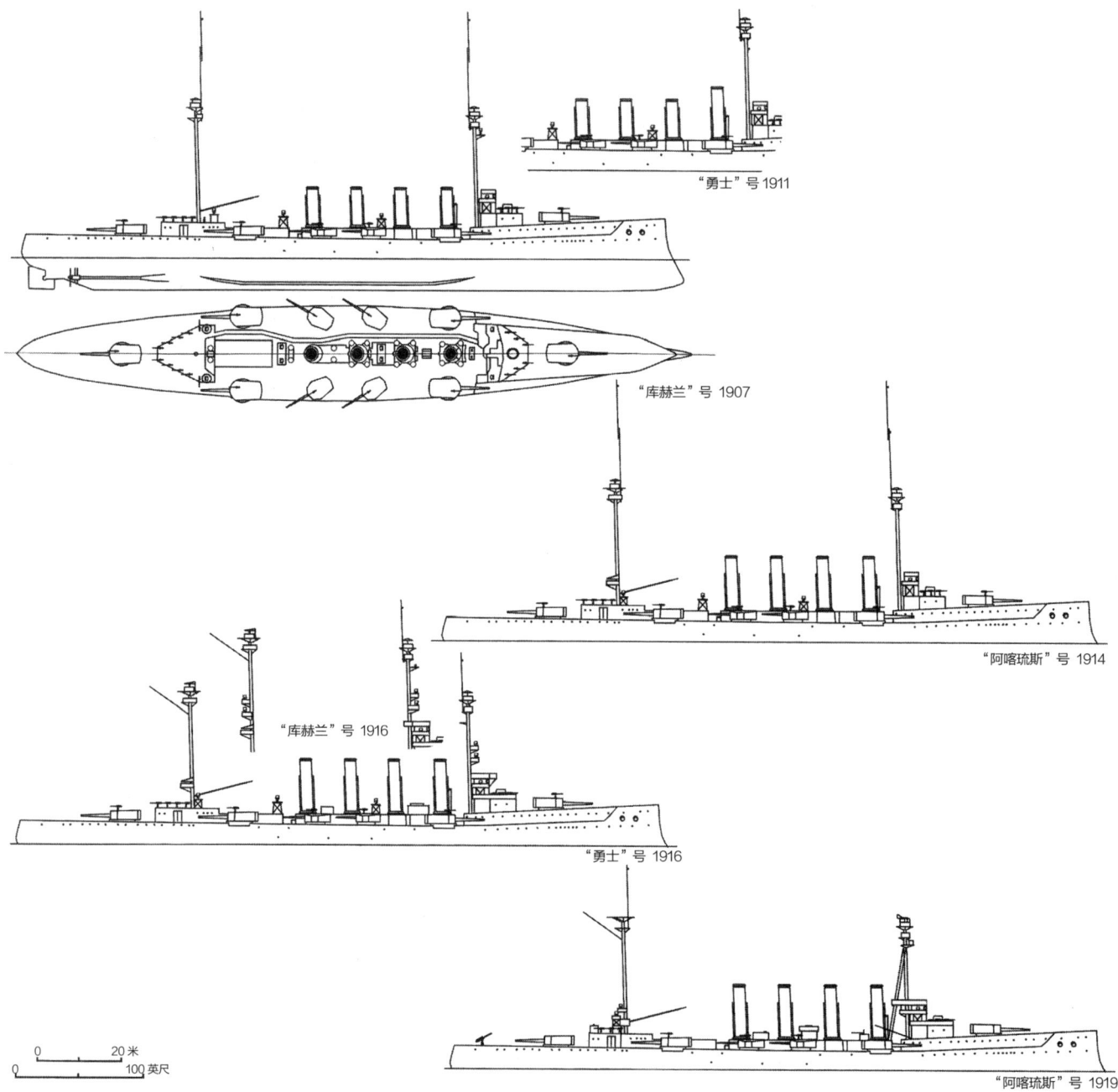

"勇士"号 1911

"库赫兰"号 1907

"阿喀琉斯"号 1914

"库赫兰"号 1916

"勇士"号 1916

"阿喀琉斯"号 1919

0　　　　20 米
0　　　　　　100 英尺

"阿喀琉斯"号
1907—1909，第 5 巡洋舰中队（大西洋）;1909—1918，第 2 巡洋舰中队（大西洋/大舰队）;1918.11—1919，查塔姆，预备役训练舰；1919.2.1—1919.6，朴次茅斯，后备舰队母舰；1919.6—1920，司炉训练舰。

"库赫兰"号
1907—1909，第 5 巡洋舰中队（大西洋）；1909—1917，第 2 巡洋舰中队（大西洋/大舰队）；1917.11—1918 年初，北大西洋和西印度群岛；1918—沉没，第 2 巡洋舰中队（1918.5—1918.11，被部署于俄罗斯北部）。

"米诺陶"级

装甲巡洋舰；1913，巡洋舰

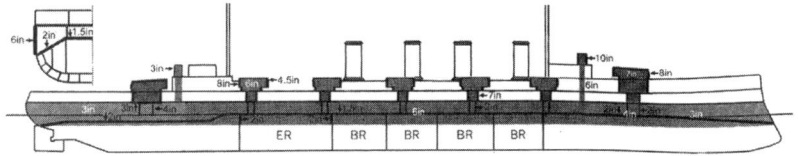

排水量	14600 吨
尺寸	490 英尺（垂线间长）/519 英尺（全长）×74.5 英尺（"香农"号为 75.5 英尺）×26.5 英尺 149.4 米（垂线间长）/158.2 米（全长）×22.7 米（"香农"号为 23.0 米）×8.1 米
动力系统	24 台雅罗式（"米诺陶"号为巴布科克＆威尔科克斯式）水管锅炉；双轴推进；往复式蒸汽机（水平三胀式）；指示功率为 27000 马力＝23 节；载煤量为 1000（"香农"号为 950 吨）/2010 吨（另有 830 吨燃油）；航程：10 节航速下 8150 海里，20.6 节航速下 2920 海里
武器装备	4 门 50 倍径 9.2 英寸炮（双联装 ×2）、10 门 50 倍径 7.5 英寸炮、16 门 12 磅炮；5 具 18 英寸鱼雷发射管。在 1915—1916 年间增设 1 门 12 磅和 1 门 3 磅防空炮
装甲防护	主装甲带厚度分别为 3 英寸 ~6 英寸 ~4 英寸 ~3 英寸；主炮塔装甲厚度分别为 8 英寸 ~7 英寸；副炮塔装甲厚度分别为 8 英寸 ~4.5 英寸；炮座装甲厚度为 7 英寸；装甲甲板厚度分别为 2 英寸 ~1.5/2.5 英寸 ~2 英寸；司令塔装甲厚度为 10 英寸
舰员	779 人

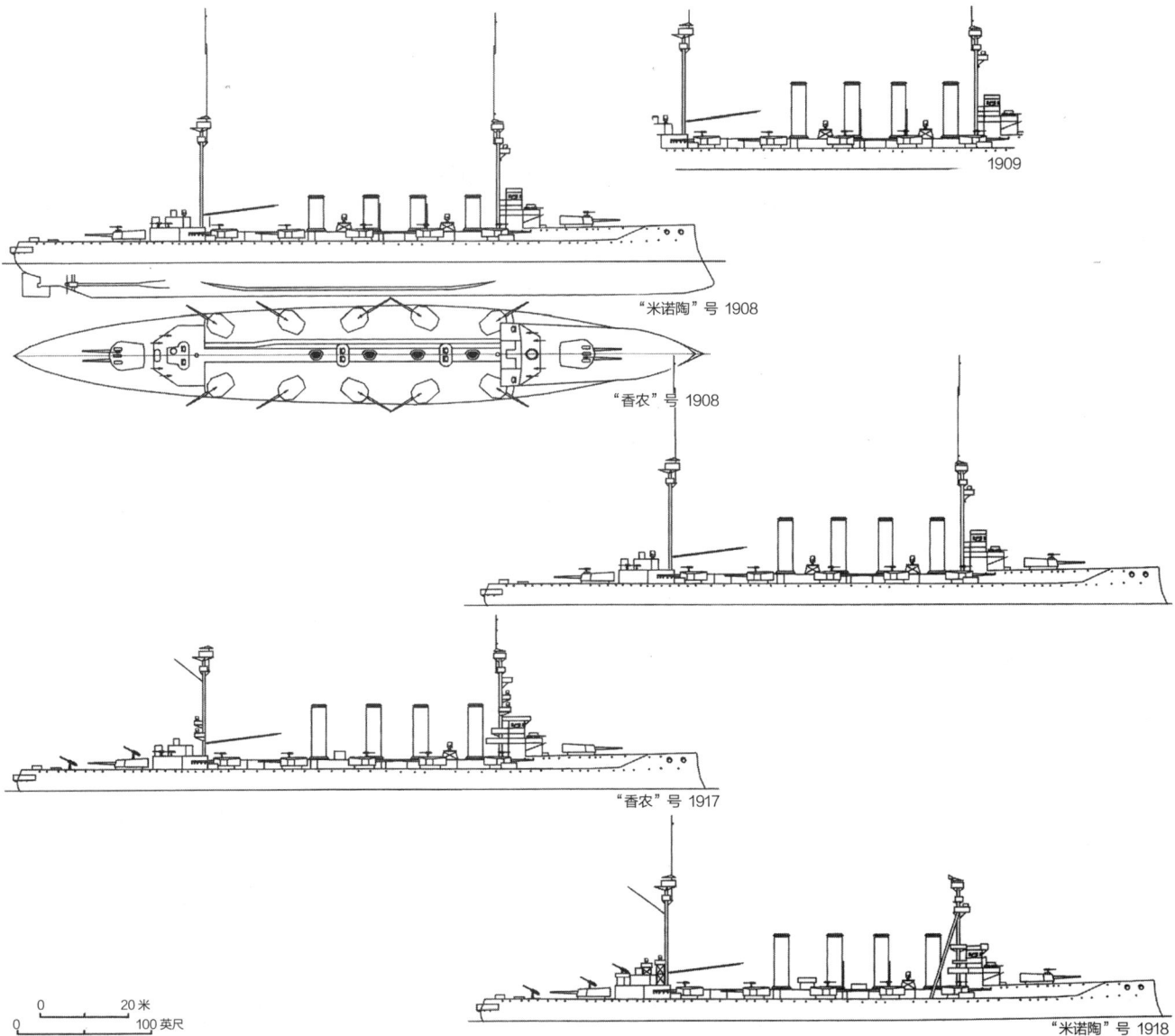

1909

"米诺陶"号 1908

"香农"号 1908

"香农"号 1917

0　20 米
0　100 英尺

"米诺陶"号 1918

舰船状况

舰名	建造商	开工时间	下水时间	完工时间	最终结局
"米诺陶"号（Minotaur，二代）	德文波特海军造船厂	1905.1.2	1906.6.6	1908.4.1	1920.4.12 被出售给 T. W. 沃德公司并在米尔福德港进行拆解
"香农"号（Shannon，二代）	查塔姆海军造船厂	1905.1.2	1906.9.20	1908.3.10	1922.12.12 被出售给 R&W 麦克里兰有限公司；1923.1 抵达博内斯进行拆解
"防御"号（Denfence，二代）	彭布罗克海军造船厂	1905.2.2	1907.4.27	1909.2.9	1916.3.31 在北海被德国战列舰击沉
"俄里翁"号（Orion）	——	——	——	——	取消建造

"米诺陶"号

1908.4—1909.3，第 5 巡洋舰中队（大西洋）；1909.3.23—1910.1，第 1 巡洋舰中队（大西洋）；1910.1—1914.12，远东（旗舰）；1915.1—1916.5，第 7 巡洋舰中队（大舰队）；1916.5.30—1919.2.5（退役），第 2 巡洋舰中队（大舰队）；1919.5，被列入废弃名单；1920.3 被列入代售名单。

"香农"号

1908.3.19—1909.3，第 5 巡洋舰中队（大西洋）；1909.3.23—1912.3.12，第 2 巡洋舰中队（大西洋）；1912.3—1912.12，第 3 巡洋舰中队（大西洋）；1913.1—1919.5.2，第 2 巡洋舰中队（大西洋 / 大舰队）；1919—1922，舍尔尼斯，被用作"阿克泰翁"号鱼雷训练学校浮动船舍。

"防御"号

1909.2—1909.3，第 5 巡洋舰中队（大西洋）；1909.3.23—1909.6，第 2 巡洋舰中队（大西洋）；1912，第 1 巡洋舰中队（地中海）；1912，远东；1912.12—沉没，第 1 巡洋舰中队（大西洋 / 大舰队）。

"无敌"级
装甲巡洋舰；1913，战列巡洋舰

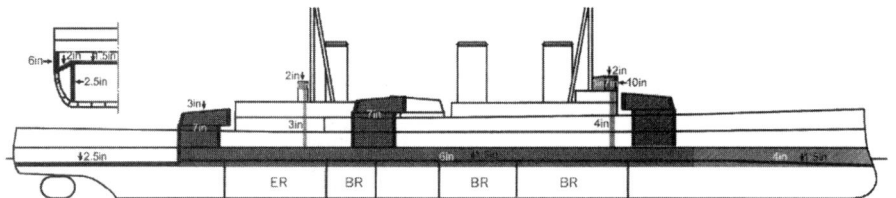

排水量	17250 吨
尺寸	530 英尺（垂线间长）/560 英尺（水线长）/567 英尺（全长）×78.5 英尺 ×26.7 英尺 161.5 米（垂线间长）/170.7 米（水线长）/172.8 米（全长）×23.9 米 ×8.1 米
动力系统	31 台雅罗式（"不挠"号为巴布科克 & 威尔科克斯式）水管锅炉；四轴推进；帕森斯蒸汽轮机；指示功率为 41000 马力 = 25 节；载煤量为 1000/3084 吨（另有 725 吨燃油）；航程：10 节航速下 6210 海里，22.3 节航速下 3050 海里
武器装备	8 门 45 倍径 12 英寸炮（双联装 ×2）、16 门（在 1917 年为 12 门）40 倍径 4 英寸炮（1917 年，"不屈"号换装 45 倍径 4 英寸炮，"不挠"号换装 50 倍径 4 英寸炮）；5 具 18 英寸鱼雷发射管。在 1915 年增设 1 门（1916 年增至 2 门；1917 年减至 1 门）3 英寸防空炮；在 1917 年增设 1 门 50 倍径 4 英寸防空炮
装甲防护	主装甲带厚度分别为 0（无装甲）~6 英寸 ~4 英寸；主炮塔装甲厚度分别为 7 英寸 ~3 英寸；炮座装甲厚度为 7 英寸；装甲甲板厚度分别为 2.5 英寸 ~1.5/2 英寸 ~1.5 英寸；司令塔装甲厚度为 10 英寸
舰员	780 人

舰船状况

舰名	建造商	开工时间	下水时间	完工时间	最终结局
"无敌"号（Invincible，二代）	阿姆斯特朗（埃斯维克）	1906.4.2	1907.4.13	1909.3.20	1916.5.31 在日德兰战役中被德国海军"吕佐夫"号战列巡洋舰击沉
"不屈"号（Inflexible）	约翰·布朗（克莱德班克）	1906.2.5	1907.6.16	1908.10.20	1921.12.1 被出售给斯坦利（多佛）公司；1922.4 抵达多佛；1922.4 被转售至德国拆解
"不挠"号（Indomitable）	费尔菲尔德（加文）	1906.3.1	1907.3.16	1908.6.25	1921.12.1 被出售给斯坦利（多佛）公司；1922.8.31 抵达多佛进行拆解

"无敌"号

1909.3.20—1912.12.31，第 1 巡洋舰中队；1913.1.1—1913.8，第 1 战列巡洋舰中队；1913.8—1914.3，地中海（第 2 战列巡洋舰中队）；1914.8.19—1914.9，第 2 战列巡洋舰中队；1914.9—1914.10，第 1 战列巡洋舰中队；1914.10—1914.11.5，第 2 战列巡洋舰中队；1914.11—1915.1，南大西洋；1915.3—沉没，第 3 战列巡洋舰中队。

"不屈"号

1909.3—1912.11,第1巡洋舰中队;1912.11.5—1914.8.18,地中海(旗舰);1914.8—1914.11.5,第2战列巡洋舰中队;1914.11—1914.12,南大西洋;1915.1—1915.6,地中海;1915.6.19—1916.6.4,第3战列巡洋舰中队;1916.6.5—1919.3,第2战列巡洋舰中队;1919.3—1920.3.31(退役),诺尔,预备役。

"不倦"号

1909.3—1911.11.25,第1巡洋舰中队;1912.2.21—1912.12.10,第2巡洋舰中队;1912.12,第1巡洋舰中队;1913.1.1—1913.8.26,第1战列巡洋舰中队;1913.8.27—1914.11,地中海(第2战列巡洋舰中队);1915.1—1915.2,第2战列巡洋舰中队;1915.2—1916.6.4,第3战列巡洋舰中队;1916.6.5—1919.2,第2战列巡洋舰中队;1919.3—1920.3.31(退役),诺尔,预备役。

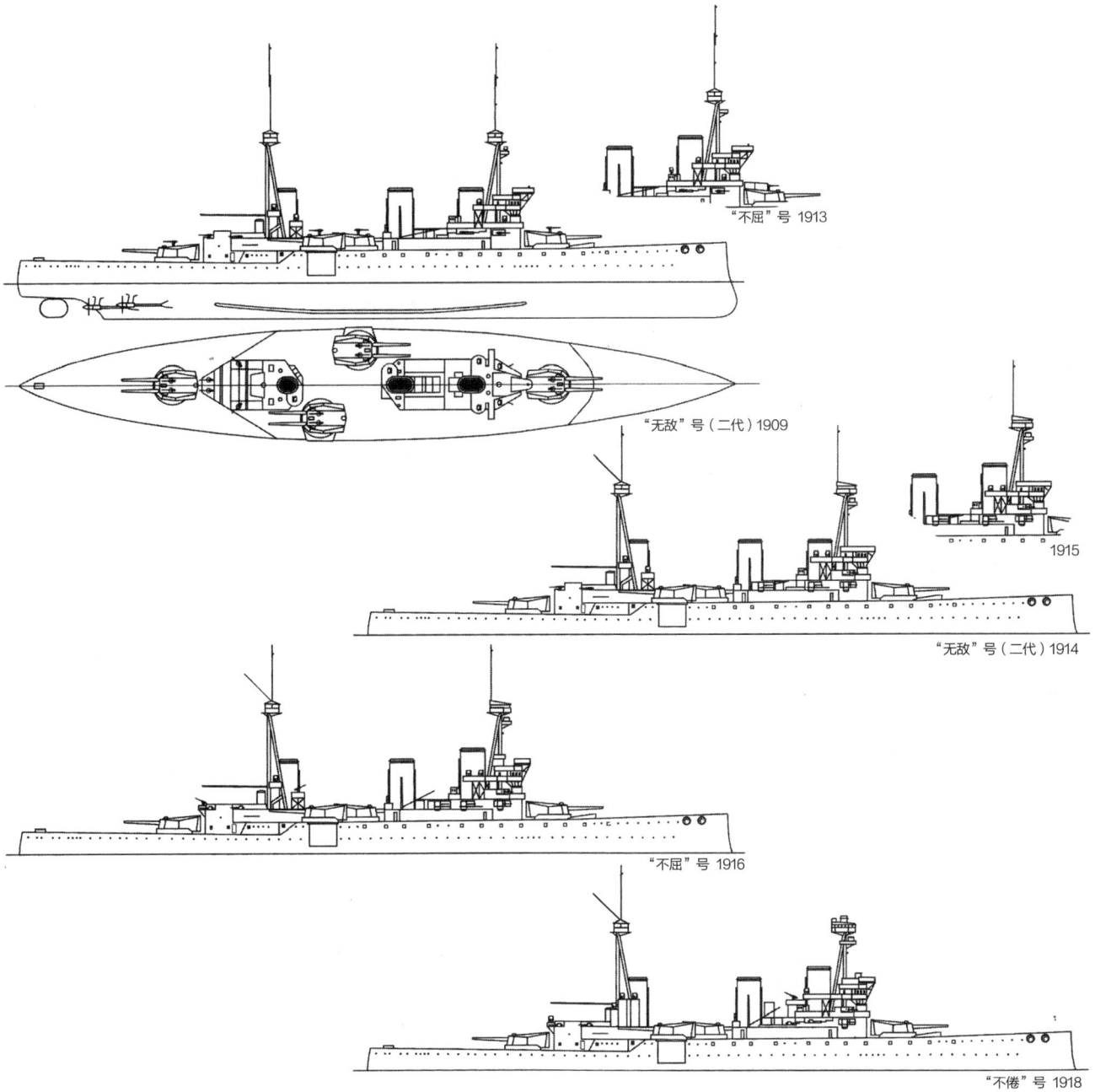

"不屈"号 1913

"无敌"号(二代)1909

1915

"无敌"号(二代)1914

"不屈"号 1916

"不倦"号 1918

0 20米
0 100英尺

21 | 美国
UNITED STATES

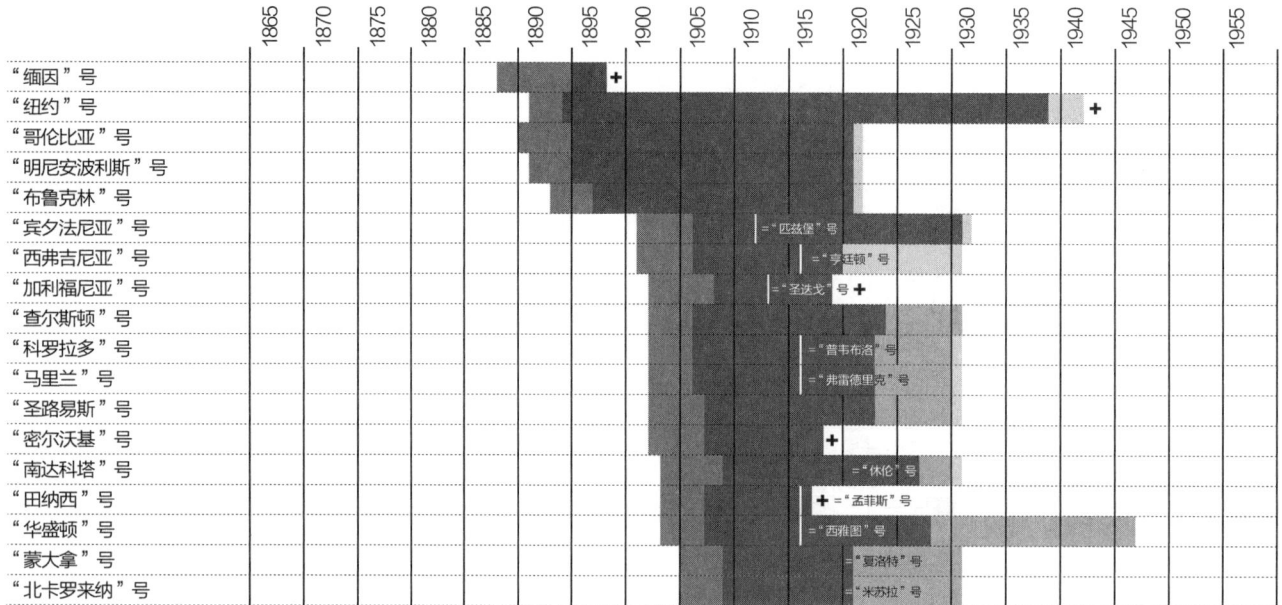

	1865	1870	1875	1880	1885	1890	1895	1900	1905	1910	1915	1920	1925	1930	1935	1940	1945	1950	1955

- "缅因"号
- "纽约"号
- "哥伦比亚"号
- "明尼安波利斯"号
- "布鲁克林"号
- "宾夕法尼亚"号 ="匹兹堡"号
- "西弗吉尼亚"号 ="亨廷顿"号
- "加利福尼亚"号 ="圣迭戈"号
- "查尔斯顿"号
- "科罗拉多"号 ="普韦布洛"号
- "马里兰"号 ="弗雷德里克"号
- "圣路易斯"号
- "密尔沃基"号
- "南达科塔"号 ="休伦"号
- "田纳西"号 ="孟菲斯"号
- "华盛顿"号 ="西雅图"号
- "蒙大拿"号 ="夏洛特"号
- "北卡罗来纳"号 ="米苏拉"号

"缅因"级
装甲巡洋舰；1894，二等战列舰

"缅因"号 1896

排水量	6682 吨
尺寸	318 英尺（水线长）/324.3 英尺（全长）×57 英尺×21.5 英尺 96.9 米（水线长）/98.8 米（全长）×17.4 米 ×6.6 米
动力系统	8 台圆筒式火管锅炉；双轴推进；往复式蒸汽机（立式三胀式）；指示功率为 9000 马力 = 17 节；载煤量为 896 吨；航程：10 节航速下 3000 海里
武器装备	4 门 30 倍径 10 英寸炮（双联装 ×2）、6 门 30 倍径 6 英寸炮、7 门 6 磅炮；4 具 18 英寸鱼雷发射管
装甲防护	主装甲带厚度为 12 英寸；炮座装甲厚度分别为 10 英寸~11 英寸；主炮塔装甲厚度为 8 英寸；装甲甲板厚度为 2/3 英寸；司令塔装甲厚度为 10 英寸
舰员	31+343 人

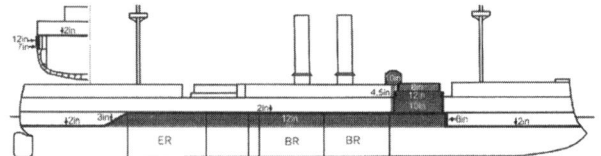

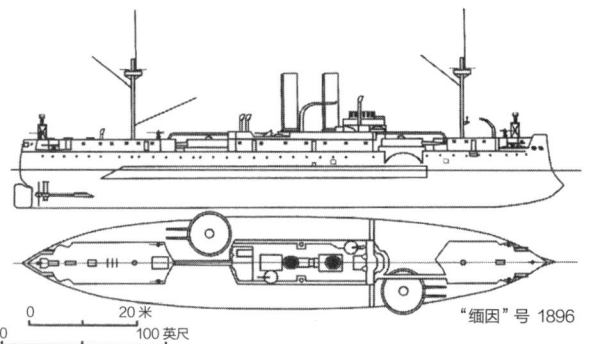

舰船状况

舰名	建造商	开工时间	下水时间	完工时间	最终结局
"缅因"号（Maine）	布鲁克林海军造船厂	1888.10.17	1890.11.18	1895.9.17	1898.2.15，在古巴哈瓦那因内部殉爆沉没； 1912.3.13 被打捞；1912.3.16 在哈瓦那被凿沉

沉没前，隶属北大西洋中队。

"纽约"级
装甲巡洋舰

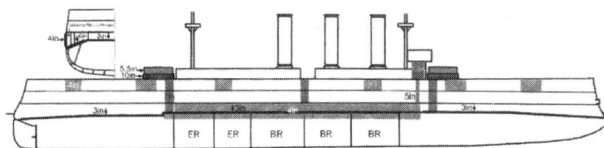

排水量	8150 吨
尺寸	380.5 英尺（水线长）/384 英尺（全长）×64.8 英尺 ×26.7 英尺 116 米（水线长）/117 米（全长）×19.8 米 ×8.1 米
动力系统	8 台圆筒式火管锅炉［1918 年为 12 台（1927 年为 4 台）巴布科克 & 威尔克科克斯式水管锅炉］；双轴推进；往复式蒸汽机（立式三胀式）；指示功率为 16000 马力（1927 年为 7700 马力）=21 节；载煤量为 750/1150 吨；航程：10 节航速下 4200 海里
武器装备	6 门 35 倍径 8 英寸炮（双联装 ×2 及单装 ×2）、12 门 40 倍径 4 英寸炮、8 门 6 磅炮；3 具 14 英寸鱼雷发射管 1908 年：4 门 45 倍径 8 英寸炮（双联装 ×2）、10 门 50 倍径 5 英寸炮、8 门 50 倍径 3 英寸炮、4 门 3 磅炮 1917：4 门 45 倍径 8 英寸炮（双联装 ×2）、8 门 50 倍径 5 英寸炮、2 门 3 英寸防空炮
装甲防护	主装甲带厚度为 4 英寸；装甲甲板厚度为 6 英寸；主炮塔装甲厚度为 5.5 英寸；司令塔装甲厚度为 7 英寸
舰员	565 人

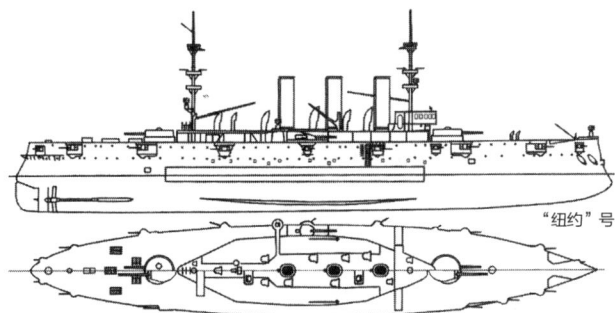

"纽约"号 1893

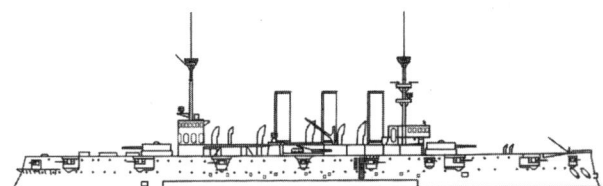

"纽约"号 1898

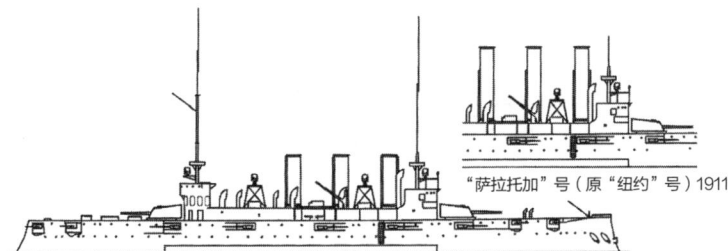

"萨拉托加"号（原"纽约"号）1911

"纽约"号 1908

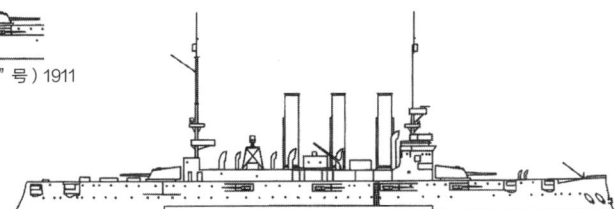

"罗切斯特"号（原"萨拉托加"号、原"纽约"号）1917

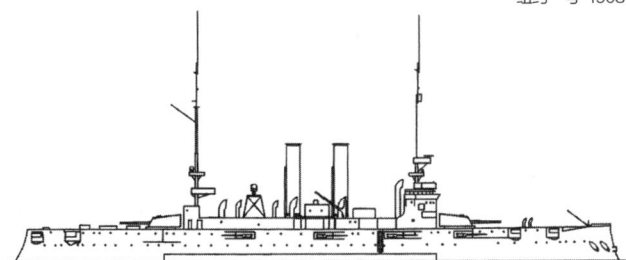

"罗切斯特"号（原"萨拉托加"号、原"纽约"号）1927

舰船状况

舰号 [a]	舰名	建造商	开工时间	下水时间	完工时间	最终结局
ACR-2 CA-2	"纽约"号（New York） ="萨拉托加"号 （Saratoga, 1911.2.16） ="罗切斯特"号 （Rochester, 1917.12.1）	威廉·克兰普（费城）	1890.9.19	1891.12.2	1893.8.1	1938.10.28 除名；1941.12.24 在菲律宾苏比克湾自沉

1893—1894，南大西洋；1894，北大西洋；1895，欧洲；1896—1901，大西洋舰队；1901—1903，亚洲中队；1903—1905.3.31，太平洋中队；1907—1908，重建改造；1909.5.15—1909.12.31，大西洋舰队装甲巡洋舰中队；1910.4.1—1916.1，亚洲舰队；1916.2.6，退役；1916.2—1917.4.23，太平洋，预备役；1917.6.7—1917.11，太平洋巡逻舰队；1917.11—1922，大西洋；1923—1932.2.25，加勒比海及中美洲；1932.4.27—1933.4，亚洲舰队；1933.4.29，退役；舰壳被拆，停泊于菲律宾乌朗牙坡。

"哥伦比亚"级
巡洋舰

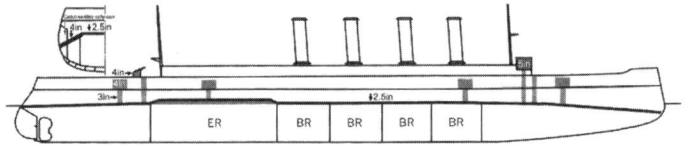

排水量	7350 吨
尺寸	411.6 英尺（垂线间长）/413.2 英尺（全长）×58.3 英尺 ×22.6 英尺 125.4 米（垂线间长）/125.9 米（全长）×17.7 米 ×6.9 米
动力系统	8 台圆筒式火管锅炉；三轴推进；往复式蒸汽机（立式三胀式）；指示功率为 21500 马力 = 22.5 节；载煤量为 800/1576 吨
武器装备	1 门 40 倍径 8 英寸炮（在 1914 年被拆除）、2 门（1914 年增至 3 门）40 倍径 6 英寸炮、8 门（1917 年为 6 门；1918 年为 4 门）40 倍径 4 英寸炮、12 门（1914 年为 2 门）6 磅炮、4 门 1 磅炮；4 具 14 英寸（"哥伦比亚"号）或 18 英寸（"明尼安波利斯"号）鱼雷发射管。在 1918 年增设 2 门 3 英寸防空炮
装甲防护	装甲甲板厚度为 2.5/4 英寸；炮盾、舷台装甲厚度为 4 英寸；司令塔装甲厚度为 5 英寸
舰员	30+447 人

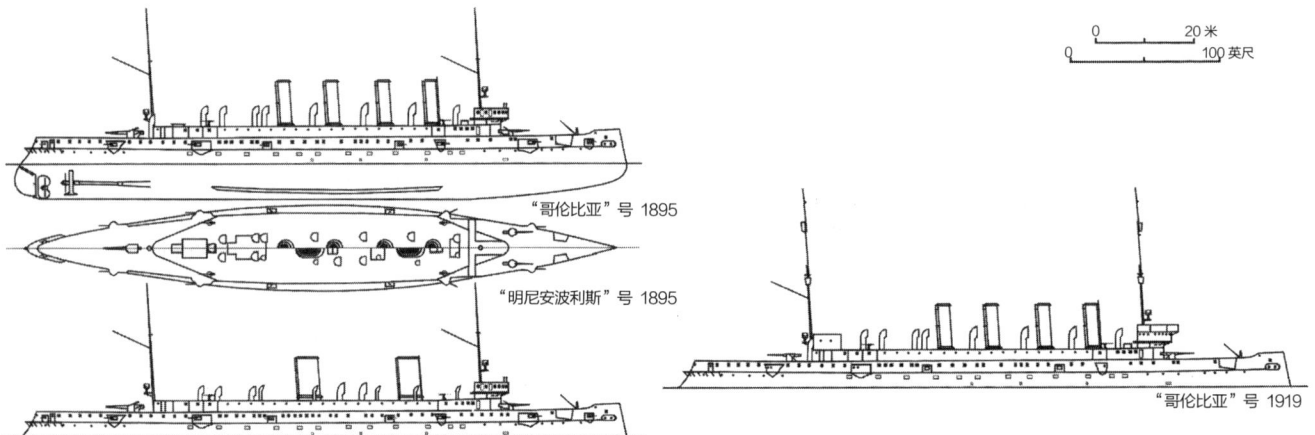

"哥伦比亚"号 1895

"明尼安波利斯"号 1895

"哥伦比亚"号 1919

舰船状况

舷号	舰名	建造商	开工时间	下水时间	完工时间	最终结局
C-12 CA-16	"哥伦比亚"号（Columbia） ="旧哥伦比亚"号 （Old Columbia, 1921.11.17）	威廉·克兰普造船厂（费城）	1890.12.30	1892.7.26	1894.4.23	1922.1.26 被出售拆解
C-13 CA-17	"明尼安波利斯"号 （Minneapolis）	威廉·克兰普造船厂（费城）	1891.12.16	1893.8.12	1894.12.13	1921.8.5 被出售拆解

"哥伦比亚"号

1894.4—1897.5，大西洋中队；1897.5.13，退役；1897.5—1898.3，费城，预备役；1898.3.15—1899.3，大西洋／西印度群岛；1899.3.31，退役；1899.3—1902.8，费城，预备役；1902.8.31—1903.11，纽约，接待舰；1903.11.9—1907.3，大西洋训练中队；1907.5.3，退役；1907.5—1915.6，费城，预备役；1915.6.22—1917.4.19，潜艇分舰队；1917.4.21—1917.7，巡逻舰队第 5 中队；1917.7—1919.1，巡洋舰编队；1919.1.7—1919.5.29，驱逐舰编队第 2 中队；1921.6.29，退役。

"明尼安波利斯"号

1894.12—1895.11，大西洋中队；1895.11.27—1897.7.6，欧洲中队；1897.7.7—1898.3，费城，预备役；1898.3.15—1898.8，大西洋／西印度群岛；1898.8.18，退役；1898.8—1902.4，费城，预备役；1902.4.23—1902.6，接待舰；1903.6.2，费城，预备役；1903.10.5—1906.11，特别行动部队；1906.11.17，退役；1906.11—1917.7，费城，预备役；1917.7.2—1918.2，大西洋；1918.2.24—1918.10.19，巡洋舰编队；1919.2.7—1921.3，太平洋；1921.3.15，退役。

"布鲁克林" 级
装甲巡洋舰

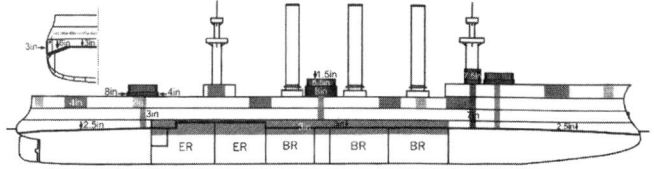

排水量	9215 吨
尺寸	400.5 英尺（水线长）/402.6 英尺（全长）×64.7 英尺 ×28 英尺 122.1 米（水线长）/122.7 米（全长）×19.7 米 ×8.5 米
动力系统	7 台圆筒式火管锅炉；双轴推进；往复式蒸汽机（立式三胀式）；指示功率为 16000 马力＝20 节；载煤量为 900/1461 吨；航程：10 节航速下 5290 海里
武器装备	8 门 35 倍径 8 英寸炮（双联装 ×4）、12 门（1918 年为 8 门）40 倍径 5 英寸炮、12 门（1909 年为 4 门）6 磅炮、4 门 1 磅炮、5 具（1899 年为 4 具）18 英寸鱼雷发射管（在 1909 年被拆除）；在 1918 年增设 2 门 3 英寸炮
装甲防护	主装甲带厚度为 3 英寸；炮座装甲厚度分别为 8 英寸 ~4 英寸；主炮塔装甲厚度为 5.5 英寸；装甲甲板厚度分别为 2.5 英寸 ~3 英寸 ~2.5/3 英寸；副炮炮郭装甲厚度为 4 英寸；司令塔装甲厚度为 7.5 英寸（主装甲带、主炮塔和炮座装甲均采用哈维镍钢制造）
舰员	41+440 人

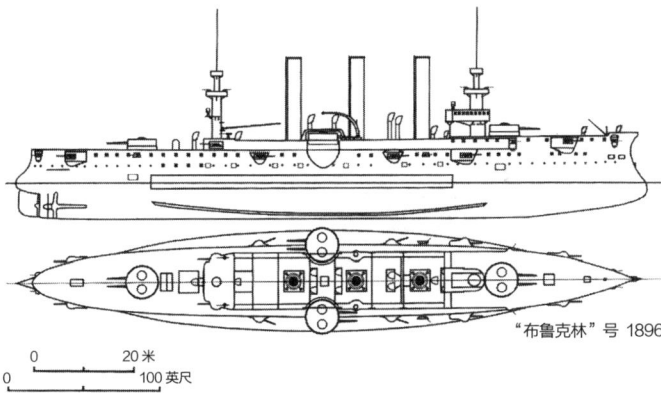

"布鲁克林" 号 1896

0   20 米
0   100 英尺

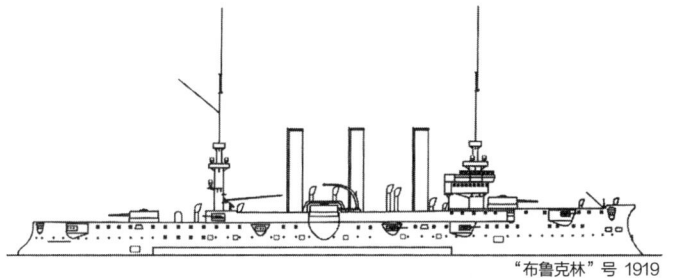

"布鲁克林" 号 1919

舰船状况

舷号	舰名	建造商	开工时间	下水时间	完工时间	最终结局
CA-3 ACR-3	"布鲁克林" 号 （Brooklyn）	威廉·克兰普造船厂 （费城）	1893.8.2	1895.10.2	1896.12.1	1921.12.20 退役除名，后被出售拆解

1897—1899，北大西洋分舰队；1899.10.16—1902.3.1，亚洲分舰队 / 舰队；1902.5—1902.6，北大西洋分舰队；1902.6.30—1902.10.7，大西洋舰队队第 2 中队；1903.6.7—1904.2，欧洲分舰队；1904—1905，南大西洋分舰队；1905.4.1—1906.5，大西洋舰队第三分队第 2 中队；1906.5.8，退役；1906.6.30—1906.8，哈瓦那，因特别行动服役；1907.4.12—1907.12.4，参加詹姆士顿博览会；1908.8.2，退役；1909—1914，预备役；1914—1915.3，波士顿，接待舰；1915.3—1915.11，大西洋；1915.11—1920.1，亚洲舰队；1920.1—1921.1.15，太平洋舰队；1921.3.9，退役。

"宾夕法尼亚"级

装甲巡洋舰

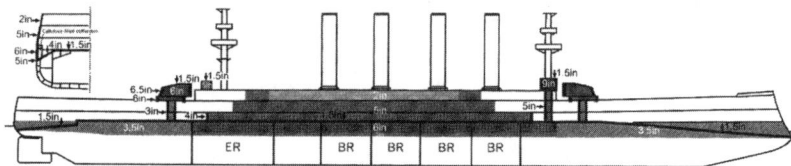

排水量	13680 吨
尺寸	502 英尺（水线长）/504 英尺（全长）×67.6 英尺 ×54.2 英尺 153 米（水线长）/153.6 米（全长）×21.2 米 ×7.3 米
动力系统	16 台巴布科克 & 威尔科克斯式水管锅炉 ["宾夕法尼亚"号和"科罗拉多"号为 32 台尼克劳赛式水管锅炉；在 1911 年更换为 24 台尼克 劳赛式和 8 台尼克劳塞 / 巴布科克 & 威尔科克斯复合式；在 1914 年更换为 12 台尼克劳赛式和 8 台尼克劳塞 / 巴布科克 & 威尔科克斯复合式（"匹兹堡"号在 1926 年拆除后一种锅炉）]；双轴推进；往复式蒸汽机（立式三胀式）；指示功率为 23000 马力 = 22 节；载煤量为 900/2025 吨；航程：10 节航速下 5900 海里
武器装备	8 门 40 倍径（1908 年和 1910 年为 45 倍径）8 英寸炮（双联装 ×4）、14 门（1918 年为 4 门，仅"匹兹堡"号为 10 门）50 倍径 6 英寸炮、16 门 50 倍径 3 英寸炮、2 门 6 磅炮（在 1918 年被拆除）、12 门 3 磅炮（在 1910 年被拆除）、8 门 1 磅炮（在 1911 年被拆除）；2 具 18 英寸鱼雷发射管
装甲防护	主装甲带厚度分别为 3.5 英寸 ~6 英寸 ~3.5 英寸；炮郭装甲厚度为 5 英寸；炮座装甲厚度为 6 英寸；主炮塔装甲厚度分别为 1.5 英寸 ~6.5 英寸；装甲甲板厚度为 1.5/4 英寸；舰艏司令塔装甲厚度为 9 英寸；舰艉司令塔装甲厚度为 5 英寸
舰员	41+791 人

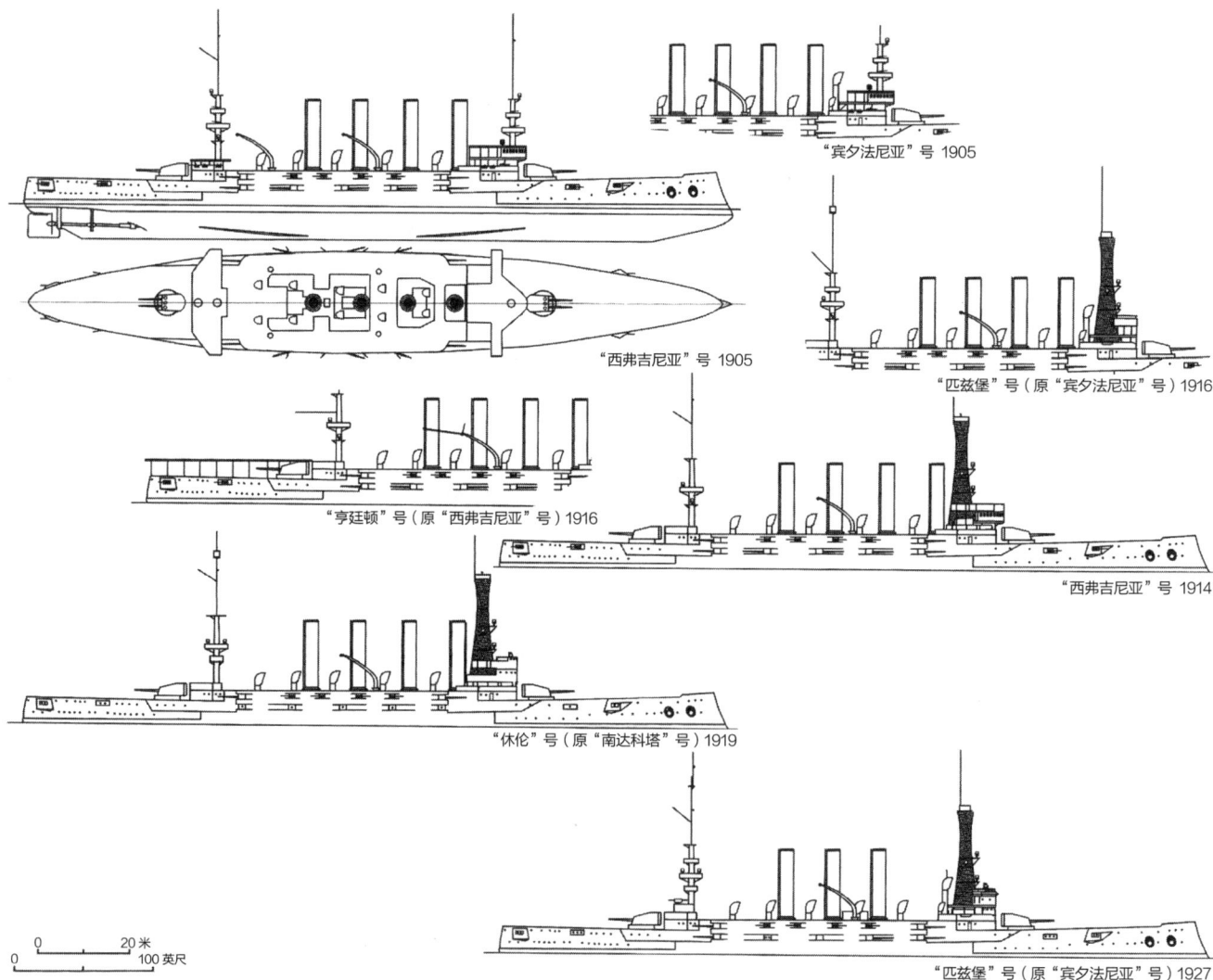

"宾夕法尼亚"号 1905

"西弗吉尼亚"号 1905

"匹兹堡"号（原"宾夕法尼亚"号）1916

"亨廷顿"号（原"西弗吉尼亚"号）1916

"西弗吉尼亚"号 1914

"休伦"号（原"南达科塔"号）1919

"匹兹堡"号（原"宾夕法尼亚"号）1927

0   20 米
0   100 英尺

舰船状况

舷号	舰名	建造商	开工时间	下水时间	完工时间	最终结局
ACR-4 CA-4	"宾夕法尼亚"号[Pennsylvania, 原"内布拉斯加"号(Nebraska)] ="匹兹堡"号(Pittsburgh, 1912.8.27)	威廉·克兰普造船厂(费城)	1901.8.7	1903.8.22	1905.3.9	1931.10.26 退役除名;1931.12.21 被出售给联合造船厂(巴尔的摩)并在巴尔的摩进行拆解
ACR-5 CA-5	"西弗吉尼亚"号(West Virginia) ="亨廷顿"号(Huntington, 1916.11.11)	纽波特纽斯造船和船坞公司(纽波特纽斯)	1901.9.16	1903.4.18	1905.2.23	1930.3.12 退役除名;1930.8.30 被出售并拆解
ACR-6 CA-6	"加利福尼亚"号(California) ="圣迭戈"号(San Diego, 1914.9.1)	联合钢铁厂(旧金山)	1902.5.7	1904.4.28	1907.8.1	1918.7.9 在纽约法尔岛触雷(由U-156号潜艇布设)沉没;20 世纪 50 年代残骸被打捞并出售给麦克斯特钢铁公司(纽约)
ACR-7 CA-7	"科罗拉多"号(Colorado) ="普韦布洛"号(Pueblo, 1916.11.9)	威廉·克兰普造船厂(费城)	1901.4.25	1903.4.25	1905.1.19	1930.2.21 退役除名;1930.10.2 被出售拆解
ACR8 CA-8	"马里兰"号(Maryland) ="弗雷德里克"号(Frederick, 1916.11.9)	纽波特纽斯造船和船坞公司(纽波特纽斯)	1901.10.29	1903.9.12	1905.4.18	1929.11.13 退役除名;1930.2.11 被出售拆解
ACR-9 CA-9	"南达科塔"号(South Dakota) ="休伦"号(Huron, 1920.6.7)	联合钢铁厂(旧金山)	1902.9.30	1904.7.21	1908.1.27	1929.11.15 退役除名;1930.2.11 被出售给阿贝·古登堡(西雅图)公司,由大湖联盟船坞和机械制造厂(西雅图)拆解;低层舰体被售至鲍威尔河;1931.8 抵达并被用作防波堤;1961.2 沉没

"宾夕法尼亚"号
1905—1906,大西洋舰队;1906—1907,亚洲舰队;1907—1911.1.4,太平洋舰队;1911.1—1911.6,航空试验舰;1911.7.1,退役;1911.7—1916.2,预备役(1913.5.30 再次被启用);1916.7—1917,太平洋舰队;1917—1919,大西洋舰队;1919.6—1920.4,地中海;1920.4—1921.10,欧洲;1921.10.15,退役;1921.10—1922.10,预备役;1922.10.2—1926,欧洲;1926.12—1931.7,亚洲舰队(旗舰);1931.7.10,退役;1931.10.5,切萨皮克湾,靶舰。

"西弗吉尼亚"号
1905—1906,大西洋舰队;1906—1907,亚洲舰队;1907—1912,太平洋舰队;1912—1916.9.20,预备役舰队(1914.4—1914.7,墨西哥);1916.9—1917.5.11,太平洋舰队;1917.6—1917.7,佛罗里达彭萨科拉,进行弹射器有关测试;1917—1918.12,巡洋舰和运输船舰队;1918.12—1919.7.8,运输编队;1919.7—1920.8,巡洋舰编队第 1 巡洋舰中队;1920.9.1,退役;1920.9—1930.3,预备役。

"加利福尼亚"号
1907—1917,太平洋舰队;1917.2.12,退役;1917.2—1917.4.7,预备役;1917—沉没,巡洋舰和运输编队。

"科罗拉多"号
1905—1906,大西洋舰队;1906—1907,亚洲舰队;1907—1911,太平洋舰队;1911—1912,亚洲舰队;1913.5.17,退役;1913.5—1915.2.9,预备役;1915—1916,太平洋舰队;1917—1918.12,巡洋舰和运输编队;1919,运输编队;1919.9.22,退役;1919.9—1921.4.2,预备役;1921—1927.9,接待舰;1927.9.28,退役。

"马里兰"号
1905—1906,大西洋舰队;1906—1907,亚洲舰队;1907—1917,太平洋舰队;1917—1918.12,巡洋舰和运输编队;1919,运输编队;1920—1922,太平洋舰队;1922.2.14,退役;1922.2—1929,预备役。

"南达科塔"号
1908—1917,太平洋舰队;1917—1918.12,巡洋舰和运输编队;1919,运输编队;1919—1926 亚洲舰队;1927.6.17,退役;1927.6—1929,预备役。

"圣路易斯"级
巡洋舰

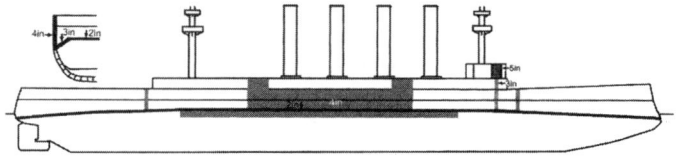

排水量	9700 吨
尺寸	424 英尺（水线长）/426.5 英尺（全长）×66 英尺 ×24.1 英尺 129.2 米（水线长）/130 米（全长）×20 米 ×7.35 米
动力系统	16 台巴布科克 & 威尔克斯式水管锅炉；双轴推进；往复式蒸汽机（立式三胀式）；指示功率为 21000 马力 = 22 节；载煤量为 650/1776 吨
武器装备	14 门（1918 年为 12 门）50 倍径 6 英寸炮、18 门（1918 年为 4 门）50 倍径 3 英寸炮、12 门（1918 年为 2/4 门）3 磅炮（在 1910 年被拆除）。在 1918 年增设 2 门 3 英寸防空炮
装甲防护	主装甲带厚度为 4 英寸；装甲甲板厚度为 2/3 英寸；炮盾装甲厚度为 4 英寸；舰艇司令塔装甲厚度为 5 英寸
舰员	670 人

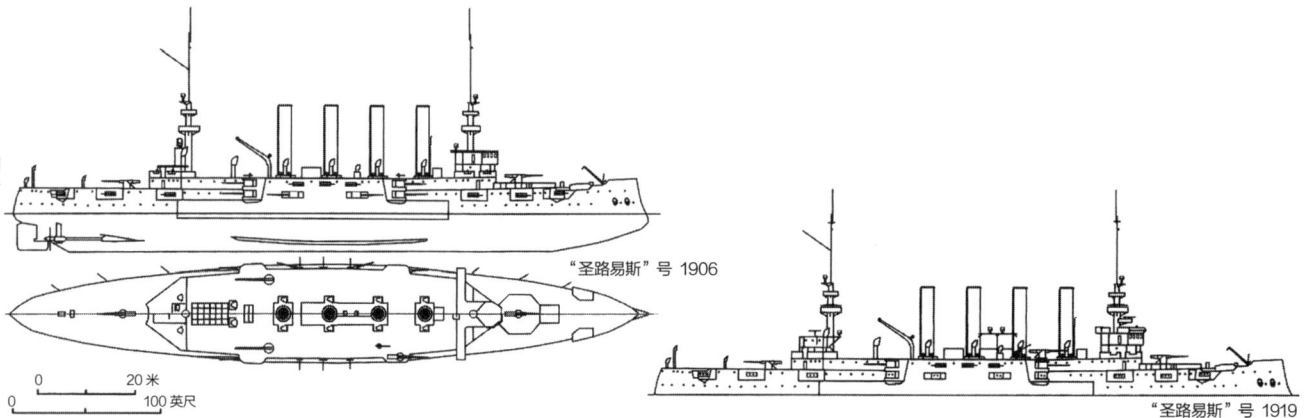

"圣路易斯"号 1906

"圣路易斯"号 1919

舰船状况

舰号	舰名	建造商	开工时间	下水时间	完工时间	最终结局
C-20 CA-18	"圣路易斯"号（St. Louis）	涅非 & 利维（费城）	1902.7.21	1905.5.6	1906.8.18	1930.3.10 退役除名；1930.8.13 被出售拆解
C-21	"密尔沃基"号（Milwaukee）	联合钢铁厂（旧金山）	1902.7.30	1904.9.10	1906.12.10	1917.1.13 在加利福尼亚尤里卡附近海滩搁浅；1919.6.23 除名；1919.8.5 残骸被出售拆解
C-22 CA-19	"查尔斯顿"号（Charleston，二代）	纽波特纽斯造船和船坞公司（纽波特纽斯）	1902.1.30	1904.1.23	1905.10.17	1930.2.11 退役除名；1930.2.11 被出售至阿贝·古登堡；1930.3.6 被售给通用拆船公司（西雅图）并在大湖联盟船坞和机械制造公司进行拆解，下部舰体被售至鲍威尔河并用作防波堤；1961 年在凯尔西湾搁浅

"圣路易斯"号

1907.8.31—1910.5，太平洋；1910.5.3，退役；1911.10.7—1912.7，太平洋，预备役；1912.7.14—1913.4.26，由俄勒冈海军民兵使用；1913.4—1914.4.24，太平洋，预备役；1914.4.27—1916.2，旧金山，接待舰；1916.2.17—1916.7.10，太平洋，预备役舰队；1916.7.29—1917.4.6，珍珠港，第 3 潜艇分队（后被用作基地舰）；1917.5—1919.7，大西洋；1920.9—1921.11.11，欧洲；1922.3.3，退役。

"密尔沃基"号

1907—1908，太平洋；1908—1910.5，太平洋，预备役；1910.5.3，退役；1913.6.17—1916.3，太平洋，预备役；1916.3.18—沉没，圣迭戈，驱逐舰 / 潜艇补给舰（1917.3.6 退役）。

"查尔斯顿"号

1906—1908.6，太平洋；1908.10—1910.10，远东（旗舰）；1910.10.8，退役；1912.9.14—1916，太平洋，后备舰队；1916.5.7—1917.4，巴拿马运河区克里斯托瓦尔，潜艇补给舰；1917.4.6，巡逻编队（加勒比海）；1917—1919，大西洋；1919—1920，太平洋；1920—1923.6.4，太平洋驱逐舰编队旗舰；1923.12.4，退役。

"田纳西"级

装甲巡洋舰

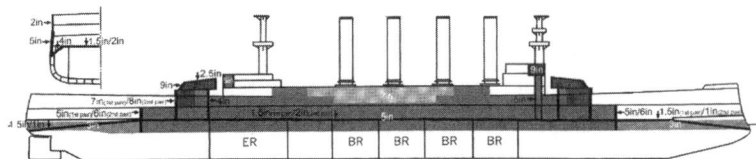

排水量	14500 吨
尺寸	502 英尺（水线长）/504.4 英尺（全长）×72.9 英尺 ×25 英尺 153 米（水线长）/153.75 米（全长）×22.2 米 ×7.6 米
动力系统	16 台巴布科克＆威尔科克斯式水管锅炉；双轴推进；往复式蒸汽机（立式三胀式）；指示功率为 23000 马力 =22 节；载煤量为 900/2020 吨（后 2 舰为 900/2200 吨）；航程：10 节航速下 4710 海里
武器装备	4 门 40 倍径 10 英寸炮（双联装 ×2）、16 门（1918 年为 4 门）50 倍径 6 英寸炮、22 门（1918 年为 10 门，但"北卡罗来纳"号为 12 门）50 倍径 3 英寸炮、12 门 3 磅炮（在 1912—1914 年间被拆除）、2 门 1 磅炮、4 具 21 英寸鱼雷发射管；在 1918 年（除"北卡罗来纳"号）增设 2 门 3 英寸防空炮
装甲防护	主装甲带厚度分别为 3 英寸 ~5 英寸 ~3 英寸；炮座装甲厚度分别为 7 英寸 ~4 英寸（后 2 舰为 8 英寸 ~4 英寸）；主炮塔装甲厚度分别为 9 英寸 ~5 英寸；装甲甲板厚度分别为 1.5/3 英寸 ~4 英寸 ~3 英寸（后 2 舰为 1 英寸 ~2 英寸 ~1/3 英寸 ~4 英寸 ~3 英寸）；舰艏司令塔装甲厚度为 9 英寸；舰艉司令塔装甲厚度为 5 英寸（克虏伯渗碳钢 / 哈维镍钢）
舰员	39+777 人

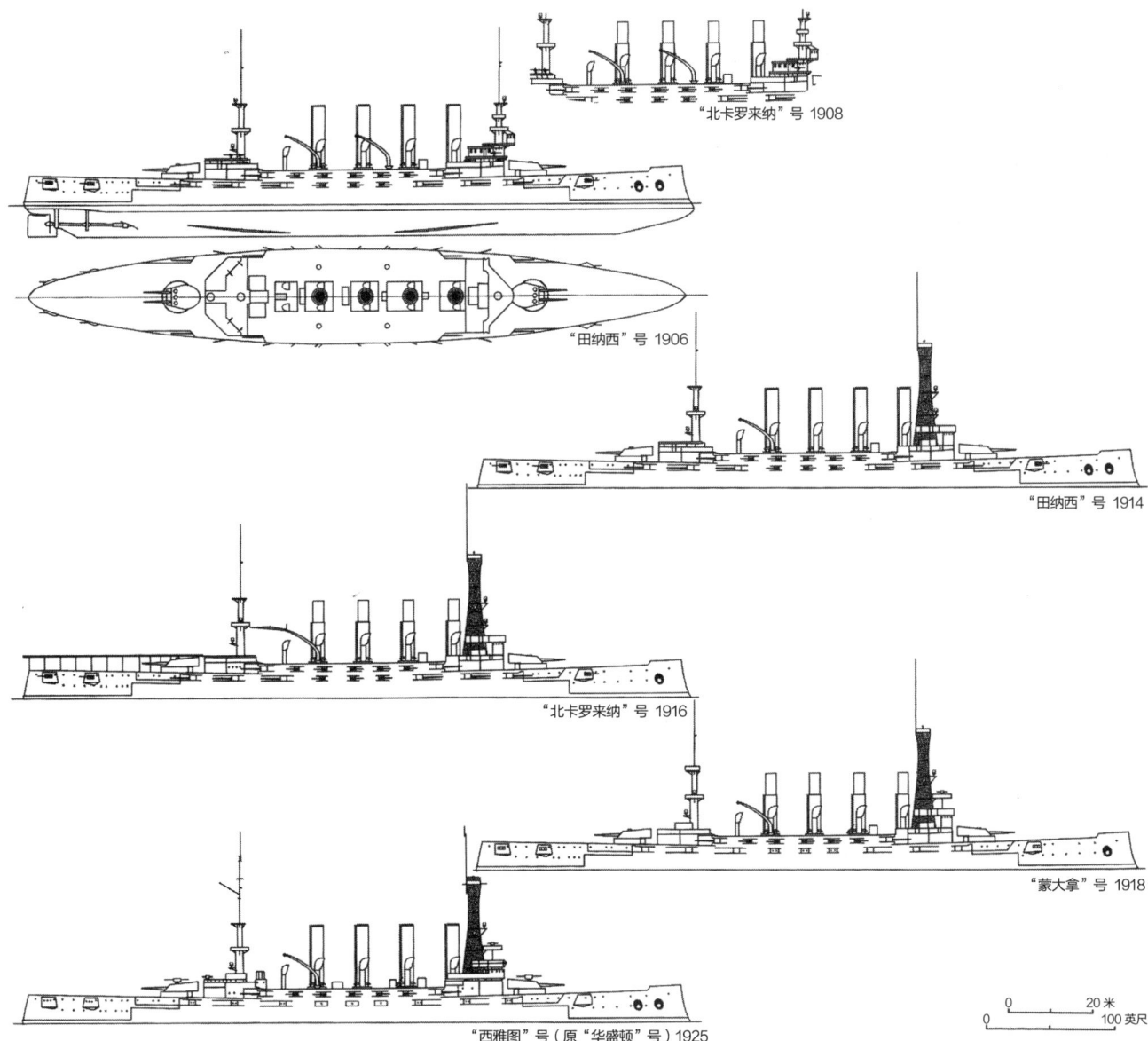

"北卡罗来纳"号 1908

"田纳西"号 1906

"田纳西"号 1914

"北卡罗来纳"号 1916

"蒙大拿"号 1918

"西雅图"号（原"华盛顿"号）1925

舰船状况

舷号	舰名	建造商	开工时间	下水时间	完工时间	最终结局
ACR-10	"田纳西"号（Tennessee）="孟菲斯"号（Memphis，1916.5.25）	威廉·克兰普&桑斯（费城）	1903.6.20	1904.12.3	1906.7.17	1916.8.29 在圣多明戈搁浅；1917.12.17 退役除名；1922.1.17 被出售给 A. H. 拉德斯基钢铁与金属公司（丹佛，科罗拉多）；1938 年被拆解
ACR-11 CA-11 IX-39（1941.2.17）	"华盛顿"号（Washington）="西雅图"号（Seattle，1916.11.9）	纽约造船厂（卡姆登，新泽西）	1903.9.23	1905.3.18	1906.8.7	1946.7.19，退役除名；1946.12.3，被出售给雨果·诺伊拆解
ACR-12 CA-12	"北卡罗来纳"号（North Carolina）="夏洛特"号（Charlotte，1920.6.7）	纽波特纽斯造船和船坞公司（纽波特纽斯）	1905.3.1	1906.10.6	1908.5.7	1930.7.15 退役除名；1930.9.29，被出售拆解
ACR-13 CA-13	"蒙大拿"号（Montana）="米苏拉"号（Missoula，1920.6.7）	纽波特纽斯造船和船坞公司（纽波特纽斯）	1905.4.29	1906.12.15	1908.7.21	1930.7.15 退役除名；1930.9.29，被出售给约翰·埃尔文二世公司拆解

"田纳西"号

1906—1907，大西洋；1908—1910，太平洋舰队；1910—1913，大西洋舰队；1913—1914，预备役；1914.8—沉没，大西洋舰队（1917.8.29，退役）。

"华盛顿"号

1906—1907，大西洋；1908—1910，太平洋舰队；1911—1912.7，大西洋舰队；1912.7—1914.4，预备役；1914.4.23—1917.6.3，大西洋舰队；1917—1918.12，巡洋舰和运输编队；1918.12—1919.9，运输编队；1919.11—1920，太平洋舰队；1920.1923，预备役；1923.3.1—1927.6，美国第一舰队旗舰；1927—1946.6.28，布鲁克林，接待舰（自 1931.7.1 起，且舰船未被定级）；1946.6.28，退役。

"北卡罗来纳"号

1908—1909，大西洋舰队；1909.4—1909.8，地中海；1909.8—1911，大西洋舰队；1911—1914.8，预备役；1914.8.7—1917.1，彭萨科拉，基地舰；1917.7.1—1918.12，巡洋舰和运输编队；1918.12—1919.7，运输编队；1919.7—1921.2，太平洋舰队；1921.2.18，退役；1921.2—1930.7，预备役。

"蒙大拿"号

1908—1909，大西洋舰队；1909.4—1909.8，地中海；1909—1911，大西洋舰队；1911.7.26—1913.12.29，预备役；1914.1—1917.7.17，鱼雷训练舰；1917—1918.12，巡洋舰和运输编队；1918.12—1919.7，运输编队；1919.8—1921.2.1，太平洋舰队。

第二部分图片图例说明

轮机舱（ER，Engine Room）

锅炉舱（BR，Boiler Room）

中央轮机舱（Centre ER，Centre Engine Room）

舷侧轮机舱（P & S ERs，Port and starboard Engine Rooms）

弹药舱（Mag，Magazine）

附录

附表 1：大型巡洋舰装备主要舰炮数据表 [b]

口径 [c]		其他定级	倍径 [d]	型号 [e]	原产国	生产商 / 设计商	炮口初速（英尺 / 秒）	装备舰船 [f]	使用国
英寸	毫米								
12	305	30 厘米	45	41 式	日本	阿姆斯特朗	2800	"筑波"级 "鞍马"级	日本
12	305	——	45	Mk X	英国	维克斯	2746	"无敌"级	英国
11	280	——	35	Model 1883	西班牙	洪托利亚	2034	"玛利亚·特蕾莎公主"级 "卡洛斯五世"号	西班牙
10	254	——	45	——	俄罗斯	欧布科夫	2270	"佩列斯韦特"级	俄罗斯
10	254	——	45	Mk VII Mk A	英国	维克斯	2656	"自由"号 ="凯旋"号（二代）	智利 英国
10	254	——	45	Mk VI Pattern S	英国	埃斯维克 / 阿姆斯特朗	2656	"宪法"号 ="快速"号（二代）	智利 英国
10	254	——	32	Mk IV	英国	伍尔维奇	2040	"声望"号	英国
10	254	——	32	Mk III	英国	伍尔维奇	2040	"百夫长"级	英国
10	254	——	14.5	MLR Mk II	英国	伍尔维奇	1365	"香农"号 "纳尔逊"级	英国
10	254	——	40	Pattern P1	英国	埃斯维克 / 阿姆斯特朗	2460	"加里波第"号 "贝尔格拉诺将军"号 "普益勒东"号	阿根廷
10	254	——	40	Pattern P A1899	英国 / 意大利	埃斯维克 / 阿姆斯特朗	2460	"朱塞佩·加里波第"级	意大利
10	254	25 厘米	40	Pattern R	英国	埃斯维克 / 阿姆斯特朗	2400	"春日"号	日本
10	254	——	45	Pattern W A 1907	英国 / 意大利	埃斯维克 / 阿姆斯特朗	2850	"圣焦尔焦"级	意大利
10	254	——	50	Mk C	英国	维克斯	2950	"留里克"号（二代）	俄罗斯
10	254	——	40	Mk D V 1906	英国 / 意大利	维克斯	2840	"比萨"级	意大利
10	254	——	40	Mk III	美国	海军军械局	2700	"田纳西"级	美国
9.4	238	24 厘米	40	K.01	奥匈帝国	斯柯达	2380	"圣乔治"号	奥匈帝国
9.4	238	24 厘米	40	K.97	奥匈帝国	克虏伯 / 斯柯达	2300	"卡尔六世皇帝"号 R	奥匈帝国
9.4	238	24 厘米	40	K.97	奥匈帝国	克虏伯	2265	"卡尔六世皇帝"号	奥匈帝国
9.4	238	24 厘米	40	M1893	法国	吕埃尔	2625	"德·昂特勒卡斯托"号	法国
9.4	238	24 厘米	40	C/97	德国	克虏伯	2740	"俾斯麦亲王"号 "海因里希亲王"号	德国
9.4	238	24 厘米	35	C/88	德国	克虏伯	2265	"玛利亚·特蕾西亚女皇和女王"号	奥匈帝国
9.4	238	24 厘米	42.5	Model 1896	西班牙	纪廉	2122	"亚斯图亚斯亲王"级	西班牙
9.4	238	24 厘米	19	M1870	法国	吕埃尔	1624	"拉·加利索尼埃"号 "胜利"级 "巴雅级"	法国
9.2	234	——	45	Mk XIV	英国	维克斯	2748	原计划为希腊"阿韦罗夫"号姊妹舰安装	——
9.2	234	——	45	Pattern H	英国	埃斯维克 / 阿姆斯特朗	2770	"尤里琉斯·阿韦罗夫"号	希腊
9.2	234	——	50	Mk XI	英国	维克斯	2940	"米诺陶"级	英国
9.2	234	——	46.7	Mk X	英国	伍尔维奇	2778	"克雷西"级 "德雷克"级 "爱丁堡公爵"级 "勇士"级	英国
9.2	234	——	40	Mk VIII	英国	伍尔维奇	2329	"强力"级	英国
9.2	234	——	32	Mk VI	英国	伍尔维奇	2119	"布莱克"级 "埃德加"级	英国
9.2	234	——	32	Mk V/VI	英国	伍尔维奇	2119	"厌战"号 "曙光女神"号 "伽拉忒亚"号 "那喀索斯"号	英国
9.2	234	——	32	Mk V	英国	伍尔维奇	2119	"澳大利亚"号 "奥兰多"号 "刚毅"号	英国
9.2	234	——	32	Mk III	英国	伍尔维奇	2119	"蛮横"号	英国

口径		其他定级	倍径	型号	原产国	生产商/设计商	炮口初速（英尺/秒）	装备舰船	使用国
英寸	毫米								
9	229	12吨型 MLR	14	Mk I-VI	英国	伍尔维奇	1420	"大胆"/"敏捷"级（一代） "香农"号 "纳尔逊"级	英国
8.2	209	21厘米	45	C/09	德国	克虏伯	2953	"布吕歇尔"号	德国
8.2	209	21厘米	40	C/04	德国	克虏伯	2559	"阿达尔贝特亲王"级 "罗恩"级 "沙恩霍斯特"级	德国
8	203	——	45	Pattern S A 1897	意大利	阿姆斯特朗	2526	"朱塞佩·加里波第"级 "圣马丁"号	意大利
8	203	——	40	Pattern P	英国	埃斯维克/阿姆斯特朗	2370	"埃思梅拉达"号（二代）	阿根廷
8	203	——	50	Mk B	英国/俄罗斯	维克斯/欧布科夫	2600	"留里克"号（二代） "俄罗斯"号R	智利
8	203	——	45	——	俄罗斯	埃斯维克/阿姆斯特朗	2800	"留里克"号（一代） "俄罗斯"号 "雷霆"号 "巴扬"级	俄罗斯
8	203		45	Pattern U 41式	英国/日本	埃斯维克/阿姆斯特朗	2495	"浅间"级 "出云"级 "八云"号 "吾妻"号 "春日"级	日本
8	203	——	45	Pattern T	英国	埃斯维克/阿姆斯特朗	2575	"奥希金斯"号	智利
8	203	——	45	Pattern S	英国	埃斯维克/阿姆斯特朗	2650	"埃思梅拉达"号（二代）	智利
8	203	——	29.6	Mk IV	英国	伍尔维奇	2145	"凯旋"号（一代） "快速"号（一代，两舰均为计划安装）	英国
8	203	——	25.6	Mk III	英国	伍尔维奇	1987	"凯旋"号R（计划）	英国
8	203	——	40	Mk VI	美国	海军军械局	2750	"宾夕法尼亚"级R "纽约"号R	美国
8	203	——	40	Mk V	美国	海军军械局	2500	"宾夕法尼亚"级 "纽约"号R	美国
8	203	——	35	Mk III	美国	海军军械局	2080	"纽约"号 "哥伦比亚"级	美国
7.6	194	19厘米	42	G	奥匈帝国	斯柯达	2700	"圣乔治"号 "玛利亚·特蕾西亚女皇和女王"号R	奥匈帝国
7.6	194	19厘米	50	M1902	法国	吕埃尔	3117	"儒勒·米舍莱"号 "厄内斯特·勒南"号 "瓦尔德克-卢梭"号	法国
7.6	194	19厘米	45	M1893-6	法国	吕埃尔	2800	"圣女贞德"号 "圭顿"级 "光荣"级 "莱昂·甘必大"级	法国
7.6	194	19厘米	45	M1893	法国	吕埃尔	2600	"柏莎武"号	法国
7.6	194	19厘米	40	M1887	法国	吕埃尔	2600	"沙内海军上将"号	法国
7.6	194	19厘米	20	M1870	法国	吕埃尔	2477	"杜佩·德·洛美"号 "好斗"号R "阿尔玛"级R "拉·加利索尼埃"号 "胜利"级 "巴雅"级	法国
7.6	194	19厘米	——	M1866	法国	吕埃尔	——	"阿尔玛"级	法国
7.6	194	19厘米	——	M1864	法国	吕埃尔	——	"好斗"号 "阿尔玛"级	法国
7.5	190	——	45	Mk D V1908	英国	维克斯	2850	"圣马可"号	意大利
7.5	190	——	45	Pattern C A 1908	英国/意大利	阿姆斯特朗	2850	"圣焦尔焦"号	意大利
7.5	190	——	45	V1906	英国/意大利	维克斯	2850	"比萨"级	意大利
7.5	190	——	45	Pattern B	英国	埃斯维克/阿姆斯特朗	2850	"尤里琉斯·阿韦罗夫"号	德国
7.5	190	——	50	Mk III Pattern A	英国	埃斯维克/阿姆斯特朗	2781	"宪法"号 ="快速"号（二代）	智利 英国

口径 英寸	毫米	其他定级	倍径	型号	原产国	生产商/设计商	炮口初速（英尺/秒）	装备舰船	使用国
7.5	190	——	50	Mk IV Mk B	英国	维克斯	2781	"自由"号 ="凯旋"号（二代）	智利 英国
7.5	190	——	45	Mk II	英国	维克斯	2827	"勇士"级 "米诺陶"级	英国
7.5	190	——	45	Mk I	英国	维克斯	2765	"德文郡"级	英国
6.5	165	16厘米	45	M1893-6M	法国	吕埃尔	2950	"儒勒·米舍莱"号 "厄内斯特·勒南"号	法国
6.5	165	16厘米	45	M1893-6	法国	吕埃尔	2950	"圭顿"号 "克莱贝"级 "光荣"级	法国
6.5	165	16厘米	45	M1893	法国	吕埃尔	2600	"吉尚"号 "雷诺堡"号	法国
6.5	165	16厘米	45	M1887	法国	吕埃尔	2600	"杜佩·德·洛美"号	法国
6.5	165	16厘米	——	M1864	法国	吕埃尔	——	"好斗"号 "阿尔玛"级	法国
6.3	160	64磅 MLR	16	Mk I-III	英国	伍尔维奇	1252	"大胆"号	英国
6	152	——	40	A1900	意大利	阿姆斯特朗	1755	"维托尔·皮萨尼"级 "朱塞佩·加里波第"级	意大利/阿根廷/西班牙
6	152	——	40	A1891	意大利	阿姆斯特朗	2297	"马可·波罗"号	意大利
6	152	——	45	Pattern CG/41式	英国/日本	埃斯维克/阿姆斯特朗	2706	"筑波"级	日本
6	152	——	45	M1891	俄罗斯	卡奈/奥布科夫	2600	"留里克"号（一代） "俄罗斯"号 "雷霆"号 "巴扬"级	俄罗斯
6	152	15厘米	44	M/98	瑞典	博福斯	2460	"菲尔雅"号	瑞典
6	152	——	40	Pattern Z3/Z4	英国	埃斯维克/阿姆斯特朗	2500	"奥希金斯"号 "埃思梅拉达"号（二代）	智利
6	152	——	40	Pattern Z 41式	英国/日本	埃斯维克/阿姆斯特朗	2500	"浅间"级 "出云"级 "八云"号 "春日"级	日本
6	152	——	50	BL Mk XI	英国	埃斯维克/阿姆斯特朗	2921	"爱丁堡公爵"级	英国
6	152	——	45	BL Mk VII/VIII	英国	维克斯	2536	"克雷西"级 "德雷克"级 "蒙默思"/"多尼戈尔"级 "德文郡"级 "百夫长"级 R	英国
6	152	——	26	BL Mk III/V/VI	英国	伍尔维奇	1960	"蛮横"级 "奥兰多"级 "布莱克"级	英国
6	152	——	40	QF Mk I/II	英国	埃斯维克/阿姆斯特朗 伍尔维奇	2230	"声望"号 "埃德加"级 "强力"级 "桂冠"级	英国
6	152	——	44	Mk IX	美国	伯利恒	2250	"哥伦比亚"级 R	美国
6	152	——	50	Mk VI/VIII	美国	海军军械局	2800	"宾夕法尼亚"级 "田纳西"级 "圣路易斯"级	美国
6	152	——	30	Mk III	美国	海军军械局	1950	"缅因"号 "哥伦比亚"级	美国
5.9	149	15厘米	40	K.96	德国/奥匈帝国	斯柯达/克虏伯	2265	"卡尔六世皇帝"号 "圣乔治"号	奥匈帝国
5.9	149	15厘米	35	K.86	德国/奥匈帝国	克虏伯	2130	"玛利亚·特蕾西亚女皇和女王"号	奥匈帝国
5.9	149	15厘米	45	C/09	德国	克虏伯	2739	"布吕歇尔"号	德国
5.9	149	15厘米	40	C/97	德国	克虏伯	2625	"阿达尔贝特亲王"级 "罗恩"级 "沙恩霍斯特"级	德国
5.5	138.6	14厘米	30	M1893	法国	吕埃尔	2000	"德·昂特勒卡斯托"号	法国
5.5	138.6	14厘米	45	M1893	法国	吕埃尔	2500	"圣女贞德"号 "吉尚"号 "雷诺堡"号	法国

口径		其他定级	倍径	型号	原产国	生产商/设计商	炮口初速（英尺/秒）	装备舰船	使用国
英寸	毫米								
5.5	138.6	14 厘米	45	M1891	法国	吕埃尔	2500	"沙内海军上将"级（部分） "柏莎武"号	法国
5.5	138.6	14 厘米	45	M1887	法国	吕埃尔	2500	"沙内海军上将"级	法国
5.5	140	14 厘米	35	Model 1883	西班牙	洪托利亚	1960	"玛利亚·特蕾莎公主"级 "亚斯图里亚斯亲王"级 "卡洛斯五世"号	西班牙
5	127	——	25	BL Mk I–V	英国	伍尔维奇	1750	"凯旋"号（一代)R	英国
5	127	——	50	Mk VI	美国	海军军械局	3000	"纽约"号 R	美国
5	127	——	40	Mk III	美国	海军军械局	2300	"布鲁克林"号	美国
4.7	120	——	40	A 1891	意大利	阿姆斯特朗	2116	"维托尔·皮萨尼"级	意大利
4.7	120	——	50	Mk A	英国/俄罗斯	维克斯/奥布科夫	2600	"留里克"号（二代）	俄罗斯
4.7	120	——	40	Pattern BB 41 式	日本	阿姆斯特朗/吴海军工厂	2150	"鞍马"级 "筑波"级	日本
4.7	120	——	40	QF Mk I–IV	英国	埃斯维克	2150	"百夫长"级	英国
4	102	——	25	BL Mk I	英国	——	——	"快速"号（一代)R	英国
4	102	——	27	BL Mk II–VII	英国	——	1900	"大胆"级 R	英国
4	102	——	40	QF Mk I/III	英国	伍尔维奇	2370	"无敌"级	英国
4	102	——	50	BL Mk VII	英国	——	1864	"不挠"号 R	英国
4	102	——	45	BL Mk IX	英国	——	2642	"不屈"号 R	英国
4	102	——	30	Mk I	美国	海军军械局	2000	"纽约"号	美国
3.9	100	10 厘米	45	M1891,1893	法国	吕埃尔	2000	"圭顿"级 "光荣"级 "克莱贝"级	法国
3.5	88	8.8 厘米	35	C/01	德国	克虏伯	2132	"布吕歇尔"号 "阿达尔贝特亲王"级 "罗恩"级 "沙恩霍斯特"级	德国
3	76	14 磅	50	V 1908	意大利	维克斯	3051	"比萨"级	意大利
3	76	12 磅	40	A 1897	意大利	阿姆斯特朗	2297	"朱塞佩·加里波第"级	意大利
3	76	8 厘米 12 磅	40	41 式	日本	阿姆斯特朗/吴海军工厂	2230	"浅间"级 "出云"级 "八云"号 "吾妻"号 "春日"级 "筑波"级 "鞍马"级	日本
3	76	14 磅	50	QF Mk I	英国	埃斯维克/阿姆斯特朗	2548	"宪法"号 ="快速"号（二代） "尤里琉斯·阿韦罗夫"号	智利 英国 希腊
3	76	14 磅	50	QF Mk II	英国	维克斯	2548	"自由"号 ="凯旋"号（二代）	智利 英国
3	76	18 英担型 12 磅	50	QF Mk I	英国	埃斯维克/阿姆斯特朗	2660	"米诺陶"号	英国
3	76	12 英担型 12 磅	50	QF Mk I–III	英国	——	2359	"克雷西"级 "德雷克"级 "蒙默思"/"多尼戈尔"级	英国
3	76	——	50	Mk III	美国	海军军械局	2700	"宾夕法尼亚"级 "田纳西"级 "圣路易斯"级	美国
2.9	75	——		M1891	俄罗斯	卡奈/奥布科夫	2828	"留里克"号（一代） "俄罗斯"号 "雷霆"号 "巴扬"级	俄罗斯
2.6	66	7 厘米	45	——	奥匈帝国	斯柯达	2380	"圣乔治"号	奥匈帝国
2.25	57	——	55	M/92	瑞典	博福斯	2810	"菲尔雅"号	瑞典
2.25	57	6 磅	50	Mk II	美国	海军军械局	2249	"宾夕法尼亚"级 "田纳西"级	美国
1.85	47	4.7 厘米	44	——	奥匈帝国	斯柯达	2330	"卡尔六世皇帝"号	奥匈帝国
1.85	47	4.7 厘米	33	——	奥匈帝国	斯柯达/哈奇开斯	1840	"玛利亚·特蕾西亚女皇和女王"号	奥匈帝国

口径		其他定级	倍径	型号	原产国	生产商/设计商	炮口初速（英尺/秒）	装备舰船	使用国
英寸	毫米								
1.85	47	3磅	50	M1885	法国	——	2264	"儒勒·米舍莱"号 "厄内斯特·勒南"号 "瓦尔德克–卢梭"级	法国
1.85	47	3磅	40	M1885	法国	哈奇开斯	2132	"圭顿"级 "沙内海军上将"级 "杜佩·德·洛美"号 "克莱贝"级 "光荣"级 "吉尚"号 "雷诺堡"号	法国
1.85	47	——	40	V 1908	意大利	维克斯	2329	"比萨"级	意大利
1.85	47	3磅	50	Mk I	英国	维克斯	2587	"勇士"级 "爱丁堡公爵"级 "德文郡"级	英国
1.85	47	3磅	50	Mk XIV	美国	德里格斯–西伯里	2026	"圣路易斯"级	美国

附表 2

公制－英制与英制－公制单位换算表

毫米	英寸	英寸	毫米	毫米	英寸	英寸	毫米
5	0.2	0.25	6	105	4.1	5.25	133
205	8.1	10.25	260	305	12.0	15.25	387
10	0.4	0.5	13	110	4.3	5.5	140
210	8.3	10.5	267	310	12.2	15.5	394
15	0.3	0.75	19	115	4.5	5.75	146
215	8.5	10.75	273	315	12.4	15.75	400
20	0.8	1	25	120	4.7	6	152
220	8.7	11	279	320	12.6	16	406
25	1.0	1.25	32	125	4.9	6.25	159
225	8.9	11.25	286	325	12.8	16.25	413
30	1.2	1.5	38	130	5.1	6.5	165
230	9.1	11.5	292	330	13.0	16.5	419
35	1.4	1.75	44	135	5.3	6.75	171
235	9.3	11.75	298	335	13.2	16.75	425
40	1.6	2	51	140	5.5	7	178
240	9.4	12	305	340	13.4	17	432
45	1.8	2.25	57	145	5.7	7.25	184
245	9.6	12.25	311	345	13.6	17.25	438
50	2.0	2.5	64	150	5.9	7.5	191
250	9.8	12.5	318	350	13.8	17.5	445
55	2.2	2.75	70	155	6.1	7.75	197
255	10.0	12.75	324	355	14.0	17.75	451
60	2.4	3	76	160	6.3	8	203
260	10.2	13	330	360	14.2	18	457
65	2.6	3.25	83	165	6.5	8.25	210
265	10.4	13.25	337	365	14.4	18.25	464
70	2.8	3.5	89	170	6.7	8.5	216
270	10.6	13.5	343	370	14.6	18.5	470
75	3.0	3.75	95	175	6.9	8.75	222
275	10.8	13.75	349	375	14.8	18.75	476
80	3.1	4	102	180	7.1	9	229
280	11.0	14	356	380	15.0	19	483
85	3.3	4.25	108	185	7.3	9.25	235
285	11.2	14.25	362	385	15.2	19.25	489
90	3.5	4.5	114	190	7.5	9.5	241
290	11.4	14.5	368	390	15.4	19.5	495
95	3.7	4.75	121	195	7.7	9.75	248
295	11.6	14.75	375	395	15.6	19.75	502
100	3.9	5	127	200	7.9	10	254
300	11.8	15	381	400	15.7	20	508

附注

第一部分

1. 从各方面来看都存在很多问题，尤其是相关内容时常每年都一样，甚至没有尝试去修正此前的错误。最典型的例子就是法国的"沙内海军上将"级（Amiral Charner-class，见本书正文有关内容）巡洋舰，《简氏》的资料当中仅提及该级舰的帆装"时常变化"，但实际上该级各舰在水线上的部分都存在些微区别，其中通风设施和管道布置均存在轻易便可发现的不同。

2. 包括帕克斯（Pakers）的《英国战列舰》（British Battleships）和兰·艾伦（Ian Allan）从 20 世纪 60 年代至 20 世纪 80 年代间的各卷书籍，也包括《康威世界战斗舰艇》（Conway's All the World's Fighting Ships）的部分内容。

3. 例如《军舰》（Warships）期刊和《国际军舰》（Warships International）期刊。

4. R. 帕金斯（R. Perkins），《英国海军舰船的识别：帕金斯识别手册》（British Warships Recognition: Perkins Identification Albums）第 II、III 卷（London:Seaforth,2016,2017）。

5. I. W. 托尔（I.W. Toll）著，《六艘护卫舰：美国海军建立的史诗》（Six Frigates: The Epic History of the Founding of the US Navy；New York: W.W. Norton,2006），第 49—53 页。

6. F. 迪特马尔（F. Dittmar）与 D. 赫佩尔（D. Hepper），《英国线列战舰的改造》（British Ship of the Line Conversions），《国际军舰》第 23 卷第 3 期（1996 年），第 307—309 页。

7. Cf. A. 兰伯特（Cf. A. Lambert），《变化中的战列舰：1815—1860 年蒸汽舰队的出现》（Battleships in Transition: the creation of the steam battlefleet 1815-1860；London: Conway Maritime Press, 1984），第 114 页。

8. 在 1860 年时还有计划将美国现存的线列战舰改造为装备蒸汽动力系统的 50 炮护卫舰 ["宾夕法尼亚"号（Pennsylvania, 120 炮）] 或 40 炮护卫舰 ["俄亥俄"号（Ohio）、"特拉华"号（Delaware）、"北卡罗来纳"号（North Carolina）、"阿拉巴马"号（Alabama）、"佛蒙特"号（Vermont）、"纽约"号（New York）和"弗吉尼亚"号（Virginia），均为 90 门炮线列战舰] 或 35 炮巡防舰 ["哥伦布"号（Columbus, 74 炮）]。但由于美国内战的爆发，海军的发展优先级转移到了浅水战舰上，而且"宾夕法尼亚"号、"特拉华"号、"纽约"号和"哥伦布"号已于 1861 年 4 月在诺福克自沉，因此上述计划最终并未实施。[R. B. 科勒尔（R.B. Koehler），《英国线列战舰的改造》（British Ship of the Line Conversions），刊载于《国际军舰》期刊第 24 卷第 3 期（1997 年），第 319—320 页]。

9. B. 德拉斯皮尔（B. Drashpil），《对 A. Mach 的问题的回复》，刊载于《国际军舰》期刊第 20 卷第 3 期（1983 年），第 226—228 页。

10. 需要指出的是，德国海军反而将护卫舰和巡航舰的分类一直保留到了 19 世纪 80 年代。

11. 从海军史的角度论述这一方面的作品可见 C. 琼斯（C. Jones）所著《海权的局限性》（The Limit of Naval Power），刊载于《国际军舰》期刊第 34 卷（2012 年）第 162—168 页。

12. 详见 N. J. M. 坎普贝尔（N.J.M. Campbell）著《1880—1945 年英国海军舰炮（第八期）》（British Naval Guns 1880-1945, No.8），刊载于《军舰》第 7 卷（1983 年）第 40—42 页。

13. 正是因为这样，19 世纪 90 年代施工人员对"赫拉克勒斯"号和"苏丹"号进行整体改造时并没有更换两舰的主炮。

14. S. 麦克劳格宁（S. McLaughlin）著《俄国版的科尔斯式"浅水重炮舰"："龙卷风"号、"鲁萨尔卡"号和"巫师"号》（Russia's Coles "Monitors": Smerch, Rusalka and Charodeika），刊载于《军舰》第 35 卷（2013 年）第 155 页。

15. 见 C. C. 莱特（C. C. Wright）著《沙俄海军中的巡洋舰（一）》（Cruisers of the Imperial Russian Navy, Part 1），刊载于《国际军舰》第 9 卷第 1 期（1972 年）第 38—42 页；R. M. 梅尔尼科夫（R. M. 梅尔尼科夫）著《"波扎尔斯基公爵"号护卫舰》（Fregat "Kniaz Pozharskii"），刊载于《舰船建造》（Sudostroenie）1979 年第 2 期第 63—64 页。需要注意的是，有关"波扎尔斯基公爵"号的技术细节，不同来源的文献资料常常相互矛盾，而本书主要采用了梅尔尼科夫的说法。

16. 见 C. C. 莱特著《沙俄海军中的巡洋舰（一）》（Cruisers of the Imperial Russian Navy, Part 1），刊载于《国际军舰》第 9 卷第 1 期（1972 年）第 43—53 页；R. M. 梅尔尼科夫著《半装甲护卫舰"海军元帅"号》（Polubronenosnyi fregat "General Admiral"），刊载于《舰船建造》1979 年第 4 期第 64—67 页。和"波扎尔斯基"号一样，不同文献关于该舰的技术细节大多相互矛盾。

17. 之前的两艘同名舰分别在 1869 年退役除籍（次年被拆解），在 1868 年 9 月于日德兰半岛海域触礁沉没。

18. "海军上将"号在 1878 年获得了原属于该游艇的一台锅炉，1909—1911 间"米宁"号获得了一台发动机。其（游艇）剩下的两台发动机还被计划用于分别在 1884 年和 1886 年订购的"沙皇尼古拉一世"号（Imperator Nikolai I）和"十二使徒"号（Dvenadstat Apostilov），但最终由于两舰均采用了更好的新发动机而作罢。

19. 关于"米宁"号的情况详见 C. C. 莱特著《沙俄海军中的巡洋舰（二）》（Cruisers of the Imperial Russian Navy, Part 2），刊载于《国际军舰》第 12 卷第 3 期（1975 年）第 205—223 页。

20. 见 A. 多德森（A. Dodson）著，《1871—1918 年，德国海军主力舰》（The Kaiser's Battlefleet: German Capital Ships 1871-1918；Barnsley: Seaforth, 2016）第 20 页。

21. 在这个服役时间段，由于当时澳大利亚的维多利亚殖民地还保留有一艘名叫"纳尔逊"号的木壳蒸汽护卫舰（1814 年下水，原本为风帆线列战舰，在 1878 年接受相应改造而成为护卫舰），导致现代研究中常常出现混乱。

22. 关于这一点，以及截至 1904 年的法国海军政策方面的信息，可以参见 T. 罗普（T. Ropp）著《一支现代海军的发展：1871—1904 年的法国海军政策》（The Development of a Modern Navy: French Naval Policy 1871-1904；Annapolis, MD: Navy Institute Press, 1987）。

23. 详见 C. C. 莱特著《沙俄海军中的巡洋舰（四）》（Cruisers of the Imperial Russian Navy, Part 4），刊载于《国际军舰》第 14 卷第 1 期（1977 年）第 62 页、第 65—68 页。

24. C. C. 莱特著《沙俄海军中的巡洋舰（三）》（Cruisers of the Imperial Russian Navy, Part 3），刊载于《国际军舰》第 13 卷第 2 期（1976 年）第 123—147 页。

25. 关于"莫诺马赫"号和"顿斯科伊"号是否在换装锅炉的同时安装了三胀式发动机，不同资料有不同的说法。但老式的复合发动机被更换为三胀式发动机确有较大可能。

26. C. C. 莱特，《国际军舰》第 14 卷第 1 期，第 53—77 页；R. M. 梅尔尼科夫著，《"纳西莫夫海军上将"级装甲巡洋舰》（Bronenosnyi kreiser "Admiral Nakhimov"），刊载于《舰船建造》1979 年 9 月刊，第 66—69 页。

27. C. C. 莱特，《国际军舰》第 14 卷第 1 期（1977 年），第 53—77 页；V. Ia. 克列斯坦尼诺夫（V. Ia Krestianinov）著，《1856—1917 年间的沙皇俄国海军巡洋舰》（Kresera Rossiiskoi imperatorskogo flota. 1856-1917 gody；圣彼得堡，Galeia Print，2009 年），第 113—118 页。

28. K. 米兰诺维奇（K. Milanovich），"千代田"号（第二代）：旧日本帝国海军的第一艘装甲巡洋舰 [Chiyoda (II)：First "Armoured Cruiser" of the Imperial Japanese Navy]，刊载于《军舰》第 28 卷（2006），第 126—136 页。

29. P. 布洛克（P. Brook），《两艘不幸的军舰："畝傍"号和"摄政女王"号（Reina Regente）》（Two Unfortunate Warships: Unebi and Reina Regente），刊载于《水手镜》（Mariner's Mirror）第 87 卷第 1 期（2001 年），第 53—62 页；K. 米兰诺维奇，《两艘法国为日本建造的不幸舰船》（Two Ill-Fated French Built Japanese Warship），刊载于《军舰》第 32 卷（2010 年），第 170—176 页。本文中误将该舰最后一次被目击的时间写为 1887 年，米兰诺维奇最终的修改勘误见《军舰》第 33 卷（2011 年），第 180 页。

30. R. 帕金森（R. Parkinson）著，《维多利亚时代后期的海军：前无畏舰时代和第一次世界大战的起源》（The Late Victorian Navy: the Pre-Dreadnought Era and the Origin of the First World War；Woodbridge: Boydell Press,2008），第 84—86 页。

31. D. 托普利斯（D. Topliss）和 C. 瓦雷（C. Ware），《一等巡洋舰：第一部分》（First Class Cruisers, Part One），刊载于《军舰》第 23 卷（2000—2001 年），第 9—11 页。

32. 这次意外导致后来在确定舰船设计指标时，都要在重量上预留出"委员会冗余量"（Board Margin）。

33. 当时的其他巡洋舰也因为类似情况接受了相应改造。

34. 其中的例外包括："亚历山德拉"号（Alexandra）、"鲁莽"号（Temeraire）和"壮丽"号（Superb）被归为一等战列舰，而在早期的炮塔舰中，"君主"号（Monarch）被归为二等战列舰，但"蹂躏"号（Devastation）和"涅普顿"号（Neptune）又被归为一等战列舰。

35. 如果需要查找 1894 年 12 月 1 日的舰船分类（包括英国海军按照自身标准对其他国家舰船的分类），详见帕金森著《维多利亚时代后期的海军》第 248—256 页。

36. "赫克托耳"号的姊妹舰"勇士"号（Valiant）以及两艘"防御"级铁甲舰在 1887 年已经被认为基本不具备作战能力，因此有关人员只是简单地在非有效列表中（为这些军舰）标注了"装甲防护舰船"的字样。

37. A. 多德森，《非凡的船壳：费思嘉海军训练学校及其舰船》（The Incredible Hulks: The Fisgard Training Establishment and its Ships），刊载于《军舰》第 27 卷（2015 年），第 29—37 页。

38. C. C. 莱特，《令人印象深刻的舰船——皇家海军巡洋舰"布莱克"号和"布伦海姆"号》，刊载于《国际军舰》第 7 卷第 1 期（1970 年），第 40—51 页；托普利斯和瓦雷，《一等巡洋舰，第一部分》（First Class Cruisers, Part One），刊载于《军舰》第 23 卷，第 9—15 页。

39. 托普利斯和瓦雷，《一等巡洋舰，第一部分》（First Class Cruisers, Part One），刊载于《军舰》第 23 卷，第 9—11 页。

40. 帕金森著《后维多利亚时代的海军》（Late Victorian Navy），第 81—117 页。

41. 直至 1914 年，法国海军才开始考虑建造英国和德国那样的小型巡洋舰，但那时已经太晚了。

42. L. 费龙（L. Feron），《"沙内海军上将"级装甲巡洋舰》（The Armoured Cruiser of Admiral Charner class），刊载于《军舰》第 36 卷（2014），第 8—28 页。

43. W. A. 贝克尔（W.A. Becker）和 C. C. 莱特，《法国海军"柏莎武"号装甲巡洋舰》（The French Armoured Cruiser Pothuau），刊载于《国际军舰》第 51 卷第 2 期（2014 年），第 136—145 页。

44. V. L. 萨纳胡贾·阿尔比纳纳（V.L. Sanahuja Albiñana），《"亚斯图里亚斯亲王"级装甲巡洋舰》（Los cruceros acorazados de la clase Princesa de Austurias），刊载于《海军生涯》（Vida Maritima）2011 年 9 月 1 日刊。

45. 该舰于 1900 年 5 月服役并很快退役，于 1907 年被弃用。

46. 需要注意的是，在 1920 年以前，意大利海军的舰船分类体系并未对"线列"类和"巡航"类的装甲舰船进行区分——两种舰船均被称作 Nave di Battaglia，即"战斗舰"，并具体划分为一等、二等和三等。可将一等战斗舰理解为一般意义上的战列舰，而本书所讨论的是二等"皮萨尼"级（Pisani-class）及其后继型] 或三等战斗舰 ["马可·波罗"号（Marco Polo）]。

47. 见罗普著，《现代海军的发展》（Development of Modern Navy）第 198—201 页。

48. 见 E. F. 西科（E.F. Sieche）著《奥匈帝国"君主"级近海防御舰》（Austria-Hungary's Monarch class coast defense ships），刊载于《国际军舰》第 36 卷第 2 期（1999 年），第 220—260 页。

49. L. 桑德豪斯（L. Sondhaus），《1867—1918 年奥匈帝国的海军政策：海军优势主义、工业发展以及二元帝国的政治》（The Naval policy of Austria-Hungary, 1867-1918: navalism, industrial development and the politics of dualism；West Lafayete, IN: Purdue University Press, 1994），第 102—103 页。

50. 关于"玛利亚·特蕾西亚"号及其起源的详细信息，可参考 E. F. 西科著《帝国海军的巡洋舰和巡洋舰建造计划》（Kreuzer und Kreuzerprojekte der k.u.k. Kriegsmarine；Hamburg: Mittler, 2002），第 58—71 页。

51. 即前智利海军"凯旋"号所采用的型号。见后文第 279 页。

52. F. J. 艾伦（F.J. Allen），《迈向钢铁海军的第一步："亚特兰大"号与"波士顿"号巡洋舰》（Steel at Sea – the First Steps: USS Atlanta and USS Boston of 1883），刊载于《军舰》第 12 卷（1988 年），第 238—249 页。

53. J. C. 雷利（J.C. Reilly）和 R. L. 沙因（R.L. Scheina）著，《1886—1923 年的美国战列舰：前无畏舰时代的设计和建造》（American Battleships 1886-1923: pre-Dreadnought design and construction；Annapolis MD, Naval Institute Press, 1980）第 18—33 页；W. C. 艾默生（W.C. Emerson），《"缅因"号二等战列舰》（The Second Class Battleship USS Maine），刊载于《军舰》第 16 卷（1992 年）第 31—46 页。

54. W. C. 艾默生，《"布鲁克林"号装甲巡洋舰》（Armoured Cruiser USS Brooklyn），刊载于《军舰》第 15 卷（1991 年）第 19—33 页。

55. 意大利海军的"意大利"级战列舰就曾采用类似的设计思路，尽管其每组传动轴上串列有两台发动机，但处于经济巡航状态时只使用每台发动机的一个气缸。

56. 有关该舰设计与发展的详细信息，可参考 S. 麦克劳格宁著《从"留里克"号到"留里克"号：俄罗斯的装甲巡洋舰》（From Riurik to Riurik: Russia's Armoured Cruisers），刊载于《军舰》第 22 卷（1999—2000 年）第 41—51 页、第 74—77 页。

57. 德国在设计"腓特烈三世"级（Kaiser Friedrich III-class）战列舰时，最终决定采用 9.4 英寸主炮的原因，便是其射速适合为该级舰搭载的 5.9 英寸炮提供支援（见多德森著《德国海军主力舰》）。

58. R. 伯特，《皇家海军"强力"级巡洋舰：第一部分》（The Powerful-class cruisers of the Royal Navy: Part I），刊载于《军舰》第 12 卷（1988 年），第 197—207 页；托普利斯与瓦雷，《一等巡洋舰，第一部分》（First Class Cruisers, Part One），刊载于《军舰》第 23 卷，第 15—17 页。

59. K. 麦克布里奇（K. McBridge），《"桂冠"级巡洋舰（1893）》（The Diadem class cruisers of 1893），刊载于《军舰》第 11 卷（1987 年），第 210—216 页；托普利斯与瓦雷《一等巡洋舰，第二部分》（First Class Cruisers, Part Two），刊载于《军舰》第 24 卷（2001—2002 年），第 9—11 页。

60. 见麦克劳格宁，《从"留里克"号到"留里克"号》，刊载于《军舰》第 22 卷第 47—54 页、第一77 页。

61. 见麦克劳格宁，《从"留里克"号到"留里克"号》，刊载于《军舰》第 22 卷第 55—60 页、第 74 页、第 77—78 页。

62. E.C. 费舍尔（E.C. Fisher），《俄罗斯帝国海军战列舰第三部分》（Battleships of the Imperial Russian Navy Part 3），刊载于《国际军舰》第 6 卷第 1 期（1969 年）第 26—32 页；麦克劳格宁，《从废物到战舰》（From junk to Warship）第 22 卷，第 54 页；《俄国与苏联战列舰》（Russian and Soviet Battleships；Annapolis, MD: Naval Institute Press, 2003 年）第 107—115 页。

63. 自 1884—1885 年开始建造的"翁贝托国王"级（Re Umberto-class）战列舰直至"加里波第"级开工建造才真正服役。除去先前的两艘二等巡洋舰，还有装备 10 英寸主炮采用低干舷设计的"圣邦海军上将"级（Ammiraglio di Saint Bon-class）战列舰，其开工建造的时间也和"加里波第"级一样。在 1898—1899 年的建造计划中出现"玛格丽塔王后"级（Regina Margherita-class）战列舰之前，意大利海军都没有新的战列舰。

64. 关于智利与阿根廷的军备竞赛的内容，可参看 R. L. 沙因著《拉丁美洲海军发展史 1810—1987》（Latin America: A Naval History, 1810-1987；马里兰州安纳波利斯：Naval Institute Press, 1987）第 46—52 页；J. A. 格兰特（J.A. Grant）著《统治者、枪炮和金钱：帝国主义时代的世界军火贸易》（Rulers, Guns, and Money: the Global Arms Trade in the Imperialism；Cambridge, MD: Havard University Press, 2007）第 122—132 页。

65. 关于阿根廷海军中的"加里波第"级巡洋舰，详见 G. 冯·劳克（G. von Rauch）著《阿根廷巡洋舰》（Cruiser of Argentina），刊载于《世界舰船》第 15 卷第 4 期（1978 年）第 297—317 页；关于整级巡洋舰的描述，详见 N. 西利亚尼（N. Siliani）著《旧日本帝国海军"春日"号与"日进"号装甲巡洋舰》（The Armoured Cruisers "Kasuga" and "Nisshin" of the Imperial Japanese Navy），刊载于《海军设计研究院学报》（Transactions of the Institution of Naval Architects）第 47 卷第 1 期（1905 年）第 43—62 页。

66. 关于这一点还存在争议，有观点认为该舰在交付时就没有安装主炮，也有观点认为该舰的主炮是在后来被拆卸并还给了意大利。

67. E. Bagnasco 与 A. Rastelli 著《意大利海军外贸史：一百三十年的辉煌记录》（Le costruzioni navali italiane per l'estero: centotrenta anni di prestigiosa presenza nel mondo；Roma: Rivista marittima, 1991）。

68. G. 兰桑姆（G. Ransome）与 P. F. 西弗尔斯通（P.F. Silverstone），《意大利未建成的"加里波第"级巡洋舰》（Cancelled GARIBALDI class Italian Cruiser），刊载于《国际军舰》第 7 卷第 2 期（1970 年）第 193—194 页；布罗克，《未建成的"阿玛尔菲"级装甲巡洋舰》（The Cancelled AMALFI Class Armoured Cruisers），刊载于《国际军舰》第 9 卷第 1 期（1972 年），第 88 页。

69. 关于"埃思梅拉达"号和"奥希金斯"号的设计过程，详见 P. 布罗克著《出口军舰：1867—1927 年阿姆斯特朗建造的舰船》（Warships for Export: Armstrong's Warships 1867-1927；Gravesend: World Ship Society, 1999）第 101—107 页。

70. 雷利（Reilly）和沙因著《美国战列舰 1886—1923》（American Battleships 1886-1923）第 210 页、第 215 页。

71. 在《简氏战斗舰船 1914》（Jane's Fighting Shios 1914）第 231 页关于日本巡洋舰"春日"号的记述中，该舰作为阿根廷的"里瓦达维亚"号时"曾经装备 2 门 10 英寸炮，但后来进行了调整"；但实际上该舰在服役期间，主炮均未接受改装。

72. 关于智利和阿根廷舰船的出售情况，详见 P. 陶瓦鲁（P. Towle），《日俄战争期间的战列舰军售》（Battleship Sales During the Russo-Japanese War），刊载于《国际军舰》第 23 卷第 4 期（1986 年）第 402—409 页；F. 科洛尼茨（F. Kolonits），《"春日"号与"日进"号交付时来自明治天皇的礼物》（A present by the Meiji Tenno for the delivery of KASUGA and NISSHIN），刊载于《军事科学与应用研究》（Academic & Applied Research in Military Science）第 6 卷第 4 期（2007 年）第 761—763 页；C. Inaba，《英日同盟的军事合作：战列舰的军售与协助》（Military co-operation under the Anglo-Japanese Alliance: Assistance in purchasing battleships），被收录于 P. P. 奥布雷恩（P.P. O`Brien）所编辑《英日同盟 1902—1922》（The Anglo-Japanese Alliance, 1902-1922；London and New York: RoutledgeCurzon, 2004）第 67—69 页。

73. 这主要是出于实际情况的考量，因为现代化的长倍径火炮很难在空间受限的舰台内操作。

74. 该分队于 1897 年组建，且一直是由一艘大型巡洋舰担任旗舰。关于该分舰队的历史，详见 P. 卡雷瑟（P. Caresse），《冯·斯佩舰队司令和东亚分舰队的作战经历，1914》（The Odyssey of Von Spee and the East Asiatic Squadron, 1914），刊载于《军舰》第 30 卷（2008 年）第 67 页。

75. 西科（Sieche）著《帝国海军的巡洋舰和巡洋舰建造计划》第 72—90 页。

76. 西科著《帝国海军的巡洋舰和巡洋舰建造计划》第 89—102 页。

77. 西科著《帝国海军的巡洋舰和巡洋舰建造计划》第 103 页。

78. 西科著《帝国海军的巡洋舰和巡洋舰建造计划》第 175—184 页。

79. 西科著《帝国海军的巡洋舰和巡洋舰建造计划》第 173—174 页。

80. 西科著《奥匈帝国舰艇的最后一次访美》（Austria-Hungary's Last Visit to the USA），刊载于《国际军舰》第 27 卷第 2 期（1990 年）第 142—164 页。

81. 参见罗普著《一支现代海军的发展》第 283—293 页。

82. 帕金森著，《维多利亚时代后期的海军》第 216—217 页。

83. 日俄战争时俄罗斯海军就遇到过类似的状况。

84. 关于该建造计划，见米兰诺维奇著《旧日本海军装甲巡洋舰》（Armoured Cruiser of the Imperial Japanese Navy），刊载于《军舰》第 36 卷（2014 年）第 70—92 页。

85. 关于上述两舰的情况还可参考布罗克著《出口军舰》第 107—111 页。

86. 关于除"吾妻"号以外的各舰服役生涯可看如下网页：
www.combinedfleet.com/asama_t.htm

www.combinedfleet.com/tokiwa_t.htm
www.combinedfleet.com/Izumo_t.htm
www.combinedfleet.com/Iwate_t.htm
www.combinedfleet.com/Yakumo_t.htm

87. 这导致该舰在一段时间内只能在浦贺造船厂的船坞内进行维护。

88. 托普利斯和瓦雷著《一等巡洋舰：第二部分》，刊载于《军舰》第 24 卷第 11—13 页。

89. 下水三周后（1901 年 6 月 10 日），该舰停泊在巴罗造船厂的拉姆斯登船坞以南时发生火灾并严重受损，火焰一直蔓延至木制的甲板。之后该舰被拖曳至坎默尔·莱尔德造船厂，在别根海德的船坞入坞修理时，又不幸滑下船台严重受损。1903 年 6 月 27 日，该舰同"旅行者"号（Traveller）辅助舰在德文波特相撞而严重受损。"欧律阿勒斯"号最终到 1904 年 1 月方才完工，延误了近两年。

90. 对相关各种观点的总结，详见 L. 费舍尔（L. Fisher）著《"缅因"号的毁灭》（Destruction of the Maine 1898；华盛顿：美国国会图书馆，2009）

91. 该舰将在次日自沉以堵塞航道。

92. "梅赛德斯王后"号后来还是被美国打捞并修复，作为港口勤务船服役了近半个世纪，直至 1957 年才被出售拆解。

93. 关于这些舰炮的所在地点的详细列表，见 P. A. 马歇尔（P.A. Marshall）《1898 年西班牙巡洋舰舰炮》（1898 Spanish Cruiser Guns），刊载于《国际军舰》第 52 期第 1 卷（2015 年）第 81 页。

94. 见麦克劳格宁《从"留里克"号到"留里克"号》，刊载于《军舰》第 22 卷第 60—68 页、第 75 页、第 78 页。

95. 托普利斯和瓦雷，《一等巡洋舰：第二部分》，刊载于《军舰》第 24 卷，第 13—16 页。

96. 见 S. 希尔（S. Hill）著《锅炉大战》（The Battle of Boilers），刊载于《工程师》（The Engineer）第 198 期（1954 年）第 83—86 页、第 199 页。

97. 在苏丹地区英法之间对于势力范围划分的争议而导致的边境冲突。

98. K. 麦克布里奇（K. McBride）《皇家海军的第一批"郡"级巡洋舰，第一部分："蒙默思"级巡洋舰》（The First County Class Cruisers of the Royal Navy Part I: the Monmouths），刊载于《军舰》第 12 卷（1988 年），第 93—100 页；托普利斯和瓦雷《一等巡洋舰：第二部分》（First Class Cruisers: Part Two），刊载于《军舰》第 24 卷，第 16—18 页。

99. K. 麦克布里奇，《"贝德福德"号巡洋舰残骸》（The Wreck of HMS Bedford），刊载于《军舰》第 12 卷（1988 年），第 214—217 页。

100. 见帕金森著，《维多利亚时代后期的海军》第 225 页、第 237 页、第 245 页。

101. 最初还打算采用更新的 M1902 型舰炮，但最终采用了和"甘比大"级一样的 M1893 型和 M1896 型。同样的情况也出现在"厄内斯特·勒南"号（Ernest Renan）与"共和国"级战列舰上。

102. K. 麦克布里奇，《皇家海军的第一批"郡"级巡洋舰，第二部分："德文郡"级巡洋舰》（The First County Class Cruisers of the Royal Navy Part II: the Devonshires），刊载于《军舰》第 12 卷（1988 年），第 147—151 页。

103. 由一份标记为"WHM"的笔记指出，标注日期为 1901 年 6 月 26 日。

104. C. 伯根斯塔姆（C. Borgenstam），P. 英苏兰德尔（P. Insulander）和 B. 奥赫伦德（B. Åhlund）著《巡洋舰：瑞典海军 75 年巡洋舰史》（Kryssare: med svenska flottans kryssare under 75 år；Västra Frölunda: CB Marinlitteratur, 1993），第 33—60 页。

105. 关于美国海军舰船命名规则的法律条文，详见雷利和沙因著《美国战列舰 1886—1923》第 12—15 页。

106. 最初的计划中还包括在主甲板 6 英寸炮舷台前端的两门 3 英寸炮，并且这两门炮直到 1917 年都还位于官方的武器装备表当中。但从照片上看，这两门炮一直没有安装，倒是该级舰还装备有两门从未出现在官方的武器列表中的 6 磅炮。

107. 这也显示了当时存在的副炮大型化的趋势，同样的情况存在于德国"布伦瑞克"级（Braunschweig-class）和"德意志"级（Deutschland-class）战列舰，以及奥匈帝国的"卡尔大公"级战列舰和"圣乔治"号装甲巡洋舰。法国海军更是早在 19 世纪 90 年代就已经采用这一等级的副炮。

108. J. 罗伯茨（J. Roberts），《皇家海军"库赫兰"号装甲巡洋舰》（HMS Cochrane），刊载于《军舰》第 3 卷（1979 年），第 34—37 页；K. 麦克布里奇，《公爵与勇士们》（The Dukes and the Warriors），刊载于《国际军舰》第 27 卷第 4 期（1990 年），第 362—394 页。

109. 麦克劳格宁《从"留里克"号到"留里克"号》，刊载于《军舰》第 22 卷第 69—76 页、第 78—79 页。

110. 马斯迪奥之后将此类设计用于意大利的第一艘无畏舰"但丁·阿利吉耶里"号（Dante Alighieri），该舰于 1909 年开工建造。

111. 同时期的"那不勒斯"号[Napoli（1905）]和"罗马"号[Roma（1907）]战列舰也在海试后降低了烟道的高度。

112. 不同出版物对于该舰的情况描述相互矛盾，其中一些认为三号舰确实曾得到批准，但很快被意大利取消，不过没有明确的证据能证明这一说法。

113. 随后被英国用于岸防炮，型号为 Mk XIV 型。

114. R. A. 伯特著，《"米诺陶"号，战列巡洋舰的前奏》（'Minotaur', Before the Battlecruiser），刊载于《军舰》第 11 卷（1987 年）第 83—95 页。

115. 见相应舰船设计档案 131A 号，第 253 页。

116. J. 乔丹（J. Jordan）和 P. 卡雷瑟，《第一次世界大战中的法国战列舰》（French Battleships of the First World War；Barnsley: Seaforth, 2017 年），第 88 页。另见第 84 页关于法国海军部当时的发展政策，以及 1900 年和 1902—1903 年建造计划中的战列舰开工情况（"祖国"级或称"民主"级战列舰的建造工作也出现了明显延误）。

117. 关于该舰的设计发展过程，详见 A. 格雷思默（A. Grießmer）著《1906—1918 年帝国海军大巡洋舰：提尔皮兹时代的海军建造与设计》（Große Kreuzer der Kaiserlichen Marine 1906-1918: Konstruktionen und Entwürfe im Zeichen des Tirpitz-Panes；Bonn: Bernard & Graefe Verlag）第 19—39 页。

118. H. 勒·曼森（H. Le Masson）著，《海事评论》（Propos Maritimes）（巴黎：Editions maritimes et d'outre mer, 1970）第 211 页；C. C. 莱特，《答疑 46/88》（Question 46/88），刊载于《国际军舰》第 25 卷第 4 期（1988 年）第 421 页。

119. J. 汉森（J. Hansen），《旧日本帝国海军战列舰和战列巡洋舰项目编号》（IJN Battleship and Battle Cruiser Project Numbers），刊载于《国际军舰》第 53 卷第 2 期（2016 年）第 111 页；第 54 卷第 2 期第 121 页。

120. J. 井谷（J. Itani）、H. 林格尔（H. Lengerer）和 T. 雷姆－高原（T. Rehm-Takahara），《日本的准战列巡洋舰："筑波"级和"鞍马"级巡洋舰》（Japan's Proto-Battlecruisers: The Tsukuba and Kurama Classes），刊载于《军舰》第 16 卷（1992 年）第 47—79 页。

121. 即"香取"级（Kotari-class）战列舰，于 1904 年在英国开工建造。第三艘战列舰则是"扶桑"号（Fuso），等到 1912 年才正式开工，而另外的两艘装甲巡洋舰最终成为"榛名"号（Haruna）和"雾岛"号（Kirishima）战列巡洋舰。1904 年战时建造计划中的第四艘装甲巡洋舰则成为"比睿"号（Hiei）

战列巡洋舰。

122. N. 弗里德曼（N. Friedman）著《维多利亚时代的英国巡洋舰》（British Cruisers of the Victorian Era；Barnsley：Seaforth Publishing, 2012）第 329 页；D.K. 布朗著《大舰队：英国皇家海军战舰设计发展史》（The Grand Fleet: warship design and development 1906-1922；London: Chatham Publishing, 1999）第 60—61 页。

123. N. 弗里德曼著《美国海军巡洋舰设计史》（U.S. Cruisers: an illustrated design history；London: Arms and Armour Press, 1985）第 56 页、第 61—65 页。

124. 在正式文件中，德国海军仅在 20 世纪 30 年代对最终流产的 O 级巡洋舰使用过"战列巡洋舰"这一分类名称。

125. J. 卡尔（J. Carr）著，《爱琴海惊雷：希腊皇家海军"阿韦罗夫"级巡洋舰》（R.H.N.S. Averof: Thunder in the Aegen；Barnsley: Pen & Sword Maritime, 2014）第 23 页。书中指出巴西曾计划购买此舰，但这种说法没有得到任何当时的文献资料佐证。而且购买这样一艘"前无畏"舰也和当时巴西向英国购买无畏型战列舰的习惯不符：巴西已向英国购买了"米纳斯吉拉斯"号（Minas Geraes）和"圣保罗"号（São Paulo），两舰于 1907 年开工，1910 年完工。

126. 该舰之后的服役生涯并不光彩。没过多久，该舰更名为"安东尼·西蒙"号（Antonie Simon）但很快因意外搁浅，经过打捞和简单修复后被重新命名为"费列尔"号（Ferrier）。1912 年，该舰前往美国查尔斯顿接受进一步维修和武器换装，但在此期间舰员发生哗变。返回海地后，该舰被用作一艘纪念舰，并在 1921 年被命名为"海地"号（Hayti），后来很快被出售拆解。（详见网页 http://warshipsresearch.blogspot.com/2011/09/dreadnought-of-haiti-according-to-dutch.html）

127. 和其他文献所声称的不同，"马里兰"号并未被排除在这项改造之外。这一误解最早来源于一张被错误标注为"弗雷德里克"号（Frederick，即之前的"马里兰"号）的照片，但照片中实际是"查尔斯顿"号。

128. N. 弗里德曼著《美国海军战列舰设计史》（U.S. Battleships: an illustrated design history；London: Arms and Armour Press, 1985）第 80—83 页。

129. 这很可能是因为许多州的首府已被用于命名其他舰船，而海军不希望之后再次更换舰名。同样的更名方式也被用于此前的部分"阿肯色"级（Arkansas-class）浅水重炮舰［不过"佛罗里达"号和"怀俄明"号是例外，两舰以所属各州的首府命名，即"塔拉哈西"号（Talahassee）和"夏延"号（Cheyenne）］。

130. 土耳其购买的三艘战列舰中，"雷沙迪耶"号（Reshadieh）和"苏丹奥斯曼一世"号（Sultan Osman I，原巴西"里约热内卢"号）被英国接管，"法蒂赫"号（Fatikh）则在船台被拆解。法国原本要为希腊建造的"康斯坦丁国王"号（Vasilefs Konstantinos）一直没能开工，而"萨拉米斯"号［Salamis，后更名为"乔治国王"号（Vasilefs Georgios）］一直没有完工，直至 1932 年被拆解（见多森著《德皇的舰队》第 96 页、第 153—154 页）。

131. 关于北方巡逻舰队的历史，详见 R. Osborne、H. Spong 和 T. Grover 著，《武装商船巡洋舰 1878—1945》（Armed Merchant Cruisers 1878-1945；Windsor, World Ship Society, 2007）第 50—83 页。

132. 详见 P. 卡雷瑟，《冯·斯佩上将和东亚分舰队的作战经历，1914》（The Odyssey of Von Spee and the East Asiatic Squadron, 1914），刊载于《军舰》第 30 卷（2008 年）第 71—84 页。

133. 关于日本海军布雷舰的情况，详见 H. 林格尔《旧日本帝国海军布雷舰"严岛"号、"冲之岛"号和"高千穗"号》（Imperial Japanese Navy Minelayers Itsukushima, Okinoshima, and Tsugaru），刊载于《军舰》第 30 卷（2008 年）第 52—66 页。

134. 许多文献认为该舰的主炮是在 1913 年被更换，但摄于 1915 年 6 月的照片显示该舰当时依旧搭载有 8 英寸主炮。

135. I. Buxton 著《1914—1945 年的浅水重炮舰：设计、建造和服役生涯》（Big Gun Monitors: designs, constructions and operations 1914-1945；Barnsley: Seaforth, 2008）第 114—118 页。

136. 还有另外四艘小型浅水重炮舰的主炮采用的是原本计划装备"克雷西"级和"德雷克"级的 Mk X 型 9.2 英寸炮及其 Mk V 型炮塔，但由于 1914 年间"阿布基尔"号、"克雷西"号和"好望角"号的损失而多余了出来。

137. 取而代之的是将"奥鲁巴"号（Oruba）商船改造为战列舰"俄里翁"号（Orion）的假目标，另外还有一艘运煤船进行了（正文中）上述被用作防波堤的改造，不过后者很快被重新打捞起，并被另一艘假目标战列舰"密歇根"号（Michigan）取代（有时又称"科林伍德"号）。

138. E. 塞那斯齐（E. Cernuschi）和 V. P. 奥哈拉（V.P. O'Hara）著《亚得里亚海海战》（The Naval War in the Adriatic），刊载于《军舰》第 37 卷（2015 年）第 161—173 页和第 38 卷（2016 年）第 62—75 页。

139. 实际上击沉该舰的是德国的 UB-14 号潜艇，而且当时操作潜艇的依然是德国人员（因为在法理上，德国对意大利与奥匈帝国间的战争依旧保持中立）。

140. Z. 弗雷沃格尔（Z. Freivogel），《"朱塞佩·加里波第"号的沉没》（The Loss of the Giuseppe Garibaldi），刊载于《军舰》第 34 卷（2012 年）第 40—51 页。

141. 另外有两艘最终在 1926 年被建造成运油船，而第六艘一直没有完工，后于 20 世纪 50 年代被出售拆解。

142. 来自谢尔盖·维诺格拉多夫（Sergei Vinogradov）的私人邮件，经由斯蒂芬·麦克劳格宁转达，资料来源于俄罗斯档案馆 RGAVMF, F.479, OP3,D.227, LA 111-21 号。

143. "但泽"号（Danzig）和"吕贝克"号（Lübeck）轻巡洋舰以及另外两艘扫雷舰都曾因"留里克"号布设的水雷而受损。

144. 见 P. 申克（P. Schenk），《德国航空母舰发展史》（German Aircraft Carrier Developments），刊载于《军舰》第 45 卷第 2 期（2008 年）第 129—132 页。

145. 关于此次战役的细节，参见 N. J. M. 坎贝尔（N.J.M. Campbell）著《日德兰战役：战役的详细分析》（Jutland: an analysis of the fighting；London: Conway Maritime Press, 1986）。本书包含了这场战役几乎所有的技术细节，包括对每一艘舰船所受伤害的详细分析，以及对沉没舰船残骸的考察分析所得出的曾受伤害的分析。对于后者也可参考 I. 麦卡特尼（I. McCartney）著《日德兰 1916：对海战战场的考古研究》（Jutland 1916: the archaeology of a naval battlefield；London: Conway, 2016）。

146. R. D. 雷曼（R.D. Laymen），《日德兰战役中的"恩加丹"号》（Engadine at Jutland），刊载于《军舰》第 14 卷（1990 年）第 97—99 页。

147. 根据有关该舰残骸的考察报告得出（见麦卡特尼著《日德兰 1916》第 166—176 页）。

148. 根据有关该舰残骸的调查而得出（见麦卡特尼著《日德兰 1916》第 166—176 页）。

149. 对于美国而言，这些战列舰包括"路易斯安那"号（Louisiana）、"佐治亚"号、"内布拉斯加"号、"罗德岛"号、"弗吉尼亚"号、"新汉普郡"号和"南卡罗莱纳"号。

150. 详见弗里德曼著《美国海军战列舰设计史》第175页。

151. 详见弗里德曼著《美国海军战列舰设计史》第174—175页。

152. 详见 I. I. 切尔尼科夫（I.I. Chernikov），《1906—1916年的巡洋舰改造计划》（Perevooruzhenie kreiserov v1906-1916 gg），刊载于《舰船建造》1983年第3期，第60—63页。

153. 关于这场战役的详细信息可参看 M. B. 巴雷特（M.B. Barrett）著《阿尔比翁行动：德国对巴尔干群岛的入侵》（Operation Albion: The German Conquest of the Baltic Islands；Bloomington, IN：Indiana University Press, 2008年），有关海军行动的内容主要在第199—220页。

154. M. Head，《1918—1920年波罗的海战役：第一部分》（The Baltic Campaign: 1918-1920, Part II），刊载于《国际军舰》第46卷第3期（2009年）第227—233页。

155. 并非许多文献认为的"彼得罗巴甫洛夫斯克"号（见麦克劳格宁著，《俄国与苏联战列舰》第322页）。

156. 见多德森著，《德国主力舰》第144页。

157. 包括"布达佩斯"号、"君主"号、"哈布斯堡"号（Hapsburg）、"阿尔帕德"号（Árpád）、"巴本堡"号（Babenburg）和"费迪南·马克思"号（Ferdinand Max）战列舰，以及7艘小型巡洋舰和25艘鱼雷艇。

158. 即战时提出的排水量9750吨的"卡文迪许"级（Cavendish-class）重巡洋舰（常被称为"霍金斯"级）。到1919年，该级舰中仅"霍金斯"号进入服役，"怀恨"号（Vindictive，原"卡文迪许"号）在建造期间被改造为航空母舰，直至1925年才重新作为巡洋舰服役。"雷利"号（Raleigh）在1921年完工，但很快在次年沉没。"弗罗比舍"号（Frobisher）和"埃芬厄姆"号（Effingham）则分别在1925年和1924年完工。战后真正意义上的第一型巡洋舰是1928年2月的"贝里克"级重巡洋舰。

159. 《海军记录》，刊载于《工程师》第129期（1920年）第47页。

160. 《工程师》第129期（1920年）第270—271页；E. 费舍尔、G. 兰塞姆（G. Ransome）、I. 斯图尔顿（I. Sturton）、J. 威尔默丁（J. Wilterding）和 C. 莱特，《法国装甲巡洋舰"杜佩·德·洛美"号的最后时光》（The Last Years of the French Armoured Cruiser DUPUY DE LOME），刊载于《国际军舰》第6卷第4期（1969年）第344—345页。

161. 《海军记录》，刊载于《工程师》第129期（1920年）第47页。

162. H. 勒·马森（H. Le Masson），《法国轻巡洋舰在1910—1926年间的艰难发展》（The Complex Development of the French Light Cruiser 1910-1926），刊载于《国际军舰》第22卷第4期（1985年），第374—383页。

163. 对于后者，详见艾丹·多德森《凯撒之后：1918年以后的德帝国海军轻巡洋舰》（After the Kaiser: The Imperial German Navy's Light Cruisers after 1918），刊载于《军舰》第39期（2017年）。

164. D. J. 斯托克（D.J Stoker）著，《伟大的战略与失败：1919—1939年英法两国在波罗的海的海军军售》（Britain, France, and the Naval Arms Trade in the Baltic 1919-1939: Grand Strategy and Failure；London/Portland: Frank Cass, 2003），第89页。

165. 波兰后来还向法国造船厂订购了"狂风"级（Wicher-class）驱逐舰和"狼"级（Wilk-class）潜艇。

166. 关于该舰的残骸，详见网页 http://www.archeosousmarine.net/quinet.html.

167. 海军一开始计划使用根据1930年的《伦敦海军条约》将被弃用的"佛罗里达"号战列舰来进行测试，但最终发现这样做成本太过昂贵。后来海军考虑过"北达科塔"号战列舰（该舰已经拆除武器和设备，原先的计划是将其改造为遥控靶舰，但相应的改造工作一直没能实施，只是在1924年被用作固定靶舰。该舰在1927年退役，发动机也被拆除，用于"内华达"号战列舰的重建工作）的舰体，但该舰当时的水密隔舱已不完整，从而被否决。最终"匹兹堡"号巡洋舰被选中。[见 R. S. S. 霍纳姆 – 梅克（R.S.S. Hownam-Meck）、K. D. 麦克布里奇和 C. C. 莱特《靶舰》（Target Ships），刊载于《国际军舰》第39卷第1期（2002年），第26页]。

168. 英国第一代战列巡洋舰中的幸存者也是在这一舰种正式出现前便已建造，而它们早在条约签署前就已经退役除名。

169. 后者还包括"岩手"号（原俄罗斯"鹰"号）的8英寸主炮。此外"春日"号和"日进"号的一批6英寸炮也被运送到了托鲁克环礁 [《日本海军在托鲁克环礁防御工事的实地查勘报告，第一部分》（Field survey of Japanese defenses on Truk, part 1；美国海军印度洋 – 太平洋司令部3-46号公报，1946年3月15日）]。

170. 详细情况参考 E. 拉克罗伊斯（E. Lacroix）和 L. 威尔斯三世（L. Wells III）著，《太平洋战争中的日本巡洋舰》（Japanese Cruisers of the Pacific War；Annapolis, MD：Naval Institute Press, 1997），第657页。

171. 见 J. A. 坎普贝尔（J.A. Campbell）著，《空舰壳：鲍威尔河的浮动防波堤》（Hulks: The Breakwater Ships of Powell River；Powell River: Works Publishing, 2003），第9—15页。

172. 实际上，在"弗朗西斯科·费鲁乔"号于1930年4月退役后，仅有三艘巡洋舰还留在海军名录之上，只是前者尚未被拆除。

173. 该中队的第一次也是唯一一次训练巡航在当年秋季被取消，见习军官们则在一个"特别训练中队"进行训练。因为该中队包含了一艘战列舰和三艘巡洋舰，学员们实际被分散在了舰队的不同单位当中。

174. 有许多文献资料错误地认为该舰是被己方人员凿沉的。

175. 许多资料认为该舰曾被用作德国的潜艇补给舰，最后于1944年8月被皇家海军击沉。但影像资料表明该舰在"阿摩里卡"号于1942年2月10日被运往朗德韦内克前便已沉没（见网页 http://forum,netmarine.net/viewtopic.php?f=20&t=3996）。

176. 关于日本海军在第二次世界大战结束后各舰的状况，详见 S. 福井（S. Fubuki）著，《二战结束后的日本海军舰船》（Japanese Naval Vessels at the End of World War II；London: Greenhill Books，1992）。

177. V. lu. 乌索夫（V. lu Usov）和 E. 马乌德斯利（E. Mawdsley），《"喀琅施塔得"级战列巡洋舰》（The Kronstadt Class Battle Cruisers），刊载于《国际军舰》第28卷第4期（1991年），第380—386页；S. 麦克劳格宁，《69号方案："喀琅施塔得"级战列巡洋舰》（Project 69: The Kronstadt Class Battlecruisers），刊载于《军舰》第26卷（2004年），第99—117页。

178. S. 麦克劳格宁，《82号方案："斯大林格勒"级巡洋舰》（Project 82: the Stalingrad class），刊载于《军舰》第28卷（2006年），第102—123页。82号方案来源于1941年针对"施佩海军上将"级（Admiral Hipper-class）巡洋舰有所改进8英寸主炮巡洋舰方案（基于德国在1939年向苏联出售的"吕佐夫"号的图纸）。该方案到1944年已经发展为排水量26000吨，装备8.7英寸主炮的巡洋舰；到1947年其主炮口径增加到12英寸，排水量也增加10000吨。

179. 麦克劳格宁，《库兹涅佐夫海军元帅的巡洋舰杀手：66型巡洋舰方案》（Admiral Kuznetzov's Cruiser Killer: The Project 66 Design），刊载于《国

际军舰》第 45 卷第 3 期（2008 年），第 221—228 页。

180. 关于该舰最终是在何处被拆解，不同的资料提供了不同的看法，其中许多认为该舰是在日本被拆解。关于该舰是在意大利被拆解的证据，详见 M. Brescia，《答疑：阿根廷巡洋舰》(Re: 'Cruiser for Argentina')，刊载于《国际军舰》第 16 卷第 3 期（1979 年），第 199 页。

第二部分

a.　美国海军从 19 世纪 90 年代开始对舰船进行正式分级,当时采用全称,如"巡洋舰 1 类"(Cruiser No. 1)或"装甲巡洋舰 1 类"(Armored Cruiser No. 1)],且有时会采用与现代类似的缩写(如"C-1"或"ACR-1"）。之后在 1920 年 7 月 17 日又采用了新的统一舷号分级，各类舰艇均获得两位英文字母前缀。"CA"被用于代表航速较慢的旧式巡洋舰，包括此前的装甲巡洋舰，并沿用"ACR"的舷号：但这也导致在 1920 年 7 月前损失的部分舰船在舷号上存在空档。剩下的大型防护巡洋舰的舷号则从 CA-14 开始继续排序，因此两艘"哥伦比亚"级和剩下的"圣路易斯"级舷号分别为 CA-16、CA-17、CA-18 和 CA-19。CA-14 和 CA-15 分别为"芝加哥"号和"奥林匹亚"号（后来在 1921 年 8 月 8 日舷号又被改为 CL-14 和 CL-15）。"巴尔的摩"号和"旧金山"号在被改造为布雷舰后的舷号分别是 CM-1 和 CM-2。后来到 1931 年,CA 的定义也根据《伦敦海军条约》变为主炮口径大于 6.2 英寸的巡洋舰；到此时，之前的大型巡洋舰中只有"罗切斯特"号和"西雅图"号仍然存在。

b.　数据主要参考弗里德曼著，《第一次世界大战期间的舰载武器：各国的舰炮、鱼雷、水雷及反潜武器》(Naval Weapon of World War One: Guns, Torpedo, Mines and ASW Weapons of All Nations；Barnsley: Seaforth Publishing, 2011)；坎贝尔著，《1880—1945 年的英国海军舰炮》(Brithish Naval Guns 1880-1945)，第 5—7 章刊载于《军舰》第 6 卷（1982 年）第 43—45 页、第 214—217 页、第 282—284 页；第 9—11 章刊载于《军舰》第 7 卷（1983 年）第 119—143 页、第 170—172 页、第 240—243 页;第 15 章刊载于《军舰》第 9 卷（1985 年）第 48—53 页；第 17—18 章刊载于《军舰》第 10 卷（1986 年）第 53—55 页、第 117—120 页。

c.　口径被取整至最接近的整毫米和 0.1 英寸（仅限能查询到准确口径的情况）。

d.　绝大多数国家采用身管有膛线部分的长度与膛内口径的比值作为倍径，而德国、奥匈帝国和俄罗斯采用整根炮管长度进行计算。

e.　舰炮的具体型号最初由制造商或最初使用国定义,之后又加入了其他使用国所定义的型号。意大利海军在 1910 年 6 月 1 日对舰炮的分型体系做出过更改，在此之前舰炮的型号通过口径毫米数加上代表制造商的字母来定义：例如"254V"代表维克斯生产的 254 毫米炮。后来在上述基础上又增加了倍径和生产 / 定型年份（如"254/45 V 1906"）。表中采用后一种形式（但省略了倍径）。此外，日本海军在 1905 年 12 月 25 日前采用英制单位定义舰炮（装备的大多也是英制舰炮）口径，之后舰炮的官方型号更改为对应最近似的厘米并加上该型舰炮定型时对应的天皇年号——不过 1905 年 12 月以前列装的舰炮都被统一定型为"41 式"。德制火炮口径同样采用近似的厘米数，法制装备在部分情况下如此，特别是 1908 年后对于口径在 100 毫米以上的舰炮。

f.　R 表示换装武器后。

参考文献

F. J. 艾伦著,《海上钢铁——最初探索:美国海军"亚特兰大"号和"波士顿"号巡洋舰(1883)》刊载于《军舰》第 12 期(1988 年),第 238—249 页。

佚名著,《发现"克雷西"号、"阿布基尔"号和"乌格"号:对不幸沉没的巡洋舰的水下探索》刊载于《军舰》第 26 期(2004 年),第 166 页。

阿诺德·贝克和 G.P. 克雷默斯著,《"阿韦罗夫"号:改变历史进程的军舰》雅典:Akritas 出版社,1990 年出版。

E. 巴格纳斯克和 A. 拉斯特利著,《意大利海外造船业:享誉世界的一百三十年》罗马:海洋杂志,1991 年。

M. B. 巴雷特著,《阿尔比翁行动:德国对波罗的海岛屿的征服》布卢明顿,印第安纳:印第安纳大学出版社,2008 年出版。

W. A. 贝克尔和 C. C. 莱特著,《法国海军"柏莎武"号装甲巡洋舰》刊载于《国际舰船》第 51 卷第 2 期(2014 年),第 136—145 页。

C. 伯根斯塔姆、C. P. 英苏兰德尔和 B. 奥赫伦德著,《巡洋舰:在瑞典海军服役的 75 年》西福隆达:《海洋出版社》1993 年出版。

M. 布雷斯西亚,《回复:阿根廷的巡洋舰》刊载于《国际舰船》第 14 卷第 3 期(1979 年),第 199 页。

B. 布鲁克著,《被取消的"阿玛尔菲"级装甲巡洋舰》刊载于《国际舰船》第 9 卷第 1 期(1972 年),第 88 页。

——《外贸战舰:1867—1927 年阿姆斯特朗建造的军舰》格雷福森德:世界舰船协会,1999 年出版。

——《黄海海战,1894 年 9 月 17 日》刊载于《军舰》第 22 卷(1999—2000 年),第 31—43 页。

——《装甲巡洋舰的对决:1904 年 8 月 14 日蔚山海战》刊载于《军舰》第 23 卷(2000—2001 年),第 34—47 页。

——《两艘不幸的军舰:"欹傍"号和"摄政女王"号巡洋舰》刊载于《水手镜》第 87 卷第 1 期(2001 年),第 53—62 页。

——《西班牙帝国的落幕:1898 年 7 月 3 日圣地亚哥海战》刊载于《军舰》第 24 卷(2001—2002 年),第 35—51 页。

D. K. 布朗著,《日俄战争:给英国海军带来的技术进步》刊载于《军舰》第 20 卷(1996 年),第 66—67 页。

——《英国皇家海军战舰设计发展史.卷 3 大舰队》伦敦:查塔姆出版社,1999 年出版。

R. A. 伯特著,《1889—1904 年的英国战列舰》新修订版,巴恩斯利:锡福斯出版社,2013 年出版。

——《"米诺陶"号铁甲舰:在战列巡洋舰之前》刊载于《军舰》第 11 卷(1987 年),第 83—95 页。

——《皇家海军"强力"级巡洋舰:第一部分》刊载于《军舰》第 12 卷(1988 年),第 197—207 页。

R. 巴科著,《阿根廷海军的战列巡洋舰》布宜诺斯艾利斯:Eugenio B. Ediciones 出版社,1997 年出版。

I. 巴克斯顿著,《浅水重炮舰:设计、建造和作战 1914—1945》巴恩斯利:锡福斯出版社,2008 年出版。

J. A. 坎普贝尔著,《空船壳:鲍尔河口的防波堤》鲍威尔河:Works Publishing 出版社,2003 年出版。

N. J. M. 坎普贝尔著,《1880—1945 年的英国海军舰炮:第 5 部分》刊载于《军舰》第 6 卷(1982 年),第 43—45 页。

——《1880—1945 年的英国海军舰炮:第 6 部分》刊载于《军舰》第 6 卷(1982 年),第 214—217 页。

——《1880—1945 年的英国海军舰炮:第 7 部分》刊载于《军舰》第 6 卷(1982 年),第 282—284 页。

——《1880—1945 年的英国海军舰炮:第 9 部分》刊载于《军舰》第 7 卷(1983 年),第 119—143 页。

——《1880—1945 年的英国海军舰炮:第 10 部分》刊载于《军舰》第 7 卷(1983 年),第 170—172 页。

——《1880—1945 年的英国海军舰炮:第 11 部分》刊载于《军舰》第 7 卷(1983 年),第 240—243 页。

——《1880—1945 年的英国海军舰炮:第 15 部分》刊载于《军舰》第 9 卷(1985 年),第 48—53 页。

——《1880—1945 年的英国海军舰炮:第 17 部分》刊载于《军舰》第 10 卷(1986 年),第 53—55 页。

——《1880—1945 年的英国海军舰炮:第 18 部分》刊载于《军舰》第 10 卷(1986 年),第 117—120 页。

《详解日德兰海战》伦敦:康威海事出版社,1986 年出版。

B. 卡雷瑟著,《1914 年冯·施佩和东亚舰队战记》刊载于《军舰》第 30 卷(2008 年),第 67—68 页。

J. 卡尔著,《爱琴海惊雷:希腊皇家海军"阿韦罗夫"号巡洋舰》巴恩斯利:笔与剑海事出版社,2014 年出版。

E. 塞那斯齐和 V. P. 奥哈拉著,《亚得里亚海的海上战争》刊载于《军舰》第 37 卷(2015 年),第 161—173 页;第 38 卷(2016 年),第 62—75 页。

I. I. 切尔尼科夫著,《1906—1916 年巡洋舰的改装》刊载于《造船》1983 年第 13 期,第 60—63 页。

E. 迪特玛和 D. 赫佩尔著,《英国线列战舰的改造》刊载于《国际舰船》第 33 卷第 3 期(1996 年),第 307—309 页。

A. 多德森著,《非凡的船壳:费思嘉海军训练基地和它的船壳》刊载于《军舰》第 37 卷(2015 年),第 29—37 页。

——《德皇的舰队:1871—1918 年的德国海军主力舰》巴恩斯利:锡福斯出版社,2016 年出版。

——《德皇之后:1918 年以后的德意志帝国海军轻巡洋舰》刊载于《军舰》第 39 卷(2017 年),第 140—160 页。

F. 迪特玛和 D. 赫佩尔著,《英国线列战舰的改造》刊载于《国际舰船》第 33 卷第 3 期(1996 年),第 307—309 页。①

B. 德拉斯皮尔著,《回复:A. 马赫的提问》刊载于《国际舰船》第 20 第 3 期(1983 年),第 226—228 页。

C. L. 伊格尔著,《哈德逊 – 富尔顿海军庆典》刊载于《国际舰船》第 49 卷(2012 年),第 123—151 页。

W. C. 艾默生著,《"布鲁克林"号装甲巡洋舰》刊载于《军舰》第 15 卷(1991 年),第 19—33 页。

——《美国海军"缅因"号二等战列舰》刊载于《军舰》第 16 卷(1992 年),第 31—46 页。

P. 费尔南德兹·努内兹、J. M. 莫斯克拉·戈梅兹和 J. M. 鲁多尼奥·卡雷斯著,《西班牙海军历史上的舰船》希洪:海军历史文化研究所 – 阿尔瓦冈萨雷斯基金会出版。

L. 费龙著,《百年巡洋舰:100 年来法国海军和海岸警卫队的巡洋舰》南特:海洋出版社,2002 年出版,第 5—69 页。

——《"杜佩·德·洛美"号巡洋舰》刊载于《军舰》第 33 卷(2011 年),第 32—47 页。

---

① 译者注:原文中书名相同,但作者姓名中的字母不同。

——《"杜佩·德·洛美"号巡洋舰》，刊载于《军舰》第 34 卷（2012 年），第 182 页。

——《"沙内海军上将"级装甲巡洋舰》，刊载于《军舰》第 36 卷（2014 年），第 8—28 页。

E. C. 费舍尔著，《"留里克"号——装甲巡洋舰的鼻祖》，刊载于《世界舰船》第 4 卷第 4 期（1967 年），第 263—267 页。

——《俄罗斯帝国海军的战列舰：第三部分》，刊载于《世界舰船》第 6 卷第 1 期（1969 年），第 26—32 页。

L. 费舍尔著，《"缅因"号（1898）的毁灭》，华盛顿特区：国会图书馆（2009）<http://loc.gov/law/help/usconlaw/pdf/Maine.1898.pdf>。

E. 福特基斯著，《1910—1919 年希腊海军的战略与政策》，伦敦：劳特利奇出版社（2005 年）。

——《1923—1932 年希腊海军的政策与战略》，刊载于《船上之国：海军科学与技术期刊》，2012 年，第 365—393 页。

Z. 弗雷沃格尔著，《"朱塞佩·加里波第"号的沉没》，刊载于《军舰》第 34 卷（2012 年），第 40—51 页。

N. 弗里德曼著，《美国海军战列舰设计图史》，马里兰州安纳波利斯，海军学院出版社，1985 年出版，第 80—83 页。

——《美国海军巡洋舰设计图史》，伦敦：武器与装甲出版社，1985 年出版。

——《第一次世界大战中的海军武器：各国的舰炮、鱼雷、水雷和反潜武器》，巴恩斯利：锡福斯出版社，2011 年出版。

——《维多利亚时代的英国巡洋舰》，巴恩斯利：锡福斯出版社，2012 年出版。

S. 福井著，《二战结束后的日本海军舰船》，伦敦：格林希尔出版社，1992 年出版。

E. 吉勒著，《百年间的法国战列舰》，南特：海洋出版社，1999 年出版。

G. 乔尔格里尼 和 A. 纳尼著，《意大利海军巡洋舰 1861—1967》，罗马：意大利海军历史办公室，1967 年出版。

J. A. 格兰特著，《君王、枪炮与金钱：帝国主义时代的全球军火贸易》，马萨诸塞州剑桥，哈佛大学出版社，2007 年出版。

A. 格雷思默著，《帝国海军的大型巡洋舰 1906—1918：根据提尔皮兹计划的设计和建造计划》，波恩：Bernard & Graefe 出版社，1996 年出版。

E. 哥内尔著，《德国海军舰船 1915—1945 年，第一部分：主要水面舰艇》，经 D. 容和 M. 玛斯的审阅与扩充。伦敦：康威海事出版社，1990 年出版。

J. 汉森著《旧日本海军战列舰和战列巡洋舰设计方案编号》，刊载于《国际舰船》第 53 卷第 2 期（2016 年）第 102—112 页和第 54 卷第 2 期（2017 年）第 121—123 页。

M. 怀德著，《1918—1920 年波罗的海战役：第二部分》，刊载于《国际舰船》第 46 卷第 3 期（2009 年），第 217—239 页。

S. 希尔著，《锅炉战争》，刊载于《工程师》第 198 期（1954 年）。

R. S. S. 霍纳姆 – 梅克，K. D. 麦克布里奇和 C.C 怀特著，《靶舰》，刊载于《国际舰船》第 39 卷第 1 期（2002 年），第 24—36 页。

C. 稻叶著，《英日同盟时期的军事合作：对购买战列舰的协助》，隶属 P. P. 奥布雷恩主编书籍《英日同盟：1902—1922 年》，伦敦和纽约：劳特利奇寇松出版公司，2004 年出版，第 67—69 页。

J. 井谷、H. 林格尔和 T. 雷姆 – 高原著，《三景舰：日本海军"松岛"级岸防铁甲舰》，刊载于《军舰》第 14 卷（1990 年），第 34—55 页。

——《日本海军的准战列巡洋舰："筑波"级和"鞍马"级》，刊载于《军舰》第 16 卷（1992 年），第 47—79 页。

H. 约翰逊和 J. P. 罗克著，《法国海军"沙内海军上将"级装甲巡洋舰间的异同》，刊载于《国际舰船》第 43 卷第 3 期（2006 年），第 243—245 页。

C. 琼斯著，《海权的限制》，刊载于《军舰》第 34 卷（2012 年），第 162—168 页。

J. 乔丹和 P. 卡雷瑟著，《第一次世界大战中的法国战列舰》，巴恩斯利：锡福斯出版社，2017 年出版。

J. 乔丹和 J. 默林著，《法国海军巡洋舰 1922—1956》，巴恩斯利：锡福斯出版社，2013 年出版。

R. B. 科勒尔著，《英国线列战舰的改造》，刊载于《国际舰船》第 34 卷第 3 期（1997 年），第 319—320 页。

F. 科洛尼茨著，《来自明治天皇作为"春日"号和"日进"号交付的礼物》，刊载于《军事科技研究与应用》第 6 卷第 4 期（2007 年），第 757—769 页。

G. 库普和 K-P. 施默克著，《大型巡洋舰：从"奥古斯塔女皇"号到"布吕歇尔"号》，波恩：Bernard und Graefe 出版社，2002 年出版。

V. Ia. 克列斯坦尼诺夫著，《俄罗斯帝国海军的巡洋舰 1856—1917》，圣比特堡：盖米亚出版社，2009 年出版。

E. 拉克罗尼斯和 L. 威尔斯三世著，《太平洋战争中的日本巡洋舰》，马里兰州安纳波利斯：海军学院出版社，1997 年出版。

A. 兰贝特著，《转折中的战列舰：1815—1860 年蒸汽舰队的诞生》，伦敦：康威海事出版社，1984 年出版。

I. N. 兰比著，《海军与德国的强权政治》，波士顿：Allen & Unwin，1984 年出版。

R. D. 雷曼著，《日德兰战役中的"恩加丁"号水上飞机母舰》，刊载于《军舰》第 14 卷（1990 年），第 93—101 页。

H. 勒·曼森著，《关于海事》，巴黎：海事与海运出版社，1970 年出版。

——《法国海军轻巡洋舰的复杂发展历程 1910—1926》，刊载于《国际舰船》第 22 卷第 4 期（1985 年），第 374—383 页。

H. 林格尔著，《旧日本海军布雷舰"严岛"号、"冲岛"号与"津轻"号》，刊载于《军舰》第 20 卷（2008 年），第 52—66 页。

S. M. 林德格伦著，《巡洋舰海军的诞生：英国一等巡洋舰的发展 1884—1909》，博士论文，索尔福德大学，2013 年。

J. M. 玛贝尔著，《"格林诺克"号螺旋桨护卫舰》，刊载于《军舰》第 6 卷（1982 年），第 218—221 页和第 247—249 页。

A. 马赫著，《中国的战列舰》，刊载于《军舰》第 8 卷（1984 年），第 9—18 页。

P. A. 马歇尔著，《1898 年的西班牙巡洋舰舰炮》，刊载于《国际舰船》第 52 卷第 1 期（2015 年），第 81—82 页。

K. 麦克布雷德著，《"米诺陶"号：战列巡洋舰之前》，刊载于《军舰》第 11 卷（1987 年），第 83—93 页。

——《"桂冠"级巡洋舰 1893》，刊载于《军舰》第 11 卷（1987 年），第 210—216 页。

——《第一批"郡"级巡洋舰，第一部分："蒙默思"级》，刊载于《军舰》第 12 卷（1988 年），第 83—90 页。

——《第一批"郡"级巡洋舰，第一部分："德文郡"级》，刊载于《军舰》第 12 卷（1988 年），第 147—151 页。

——《"贝德福德"号的残骸》，刊载于《军舰》第 12 卷（1988 年），第 136—147 页。

——《"公爵"级和"勇士"级》，刊载于《国际舰船》第 27 卷第 4 期（1990 年），第 362—394 页。

——《"塔尔博特"级巡洋舰家族》，刊载于《军舰》第 34 卷（2012 年），第 136—141 页。

I. 麦卡特尼著，《日德兰 1916：海战战场的水下考古》，伦敦：康威出版社，2016 年出版。

S. 麦克劳格宁著，《从"留里克"号到"留里克"号：俄罗斯海军的装甲巡洋舰》，刊载于《军舰》第 22 卷（1999—2000 年），第 44—51 页和第 747 页。

——《俄罗斯和苏联的战列舰》，安纳波利斯：海军学院出版社，2003 年出版。

——《69 号工程："喀琅施塔得"级战列巡洋舰》，刊载于《军舰》第 26 卷，第 99—117 页。

——《82 号工程："斯大林格勒"级战列巡洋舰》，刊载于《军舰》第 28 卷，第 102—123 页。

——《库兹涅佐夫元帅的巡洋舰杀手：66号工程》，刊载于《国际舰船》第45卷第3期（2008年），第221—228页。

——《俄罗斯的科尔斯式"浅水重炮舰"："龙卷风"号、"美人鱼"号和"女巫"号》，刊载于《军舰》第35卷（2013年），第149—163页。

R. M. 梅尔尼科夫著，《"波扎尔斯基公爵"号巡航舰》，刊载于《造船》1979年第2期，第63—64页。

——《"海军元帅"号半装甲护卫舰》，刊载于《造船》1979年第4期，第64—67页。

——《"纳西莫夫海军上将"号装甲巡洋舰》，刊载于《造船》1979年第9期，第66—69页。

K. 米兰诺维奇著，《"千代田"号（二代）：旧日本海军的第一艘装甲巡洋舰》，刊载于《军舰》第27卷（2006年），第126—136页。

——《日本海军两艘不幸的法国造军舰》，刊载于《军舰》第33卷（2010年），第170—176页。

——《旧日本海军的装甲巡洋舰》，刊载于《军舰》第36卷（2014年），第70—92页。

D. 穆尔芬著，《英国巡洋舰设计名录1860—1960年》，哈弗福德韦斯特：克罗夫特图书，2011年出版。

I. 马坎特著，《美国装甲巡洋舰：设计和战史》，安纳波利斯：海军学院出版社，1985年出版。

D. H. 奥利弗著，《提尔皮兹的先行者们：1856—1888年的德国海军战略》，伦敦：弗兰克·卡司，2004年出版。

R. H. 奥斯本、H. 斯庞和T. 格鲁弗著，《1878—1945年的武装商船巡洋舰》，温莎：世界舰船协会，2007年出版。

R. 帕金森著，《维多利亚时代后期的海军：前无畏舰时代和第一次世界大战的渊源》，伍德布里奇：博易戴尔出版社，2008年出版。

O. 帕克斯著，《英国战列舰：从"勇士"号（1860）到"前卫"号（1950）：从船设计、建造到武装的历史》，伦敦：西利服务，1957年出版。

R. 帕金斯著，《英国军舰识别目录：珀金斯舰船识别图鉴》，巴恩斯利：锡福斯出版社，2016年出版。

N. 皮克福德著，《二十世纪失落的黄金船》，伦敦：帕维利翁图书，1999年出版。

G. 兰塞姆和P. F. 西弗尔斯通著，《意大利被取消的"加里波第"级巡洋舰》，刊载于《世界舰船》第7卷第2期（1970年），第193—194页。

J. C. 雷利和R. L. 沙因，《美国战列舰1886—1923：前无畏舰的设计和建造》，安纳波利斯：海军学院出版社，1980年出版。

J. 罗伯茨著，《皇家海军"库赫兰"号巡洋舰》，刊载于《军舰》第3卷（1979年），第34—37页。

J-M. 罗克著，《从"孤拔"号到现代的法国舰队舰船词典》，2013年自费出版。

N. A. M. 罗杰尔著，《英国海军侧舷防护巡洋舰》，刊载于《水手镜》第64卷第1期（1978年），第23—36页。

H. 罗德里格和P. E. 阿金德盖著，《1852—1899年的阿根廷海军舰船：从指挥到作战》，布宜诺斯艾利斯：国家海军研究所，1999年出版。

T. 罗普著，《一支现代海军的发展：1871—1904年的法国海军政策》，马里兰州安纳波利斯：海军学院出版社，1987年出版。

J. 罗威尔和M. S. 莫纳科夫著，《斯大林的远洋舰队：1935—1953年的海军战略和建造计划》，伦敦/波特兰：弗兰克·卡司，2001年出版。

V. L. 萨纳胡贾·阿尔比纳纳著，《"亚斯图里亚斯亲王"号装甲巡洋舰》，刊载于《海上生活》，2011年9月1日<http://vidamaritima.com/2011/09/los-cruceros-acorazados-de-la-clase-princesa-de-asturias/>。

R. L. 舍纳著，《拉丁美洲海军史1810—1987年》，马里兰州安纳波利斯：海军学院出版社，1987年出版。

P. 申克著，《德国航空母舰的发展》，刊载于《国际舰船》第45卷第2期（2008年），第128—160页。

E. F. 西科著，《奥匈帝国海军对美国的最后一次访问》，刊载于《国际舰船》第27卷第2期（1990年），第142—164页。

——《奥匈帝国"君主"级岸防舰》，刊载于《国际舰船》第36卷第3期（1999年），第220—260页。

——《帝国海军巡洋舰和巡洋舰方案》，汉堡：米特勒公司，2002年出版，第58—71页。

N. 西利亚尼著，《旧日本海军"春日"号和"日进"号装甲巡洋舰》，《海军建造局公报》第13卷第1期（1905年），第43—62页。

L. 桑德豪斯著，《1867—1918年奥匈帝国的海军政策：海权、工业发展和二元帝国政策》，印第安纳西拉法耶特：普度大学出版社，1994年出版。

——《迈向国际政治：提尔皮兹时代前的德国海权》，安纳波利斯：海军学院出版社，1997年出版。

G. 瑟拉夫著，《七海之战：1914—1918年的德国巡洋舰战史》，巴恩斯利：笔与剑海事出版社，2011年出版。

D. 斯托克尔著，《1919—1939年英国、法国和波罗的海的海军军售：宏大的战略和失败》，伦敦/波特兰：弗兰克·卡司，2003年出版。

V. E. 塔兰特著，《德国视角下的日德兰战役》，伦敦：武器与装甲出版社，1995年出版。

I. W. 托尔著，《六舰：美国海军诞生的故事》，纽约：W.W. 诺顿公司，2006年出版。

D. 托普利斯和C. 瓦尔著，《一等巡洋舰：第一部分》，刊载于《军舰》第23卷（2000—2001年），第9—17页。

——《一等巡洋舰：第二部分》，刊载于《军舰》第24卷（2001—2002年），第9—18页。

P. 陶瓦鲁著，《日俄战争期间的美国战列舰军售》，刊载于《国际舰船》第22卷第4期（1986年），第402—409页。

V. Iu. 乌索夫和E. 马乌德斯利著，《"喀琅施塔得"级战列巡洋舰》，刊载于《国际舰船》第28卷第4期（1991年），第380—386页。

G. 冯·劳克著，《阿根廷海军巡洋舰》，刊载于《国际舰船》第15卷第4期（1978年），第297—317页。

C. 瓦雷著，《一等巡洋舰：第三部分》，刊载于《军舰》第30卷（2008年），第136—145页。

C. C. 怀特著，《非凡的舰船：皇家海军"布莱克"号和"布伦海姆"号巡洋舰的故事》，刊载于《国际舰船》第6卷第1期（1970年），第40—51页。

——《俄罗斯帝国的巡洋舰，第1部分》，刊载于《国际舰船》第10卷第1期（1972年），第28—53页。

——《俄罗斯帝国的巡洋舰，第2部分："米宁"号》，刊载于《国际舰船》第11卷第3期（1975年），第205—223页。

——《俄罗斯帝国的巡洋舰，第3部分》，刊载于《国际舰船》第13卷第2期（1976年），第123—147页。

——《俄罗斯帝国的巡洋舰，第4部分》，刊载于《国际舰船》第14卷第1期（1977年），第62页和第65—68页。

——《问答46/88》，刊载于《国际舰船》第25卷第4期（1988年），第421页。

前意大利海军准将
米凯莱·科森蒂诺
（MICHELE COSENTINO）
诚意力作。

BRITISH AND GERMAN BATTLECRUISERS
THEIR DEVELOPMENT AND OPERATIONS

BRITISH

AND

GERMAN

BATTLECRUISERS

BRITISH & GERMAN BATTLECRUISERS

英国和德国
战列巡洋舰
技术发展与作战运用

[意]米凯莱·科森蒂诺 [意]鲁杰洛·斯坦福里尼 著

贾 雷 译

战列巡洋舰技术发展黄金时期的两面旗帜
——英国和德国战列巡洋舰"全景式"著作：

囊括历史、政治、战略、经济、工业生产以及技术与实战使用等多个角度和层面，并附以大量相关
资料照片、英德两国海军所有级别战列巡洋舰大比例侧视与俯视图和相关海战示意图等。

BRITISH DESTROYERS

英国驱逐舰

FROM EARLIEST DAYS TO THE SECOND WORLD WAR

从起步到第二次世界大战

海军史泰斗诺曼·弗里德曼力作

获评美国海军学会"年度杰出海军著作"

90余幅线图/200余张高清照片/100余个舰型的详细数据/800余艘战舰的生平履历

一本书看懂驱逐舰从何而来，又向何而去

NEVER GIVE IN

决不,决不,
决不放弃

THE BRITISH
CARRIER STRIKE FLEET
AFTER 1945

英国航母折腾史
1945 年以后

《英国太平洋舰队》姊妹篇,
英国舰队航空兵博物馆馆长代
表作,了解战后英国航母的必
修书

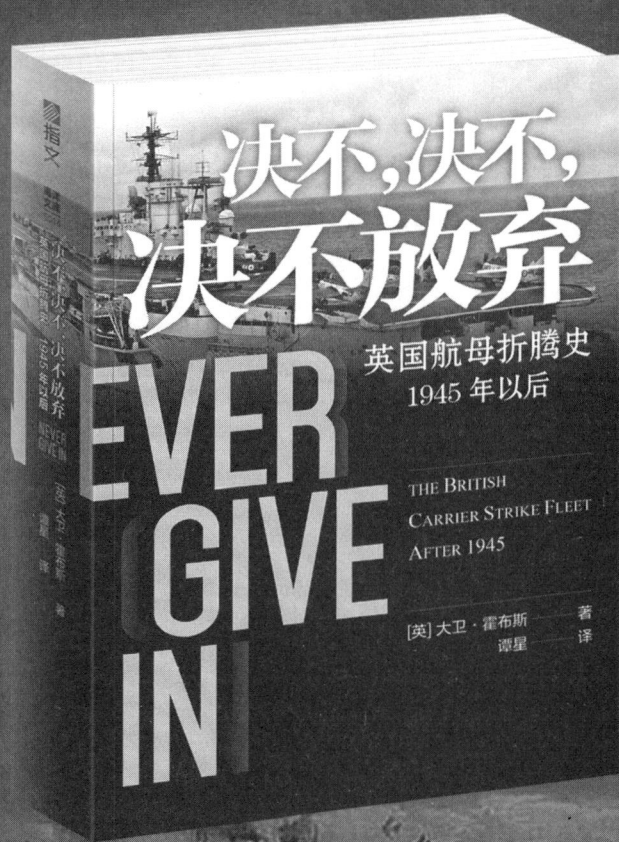

决不,决不,
决不放弃

英国航母折腾史
1945 年以后

NEVER
GIVE
IN

THE BRITISH
CARRIER STRIKE FLEET
AFTER 1945

[英] 大卫·霍布斯　著

谭星　译

看英国航母之过去　思中国航母之未来